普通高等教育系列教材

现代控制理论

主编 付 庄
参编 贡 亮 王 尧

机 械 工 业 出 版 社

本书应用线性代数、矩阵理论等数学工具，针对多输入多输出系统，通过状态方程、输出方程进行了能控能观性分析、状态反馈极点配置、状态估计和稳定性分析；此外，还介绍了变分法与极小值原理，论述了线性二次型调节器原理及倒立摆、“防摇” 控制系统等实际应用案例。

本书文字简练、思路清晰、算例丰富，还配套了电子课件、慕课视频等。本书可作为高等学校高年级本科生、研究生控制理论课程的教材，也可作为控制工程师等专业技术人员的参考书。

图书在版编目（CIP）数据

现代控制理论/付庄主编. —北京：机械工业出版社，2023.7
普通高等教育系列教材
ISBN 978-7-111-72648-7

Ⅰ.①现… Ⅱ.①付… Ⅲ.①现代控制理论-高等学校-教材 Ⅳ.①O231

中国国家版本馆 CIP 数据核字（2023）第 028345 号

机械工业出版社（北京市百万庄大街 22 号 邮政编码 100037）
策划编辑：段晓雅 责任编辑：段晓雅 李 乐
责任校对：李小宝 李 杉 封面设计：王 旭
责任印制：张 博
中教科（保定）印刷股份有限公司印刷
2023 年 6 月第 1 版第 1 次印刷
184mm×260mm · 18.5 印张 · 459 千字
标准书号：ISBN 978-7-111-72648-7
定价：59.00 元

电话服务 网络服务
客服电话：010-88361066 机 工 官 网：www.cmpbook.com
010-88379833 机 工 官 博：weibo.com/cmp1952
010-68326294 金 书 网：www.golden-book.com
封底无防伪标均为盗版 机工教育服务网：www.cmpedu.com

前言

本书涉及的内容比较广泛，既包括现代控制理论的基础知识，也包括 LQR 最优控制原理与应用。本书以状态空间变量的概念为基础，利用现代数学方法来分析、解决复杂系统的控制问题，适用于多输入多输出线性系统。本书不但使用线性代数和矩阵理论等数学工具论证现代控制中的基础理论，也增加了倒立摆和“防摇”控制系统的实例，并给出了较为完整的解决过程，使学生既能掌握现代控制理论的基本原理，又能了解解决实际控制问题的方法。本书可以为控制工程、电气工程、机械工程、能源与动力工程、核工程与核技术、新能源技术、工业工程等有关专业师生、从事控制工作的工程技术人员提供参考。

本书围绕“高质量发展”这个全面建设社会主义现代化国家的首要任务，以“推动经济社会发展绿色化、低碳化”为指引，通过对现代控制理论方法的讲解，旨在提高控制系统的性能和效率，例如通过 LQR 最优控制来降低能源消耗、提高控制精度，以实现可持续发展的目标。

全书除绪论外共分为六章，第 1 章是状态空间及数学描述，第 2 章是状态空间表达式求解，第 3 章是系统的能控性、能观性、稳定性分析及综合，第 4 章是变分法与极小值原理，第 5 章是线性二次型调节器原理，第 6 章是 LQR 控制实际应用案例。本书的编写分工如下：付庄编写了绪论及第 3、4、5 章；贡亮编写了第 6 章；王尧编写了第 1、2 章。此外，辜浩然、邱嘉聆、付泽宇、苑浩德、方子等参加了部分文字编辑校对工作；付庄、陈飞飞、王东、董伟、金惠良进行了本书配套的慕课录制，在此表示衷心的感谢。

本书的部分内容参考了兄弟院校的有关现代控制理论的教材，并得到了相关专家的关怀，特别是贝加莱工业自动化有限公司金鑫等专家的“防摇”控制应用实例的支持，在此致以诚挚的谢意。同时，也由衷地感谢国防基础加强计划项目、深圳市科创委技术攻关重点项目、上海航天先进技术联合研究基金和上海交通大学教材培育项目的大力支持。

由于编写时间仓促，书中难免有不妥与疏漏之处，欢迎读者提出宝贵意见。

编　者

目录

绪 论

什么是控制呢？控制是指控制器主体按照给定的约束条件和期望目标，对被控对象客体施加影响的过程和行为。自古以来，人们一直进行控制的实践，在《天工开物》一书中，就有帆船和水车的实例记载。控制的概念非常广泛，它已应用于工程技术、生命体、人类社会和管理系统之中，本书所涉及的控制主要面向工程技术，通过控制使被控对象的性能得到改善。控制是现代工业社会的标志性技术之一，当控制工程的实践发展到一定水平时，就会推动相关控制理论的建立。

本章的主要知识点关系如图 0-1 所示。通过本章的学习，读者能够：

1）了解控制理论的发展历程。

2）了解控制理论的研究目标。

3）了解 LQR 线性二次型调节器。

4）掌握控制系统设计的四个基本步骤。

5）了解 MATLAB 为主的控制系统软件仿真工具。

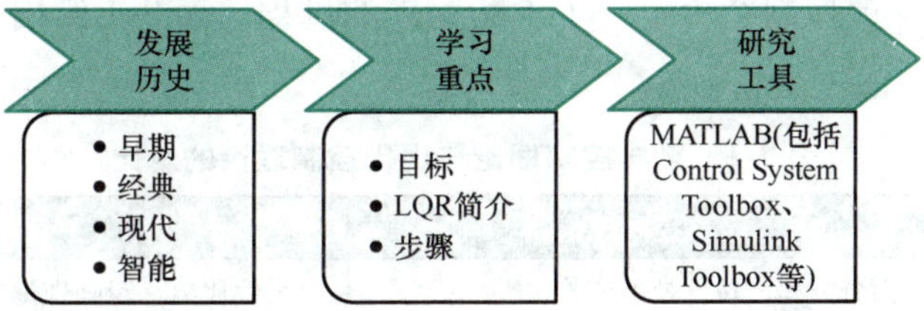

图 0-1 绪论知识点关系图

0.1 控制理论的历史

控制理论的发展历史大致分为四个时期：18 世纪下半叶至 19 世纪中叶的早期控制论、20 世纪初的经典控制理论、20 世纪中叶的现代控制理论，以及 20 世纪 80 年代开始的智能控制理论。

对于早期阶段，一般认为瓦特提出蒸汽机离心式调速器是经典控制理论的开端。针对离心式调速器，当蒸汽机的速度提高时，重球因离心力使其位置上升，带动连杆，关小进气阀门，使蒸汽量减少，蒸汽机速度下降；当蒸汽机速度过低时，重球所受离心力变小，并使其位置下降，带动连杆，加大进气阀门，提高蒸汽机转速。依此闭环控制原理，可将蒸汽机的速度控制在一定的范围之内。之后，麦克斯韦（Maxwell）对蒸汽机系统动态特性的分析，马诺斯基对船舶驾驶控制的研究，都是控制系统的开拓性工作。

劳斯判据与李雅普诺夫稳定性判据，从数学角度对控制系统的稳定性做出了讨论，为之后控制理论的建立提供了基础。20 世纪 30 年代，经典控制理论已经趋于完善。这一时期，最具有代表性的成果是奈奎斯特稳定判据、伯德图和根轨迹法。奈奎斯特稳定判据是根据闭环控制系统的开环频率响应来判断闭环系统稳定性，本质上是一种图解分析法，且开环频率响应，容易通过计算或实验途径给出。所以它在应用上非常方便和直观，但只能应用于线性定常系统。

1945 年，伯德建立了控制系统设计的频域方法，即伯德图方法。伊文思（Evans）提出了当系统参数变化时，根据特征方程根变化的轨迹来研究控制系统的根轨迹理论。同年，维纳（Wiener）出版了专著《控制论》，系统地阐述了控制理论的一般原理和方法。20 世纪 40 年代后，日臻成熟的经典控制理论是以传递函数来表示系统的特征，并进行分析和设计。经典控制理论适用于单输入单输出线性定常系统，并解决了许多实际工程问题。随着近代航空、航天、导弹等尖端技术的发展，许多控制对象是多输入多输出的，且参数是时变的，因此建立在传递函数基础上的经典控制理论，明显不能满足需要了。

在这一背景下，1956 年，苏联数学家庞特里亚金发表了关于最优控制理论的文章，揭开了最优控制理论研究的序幕。1957 年，美国数学家贝尔曼依据“最优性”原理，发展了变分学中的“哈密顿-雅可比”理论，建立了动态规划方法。在此基础上，发展了系统最优轨迹的“极大值原理”。20 世纪 50 年代后期，卡尔曼系统地把状态空间法引入到控制理论中，提出了能控性与能观性的概念，建立了卡尔曼滤波器理论，并推广了其应用。20 世纪 70 年代末 80 年代初，随着模糊控制、自学习控制、神经网络控制、专家系统等智能控制理论和计算机的发展，反馈控制经历了一个不断完善的过程。表 0-1 给出了经典控制理论与现代控制理论的对比。

表 0-1　经典控制理论与现代控制理论的对比

序号	比较项目	经典控制理论	现代控制理论
1	数学基础	微分方程、拉普拉斯变换	线性代数、矩阵理论
2	数学模型	传递函数（外部描述）	状态方程、输出方程（内部描述）
3	分析综合方法	时域分析、频域分析、根轨迹、校正网络、PID 等	能控性、能观性，状态反馈极点配置，状态估计等
4	适用范围	单输入单输出（SISO）系统、线性时不变系统	多输入多输出（MIMO）系统、线性时变系统

从表 0-1 可知，经典控制理论是用传递函数来描述单输入单输出系统的输入和输出之间的关系，而现代控制理论是用“状态方程和输出方程”来描述“多输入多输出系统”的“内部状态和输入、输出”之间的关系。

0.2　控制理论的研究目标

控制理论有两个研究目标，一个是探索基本控制原理，另一个是以数学模型来表达它们，使它们能用于计算进入系统的控制输入，或用于设计自动控制系统。控制理论的研究主题是什么呢？它主要围绕三个主题展开研究：第一个主题是“反馈控制”的概念，即系统的输出信息反馈到输入端，与输入信息进行比较，利用两者的偏差进行控制的过程；第二个主题是“最优控制”的概念，即如何使控制指标达到最优；第三个主题是“鲁棒性”的概念，即如何得到一个健壮的、性能受外界影响小的控制。现代控制理论的理论基础主要包括线性系统的分析与综合、卡尔曼滤波、极小值原理与最优控制等。

0.3 LQR简介

线性二次型调节器（Linear Quadratic Regulator，简称LQR）是现代控制理论中发展得较为成熟的一种状态空间设计方法，是针对现代控制理论中以状态空间形式给出的线性系统，基于对象状态和控制输入的二次型目标函数，建立状态线性反馈的最优控制规律，从而构成线性系统的闭环最优控制。对于线性系统的控制器设计问题，如果其性能指标是状态变量和（或）控制变量的二次型函数的积分，则这种动态系统的最优化问题称为线性系统二次型性能指标的最优控制问题，简称为线性二次型最优控制问题。

LQR线性二次型最优控制可以使原线性系统达到较好的性能指标，通过MATLAB容易实现系统仿真。LQR的最优设计是通过设计出的状态反馈控制矩阵$\boldsymbol{K}$使二次型目标函数$\boldsymbol{J}$取最小值，而矩阵$\boldsymbol{K}$由权矩阵决定。通过MATLAB可为LQR理论设计仿真创造条件，为实现稳、准、快的控制目标提供了方便，因此LQR可得到状态线性反馈的最优控制规律，易于构成闭环最优控制。线性二次型问题的最优解可以写成统一的解析表达式和实现求解过程的规范化，并可简单地采用状态线性反馈控制规律构成闭环最优控制系统，能够兼顾多项性能指标，因此成为现代控制理论的重要内容之一。

0.4 控制的步骤

一个动态系统的控制主要分为四个基本步骤：

1）建模，即基于“物理规律”建立数学模型。

2）系统辨识，即根据输入、输出实测数据来估计模型参数。

3）信号处理，主要包括变换、滤波、状态估计等方法。

4）控制的综合，即已知系统的结构、参数以及期望的性能指标，来设计控制器。

控制系统软件仿真工具主要以MATLAB为主，具体包括：

1）Control System Toolbox。

2）Simulink Toolbox。

3）Simulink 3D Animation。

4）Real-time Workshop。

5）Robust Control Toolbox。

6）GPOPS。

第1章

状态空间及数学描述

本章的重点与知识点关系图如图 1-1 所示。

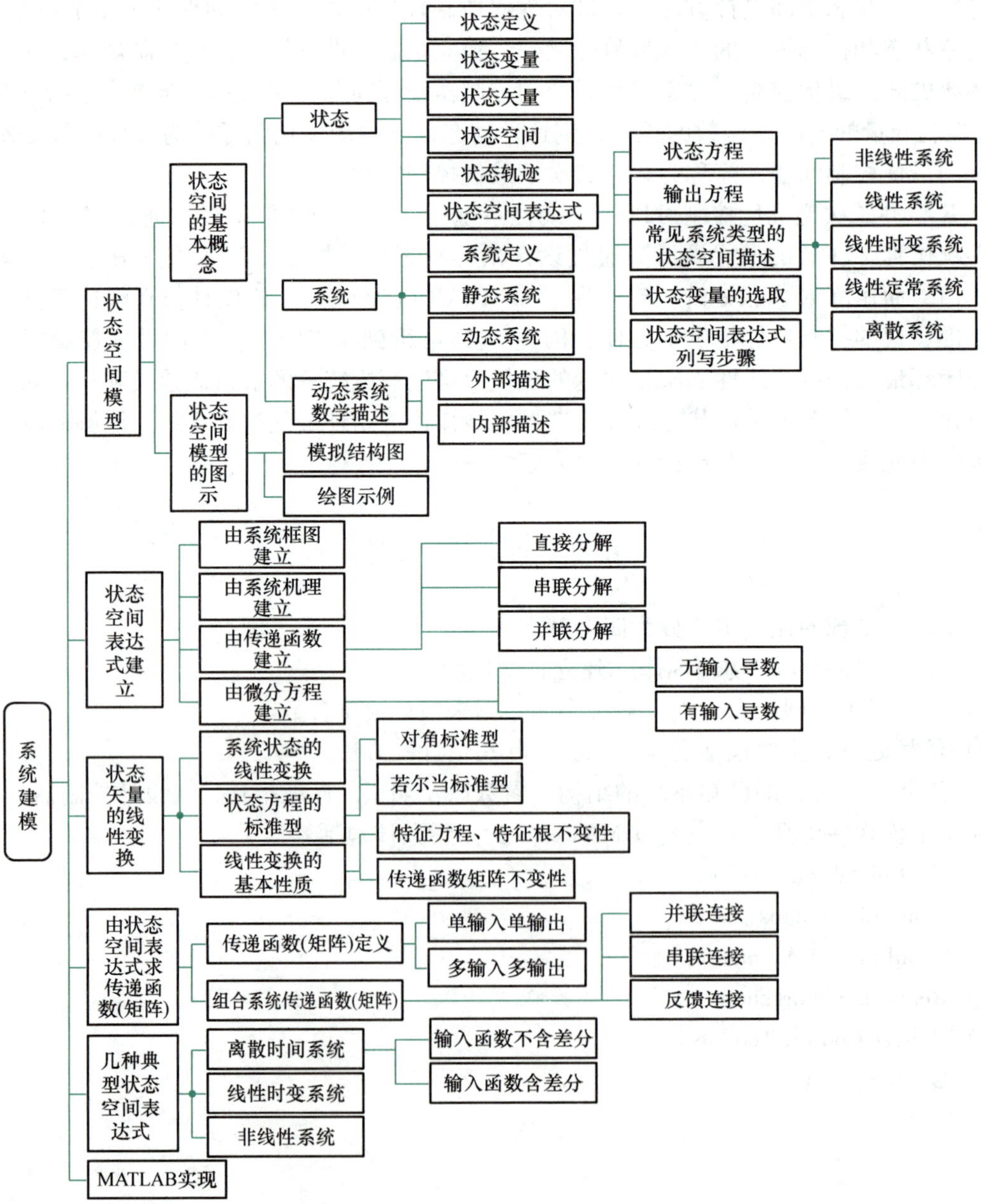

图 1-1　第 1 章重点与知识点关系图

经典控制理论以系统的输入输出特性为研究依据，对于线性定常连续系统，其基本数学模型为线性定常高阶微分方程、传递函数；而对于线性定常离散系统，其基本数学模型为线性定常高阶差分方程、脉冲传递函数。这些模型可直接将某个单变量作为输出和输入联系起来，但仅仅能描述系统输入、输出之间的外部特性，是一种不完全的描述，不能包含系统的所有信息，不能揭示系统内部各物理量的运动规律，不能完全揭示整个系统的全部运动状况。

一个复杂系统很可能是 MIMO 系统（多输入多输出系统），包含多个输入和输出变量，并且以某种方式相互关联或耦合，单个输出量可能受多个输入量的影响，单个输入量也可以影响多个输出量。为了分析这样的系统，将状态空间的概念引入控制理论，产生了以状态空间描述为基础、最优控制为核心的现代控制理论。

采用状态空间法分析系统时，系统的动态特性是通过由状态变量构成的一阶微分方程组来描述的，其状态空间描述可理解为两个数学方程，一个是反映系统内部状态变量和输入变量间因果关系的状态方程；另一个是表征系统内部状态变量及输入变量与输出变量转换关系的输出方程。这些方程最后可以组合成一阶矢量矩阵微分方程，可以极大地简化方程组的数学表达式，非常便于 MATLAB 等计算机数学工具的求解计算。

显然，系统的状态空间描述能反映系统的全部独立变量的变化，是对系统的一种完全的描述，不仅描述了系统输入、输出的外部特性，而且揭示了系统内部的结构特性，能完全表征系统的所有动力学行为。

1.1 MIMO 系统的状态空间描述实例

下面以图 1-2 所示的 *RLC* 串联电路为例，就状态空间的数学描述进行说明。

图 1-2 所示系统有两个独立的储能元件，分别是电容 C 和电感 L，所以应有两个状态变量。考虑到电容两端的电压 $u_C(t)$ 和流经电感的电流 $i(t)$ 是与这两个储能元件直接相关的物理量，且两者是相互独立的，故选取 $u_C(t)$ 和 $i(t)$ 为此系统的两个状态变量，可用来完全地描述该电路的动态变化过程。

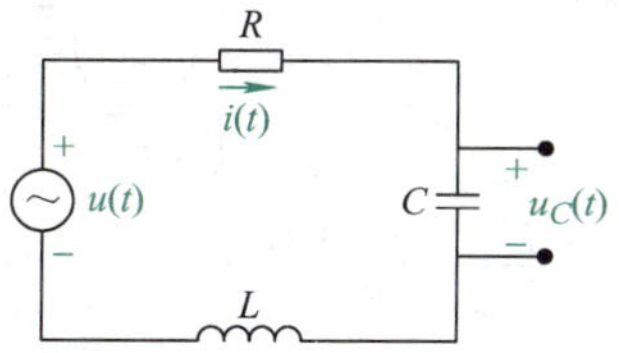

图 1-2 *RLC* 串联电路图

要唯一地确定任意 t 时刻电路的动态行为，除了需知道输入电压 $u(t)$ 外，还需给出两个状态变量的初始条件，即 $u_C(t_0)$ 和 $i(t_0)$。

根据电路原理，列出含有两个状态变量的一阶微分方程组为

$$\begin{cases} C\dfrac{\mathrm{d}u_C(t)}{\mathrm{d}t}=i(t) \\ L\dfrac{\mathrm{d}i(t)}{\mathrm{d}t}+Ri(t)+u_C(t)=u(t) \end{cases} \tag{1-1}$$

如果将式(1-1) 中的第一式代入第二式，则可得到一个二阶微分方程

$$LC\frac{\mathrm{d}^2u_C(t)}{\mathrm{d}t^2}+RC\frac{\mathrm{d}u_C(t)}{\mathrm{d}t}+u_C(t)=u(t)$$

但如果整理式(1-1)，可得两个一阶微分方程

$$\begin{cases}\dfrac{\mathrm{d}u_C(t)}{\mathrm{d}t}=\dfrac{1}{C}i(t)\\ \dfrac{\mathrm{d}i(t)}{\mathrm{d}t}=-\dfrac{R}{L}i(t)-\dfrac{1}{L}u_C(t)+\dfrac{1}{L}u(t)\end{cases} \tag{1-2}$$

式(1-2）即为图 1-2 所示系统的状态方程，写成矢量矩阵形式为

$$\begin{pmatrix}\dfrac{\mathrm{d}u_C(t)}{\mathrm{d}t}\\ \dfrac{\mathrm{d}i(t)}{\mathrm{d}t}\end{pmatrix}=\begin{pmatrix}0 & \dfrac{1}{C}\\ -\dfrac{1}{L} & -\dfrac{R}{L}\end{pmatrix}\begin{pmatrix}u_C(t)\\ i(t)\end{pmatrix}+\begin{pmatrix}0\\ \dfrac{1}{L}\end{pmatrix}u(t) \tag{1-3}$$

将式(1-3）中的状态变量用符号 $x_i(i=1,2)$ 表示，即令 $x_1=u_C(t),x_2=i(t)$，记 $\boldsymbol{x}^{\mathrm{T}}=(x_1\quad x_2)$，则式(1-3）可改写为

$$\dot{\boldsymbol{x}}=\boldsymbol{A}\boldsymbol{x}+\boldsymbol{B}u \tag{1-4}$$

式中，$\dot{\boldsymbol{x}}=\begin{pmatrix}\dot{x}_1\\ \dot{x}_2\end{pmatrix}$，$\boldsymbol{A}=\begin{pmatrix}0 & \dfrac{1}{C}\\ -\dfrac{1}{L} & -\dfrac{R}{L}\end{pmatrix}$，$\boldsymbol{B}=\begin{pmatrix}0\\ \dfrac{1}{L}\end{pmatrix}$。

在图 1-2 中，指定 $u_C(t)$ 作为输出，且输出用 y 表示，则输出方程为

$$y=u_C(t)=x_1 \tag{1-5}$$

式(1-5）的矢量矩阵形式为

$$y=\boldsymbol{C}\boldsymbol{x} \tag{1-6}$$

式中，$\boldsymbol{C}=(1\quad 0)$。

将状态方程和输出方程联立，就构成了一个完整的状态空间表达式

$$\begin{cases}\begin{pmatrix}\dot{x}_1\\ \dot{x}_2\end{pmatrix}=\begin{pmatrix}0 & \dfrac{1}{C}\\ -\dfrac{1}{L} & -\dfrac{R}{L}\end{pmatrix}\begin{pmatrix}x_1\\ x_2\end{pmatrix}+\begin{pmatrix}0\\ \dfrac{1}{L}\end{pmatrix}u\\ y=x_1\end{cases}\quad 或\quad \begin{cases}\dot{\boldsymbol{x}}=\boldsymbol{A}\boldsymbol{x}+\boldsymbol{B}u\\ y=\boldsymbol{C}\boldsymbol{x}\end{cases} \tag{1-7}$$

上例的一阶微分方程的矢量矩阵形式非常适合计算机软件进行计算。

1.2 状态空间模型

1.2.1 状态空间的基本概念

1. 状态的基本概念

（1）状态　将系统过去、现在和将来运动信息的集合定义为状态。所谓系统的状态应包含能够完全描述系统状况的信息，如系统在某一时刻的运动状况可以用该时刻系统运动的一组信息表征。

（2）状态变量　状态变量是足以完全表征系统运动状态的最小个数的一组变量。例如，一个用 n 阶微分方程描述的系统，在任意时刻，当求得了 n 个独立变量的时间响应时，也就完全确定了系统的运动状态，则可以说该系统的状态变量就是 n 阶系统的 n 个独立变量。同一个系统，对独立变量的选取是不唯一的，但这些变量应该是相互独立的，且其个数应等于

微分方程的阶数。在大多数情况下，微分方程的阶数与系统中独立储能元件的个数密切相关，针对某些系统，特别是由电阻、电感、电容元件组成的电路系统，其状态变量的个数等于系统独立储能元件的个数。

所谓完全表征是指：①已知时刻 $t=t_0$，一组状态变量在该时刻的值就是 n 个独立的初始条件，表示系统在该时刻的状态；②当给定 $t \geqslant t_0$ 时刻的输入作用，且上述①初始状态确定时，便能完全确定系统在任何 $t \geqslant t_0$ 时刻的行为。

综上所述，状态变量是既足以完全确定系统运动状态而个数又是最小的一组变量。从物理角度看，减少其中任意一个变量就会破坏对系统运动行为表征的完整性，而增加一个变量又是完全表征系统运动行为所不需要的；从数学角度看，这组状态变量是系统所有内部变量中线性无关的一个最大变量组，即 n 个独立变量以外的系统内部变量都必与之线性相关。

（3）状态矢量　若一个系统有 n 个彼此独立的状态变量，用 $x_1(t), x_2(t), \cdots, x_n(t)$ 表示，并将这些状态变量看作矢量 $\boldsymbol{x}(t)$ 的分量，则称 $\boldsymbol{x}(t)$ 为状态矢量，记作

$$\boldsymbol{x}(t)=\begin{pmatrix} x_1(t) \\ x_2(t) \\ \vdots \\ x_n(t) \end{pmatrix} \quad 或 \quad \boldsymbol{x}^{\mathrm{T}}(t)=(x_1(t),\ x_2(t),\ \cdots,\ x_n(t)) \tag{1-8}$$

（4）状态空间　以状态变量 $x_1(t), x_2(t), \cdots, x_n(t)$ 为坐标轴所构成的 n 维欧氏空间，称为状态空间。

状态空间的概念是由矢量空间的概念引出的。在矢量空间中，维数是构成矢量空间基底的变量个数；而在状态空间中，维数的概念与此相同，只不过状态空间基底的变量是系统的状态变量。状态矢量的状态空间表示将矢量的代数表示和几何概念联系了起来。

（5）状态轨迹　系统的状态是时间 t 的函数。在特定时刻 t，状态矢量 $\boldsymbol{x}(t)$ 代表了该时刻系统的状态，在状态空间中代表的则是一个点。如果给定 t_0 时刻系统的初始状态 $\boldsymbol{x}(t_0)$，则状态矢量的初始位置就确定了，就得到状态空间中的一个初始点。在不同时刻，随着时间 t 的推移，状态矢量 $\boldsymbol{x}(t)$ 不断移动，将在状态空间中描绘出一条轨迹，其移动的路径就称为状态轨迹。

（6）状态方程　系统的状态与输入之间的关系用一组一阶微分方程来描述的数学模型称为状态方程。

（7）状态空间表达式　状态方程和输出方程组合起来，构成对一个系统动态行为的完整描述，称为系统的状态空间表达式。

2. 系统的基本概念

（1）系统　系统是指由相互制约的各个部分有机结合且具有一定功能的整体。从输入和输出关系角度，系统可分为静态系统和动态系统两类。

（2）静态系统　对于任意时刻 t，系统的输出仅取决于同一时刻的输入，则这类系统称为静态系统。

静态系统的输入与输出关系为代数方程，例如电阻电路。该类系统的特征是：任意时刻系统的输出与同一时刻的输入保持确定的关系，而对该时刻以前的输入无任何依赖性，即无记忆，因此静态系统也称为无记忆系统。

(3) 动态系统　对于任意时刻 t，系统的输出不仅与 t 时刻的输入有关，而且与 t 时刻之前的累积有关，这种累积在 t_0 时刻（$t>t_0$）以初值体现，则这类系统称为动态系统。

动态系统的输入与输出关系为微分方程，例如含有电感、电容储能元件的电路等。

3. 动态系统的数学描述

图 1-3 所示为动态系统框图。图中 $\boldsymbol{u}$ 代表输入变量组，$\boldsymbol{y}$ 代表输出变量组，两个变量组均为系统的外部变量；$\boldsymbol{x}(t)$ 代表状态变量组，是描述系统内部每个时刻的运动状态的内部变量。

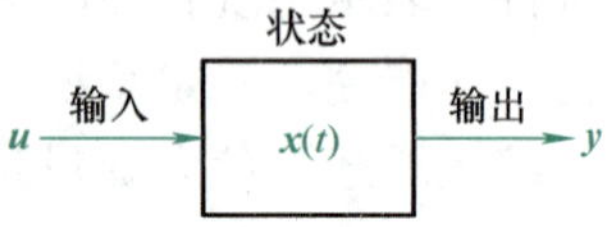

图 1-3　动态系统框图

输入变量、状态变量和输出变量统称为系统变量。系统变量间的数学描述是对系统动态过程因果关系的描述，可分为外部描述和内部描述。

(1) 外部描述　外部描述是指输入、输出描述，它把系统看作"黑匣"，将系统的输出取为系统外部输入的直接响应，认为系统的内部结构和内部信息全然不知，直接反映了输出变量与输入变量间的动态因果关系，回避了表征系统内部的动态过程。

(2) 内部描述　内部描述是指状态空间描述，是基于系统内部结构分析的一类数学模型，由两个数学方程组成：一个是反映系统内部状态 $\boldsymbol{x}(t)$ 和输入 $\boldsymbol{u}$ 之间关系的状态方程，其数学表达形式为一阶微分方程组（连续时间系统）或一阶差分方程组（离散时间系统）；另一个是表征系统内部状态 $\boldsymbol{x}(t)$、输入 $\boldsymbol{u}$ 与输出 $\boldsymbol{y}$ 之间关系的输出方程，其数学表达形式为代数方程。

外部描述仅描述系统的外部特性，不能反映系统的内部结构特性，例如具有两个完全不同内部结构的系统也可能具有相同的外部特性，因此外部描述是一种对系统的不完全描述；而内部描述由于揭示了系统内部的结构特性，能够完全表征系统的所有动力学特征，因而，内部描述是一种对系统的完全描述。

1.2.2　系统的状态空间表达式

系统的状态空间表达式由状态方程和输出方程组成，又称为系统的动态方程。其关注系统动态过程的描述：输入引起系统状态的变化，而状态和输入的变化则决定了输出的变化。

在状态变量和状态空间等基本概念的基础上，对动态系统的状态空间描述如下。

1. 状态方程

输入引起状态的变化是一个动态的过程，数学上采用微分方程或差分方程来表征，该数学方程即为系统的状态方程。以连续时间系统最为一般的情况为例，其状态方程为

$$\dot{\boldsymbol{x}}=\boldsymbol{f}(\boldsymbol{x},\boldsymbol{u},t) \tag{1-9}$$

式中，$\boldsymbol{x}=\begin{pmatrix}x_1\\ \vdots\\ x_n\end{pmatrix}$，$\boldsymbol{u}=\begin{pmatrix}u_1\\ \vdots\\ u_r\end{pmatrix}$，$\boldsymbol{f}(\boldsymbol{x},\boldsymbol{u},t)=\begin{pmatrix}f_1(\boldsymbol{x},\boldsymbol{u},t)\\ \vdots\\ f_n(\boldsymbol{x},\boldsymbol{u},t)\end{pmatrix}$。

2. 输出方程

状态和输入决定输出变化过程的数学描述称为系统的输出方程。

以连续时间系统为例，其输出方程为

$$\boldsymbol{y}=\boldsymbol{g}(\boldsymbol{x},\boldsymbol{u},t) \tag{1-10}$$

式中，$\boldsymbol{y}=\begin{pmatrix} y_1 \\ \vdots \\ y_m \end{pmatrix}$，$\boldsymbol{g}(\boldsymbol{x},\boldsymbol{u},t)=\begin{pmatrix} g_1(\boldsymbol{x},\boldsymbol{u},t) \\ \vdots \\ g_m(\boldsymbol{x},\boldsymbol{u},t) \end{pmatrix}$。

需要说明的是：当状态变量、输入变量和输出变量的个数增加时，并不增加状态空间表达式描述的复杂性。

3. 常见系统类型的状态空间描述

（1）非线性系统　选定一组状态变量 $\boldsymbol{x}$，当式(1-9）和式(1-10）的全部或至少一个组成元素为状态变量 $x_1,x_2,\cdots,x_n$ 和输入变量 $u_1,u_2,\cdots,u_r$ 的非线性函数时，则称该系统为非线性系统。其状态空间描述为

$$\begin{cases} \dot{\boldsymbol{x}}=\boldsymbol{f}(\boldsymbol{x},\boldsymbol{u},t) \\ \boldsymbol{y}=\boldsymbol{g}(\boldsymbol{x},\boldsymbol{u},t) \end{cases} \tag{1-11}$$

（2）线性系统　选定一组状态变量 $\boldsymbol{x}$，当式(1-9）和式(1-10）的所有组成元素都是状态变量 $x_1,x_2,\cdots,x_n$ 和输入变量 $u_1,u_2,\cdots,u_r$ 的线性函数时，则称该系统为线性系统。其状态空间描述形式为

$$\begin{cases} \dot{\boldsymbol{x}}=\boldsymbol{A}(t)\boldsymbol{x}+\boldsymbol{B}(t)\boldsymbol{u} \\ \boldsymbol{y}=\boldsymbol{C}(t)\boldsymbol{x}+\boldsymbol{D}(t)\boldsymbol{u} \end{cases} \tag{1-12}$$

$$\boldsymbol{A}(t)=\begin{pmatrix} a_{11}(t) & \cdots & a_{1n}(t) \\ \vdots & & \vdots \\ a_{n1}(t) & \cdots & a_{nn}(t) \end{pmatrix},\ \boldsymbol{B}(t)=\begin{pmatrix} b_{11}(t) & \cdots & b_{1n}(t) \\ \vdots & & \vdots \\ b_{n1}(t) & \cdots & b_{nn}(t) \end{pmatrix}$$

$$\boldsymbol{C}(t)=\begin{pmatrix} c_{11}(t) & \cdots & c_{1n}(t) \\ \vdots & & \vdots \\ c_{n1}(t) & \cdots & c_{nn}(t) \end{pmatrix},\ \boldsymbol{D}(t)=\begin{pmatrix} d_{11}(t) & \cdots & d_{1n}(t) \\ \vdots & & \vdots \\ d_{n1}(t) & \cdots & d_{nn}(t) \end{pmatrix}$$

式中，$\boldsymbol{A}(t)$ 为系统矩阵，表示系统内部状态变量之间的联系，取决于被控系统的作用机理、结构和各项参数；$\boldsymbol{B}(t)$ 为输入矩阵或控制矩阵，表示各个输入变量如何控制状态变量；$\boldsymbol{C}(t)$ 为输出矩阵或观测矩阵，表示各个输出变量如何反映状态变量；$\boldsymbol{D}(t)$ 为直接传递矩阵，表示输入对输出的直接作用。

系数矩阵 $\boldsymbol{A}(t)$、$\boldsymbol{B}(t)$、$\boldsymbol{C}(t)$、$\boldsymbol{D}(t)$ 均为不依赖于状态向量 $\boldsymbol{x}$ 和输入向量 $\boldsymbol{u}$ 的矩阵。

（3）线性时变系统　如果系数矩阵 $\boldsymbol{A}(t)$、$\boldsymbol{B}(t)$、$\boldsymbol{C}(t)$、$\boldsymbol{D}(t)$ 的部分或全部元素是时间 t 的函数，则称该系统为线性时变系统，其状态空间描述为式(1-12)。

（4）线性定常系统　如果系数矩阵 $\boldsymbol{A}(t)$、$\boldsymbol{B}(t)$、$\boldsymbol{C}(t)$、$\boldsymbol{D}(t)$ 的各个元素都是与时间 t 无关的常数，则称该系统为线性定常系统或线性时不变系统，其状态空间描述为

$$\begin{cases} \dot{\boldsymbol{x}}=\boldsymbol{A}\boldsymbol{x}+\boldsymbol{B}\boldsymbol{u} \\ \boldsymbol{y}=\boldsymbol{C}\boldsymbol{x}+\boldsymbol{D}\boldsymbol{u} \end{cases} \tag{1-13}$$

式中，系数矩阵 $\boldsymbol{A}$、$\boldsymbol{B}$、$\boldsymbol{C}$、$\boldsymbol{D}$ 均为常数矩阵。

当矩阵 $\boldsymbol{D}=\boldsymbol{0}$ 时，系统的输出与输入无直接关系，称为惯性系统［见式(1-14)］；当矩阵 $\boldsymbol{D}\neq\boldsymbol{0}$ 时，系统的输出与输入有直接关系，称为非惯性系统。大多数控制系统为惯性系统。

$$\begin{cases}\dot{x} = Ax + Bu \\ y = Cx\end{cases} \tag{1-14}$$

（5）离散系统　对于连续时间系统（简称连续系统），系统的输入变量、输出变量和状态变量都是时间 t 的连续变化过程。而当系统的各个变量只在离散的时刻取值时，该系统称为离散时间系统（简称离散系统），其状态空间描述仅反映离散时刻的变量组之间的因果关系和转换关系。

离散系统的状态空间描述的最一般形式为

$$\begin{cases}\boldsymbol{x}(k+1) = \boldsymbol{f}[\boldsymbol{x}(k), \boldsymbol{u}(k), k] \\ \boldsymbol{y}(k) = \boldsymbol{g}[\boldsymbol{x}(k), \boldsymbol{u}(k), k]\end{cases} \quad (k = 0, 1, 2, \cdots) \tag{1-15}$$

式中，k 表示离散的时刻。

4. 状态变量的选取

（1）状态变量的选择不唯一　对于同一个系统，可以选择不同组的状态变量，但不论如何选择，状态变量的个数总是相同的。

（2）状态空间描述不唯一　由于状态变量的选择不同，状态空间描述也是不同的。

（3）系统的阶次决定状态变量的个数　完全描述一个动态系统所需状态变量的个数由系统的阶次决定，且状态变量是相互独立的。例如，一个 n 阶系统具有 n 个独立变量，其状态变量的个数应是 n，且等于系统的阶次。

（4）状态变量尽量选择物理上有意义或可观测的量　状态变量不一定是具有实际物理意义或可观测的量，但工程实际中总是选择物理上有意义或可观测的量作为状态变量，例如电感中的电流、电动机的转速等。

5. 状态空间表达式列写步骤

对于连续时间系统，系统的实现是从微分方程或传递函数来建立状态空间表达式；而对于离散时间系统，则是从差分方程或脉冲传递函数来建立状态空间表达式。因此，连续时间系统的状态空间表示方法可推广至离散时间系统。

总结列写状态空间表达式的步骤如下：

1）确认输入 $\boldsymbol{u}$ 和输出 $\boldsymbol{y}$。

2）将系统划分为若干子系统，写出各个子系统的微分方程。

3）根据各个子系统微分方程的阶次，选择状态 $\boldsymbol{x}$，得到系统的状态方程。

4）依据输出 $\boldsymbol{y}$ 是状态 $\boldsymbol{x}$ 的线性组合，得到系统的输出方程。

1.2.3　状态空间的数学描述示例

状态空间描述使得对系统的分析从频域法回归到了时域法，除了能够完整描述系统性能外，还揭示了系统内部的结构特性。状态变量的选取是不唯一的，因此针对图 1-2，还存在第二种描述方式。

令 q 为电容的电荷量，则　　$q = Cu_C$

根据电流的计算公式可得

$$i = \dot{q} = C\dot{u}_C \tag{1-16}$$

若取状态变量 $x_1 = L\dot{q} + Rq$，$x_2 = q$，则图 1-2 所示系统的状态方程为

$$\begin{cases} \dot{x}_1 = -u_C + u = -\dfrac{1}{C}x_2 + u \\ \dot{x}_2 = \dot{q} = \dfrac{1}{L}x_1 - \dfrac{R}{L}x_2 \end{cases} \tag{1-17}$$

式(1-17) 仍可改写为式(1-4) 所示的矢量矩阵形式，但各个系数矩阵不同，即

$$\boldsymbol{A} = \begin{pmatrix} 0 & -\dfrac{1}{C} \\ \dfrac{1}{L} & -\dfrac{R}{L} \end{pmatrix},\ \boldsymbol{B} = \begin{pmatrix} 1 \\ 0 \end{pmatrix} \tag{1-18}$$

同理，指定 $u_C(t)$ 作为输出，则输出方程为

$$y = u_C = \frac{1}{C}x_2 \tag{1-19}$$

式(1-19) 对应的系数矩阵 $\boldsymbol{C}$ 为

$$\boldsymbol{C} = \left(0,\ \frac{1}{C}\right) \tag{1-20}$$

将式(1-17) 和式(1-19) 联立，得到其状态空间表达式为

$$\begin{cases} \begin{pmatrix} \dot{x}_1 \\ \dot{x}_2 \end{pmatrix} = \begin{pmatrix} 0 & -\dfrac{1}{C} \\ \dfrac{1}{L} & -\dfrac{R}{L} \end{pmatrix} \begin{pmatrix} x_1 \\ x_2 \end{pmatrix} + \begin{pmatrix} 1 \\ 0 \end{pmatrix} u \\ y = \left(0,\ \dfrac{1}{C}\right) \begin{pmatrix} x_1 \\ x_2 \end{pmatrix} \end{cases} \tag{1-21}$$

1.2.4 状态空间模型的模拟结构图

1. 模拟结构图

在状态空间分析中，采用状态变量图来表示系统各变量之间的关系，如图 1-4 所示，其来源于模拟计算机的模拟结构图，这种图有助于建立系统的状态空间表达式，加深对状态空间概念的理解，反映了系统各状态变量之间的信息传递关系。

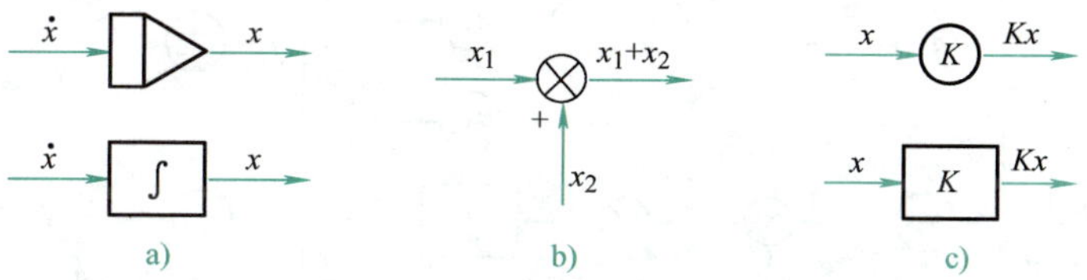

图 1-4 模拟结构图常用基本元素的符号表示

a) 积分器 b) 加法器 c) 放大器

由图 1-4 所示，模拟结构图可理解为由积分器（见图 1-4a）、加法器（见图 1-4b）和放大器（见图 1-4c）构成的图形。其绘制步骤概括如下：

1）首先，积分器的数目应等于状态变量数，将其画在适当的位置，每个积分器的输出表示相应的某个状态变量。

2）其次，根据列写的状态方程和输出方程，采用加法器和放大器表示其运算关系，并将其画在相应的位置。

3）最后，利用带箭头的传输线将这些元件连接起来。

2. 典型系统绘图示例

（1）一阶标量微分方程模拟结构图　给定一阶系统状态方程 $\dot{x}=ax+bu$，则其模拟结构图如图 1-5 所示。

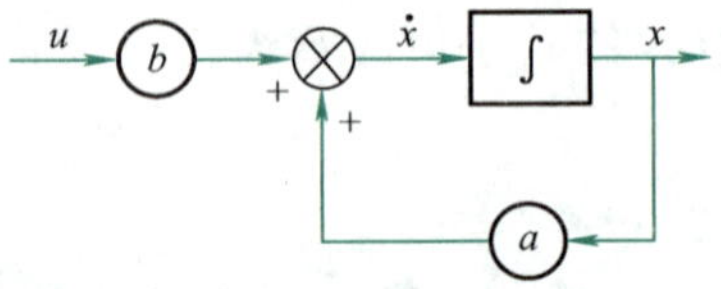

图 1-5　一阶标量微分方程模拟结构图

（2）三阶标量微分方程模拟结构图　给定三阶系统状态方程 $\dddot{x}=-a_0x-a_1\dot{x}-a_2\ddot{x}+bu$，则其模拟结构图如图 1-6 所示。

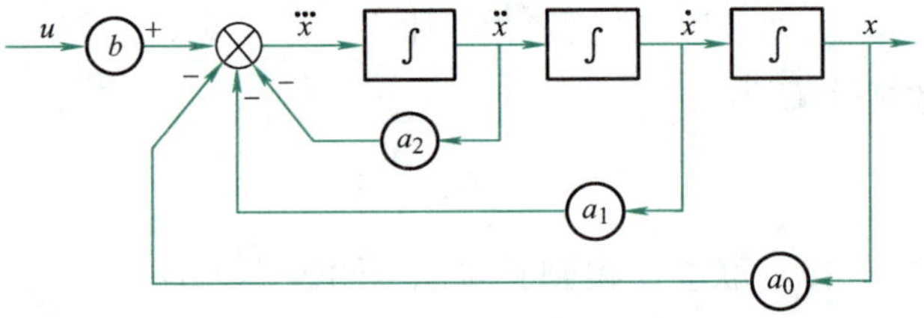

图 1-6　三阶标量微分方程模拟结构图

（3）二输入二输出二阶系统模拟结构图　给定二阶系统状态空间表达式为

$$
\begin{cases}
\begin{pmatrix}\dot{x}_1\\ \dot{x}_2\end{pmatrix}=\begin{pmatrix}a_{11} & a_{12}\\ a_{21} & a_{22}\end{pmatrix}\begin{pmatrix}x_1\\ x_2\end{pmatrix}+\begin{pmatrix}b_{11} & b_{12}\\ b_{21} & b_{22}\end{pmatrix}\begin{pmatrix}u_1\\ u_2\end{pmatrix}\\
\begin{pmatrix}y_1\\ y_2\end{pmatrix}=\begin{pmatrix}c_{11} & c_{12}\\ c_{21} & c_{22}\end{pmatrix}\begin{pmatrix}x_1\\ x_2\end{pmatrix}
\end{cases}
$$

则其模拟结构图如图 1-7 所示。

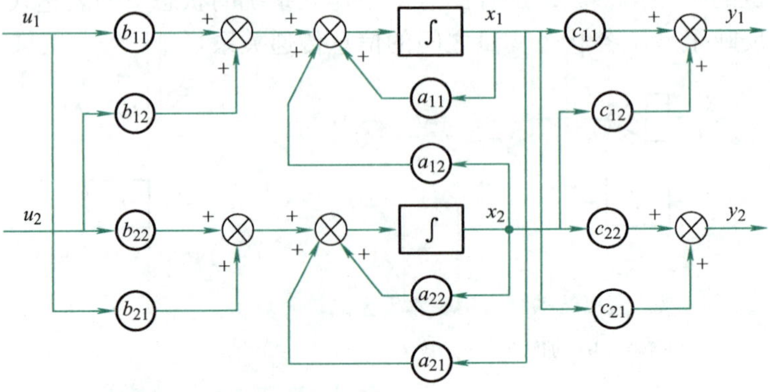

图 1-7　二输入二输出二阶系统模拟结构图

（4）三输入一输出三阶系统模拟结构图　给定三阶系统状态空间表达式为

$$
\begin{cases}
\begin{pmatrix} \dot{x}_1 \\ \dot{x}_2 \\ \dot{x}_3 \end{pmatrix} = \begin{pmatrix} 0 & 1 & 0 \\ 0 & 0 & 1 \\ -6 & -3 & -2 \end{pmatrix} \begin{pmatrix} x_1 \\ x_2 \\ x_3 \end{pmatrix} + \begin{pmatrix} 0 \\ 0 \\ 1 \end{pmatrix} u \\
y = (1,\ 1) \begin{pmatrix} x_1 \\ x_2 \end{pmatrix}
\end{cases}
$$

则其模拟结构图如图 1-8 所示。

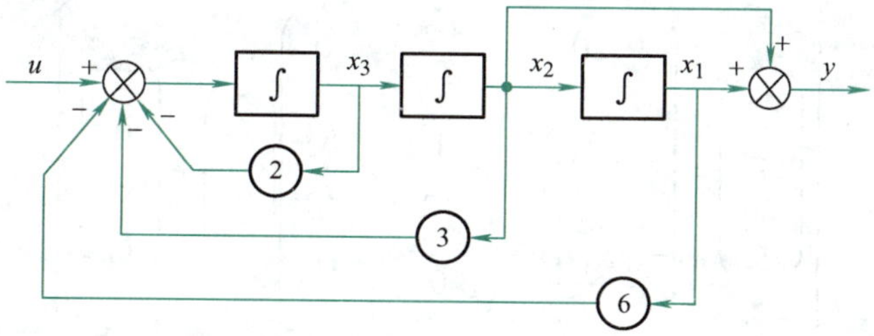

图 1-8　三输入一输出三阶系统模拟结构图

1.3　状态空间表达式建立方法

建立状态空间表达式的途径通常有三种：一是由系统框图来建立，也就是根据系统各个环节的实际连接写出相应的状态空间表达式；二是从系统的物理或化学机理出发来进行推导；三是由描述系统运动过程的高阶微分方程或传递函数演化求得。

1.3.1　由系统框图建立状态空间表达式

该方法首先将系统的各个环节按 1.2.4 节所述，变换成相应的模拟结构图，并把每个积分器的输出选作一个状态变量 x_i，其输入便是相应的 $\dot{x}_i$；再由模拟结构图写出系统的状态方程和输出方程。下面通过两个示例进行解释说明。

【例 1-1】

给定系统框图如图 1-9 所示，输入为 u，输出为 y，试求其状态空间表达式。

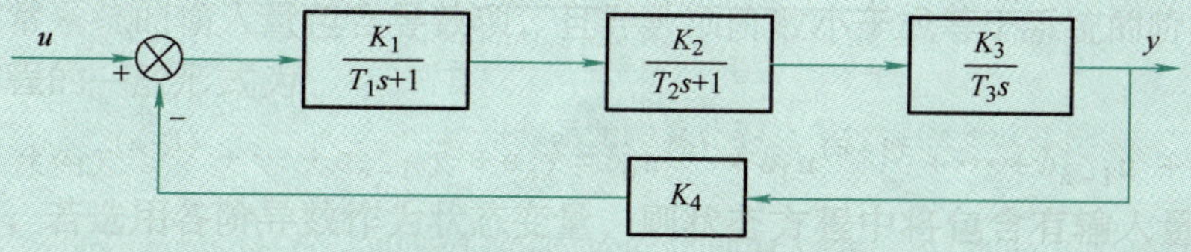

图 1-9　例 1-1 的系统框图

解： 根据系统框图，将系统各环节变换成相应的模拟结构图，如图 1-10 所示。

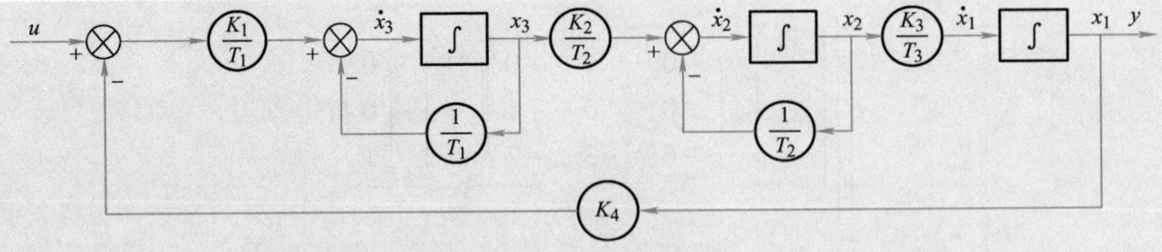

图 1-10　给定示例的模拟结构图

由图 1-10 可求得系统状态空间表达式为

$$\begin{cases}\begin{pmatrix}\dot{x}_1\\ \dot{x}_2\\ \dot{x}_3\end{pmatrix}=\begin{pmatrix}0 & \frac{K_3}{T_3} & 0\\ 0 & -\frac{1}{T_2} & \frac{K_2}{T_2}\\ -\frac{K_1K_4}{T_1} & 0 & -\frac{1}{T_1}\end{pmatrix}\begin{pmatrix}x_1\\ x_2\\ x_3\end{pmatrix}+\begin{pmatrix}0\\ 0\\ \frac{K_1}{T_1}\end{pmatrix}u\\ y=x_1\end{cases} \tag{1-22}$$

将式(1-22) 改写成矢量矩阵形式，即

$$\begin{cases}\dot{\boldsymbol{x}}=\begin{pmatrix}0 & \frac{K_3}{T_3} & 0\\ 0 & -\frac{1}{T_2} & \frac{K_2}{T_2}\\ -\frac{K_1K_4}{T_1} & 0 & -\frac{1}{T_1}\end{pmatrix}\boldsymbol{x}+\begin{pmatrix}0\\ 0\\ \frac{K_1}{T_1}\end{pmatrix}u\\ y=(1,\ 0,\ 0)\boldsymbol{x}\end{cases} \tag{1-23}$$

【例 1-2】

给定含零点环节的系统框图如图 1-11 所示，输入为 u，输出为 y，试求其状态空间表达式。

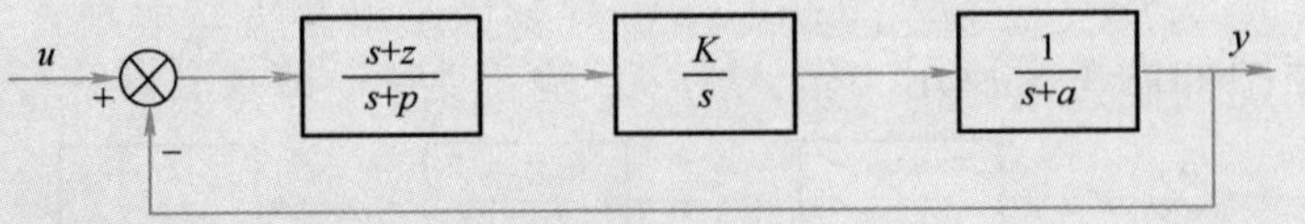

图 1-11　给定含零点环节示例的系统框图

解：对于含零点环节的系统，可将其展开成部分分式，即

$$\frac{s+z}{s+p}=1+\frac{z-p}{s+p}$$

由上式得到等效系统框图，如图 1-12 所示。

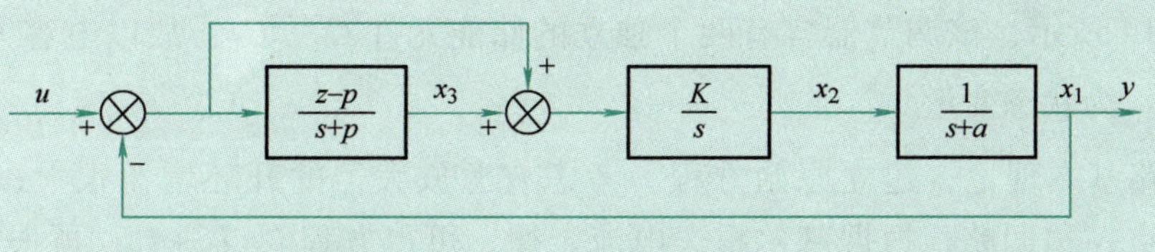

图 1-12　等效系统框图

根据系统框图，将系统各环节变换成相应的模拟结构图，如图 1-13 所示。

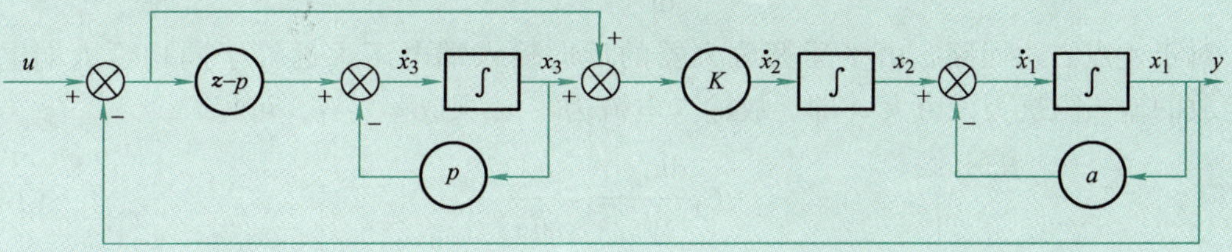

图 1-13　等效框图的系统模拟结构图

由图 1-13 可求得矢量矩阵形式的系统状态空间表达式为

$$\begin{cases}\dot{\boldsymbol{x}}=\begin{pmatrix}-a & 1 & 0\\ -K & 0 & K\\ -(z-p) & 0 & -p\end{pmatrix}\boldsymbol{x}+\begin{pmatrix}0\\ K\\ z-p\end{pmatrix}u\\ y=(1,\ 0,\ 0)\boldsymbol{x}\end{cases}\tag{1-24}$$

1.3.2　由系统机理建立状态空间表达式

动态系统均含有储能元件，能量的变化伴随有系统的运动变化。工程中常见的控制系统，按其能量属性，可分为电气、机械、机电、气动液压、热力等系统。根据其物理规律，如基尔霍夫定律、牛顿定律、能量守恒定律等，可根据支配系统运动的物理定律，建立动态系统的状态方程，根据指定系统的输出可列写系统的输出方程。

下面通过几个示例对该方法进行解释说明。

【例 1-3】

图 1-14 所示为带有输入滤波器的有源比例、积分调节器（简称 PI 调节器）电路图，u_r为调节器的输入，u_0为调节器的输出，求此电路的状态空间表达式。

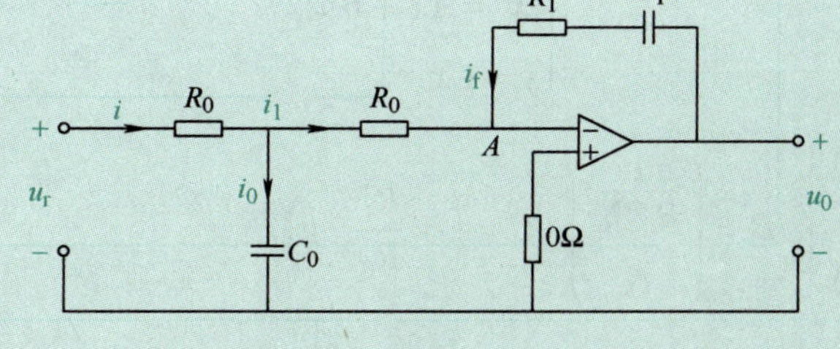

图 1-14　PI 调节器电路图

解： 如图 1-14 所示，该调节器含有两个独立的储能元件 C_0、C_1，故以电容 C_0 和 C_1 上的电压 u_{C_0} 和 u_{C_1} 为状态变量。

利用电路基本理论，建立原始方程。考虑有源放大器的开环增益很大，A 点为虚地点。对于 A 点左边回路，根据基尔霍夫电流定律，可得方程 $i = i_0 + i_1$；再根据电容 C_0 的特性，整理可得

$$R_0 C_0 \frac{\mathrm{d}u_{C_0}}{\mathrm{d}t} + 2u_{C_0} = u_{\mathrm{r}} \tag{1-25}$$

对于 A 点右边回路，由于运算放大器的反向输入端电压永远等于同相输入端电压，且运放的输入阻抗为无穷大（即运放输入电流为零），则 $i_{\mathrm{f}} = -i_1$，可得

$$C_1 \frac{\mathrm{d}u_{C_1}}{\mathrm{d}t} = -\frac{u_{C_0}}{R_0} \tag{1-26}$$

根据式(1-25）和式(1-26）可得到系统的状态方程为

$$\begin{cases} \dfrac{\mathrm{d}u_{C_0}}{\mathrm{d}t} = -\dfrac{2u_{C_0}}{R_0 C_0} + \dfrac{u_{\mathrm{r}}}{R_0 C_0} \\ \dfrac{\mathrm{d}u_{C_1}}{\mathrm{d}t} = -\dfrac{1}{R_0 C_1} u_{C_0} \end{cases} \tag{1-27}$$

系统的输出方程为

$$u_0 = i_{\mathrm{f}} R_1 + u_{C_1} = -\frac{R_1}{R_0} u_{C_0} + u_{C_1} \tag{1-28}$$

令 $x_1 = u_{C_0}$，$x_2 = u_{C_1}$，$y = u_0$，则联立式(1-27）和式(1-28）可得矢量矩阵形式的系统状态空间表达式为

$$\begin{cases} \begin{pmatrix} \dot{x}_1 \\ \dot{x}_2 \end{pmatrix} = \begin{pmatrix} -\dfrac{2}{R_0 C_0} & 0 \\ -\dfrac{1}{R_0 C_1} & 0 \end{pmatrix} \begin{pmatrix} x_1 \\ x_2 \end{pmatrix} + \begin{pmatrix} \dfrac{1}{R_0 C_0} \\ 0 \end{pmatrix} u_{\mathrm{r}} \\ y = \left(-\dfrac{R_1}{R_0},\ 1 \right) \begin{pmatrix} x_1 \\ x_2 \end{pmatrix} \end{cases} \tag{1-29}$$

若引入系数矩阵 $\boldsymbol{A}$、$\boldsymbol{B}$、$\boldsymbol{C}$，则式(1-29）可化为状态空间表达式的矩阵形式，即

$$\begin{cases} \dot{\boldsymbol{x}} = \boldsymbol{A}\boldsymbol{x} + \boldsymbol{B}u_{\mathrm{r}} \\ y = \boldsymbol{C}\boldsymbol{x} \end{cases}$$

式中，$\boldsymbol{A} = \begin{pmatrix} -\dfrac{2}{R_0 C_0} & 0 \\ -\dfrac{1}{R_0 C_1} & 0 \end{pmatrix}$，$\boldsymbol{B} = \begin{pmatrix} \dfrac{1}{R_0 C_0} \\ 0 \end{pmatrix}$，$\boldsymbol{C} = \left(-\dfrac{R_1}{R_0},\ 1 \right)$。

【例 1-4】

图 1-15 所示为双质量、弹簧、阻尼器机械运动模型。图中 M_1、M_2为两个质量块，它们的质量分别为 m_1、m_2；K_1、K_2为两个弹簧，它们的弹性系数分别为 k_1、k_2；C_1、C_2为两个阻尼器，它们的阻尼系数分别为 c_1、c_2。外力作用 f 为输入（即 $u=f$），质量块 M_1、M_2的位移 y_1 和 y_2 为输出，求此模型的状态空间表达式。

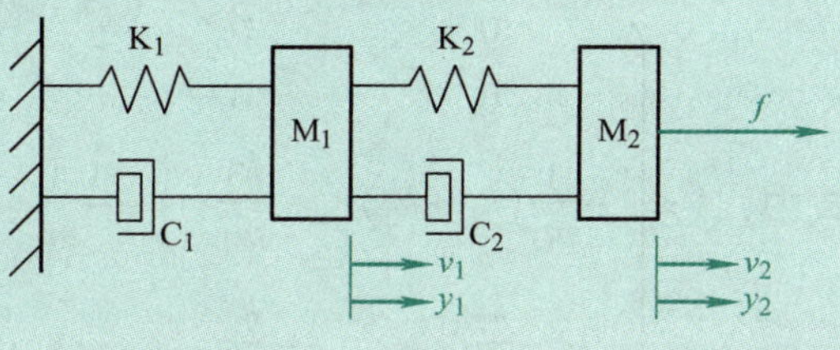

图 1-15 机械运动模型示意图

解： 如图 1-15 所示，该模型含有四个独立的储能元件，分别是弹簧 K_1、K_2和质量块 M_1、M_2，故以弹簧 K_1和 K_2的伸长量 y_1、y_2以及质量块 M_1和 M_2的速度 v_1、v_2作为状态变量，则 $\ddot{y}_1=\dot{v}_1$，$\ddot{y}_2=\dot{v}_2$。系统的状态变量 $\boldsymbol{x}$ 记为

$$\boldsymbol{x}=\begin{pmatrix}x_1\\x_2\\x_3\\x_4\end{pmatrix}=\begin{pmatrix}y_1\\y_2\\\dot{y}_1\\\dot{y}_2\end{pmatrix} \tag{1-30}$$

根据牛顿定律，对于质量块 M_1，可得

$$m_1\frac{\mathrm{d}v_1}{\mathrm{d}t}=k_2(y_2-y_1)+c_2\left(\frac{\mathrm{d}y_2}{\mathrm{d}t}-\frac{\mathrm{d}y_1}{\mathrm{d}t}\right)-k_1y_1-c_1\frac{\mathrm{d}y_1}{\mathrm{d}t} \tag{1-31}$$

对于质量块 M_2，可得

$$m_2\frac{\mathrm{d}v_2}{\mathrm{d}t}=f-k_2(y_2-y_1)-c_2\left(\frac{\mathrm{d}y_2}{\mathrm{d}t}-\frac{\mathrm{d}y_1}{\mathrm{d}t}\right) \tag{1-32}$$

系统的输出变量 $\boldsymbol{y}$ 记为

$$\boldsymbol{y}=\begin{pmatrix}y_1\\y_2\end{pmatrix}=\begin{pmatrix}x_1\\x_2\end{pmatrix} \tag{1-33}$$

联立式(1-31) 和式(1-32)，整理可得矢量矩阵形式的系统状态空间表达式为

$$\begin{cases}\begin{pmatrix}\dot{x}_1\\\dot{x}_2\\\dot{x}_3\\\dot{x}_4\end{pmatrix}=\begin{pmatrix}0&0&1&0\\0&0&0&1\\-\dfrac{1}{m_1}(k_1+k_2)&\dfrac{k_2}{m_1}&-\dfrac{1}{m_1}(c_1+c_2)&\dfrac{c_2}{m_1}\\\dfrac{k_2}{m_2}&-\dfrac{k_2}{m_2}&\dfrac{c_2}{m_2}&-\dfrac{c_2}{m_2}\end{pmatrix}\begin{pmatrix}x_1\\x_2\\x_3\\x_4\end{pmatrix}+\begin{pmatrix}0\\0\\0\\\dfrac{1}{m_2}\end{pmatrix}f\\ \begin{pmatrix}y_1\\y_2\end{pmatrix}=\begin{pmatrix}1&0&0&0\\0&1&0&0\end{pmatrix}\begin{pmatrix}x_1\\x_2\\x_3\\x_4\end{pmatrix}\end{cases} \tag{1-34}$$

同理，若引入系数矩阵 $\boldsymbol{A}$、$\boldsymbol{B}$、$\boldsymbol{C}$，也可得到系统状态空间表达式的矩阵形式，即

$$\begin{cases}\dot{\boldsymbol{x}}=\boldsymbol{A}\boldsymbol{x}+\boldsymbol{B}u\\ \boldsymbol{y}=\boldsymbol{C}\boldsymbol{x}\end{cases}$$

式中，$\boldsymbol{A}=\begin{pmatrix}0&0&1&0\\0&0&0&1\\-\dfrac{1}{m_1}(k_1+k_2)&\dfrac{k_2}{m_1}&-\dfrac{1}{m_1}(c_1+c_2)&\dfrac{c_2}{m_1}\\\dfrac{k_2}{m_2}&-\dfrac{k_2}{m_2}&\dfrac{c_2}{m_2}&-\dfrac{c_2}{m_2}\end{pmatrix}$，$\boldsymbol{B}=\begin{pmatrix}0\\0\\0\\\dfrac{1}{m_2}\end{pmatrix}$，$\boldsymbol{C}=\begin{pmatrix}1&0&0&0\\0&1&0&0\end{pmatrix}$。

【例 1-5】

图 1-16 所示为机械旋转运动模型。图中转动惯量为 J，扭转轴的刚性系数为 K，黏性阻尼系数为 B，施加于扭转轴上的力矩 T 为输入，求此模型状态空间表达式。

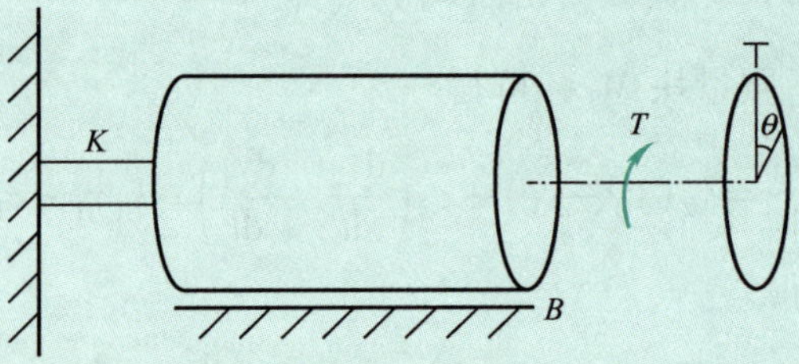

图 1-16 机械旋转运动模型示意图

解：如图 1-16 所示，选取扭转轴的转动角度 θ 及其角速度 ω 为系统的状态变量。

系统的状态矢量 $\boldsymbol{x}$ 记为

$$\boldsymbol{x}=\begin{pmatrix}x_1\\x_2\end{pmatrix}=\begin{pmatrix}\theta\\\omega\end{pmatrix} \tag{1-35}$$

系统的输入 u 为 $u=T$。转动角度 θ 与角速度 ω 的关系为

$$\omega=\dot{\theta} \tag{1-36}$$

根据牛顿定律，可得

$$\ddot{\theta}=-\frac{K}{J}\theta-\frac{B}{J}\dot{\theta}+\frac{T}{J} \tag{1-37}$$

指定系统输出 y 为 $y=x_1$。联立式(1-36) 和式(1-37)，整理可得矢量矩阵形式的系统状态空间表达式为

$$\begin{cases}\begin{pmatrix}\dot{x}_1\\ \dot{x}_2\end{pmatrix}=\begin{pmatrix}0 & 1\\ -\dfrac{K}{J} & -\dfrac{B}{J}\end{pmatrix}\begin{pmatrix}x_1\\ x_2\end{pmatrix}+\begin{pmatrix}0\\ \dfrac{1}{J}\end{pmatrix}u\\ y=(1,\ 0)\begin{pmatrix}x_1\\ x_2\end{pmatrix}\end{cases} \tag{1-38}$$

同理，若引入系数矩阵 $\boldsymbol{A}$、$\boldsymbol{B}$、$\boldsymbol{C}$，即可得到系统状态空间表达式的矩阵形式

$$\begin{cases}\dot{\boldsymbol{x}}=\boldsymbol{A}\boldsymbol{x}+\boldsymbol{B}u\\ y=\boldsymbol{C}\boldsymbol{x}\end{cases}$$

式中，$\boldsymbol{A}=\begin{pmatrix}0 & 1\\ -\dfrac{K}{J} & -\dfrac{B}{J}\end{pmatrix}$，$\boldsymbol{B}=\begin{pmatrix}0\\ \dfrac{1}{J}\end{pmatrix}$，$\boldsymbol{C}=(1,\ 0)$。

【例 1-6】

图 1-17 所示为他励直流电机拖动系统示意图。通过调节电枢供电电压 u_a 实现调速。图中 i_f 为恒定的励磁电流，R 和 L 分别为电枢回路的电阻和电感，e 为感应电动势，J 为电机轴上的等效总转动惯量，T 为电机电磁转矩，T_z 为折合到电机轴上的总负载转矩，B 为电机轴上的黏性摩擦系数。列写该图以电枢电压 u_a、总负载转矩 T_z 为输入，电机输出轴转速 n 为输出的状态空间表达式。

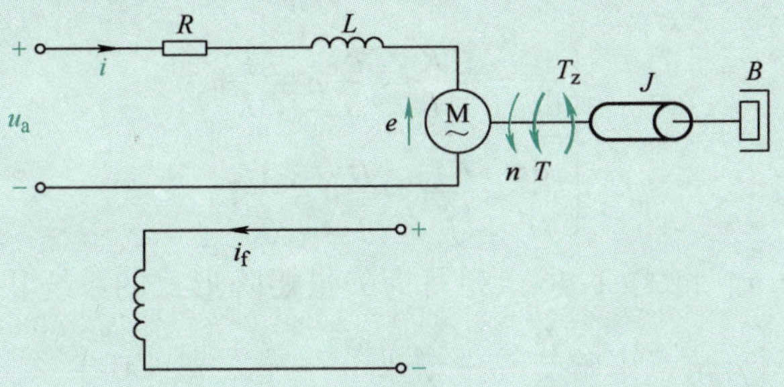

图 1-17 他励直流电机拖动系统示意图

解： 如图 1-17 所示，该系统含有两个独立的储能元件，分别是电感 L 和转动惯量 J，故以电感 L 所在的电枢回路电流 i 和电机输出轴的转速 n 为系统的状态变量。

系统的状态矢量 $\boldsymbol{x}$ 记为

$$\boldsymbol{x}=\begin{pmatrix}x_1\\ x_2\end{pmatrix}=\begin{pmatrix}i\\ n\end{pmatrix} \tag{1-39}$$

系统的输入矢量 $\boldsymbol{u}$ 记为

$$\boldsymbol{u}=\begin{pmatrix}u_a\\ T_z\end{pmatrix} \tag{1-40}$$

根据电学原理，列写电枢回路的原始方程为

$$L\frac{\mathrm{d}i}{\mathrm{d}t}+Ri+e=u_{\mathrm{a}} \tag{1-41}$$

系统的动力学方程为

$$T=J\frac{\mathrm{d}\omega}{\mathrm{d}t}+B\omega+T_{\mathrm{z}} \tag{1-42}$$

式中，ω 为电机输出轴的角速度，单位为 rad/s。

角速度 ω 与转速 n 的换算关系为

$$\omega=\frac{2\pi}{60}n \tag{1-43}$$

将式(1-43）代入式(1-42)，可得

$$T=\overline{J}\frac{\mathrm{d}n}{\mathrm{d}t}+\overline{B}n+T_{\mathrm{z}} \tag{1-44}$$

式中，$\overline{J}=\frac{2\pi}{60}J$，$\overline{B}=\frac{2\pi}{60}B$。

电机的电磁转矩 T 及感应电动势 e 分别为

$$\begin{cases}T=K_Ti\\ e=K_en\end{cases} \tag{1-45}$$

式中，K_T、K_e分别可理解为等效系数，与转矩常数、电动势常数、每极磁通量等有关。感兴趣的读者可参考相关电机学原理，在此不予讨论。

将式(1-45）代入式(1-41）和式(1-44)，整理可得一阶微分方程组表示的状态方程为

$$\begin{cases}\dfrac{\mathrm{d}i}{\mathrm{d}t}=-\dfrac{R}{L}i-\dfrac{K_e}{L}n+\dfrac{1}{L}u_{\mathrm{a}}\\[2ex] \dfrac{\mathrm{d}n}{\mathrm{d}t}=\dfrac{K_T}{\overline{J}}i-\dfrac{\overline{B}}{\overline{J}}n-\dfrac{1}{\overline{J}}T_{\mathrm{z}}\end{cases} \tag{1-46}$$

系统输出 y 为 $y=n$。将式(1-46）列写为矢量矩阵形式的系统状态空间表达式为

$$\begin{cases}\begin{pmatrix}\dot{x}_1\\ \dot{x}_2\end{pmatrix}=\begin{pmatrix}-\dfrac{R}{L} & -\dfrac{K_e}{L}\\ \dfrac{K_T}{\overline{J}} & -\dfrac{\overline{B}}{\overline{J}}\end{pmatrix}\begin{pmatrix}x_1\\ x_2\end{pmatrix}+\begin{pmatrix}\dfrac{1}{L} & 0\\ 0 & -\dfrac{1}{\overline{J}}\end{pmatrix}\begin{pmatrix}u_{\mathrm{a}}\\ T_{\mathrm{z}}\end{pmatrix}\\ y=(0,\ 1)\begin{pmatrix}x_1\\ x_2\end{pmatrix}\end{cases} \tag{1-47}$$

同理，若引入系数矩阵 $\boldsymbol{A}$、$\boldsymbol{B}$、$\boldsymbol{C}$，即可得到系统状态空间表达式的矩阵形式

$$\begin{cases}\dot{\boldsymbol{x}}=\boldsymbol{A}\boldsymbol{x}+\boldsymbol{B}\boldsymbol{u}\\ \boldsymbol{y}=\boldsymbol{C}\boldsymbol{x}\end{cases}$$

式中，$\boldsymbol{A}=\begin{pmatrix}-\dfrac{R}{L} & -\dfrac{K_e}{L}\\ \dfrac{K_T}{\overline{J}} & -\dfrac{\overline{B}}{\overline{J}}\end{pmatrix}$，$\boldsymbol{B}=\begin{pmatrix}\dfrac{1}{L} & 0\\ 0 & -\dfrac{1}{\overline{J}}\end{pmatrix}$，$\boldsymbol{C}=(0,\ 1)$。

1.3.3 由传递函数建立状态空间表达式

在经典控制理论中应用传递函数来描述元件或系统的输入输出关系。因此，由传递函数建立状态空间表达式，需先将传递函数转化为线性常微分方程，再结合前述方法来求解系统的状态空间表达式。这属于现代控制理论中的实现问题，是一个逆问题，所求解的状态空间表达式既保持了原传递函数所确定的输入输出关系，又完整地揭示了系统的内部结构。

从给定的传递函数求得的状态空间表达式并不唯一，可以有无穷多个，却能获得相同的输入输出关系。传递函数的分解是建立状态空间表达式的关键。这里将介绍三种方法：直接分解、串联分解和并联分解。在介绍之前，先回顾一下传递函数的相关知识。

传递函数 $G(s)$ 概念的适用范围限于线性常微分方程系统，其定义为在全部初始条件为零时，输出量 $Y(s)$（或称响应函数）与输入量 $U(s)$（或称驱动函数）的拉普拉斯变换之比。

考虑如下 n 阶微分方程描述的线性定常系统：

$$\begin{aligned}&a_0y^{(n)}+a_1y^{(n-1)}+\cdots+a_{n-1}\dot{y}+a_ny\\=&b_0x^{(m)}+b_1x^{(m-1)}+\cdots+b_{m-1}\dot{x}+b_mx(n\geqslant m)\end{aligned}\tag{1-48}$$

其传递函数 $G(s)$ 表示为

$$G(s)=\frac{Y(s)}{U(s)}=\frac{b_0s^m+b_1s^{m-1}+\cdots+b_{m-1}s+b_m}{a_0s^n+a_1s^{n-1}+\cdots+a_{n-1}s+a_n}\tag{1-49}$$

由式(1-49)可知：利用传递函数的概念可以用以 s 为变量的代数方程表示系统的动态特性。如果传递函数分母中 s 的最高阶次为 n，则称该系统为 n 阶系统。虽然状态变量的选取不唯一，但只要传递函数中的分子、分母没有公因子，也就是不出现零极点对消，则 n 阶系统必有 n 个独立的状态变量，必然可分解为 n 个一阶系统，每一种实现的系统矩阵阶次均为 n 且具有相同的特征值。本节将重点讨论这种无零点时的实现，即最小实现。

给定一般 n 阶严格有理真分式传递函数为

$$G(s)=\frac{Y(s)}{U(s)}=\frac{b_1s^{n-1}+b_2s^{n-2}+\cdots+b_{n-1}s+b_n}{s^n+a_1s^{n-1}+\cdots+a_{n-1}s+a_n}\tag{1-50}$$

式中，a_i、b_i是常实数系数，$i=1,2,\cdots,n$。

1. 直接分解

将式(1-50)的分子、分母同除以s^n，可得

$$G(s)=\frac{Y(s)}{U(s)}=\frac{b_1s^{-1}+b_2s^{-2}+\cdots+b_{n-1}s^{-(n-1)}+b_ns^{-n}}{1+a_1s^{-1}+\cdots+a_{n-1}s^{-(n-1)}+a_ns^{-n}}\tag{1-51}$$

构造中间变量

$$M(s)=U(s)\frac{1}{1+a_1s^{-1}+\cdots+a_{n-1}s^{-(n-1)}+a_ns^{-n}}\tag{1-52}$$

将式(1-51)的分子、分母同乘以中间变量 $M(s)$，即

$$G(s)=\frac{Y(s)}{U(s)}=\frac{(b_1s^{-1}+b_2s^{-2}+\cdots+b_{n-1}s^{-(n-1)}+b_ns^{-n})M(s)}{(1+a_1s^{-1}+\cdots+a_{n-1}s^{-(n-1)}+a_ns^{-n})M(s)}\tag{1-53}$$

则输出量 $Y(s)$ 可变为

$$Y(s)=b_1s^{-1}M(s)+b_2s^{-2}M(s)+\cdots+b_{n-1}s^{-(n-1)}M(s)+b_ns^{-n}M(s)\tag{1-54}$$

根据式(1-54)指定每个积分器的输出为状态变量，为

$$\begin{cases} x_1 = L^{-1}(s^{-n}M(s)) \\ x_2 = L^{-1}(s^{-(n-1)}M(s)) \\ \vdots \\ x_n = L^{-1}(s^{-1}M(s)) \end{cases} \tag{1-55}$$

将各积分环节（1/s）变换成相应的系统模拟结构图，如图 1-18 所示，读者可试用模拟结构图的化简原则（移动引出点），验证此图中的传递函数是否与式(1-50）一致。

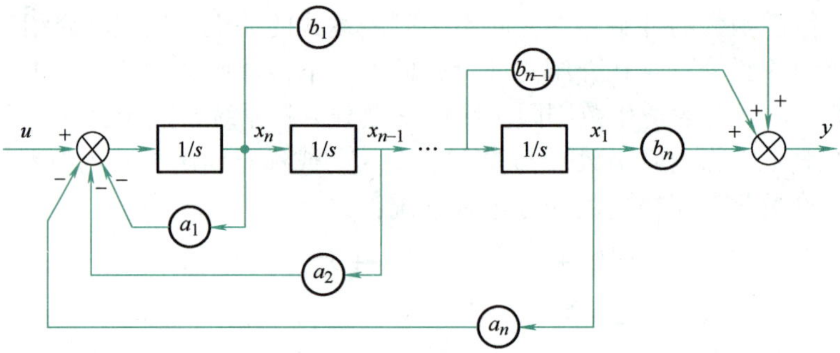

图 1-18　直接分解法实现的模拟结构图

由图 1-18 可列写系统状态空间表达式为

$$\begin{cases} \begin{pmatrix} \dot{x}_1 \\ \dot{x}_2 \\ \vdots \\ \dot{x}_{n-1} \\ \dot{x}_n \end{pmatrix} = \begin{pmatrix} 0 & 1 & 0 & \cdots & 0 \\ 0 & 0 & 1 & \cdots & 0 \\ \vdots & \vdots & \vdots & & \vdots \\ 0 & 0 & 0 & \cdots & 1 \\ -a_n & -a_{n-1} & -a_{n-2} & \cdots & -a_1 \end{pmatrix} \begin{pmatrix} x_1 \\ x_2 \\ \vdots \\ x_{n-1} \\ x_n \end{pmatrix} + \begin{pmatrix} 0 \\ 0 \\ \vdots \\ 0 \\ 1 \end{pmatrix} u \\ y = (b_n, b_{n-1}, \cdots, b_2, b_1) \begin{pmatrix} x_1 \\ x_2 \\ \vdots \\ x_{n-1} \\ x_n \end{pmatrix} \end{cases} \tag{1-56}$$

2. 串联分解

串联分解是将传递函数 $G(s)$ 的分子和分母分别进行因式分解，使得 $G(s)$ 变成若干个一阶、二阶传递函数的乘积，即分别对应各个一阶、二阶子系统模拟，再将其串联连接得到整个系统模拟结构图，最后列写系统的状态空间表达式。

令已分解为因式相乘的传递函数（零点、极点形式）$G(s)$ 为

$$G(s) = \frac{b_1(s+z_1)(s+z_2)\cdots(s+z_{n-2})(s+z_{n-1})}{(s+p_1)(s+p_2)\cdots(s+p_{n-1})(s+p_n)} \tag{1-57}$$

式中，z_i为实数，$i=1,2,\cdots,n-1$；p_j为实数，$j=1,2,\cdots,n$。

式(1-57) 可改写为

$$G(s)=\frac{b_1}{s+p_1}\cdot\frac{s+z_1}{s+p_2}\cdot\cdots\cdot\frac{s+z_{n-2}}{s+p_{n-1}}\cdot\frac{s+z_{n-1}}{s+p_n} \tag{1-58}$$

式(1-58) 表明：整个系统可看成由 n 个一阶子系统串联而成，可将其变换成相应的系统模拟结构图，如图 1-19 所示。

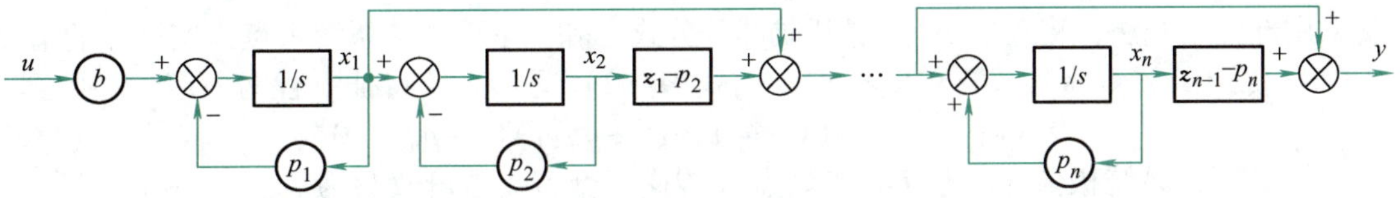

图 1-19 串联分解法实现的模拟结构图

指定每个积分器的输出为状态变量，即 $\boldsymbol{x}=(x_1,\ x_2,\ \cdots,\ x_n)^{\mathrm{T}}$，则系统输出方程为

$$y=x_1+(z_1-p_2)x_2+(z_2-p_3)x_3+\cdots+(z_{n-1}-p_n)x_n \tag{1-59}$$

由图 1-19 可列写系统状态方程为

$$\begin{cases}\dot{x}_1=-p_1x_1+b_1u\\ \dot{x}_2=x_1-p_2x_2\\ \dot{x}_3=x_1+(z_1-p_2)x_2-p_3x_3\\ \dot{x}_4=x_1+(z_1-p_2)x_2+(z_2-p_3)x_3-p_4x_4\\ \quad\vdots\\ \dot{x}_n=x_1+(z_1-p_2)x_2+(z_2-p_3)x_3+\cdots+(z_{n-2}-p_{n-1})x_{n-1}-p_nx_n\end{cases} \tag{1-60}$$

联立式(1-59) 和式(1-60)，可得矢量矩阵形式的系统状态空间表达式为

$$\begin{cases}\begin{pmatrix}\dot{x}_1\\ \dot{x}_2\\ \dot{x}_3\\ \dot{x}_4\\ \vdots\\ \dot{x}_n\end{pmatrix}=\begin{pmatrix}-p_1 & 0 & 0 & 0 & \cdots & 0\\ 1 & -p_2 & 0 & 0 & \cdots & 0\\ 1 & z_1-p_2 & -p_3 & 0 & \cdots & 0\\ 1 & z_1-p_2 & z_2-p_3 & -p_4 & \cdots & 0\\ \vdots & \vdots & \vdots & \vdots & & \vdots\\ 1 & z_1-p_2 & z_2-p_3 & z_3-p_4 & \cdots & -p_n\end{pmatrix}\begin{pmatrix}x_1\\ x_2\\ x_3\\ x_4\\ \vdots\\ x_n\end{pmatrix}+\begin{pmatrix}b_1\\ 0\\ 0\\ 0\\ \vdots\\ 0\end{pmatrix}u\\ y=(1,\ z_1-p_2,\ z_2-p_3,\ z_3-p_4,\ \cdots,\ z_{n-1}-p_n)\begin{pmatrix}x_1\\ x_2\\ x_3\\ x_4\\ \vdots\\ x_n\end{pmatrix}\end{cases} \tag{1-61}$$

3. 并联分解

并联分解采用部分分式法，将传递函数 $G(s)$ 分解成若干个一阶、二阶传递函数之和，即分别对应各个一阶、二阶子系统，再将其并联连接得到整个系统模拟结构图，最后列写系统的状态空间表达式。令 n 阶严格有理真分式传递函数 $G(s)$ 为

$$G(s)=\frac{M(s)}{(s+p_1)(s+p_2)\cdots(s+p_{n-1})(s+p_n)} \tag{1-62}$$

式中，$-p_i$为系统极点，$i=1,\ 2,\ \cdots,\ n$。

采用部分分式法，将式(1-62)展开成部分分式之和。下面讨论系统极点为实极点的情况。

(1) 传递函数 $\boldsymbol{G}(\boldsymbol{s})$ 仅含单实极点　由式(1-62)写出系统特征方程为

$$D(s)=(s+p_1)(s+p_2)\cdots(s+p_{n-1})(s+p_n)=0 \tag{1-63}$$

该情况下，系统极点 $-p_i$为互异实极点。传递函数 $G(s)$ 可改写为

$$G(s)=\frac{c_1}{s+p_1}+\frac{c_2}{s+p_2}+\cdots+\frac{c_n}{s+p_n} \tag{1-64}$$

式中，$c_i=\lim\limits_{s\to p_i}(s+p_i)G(s)$，$i=1,\ 2,\ \cdots,\ n$。

式(1-64)表明：当系统仅含单实极点时，整个系统可看成由 n 个一阶子系统并联而成，可将其变换成相应的系统模拟结构图，如图 1-20 所示。

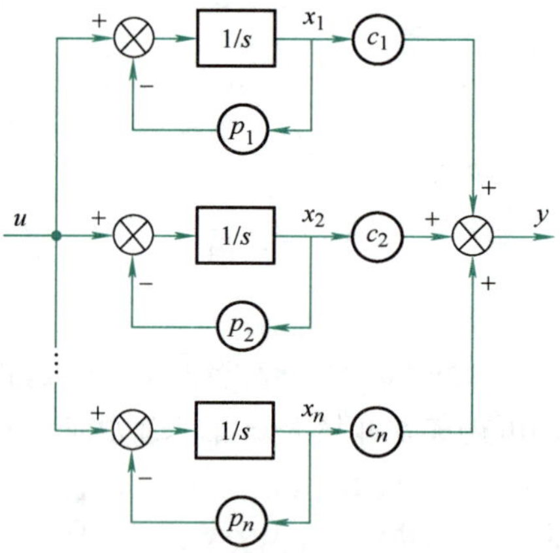

图 1-20　对角标准型并联实现的模拟结构图

指定每个积分器的输出为状态变量，即 $\boldsymbol{x}=(x_1\quad x_2\quad\cdots\quad x_n)^{\mathrm{T}}$，则列写矢量矩阵形式的系统状态空间表达式为

$$\begin{cases}\begin{pmatrix}\dot{x}_1\\ \dot{x}_2\\ \vdots\\ \dot{x}_n\end{pmatrix}=\begin{pmatrix}-p_1 & 0 & \cdots & 0\\ 0 & -p_2 & \cdots & 0\\ \vdots & \vdots & & \vdots\\ 0 & 0 & \cdots & -p_n\end{pmatrix}\begin{pmatrix}x_1\\ x_2\\ \vdots\\ x_n\end{pmatrix}+\begin{pmatrix}1\\ 1\\ \vdots\\ 1\end{pmatrix}u\\ y=(c_1,\ c_2,\ \cdots,\ c_n)\begin{pmatrix}x_1\\ x_2\\ \vdots\\ x_n\end{pmatrix}\end{cases} \tag{1-65}$$

由式(1-65) 可知：系统矩阵 $\boldsymbol{A}$ 为对角标准型，对角线上各元素为系统的特征值，即传递函数的极点。因此，式(1-65) 也称为对角标准型状态空间表达式。

(2) 传递函数 $\boldsymbol{G}(\boldsymbol{s})$ 含重实极点　当传递函数 $G(s)$ 含重实极点时，设

$$G(s)=\frac{M(s)}{(s+p_1)^q(s+p_{q+1})\cdots(s+p_n)} \tag{1-66}$$

该情况下，极点 $-p_1$ 为 q 重实极点，其他极点 $-p_i(i=q+1,\ q+2,\ \cdots,\ n)$ 为单实极点。传递函数 $G(s)$ 可改写为

$$G(s)=\frac{c_{11}}{(s+p_1)^q}+\frac{c_{12}}{(s+p_1)^{q-1}}+\cdots+\frac{c_{1q}}{s+p_1}+\frac{c_{q+1}}{s+p_{q+1}}+\cdots+\frac{c_n}{s+p_n} \tag{1-67}$$

式中，$c_i=\lim\limits_{s\to p_i}(s+p_i)G(s)$，$i=q+1,q+2,\cdots,n$；$c_{1j}=\lim\limits_{s\to p_1}\dfrac{1}{(j-1)!}\dfrac{\mathrm{d}^{(j-1)}}{\mathrm{d}s^{(j-1)}}[(s+p_1)^qG(s)]$，$j=1,2,\cdots,q$。

由式(1-67) 选择系统状态变量的拉普拉斯变换为

$$\begin{cases}X_1(s)=\dfrac{1}{(s+p_1)^q}U(s)\\X_2(s)=\dfrac{1}{(s+p_1)^{q-1}}U(s)\\\quad\vdots\\X_q(s)=\dfrac{1}{s+p_1}U(s)\\X_{q+1}(s)=\dfrac{1}{s+p_{q+1}}U(s)\\\quad\vdots\\X_n(s)=\dfrac{1}{s+p_n}U(s)\end{cases} \tag{1-68}$$

整理式(1-68) 可得

$$\begin{cases}sX_1(s)=-p_1X_1(s)+X_2(s)\\sX_2(s)=-p_1X_2(s)+X_3(s)\\\quad\vdots\\sX_q(s)=-p_1X_q(s)+U(s)\\sX_{q+1}(s)=-p_{q+1}X_{q+1}(s)+U(s)\\\quad\vdots\\sX_n(s)=-p_nX_n(s)+U(s)\end{cases} \tag{1-69}$$

对式(1-69) 进行拉普拉斯逆变换，得状态方程为

$$
\begin{cases}
\dot{x}_1 = -p_1x_1 + x_2 \\
\dot{x}_2 = -p_1x_2 + x_3 \\
\quad\vdots \\
\dot{x}_{q-1} = -p_1x_{q-1} + x_q \\
\dot{x}_q = -p_1x_q + u \\
\dot{x}_{q+1} = -p_{q+1}x_{q+1} + u \\
\quad\vdots \\
\dot{x}_n = -p_nx_n + u
\end{cases} \tag{1-70}
$$

由式(1-67)和式(1-68)得输出量 $Y(s)$ 为

$$
Y(s) = c_{11}X_1(s) + c_{12}X_2(s) + \cdots + c_{1q}X_q(s) + c_{q+1}X_{q+1}(s) + \cdots + c_nX_n(s) \tag{1-71}
$$

对式(1-71)进行拉普拉斯逆变换，得输出方程为

$$
y = c_{11}x_1 + c_{12}x_2 + \cdots + c_{1q}x_q + c_{q+1}x_{q+1} + \cdots + c_nx_n \tag{1-72}
$$

联立式(1-70)和式(1-72)，可得矢量矩阵形式的系统状态空间表达式为

$$
\begin{cases}
\begin{pmatrix} \dot{x}_1 \\ \dot{x}_2 \\ \vdots \\ \dot{x}_{q-1} \\ \dot{x}_q \\ \dot{x}_{q+1} \\ \vdots \\ \dot{x}_n \end{pmatrix} =
\begin{pmatrix}
-p_1 & 1 & & & & & & \\
 & -p_1 & 1 & & & & & \\
 & & \ddots & \ddots & & & & \\
 & & & -p_1 & 1 & & & \\
 & & & & -p_1 & 0 & & \\
 & & & & & -p_{q+1} & 0 & \\
 & & & & & & \ddots & \ddots \\
 & & & & & & -p_n & 0
\end{pmatrix}
\begin{pmatrix} x_1 \\ x_2 \\ \vdots \\ x_{q-1} \\ x_q \\ x_{q+1} \\ \vdots \\ x_n \end{pmatrix} +
\begin{pmatrix} 0 \\ 0 \\ \vdots \\ 0 \\ 1 \\ 1 \\ \vdots \\ 1 \end{pmatrix} u \\
y = (c_{11},\ c_{12},\ \cdots,\ c_{1(q-1)},\ c_{1q},\ c_{q+1},\ \cdots,\ c_n)\boldsymbol{x}
\end{cases} \tag{1-73}
$$

由式(1-73)可知：系统矩阵 $\boldsymbol{A}$ 为 Jordan（约旦或若尔当）标准型，$\boldsymbol{A}$ 中虚线表示出了一个对应 q 重实极点 $-p_1$ 的 q 阶若尔当块。因此，式(1-73)也称为若尔当标准型状态空间表达式。

图 1-21 所示为对应的系统模拟结构图。

(3) 传递函数 $\boldsymbol{G}(s)$ 同时含单实极点和重极点　当 $-p_1$、$-p_2$、…、$-p_k$ 为单实极点，$-p_{k+1}$ 为 q_1 重极点，$-p_{k+2}$ 为 q_2 重极点，…，$-p_{k+m}$ 为 q_m 重极点，且 $k+q_1+\cdots+q_m=n$，则可直接列写若尔当标准型状态空间表达式，即

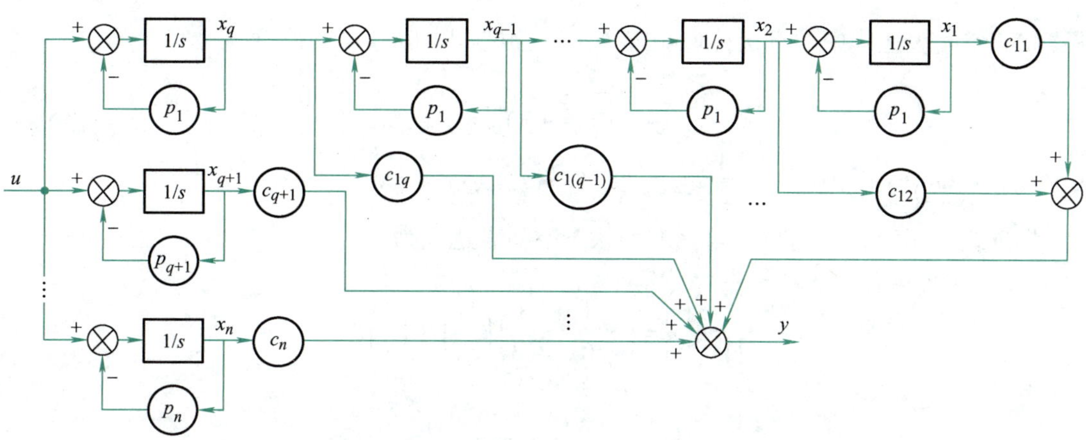

图 1-21　若尔当标准型并联实现的模拟结构图

$$
\begin{cases}
\begin{pmatrix} \dot{x}_1 \\ \dot{x}_2 \\ \vdots \\ \dot{x}_k \\ \dot{x}_{k+1} \\ \vdots \\ \dot{x}_{k+q_1-1} \\ \dot{x}_{k+q_1} \\ \vdots \\ \dot{x}_{n-q_m+1} \\ \vdots \\ \dot{x}_{n-1} \\ \dot{x}_n \end{pmatrix} =
\begin{pmatrix}
p_1 & 0 & & & & & & & & & \\
 & p_2 & 0 & & & & & & & & \\
 & & \ddots & \ddots & & & & & & & \\
 & & & p_k & 0 & & & & & & \\
 & & & & p_{k+1} & 1 & & & & & \\
 & & & & & \ddots & \ddots & & & & \\
 & & & & & & p_{k+1} & 1 & & & \\
 & & & & & & & p_{k+1} & 1 & & \\
 & & & & & & & & \ddots & \ddots & \\
 & & & & & & & & & p_{k+m} & 1 \\
 & & & & & & & & & \ddots & \ddots \\
 & & & & & & & & & & p_{k+m} \quad 1 \\
 & & & & & & & & & & p_{k+m}
\end{pmatrix}
\begin{pmatrix} x_1 \\ x_2 \\ \vdots \\ x_k \\ x_{k+1} \\ \vdots \\ x_{k+q_1-1} \\ x_{k+q_1} \\ \vdots \\ x_{n-q_m+1} \\ \vdots \\ x_{n-1} \\ x_n \end{pmatrix} +
\begin{pmatrix} 1 \\ 1 \\ \vdots \\ 1 \\ 0 \\ \vdots \\ 0 \\ 1 \\ \vdots \\ 0 \\ \vdots \\ 0 \\ 1 \end{pmatrix} u \\
\boldsymbol{y} = (c_1,\ \cdots,\ c_k,\ c_{k+1,1},\ \cdots,\ c_{k+1,q},\ \cdots,\ c_{k+m,1},\ \cdots,\ c_{k+m,q_m})\boldsymbol{x}
\end{cases}
\tag{1-74}
$$

下面通过两个示例对上述并联分解方法进行解释说明。

【例 1-7】

给定系统的传递函数

$$G(s) = \frac{s^2+6s+8}{s^2+4s+3}$$

求解对角标准型状态空间表达式。

解： 传递函数 $G(s)$ 仅含单实极点，则

$$G(s) = \frac{2s+5}{s^2+4s+3} + 1 = \overline{G}(s) + 1$$

即：状态空间表达式中的直接传递矩阵 $D=1$。根据式(1-64)可得

$$\overline{G}(s)=\frac{2s+5}{(s+1)(s+3)}=\frac{c_1}{s+1}+\frac{c_2}{s+3}$$

式中，$c_1=\lim\limits_{s\to -1}(s+1)\overline{G}(s)=\dfrac{3}{2}$，$c_2=\lim\limits_{s\to -3}(s+3)\overline{G}(s)=\dfrac{1}{2}$。

根据式(1-65)，可列写对角标准型状态空间表达式为

$$\begin{cases}\begin{pmatrix}\dot{x}_1\\ \dot{x}_2\end{pmatrix}=\begin{pmatrix}-1 & 0\\ 0 & -3\end{pmatrix}\begin{pmatrix}x_1\\ x_2\end{pmatrix}+\begin{pmatrix}1\\ 1\end{pmatrix}u\\ y=\left(\dfrac{3}{2},\ \dfrac{1}{2}\right)\begin{pmatrix}x_1\\ x_2\end{pmatrix}+u\end{cases}$$

【例 1-8】

给定系统的传递函数

$$G(s)=\frac{4s^2+10s+5}{s^3+5s^2+8s+4}$$

求解若尔当标准型状态空间表达式。

解：传递函数 $G(s)$ 含重实极点，根据式(1-66)和式(1-67)可得

$$G(s)=\frac{4s^2+10s+5}{(s+2)^2(s+1)}=\frac{c_{11}}{(s+2)^2}+\frac{c_{12}}{s+2}+\frac{c_3}{s+1}$$

式中，$c_{11}=\lim\limits_{s\to -2}(s+2)^2G(s)=-1$；$c_{12}=\dfrac{1}{(2-1)!}\lim\limits_{s\to -2}\dfrac{\mathrm{d}^{(2-1)}}{\mathrm{d}s^{(2-1)}}[(s+2)^2G(s)]=5$；$c_3=\lim\limits_{s\to -1}(s+1)G(s)=-1$。

根据式(1-73)，可列写若尔当标准型状态空间表达式为

$$\begin{cases}\begin{pmatrix}\dot{x}_1\\ \dot{x}_2\\ \dot{x}_3\end{pmatrix}=\begin{pmatrix}-2 & 1 & 0\\ 0 & -2 & 0\\ 0 & 0 & -1\end{pmatrix}\begin{pmatrix}x_1\\ x_2\\ x_3\end{pmatrix}+\begin{pmatrix}0\\ 1\\ 1\end{pmatrix}u\\ y=(-1,\ 5,\ -1)\begin{pmatrix}x_1\\ x_2\\ x_3\end{pmatrix}\end{cases}$$

1.3.4 由微分方程建立状态空间表达式

如 1.3.3 节所述，在经典控制理论中，系统的输入输出关系是用传递函数或微分方程来描述的。对于其实现问题，所求解的状态空间表达式既要保持原系统的输入输出关系，又可确定系统的内部结构特性。本小节将给出直接由微分方程建立系统状态空间表达式的方法。

下面从微分方程中是否含有导数项进行讨论。

1. 微分方程中输入函数不含导数项

当线性定常系统的输入量不含导数项时，描述该系统微分方程的一般形式为

$$y^{(n)}+a_1y^{(n-1)}+\cdots+a_{n-1}\dot{y}+a_ny=bu \tag{1-75}$$

由微分方程基本理论可知：若给定初始条件 $y^{(i-1)}(0),i=0,1,\cdots,n-1$，以及输入 $u(t)$，$t\geqslant0$,则式(1-75）的解是唯一的。因此，选取各阶导数为状态变量，即 $x_1=y,x_2=\dot{y},\cdots,x_n=y^{(n-1)}$，则式(1-75）可变换为

$$\begin{cases}\dot{x}_1=x_2\\ \dot{x}_2=x_3\\ \quad\vdots\\ \dot{x}_{n-1}=x_n\\ \dot{x}_n=-a_nx_1-a_{n-1}x_2-\cdots-a_2x_{n-1}-a_1x_n+bu\\ y=x_1\end{cases} \tag{1-76}$$

若引入系数矩阵 $\boldsymbol{A}$、$\boldsymbol{B}$、$\boldsymbol{C}$，则式(1-76）可化为状态空间表达式的简洁形式，即

$$\begin{cases}\dot{\boldsymbol{x}}=\boldsymbol{Ax}+\boldsymbol{B}u\\ y=\boldsymbol{Cx}\end{cases}$$

式中，$\boldsymbol{x}=\begin{pmatrix}x_1\\x_2\\\vdots\\x_{n-1}\\x_n\end{pmatrix}$，$\boldsymbol{A}=\begin{pmatrix}0&1&0&\cdots&0\\0&0&1&\cdots&0\\\vdots&\vdots&\vdots&&\vdots\\0&0&0&\cdots&1\\-a_n&-a_{n-1}&-a_{n-2}&\cdots&-a_1\end{pmatrix}$，$\boldsymbol{B}=\begin{pmatrix}0\\0\\\vdots\\0\\b\end{pmatrix}$，$\boldsymbol{C}=(1,\ 0,\ 0,\ \cdots,\ 0)$。

上式中系统矩阵 $\boldsymbol{A}$ 也称为友矩阵，友矩阵的特点是主对角线上方的元素均为 1，最后一行的元素可取任意值，其余元素均为零。

另外，系统微分方程相应的传递函数为

$$G(s)=\frac{b}{s^n+a_1s^{n-1}+\cdots+a_{n-1}s+a_n} \tag{1-77}$$

与式(1-76）对应的系统模拟结构图，如图 1-22 所示。

2. 微分方程中输入函数包含导数项

当线性定常系统的输入量包含导数项，且导数项阶数小于或等于系统的阶数 n 时，描述该系统微分方程的一般形式为

$$y^{(n)}+a_1y^{(n-1)}+\cdots+a_{n-1}\dot{y}+a_ny=b_0u^{(n)}+b_1u^{(n-1)}+\cdots+b_{n-1}\dot{u}+b_nu \tag{1-78}$$

该情况下，若选用各阶导数作为状态变量，则状态方程中将包含有输入量 u 的导数项。这可能会导致系统在状态空间中的运动出现无穷大的跳变，从而破坏方程解的唯一性和可解性。为解决这个问题，通常选用输出 y、输入 u 及它们的各阶导数作为状态变量，使得状态方程中不含有 u 的导数项。

选取一组状态变量为

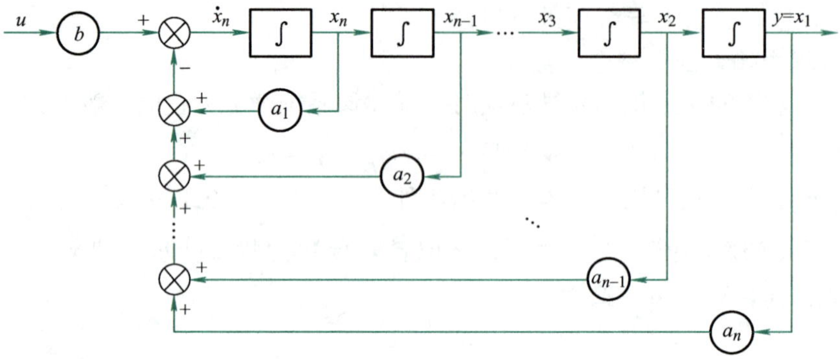

图 1-22 式(1-76) 系统模拟结构图

$$
\begin{cases}
x_1 = y - \alpha_0 u \\
x_2 = \dot{y} - \alpha_0 \dot{u} - \alpha_1 u \\
x_3 = \ddot{y} - \alpha_0 \ddot{u} - \alpha_1 \dot{u} - \alpha_2 u \\
\quad \vdots \\
x_{n-1} = y^{(n-2)} - \alpha_0 u^{(n-2)} - \alpha_1 u^{(n-3)} - \cdots - \alpha_{n-2} u \\
x_n = y^{(n-1)} - \alpha_0 u^{(n-1)} - \alpha_1 u^{(n-2)} - \cdots - \alpha_{n-1} u
\end{cases}
\tag{1-79}
$$

式中，α_i为待定系数，$i=0,1,\cdots,n-1$。

对式(1-79) 求导，可得

$$
\begin{cases}
\dot{x}_1 = x_2 + \alpha_1 u \\
\dot{x}_2 = x_3 + \alpha_2 u \\
\quad \vdots \\
\dot{x}_{n-1} = x_n + \alpha_{n-1} u \\
\dot{x}_n = y^{(n)} - \alpha_0 u^{(n)} - \alpha_1 u^{(n-1)} - \cdots - \alpha_{n-1} \dot{u}
\end{cases}
\tag{1-80}
$$

由式(1-79) 和式(1-80) 所确定的 y 的各阶导数与状态变量的关系，式(1-78) 改写为

$$
\begin{aligned}
y^{(n)} = & -a_1 x_n - a_2 x_{n-1} - \cdots - a_{n-1} x_2 - a_n x_1 - \\
& a_1(\alpha_0 u^{(n-1)} + \alpha_1 u^{(n-2)} + \cdots + \alpha_{n-1} u) - \\
& a_2(\alpha_0 u^{(n-2)} + \alpha_1 u^{(n-3)} + \cdots + \alpha_{n-2} u) - \cdots - \\
& a_{n-1}(\alpha_0 \dot{u} + \alpha_1 u) - a_n \alpha_0 u + b_0 u^{(n)} + b_1 u^{(n-1)} + \cdots + b_{n-1} \dot{u} + b_n u
\end{aligned}
\tag{1-81}
$$

将式(1-81) 代入 $\dot{x}_n$，可得

$$
\begin{aligned}
\dot{x}_n = & -a_n x_1 - a_{n-1} x_2 - \cdots - a_2 x_{n-1} - a_1 x_n + \\
& (b_0 - \alpha_0) u^{(n)} + (b_1 - \alpha_1 - a_1 \alpha_0) u^{(n-1)} + (b_2 - \alpha_2 - a_1 \alpha_1 - a_2 \alpha_0) u^{(n-2)} + \cdots + \\
& (b_{n-1} - \alpha_{n-1} - a_1 \alpha_{n-2} - a_2 \alpha_{n-3} - \cdots - a_{n-1} \alpha_0) \dot{u} + \\
& (b_n - a_1 \alpha_{n-1} - a_2 \alpha_{n-2} - \cdots - a_n \alpha_0) u
\end{aligned}
\tag{1-82}
$$

为使得状态方程中不包含 u 的导数，则令式(1-82) 中 u 的各阶导数的系数为零，则可确定各待定系数$\alpha_i(i=0,1,\cdots,n-1)$，即

$$\begin{cases}\alpha_0=b_0\\ \alpha_1=b_1-a_1\alpha_0\\ \alpha_2=b_2-a_1\alpha_1-a_2\alpha_0\\ \quad\vdots\\ \alpha_{n-1}=b_{n-1}-a_1\alpha_{n-2}-a_2\alpha_{n-3}-\cdots-a_{n-1}\alpha_0\end{cases} \tag{1-83}$$

为使状态方程（1－80）中的各方程形式统一，又令式(1-82）中 u 的系数为 α_n，则

$$\alpha_n=b_n-a_1\alpha_{n-1}-a_2\alpha_{n-2}-\cdots-a_n\alpha_0 \tag{1-84}$$

因此，各待定系数$\alpha_i(i=0,1,\cdots,n-1,n)$的求解矩阵为

$$\begin{pmatrix}\alpha_0\\ \alpha_1\\ \vdots\\ \alpha_{n-1}\\ \alpha_n\end{pmatrix}=\begin{pmatrix}1&0&0&\cdots&0&0\\ a_1&1&0&\cdots&0&0\\ \vdots&\vdots&\vdots&&\vdots&\vdots\\ a_{n-1}&a_{n-2}&a_{n-3}&\cdots&1&0\\ a_n&a_{n-1}&a_{n-2}&\cdots&a_1&1\end{pmatrix}^{-1}\begin{pmatrix}b_0\\ b_1\\ \vdots\\ b_{n-1}\\ b_n\end{pmatrix} \tag{1-85}$$

此时，式(1-82）改写为

$$\dot{x}_n=-a_nx_1-a_{n-1}x_2-\cdots-a_2x_{n-1}-a_1x_n+\alpha_nu$$

由式(1-80）和式(1-81)，引入系数矩阵 $\boldsymbol{A}$、$\boldsymbol{B}$、$\boldsymbol{C}$、$\boldsymbol{D}$，列写系统状态空间表达式，即

$$\begin{cases}\dot{\boldsymbol{x}}=\boldsymbol{Ax}+\boldsymbol{B}u\\ y=\boldsymbol{Cx}+\boldsymbol{D}u\end{cases}$$

式中，$\boldsymbol{A}=\begin{pmatrix}0&1&0&\cdots&0\\ 0&0&1&\cdots&0\\ \vdots&\vdots&\vdots&&\vdots\\ 0&0&0&\cdots&1\\ -a_n&-a_{n-1}&-a_{n-2}&\cdots&-a_1\end{pmatrix}$，$\boldsymbol{B}=\begin{pmatrix}\alpha_1\\ \alpha_2\\ \vdots\\ \alpha_{n-1}\\ \alpha_n\end{pmatrix}$，$\boldsymbol{C}=(1,\ 0,\ \cdots,\ 0,\ 0)$，$D=\alpha_0$。

与式(1-79）对应的系统模拟结构图如图 1-23 所示。

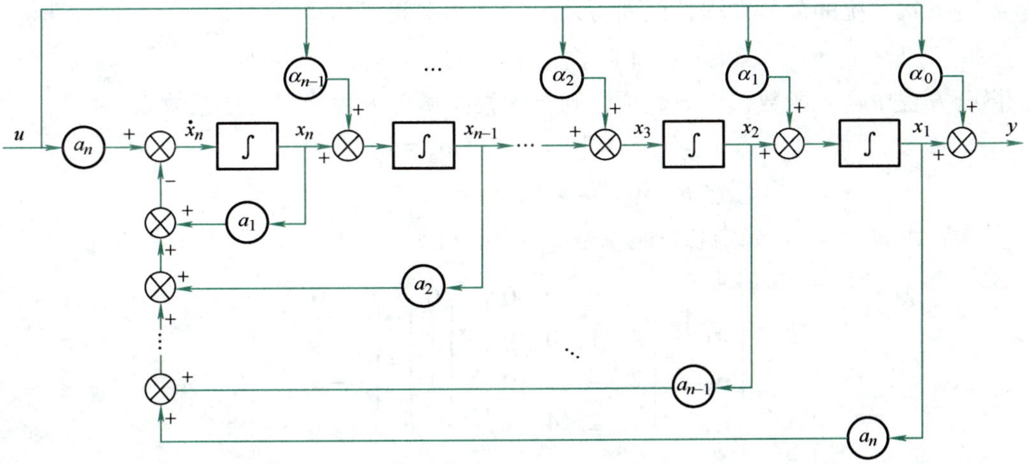

图 1-23　式(1-79）系统模拟结构图

下面通过两个示例进行上述由微分方程建立状态空间表达式的解释说明。

【例 1-9】

给定下式系统的微分方程，求解系统的状态空间表达式。

$$\dddot{y}+6\ddot{y}+41\dot{y}+7y=6u$$

解：微分方程中输入函数不含导数项，选取各阶导数 y、$\dot{y}$、$\ddot{y}$ 为状态变量，即

$$\boldsymbol{x}=\begin{pmatrix}y\\ \dot{y}\\ \ddot{y}\end{pmatrix}=\begin{pmatrix}x_1\\ x_2\\ x_3\end{pmatrix}$$

根据式(1-76)，可得

$$\begin{cases}\dot{x}_1=x_2\\ \dot{x}_2=x_3\\ \dot{x}_3=-7x_1-41x_2-6x_3+6u\\ y=x_1\end{cases}$$

则系统矢量矩阵形式的状态空间表达式为

$$\begin{cases}\begin{pmatrix}\dot{x}_1\\ \dot{x}_2\\ \dot{x}_3\end{pmatrix}=\begin{pmatrix}0&1&0\\ 0&0&1\\ -7&-41&-6\end{pmatrix}\begin{pmatrix}x_1\\ x_2\\ x_3\end{pmatrix}+\begin{pmatrix}0\\ 0\\ 6\end{pmatrix}u\\ y=(1,\ 0,\ 0)\begin{pmatrix}x_1\\ x_2\\ x_3\end{pmatrix}\end{cases}$$

【例 1-10】

给定下式系统的微分方程，试列写系统的状态空间表达式。

$$\dddot{y}+4\ddot{y}+2\dot{y}+y=\ddot{u}+\dot{u}+3u$$

解：微分方程中输入函数包含导数项，则首先根据微分方程确定各项系数为

$$a_1=4,\ a_2=2,\ a_3=1$$

$$b_0=0,\ b_1=1,\ b_2=1,\ b_3=3$$

其次，由式(1-85) 确定各待定系数$\alpha_i(i=0,1,\cdots,n-1,n)$，即

$$\begin{pmatrix}\alpha_0\\ \alpha_1\\ \alpha_2\\ \alpha_3\end{pmatrix}=\begin{pmatrix}1&0&0&0\\ 4&1&0&0\\ 2&4&1&0\\ 1&2&4&1\end{pmatrix}^{-1}\begin{pmatrix}0\\ 1\\ 1\\ 3\end{pmatrix}=\begin{pmatrix}0\\ 1\\ -3\\ 13\end{pmatrix}$$

则系统矢量矩阵形式的状态空间表达式为

$$\begin{cases}\begin{pmatrix}\dot{x}_1\\ \dot{x}_2\\ \dot{x}_3\end{pmatrix}=\begin{pmatrix}0 & 1 & 0\\ 0 & 0 & 1\\ -1 & -2 & -4\end{pmatrix}\begin{pmatrix}x_1\\ x_2\\ x_3\end{pmatrix}+\begin{pmatrix}1\\ -3\\ 13\end{pmatrix}u\\ y=(1,\ 0,\ 0)\begin{pmatrix}x_1\\ x_2\\ x_3\end{pmatrix}\end{cases}$$

1.4　状态矢量的线性变换

对于给定的线性定常系统，系统矩阵 $\boldsymbol{A}$ 的特征值是表征系统动力学特性的一个重要参量。结合线性代数所学知识，系统矩阵 $\boldsymbol{A}$ 可通过适当的线性非奇异变换而得到以特征值表征的标准型矩阵。进一步可得到即标准型状态方程，对于分析系统的结构特性非常直观。当特征值互异时，标准型即为对角标准型形式；当特征值非互异时，标准型即为若尔当标准型。

如前所述，状态变量选取的不唯一，使得一个系统可以列写许多不同的状态空间表达式，而所选取的不同状态矢量之间，满足一种矢量的线性变换（或称坐标变换）关系，其本质上是状态空间的基底变换。

1.4.1　系统状态的线性变换方法及示例

给定如下线性定常系统的状态空间表达式为

$$\begin{cases}\dot{\boldsymbol{x}}=\boldsymbol{Ax}+\boldsymbol{Bu}\\ \boldsymbol{y}=\boldsymbol{Cx}+\boldsymbol{Du}\end{cases}$$

对于一组由 n 个状态变量构成的 n 维状态矢量 $\boldsymbol{x}$，总可以找到任意一个非奇异矩阵 $\boldsymbol{P}$，将原状态矢量 $\boldsymbol{x}$ 作线性组合，构成新的一组状态矢量 $\boldsymbol{z}$，其变换关系为

$$\boldsymbol{x}=\boldsymbol{Pz}\text{ 或 }\boldsymbol{z}=\boldsymbol{P}^{-1}\boldsymbol{x} \tag{1-86}$$

式中，$\boldsymbol{P}$ 为 $n\times n$ 非奇异矩阵，通常称为变换矩阵。

将式(1-86) 代入原状态空间表达式，得到新的状态空间表达式为

$$\begin{cases}\dot{\boldsymbol{z}}=\boldsymbol{P}^{-1}\boldsymbol{APz}+\boldsymbol{P}^{-1}\boldsymbol{Bu}\\ \boldsymbol{y}=\boldsymbol{CPz}+\boldsymbol{Du}\end{cases} \tag{1-87}$$

同样，引入系数矩阵 $\overline{\boldsymbol{A}}$、$\overline{\boldsymbol{B}}$、$\overline{\boldsymbol{C}}$、$\overline{\boldsymbol{D}}$，式(1-87) 简写表达为

$$\begin{cases}\dot{\boldsymbol{z}}=\overline{\boldsymbol{A}}\boldsymbol{z}+\overline{\boldsymbol{B}}\boldsymbol{u}\\ \boldsymbol{y}=\overline{\boldsymbol{C}}\boldsymbol{z}+\overline{\boldsymbol{D}}\boldsymbol{u}\end{cases} \tag{1-88}$$

式中，$\overline{\boldsymbol{A}}=\boldsymbol{P}^{-1}\boldsymbol{AP},\overline{\boldsymbol{B}}=\boldsymbol{P}^{-1}\boldsymbol{B},\overline{\boldsymbol{C}}=\boldsymbol{CP},\overline{\boldsymbol{D}}=\boldsymbol{D}$。

【例 1-11】

给定下式系统的状态空间表达式，试求式(1-88) 形式的以 z 为状态变量的状态空间表达式。

$$\begin{cases}\begin{pmatrix}\dot{x}_1\\ \dot{x}_2\end{pmatrix}=\begin{pmatrix}0 & 1\\ -2 & -3\end{pmatrix}\begin{pmatrix}x_1\\ x_2\end{pmatrix}+\begin{pmatrix}0\\ 1\end{pmatrix}u\\ y=(6,\ 0)\begin{pmatrix}x_1\\ x_2\end{pmatrix}\end{cases}$$

解：1) 取变换矩阵 $\boldsymbol{P}=\begin{pmatrix}1 & 1\\ -1 & -2\end{pmatrix}$，则

$$\boldsymbol{P}^{-1}=\begin{pmatrix}2 & 1\\ -1 & -1\end{pmatrix}$$

新的状态矢量 z 为

$$\boldsymbol{z}=\boldsymbol{P}^{-1}\boldsymbol{x}=\begin{pmatrix}2 & 1\\ -1 & -1\end{pmatrix}\begin{pmatrix}x_1\\ x_2\end{pmatrix}=\begin{pmatrix}2x_1+x_2\\ -x_1-x_2\end{pmatrix}$$

根据式(1-87) 可求得以 z 为状态变量所描述的状态空间表达式为

$$\begin{cases}\dot{z}=\begin{pmatrix}-1 & 0\\ 0 & -2\end{pmatrix}z+\begin{pmatrix}1\\ -1\end{pmatrix}u\\ \boldsymbol{y}=(6,\ 6)z\end{cases}$$

2) 取变换矩阵 $\boldsymbol{P}=\begin{pmatrix}0 & \frac{1}{2}\\ \frac{1}{2} & -\frac{3}{2}\end{pmatrix}$，则

$$\boldsymbol{P}^{-1}=\begin{pmatrix}6 & 2\\ 2 & 0\end{pmatrix}$$

新的状态矢量 z 为

$$\boldsymbol{z}=\boldsymbol{P}^{-1}\boldsymbol{x}=\begin{pmatrix}6 & 2\\ 2 & 0\end{pmatrix}\begin{pmatrix}x_1\\ x_2\end{pmatrix}=\begin{pmatrix}6x_1+2x_2\\ 2x_1\end{pmatrix}$$

根据式(1-88) 可求得以 z 为状态矢量所描述的状态空间表达式为

$$\begin{cases}\dot{z}=\begin{pmatrix}0 & -2\\ 1 & -3\end{pmatrix}z+\begin{pmatrix}2\\ 0\end{pmatrix}u\\ \boldsymbol{y}=(0,\ 3)z\end{cases}$$

可见，采用不同的变换矩阵，可得到不同的状态空间表达式。

1.4.2 状态方程的标准型及其示例

1. 对角标准型

对于线性定常系统

$$\begin{cases} \dot{\boldsymbol{x}} = \boldsymbol{Ax} + \boldsymbol{Bu} \\ \boldsymbol{y} = \boldsymbol{Cx} \end{cases}$$

若系统的特征值$\lambda_i(i=1,2,\cdots,n)$ 互异，则必存在一个非奇异变换矩阵 $\boldsymbol{P}$，经 $\boldsymbol{z}=\boldsymbol{P}^{-1}\boldsymbol{x}$ 的线性变换后，可将系统的状态空间表达式变换为对角标准型，即系统矩阵 $\boldsymbol{A}$ 为

$$\boldsymbol{A} = \begin{pmatrix} \lambda_1 & & & \\ & \lambda_2 & & \\ & & \ddots & \\ & & & \lambda_n \end{pmatrix}$$

变换矩阵 $\boldsymbol{P}$ 可由对应各特征值 λ_i的特征矢量 $\boldsymbol{p}_i(i=1,2,\cdots,n)$ 来构造，即

$$\boldsymbol{Ap}_i = \lambda_i\boldsymbol{p}_i(i=1,2,\cdots,n) \tag{1-89}$$

则变换矩阵 $\boldsymbol{P}$ 为

$$\boldsymbol{P} = (\boldsymbol{p}_1, \ \boldsymbol{p}_2, \ \cdots, \ \boldsymbol{p}_n) \tag{1-90}$$

由式(1-90) 可知：特征矢量 $\boldsymbol{p}_i$是不唯一的，变换矩阵 $\boldsymbol{P}$ 也是不唯一的。

将系统的状态空间表达式变换为对角标准型，可以使得状态变量之间的耦合解除，即可表示为 n 个独立的状态变量方程，为研究系统的状态解耦提供了一种途径与方法。

若系统矩阵 $\boldsymbol{A}$ 具有友矩阵形式(见 1.3.4 节)，即

$$\boldsymbol{A} = \begin{pmatrix} 0 & 1 & 0 & \cdots & 0 \\ 0 & 0 & 1 & \cdots & 0 \\ \vdots & \vdots & \vdots & & \vdots \\ 0 & 0 & 0 & \cdots & 1 \\ -a_n & -a_{n-1} & -a_{n-2} & \cdots & -a_1 \end{pmatrix}$$

且特征值 $\lambda_i(i=1,2,\cdots,n)$ 互异，则若将此状态方程变换为对角标准型，变换矩阵 $\boldsymbol{P}$ 可选为范德蒙德矩阵，即

$$\boldsymbol{P} = \begin{pmatrix} 1 & 1 & \cdots & 1 \\ \lambda_1 & \lambda_2 & \cdots & \lambda_n \\ \vdots & \vdots & & \vdots \\ \lambda_1^{n-1} & \lambda_2^{n-1} & \cdots & \lambda_n^{n-1} \end{pmatrix} \tag{1-91}$$

则系数矩阵 $\overline{\boldsymbol{A}}$ 为

$$\overline{\boldsymbol{A}} = \boldsymbol{P}^{-1}\boldsymbol{AP} = \begin{pmatrix} \lambda_1 & & & \\ & \lambda_2 & & \\ & & \ddots & \\ & & & \lambda_n \end{pmatrix} \tag{1-92}$$

【例 1-12】

给定下式线性定常系统的状态方程，试将其变换为对角标准型。

$$\dot{\boldsymbol{x}} = \begin{pmatrix} 2 & -1 & -1 \\ 0 & -1 & 0 \\ 0 & 2 & 1 \end{pmatrix}\boldsymbol{x} + \begin{pmatrix} 1 \\ 2 \\ 3 \end{pmatrix}u$$

解： 系统矩阵 $\boldsymbol{A}$ 和控制矩阵 $\boldsymbol{B}$ 分别为

$$\boldsymbol{A}=\begin{pmatrix}2 & -1 & -1\\ 0 & -1 & 0\\ 0 & 2 & 1\end{pmatrix},\ \boldsymbol{B}=\begin{pmatrix}1\\ 2\\ 3\end{pmatrix}$$

系统的特征值由下式求得，即

$$|\lambda\boldsymbol{I}-\boldsymbol{A}|=\begin{vmatrix}\lambda-2 & 1 & 1\\ 0 & \lambda+1 & 0\\ 0 & -2 & \lambda-1\end{vmatrix}=(\lambda-2)(\lambda+1)(\lambda-1)=0$$

即系统的特征值 λ_i 为 $\lambda_1=2$，$\lambda_2=-1$，$\lambda_3=1$。

根据式(1-89)，分别求对应各特征值 λ_i 的特征矢量 $\boldsymbol{p}_i$，即变换矩阵 $\boldsymbol{P}$ 为

$$\boldsymbol{P}=(\boldsymbol{p}_1,\boldsymbol{p}_2,\boldsymbol{p}_3)=\begin{pmatrix}1 & 0 & 1\\ 0 & 1 & 0\\ 0 & -1 & 1\end{pmatrix}$$

变换矩阵 $\boldsymbol{P}$ 的逆矩阵 $\boldsymbol{P}^{-1}$ 为

$$\boldsymbol{P}^{-1}=\begin{pmatrix}1 & -1 & -1\\ 0 & 1 & 0\\ 0 & 1 & 1\end{pmatrix}$$

则系数矩阵 $\overline{\boldsymbol{A}}$ 和 $\overline{\boldsymbol{B}}$ 分别为

$$\overline{\boldsymbol{A}}=\boldsymbol{P}^{-1}\boldsymbol{A}\boldsymbol{P}=\begin{pmatrix}2 & 0 & 0\\ 0 & -1 & 0\\ 0 & 0 & 1\end{pmatrix},\ \overline{\boldsymbol{B}}=\boldsymbol{P}^{-1}\boldsymbol{B}=(-4,2,5)^{\mathrm{T}}$$

因此，系统状态方程变换为以 z 为状态变量的对角标准型为

$$\dot{z}=\overline{\boldsymbol{A}}z+\overline{\boldsymbol{B}}u=\begin{pmatrix}2 & 0 & 0\\ 0 & -1 & 0\\ 0 & 0 & 1\end{pmatrix}z+\begin{pmatrix}-4\\ 2\\ 5\end{pmatrix}u$$

2. 若尔当标准型

当 n 阶系统矩阵 $\boldsymbol{A}$ 的特征值非互异（即具有重特征值）时，分两种情况进行讨论：

1）系统矩阵 $\boldsymbol{A}$ 具有重特征值，且 $\boldsymbol{A}$ 仍有 n 个独立的特征矢量，则可将 $\boldsymbol{A}$ 变换为对角标准型。

2）系统矩阵 $\boldsymbol{A}$ 具有重特征值，且 $\boldsymbol{A}$ 独立特征矢量个数少于 n，则可将 $\boldsymbol{A}$ 变换为若尔当标准型。

设 n 阶系统矩阵 $\boldsymbol{A}$ 具有 m 重特征值 λ_1，其余 $n-m$ 个特征值 λ_{m+1}、λ_{m+2}、…、λ_n 互异，且 $\boldsymbol{A}$ 对应于 m 重特征值 λ_1 的独立特征矢量仅有一个，则 $\boldsymbol{A}$ 可变换为若尔当标准型 $\boldsymbol{J}$，即

$$
J = P^{-1}AP = \left(\begin{array}{cccc:ccc}
\lambda_1 & 1 & & & & & \\
 & \lambda_1 & \ddots & & & & \\
 & & \ddots & 1 & & & \\
 & & & \lambda_1 & & & \\
\hdashline
 & & & & \lambda_{m+1} & & \\
 & & & & & \ddots & \\
 & & & & & & \lambda_n
\end{array}\right) \tag{1-93}
$$

式(1-93)中：左上角虚线块表示对应 m 重特征值 λ_1 的 m 阶若尔当块 J_1，m 阶若尔当块 J_1 的主对角线元素为 m 重特征值 λ_1，主对角线上方的次对角线元素均为1，其余元素均为零。需要说明的是，若尔当块 J_1 为 $m \times m$ 子矩阵，即

$$
J_1 = \begin{pmatrix}
\lambda_1 & 1 & & \\
 & \lambda_1 & \ddots & \\
 & & \ddots & 1 \\
 & & & \lambda_1
\end{pmatrix} \tag{1-94}
$$

由于式(1-93)中右下角虚线块可表示为 $n-m$ 个一阶若尔当块，因此，式(1-93)所表示的若尔当标准型 J 是由 $n-m+1$ 个若尔当块组成的分块对角矩阵，也就是每个独立的特征矢量对应一个若尔当块。

式(1-93)中的非奇异变换矩阵 P 为

$$
P = (p_1, p_2, \cdots, p_m, p_{m+1}, \cdots, p_n) \tag{1-95}
$$

式中，p_2，…，p_m 为特征值 λ_1 对应的广义特征矢量，且满足

$$
\begin{cases}
A p_1 = \lambda_1 p_1 \\
A p_2 = p_1 + \lambda_1 p_2 \\
\qquad \vdots \\
A p_m = p_{m-1} + \lambda_1 p_m \\
A p_{m+1} = \lambda_{m+1} p_{m+1} \\
\qquad \vdots \\
A p_n = \lambda_n p_n
\end{cases}
\Rightarrow
\begin{cases}
(\lambda_1 I - A) p_1 = 0 \\
(\lambda_1 I - A) p_2 = -p_1 \\
\qquad \vdots \\
(\lambda_1 I - A) p_m = -p_{m-1} \\
(\lambda_{m+1} I - A) p_{m+1} = 0 \\
\qquad \vdots \\
(\lambda_n I - A) p_n = 0
\end{cases} \tag{1-96}
$$

上述关于系统矩阵 A 变换为若尔当标准型 J 的讨论，是针对矩阵 A 具有 m 重特征值 λ_1 且仅有1个独立特征矢量的情况。若矩阵 A 的 m 重特征值 λ_1 所对应的特征矢量个数为 q 个 $(1<q<m)$，则 m 阶若尔当块 J_1 应有 q 个若尔当块与其 m 重特征值 λ_1 对应；如若 $q=m$，则若尔当标准型 J 就成为对角标准型。因此，若尔当标准型通常不能通过线性变换实现状态变量的完全解耦，只能是尽可能达到最简耦合形式。

【例 1-13】

给定下式线性定常系统的状态方程和输出方程，试将其变换为若尔当标准型。

$$\begin{cases}\dot{\boldsymbol{x}}=\begin{pmatrix}0&1&0\\0&0&1\\2&3&0\end{pmatrix}\boldsymbol{x}+\begin{pmatrix}0\\0\\1\end{pmatrix}u\\ \boldsymbol{y}=(1,\ 0,\ 0)\boldsymbol{x}\end{cases}$$

解： 系统矩阵 $\boldsymbol{A}$、控制矩阵 $\boldsymbol{B}$ 和输出矩阵 $\boldsymbol{C}$ 分别为

$$\boldsymbol{A}=\begin{pmatrix}0&1&0\\0&0&1\\2&3&0\end{pmatrix},\ \boldsymbol{B}=\begin{pmatrix}0\\0\\1\end{pmatrix},\ \boldsymbol{C}=(1,\ 0,\ 0)$$

系统的特征值由下式求得，即

$$|\lambda\boldsymbol{I}-\boldsymbol{A}|=\begin{vmatrix}\lambda&-1&0\\0&\lambda&-1\\-2&-3&\lambda\end{vmatrix}=\lambda^3-3\lambda-2=(\lambda+1)^2(\lambda-2)=0$$

即系统的特征值 λ_i 为 $\lambda_1=-1$，$\lambda_2=-1$，$\lambda_3=2$。

根据式(1-89)，求对应特征值 λ_1 的特征矢量 $\boldsymbol{p}_1$，即

$$\boldsymbol{p}_1=\begin{pmatrix}1\\-1\\1\end{pmatrix}$$

根据式(1-96)，求对应特征值 λ_1 的广义特征矢量 $\boldsymbol{p}_2$，即

$$(\lambda_1\boldsymbol{I}-\boldsymbol{A})\boldsymbol{p}_2=-\boldsymbol{p}_1\Rightarrow\boldsymbol{p}_2=\begin{pmatrix}1\\0\\-1\end{pmatrix}$$

根据式(1-89)，求对应特征值 λ_3 的特征矢量 $\boldsymbol{p}_3$，即

$$\boldsymbol{p}_3=\begin{pmatrix}1\\2\\4\end{pmatrix}$$

变换矩阵 $\boldsymbol{P}$ 及其逆矩阵 $\boldsymbol{P}^{-1}$ 分别为

$$\boldsymbol{P}=\begin{pmatrix}1&1&1\\-1&0&2\\1&-1&4\end{pmatrix},\ \boldsymbol{P}^{-1}=\frac{1}{9}\begin{pmatrix}2&-5&2\\6&3&-3\\1&2&1\end{pmatrix}$$

则系数矩阵 $\overline{\boldsymbol{A}}$、$\overline{\boldsymbol{B}}$ 和 $\overline{\boldsymbol{C}}$ 分别为

$$\overline{\boldsymbol{A}}=\boldsymbol{P}^{-1}\boldsymbol{A}\boldsymbol{P}=\begin{pmatrix}-1&0&0\\0&-1&0\\0&0&2\end{pmatrix},\ \overline{\boldsymbol{B}}=\boldsymbol{P}^{-1}\boldsymbol{B}=\left(\frac{2}{9},\ -\frac{1}{3},\ \frac{1}{9}\right)^{\mathrm{T}},\ \overline{\boldsymbol{C}}=\boldsymbol{C}\boldsymbol{P}=(1,\ 1,\ 1)$$

因此，系统状态方程和输出方程变换为以 z 为状态变量的若尔当标准型为

$$\begin{cases}\dot{z}=\bar{A}z+\bar{B}u=\begin{pmatrix}-1&0&0\\0&-1&0\\0&0&2\end{pmatrix}z+\frac{1}{9}\begin{pmatrix}2\\-3\\1\end{pmatrix}u\\ y=\bar{C}z=(1,\ 1,\ 1)z\end{cases}$$

1.4.3　线性变换的基本性质

通过状态矢量的线性变换，可得到不同的状态空间表达式的数学描述，从而选择不同的状态变量去描述系统的行为，但实际系统的本质及其基本特性不会改变。

线性变换具有如下两个方面的不变性。

1. 系统特征方程和特征值的不变性

给定如下系统的状态空间表达式：

$$\begin{cases}\dot{x}=Ax+Bu\\ y=Cx+Du\end{cases}$$

系统特征值就是系统矩阵 A 的特征值，也就是特征方程的根，即

$$|\lambda I-A|=0 \tag{1-97}$$

对于同一个系统，经线性非奇异变换后，得

$$\begin{cases}\dot{z}=P^{-1}APz+P^{-1}Bu\\ y=CPz+Du\end{cases}$$

其特征方程为

$$|\lambda I-P^{-1}AP|=0 \tag{1-98}$$

可以证明 $|\lambda I-P^{-1}AP|=|\lambda P^{-1}P-P^{-1}AP|=|P^{-1}(\lambda I-A)P|=|\lambda I-A|$。

因此，式(1-97) 和式(1-98) 虽然形式不同，但实际上是等价的，其根也是相同的。即系统经线性非奇异变换后，其系统特征值不变。

若考虑将特征方程改写成多项式形式，即

$$|\lambda I-A|=\lambda^n+a_{n-1}\lambda^{n-1}+\cdots+a_1\lambda+a_0=0$$

则系统特征值全由多项式的系数 a_i $(i=0,\ 1,\ 2,\ \cdots,\ n)$ 来唯一确定，所以这些系数经线性非奇异变换后也是不变的量，称为系统的不变量。

2. 传递函数矩阵的不变性

传递函数是系统的输入输出描述。系统状态空间的线性变换，只是内部描述的不同，显然不会影响传递函数。因此，系统的传递函数矩阵是不变的。

原系统的传递函数矩阵 $G(s)$ 为

$$\begin{cases}\dot{x}=Ax+Bu\\ y=Cx+Du\end{cases}\Rightarrow G(s)=C(sI-A)^{-1}B+D$$

同一个系统，经线性非奇异变换后，其传递函数矩阵 $\bar{G}(s)$ 为

$$\begin{cases}\dot{z}=P^{-1}APz+P^{-1}Bu\\ y=CPz+Du\end{cases}\Rightarrow \bar{G}(s)=\bar{C}(sI-\bar{A})^{-1}\bar{B}+\bar{D}$$

由于$\overline{\boldsymbol{A}}=\boldsymbol{P}^{-1}\boldsymbol{A}\boldsymbol{P}$、$\overline{\boldsymbol{B}}=\boldsymbol{P}^{-1}\boldsymbol{B}$、$\overline{\boldsymbol{C}}=\boldsymbol{C}\boldsymbol{P}$、$\overline{\boldsymbol{D}}=\boldsymbol{D}$，可推得

$$\begin{aligned}\overline{\boldsymbol{G}}(s)&=\boldsymbol{C}\boldsymbol{P}\left[\boldsymbol{P}^{-1}(s\boldsymbol{I}-\boldsymbol{A})\boldsymbol{P}\right]^{-1}\boldsymbol{P}^{-1}\boldsymbol{B}+\boldsymbol{D}\\&=\boldsymbol{C}\boldsymbol{P}\boldsymbol{P}^{-1}(s\boldsymbol{I}-\boldsymbol{A})^{-1}\boldsymbol{P}\boldsymbol{P}^{-1}\boldsymbol{B}+\boldsymbol{D}\\&=\boldsymbol{C}(s\boldsymbol{I}-\boldsymbol{A})^{-1}\boldsymbol{B}+\boldsymbol{D}\\&=\boldsymbol{G}(s)\end{aligned}$$

因此在输入输出特性保持不变的情况下，一个传递函数矩阵可以有多种形式的状态空间表达式与之对应。

1.5 由状态空间表达式求传递函数

前面已经介绍了从传递函数或微分方程（即输入输出描述）求解系统的状态空间表达式，是系统实现问题，是一个逆问题。对于同一系统，其输入输出描述与状态空间描述之间存在内在的联系，并且是可以互相转换的。

本节介绍从系统的状态空间表达式求解传递函数（矩阵）的问题。

1.5.1 传递函数（矩阵）

1. 单输入单输出系统（SISO）

给定 SISO 系统的状态空间表达式为

$$\begin{cases}\dot{\boldsymbol{x}}=\boldsymbol{A}\boldsymbol{x}+\boldsymbol{B}u\\ y=\boldsymbol{C}\boldsymbol{x}+Du\end{cases}\tag{1-99}$$

式中，$\boldsymbol{x}$ 为 n 维状态矢量；y、u 分别为系统的输出量和输入量，均是标量；$\boldsymbol{A}$ 为 $n\times n$ 方阵；$\boldsymbol{B}$ 为 $n\times 1$ 列阵；$\boldsymbol{C}$ 为 $1\times n$ 行阵；D 为标量，一般为零。

对式(1-99) 进行拉普拉斯变换，将状态转换到频域中去，即

$$\begin{cases}s\boldsymbol{X}(s)-\boldsymbol{x}(0)=\boldsymbol{A}\boldsymbol{X}(s)+\boldsymbol{B}U(s)\\ Y(s)=\boldsymbol{C}\boldsymbol{X}(s)+DU(s)\end{cases}\tag{1-100}$$

令 $\boldsymbol{I}$ 为 $n\times n$ 单位矩阵，则整理式(1-100) 可得

$$\begin{cases}\boldsymbol{X}(s)=(s\boldsymbol{I}-\boldsymbol{A})^{-1}[\boldsymbol{x}(0)+\boldsymbol{B}U(s)]\\ Y(s)=\boldsymbol{C}(s\boldsymbol{I}-\boldsymbol{A})^{-1}[\boldsymbol{x}(0)+\boldsymbol{B}U(s)]+DU(s)\end{cases}\tag{1-101}$$

假定初始条件为零，即 $\boldsymbol{x}(0)=\boldsymbol{0}$，则

$$Y(s)=[\boldsymbol{C}(s\boldsymbol{I}-\boldsymbol{A})^{-1}\boldsymbol{B}+D]U(s)\tag{1-102}$$

因此，系统输入 U 与输出 Y 之间的传递函数 $G(s)$ 为

$$G(s)=\frac{Y(s)}{U(s)}=\boldsymbol{C}(s\boldsymbol{I}-\boldsymbol{A})^{-1}\boldsymbol{B}+D\tag{1-103}$$

如果 $D=0$，则式(1-103) 可改写为

$$G(s)=\boldsymbol{C}\frac{(s\boldsymbol{I}-\boldsymbol{A})^{*}}{|s\boldsymbol{I}-\boldsymbol{A}|}\boldsymbol{B}\tag{1-104}$$

式中，$(s\boldsymbol{I}-\boldsymbol{A})^{*}$ 为特征矩阵 $s\boldsymbol{I}-\boldsymbol{A}$ 的伴随矩阵。

如前 1.3.3 小节所述，经典控制理论中的传递函数 $G(s)$ 可表示为

$$G(s)=\frac{Y(s)}{U(s)}=\frac{b_0s^n+b_1s^{n-1}+b_2s^{n-2}+\cdots+b_{n-1}s+b_n}{a_0s^n+a_1s^{n-1}+\cdots+a_{n-1}s+a_n} \tag{1-105}$$

式中，a_i、b_i为常实数系数。

将式(1-103)、式(1-104) 与式(1-105) 进行比较，可知：

1）系统矩阵 $\boldsymbol{A}$ 的特征多项式等同于传递函数的分母多项式。

2）传递函数的极点就是系统矩阵 $\boldsymbol{A}$ 的特征值。

3）传递函数的分子多项式 $Y(s)$ 等于多项式 $\boldsymbol{C}(s\boldsymbol{I}-\boldsymbol{A})^*\boldsymbol{B}$ 与 $D|s\boldsymbol{I}-\boldsymbol{A}|$之和。

4）状态变量选取的不同，使得对同一系统的状态空间表达式列写不唯一，但不同形式的状态空间表达式，所求得的传递函数却是相同的。扩充传递函数的概念，可运用传递函数矩阵描述。详见前文 1.4.3 小节所述的线性变换的基本性质，即系统的传递函数矩阵是不变的。

2. 多输入多输出系统（MIMO）

给定 MIMO 系统的状态空间表达式为

$$\begin{cases}\dot{\boldsymbol{x}}=\boldsymbol{A}\boldsymbol{x}+\boldsymbol{B}\boldsymbol{u}\\ \boldsymbol{y}=\boldsymbol{C}\boldsymbol{x}+\boldsymbol{D}\boldsymbol{u}\end{cases} \tag{1-106}$$

式中，$\boldsymbol{x}$ 为 n 维状态矢量，$n\times1$ 列阵；$\boldsymbol{y}$ 为 m 维输出量，$m\times1$ 列阵；$\boldsymbol{u}$ 为 r 维输入量，$r\times1$ 列阵；$\boldsymbol{A}$ 为 $n\times n$ 方阵；$\boldsymbol{B}$ 为 $n\times r$ 矩阵；$\boldsymbol{C}$ 为 $m\times n$ 矩阵；$\boldsymbol{D}$ 为 $m\times r$ 矩阵。

同 SISO 系统一样，推导式(1-106) 的传递函数矩阵 $\boldsymbol{G}(s)$ 为

$$\boldsymbol{G}(s)=\boldsymbol{C}(s\boldsymbol{I}-\boldsymbol{A})^{-1}\boldsymbol{B}+\boldsymbol{D}=\frac{\boldsymbol{C}(s\boldsymbol{I}-\boldsymbol{A})^*\boldsymbol{B}+\boldsymbol{D}|s\boldsymbol{I}-\boldsymbol{A}|}{|s\boldsymbol{I}-\boldsymbol{A}|}$$
$$=\begin{pmatrix}G_{11}(s) & G_{12}(s) & \cdots & G_{1r}(s)\\ G_{21}(s) & G_{22}(s) & \cdots & G_{2r}(s)\\ \vdots & \vdots & & \vdots\\ G_{m1}(s) & G_{m2}(s) & \cdots & G_{mr}(s)\end{pmatrix} \tag{1-107}$$

需要说明的是：传递函数矩阵 $\boldsymbol{G}(s)$ 是一个 $m\times r$ 的有理分式矩阵，其元素由各个传递函数$G_{ij}(s)$ 构成，$i=1, 2, \cdots, m$，$j=1, 2, \cdots, r$。因此，$\boldsymbol{G}(s)$ 反映了输入量 $\boldsymbol{U}(s)$ 和输出量 $\boldsymbol{Y}(s)$ 之间的传递关系。

1.5.2 组合系统的传递函数（矩阵）

实际的控制系统，往往由许多个子系统连接而成，或并联、或串联、或形成反馈连接，这些子系统组成的系统可称为组合系统。

组合系统的状态空间表达式可按照 1.3 节所述方法列写，本小节将介绍另一种方法，即讨论在已知各个子系统的状态空间表达式和传递函数（矩阵）时，如何求解组合系统（即整个系统）的状态空间表达式及传递函数（矩阵）。

现仅以两个子系统作各种连接为例，进行推导说明。

令子系统 1 标记为

$$\Sigma_1=(\boldsymbol{A}_1,\boldsymbol{B}_1,\boldsymbol{C}_1,\boldsymbol{D}_1)$$

其状态空间表达式和传递函数矩阵分别为

$$\begin{cases}\dot{\boldsymbol{x}}_1=\boldsymbol{A}_1\boldsymbol{x}_1+\boldsymbol{B}_1\boldsymbol{u}_1\\ \boldsymbol{y}_1=\boldsymbol{C}_1\boldsymbol{x}_1+\boldsymbol{D}_1\boldsymbol{u}_1\end{cases}\tag{1-108}$$

$$\boldsymbol{G}_1(s)=\boldsymbol{C}_1(s\boldsymbol{I}-\boldsymbol{A}_1)^{-1}\boldsymbol{B}_1+\boldsymbol{D}_1\tag{1-109}$$

同理，子系统2标记为

$$\Sigma_2=(\boldsymbol{A}_2,\boldsymbol{B}_2,\boldsymbol{C}_2,\boldsymbol{D}_2)$$

其状态空间表达式和传递函数矩阵分别为

$$\begin{cases}\dot{\boldsymbol{x}}_2=\boldsymbol{A}_2\boldsymbol{x}_2+\boldsymbol{B}_2\boldsymbol{u}_2\\ \boldsymbol{y}_2=\boldsymbol{C}_2\boldsymbol{x}_2+\boldsymbol{D}_2\boldsymbol{u}_2\end{cases}\tag{1-110}$$

$$\boldsymbol{G}_2(s)=\boldsymbol{C}_2(s\boldsymbol{I}-\boldsymbol{A}_2)^{-1}\boldsymbol{B}_2+\boldsymbol{D}_2\tag{1-111}$$

1. 并联连接

并联连接是指各个子系统在相同输入下，组合系统的输出是各个子系统输出的代数和，系统结构简图如图1-24所示。图中，子系统 Σ_1 和 Σ_2 并联，且输入和输出的维数相同。

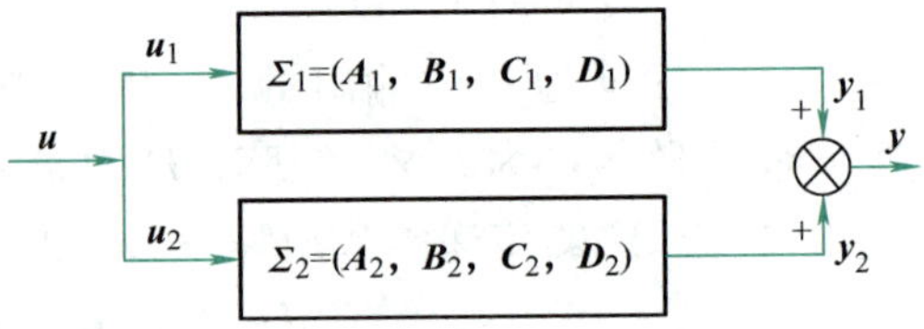

图1-24　并联连接系统结构简图

由图1-24可知：$\boldsymbol{u}_1=\boldsymbol{u}_2=\boldsymbol{u}$，$\boldsymbol{y}=\boldsymbol{y}_1+\boldsymbol{y}_2$。

根据式(1-108)和式(1-110)得出组合系统的状态空间表达式为

$$\begin{cases}\begin{pmatrix}\dot{\boldsymbol{x}}_1\\ \dot{\boldsymbol{x}}_2\end{pmatrix}=\begin{pmatrix}\boldsymbol{A}_1 & \boldsymbol{0}\\ \boldsymbol{0} & \boldsymbol{A}_2\end{pmatrix}\begin{pmatrix}\boldsymbol{x}_1\\ \boldsymbol{x}_2\end{pmatrix}+\begin{pmatrix}\boldsymbol{B}_1\\ \boldsymbol{B}_2\end{pmatrix}\boldsymbol{u}\\ \boldsymbol{y}=(\boldsymbol{C}_1,\ \boldsymbol{C}_2)\begin{pmatrix}\boldsymbol{x}_1\\ \boldsymbol{x}_2\end{pmatrix}+(\boldsymbol{D}_1+\boldsymbol{D}_2)\boldsymbol{u}\end{cases}\tag{1-112}$$

其传递函数矩阵为

$$\begin{aligned}\boldsymbol{G}(s)&=\boldsymbol{C}(s\boldsymbol{I}-\boldsymbol{A})^{-1}\boldsymbol{B}+\boldsymbol{D}\\ &=(\boldsymbol{C}_1,\ \boldsymbol{C}_2)\begin{pmatrix}s\boldsymbol{I}-\boldsymbol{A}_1 & \boldsymbol{0}\\ \boldsymbol{0} & s\boldsymbol{I}-\boldsymbol{A}_2\end{pmatrix}^{-1}\begin{pmatrix}\boldsymbol{B}_1\\ \boldsymbol{B}_2\end{pmatrix}+(\boldsymbol{D}_1+\boldsymbol{D}_2)\\ &=\boldsymbol{G}_1(s)+\boldsymbol{G}_2(s)\end{aligned}\tag{1-113}$$

2. 串联连接

串联连接是指前一个子系统的输出为后一个子系统的输入，且最终子系统的输出为串联后组合系统的输出，系统结构简图如图1-25所示。图中，子系统 Σ_1 和 Σ_2 串联，输入、输出分别为 $\boldsymbol{u}_1=\boldsymbol{u}$、$\boldsymbol{y}=\boldsymbol{y}_2$。

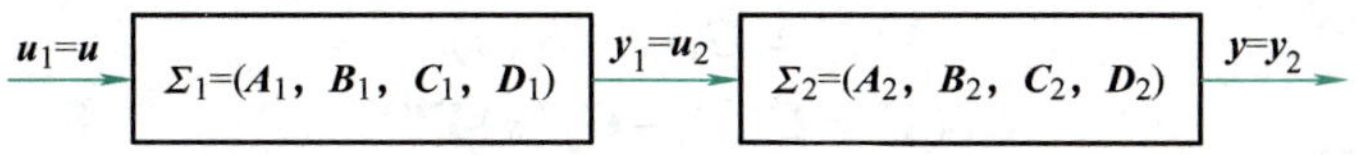

图 1-25　串联连接系统结构简图

根据式(1-108) 和式(1-110) 得出组合系统的状态空间表达式为

$$\begin{cases}\begin{pmatrix}\dot{\boldsymbol{x}}_1\\ \dot{\boldsymbol{x}}_2\end{pmatrix}=\begin{pmatrix}\boldsymbol{A}_1 & \boldsymbol{0}\\ \boldsymbol{B}_2\boldsymbol{C}_1 & \boldsymbol{A}_2\end{pmatrix}\begin{pmatrix}\boldsymbol{x}_1\\ \boldsymbol{x}_2\end{pmatrix}+\begin{pmatrix}\boldsymbol{B}_1\\ \boldsymbol{B}_2\boldsymbol{D}_1\end{pmatrix}\boldsymbol{u}\\ \boldsymbol{y}=(\boldsymbol{D}_2\boldsymbol{C}_1,\ \boldsymbol{C}_2)\begin{pmatrix}\boldsymbol{x}_1\\ \boldsymbol{x}_2\end{pmatrix}+\boldsymbol{D}_2\boldsymbol{D}_1\boldsymbol{u}\end{cases} \tag{1-114}$$

由图 1-25 可知系统输出量 $\boldsymbol{Y}(s)$ 为

$$\boldsymbol{Y}(s)=\boldsymbol{Y}_2(s)=\boldsymbol{G}_2(s)\boldsymbol{U}_2(s)=\boldsymbol{G}_2(s)\boldsymbol{G}_1(s)\boldsymbol{U}(s)$$

则串联连接组合系统的传递函数矩阵为

$$\boldsymbol{G}(s)=\boldsymbol{G}_2(s)\boldsymbol{G}_1(s) \tag{1-115}$$

可见，子系统串联时，系统传递函数矩阵等于子系统传递函数矩阵的乘积。需要注意的是：传递函数矩阵相乘的先后次序不可颠倒。

3. 反馈连接

反馈连接是指具有输出反馈子系统的组合系统，如图 1-26 所示。图中，子系统 Σ_2 为子系统 Σ_1 的输出反馈，且 $\boldsymbol{u}_1=\boldsymbol{u}-\boldsymbol{y}_2$、$\boldsymbol{u}_2=\boldsymbol{y}_1$、$\boldsymbol{y}=\boldsymbol{y}_1$。

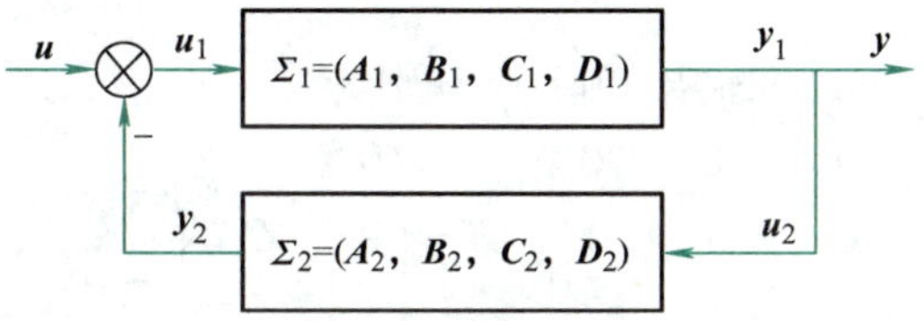

图 1-26　反馈连接系统结构简图

为简单起见，假设$\boldsymbol{D}_1=\boldsymbol{D}_2=\boldsymbol{0}$，则由图 1-26 可得

$$\begin{cases}\dot{\boldsymbol{x}}_1=\boldsymbol{A}_1\boldsymbol{x}_1+\boldsymbol{B}_1\boldsymbol{u}_1=\boldsymbol{A}_1\boldsymbol{x}_1+\boldsymbol{B}_1\boldsymbol{u}-\boldsymbol{B}_1\boldsymbol{C}_2\boldsymbol{x}_2\\ \dot{\boldsymbol{x}}_2=\boldsymbol{A}_2\boldsymbol{x}_2+\boldsymbol{B}_2\boldsymbol{u}_2=\boldsymbol{A}_2\boldsymbol{x}_2+\boldsymbol{B}_2\boldsymbol{C}_1\boldsymbol{x}_1\\ \boldsymbol{y}=\boldsymbol{y}_1=\boldsymbol{C}_1\boldsymbol{x}_1\end{cases}$$

则反馈连接组合系统的状态空间表达式可列写为

$$\begin{cases}\begin{pmatrix}\dot{\boldsymbol{x}}_1\\ \dot{\boldsymbol{x}}_2\end{pmatrix}=\begin{pmatrix}\boldsymbol{A}_1 & -\boldsymbol{B}_1\boldsymbol{C}_2\\ \boldsymbol{B}_2\boldsymbol{C}_1 & \boldsymbol{A}_2\end{pmatrix}\begin{pmatrix}\boldsymbol{x}_1\\ \boldsymbol{x}_2\end{pmatrix}+\begin{pmatrix}\boldsymbol{B}_1\\ \boldsymbol{0}\end{pmatrix}\boldsymbol{u}\\ \boldsymbol{y}=(\boldsymbol{C}_1,\ \boldsymbol{0})\begin{pmatrix}\boldsymbol{x}_1\\ \boldsymbol{x}_2\end{pmatrix}\end{cases} \tag{1-116}$$

由图 1-26 可得

$$Y(s)=G_1(s)U_1(s) \tag{1-117}$$

$$U_1(s)=U(s)-G_2(s)Y(s) \tag{1-118}$$

将式(1-118)代入式(1-117)，可得系统输出量 $Y(s)$ 为

$$Y(s)=G_1(s)U(s)-G_1(s)G_2(s)Y(s)=[I+G_1(s)G_2(s)]^{-1}G_1(s)U(s) \tag{1-119}$$

反馈连接组合系统的传递函数矩阵为

$$G(s)=[I+G_1(s)G_2(s)]^{-1}G_1(s) \tag{1-120}$$

同理，将式(1-117)代入式(1-118)，再回代入式(1-117)，也可得系统输出量 $Y(s)$，即

$$Y(s)=G_1(s)[I+G_2(s)G_1(s)]^{-1}U(s) \tag{1-121}$$

于是，反馈连接组合系统的传递函数矩阵的另一表达式为

$$G(s)=G_1(s)[I+G_2(s)G_1(s)]^{-1} \tag{1-122}$$

需要说明的是：式(1-120)与式(1-122)是等价的。

1.5.3 传递函数矩阵求解示例

下面通过示例对上述如何求解传递函数矩阵的方法进行解释说明。

【例 1-14】

给定下式 SISO 系统的状态空间表达式，试求其传递函数。

$$\begin{pmatrix}\dot{x}_1\\ \dot{x}_2\\ \dot{x}_3\end{pmatrix}=\begin{pmatrix}0&1&0\\0&0&1\\-5&-3&-2\end{pmatrix}\begin{pmatrix}x_1\\x_2\\x_3\end{pmatrix}+\begin{pmatrix}0\\0\\1\end{pmatrix}u,\ y=\left(\frac{3}{2},\ 1,\ \frac{1}{2}\right)\begin{pmatrix}x_1\\x_2\\x_3\end{pmatrix}$$

解：系统矩阵 $\boldsymbol{A}$、控制矩阵 $\boldsymbol{B}$ 和输出矩阵 $\boldsymbol{C}$ 分别为

$$\boldsymbol{A}=\begin{pmatrix}0&1&0\\0&0&1\\-5&-3&-2\end{pmatrix},\ \boldsymbol{B}=\begin{pmatrix}0\\0\\1\end{pmatrix},\ \boldsymbol{C}=\left(\frac{3}{2},\ 1,\ \frac{1}{2}\right)$$

$$(s\boldsymbol{I}-\boldsymbol{A})^{-1}=\begin{pmatrix}s&-1&0\\0&s&-1\\5&3&s+2\end{pmatrix}^{-1}=\frac{1}{s^3+2s^2+3s+5}\begin{pmatrix}s^2+2s+3&s+2&1\\-5&s(s+2)&s\\-5s&-3s-5&s^2\end{pmatrix}$$

因为 $D=0$，根据式(1-103)求得系统传递函数为

$$\begin{aligned}G(s)&=\boldsymbol{C}(s\boldsymbol{I}-\boldsymbol{A})^{-1}\boldsymbol{B}\\&=\frac{1}{s^3+2s^2+3s+5}\left(\frac{3}{2},\ 1,\ \frac{1}{2}\right)\begin{pmatrix}s^2+2s+3&s+2&1\\-5&s(s+2)&s\\-5s&-3s-5&s^2\end{pmatrix}\begin{pmatrix}0\\0\\1\end{pmatrix}\\&=\frac{s^2+2s+3}{2s^3+4s^2+6s+10}\end{aligned}$$

实际上给定的状态空间表达式为能控标准型，对于 SISO 系统，根据其能控标准型系数矩阵 $\boldsymbol{A}$、$\boldsymbol{C}$ 与传递函数分母、分子多项式系数的对应关系，可直接列写传递函数为

$$G(s)=\frac{\frac{1}{2}s^2+s+\frac{3}{2}}{s^3+2s^2+3s+5}$$

【例 1-15】

给定下式所示两个子系统的传递函数矩阵 $\boldsymbol{G}_1(s)$ 和 $\boldsymbol{G}_2(s)$，试求两子系统串联连接和并联连接时，组合系统的传递函数矩阵 $\boldsymbol{G}(s)$。

$$\boldsymbol{G}_1(s)=\begin{pmatrix}\frac{1}{s+1} & \frac{1}{s+2}\\ 0 & \frac{s+1}{s+2}\end{pmatrix},\ \boldsymbol{G}_2(s)=\begin{pmatrix}\frac{1}{s+3} & \frac{1}{s+4}\\ \frac{1}{s+1} & 0\end{pmatrix}$$

解： 1）串联连接。根据式(1-115)，可求得

$$\boldsymbol{G}(s)=\boldsymbol{G}_2(s)\boldsymbol{G}_1(s)=\begin{pmatrix}\frac{1}{(s+1)(s+3)} & \frac{s^2+5s+7}{(s+2)(s+3)(s+4)}\\ \frac{1}{(s+1)^2} & \frac{1}{(s+1)(s+2)}\end{pmatrix}$$

2）并联连接。根据式(1-113)，可求得

$$\boldsymbol{G}(s)=\boldsymbol{G}_1(s)+\boldsymbol{G}_2(s)=\begin{pmatrix}\frac{s^2+4s+3}{(s+1)(s+3)} & \frac{s^2+6s+8}{(s+2)(s+4)}\\ \frac{1}{s+1} & \frac{s+1}{s+2}\end{pmatrix}$$

【例 1-16】

给定如图 1-26 所示的系统结构简图，其中子系统 1 和子系统 2 的传递函数矩阵分别如下式所示，试求组合系统的传递函数矩阵 $\boldsymbol{G}(s)$。

$$\boldsymbol{G}_1(s)=\begin{pmatrix}\frac{1}{s+1} & -\frac{1}{s}\\ 0 & \frac{1}{s+2}\end{pmatrix},\ \boldsymbol{G}_2(s)=\begin{pmatrix}1 & 0\\ 0 & 1\end{pmatrix}$$

解： 由图 1-26 可知，组合系统为两个子系统反馈连接。根据式(1-120)，可求解组合系统的传递函数矩阵 $\boldsymbol{G}(s)$。现将求解步骤分解如下：

1）首先，求 $\boldsymbol{G}_1(s)\boldsymbol{G}_2(s)$ 得

$$\boldsymbol{G}_1(s)\boldsymbol{G}_2(s)=\begin{pmatrix}\frac{1}{s+1} & -\frac{1}{s}\\ 0 & \frac{1}{s+2}\end{pmatrix}\begin{pmatrix}1 & 0\\ 0 & 1\end{pmatrix}=\begin{pmatrix}\frac{1}{s+1} & -\frac{1}{s}\\ 0 & \frac{1}{s+2}\end{pmatrix}$$

2）其次，求 $\boldsymbol{I}+\boldsymbol{G}_1(s)\boldsymbol{G}_2(s)$ 得

$$\boldsymbol{I}+\boldsymbol{G}_1(s)\boldsymbol{G}_2(s)=\begin{pmatrix}\frac{s+2}{s+1} & -\frac{1}{s}\\ 0 & \frac{s+3}{s+2}\end{pmatrix}$$

3）接着求逆矩阵，即$(\boldsymbol{I}+\boldsymbol{G}_1(s)\boldsymbol{G}_2(s))^{-1}$得

$$(\boldsymbol{I}+\boldsymbol{G}_1(s)\boldsymbol{G}_2(s))^{-1}=\begin{pmatrix}\frac{s+1}{s+2} & \frac{s+1}{s(s+3)}\\ 0 & \frac{s+2}{s+3}\end{pmatrix}$$

4）最后，可得整个系统的传递函数矩阵（或称闭环传递函数矩阵）

$$\begin{aligned}\boldsymbol{G}(s)&=(\boldsymbol{I}+\boldsymbol{G}_1(s)\boldsymbol{G}_2(s))^{-1}\boldsymbol{G}_1(s)\\&=\begin{pmatrix}\frac{s+1}{s+2} & \frac{s+1}{s(s+3)}\\ 0 & \frac{s+2}{s+3}\end{pmatrix}\begin{pmatrix}\frac{1}{s+1} & -\frac{1}{s}\\ 0 & \frac{1}{s+2}\end{pmatrix}=\begin{pmatrix}\frac{1}{s+2} & -\frac{s+1}{s(s+3)}\\ 0 & \frac{1}{s+3}\end{pmatrix}\end{aligned}$$

1.6 几种其他典型系统的状态空间描述

前文所讲知识主要讨论的是连续时间系统。在1.2.2小节中已对常见系统类型的状态空间描述做了介绍。下面针对几种其他典型控制系统的状态空间表达式进行推导说明。

1.6.1 离散时间系统状态空间表达式

连续时间系统的状态空间描述方法，完全适应于离散时间系统。在1.2.2小节已有提及：在连续时间系统中，从微分函数或传递函数建立状态空间表达式，称为系统的实现；类似地，对于离散时间系统，从差分函数或脉冲传递函数建立状态空间表达式，也是一种实现。两种实现的区别在于：对于连续时间系统，系统各处的信号都是时间t的连续函数，而对于离散时间系统，系统中至少有一处或多处的信号是离散的，即可以是脉冲序列或数字序列。

离散时间系统通常是由高阶差分方程来描述其输出和输入采样值之间的特性关系，即

$$\begin{aligned}&y(k+n)+a_1y(k+n-1)+\cdots+a_{n-1}y(k+1)+a_ny(k)\\&=b_0u(k+n)+b_1u(k+n-1)+\cdots+b_{n-1}u(k+1)+b_nu(k)\end{aligned}\tag{1-123}$$

式中，k为采样时刻，$k=0，1，2，\cdots，n$；$y(k)$为k采样时刻的输出变量采样值；$u(k)$为k采样时刻的输入变量采样值。

采用Z变换法（Z变换是采样函数拉普拉斯变换的变形，又称为采样拉普拉斯变换，是研究线性离散系统的重要数学工具），式(1-123)可采用脉冲传递函数$G(z)$表示，即

$$G(z)=\frac{Y(z)}{U(z)}=\frac{b_0z^n+b_1z^{n-1}+b_2z^{n-2}+\cdots+b_{n-1}z+b_n}{z^n+a_1z^{n-1}+\cdots+a_{n-1}z+a_n}\tag{1-124}$$

本小节实现的任务就是确定一种状态空间表达式，即

$$\begin{cases}\boldsymbol{x}(k+1)=\boldsymbol{G}\boldsymbol{x}(k)+\boldsymbol{H}\boldsymbol{u}(k)\\ \boldsymbol{y}(k)=\boldsymbol{C}\boldsymbol{x}(k)+\boldsymbol{D}\boldsymbol{u}(k)\end{cases}\tag{1-125}$$

式中，$\boldsymbol{G}$、$\boldsymbol{H}$、$\boldsymbol{C}$、$\boldsymbol{D}$分别是相应的系数矩阵，所具有的形式也称为离散系统的能控标准型；且$\boldsymbol{G}$和$\boldsymbol{H}$也可分别称为前向通道传递矩阵、反馈通道传递矩阵，$\boldsymbol{C}$和$\boldsymbol{D}$符号意义同前。

与1.3.4小节由微分方程建立状态空间表达式的过程相似，本小节将给出由差分方程建

立离散时间系统的状态空间表达式的具体过程。

1. 差分方程中输入函数不含差分

当系统的输入量不含差分时，描述这类系统差分方程的一般形式为

$$y(k+n)+a_1y(k+n-1)+\cdots+a_{n-1}y(k+1)+a_ny(k)=b_nu(k) \tag{1-126}$$

选择状态变量为

$$\begin{cases}x_1(k)=y(k)\\x_2(k)=y(k+1)\\\quad\vdots\\x_n(k)=y(k+n-1)\end{cases} \tag{1-127}$$

将高阶差分方程化为一阶差分方程，即式(1-126) 变为

$$\begin{cases}x_1(k+1)=x_2(k)\\x_2(k+1)=x_3(k)\\\quad\vdots\\x_{n-1}(k+1)=x_n(k)\\x_n(k+1)=y(k+n)=-a_nx_1(k)-a_{n-1}x_2(k)-\cdots-a_1x_n(k)+b_nu(k)\\y(k)=x_1(k)\end{cases} \tag{1-128}$$

若引入系数矩阵 $\boldsymbol{G}$、$\boldsymbol{H}$、$\boldsymbol{C}$，则式(1-128) 可化为状态空间表达式的简洁形式，即

$$\begin{cases}\boldsymbol{x}(k+1)=\boldsymbol{Gx}(k)+\boldsymbol{H}u(k)\\\boldsymbol{y}(k)=\boldsymbol{Cx}(k)\end{cases} \tag{1-129}$$

式中，$\boldsymbol{G}=\begin{pmatrix}0&1&0&\cdots&0\\0&0&1&\cdots&0\\\vdots&\vdots&\vdots&&\vdots\\0&0&0&\cdots&1\\-a_n&-a_{n-1}&-a_{n-2}&\cdots&-a_1\end{pmatrix}$，$\boldsymbol{H}=\begin{pmatrix}0\\0\\\vdots\\0\\b_n\end{pmatrix}$，$\boldsymbol{C}=(1,\ 0,\ \cdots,\ 0,\ 0)$。

2. 差分方程中输入函数含有差分

当系统的输入量含有差分时，描述这类系统差分方程的一般形式见式(1-123)。与连续系统微分方程中包含输入函数导数项时选择状态变量类似，选取如下状态变量：

$$\boldsymbol{x}(k)=\begin{cases}x_1(k)=y(k)-\alpha_0u(k)\\x_2(k)=y(k+1)-\alpha_0u(k+1)-\alpha_1u(k)\\\quad\vdots\\x_n(k)=y(k+n-1)-\alpha_0u(k+n-1)-\alpha_1u(k+n-2)-\cdots-\alpha_{n-1}u(k)\end{cases} \tag{1-130}$$

式中，α_i为待定系数，$i=0,\ 1,\ \cdots,\ n-1$。

待定系数 α_i可由下式确定：

$$\begin{cases}\alpha_0=b_0\\\alpha_1=b_1-a_1\alpha_0\\\quad\vdots\\\alpha_{n-1}=b_{n-1}-a_1\alpha_{n-2}-a_2\alpha_{n-3}-\cdots-a_{n-1}\alpha_0\end{cases} \tag{1-131}$$

令$\alpha_n = b_n - a_1\alpha_{n-1} - a_2\alpha_{n-2} - \cdots - a_n\alpha_0$，若引入系数矩阵 $\boldsymbol{G}$、$\boldsymbol{H}$、$\boldsymbol{C}$、$\boldsymbol{D}$，则式(1-123)可化为状态空间表达式的简洁形式，即

$$\begin{cases}\boldsymbol{x}(k+1) = \boldsymbol{Gx}(k) + \boldsymbol{H}u(k)\\ y(k) = \boldsymbol{Cx}(k) + \boldsymbol{D}u(k)\end{cases} \tag{1-132}$$

式中，$\boldsymbol{G} = \begin{pmatrix} 0 & 1 & 0 & \cdots & 0\\ 0 & 0 & 1 & \cdots & 0\\ \vdots & \vdots & \vdots & & \vdots\\ 0 & 0 & 0 & \cdots & 1\\ -a_n & -a_{n-1} & -a_{n-2} & \cdots & -a_1\end{pmatrix}$，$\boldsymbol{H} = \begin{pmatrix}\alpha_1\\ \alpha_2\\ \vdots\\ \alpha_{n-1}\\ \alpha_n\end{pmatrix}$，$\boldsymbol{C} = (1,\ 0,\ \cdots,\ 0,\ 0)$，$D = \alpha_0$。

由式(1-132) 可知：离散系统的状态空间表达式描述了第 $k+1$ 采样时刻的状态与第 k 采样时刻的状态以及输入量之间的关系。与连续时间系统一样，离散时间系统的状态空间表达式可由图 1-27 所示的结构示意图表示。图中：单位延迟器（z^{-1}）的输入和输出分别为 $(k+1)T$ 时刻的状态、延时一个采样周期后的 kT 时刻的状态，T 为采样周期。

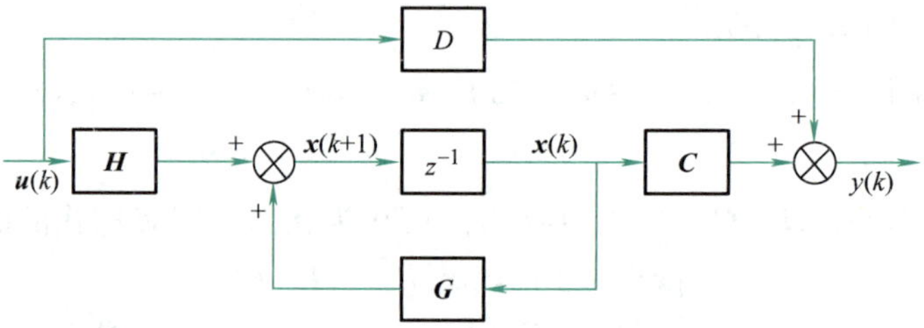

图 1-27　离散时间系统的结构示意图

下面通过两个示例对由差分方程建立离散系统的状态空间表达式进行解释说明。

【例 1-17】

给定下式系统的三阶差分方程，试列写离散时间系统的状态空间表达式。

$$y(k+3) + 5y(k+2) + 7y(k+1) + 3y(k) = u(k+1) + 2u(k)$$

解： 差分方程中输入函数包含差分，则首先根据差分方程确定各项系数为

$$a_1 = 5, a_2 = 7, a_3 = 3, b_0 = 0, b_1 = 0, b_2 = 1, b_3 = 2$$

其次，由式(1-131) 确定各待定系数 $\alpha_i(i=0,\ 1,\ \cdots,\ n-1,\ n)$，即

$$\begin{cases}\alpha_0 = b_0 = 0\\ \alpha_1 = b_1 - a_1\alpha_0 = 0\\ \alpha_2 = b_2 - a_1\alpha_1 - a_2\alpha_0 = 1\\ \alpha_3 = b_3 - a_1\alpha_2 - a_2\alpha_1 - a_3\alpha_0 = -3\end{cases}$$

令状态变量为

$$\begin{cases}x_1(k) = y(k)\\ x_2(k) = y(k+1)\\ x_3(k) = y(k+2) - u(k)\end{cases}$$

根据式(1-132)，可得系统矢量矩阵形式的状态空间表达式为

$$\begin{cases}\begin{pmatrix}x_1(k+1)\\x_2(k+1)\\x_3(k+1)\end{pmatrix}=\begin{pmatrix}0&1&0\\0&0&1\\-3&-7&-5\end{pmatrix}\begin{pmatrix}x_1(k)\\x_2(k)\\x_3(k)\end{pmatrix}+\begin{pmatrix}0\\1\\-3\end{pmatrix}u(k)\\ y(k)=(1,\ 0,\ 0)\begin{pmatrix}x_1(k)\\x_2(k)\\x_3(k)\end{pmatrix}\end{cases}$$

对应该状态空间表达式的模拟结构图，如图 1-28 所示。其中，z^{-1}为单位延迟环节。

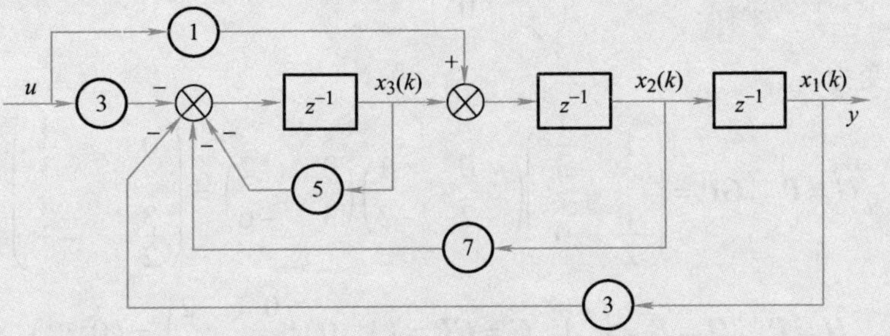

图 1-28　例 1-17 离散系统状态空间表达式的模拟结构图

【例 1-18】

给定下式系统的差分方程和驱动函数 u 的系数列阵 $\boldsymbol{B}$，试列写该离散时间系统的状态空间表达式。

$$y(k+2)+3y(k+1)+2y(k)=2u(k+1)+3u(k)$$

$$\boldsymbol{B}=\begin{pmatrix}1\\1\end{pmatrix}$$

解：差分方程中输入函数包含差分，则首先根据差分方程确定各项系数为

$$a_1=3,a_2=2$$

$$b_0=0,b_1=2,b_2=3$$

其次，由式(1-131) 确定各待定系数 $\alpha_i(i=0,\ 1,\ \cdots,\ n-1,\ n)$，即

$$\begin{cases}\alpha_0=b_0=0\\ \alpha_1=b_1-a_1\alpha_0=2\\ \alpha_2=b_2-a_1\alpha_1-a_2\alpha_0=-3\end{cases}$$

令状态变量为

$$\begin{cases}x_1(k)=y(k)\\ x_2(k)=y(k+1)-2u(k)\end{cases}$$

根据式(1-132)，可得系统矢量矩阵形式的状态空间表达式为

$$\begin{cases}\begin{pmatrix}x_1(k+1)\\x_2(k+1)\end{pmatrix}=\begin{pmatrix}0&1\\-2&-3\end{pmatrix}\begin{pmatrix}x_1(k)\\x_2(k)\end{pmatrix}+\begin{pmatrix}2\\-3\end{pmatrix}u(k)\\y(k)=(1,0)\begin{pmatrix}x_1(k)\\x_2(k)\end{pmatrix}\end{cases}$$

式中，$\boldsymbol{G}=\begin{pmatrix}0&1\\-2&-3\end{pmatrix}$，$\boldsymbol{H}=\begin{pmatrix}2\\-3\end{pmatrix}$，$\boldsymbol{C}=(1,0)$。

参照1.4.1小节，求一个变换矩阵 $\boldsymbol{P}$ 使得$\boldsymbol{P}^{-1}\boldsymbol{H}=\boldsymbol{B}$，即

$$\boldsymbol{P}^{-1}=\begin{pmatrix}1&\frac{1}{3}\\\frac{1}{2}&0\end{pmatrix},\ \boldsymbol{P}=\begin{pmatrix}0&2\\3&-6\end{pmatrix}$$

则各系数矩阵变为

$$\overline{\boldsymbol{G}}=\boldsymbol{P}^{-1}\boldsymbol{G}\boldsymbol{P}=\begin{pmatrix}1&\frac{1}{3}\\\frac{1}{2}&0\end{pmatrix}\begin{pmatrix}0&1\\-2&-3\end{pmatrix}\begin{pmatrix}0&2\\3&-6\end{pmatrix}=\begin{pmatrix}0&-\frac{4}{3}\\\frac{3}{2}&-3\end{pmatrix}$$

$$\overline{\boldsymbol{H}}=\boldsymbol{P}^{-1}\boldsymbol{H}=\boldsymbol{B}=\begin{pmatrix}1\\1\end{pmatrix},\ \overline{\boldsymbol{C}}=\boldsymbol{C}\boldsymbol{P}=(1,0)\begin{pmatrix}0&2\\3&-6\end{pmatrix}=(0,2)$$

所以，以 $\boldsymbol{z}(k)=\boldsymbol{P}^{-1}\boldsymbol{x}(k)$ 为状态所描述系统的状态空间表达式可改写为

$$\begin{cases}\boldsymbol{z}(k+1)=\begin{pmatrix}0&-\frac{4}{3}\\\frac{3}{2}&-3\end{pmatrix}\boldsymbol{z}(k)+\begin{pmatrix}1\\1\end{pmatrix}u(k)\\\boldsymbol{y}(k)=(0,2)\boldsymbol{z}(k)\end{cases}$$

1.6.2 线性时变系统状态空间表达式

以上讨论的均是定常系统，其特征是所描述的状态空间表达式中的系数矩阵 $\boldsymbol{A}(\boldsymbol{G})$、$\boldsymbol{B}(\boldsymbol{H})$、$\boldsymbol{C}$、$\boldsymbol{D}$ 的所有元素既不依赖于输入、输出，也与时间无关。如前1.2.2小节所述，当各个系数矩阵 $\boldsymbol{A}(t)$、$\boldsymbol{B}(t)$、$\boldsymbol{C}(t)$、$\boldsymbol{D}(t)$ 的部分或全部元素是时间 t 的函数时，线性时变连续时间系统的状态空间表达式为式(1-12)，即

$$\begin{cases}\dot{\boldsymbol{x}}=\boldsymbol{A}(t)\boldsymbol{x}+\boldsymbol{B}(t)\boldsymbol{u}\\\boldsymbol{y}=\boldsymbol{C}(t)\boldsymbol{x}+\boldsymbol{D}(t)\boldsymbol{u}\end{cases}$$

同理，线性时变离散时间系统的状态空间表达式为

$$\begin{cases}\boldsymbol{x}(k+1)=\boldsymbol{G}(t)\boldsymbol{x}(k)+\boldsymbol{H}(t)\boldsymbol{u}(k)\\\boldsymbol{y}(k)=\boldsymbol{C}(t)\boldsymbol{x}(k)+\boldsymbol{D}(t)\boldsymbol{u}(k)\end{cases}\tag{1-133}$$

$$\boldsymbol{G}(t)=\begin{pmatrix}g_{11}(t)&\cdots&g_{1n}(t)\\\vdots&&\vdots\\g_{n1}(t)&\cdots&g_{nn}(t)\end{pmatrix},\ \boldsymbol{H}(t)=\begin{pmatrix}h_{11}(t)&\cdots&h_{1n}(t)\\\vdots&&\vdots\\h_{n1}(t)&\cdots&h_{nn}(t)\end{pmatrix}$$

$$C(t)=\begin{pmatrix} c_{11}(t) & \cdots & c_{1n}(t) \\ \vdots & & \vdots \\ c_{n1}(t) & \cdots & c_{nn}(t) \end{pmatrix},\ D(t)=\begin{pmatrix} d_{11}(t) & \cdots & d_{1n}(t) \\ \vdots & & \vdots \\ d_{n1}(t) & \cdots & d_{nn}(t) \end{pmatrix}$$

类似于前述线性定常系统，从高阶线性时变微分方程（或差分方程）推导出系统状态空间表达式的方法，同样适用于线性时变系统。

1.6.3 非线性系统状态空间表达式

如前1.2.2小节所述，非线性系统的状态方程和输出方程中的全部或至少一个组成元素为状态变量 x_1，x_2，…，x_n和输入变量 u_1，u_2，…，u_r的非线性函数，其状态空间表达式可由式(1-11)表示，即

$$\begin{cases}\dot{\boldsymbol{x}}=\boldsymbol{f}(\boldsymbol{x},\boldsymbol{u},t)\\ \boldsymbol{y}=\boldsymbol{g}(\boldsymbol{x},\boldsymbol{u},t)\end{cases}$$

式中，$\boldsymbol{f}$、$\boldsymbol{g}$ 称为矢量函数。

当上式中不显含时间 t 时，则称为时不变非线性系统，即

$$\begin{cases}\dot{\boldsymbol{x}}=\boldsymbol{f}(\boldsymbol{x},\boldsymbol{u})\\ \boldsymbol{y}=\boldsymbol{g}(\boldsymbol{x},\boldsymbol{u})\end{cases} \tag{1-134}$$

对于非线性系统的状态空间描述，常用的方法是将其一次近似而予以线性化。为此，令 $\boldsymbol{x}_0$、$\boldsymbol{u}_0$、$\boldsymbol{y}_0$是满足时不变非线性方程（1-134）的一组解，即

$$\begin{cases}\dot{\boldsymbol{x}}_0=\boldsymbol{f}(\boldsymbol{x}_0,\boldsymbol{u}_0)\\ \boldsymbol{y}_0=\boldsymbol{g}(\boldsymbol{x}_0,\boldsymbol{u}_0)\end{cases} \tag{1-135}$$

定义 $\boldsymbol{u}$ 偏离$\boldsymbol{u}_0$、$\boldsymbol{x}$ 偏离 $\boldsymbol{x}_0$及 $\boldsymbol{y}$ 偏离$\boldsymbol{y}_0$的微增量分别为 $\Delta\boldsymbol{u}$、$\Delta\boldsymbol{x}$、$\Delta\boldsymbol{y}$，则可将 $\boldsymbol{f}$ 和 $\boldsymbol{g}$ 在 $\boldsymbol{x}_0$ 和 $\boldsymbol{y}_0$附近做泰勒级数展开，即

$$\begin{cases}\boldsymbol{f}(\boldsymbol{x},\boldsymbol{u})=\boldsymbol{f}(\boldsymbol{x}_0,\boldsymbol{u}_0)+\left.\dfrac{\partial\boldsymbol{f}}{\partial\boldsymbol{x}}\right|_{\boldsymbol{x}_0,\boldsymbol{u}_0}\Delta\boldsymbol{x}+\left.\dfrac{\partial\boldsymbol{f}}{\partial\boldsymbol{u}}\right|_{\boldsymbol{x}_0,\boldsymbol{u}_0}\Delta\boldsymbol{u}+\boldsymbol{\alpha}(\Delta\boldsymbol{x},\Delta\boldsymbol{u})\\ \boldsymbol{g}(\boldsymbol{x},\boldsymbol{u})=\boldsymbol{g}(\boldsymbol{x}_0,\boldsymbol{u}_0)+\left.\dfrac{\partial\boldsymbol{g}}{\partial\boldsymbol{x}}\right|_{\boldsymbol{x}_0,\boldsymbol{u}_0}\Delta\boldsymbol{x}+\left.\dfrac{\partial\boldsymbol{g}}{\partial\boldsymbol{u}}\right|_{\boldsymbol{x}_0,\boldsymbol{u}_0}\Delta\boldsymbol{u}+\boldsymbol{\beta}(\Delta\boldsymbol{x},\Delta\boldsymbol{u})\end{cases} \tag{1-136}$$

式中，$\boldsymbol{\alpha}(\Delta\boldsymbol{x},\Delta\boldsymbol{u})$、$\boldsymbol{\beta}(\Delta\boldsymbol{x},\Delta\boldsymbol{u})$ 为关于 $\Delta\boldsymbol{x}$、$\Delta\boldsymbol{u}$ 的高阶项；$\dfrac{\partial\boldsymbol{f}}{\partial\boldsymbol{x}}$、$\dfrac{\partial\boldsymbol{f}}{\partial\boldsymbol{u}}$分别为矢量$\boldsymbol{f}(\boldsymbol{x},\boldsymbol{u})$ 对矢量 $\boldsymbol{x}$ 和 $\boldsymbol{u}$ 的偏导数，为 $n\times n$、$n\times r$ 矩阵；$\dfrac{\partial\boldsymbol{g}}{\partial\boldsymbol{x}}$、$\dfrac{\partial\boldsymbol{g}}{\partial\boldsymbol{u}}$分别为矢量 $\boldsymbol{g}(\boldsymbol{x},\boldsymbol{u})$ 对矢量 $\boldsymbol{x}$ 和 $\boldsymbol{u}$ 的偏导数，为 $m\times n$、$m\times r$ 矩阵。

忽略高阶项 $\boldsymbol{\alpha}(\Delta\boldsymbol{x},\Delta\boldsymbol{u})$、$\boldsymbol{\beta}(\Delta\boldsymbol{x},\Delta\boldsymbol{u})$，则式(1-136) 可近似线性化表示为

$$\begin{cases}\Delta\dot{\boldsymbol{x}}=\dot{\boldsymbol{x}}-\dot{\boldsymbol{x}}_0=\left.\dfrac{\partial\boldsymbol{f}}{\partial\boldsymbol{x}}\right|_{\boldsymbol{x}_0,\boldsymbol{u}_0}\Delta\boldsymbol{x}+\left.\dfrac{\partial\boldsymbol{f}}{\partial\boldsymbol{u}}\right|_{\boldsymbol{x}_0,\boldsymbol{u}_0}\Delta\boldsymbol{u}\\ \Delta\dot{\boldsymbol{y}}=\dot{\boldsymbol{y}}-\dot{\boldsymbol{y}}_0=\left.\dfrac{\partial\boldsymbol{g}}{\partial\boldsymbol{x}}\right|_{\boldsymbol{x}_0,\boldsymbol{u}_0}\Delta\boldsymbol{x}+\left.\dfrac{\partial\boldsymbol{g}}{\partial\boldsymbol{u}}\right|_{\boldsymbol{x}_0,\boldsymbol{u}_0}\Delta\boldsymbol{u}\end{cases} \tag{1-137}$$

将式(1-137) 中的微增量分别用 $\hat{\boldsymbol{u}}$、$\hat{\boldsymbol{x}}$、$\hat{\boldsymbol{y}}$表示，则线性化后，时不变非线性系统的状态

空间表达式为

$$\begin{cases}\dot{\hat{\boldsymbol{x}}}=\boldsymbol{A}\hat{\boldsymbol{x}}+\boldsymbol{B}\hat{\boldsymbol{u}}\\ \dot{\hat{\boldsymbol{y}}}=\boldsymbol{C}\hat{\boldsymbol{x}}+\boldsymbol{D}\hat{\boldsymbol{u}}\end{cases} \tag{1-138}$$

式中，$\left.\frac{\partial \boldsymbol{f}}{\partial \boldsymbol{x}}\right|_{\boldsymbol{x}_0,\boldsymbol{u}_0}=\boldsymbol{A}$；$\left.\frac{\partial \boldsymbol{f}}{\partial \boldsymbol{u}}\right|_{\boldsymbol{x}_0,\boldsymbol{u}_0}=\boldsymbol{B}$；$\left.\frac{\partial \boldsymbol{g}}{\partial \boldsymbol{x}}\right|_{\boldsymbol{x}_0,\boldsymbol{u}_0}=\boldsymbol{C}$；$\left.\frac{\partial \boldsymbol{g}}{\partial \boldsymbol{u}}\right|_{\boldsymbol{x}_0,\boldsymbol{u}_0}=\boldsymbol{D}$。

下面通过一个示例对上述时不变非线性系统的状态空间表达式的线性化求解方法进行解释说明。

【例 1-19】

给定下式非线性系统，试求在 $\boldsymbol{x}_0=\boldsymbol{0}$ 处的线性化状态空间表达式。

$$\begin{cases}\dot{x}_1=x_2\\ \dot{x}_2=x_1+x_2+x_2^3+2u\\ y=x_1+x_2^2\end{cases}$$

解： 由已知条件可知

$$\boldsymbol{x}_0=\begin{pmatrix}x_1(0)\\x_2(0)\end{pmatrix}=\begin{pmatrix}0\\0\end{pmatrix}$$

根据式(1-134) 可将该非线性系统写为

$$\begin{cases}f_1(x_1,x_2,u)=x_2\\ f_2(x_1,x_2,u)=x_1+x_2+x_2^3+2u\\ g(x_1,x_2,u)=x_1+x_2^2\end{cases}$$

根据式(1-137)，计算各项为

$$\left.\frac{\partial f_1}{\partial x_1}\right|_{x_0}=0,\ \left.\frac{\partial f_1}{\partial x_2}\right|_{x_0}=1,\ \left.\frac{\partial f_2}{\partial x_1}\right|_{x_0}=1,\ \left.\frac{\partial f_2}{\partial x_2}\right|_{x_0}=(1+3x_2^2)\,|_{x_0}=1$$

$$\left.\frac{\partial f_1}{\partial u}\right|_{x_0}=0,\ \left.\frac{\partial f_2}{\partial u}\right|_{x_0}=2,\ \left.\frac{\partial g}{\partial x_1}\right|_{x_0}=1,\ \left.\frac{\partial g}{\partial x_2}\right|_{x_0}=2x_2\,|_{x_0}=0$$

因此，各系数矩阵 $\boldsymbol{A}$、$\boldsymbol{B}$、$\boldsymbol{C}$、$\boldsymbol{D}$ 分别为

$$\boldsymbol{A}=\left.\frac{\partial \boldsymbol{f}}{\partial \boldsymbol{x}}\right|_{x_0}=\begin{pmatrix}\frac{\partial f_1}{\partial x_1} & \frac{\partial f_1}{\partial x_2}\\ \frac{\partial f_2}{\partial x_1} & \frac{\partial f_2}{\partial x_2}\end{pmatrix}=\begin{pmatrix}0 & 1\\1 & 1\end{pmatrix},\ \boldsymbol{B}=\left.\frac{\partial \boldsymbol{f}}{\partial \boldsymbol{u}}\right|_{x_0}=\begin{pmatrix}\frac{\partial f_1}{\partial u}\\ \frac{\partial f_2}{\partial u}\end{pmatrix}=\begin{pmatrix}0\\2\end{pmatrix},$$

$$\boldsymbol{C}=\left.\frac{\partial \boldsymbol{g}}{\partial \boldsymbol{x}}\right|_{x_0}=\left(\frac{\partial g}{\partial x_1},\ \frac{\partial g}{\partial x_2}\right)=(1,\ 0),\ \boldsymbol{D}=0$$

故以 $\hat{\boldsymbol{u}}$、$\hat{\boldsymbol{x}}$、$\hat{\boldsymbol{y}}$ 表示线性化后该非线性系统的状态空间表达式为

$$\begin{cases}\dot{\hat{\boldsymbol{x}}}=\begin{pmatrix}0 & 1\\1 & 1\end{pmatrix}\hat{\boldsymbol{x}}+\begin{pmatrix}0\\2\end{pmatrix}\hat{\boldsymbol{u}}\\ \hat{\boldsymbol{y}}=(1,\ 0)\hat{\boldsymbol{x}}\end{cases}$$

1.7 系统数学模型转换的 MATLAB 实现

本节将简要介绍系统的传递函数模型、状态空间模型以及两种数学模型相互转换等的 MATLAB 实现，方便读者在节省大量运算时间的同时，提高计算准确率。

1.7.1 系统模型的 MATLAB 函数

1. 传递函数模型

MATLAB 函数库中提供了一个连续时间传递函数 tf，读者可直接调用此函数创建系统的传递函数模型，其调用格式如下：

$$\text{sys} = \text{tf}(\text{Numerator}, \text{Denominator}) \tag{1-139}$$

式中，Numerator、Denominator 分别是传递函数分子、分母多项式系数的行矢量。

需要说明的是：式(1-139) 的直接适用对象是单输入单输出（SISO）连续时间系统，且返回矢量 Numerator、Denominator 中各系数均按 s 的降幂排列。

为便于编程，返回矢量 Numerator、Denominator 可分别简化命名为 Num、Den。

若设 SISO 系统传递函数 $G(s)$ 为

$$G(s)=\frac{Y(s)}{U(s)}=\frac{b_1s^{n-1}+b_2s^{n-2}+\cdots+b_{n-1}s+b_n}{a_0s^n+a_1s^{n-1}+a_2s^{n-2}+\cdots+a_{n-1}s+a_n}$$

则调用函数返回矢量 Num、Den 分别对应

$$\begin{cases}\text{Num}=[b_1 \quad b_2 \quad \cdots \quad b_{n-1} \quad b_n]\\ \text{Den}=[a_0 \quad a_1 \quad \cdots \quad a_{n-1} \quad a_n]\end{cases} \tag{1-140}$$

对于多输入多输出（MIMO）连续时间系统，读者可以将各输入输出对应的子传递函数以分块矩阵间隔（或称 cell 数组）对应来实现，即

$$\begin{cases}\text{Num}=\{[b_1 \quad \cdots \quad b_n] \quad , \quad \cdots \quad ; \quad [b_1 \quad \cdots \quad b_n] \quad , \quad \cdots\}\\ \text{Den}=\{[a_0 \quad \cdots \quad a_n] \quad , \quad \cdots \quad ; \quad [a_0 \quad \cdots \quad a_n] \quad , \quad \cdots\}\end{cases} \tag{1-141}$$

式中，“;”代表各输入输出的分界。

举一个例子如下：

```
>> Num = {[1],[21];[1],[2]};
>> Den = {[93],[104];[53],[11]};
>> s = tf(Num,Den)
```

输出结果：

s =

From input 1 to output...

1: $\dfrac{1}{9s+3}$

2: $\dfrac{1}{5s+3}$

From input 2 to output...

1: $\dfrac{2s+1}{s\text{^}2+4}$

2: $\dfrac{2}{s+1}$

Continuous-time transfer function.

2. 状态空间模型

如式(1-106) 给出的 r 维输入、m 维输出的 MIMO 系统的状态空间表达式

$$\begin{cases}\dot{\boldsymbol{x}} = \boldsymbol{A}\boldsymbol{x}+\boldsymbol{B}\boldsymbol{u}\\ \boldsymbol{y}=\boldsymbol{C}\boldsymbol{x}+\boldsymbol{D}\boldsymbol{u}\end{cases}$$

式中，$\boldsymbol{x}$、$\boldsymbol{y}$、$\boldsymbol{u}$ 分别为 $n\times1$、$m\times1$、$r\times1$ 的列阵；$\boldsymbol{A}$、$\boldsymbol{B}$、$\boldsymbol{C}$、$\boldsymbol{D}$ 分别为 $n\times n$、$n\times r$、$m\times n$、$m\times r$ 的系数矩阵。

MATLAB 中提供了一个命令函数 ss，读者可利用此函数创建系统的状态空间模型，其调用格式如下：

$$\text{sys} = \text{ss}(\text{A},\text{B},\text{C},\text{D}) \tag{1-142}$$

式中，A、B、C、D 分别对应各系数矩阵 $\boldsymbol{A}$、$\boldsymbol{B}$、$\boldsymbol{C}$、$\boldsymbol{D}$。

1.7.2 系统模型的 MATLAB 转换

1. 传递函数求解状态空间表达式

如前 1.3.3 小节所述，从给定系统输入输出关系的传递函数所求得的状态空间表达式并不是唯一的，可以是无穷多个内部结构，却获得相同的输入输出关系。也就是说，对于同一个系统，其状态空间表达式可以是无穷多个。当给定一个系统的传递函数后，MATLAB 中提供了一个命令函数 tf2ss，读者可利用此函数来求解给出系统的状态空间表达式，其调用格式如下：

$$[\text{A},\text{B},\text{C},\text{D}] = \text{tf2ss}(\text{Num},\text{Den}) \tag{1-143}$$

需要说明的是：式(1-143) 仅给出了一种可能的状态空间表达式。下面通过一个示例进行解释说明。

【例 1-20】

给定下式传递函数，利用 MATLAB 求解其系统的状态空间表达式。

$$G(s)=\frac{s}{(s+10)(s^2+4s+16)}=\frac{s}{s^3+14s^2+56s+160}$$

解： 对于该系统，根据式(1-56) 可直接列写其状态空间表达式为

$$\begin{cases}\begin{pmatrix}\dot{x}_1\\ \dot{x}_2\\ \dot{x}_3\end{pmatrix}=\begin{pmatrix}0 & 1 & 0\\ 0 & 0 & 1\\ -160 & -56 & -14\end{pmatrix}\begin{pmatrix}x_1\\ x_2\\ x_3\end{pmatrix}+\begin{pmatrix}0\\ 0\\ 1\end{pmatrix}u\\ y=(0,\ 1,\ 0)\begin{pmatrix}x_1\\ x_2\\ x_3\end{pmatrix}\end{cases}$$

根据 1.4.1 小节，另一种可能的等价状态空间表达式为

$$\begin{cases}\begin{pmatrix}\dot{x}_1\\\dot{x}_2\\\dot{x}_3\end{pmatrix}=\begin{pmatrix}-14 & -56 & -160\\1 & 0 & 0\\0 & 1 & 0\end{pmatrix}\begin{pmatrix}x_1\\x_2\\x_3\end{pmatrix}+\begin{pmatrix}1\\0\\0\end{pmatrix}u\\ y=(0,\ 1,\ 0)\begin{pmatrix}x_1\\x_2\\x_3\end{pmatrix}\end{cases}$$

需要说明的是：上述列写的两种可能的状态空间表达式，将两式中 x_1 和 x_3 位置互换就能相互得出，因此从数学意义上也不难理解两种状态空间的等价性，感兴趣的读者也可根据前文所讲的线性变换知识，通过找寻非奇异变换矩阵 $\boldsymbol{P}$ 来推导其等价性。自然，无穷多个可能的状态空间表达式，也可能是（按 1.3.4 小节中方法写出）

$$\begin{cases}\begin{pmatrix}\dot{x}_1\\\dot{x}_2\\\dot{x}_3\end{pmatrix}=\begin{pmatrix}0 & 1 & 0\\0 & 0 & 1\\-160 & -56 & -14\end{pmatrix}\begin{pmatrix}x_1\\x_2\\x_3\end{pmatrix}+\begin{pmatrix}0\\1\\-14\end{pmatrix}u\\ y=(1,\ 0,\ 0)\begin{pmatrix}x_1\\x_2\\x_3\end{pmatrix}\end{cases}$$

本示例在 MATLAB 命令行窗口中的实现如下：

```
>> Num = [0 0 1 0];
>> Den  = [1 14 56 160];
>> [A,B,C,D]  = tf2ss(Num,Den)
```

输出结果：

```
       -14   -56   -160
   A =  1     0     0
        0     1     0
        1
   B =  0
        0
   C =  0  1  0
   D =  0
```

2. 状态空间表达式求解传递函数

从状态空间表达式求解传递函数，MATLAB 中提供了一个命令函数 ss2tf，读者可利用此函数来求解给出系统的状态空间表达式，其调用格式如下：

$$[\mathrm{Num},\mathrm{Den}]=\mathrm{ss2tf}(\mathrm{A},\ \ \mathrm{B},\ \ \mathrm{C},\ \ \mathrm{D},\ \ \mathrm{ni}) \qquad (1\text{-}144)$$

式中，ni 表示指定具体化的输入变量。

需要说明的是：针对多输入系统，ni 必须指定具体化的输入变量，例如某个多输入系统输入变量为 u_1、u_2、u_3，则 ni 必须指定其中一个，用数字 1 ~ 3 表示，1 表示u_1、2 表示u_2、3 表示u_3。而对于单输入系统，ni 可以略去或者指定为 1。对于一个多输入多输出系统，式(1-144) 对每个输入将产生所有输出的传递函数，即：分子系数转变为具有与输出相同行数的矩阵。

下面通过两个示例对由状态空间表达式求解传递函数的 MATLAB 实现进行说明。

【例 1-21】

给定下式系统的状态空间表达式，利用 MATLAB 求解其系统的传递函数。

$$\begin{cases}\begin{pmatrix}\dot{x}_1\\ \dot{x}_2\\ \dot{x}_3\end{pmatrix}=\begin{pmatrix}0 & 1 & 0\\ 0 & 0 & 1\\ -5 & -3 & -2\end{pmatrix}\begin{pmatrix}x_1\\ x_2\\ x_3\end{pmatrix}+\begin{pmatrix}0\\ 0\\ 1\end{pmatrix}u\\ y=\left(\dfrac{3}{2},\ 1,\ \dfrac{1}{2}\right)\begin{pmatrix}x_1\\ x_2\\ x_3\end{pmatrix}\end{cases}$$

解： 本示例在 MATLAB 命令行窗口中的实现如下：

```
>> A = [0 1 0;0 0 1; -5  -3  -2];
>> B = [0;0;1];
>> C = [3/2 1 1/2];
>> D = [0];
>> [Num,Den] = ss2tf(A,B,C,D)
```

输出结果：

```
Num =        0    0.5000   1.0000   1.5000
Den =      1.0000   2.0000   3.0000   5.0000
```

即系统的传递函数 $G(s)$ 为

$$G(s)=\frac{0.5s^2+s+1.5}{s^3+2s^2+3s+5}$$

【例 1-22】

给定下式 MIMO 系统的状态空间表达式，利用 MATLAB 求解其传递函数。

$$\begin{cases}\dot{\boldsymbol{x}}=\begin{pmatrix}\dot{x}_1\\ \dot{x}_2\end{pmatrix}=\begin{pmatrix}0 & 1\\ -25 & -4\end{pmatrix}\begin{pmatrix}x_1\\ x_2\end{pmatrix}+\begin{pmatrix}1 & 1\\ 0 & 1\end{pmatrix}\begin{pmatrix}u_1\\ u_2\end{pmatrix}\\ \boldsymbol{y}=\begin{pmatrix}y_1\\ y_2\end{pmatrix}=\begin{pmatrix}1 & 0\\ 0 & 1\end{pmatrix}\begin{pmatrix}x_1\\ x_2\end{pmatrix}\end{cases}$$

解： 该系统具有两个输入u_1、u_2和两个输出y_1、y_2，包含四个传递函数，分别为

$$G_1(s)=\frac{Y_1(s)}{U_1(s)},\ G_2(s)=\frac{Y_2(s)}{U_1(s)}(\mathrm{ni}=1),\ G_3(s)=\frac{Y_1(s)}{U_2(s)},\ G_4(s)=\frac{Y_2(s)}{U_2(s)}(\mathrm{ni}=2)$$

本示例在 MATLAB 命令行窗口中的实现如下：

```
>>A=[0  1;-25  -4];
>>B=[1  1;0  1];
>>C=[1  0;0  1];
>>D=[0  0;0  0];
```

%矩阵 D 必须与矩阵 C 含有相同的行数，且与矩阵 B 含有相同的列数。

```
>>[Num,Den]=ss2tf(A,B,C,D,1)
```

输出结果：

```
Num=0  1    4
    0  0  -25
Den=1.0000  4.0000  25.0000
>>[Num,Den]=ss2tf(A,B,C,D,2)
```

输出结果：

```
Num=0  1.0000    5.0000
    0  1.0000  -25.0000
Den=1.0000  4.0000  25.0000
```

即系统的四个传递函数$G_i(s)(i=1\sim4)$为

$$G_1(s)=\frac{Y_1(s)}{U_1(s)}=\frac{s+4}{s^2+4s+25},\ G_2(s)=\frac{Y_2(s)}{U_1(s)}=\frac{-25}{s^2+4s+25},$$

$$G_3(s)=\frac{Y_1(s)}{U_2(s)}=\frac{s+5}{s^2+4s+25},\ G_4(s)=\frac{Y_2(s)}{U_2(s)}=\frac{s-25}{s^2+4s+25}$$

习　题

1-1　试对图 1-29 所示的系统框图进行简化，并求其闭环传递函数 $C(s)/R(s)$。

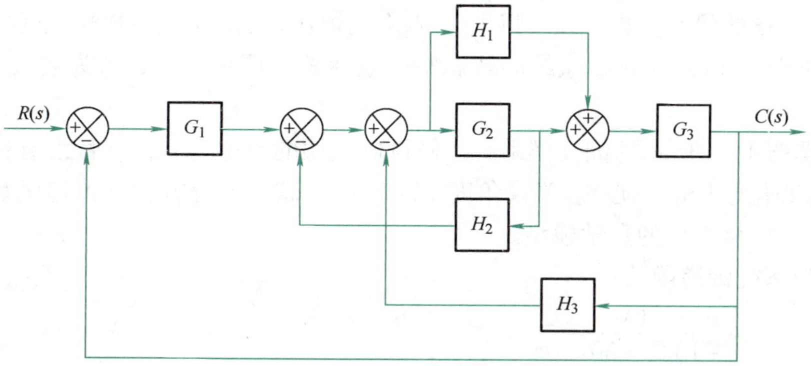

图 1-29　系统框图

1-2　试求图 1-30 所示系统的模拟结构图，并建立其状态空间表达式。

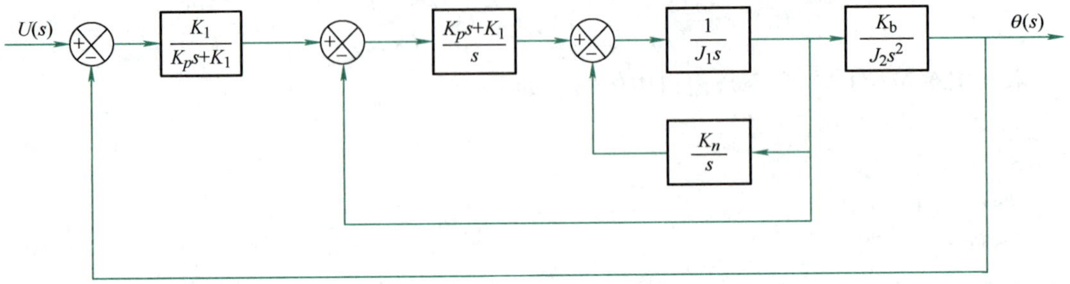

图 1-30　系统结构图

1-3　双输入 u_1、u_2，双输出 y_1、y_2的系统，其模拟结构如图 1-31 所示，试求其状态空间表达式和传递函数矩阵。

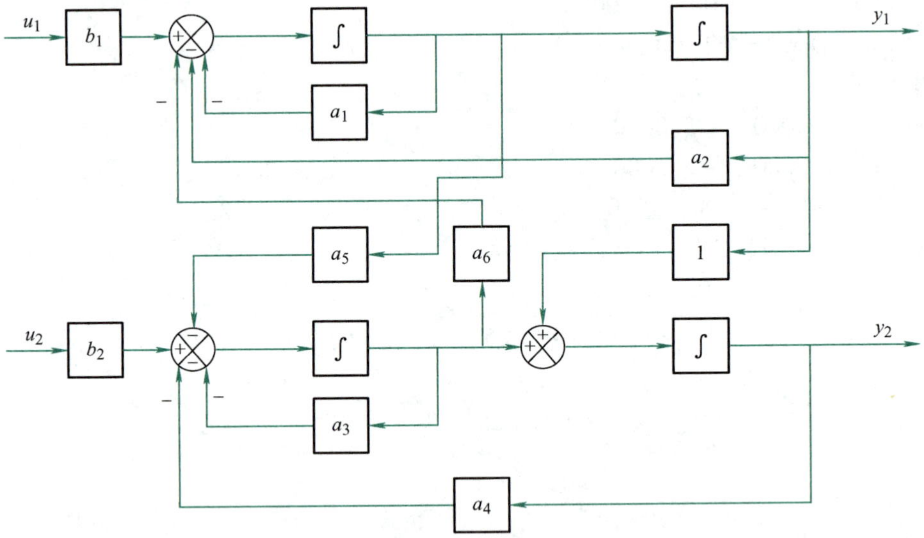

图 1-31　双输入双输出系统模拟结构图

1-4　有一电路如图 1-32 所示。以电压 $u(t)$ 为输入量，求以电感内的电流和电容上的电压作为状态变量的状态方程，以及以电阻 R_2上的电压作为输出量的输出方程。

1-5　试求图 1-33 所示机械系统的状态空间表达式，图中，u_1、u_2为输入量，y_1、y_2为输出量。

1-6　考虑图 1-34 所示的倒立摆系统。假设倒立摆的质量为 m，并且沿着杆的长度均匀分布（摆的重心位于杆的中心）。又设角度 θ 比较小，试以微分方程、传递函数和状态空间方程的形式，导出该系统的数学模型。

1-7　已知系统传递函数：

（1）$G(s)=\dfrac{10(s-1)}{s(s+1)(s+3)}$

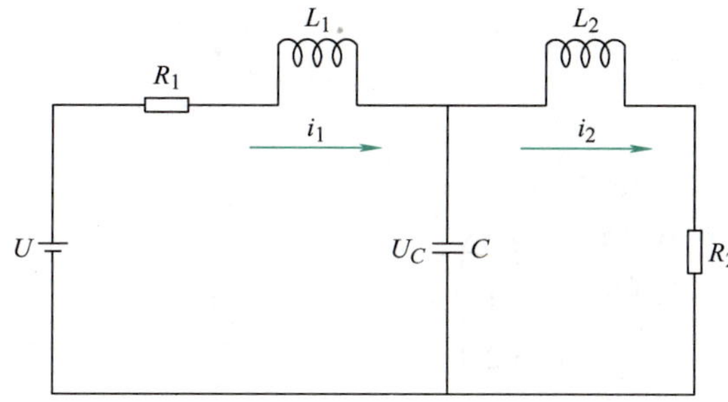

图 1-32 电路图

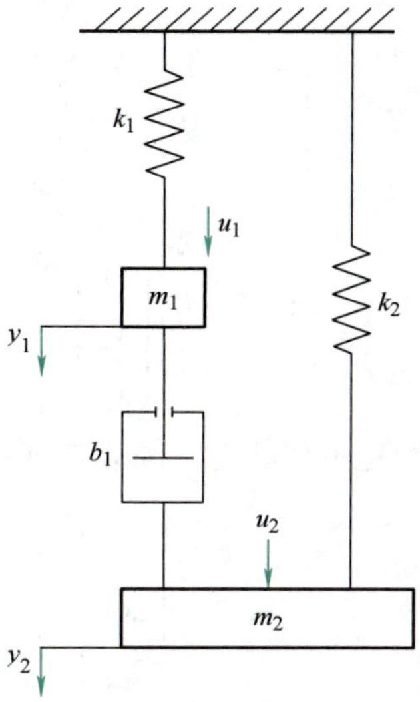

图 1-33 机械系统

(2) $G(s)=\dfrac{6(s+1)}{s(s+2)(s+3)^2}$

试求出系统的若尔当标准型的实现，并画出相应的模拟结构图。

1-8 系统的动态特性由下列微分方程描述：

(1) $\dddot{y}+5\ddot{y}+7\dot{y}+3y=\dot{u}+2u$

(2) $\dddot{y}+5\ddot{y}+7\dot{y}+3y=\ddot{u}+3\dot{u}+2u$

列出其相应的状态空间表达式，并画出相应的模拟结构图。

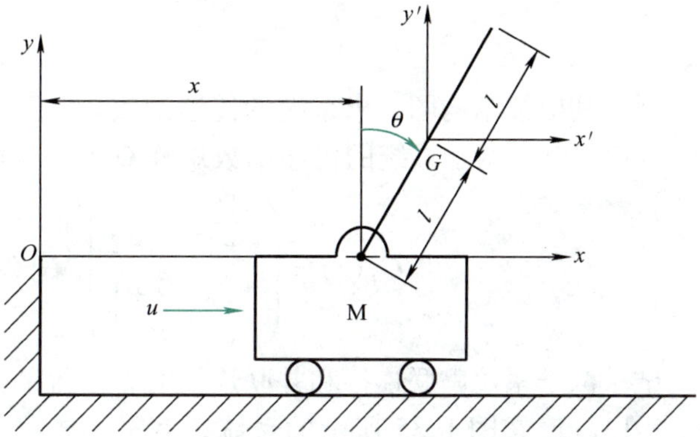

图 1-34 倒立摆系统

1-9 求下列矩阵的特征矢量：

(1) $A=\begin{pmatrix}-2 & 1\\ -1 & -2\end{pmatrix}$　　(2) $A=\begin{pmatrix}0 & 1\\ -6 & -5\end{pmatrix}$

(3) $A=\begin{pmatrix}0 & 1 & 0\\ 3 & 0 & 2\\ -12 & -7 & -6\end{pmatrix}$　　(4) $A=\begin{pmatrix}1 & 2 & -1\\ -1 & 0 & -1\\ 4 & 4 & 5\end{pmatrix}$

1-10 试将下列状态空间表达式化成若尔当标准型（并联分解）：

(1) $\begin{cases}\begin{pmatrix}\dot{x}_1\\ \dot{x}_2\end{pmatrix}=\begin{pmatrix}-2 & 1\\ 1 & -2\end{pmatrix}\begin{pmatrix}x_1\\ x_2\end{pmatrix}+\begin{pmatrix}0\\ 1\end{pmatrix}u\\ y=(1,\ 0)x\end{cases}$

(2) $\begin{cases}\begin{pmatrix}\dot{x}_1\\ \dot{x}_2\\ \dot{x}_3\end{pmatrix}=\begin{pmatrix}4 & 1 & -2\\ 1 & 0 & 2\\ 1 & -1 & 3\end{pmatrix}\begin{pmatrix}x_1\\ x_2\\ x_3\end{pmatrix}+\begin{pmatrix}3 & 1\\ 2 & 7\\ 5 & 3\end{pmatrix}u\\ \begin{pmatrix}y_1\\ y_2\end{pmatrix}=\begin{pmatrix}1 & 2 & 0\\ 0 & 1 & 1\end{pmatrix}\begin{pmatrix}x_1\\ x_2\\ x_3\end{pmatrix}\end{cases}$

1-11　给定下列状态空间表达式：

$$\begin{pmatrix}\dot{x}_1\\ \dot{x}_2\\ \dot{x}_3\end{pmatrix}=\begin{pmatrix}0 & 1 & 0\\ -2 & -3 & 0\\ -1 & 1 & -3\end{pmatrix}\begin{pmatrix}x_1\\ x_2\\ x_3\end{pmatrix}+\begin{pmatrix}0\\ 1\\ 2\end{pmatrix}u$$

$$y=(0,\ 0,\ 1)\begin{pmatrix}x_1\\ x_2\\ x_3\end{pmatrix}$$

画出其模拟结构图，求系统的传递函数。

1-12　已知两子系统的传递函数矩阵 $\boldsymbol{G}_1(s)$ 和 $\boldsymbol{G}_2(s)$ 分别为

$$\boldsymbol{G}_1(s)=\begin{pmatrix}\dfrac{1}{s+1} & \dfrac{1}{s+2}\\ 0 & \dfrac{s+1}{s+2}\end{pmatrix},\ \boldsymbol{G}_2(s)=\begin{pmatrix}\dfrac{1}{s+3} & \dfrac{1}{s+4}\\ \dfrac{1}{s+1} & 0\end{pmatrix}$$

试求两子系统串联连接和并联连接时，系统的传递函数（矩阵），并讨论所得结果。

1-13　已知图 1-35 所示的系统，其中子系统 1、2 的传递函数矩阵分别为

$$\boldsymbol{G}_1(s)=\begin{pmatrix}\dfrac{1}{s+1} & -\dfrac{1}{s}\\ 0 & \dfrac{1}{s+2}\end{pmatrix},\ \boldsymbol{G}_2(s)=\begin{pmatrix}1 & 0\\ 0 & 1\end{pmatrix}$$

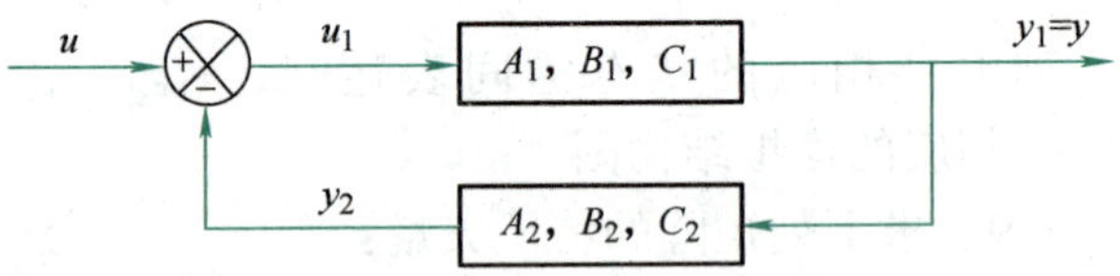

图 1-35　反馈系统模拟图

求系统的闭环传递函数矩阵。

1-14　已知差分方程为

$$y(k+2)+3y(k+1)+2y(k)=2u(k+1)+3u(k)$$

试将其用离散状态空间表达式表示，并使驱动函数 u 的系数 $\boldsymbol{b}$（即控制矩阵）分别为

（1）$\boldsymbol{b}=\begin{pmatrix}1\\ 1\end{pmatrix}$

（2）$\boldsymbol{b}=\begin{pmatrix}0\\ 1\end{pmatrix}$

第2章

状态空间表达式求解

本章的重点与知识点关系图如图 2-1 所示。

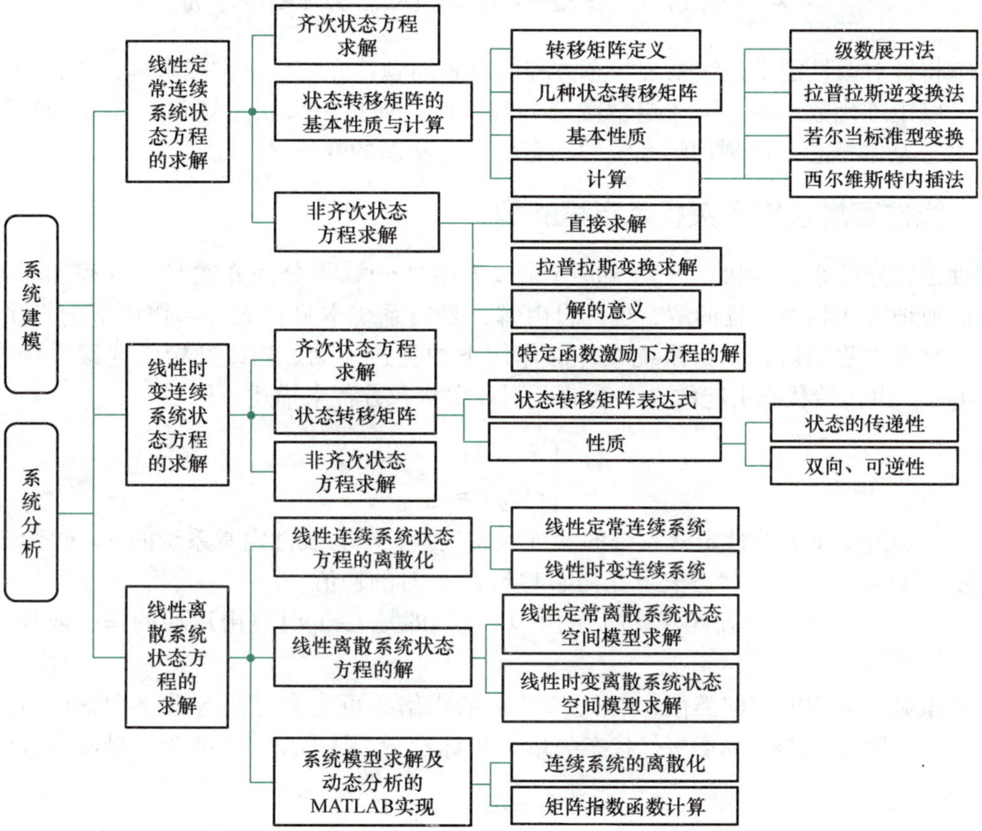

图 2-1　第 2 章重点与知识点关系图

建立系统状态空间表达式的目的就是对系统做定量和定性分析：

1）定量分析指的是求解动态数学模型并分析解的性质。

2）定性分析指的是对决定系统行为和特性具有重要意义的能控性、能观（测）性及稳定性进行研究。

在状态空间分析中，运用矩阵方法求解反映系统内部状态变量和输入变量间因果关系的数学方程——状态方程，是进行定量分析的主要方法；同时研究其解法及分析解的性质，从而确定其动态响应。

2.1 机械运动系统状态方程求解案例

回顾例 1-4 中图 1-15 所示的双质量、弹簧、阻尼器机械运动系统，得到的矢量矩阵形式的系统状态空间表达式为一个四阶线性定常系统，其中系统矩阵 $\boldsymbol{A}$ 是 4×4 矩阵，输入矩阵 $\boldsymbol{B}$ 是 4×1 矩阵，输出矩阵 $\boldsymbol{C}$ 是 2×4 矩阵。如果希望求解状态矢量 $\boldsymbol{x}=[x_1\ \ x_2\ \ x_3\ \ x_4]^{\mathrm{T}}$ 或输出状态矢量 $\boldsymbol{y}$ 的运动轨迹，则需要寻找求解齐次或非齐次状态方程的解。

2.2 线性定常连续系统状态方程的求解

本节将针对线性定常连续系统状态方程的求解问题，介绍状态方程求解方法，即在状态空间上，以矩阵代数运算来描述定常微分方程的解。通过引入状态转移矩阵（即矩阵指数函数）这一基本概念，深刻理解系统的动态特性、状态的变迁等。

2.2.1 线性定常系统齐次状态方程的解

线性定常连续系统的状态方程，按有无输入项（$\boldsymbol{u}$），可分为齐次状态方程和非齐次状态方程。所谓齐次状态方程的解，也称自由解，是指系统本身在无外部作用下的自由运动；而非齐次状态方程的解，是指系统在外部作用下的强迫运动。当线性定常连续系统在输入 $u(t)=0$ 时，由初始状态引起的自由运动可用齐次状态方程来描述，即

$$\begin{cases}\dot{\boldsymbol{x}}=\boldsymbol{A}\boldsymbol{x}\\ \boldsymbol{x}(t_0)=\boldsymbol{x}_0\end{cases} \tag{2-1}$$

式中，$\boldsymbol{x}$ 为线性定常系统的 n 维状态矢量；$\boldsymbol{A}$ 为线性定常系统的 $n\times n$ 系统矩阵；$\boldsymbol{x}(t_0)$ 为 n 维状态矢量在初始时刻 $t=t_0$ 时的初值。

齐次状态方程（2-1）的解 $\boldsymbol{x}(t)$，即是 $t\geqslant t_0$ 时自由运动的解，或称零输入响应。

与标量微分方程的求解类似，对式(2-1）的求解，可先参考高等数学中常微分方程求解理论。令矩阵 $\boldsymbol{A}$ 为标量常数 a，状态矢量 $\boldsymbol{x}$ 为标量 x，则式(2-1）变为标量微分方程，即

$$\begin{cases}\dot{x}=ax\\ x(t_0)=x_0\end{cases} \tag{2-2}$$

则式(2-2）的解为

$$x(t)=\mathrm{e}^{a(t-t_0)}x_0,t\geqslant t_0 \tag{2-3}$$

式(2-3）中指数函数 $\mathrm{e}^{a(t-t_0)}$ 可展开为泰勒级数，即

$$\mathrm{e}^{a(t-t_0)}=1+a(t-t_0)+\frac{1}{2!}a^2(t-t_0)^2+\cdots+\frac{1}{k!}a^k(t-t_0)^k+\cdots \tag{2-4}$$

则与式(2-4）类似，式(2-1）的解 $\boldsymbol{x}(t)$ 可列写为矢量幂级数形式，即

$$\boldsymbol{x}(t)=\boldsymbol{b}_0+\boldsymbol{b}_1(t-t_0)+\boldsymbol{b}_2(t-t_0)^2+\cdots+\boldsymbol{b}_k(t-t_0)^k+\cdots \tag{2-5}$$

由于初始条件 $\boldsymbol{x}(t_0)=\boldsymbol{x}_0$，则代入式(2-5）可得

$$\boldsymbol{b}_0=\boldsymbol{x}_0 \tag{2-6}$$

将式(2-5）代入式(2-1)，可得

$$\begin{aligned}&\boldsymbol{b}_1+2\boldsymbol{b}_2(t-t_0)+\cdots+k\boldsymbol{b}_k(t-t_0)^{k-1}+\cdots\\&=\boldsymbol{A}[\boldsymbol{b}_0+\boldsymbol{b}_1(t-t_0)+\boldsymbol{b}_2(t-t_0)^2\cdots+\boldsymbol{b}_k(t-t_0)^k+\cdots]\end{aligned}\tag{2-7}$$

若式(2-5) 所示的解 $\boldsymbol{x}(t)$ 为真实解，则式(2-7) 对任意时刻 t 都成立，等式两边同次幂项系数应相等，即

$$\begin{cases}\boldsymbol{b}_1=\boldsymbol{A}\boldsymbol{b}_0\\\boldsymbol{b}_2=\dfrac{1}{2}\boldsymbol{A}\boldsymbol{b}_1=\dfrac{1}{2!}\boldsymbol{A}^2\boldsymbol{b}_0\\\quad\vdots\\\boldsymbol{b}_k=\dfrac{1}{k}\boldsymbol{A}\boldsymbol{b}_{k-1}=\dfrac{1}{k!}\boldsymbol{A}^k\boldsymbol{b}_0\end{cases}\tag{2-8}$$

则式(2-5) 可改写为

$$\boldsymbol{x}(t)=[\boldsymbol{I}+\boldsymbol{A}(t-t_0)+\frac{1}{2!}\boldsymbol{A}^2(t-t_0)^2+\cdots+\frac{1}{k!}\boldsymbol{A}^k(t-t_0)^k+\cdots]\boldsymbol{x}_0\tag{2-9}$$

参考式(2-4) 所示标量指数函数的泰勒级数展开式，式(2-9) 右边中括号内的矢量幂级数，也可表示为一个矩阵指数函数，记为 $\mathrm{e}^{\boldsymbol{A}(t-t_0)}$，则

$$\begin{aligned}\mathrm{e}^{\boldsymbol{A}(t-t_0)}&=\boldsymbol{I}+\boldsymbol{A}(t-t_0)+\frac{1}{2!}\boldsymbol{A}^2(t-t_0)^2+\cdots+\frac{1}{k!}\boldsymbol{A}^k(t-t_0)^k+\cdots\\&=\sum_{k=0}^{\infty}\frac{1}{k!}\boldsymbol{A}^k(t-t_0)^k\end{aligned}\tag{2-10}$$

式中，$\boldsymbol{A}^0=\boldsymbol{I}$，$\boldsymbol{I}$ 为 $n\times n$ 单位矩阵。

因此，线性定常系统齐次状态方程的解可用系统矩阵 $\boldsymbol{A}$ 的矩阵指数函数表示，即

$$\boldsymbol{x}(t)=\mathrm{e}^{\boldsymbol{A}(t-t_0)}\boldsymbol{x}_0\tag{2-11}$$

从式(2-11) 所示解的表达式可知：在无外部输入作用（$\boldsymbol{u}(t)\equiv\boldsymbol{0}$）时，任意时刻 t 的状态矢量 $\boldsymbol{x}(t)$ 是由初始时刻 t_0 的状态矢量 $\boldsymbol{x}(t_0)$，在（$t-t_0$）时间内通过矩阵指数函数 $\mathrm{e}^{\boldsymbol{A}(t-t_0)}$ 演化而来。实际上这也是一种矢量变换关系，矩阵指数函数即为变换矩阵。与 1.3 节中所讲授的线性变换矩阵 $\boldsymbol{P}$ 的不同之处在于，矩阵指数函数不是一个常数矩阵，其元素一般是时间 t 的函数，是一个 $n\times n$ 的时变函数矩阵。从时间的角度看，该时变函数矩阵使得状态矢量随着时间的推移在状态空间中不断转移。因而，$\mathrm{e}^{\boldsymbol{A}(t-t_0)}$ 也可称为状态转移矩阵，标记为 $\boldsymbol{\Phi}(t-t_0)$，即表示 $\boldsymbol{x}(t_0)$ 到 $\boldsymbol{x}(t)$ 的转移矩阵。式(2-11) 可改写为

$$\boldsymbol{x}(t)=\boldsymbol{\Phi}(t-t_0)\boldsymbol{x}_0\tag{2-12}$$

式(2-12) 所表明的物理意义是：自由运动的解仅是系统初始状态的转移，状态转移矩阵 $\boldsymbol{\Phi}(t-t_0)$ 包含了系统自由运动的全部信息，且其唯一决定了系统中各个状态矢量的自由运动。需要说明的是以上分析均设初始时刻为 t_0，若令 $t_0=0$，则齐次状态方程的自由解为

$$\boldsymbol{x}(t)=\boldsymbol{\Phi}(t)\boldsymbol{x}_0\tag{2-13}$$

齐次状态方程的自由解描述了线性定常系统的自由运动且刻画了系统自由运动的轨线，如图 2-2 所示。当给定初始状态以后，状态转移矩阵完全决定了系统的状态转移特性。可

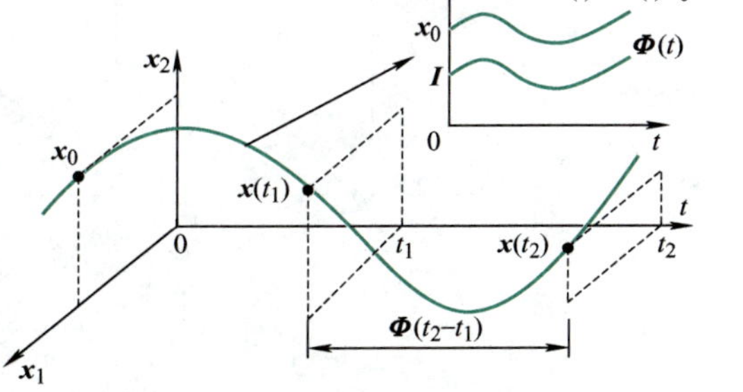

图 2-2 系统的状态转移特性示意图

见，掌握状态转移矩阵的基本性质及计算方法是求解齐次状态方程的关键。

2.2.2 状态转移矩阵的基本性质与计算

1. 状态转移矩阵的定义

如 2.1.1 节所述，当初始时刻 $t_0=0$ 时，齐次状态方程的自由解表达式为

$$\boldsymbol{x}(t)=\boldsymbol{\Phi}(t)\boldsymbol{x}_0$$

则对于式(2-1) 所示的线性定常系统，满足如下矩阵微分方程和初始条件，即

$$\begin{cases}\dot{\boldsymbol{\Phi}}(t)=\boldsymbol{A}\boldsymbol{\Phi}(t)\\ \boldsymbol{\Phi}(t_0)=\boldsymbol{A}^0=\boldsymbol{I}\end{cases} \tag{2-14}$$

因此，定义式(2-14) 的解 $\boldsymbol{\Phi}(t)$ 为线性定常系统 $\dot{\boldsymbol{x}}=\boldsymbol{A}\boldsymbol{x}$ 的状态转移矩阵。该定义与前述$\mathrm{e}^{\boldsymbol{A}(t)}$的定义是一致的。之所以引入该定义，是为了便于将状态转移矩阵的概念推广到后续章节涉及的线性时变连续系统、线性离散时间系统等，使得对各种类型系统状态方程解的表达式有可能进一步做统一描述，更好地表征系统状态的运动变化规律。

2. 几种特殊的状态转移矩阵形式

状态转移矩阵 $\boldsymbol{\Phi}(t)$ 具有与系统矩阵 $\boldsymbol{A}$ 相同的行列数，同为 $n\times n$ 矩阵，且其元素为时间 t 的函数。下面从系统矩阵 $\boldsymbol{A}$ 的几种特殊形式来介绍相应的状态转移矩阵，见表 2-1。

表 2-1 几种特殊的状态转移矩阵形式

特殊形式	系统矩阵 $\boldsymbol{A}$	状态转移矩阵 $\boldsymbol{\Phi}(t)=\mathrm{e}^{\boldsymbol{A}t}$
对角矩阵	$\boldsymbol{A}=\begin{pmatrix}\lambda_1 & & & \\ & \lambda_2 & & \\ & & \ddots & \\ & & & \lambda_n\end{pmatrix}$	$\boldsymbol{\Phi}(t)=\begin{pmatrix}\mathrm{e}^{\lambda_1 t} & & & \\ & \mathrm{e}^{\lambda_2 t} & & \\ & & \ddots & \\ & & & \mathrm{e}^{\lambda_n t}\end{pmatrix}$
若尔当块	$\boldsymbol{A}=\begin{pmatrix}\lambda & 1 & & & \\ & \lambda & & & \\ & & \ddots & & \\ & & & \ddots & 1\\ & & & & \lambda\end{pmatrix}_{m\times m}$	$\boldsymbol{\Phi}(t)=\mathrm{e}^{\lambda t}\begin{pmatrix}1 & t & \frac{1}{2}t^2 & \cdots & \frac{1}{(m-1)!}t^{m-1}\\ & 1 & t & \cdots & \frac{1}{(m-2)!}t^{m-2}\\ & & 1 & \ddots & \vdots\\ & & & \ddots & t\\ & & & & 1\end{pmatrix}$
若尔当矩阵	$\boldsymbol{A}=\begin{pmatrix}\boldsymbol{A}_1 & & & \\ & \boldsymbol{A}_2 & & \\ & & \ddots & \\ & & & \boldsymbol{A}_n\end{pmatrix}$	$\boldsymbol{\Phi}(t)=\begin{pmatrix}\mathrm{e}^{\boldsymbol{A}_1 t} & & & \\ & \mathrm{e}^{\boldsymbol{A}_2 t} & & \\ & & \ddots & \\ & & & \mathrm{e}^{\boldsymbol{A}_n t}\end{pmatrix}$
旋转矩阵	$\boldsymbol{A}=\begin{pmatrix}\sigma & \omega\\ -\omega & \sigma\end{pmatrix}$	$\boldsymbol{\Phi}(t)=\begin{pmatrix}\cos\omega t & \sin\omega t\\ -\sin\omega t & \cos\omega t\end{pmatrix}\mathrm{e}^{\sigma t}$

3. 状态转移矩阵的基本性质

性质1 状态转移矩阵具有组合分解性，即

$$\boldsymbol{\Phi}(t)\boldsymbol{\Phi}(\tau)=\boldsymbol{\Phi}(t+\tau) \tag{2-15}$$

同理，该性质也表明系统的状态具有传递性，即

$$\boldsymbol{\Phi}(t_2-t_1)\boldsymbol{\Phi}(t_1-t_0)=\boldsymbol{\Phi}(t_2-t_0),t_0<t_1<t_2$$

由式(2-15) 易推知

$$\boldsymbol{\Phi}(nt)=[\boldsymbol{\Phi}(t)]^n,n\text{ 为整数} \tag{2-16}$$

性质2 状态矢量从时刻 t 又转移到时刻 t，状态矢量是不变的，即

$$\boldsymbol{\Phi}(t-t)=\boldsymbol{I} \tag{2-17}$$

性质3 状态转移矩阵是非奇异的，系统状态的转移是双向、可逆的，且状态转移矩阵的逆表明了时间的逆转，即

$$[\boldsymbol{\Phi}(t)]^{-1}=\boldsymbol{\Phi}(-t) \tag{2-18}$$

性质4 根据式(2-14) 的定义，状态转移矩阵 $\boldsymbol{\Phi}(t)$ 与系统矩阵 $\boldsymbol{A}$ 满足交换律，即

$$\dot{\boldsymbol{\Phi}}(t)=\boldsymbol{A}\boldsymbol{\Phi}(t)=\boldsymbol{\Phi}(t)\boldsymbol{A} \tag{2-19}$$

性质5 对于矩阵 $\boldsymbol{A}$ 和矩阵 $\boldsymbol{B}$，当且仅当 $\boldsymbol{AB}=\boldsymbol{BA}$ 时，$\mathrm{e}^{\boldsymbol{A}t}\mathrm{e}^{\boldsymbol{B}t}=\mathrm{e}^{(\boldsymbol{A}+\boldsymbol{B})t}$；而当 $\boldsymbol{AB}\neq\boldsymbol{BA}$ 时，$\mathrm{e}^{\boldsymbol{A}t}\mathrm{e}^{\boldsymbol{B}t}\neq\mathrm{e}^{(\boldsymbol{A}+\boldsymbol{B})t}$。

该性质表明：当且仅当矩阵 $\boldsymbol{A}$ 和矩阵 $\boldsymbol{B}$ 满足交换律时，它们各自的矩阵指数函数之积与其和的矩阵指数函数等价。

4. 状态转移矩阵的计算

(1) 级数展开法 根据矩阵指数函数 $\mathrm{e}^{\boldsymbol{A}t}$ 的矢量幂级数展开式直接计算，也称级数展开法，即

$$\mathrm{e}^{\boldsymbol{A}t}=\sum_{k=0}^{\infty}\frac{1}{k!}\boldsymbol{A}^k t^k \tag{2-20}$$

【例 2-1】

给定下式系统矩阵 $\boldsymbol{A}$，试求其矩阵指数函数 $\mathrm{e}^{\boldsymbol{A}(t)}$。

$$\boldsymbol{A}=\begin{pmatrix}0 & 1\\ -2 & -3\end{pmatrix}$$

解: 根据式(2-20)，可得

$$\begin{aligned}\mathrm{e}^{\boldsymbol{A}t}&=\boldsymbol{I}+\boldsymbol{A}t+\frac{1}{2!}\boldsymbol{A}^2t^2+\cdots+\frac{1}{k!}\boldsymbol{A}^kt^k+\cdots\\&=\begin{pmatrix}1 & 0\\ 0 & 1\end{pmatrix}+\begin{pmatrix}0 & 1\\ -2 & -3\end{pmatrix}t+\begin{pmatrix}0 & 1\\ -2 & -3\end{pmatrix}^2\frac{t^2}{2!}+\cdots\\&=\begin{pmatrix}1-t^2+t^3+\cdots & t-\frac{3}{2}t^2-\frac{7}{6}t^3+\cdots\\ -2t+3t^2-\frac{7}{3}t^3+\cdots & 1-3t+\frac{7}{2}t^2-\frac{5}{2}t^3+\cdots\end{pmatrix}\end{aligned}$$

由于该方法得到的结果是一个无穷级数，因此，计算时需考虑级数收敛条件和计算收敛速度等问题。对于所有有限的常数矩阵 $\boldsymbol{A}$ 和有限的时间 t，则矩阵指数函数 $\mathrm{e}^{\boldsymbol{A}(t)}$ 是收敛的。

显然，计算结果一般不能得到封闭简洁的解析形式，仅是数值计算的近似结果，其计算精度取决于矩阵级数的收敛性与截取项数的多少，适用于使用计算机计算。

（2）拉普拉斯逆变换法　将拉普拉斯（简称拉氏）变换及逆变换拓展应用到矢量函数和矩阵函数。对矢量函数和矩阵函数的拉普拉斯变换及逆变换就是对其各个元素求相应的拉普拉斯变换及逆变换。鉴于此，可采用拉普拉斯变换及逆变换求解齐次状态方程的解。如式(2-1)所示的齐次状态方程，当 $t_0=0$ 时，

$$\begin{cases}\dot{\boldsymbol{x}}=\boldsymbol{A}\boldsymbol{x}\\ \boldsymbol{x}(0)=\boldsymbol{x}_0\end{cases}$$

对方程两边分别取拉普拉斯变换，得到

$$\boldsymbol{x}(s)=(s\boldsymbol{I}-\boldsymbol{A})^{-1}\boldsymbol{x}_0 \tag{2-21}$$

再对式(2-21)取拉普拉斯逆变换，得到自由解为

$$\boldsymbol{x}(t)=L^{-1}[(s\boldsymbol{I}-\boldsymbol{A})^{-1}]\boldsymbol{x}_0 \tag{2-22}$$

则状态转移矩阵 $\boldsymbol{\Phi}(t)$ 为

$$\boldsymbol{\Phi}(t)=\mathrm{e}^{\boldsymbol{A}t}=L^{-1}[(s\boldsymbol{I}-\boldsymbol{A})^{-1}] \tag{2-23}$$

因此，拉普拉斯逆变换法的核心思想就是如何求解式(2-23)。同样，可参考标量函数拉普拉斯变换及逆变换，将其应用到矩阵函数中。对于标量函数，易知

$$(s-a)^{-1}=\frac{1}{s}+\frac{a}{s^2}+\frac{a^2}{s^3}+\cdots+\frac{a^{k-1}}{s^k}+\cdots\Rightarrow$$

$$L^{-1}[(s-a)^{-1}]=1+at+\frac{1}{2!}a^2t^2+\cdots+\frac{1}{(k-1)!}a^{k-1}t^{k-1}+\cdots=\mathrm{e}^{at}$$

则对于矩阵函数，可仿写得

$$(s\boldsymbol{I}-\boldsymbol{A})^{-1}=\frac{\boldsymbol{I}}{s}+\frac{\boldsymbol{A}}{s^2}+\frac{\boldsymbol{A}^2}{s^3}+\cdots+\frac{\boldsymbol{A}^{k-1}}{s^k}+\cdots$$

$$\Rightarrow L^{-1}[(s\boldsymbol{I}-\boldsymbol{A})^{-1}]=\boldsymbol{I}+\boldsymbol{A}t+\frac{1}{2!}\boldsymbol{A}^2t^2+\cdots+\frac{1}{(k-1)!}\boldsymbol{A}^{k-1}t^{k-1}+\cdots=\mathrm{e}^{\boldsymbol{A}t} \tag{2-24}$$

式中，L 为拉普拉斯逆变换待求函数；s 为默认变量。

根据式(2-24)可知：对 $\boldsymbol{\Phi}(t)$ 的求解，可转换为求解矩阵 $(s\boldsymbol{I}-\boldsymbol{A})^{-1}$ 的拉普拉斯逆变换。

【例 2-2】

给定下式线性定常系统，试用拉普拉斯逆变换法求 $\boldsymbol{\Phi}(t)$ 和 $\boldsymbol{\Phi}^{-1}(t)$。

$$\begin{pmatrix}\dot{x}_1\\ \dot{x}_2\end{pmatrix}=\begin{pmatrix}0 & 1\\ -2 & -3\end{pmatrix}\begin{pmatrix}x_1\\ x_2\end{pmatrix}$$

解：系统矩阵 $\boldsymbol{A}$ 为

$$\boldsymbol{A}=\begin{pmatrix}0 & 1\\ -2 & -3\end{pmatrix}$$

根据式(2-24)，依次由内向外求解，先求矩阵 $s\boldsymbol{I}-\boldsymbol{A}$，即

$$sI-A=\begin{pmatrix}s & -1\\ 2 & s+3\end{pmatrix}$$

再求逆矩阵$(sI-A)^{-1}$，即

$$(sI-A)^{-1}=\frac{1}{|sI-A|}(sI-A)^{*}=\frac{1}{s^2+3s+2}\begin{pmatrix}s+3 & 1\\ -2 & s\end{pmatrix}=\begin{pmatrix}\frac{2}{s+1}-\frac{1}{s+2} & \frac{1}{s+1}-\frac{1}{s+2}\\ -\frac{2}{s+1}+\frac{2}{s+2} & -\frac{1}{s+1}+\frac{2}{s+2}\end{pmatrix}$$

因此，状态转移矩阵$\boldsymbol{\Phi}(t)$ 为

$$\begin{aligned}\boldsymbol{\Phi}(t)&=\mathrm{e}^{At}=L^{-1}[(sI-A)^{-1}]\\&=\begin{pmatrix}2\mathrm{e}^{-t}-\mathrm{e}^{-2t} & \mathrm{e}^{-t}-\mathrm{e}^{-2t}\\ -2\mathrm{e}^{-t}+2\mathrm{e}^{-2t} & -\mathrm{e}^{-t}+2\mathrm{e}^{-2t}\end{pmatrix}\end{aligned}$$

MATLAB 中提供了一个命令函数 ilaplace，读者可利用此函数进行拉普拉斯逆变换求解，其调用格式如下：

f = ilaplace(Lf) (2-25)

其中，f 为返回函数，默认为$f(t)$。

对逆矩阵$(sI-A)^{-1}$进行拉普拉斯逆变换的求解，在 MATLAB 命令行窗口中的实现如下：

```
>> syms s
>> Lf = 2/(s+1) - 1/(s+2); % (sI-A)^-1的第一行第一列
>> f = ilaplace(Lf)
```

输出结果：

```
f = 2 * exp( -t) - exp( -2 * t)
```

按照上述命令行，可依次求解$(sI-A)^{-1}$中的其他元素，从而得到$\boldsymbol{\Phi}(t)$。当然，也可以对整个矩阵$(sI-A)^{-1}$进行拉普拉斯逆变换求解，其在 MATLAB 命令行窗口中的实现如下：

```
>> syms s
>> Lf = [2/(s+1) -1/(s+2)1/(s+1) -1/(s+2); -2/(s+1) +2/(s+2) -1/(s+1) +
2/(s+2)];
>> f = ilaplace(Lf)
```

输出结果：

```
f = [2 * exp( -t) - exp( -2 * t),     exp( -t) - exp( -2 * t)]
    [2 * exp( -2 * t) -2 * exp( -t),  2 * exp( -2 * t) - exp( -t)]
```

此外，根据式(2-18)，可求得$\boldsymbol{\Phi}^{-1}(t)$ 为

$$\boldsymbol{\Phi}^{-1}(t)=\boldsymbol{\Phi}(-t)=\mathrm{e}^{-At}=\begin{pmatrix}2\mathrm{e}^{t}-\mathrm{e}^{2t} & \mathrm{e}^{t}-\mathrm{e}^{2t}\\ 2\mathrm{e}^{2t}-2\mathrm{e}^{t} & 2\mathrm{e}^{2t}-\mathrm{e}^{t}\end{pmatrix}$$

(3) 系统矩阵 $\boldsymbol{A}$ 变换为若尔当标准型　任何矩阵均可经线性变换化为对角矩阵或若尔当矩阵。因此，系统矩阵 $\boldsymbol{A}$ 可通过找寻变换矩阵 $\boldsymbol{P}$，经线性变换化为对角矩阵或若尔当矩阵，再根据表 2-1 所列的几种特殊状态转移矩阵形式来计算求解 $\boldsymbol{\Phi}(t)$。

下面根据 n 阶系统矩阵 $\boldsymbol{A}$ 的特征值分情况讨论如下。

1) n 阶系统矩阵 $\boldsymbol{A}$ 的特征值 $\lambda_i(i=1, 2, \cdots, n)$ 互异，则必存在一个非奇异矩阵 $\boldsymbol{P}$ 及其逆矩阵$\boldsymbol{P}^{-1}$，使得系统矩阵 $\boldsymbol{A}$ 实现对角化。

$$\boldsymbol{\Lambda}=\boldsymbol{P}^{-1}\boldsymbol{A}\boldsymbol{P}\Rightarrow\boldsymbol{A}=\boldsymbol{P}\boldsymbol{\Lambda}\boldsymbol{P}^{-1}=\boldsymbol{P}\begin{pmatrix}\lambda_1 & & & \\ & \lambda_2 & & \\ & & \ddots & \\ & & & \lambda_n\end{pmatrix}\boldsymbol{P}^{-1}$$

则状态转移矩阵 $\boldsymbol{\Phi}(t)$ 为

$$\boldsymbol{\Phi}(t)=\mathrm{e}^{\boldsymbol{A}t}=\boldsymbol{P}\begin{pmatrix}\mathrm{e}^{\lambda_1 t} & & & \\ & \mathrm{e}^{\lambda_2 t} & & \\ & & \ddots & \\ & & & \mathrm{e}^{\lambda_n t}\end{pmatrix}\boldsymbol{P}^{-1} \tag{2-26}$$

变换矩阵 $\boldsymbol{P}$ 的求法参见式(1-89) 和式(1-90)。

2) n 阶系统矩阵 $\boldsymbol{A}$ 的特征值非互异且具有 n 重特征值，只有当 $\boldsymbol{A}$ 仍有 n 个独立的特征矢量时，则可将 $\boldsymbol{A}$ 变换为对角标准型；否则存在非奇异矩阵 $\boldsymbol{P}$ 及其逆矩阵 $\boldsymbol{P}^{-1}$，使得系统矩阵 $\boldsymbol{A}$ 变换为若尔当标准型。

令若尔当标准型 $\boldsymbol{J}$ 为

$$\boldsymbol{J}=\begin{pmatrix}\boldsymbol{J}_1 & & & \\ & \boldsymbol{J}_2 & & \\ & & \ddots & \\ & & & \boldsymbol{J}_q\end{pmatrix} \tag{2-27}$$

式中，$\boldsymbol{J}_i$为 m_i维若尔当块，$i=1, 2, \cdots, q$。

若尔当块 $\boldsymbol{J}_i$为

$$\boldsymbol{J}_i=\begin{pmatrix}\lambda_i & 1 & & & \\ & \lambda_i & 1 & & \\ & & \ddots & \ddots & \\ & & & \lambda_i & 1 \\ & & & & \lambda_i\end{pmatrix}_{m_i\times m_i} \tag{2-28}$$

式中，λ_i为矩阵 $\boldsymbol{A}$ 的重特征值，$i=1, 2, \cdots, q$，且满足 $\sum_{i=1}^{q} m_i=n$ 。

则形如式(2-28) 所示若尔当块 $\boldsymbol{J}_i$的矩阵指数函数 $\mathrm{e}^{\boldsymbol{J}_i t}$为

$$e^{J_i t} = \begin{pmatrix} 1 & t & \frac{t^2}{2!} & \cdots & \frac{t^{m_i-1}}{(m_i-1)!} \\ & 1 & t & \cdots & \frac{t^{m_i-2}}{(m_i-2)!} \\ & & 1 & \ddots & \vdots \\ & & & \ddots & t \\ & & & & 1 \end{pmatrix} \tag{2-29}$$

因此，将系统矩阵 $\boldsymbol{A}$ 变换为若尔当标准型 $\boldsymbol{J}$，即 $\boldsymbol{J}=\boldsymbol{P}^{-1}\boldsymbol{A}\boldsymbol{P}$，则状态转移矩阵 $\boldsymbol{\Phi}(t)$ 为

$$\boldsymbol{\Phi}(t) = e^{\boldsymbol{A}t} = \boldsymbol{P}e^{\boldsymbol{J}t}\boldsymbol{P}^{-1} = \boldsymbol{P}\begin{pmatrix} e^{\boldsymbol{J}_1 t} & & & \\ & e^{\boldsymbol{J}_2 t} & & \\ & & \ddots & \\ & & & e^{\boldsymbol{J}_q t} \end{pmatrix}\boldsymbol{P}^{-1} \tag{2-30}$$

下面通过三个示例对由系统矩阵 $\boldsymbol{A}$ 变换为若尔当标准型求解状态转移矩阵 $\boldsymbol{\Phi}(t)$ 的方法进行解释说明。

【例 2-3】

给定下式系统矩阵 $\boldsymbol{A}$，试通过矩阵变换求解状态转移矩阵 $\boldsymbol{\Phi}(t)$。

$$\boldsymbol{A} = \begin{pmatrix} 0 & 1 \\ -2 & -3 \end{pmatrix}$$

解：系统矩阵 $\boldsymbol{A}$ 的特征值由下式求得，即

$$|\lambda \boldsymbol{I} - \boldsymbol{A}| = \begin{vmatrix} \lambda & -1 \\ 2 & \lambda+3 \end{vmatrix} = \lambda^2 + 3\lambda + 2 = (\lambda+1)(\lambda+2) = 0$$

系统矩阵 $\boldsymbol{A}$ 的特征值 $\lambda_i(i=1, 2)$ 为

$$\lambda_1 = -1, \ \lambda_2 = -2$$

根据式(1-89) 和式(1-90)，确定变换矩阵 $\boldsymbol{P}$ 及其逆矩阵 $\boldsymbol{P}^{-1}$为

$$\boldsymbol{P} = \begin{pmatrix} 2 & 1 \\ -2 & -2 \end{pmatrix}, \ \boldsymbol{P}^{-1} = \begin{pmatrix} 1 & 0.5 \\ -1 & -1 \end{pmatrix}$$

根据式(2-26)，求得状态转移矩阵 $\boldsymbol{\Phi}(t)$ 为

$$\boldsymbol{\Phi}(t) = e^{\boldsymbol{A}t} = \begin{pmatrix} 2 & 1 \\ -2 & -2 \end{pmatrix}\begin{pmatrix} e^{-t} & 0 \\ 0 & e^{-2t} \end{pmatrix}\begin{pmatrix} 1 & 0.5 \\ -1 & -1 \end{pmatrix} = \begin{pmatrix} 2e^{-t}-e^{-2t} & e^{-t}-e^{-2t} \\ 2e^{-2t}-2e^{-t} & 2e^{-2t}-e^{-t} \end{pmatrix}$$

【例 2-4】

给定下式系统矩阵 $\boldsymbol{A}$，试求解矩阵指数函数 $e^{\boldsymbol{A}t}$。

$$\boldsymbol{A} = \begin{pmatrix} 0 & 1 & 0 \\ 0 & 0 & 1 \\ 2 & -5 & 4 \end{pmatrix}$$

解：系统矩阵 $\boldsymbol{A}$ 的特征值由下式求得，即

$$|\lambda \boldsymbol{I}-\boldsymbol{A}|=\begin{vmatrix}\lambda & -1 & 0\\ 0 & \lambda & -1\\ -2 & 5 & \lambda-4\end{vmatrix}$$

$$=\lambda^3-4\lambda^2+5\lambda-2=(\lambda-1)^2(\lambda-2)=0$$

系统矩阵 $\boldsymbol{A}$ 的特征值 $\lambda_i(i=1,\ 2,\ 3)$ 为 $\lambda_1=\lambda_2=1$，$\lambda_3=2$

根据式(2-27)，可列写若尔当标准型 $\boldsymbol{J}$ 为

$$\boldsymbol{J}=\begin{pmatrix}1 & 1 & 0\\ 0 & 1 & 0\\ 0 & 0 & 2\end{pmatrix}$$

则矩阵 $\boldsymbol{J}$ 的矩阵指数函数 $e^{\boldsymbol{J}t}$ 为

$$e^{\boldsymbol{J}t}=\begin{pmatrix}e^{\boldsymbol{J}_1t} & \\ & e^{\boldsymbol{J}_2t}\end{pmatrix}=\begin{pmatrix}e^t & te^t & 0\\ 0 & e^t & 0\\ 0 & 0 & e^{2t}\end{pmatrix}$$

根据式(1-89)，求对应特征值 λ_1 的特征矢量 $\boldsymbol{p}_1$，即

$$(\lambda_1\boldsymbol{I}-\boldsymbol{A})\boldsymbol{p}_1=\boldsymbol{0}\quad\Rightarrow\quad\boldsymbol{p}_1=\begin{pmatrix}1\\1\\1\end{pmatrix}$$

根据式(1-96)，求对应特征值 λ_1 的广义特征矢量 $\boldsymbol{p}_2$，即

$$(\lambda_1\boldsymbol{I}-\boldsymbol{A})\boldsymbol{p}_2=-\boldsymbol{p}_1\quad\Rightarrow\quad\boldsymbol{p}_2=\begin{pmatrix}-1\\0\\1\end{pmatrix}$$

根据式(1-89)，求对应特征值 λ_3 的特征矢量 $\boldsymbol{p}_3$，即

$$(\lambda_3\boldsymbol{I}-\boldsymbol{A})\boldsymbol{p}_3=\boldsymbol{0}\quad\Rightarrow\quad\boldsymbol{p}_3=\begin{pmatrix}1\\2\\4\end{pmatrix}$$

变换矩阵 $\boldsymbol{P}$ 及其逆矩阵 $\boldsymbol{P}^{-1}$ 分别为

$$\boldsymbol{P}=\begin{pmatrix}1 & -1 & 1\\ 1 & 0 & 2\\ 1 & 1 & 4\end{pmatrix},\ \boldsymbol{P}^{-1}=\begin{pmatrix}-2 & 5 & -2\\ -2 & 3 & -1\\ 1 & -2 & 1\end{pmatrix}$$

因此，矩阵指数函数 $e^{\boldsymbol{A}t}$ 为

$$e^{\boldsymbol{A}t}=\boldsymbol{P}e^{\boldsymbol{J}t}\boldsymbol{P}^{-1}=\begin{pmatrix}1 & -1 & 1\\ 1 & 0 & 2\\ 1 & 1 & 4\end{pmatrix}\begin{pmatrix}e^t & te^t & 0\\ 0 & e^t & 0\\ 0 & 0 & e^{2t}\end{pmatrix}\begin{pmatrix}-2 & 5 & -2\\ -2 & 3 & -1\\ 1 & -2 & 1\end{pmatrix}$$

$$=\begin{pmatrix}e^{2t}-2te^t & 2e^t-2e^{2t}+3te^t & e^{2t}-e^t-te^t\\ 2e^{2t}-2e^t-2te^t & 5e^t-4e^{2t}+3te^t & 2e^{2t}-2e^t-te^t\\ 4e^{2t}-4e^t-2te^t & 8e^t-8e^{2t}+3te^t & 4e^{2t}-3e^t-te^t\end{pmatrix}$$

【例 2-5】

给定下式系统矩阵 $\boldsymbol{A}$，试求解状态转移矩阵 $\boldsymbol{\Phi}(t)$。

$$\boldsymbol{A}=\begin{pmatrix}0&1&0\\0&0&1\\1&-3&3\end{pmatrix}$$

解：系统矩阵 $\boldsymbol{A}$ 的特征值由下式求得，即

$$|\lambda\boldsymbol{I}-\boldsymbol{A}|=\begin{vmatrix}\lambda&-1&0\\0&\lambda&-1\\-1&3&\lambda-3\end{vmatrix}=\lambda^3-3\lambda^2+3\lambda-1=(\lambda-1)^3=0$$

系统矩阵 $\boldsymbol{A}$ 的特征值 λ_i（$i=1,2,3$）为 $\lambda_1=\lambda_2=\lambda_3=1$

也就是说，矩阵 $\boldsymbol{A}$ 具有三重特征值 $\lambda=1$。根据式(2-28)，可列写三维若尔当块 $\boldsymbol{J}$ 为

$$\boldsymbol{J}=\begin{pmatrix}1&1&0\\0&1&1\\0&0&1\end{pmatrix}$$

则矩阵 $\boldsymbol{J}$ 的矩阵指数函数 $\mathrm{e}^{\boldsymbol{J}t}$ 为

$$\mathrm{e}^{\boldsymbol{J}t}=\begin{pmatrix}\mathrm{e}^t&t\mathrm{e}^t&0.5t^2\mathrm{e}^t\\0&\mathrm{e}^t&t\mathrm{e}^t\\0&0&\mathrm{e}^t\end{pmatrix}$$

根据式(1-89)，求对应特征值 λ_1 的特征矢量 $\boldsymbol{p}_1$，即

$$(\lambda_1\boldsymbol{I}-\boldsymbol{A})\boldsymbol{p}_1=\boldsymbol{0}\quad\Rightarrow\quad\boldsymbol{p}_1=\begin{pmatrix}1\\1\\1\end{pmatrix}$$

根据式(1-96)，分别求对应特征值 λ_1 的两个广义特征矢量 $\boldsymbol{p}_2$、$\boldsymbol{p}_3$，即

$$(\lambda_1\boldsymbol{I}-\boldsymbol{A})\boldsymbol{p}_2=-\boldsymbol{p}_1\quad\Rightarrow\quad\boldsymbol{p}_2=\begin{pmatrix}0\\1\\2\end{pmatrix}$$

$$(\lambda_1\boldsymbol{I}-\boldsymbol{A})\boldsymbol{p}_3=-\boldsymbol{p}_2\quad\Rightarrow\quad\boldsymbol{p}_3=\begin{pmatrix}0\\0\\1\end{pmatrix}$$

变换矩阵 $\boldsymbol{P}$ 及其逆矩阵 $\boldsymbol{P}^{-1}$ 分别为

$$\boldsymbol{P}=\begin{pmatrix}1&0&0\\1&1&0\\1&2&1\end{pmatrix},\ \boldsymbol{P}^{-1}=\begin{pmatrix}1&0&0\\-1&1&0\\1&-2&1\end{pmatrix}$$

因此，状态转移矩阵 $\boldsymbol{\Phi}(t)$ 为

$$\boldsymbol{\Phi}(t)=\mathrm{e}^{\boldsymbol{A}t}=\boldsymbol{P}\mathrm{e}^{\boldsymbol{J}t}\boldsymbol{P}^{-1}=\begin{pmatrix}1&0&0\\1&1&0\\1&2&1\end{pmatrix}\begin{pmatrix}\mathrm{e}^t&t\mathrm{e}^t&0.5t^2\mathrm{e}^t\\0&\mathrm{e}^t&t\mathrm{e}^t\\0&0&\mathrm{e}^t\end{pmatrix}\begin{pmatrix}1&0&0\\-1&1&0\\1&-2&1\end{pmatrix}$$

$$=\begin{pmatrix} e^t-te^t+0.5t^2e^t & te^t-t^2e^t & 0.5t^2e^t \\ 0.5t^2e^t & e^t-te^t-t^2e^t & te^t+0.5t^2e^t \\ te^t+0.5t^2e^t & -3te^t-t^2e^t & e^t+2te^t+0.5t^2e^t \end{pmatrix}$$

(4) 西尔维斯特内插法　西尔维斯特（Sylvester）内插法，或称为化e^{At}为A的有限项法。在讨论该方法计算矩阵指数函数e^{At}时，先介绍凯莱-哈密顿（Cayley-Hamilton）定理和最小多项式。

1）凯莱-哈密顿定理。设矩阵A为$n\times n$方阵，则其特征方程为

$$|\lambda I-A|=\lambda^n+a_1\lambda^{n-1}+\cdots+a_{n-1}\lambda+a_n=0 \tag{2-31}$$

由凯莱-哈密顿定理知，矩阵A满足其自身的特征方程，即

$$A^n+a_1A^{n-1}+\cdots+a_{n-1}A+a_nI=0 \tag{2-32}$$

将式(2-32）改写为

$$A^n=-a_1A^{n-1}-\cdots-a_{n-1}A-a_nI \tag{2-33}$$

即：A^n是A^{n-1}，A^{n-2}，…，A，I的线性组合。

同理，A^{n+1}可表示为

$$\begin{aligned} A^{n+1}&=A\cdot A^n=-a_1A^n-(a_2A^{n-1}+a_3A^{n-2}+\cdots+a_{n-1}A^2+a_nA) \\ &=(a_1^2-a_2)A^{n-1}+(a_1a_2-a_3)A^{n-2}+\cdots+(a_1a_{n-1}-a_n)A+a_1a_nI \end{aligned} \tag{2-34}$$

由式(2-34）可依次类推得到A^{n+1}，A^{n+2}，…都可以用A^{n-1}，A^{n-2}，…，A，I的线性组合来表示。

2）最小多项式。根据凯莱-哈密顿定理可知：任一$n\times n$矩阵A满足其自身的特征方程，但特征方程不一定是矩阵A满足的最小阶次纯量方程。

若定义矩阵A的特征方程根的最小阶次多项式$\varphi(\lambda)$为最小多项式，即

$$\varphi(\lambda)=\lambda^m+a_1\lambda^{m-1}+\cdots+a_{m-1}\lambda+a_m(m\leqslant n) \tag{2-35}$$

则矩阵A同样满足$\varphi(A)=0$，即

$$\varphi(A)=A^m+a_1A^{m-1}+\cdots+a_{m-1}A+a_mI=0(m\leqslant n) \tag{2-36}$$

最小多项式$\varphi(\lambda)$可由下式求解，即

$$\varphi(\lambda)=\frac{|\lambda I-A|}{d(\lambda)} \tag{2-37}$$

式中，$d(\lambda)$为伴随矩阵$[\lambda I-A]^*$所有元素的最高公约式且将λ最高阶次的系数选为1。

根据式(2-37）可概括出求解$n\times n$矩阵A的最小多项式$\varphi(\lambda)$的步骤如下：

① 根据伴随矩阵$[\lambda I-A]^*$，将其所有元素写成关于λ的因式分解多项式。

② 确定伴随矩阵$[\lambda I-A]^*$各元素的最高公约式$d(\lambda)$，并选取最高阶次的系数为1。注意，若不存在公约式，则$d(\lambda)=1$。

③ $|\lambda I-A|$除以$d(\lambda)$即为最小多项式$\varphi(\lambda)$。

3）西尔维斯特内插法计算e^{At}。基于最小多项式，化e^{At}为A的有限项；再利用西尔维斯特内插法，求解待定时间函数，从而计算得到e^{At}。具体步骤如下。

若矩阵A的最小多项式阶数为m，则利用西尔维斯特内插法，通过求解下列行列式，即可求解e^{At}。

$$\begin{vmatrix} 1 & \lambda_1 & \lambda_1^2 & \cdots & \lambda_1^{m-1} & e^{\lambda_1 t} \\ 1 & \lambda_2 & \lambda_2^2 & \cdots & \lambda_2^{m-1} & e^{\lambda_2 t} \\ \vdots & \vdots & \vdots & & \vdots & \vdots \\ 1 & \lambda_m & \lambda_m^2 & \cdots & \lambda_m^{m-1} & e^{\lambda_m t} \\ \boldsymbol{I} & \boldsymbol{A} & \boldsymbol{A}^2 & \cdots & \boldsymbol{A}^{m-1} & e^{\boldsymbol{A}t} \end{vmatrix} = 0 \tag{2-38}$$

由式(2-38)可知：求解结果$e^{\boldsymbol{A}t}$表示为以$\boldsymbol{A}^i(i=0, 1, 2, \cdots, m-1)$和$e^{\lambda_j t}(j=1, 2, \cdots, m)$组成的多项式形式。若将式(2-38)最后一行展开，得到

$$e^{\boldsymbol{A}t} = a_0(t)\boldsymbol{I} + a_1(t)\boldsymbol{A} + a_2(t)\boldsymbol{A}^2 + \cdots + a_{m-1}(t)\boldsymbol{A}^{m-1} \tag{2-39}$$

式中，$a_i(t)$为待定时间函数，$i=0, 1, 2, \cdots, m-1$。

而$a_i(t)$可由下列方程组来确定：

$$\begin{pmatrix} 1 & \lambda_1 & \lambda_1^2 & \cdots & \lambda_1^{m-1} \\ 1 & \lambda_2 & \lambda_2^2 & \cdots & \lambda_2^{m-1} \\ \vdots & \vdots & \vdots & & \vdots \\ 1 & \lambda_m & \lambda_m^2 & \cdots & \lambda_m^{m-1} \end{pmatrix} \begin{pmatrix} a_0(t) \\ a_1(t) \\ a_2(t) \\ \vdots \\ a_{m-1}(t) \end{pmatrix} = \begin{pmatrix} e^{\lambda_1 t} \\ e^{\lambda_2 t} \\ \vdots \\ e^{\lambda_m t} \end{pmatrix} \tag{2-40}$$

将由式(2-40)所确定的$a_i(t)$代入式(2-39)，即可求解得到$e^{\boldsymbol{A}t}$。

下面根据$n\times n$矩阵$\boldsymbol{A}$的特征值分情况讨论如下。

① 特征值互异情况。矩阵$\boldsymbol{A}$的特征值$\lambda_i(i=1, 2, \cdots, n)$互异，则所确定待定时间函数$a_i(t)$的个数必为$n$个，即$m=n$，则式(2-39)列写为

$$e^{\boldsymbol{A}t} = a_0(t)\boldsymbol{I} + a_1(t)\boldsymbol{A} + a_2(t)\boldsymbol{A}^2 + \cdots + a_{n-1}(t)\boldsymbol{A}^{n-1} \tag{2-41}$$

将矩阵$\boldsymbol{A}$变换为对角阵$\boldsymbol{\Lambda}$，即$\boldsymbol{\Lambda}=\boldsymbol{P}^{-1}\boldsymbol{AP}$，则式(2-41)相似变换为

$$\boldsymbol{P}^{-1} e^{\boldsymbol{A}t}\boldsymbol{P} = \sum_{i=0}^{n-1} \boldsymbol{P}^{-1}\boldsymbol{A}^i\boldsymbol{P}\, a_i(t) \tag{2-42}$$

化简式(2-42)，得

$$e^{\boldsymbol{\Lambda}t} = \boldsymbol{P}^{-1} e^{\boldsymbol{A}t}\boldsymbol{P} = \begin{pmatrix} e^{\lambda_1 t} & & & \\ & e^{\lambda_2 t} & & \\ & & \ddots & \\ & & & e^{\lambda_n t} \end{pmatrix} = \sum_{i=0}^{n-1} \boldsymbol{\Lambda}^i a_i(t) = \sum_{i=0}^{n-1} a_i(t) \begin{pmatrix} \lambda_1^i & & & \\ & \lambda_2^i & & \\ & & \ddots & \\ & & & \lambda_n^i \end{pmatrix} \tag{2-43}$$

所确定的$a_i(t)$为

$$\begin{pmatrix} a_0(t) \\ a_1(t) \\ \vdots \\ a_{n-1}(t) \end{pmatrix} = \begin{pmatrix} 1 & \lambda_1 & \cdots & \lambda_1^{n-1} \\ 1 & \lambda_2 & \cdots & \lambda_2^{n-1} \\ \vdots & \vdots & & \vdots \\ 1 & \lambda_n & \cdots & \lambda_n^{n-1} \end{pmatrix}^{-1} \begin{pmatrix} e^{\lambda_1 t} \\ e^{\lambda_2 t} \\ \vdots \\ e^{\lambda_n t} \end{pmatrix} \tag{2-44}$$

针对n阶方阵$\boldsymbol{A}$具有n个互异特征值的情况，下面通过两个示例对求解$e^{\boldsymbol{A}t}$的西尔维斯特内插法进行解释说明。

【例 2-6】

给定下式矩阵 $\boldsymbol{A}$，试求解$e^{\boldsymbol{A}t}$为 $\boldsymbol{A}$ 的有限项。

$$\boldsymbol{A}=\begin{pmatrix}0 & 1\\ 0 & -2\end{pmatrix}$$

解：矩阵 $\boldsymbol{A}$ 的特征值由下式求得，即

$$|\lambda \boldsymbol{I}-\boldsymbol{A}|=\begin{vmatrix}\lambda & -1\\ 0 & \lambda+2\end{vmatrix}=\lambda(\lambda+2)=0$$

矩阵 $\boldsymbol{A}$ 具有两个互异特征值，分别为 $\lambda_1=0$，$\lambda_2=-2$

根据式(2-44) 可得

$$\begin{pmatrix}a_0(t)\\ a_1(t)\end{pmatrix}=\begin{pmatrix}1 & \lambda_1\\ 1 & \lambda_2\end{pmatrix}^{-1}\begin{pmatrix}e^{\lambda_1 t}\\ e^{\lambda_2 t}\end{pmatrix}\Rightarrow\begin{pmatrix}a_0(t)\\ a_1(t)\end{pmatrix}=\begin{pmatrix}1\\ \frac{1}{2}(1-e^{-2t})\end{pmatrix}$$

则代入式(2-41) 可得

$$e^{\boldsymbol{A}t}=a_0(t)\boldsymbol{I}+a_1(t)\boldsymbol{A}=\begin{pmatrix}1 & 0\\ 0 & 1\end{pmatrix}+\frac{1}{2}(1-e^{-2t})\begin{pmatrix}0 & 1\\ 0 & -2\end{pmatrix}$$

$$=\begin{pmatrix}1 & \frac{1}{2}(1-e^{-2t})\\ 0 & e^{-2t}\end{pmatrix}$$

【例 2-7】

给定系统矩阵 $\boldsymbol{A}$，试求解$e^{\boldsymbol{A}t}$为 $\boldsymbol{A}$ 的有限项。

$$\boldsymbol{A}=\begin{pmatrix}0 & 1 & 0\\ 0 & 0 & 1\\ -6 & -11 & -6\end{pmatrix}$$

解：矩阵 $\boldsymbol{A}$ 的特征值由下式求得，即

$$|\lambda \boldsymbol{I}-\boldsymbol{A}|=\begin{vmatrix}\lambda & -1 & 0\\ 0 & \lambda & -1\\ 6 & 11 & \lambda+6\end{vmatrix}$$

$$=\lambda^2(\lambda+6)+6+11\lambda=(\lambda+1)(\lambda+2)(\lambda+3)=0$$

矩阵 $\boldsymbol{A}$ 具有三个互异特征值，分别为 $\lambda_1=-1$，$\lambda_2=-2$，$\lambda_3=-3$

根据式(2-44) 可得

$$\begin{pmatrix}a_0(t)\\ a_1(t)\\ a_2(t)\end{pmatrix}=\begin{pmatrix}1 & \lambda_1 & \lambda_1^2\\ 1 & \lambda_2 & \lambda_2^2\\ 1 & \lambda_3 & \lambda_3^2\end{pmatrix}^{-1}\begin{pmatrix}e^{\lambda_1 t}\\ e^{\lambda_2 t}\\ e^{\lambda_3 t}\end{pmatrix}=\begin{pmatrix}1 & -1 & 1\\ 1 & -2 & 4\\ 1 & -3 & 9\end{pmatrix}^{-1}\begin{pmatrix}e^{-t}\\ e^{-2t}\\ e^{-3t}\end{pmatrix}=\begin{pmatrix}3e^{-t}-3e^{-2t}+e^{-3t}\\ 2.5e^{-t}-4e^{-2t}+1.5e^{-3t}\\ 0.5e^{-t}-e^{-2t}+0.5e^{-3t}\end{pmatrix}$$

则代入式(2-41) 可得

$$
\begin{aligned}
\mathrm{e}^{\boldsymbol{A}t} &= a_0(t)\boldsymbol{I} + a_1(t)\boldsymbol{A} + a_2(t)\boldsymbol{A}^2 \\
&= a_0(t)\begin{pmatrix} 1 & 0 & 0 \\ 0 & 1 & 0 \\ 0 & 0 & 1 \end{pmatrix} + a_1(t)\begin{pmatrix} 0 & 1 & 0 \\ 0 & 0 & 1 \\ -6 & -11 & -6 \end{pmatrix} + a_2(t)\begin{pmatrix} 0 & 0 & 1 \\ -6 & -11 & -6 \\ 36 & 60 & 25 \end{pmatrix} \\
&= \begin{pmatrix} 3\mathrm{e}^{-t}-3\mathrm{e}^{-2t}+\mathrm{e}^{-3t} & 2.5\mathrm{e}^{-t}-4\mathrm{e}^{-2t}+1.5\mathrm{e}^{-3t} & 0.5\mathrm{e}^{-t}-\mathrm{e}^{-2t}+0.5\mathrm{e}^{-3t} \\ -3\mathrm{e}^{-t}+6\mathrm{e}^{-2t}-3\mathrm{e}^{-3t} & -2.5\mathrm{e}^{-t}+8\mathrm{e}^{-2t}-4.5\mathrm{e}^{-3t} & -0.5\mathrm{e}^{-t}+2\mathrm{e}^{-2t}-1.5\mathrm{e}^{-3t} \\ 3\mathrm{e}^{-t}-12\mathrm{e}^{-2t}+9\mathrm{e}^{-3t} & 2.5\mathrm{e}^{-t}-16\mathrm{e}^{-2t}+13.5\mathrm{e}^{-3t} & 0.5\mathrm{e}^{-t}-4\mathrm{e}^{-2t}+4.5\mathrm{e}^{-3t} \end{pmatrix}
\end{aligned}
$$

② 具有重特征值情况。n 阶方阵 $\boldsymbol{A}$ 具有重特征值，则构成式(2-44) 的独立方程个数必小于 n，所以要想求解 n 个未知数 $a_i(t)$ （$i=0, 1, 2, \cdots, n-1$），则必须增加新的方程。

令方阵 $\boldsymbol{A}$ 具有一个 m 重的特征值 λ_0，其余 $n-m$ 个特征值 λ_1，λ_2，…，λ_{n-m} 为单特征值，则由式(2-44) 构成的关于 $a_i(t)$ （$i=0, 1, 2, \cdots, n-1$）的独立方程个数为 $n-m+1$ 个，即

$$
\begin{pmatrix} 1 & \lambda_1 & \lambda_1^2 & \cdots & \lambda_1^{n-1} \\ 1 & \lambda_2 & \lambda_2^2 & \cdots & \lambda_2^{n-1} \\ \vdots & \vdots & \vdots & & \vdots \\ 1 & \lambda_{n-m} & \lambda_{n-m}^2 & \cdots & \lambda_{n-m}^{n-1} \\ 1 & \lambda_0 & \lambda_0^2 & \cdots & \lambda_0^{n-1} \end{pmatrix}\begin{pmatrix} a_0(t) \\ a_1(t) \\ a_2(t) \\ \vdots \\ a_{n-1}(t) \end{pmatrix} = \begin{pmatrix} \mathrm{e}^{\lambda_1 t} \\ \mathrm{e}^{\lambda_2 t} \\ \vdots \\ \mathrm{e}^{\lambda_{n-m} t} \\ \mathrm{e}^{\lambda_0 t} \end{pmatrix} \tag{2-45}
$$

需增加新的方程个数为 $m-1$，则可对式(2-45) 最后一行所代表的方程进行逐阶求导，求导变量为 λ，即从 1 阶到 $m-1$ 阶等式在 $\lambda=\lambda_0$ 处的各阶导数方程

$$
\begin{pmatrix} 1 & 2\lambda_0 & 3\lambda_0^2 & \cdots & (m-1)\lambda_0^{m-2} & m\lambda_0^{m-1} & \cdots & (n-1)\lambda_0^{n-2} \\ & 2! & 3\times 2\lambda_0 & \cdots & (m-1)(m-2)\lambda_0^{m-3} & m(m-1)\lambda_0^{m-2} & \cdots & (n-1)(n-2)\lambda_0^{n-3} \\ & & \ddots & & \vdots & \vdots & & \vdots \\ & & & & (m-1)! & m!\,\lambda_0 & \cdots & (n-1)(n-2)\cdots(n-m+1)\lambda_0^{n-m} \end{pmatrix}
$$

$$
\begin{pmatrix} a_1(t) \\ a_2(t) \\ a_3(t) \\ \vdots \\ a_{m-1}(t) \\ a_m(t) \\ \vdots \\ a_{n-1}(t) \end{pmatrix} = \begin{pmatrix} t\mathrm{e}^{\lambda_0 t} \\ t^2\mathrm{e}^{\lambda_0 t} \\ \vdots \\ t^{m-1}\mathrm{e}^{\lambda_0 t} \end{pmatrix} \tag{2-46}
$$

因此，联立式(2-45) 和式(2-46)，即可求解待定时间函数 $a_i(t)$ ($i=0, 1, 2, \cdots, n-1$)。

特别地，当 n 阶方阵 $\boldsymbol{A}$ 具有 n 重特征值 λ_0，则待定时间函数 $a_i(t)$ 为

$$\begin{pmatrix} a_0(t) \\ a_1(t) \\ a_2(t) \\ \vdots \\ a_{n-2}(t) \\ a_{n-1}(t) \end{pmatrix} = \begin{pmatrix} 1 & \lambda_0 & \lambda_0^2 & \cdots & \lambda_0^{n-2} & \lambda_0^{n-1} \\ & 1 & 2\lambda_0 & \cdots & (n-2)\lambda_0^{n-3} & (n-1)\lambda_0^{n-2} \\ & & 1 & & \frac{(n-2)(n-3)}{2!}\lambda_0^{n-4} & \frac{(n-1)(n-2)}{2!}\lambda_0^{n-3} \\ & & & \ddots & \vdots & \vdots \\ & & & & 1 & (n-1)\lambda_0 \\ & & & & & 1 \end{pmatrix}^{-1} \begin{pmatrix} 1 \\ \frac{1}{1!}t \\ \frac{1}{2!}t^2 \\ \vdots \\ \frac{1}{(n-2)!}t^{n-2} \\ \frac{1}{(n-1)!}t^{n-1} \end{pmatrix} e^{\lambda_0 t} \quad (2\text{-}47)$$

针对 n 阶方阵 $\boldsymbol{A}$ 具有重特征值的情况，下面通过两个示例对求解 $e^{\boldsymbol{A}t}$ 的西尔维斯特内插法进行解释说明。

【例 2-8】

给定下式矩阵 $\boldsymbol{A}$，试求解 $e^{\boldsymbol{A}t}$ 为 $\boldsymbol{A}$ 的有限项。

$$\boldsymbol{A} = \begin{pmatrix} 0 & 1 & 0 \\ 0 & 0 & 1 \\ 2 & -5 & 4 \end{pmatrix}$$

解： 矩阵 $\boldsymbol{A}$ 的特征值由下式求得，即

$$|\lambda \boldsymbol{I} - \boldsymbol{A}| = \begin{vmatrix} \lambda & -1 & 0 \\ 0 & \lambda & -1 \\ -2 & 5 & \lambda-4 \end{vmatrix} = \lambda^2(\lambda-4) - 2 + 5\lambda = (\lambda-1)^2(\lambda-2) = 0$$

矩阵 $\boldsymbol{A}$ 具有一对重特征值，分别为 $\lambda_1 = \lambda_2 = 1$，$\lambda_3 = 2$

根据式(2-45) 可得

$$\begin{pmatrix} e^{\lambda_3 t} \\ e^{\lambda_0 t} \end{pmatrix} = \begin{pmatrix} 1 & \lambda_3 & \lambda_3^2 \\ 1 & \lambda_0 & \lambda_0^2 \end{pmatrix} \begin{pmatrix} a_0(t) \\ a_1(t) \\ a_2(t) \end{pmatrix} \Rightarrow \begin{pmatrix} e^{2t} \\ e^{\lambda_0 t} \end{pmatrix} = \begin{pmatrix} 1 & 2 & 4 \\ 1 & \lambda_0 & \lambda_0^2 \end{pmatrix} \begin{pmatrix} a_0(t) \\ a_1(t) \\ a_2(t) \end{pmatrix}$$

根据式(2-46) 可得

$$(1,\ 2\lambda_0) \begin{pmatrix} a_1(t) \\ a_2(t) \end{pmatrix} = t e^{\lambda_0 t}$$

将重特征值 $\lambda_0 = 1$ 代入上式联立，可得

$$\begin{cases} a_0(t) = -2te^t + e^{2t} \\ a_1(t) = 3te^t + 2e^t - 2e^{2t} \\ a_2(t) = -te^t - e^t + e^{2t} \end{cases}$$

则代入式(2-41) 可得

$$
\begin{aligned}
e^{At} &= a_0(t)\boldsymbol{I} + a_1(t)\boldsymbol{A} + a_2(t)\boldsymbol{A}^2 \\
&= (-2te^t + e^{2t})\begin{pmatrix}1 & 0 & 0\\ 0 & 1 & 0\\ 0 & 0 & 1\end{pmatrix} + (3te^t + 2e^t - 2e^{2t})\begin{pmatrix}0 & 1 & 0\\ 0 & 0 & 1\\ 2 & -5 & 4\end{pmatrix} + \\
&\quad (-te^t - e^t + e^{2t})\begin{pmatrix}0 & 0 & 1\\ 2 & -5 & 4\\ 8 & -18 & 11\end{pmatrix} \\
&= \begin{pmatrix} -2te^t + e^{2t} & 3te^t + 2e^t - 2e^{2t} & -te^t - e^t + e^{2t} \\ -2te^t - 2e^t + 2e^{2t} & 3te^t + 5e^t - 4e^{2t} & -te^t - 2e^t + 2e^{2t} \\ -2te^t - 4e^t + 4e^{2t} & 3te^t + 8e^t - 8e^{2t} & -te^t - 3e^t + 4e^{2t} \end{pmatrix}
\end{aligned}
$$

【例 2-9】

给定下式矩阵 $\boldsymbol{A}$，试求解 $e^{\boldsymbol{A}t}$ 为 $\boldsymbol{A}$ 的有限项。

$$
\boldsymbol{A} = \begin{pmatrix} 0 & 1 & 0 \\ -2 & 3 & 0 \\ 0 & 0 & 2 \end{pmatrix}
$$

解： 矩阵 $\boldsymbol{A}$ 的特征值由下式求得，即

$$
|\lambda \boldsymbol{I} - \boldsymbol{A}| = \begin{vmatrix} \lambda & -1 & 0 \\ 2 & \lambda - 3 & 0 \\ 0 & 0 & \lambda - 2 \end{vmatrix}
$$

$$
= \lambda(\lambda - 3)(\lambda - 2) + 2(\lambda - 2) = (\lambda - 2)^2(\lambda - 1) = 0
$$

矩阵 $\boldsymbol{A}$ 具有一对重特征值，分别为 $\lambda_1 = \lambda_2 = 2$，$\lambda_3 = 1$

下面的计算步骤与例 2-8 一样，即根据式(2-45) 可得

$$
\begin{pmatrix} e^{\lambda_3 t} \\ e^{\lambda_0 t} \end{pmatrix} = \begin{pmatrix} 1 & \lambda_3 & \lambda_3^2 \\ 1 & \lambda_0 & \lambda_0^2 \end{pmatrix} \begin{pmatrix} a_0(t) \\ a_1(t) \\ a_2(t) \end{pmatrix} \Rightarrow \begin{pmatrix} e^t \\ e^{\lambda_0 t} \end{pmatrix} = \begin{pmatrix} 1 & 1 & 1 \\ 1 & \lambda_0 & \lambda_0^2 \end{pmatrix} \begin{pmatrix} a_0(t) \\ a_1(t) \\ a_2(t) \end{pmatrix}
$$

根据式(2-46) 可得

$$
(1,\ 2\lambda_0)\begin{pmatrix} a_1(t) \\ a_2(t) \end{pmatrix} = te^{\lambda_0 t}
$$

将重特征值 $\lambda_0 = 2$ 代入上式联立，可得

$$
\begin{cases} a_0(t) = 2te^{2t} + 4e^t - 3e^{2t} \\ a_1(t) = -3te^{2t} - 4e^t + 4e^{2t} \\ a_2(t) = te^{2t} + e^t - e^{2t} \end{cases}
$$

则代入式(2-41) 可得

$$
\begin{aligned}
e^{At} &= a_0(t)\boldsymbol{I}+a_1(t)\boldsymbol{A}+a_2(t)\boldsymbol{A}^2 \\
&= a_0(t)\begin{pmatrix}1&0&0\\0&1&0\\0&0&1\end{pmatrix}+a_1(t)\begin{pmatrix}0&1&0\\-2&3&0\\0&0&2\end{pmatrix}+a_2(t)\begin{pmatrix}-2&3&0\\-6&7&0\\0&0&4\end{pmatrix} \\
&= \begin{pmatrix}2e^t-e^{2t}&-e^t+e^{2t}&0\\2e^t-2e^{2t}&-e^t+2e^{2t}&0\\0&0&e^{2t}\end{pmatrix}
\end{aligned}
$$

本例的另一种求解思路是：根据式(2-37) 先求得最小多项式 $\varphi(\lambda)$；再根据式(2-40) 确定待定时间函数$a_i(t)(i=0,\ 1,\ 2,\ \cdots,\ m-1)$；最后代入式(2-39)，也可计算求得 e^{At}。具体过程如下。

a）计算伴随矩阵（$\lambda\boldsymbol{I}-\boldsymbol{A}$）*：

$$
(\lambda\boldsymbol{I}-\boldsymbol{A})^*=\begin{pmatrix}(\lambda-3)(\lambda-2)&\lambda-2&0\\-2(\lambda-2)&\lambda(\lambda-2)&0\\0&0&(\lambda-1)(\lambda-2)\end{pmatrix}
$$

b）确定伴随矩阵（$\lambda\boldsymbol{I}-\boldsymbol{A}$）*各元素的最高公约式 $d(\lambda)$：

$$
d(\lambda)=\lambda-2
$$

c）根据式(2-37) 求解最小多项式 $\varphi(\lambda)$：

$$
\varphi(\lambda)=\frac{|\lambda\boldsymbol{I}-\boldsymbol{A}|}{d(\lambda)}=\frac{(\lambda-2)^2(\lambda-1)}{\lambda-2}=(\lambda-2)(\lambda-1)
$$

可见，最小多项式 $\varphi(\lambda)$ 的阶次为 2（即 $m=2$），则根据西尔维斯特内插法，式(2-39) 可列写为

$$
e^{At}=a_0(t)\boldsymbol{I}+a_1(t)\boldsymbol{A}
$$

d）根据式(2-40) 确定待定时间函数$a_i(t)(i=0,\ 1)$ 为

$$
\begin{pmatrix}1&\lambda_1\\1&\lambda_2\end{pmatrix}\begin{pmatrix}a_0(t)\\a_1(t)\end{pmatrix}=\begin{pmatrix}e^{\lambda_1 t}\\e^{\lambda_2 t}\end{pmatrix}\Rightarrow\begin{pmatrix}a_0(t)\\a_1(t)\end{pmatrix}=\begin{pmatrix}1&\lambda_1\\1&\lambda_2\end{pmatrix}^{-1}\begin{pmatrix}e^{\lambda_1 t}\\e^{\lambda_2 t}\end{pmatrix}
$$

$$
\Rightarrow\begin{pmatrix}a_0(t)\\a_1(t)\end{pmatrix}=\begin{pmatrix}1&2\\1&1\end{pmatrix}^{-1}\begin{pmatrix}e^{2t}\\e^{t}\end{pmatrix}=\begin{pmatrix}-e^{2t}+2e^t\\e^{2t}-e^t\end{pmatrix}
$$

因此，e^{At}为 $\boldsymbol{A}$ 的有限项，且其表达式为

$$
\begin{aligned}
e^{At}&=a_0(t)\boldsymbol{I}+a_1(t)\boldsymbol{A}\\
&=(-e^{2t}+2e^t)\begin{pmatrix}1&0&0\\0&1&0\\0&0&1\end{pmatrix}+(e^{2t}-e^t)\begin{pmatrix}0&1&0\\-2&3&0\\0&0&2\end{pmatrix}=\begin{pmatrix}-e^{2t}+2e^t&e^{2t}-e^t&0\\-2e^{2t}+2e^t&2e^{2t}-e^t&0\\0&0&e^{2t}\end{pmatrix}
\end{aligned}
$$

本小节给出了 4 种求解状态转移矩阵的计算方法，下面给出两个示例。

【例 2-10】

给定下式矩阵 $\boldsymbol{A}$，试求解矩阵指数函数 $\mathrm{e}^{\boldsymbol{A}t}$。

$$\boldsymbol{A}=\begin{pmatrix}0 & -3\\ 1 & -4\end{pmatrix}$$

解：方法一：级数展开法

根据式(2-20)，可得

$$\begin{aligned}\mathrm{e}^{\boldsymbol{A}t} &= \sum_{k=0}^{\infty}\frac{1}{k!}\boldsymbol{A}^k t^k = \boldsymbol{I}+\boldsymbol{A}t+\frac{1}{2!}\boldsymbol{A}^2t^2+\frac{1}{3!}\boldsymbol{A}^3t^3+\cdots\\ &=\begin{pmatrix}1 & 0\\ 0 & 1\end{pmatrix}+\begin{pmatrix}0 & -3\\ 1 & -4\end{pmatrix}t+\frac{1}{2!}\begin{pmatrix}0 & -3\\ 1 & -4\end{pmatrix}^2t^2+\frac{1}{3!}\begin{pmatrix}0 & -3\\ 1 & -4\end{pmatrix}^3t^3+\cdots\\ &=\begin{pmatrix}2t^3-\frac{3}{2}t^2+1+\cdots & -\frac{13}{2}t^3+6t^2-3t+\cdots\\ \frac{13}{6}t^3-2t^2+t+\cdots & -\frac{20}{3}t^3+\frac{13}{2}t^2-4t+1+\cdots\end{pmatrix}\end{aligned}$$

方法二：拉普拉斯逆变换法

根据式(2-24) 依次由内向外求解。求矩阵 $s\boldsymbol{I}-\boldsymbol{A}$，即

$$s\boldsymbol{I}-\boldsymbol{A}=\begin{pmatrix}s & 3\\ -1 & s+4\end{pmatrix}$$

再求逆矩阵 $(s\boldsymbol{I}-\boldsymbol{A})^{-1}$，即

$$\begin{aligned}(s\boldsymbol{I}-\boldsymbol{A})^{-1}&=\frac{1}{|s\boldsymbol{I}-\boldsymbol{A}|}(s\boldsymbol{I}-\boldsymbol{A})^{*}\\ &=\frac{1}{(s+1)(s+3)}\begin{pmatrix}s+4 & -3\\ 1 & s\end{pmatrix}=\begin{pmatrix}\frac{s+4}{(s+1)(s+3)} & \frac{-3}{(s+1)(s+3)}\\ \frac{1}{(s+1)(s+3)} & \frac{s}{(s+1)(s+3)}\end{pmatrix}\end{aligned}$$

因此，矩阵指数函数 $\mathrm{e}^{\boldsymbol{A}t}$ 为

$$\mathrm{e}^{\boldsymbol{A}t}=L^{-1}[(s\boldsymbol{I}-\boldsymbol{A})^{-1}]=\begin{pmatrix}\frac{3}{2}\mathrm{e}^{-t}-\frac{1}{2}\mathrm{e}^{-3t} & -\frac{3}{2}\mathrm{e}^{-t}+\frac{3}{2}\mathrm{e}^{-3t}\\ \frac{1}{2}\mathrm{e}^{-t}-\frac{1}{2}\mathrm{e}^{-3t} & -\frac{1}{2}\mathrm{e}^{-t}+\frac{3}{2}\mathrm{e}^{-3t}\end{pmatrix}$$

方法三：矩阵 $\boldsymbol{A}$ 变换为若尔当标准型

矩阵 $\boldsymbol{A}$ 的特征值由下式求得，即

$$|\lambda\boldsymbol{I}-\boldsymbol{A}|=\begin{vmatrix}\lambda & 3\\ -1 & \lambda+4\end{vmatrix}=(\lambda+1)(\lambda+3)=0$$

矩阵 $\boldsymbol{A}$ 的特征值 λ_i $(i=1,\ 2)$ 为$\lambda_1=-1$，$\lambda_2=-3$

根据式(1-89) 和式(1-90)，确定变换矩阵 $\boldsymbol{P}$ 及其逆矩阵 $\boldsymbol{P}^{-1}$ 为

$$\boldsymbol{P}=\begin{pmatrix}3 & 1\\ 1 & 1\end{pmatrix},\ \boldsymbol{P}^{-1}=\begin{pmatrix}0.5 & -0.5\\ -0.5 & 1.5\end{pmatrix}$$

根据式(2-26)，矩阵指数函数 $\mathrm{e}^{\boldsymbol{A}t}$ 为

$$e^{At}=P\begin{pmatrix}e^{\lambda_1 t} & \\ & e^{\lambda_2 t}\end{pmatrix}P^{-1}$$

$$=\begin{pmatrix}3 & 1\\ 1 & 1\end{pmatrix}\begin{pmatrix}e^{-t} & 0\\ 0 & e^{-3t}\end{pmatrix}\begin{pmatrix}0.5 & -0.5\\ -0.5 & 1.5\end{pmatrix}=\frac{1}{2}\begin{pmatrix}3e^{-t}-e^{-3t} & -3e^{-t}+3e^{-3t}\\ e^{-t}-e^{-3t} & -e^{-t}+3e^{-3t}\end{pmatrix}$$

方法四：西尔维斯特内插法

同方法三一样，先求解矩阵 A 的特征值。

矩阵 A 具有两个互异特征值，分别是$\lambda_1=-1$，$\lambda_2=-3$。根据式(2-44) 可得

$$\begin{pmatrix}a_0(t)\\ a_1(t)\end{pmatrix}=\begin{pmatrix}1 & \lambda_1\\ 1 & \lambda_2\end{pmatrix}^{-1}\begin{pmatrix}e^{\lambda_1 t}\\ e^{\lambda_2 t}\end{pmatrix}\Rightarrow\begin{pmatrix}a_0(t)\\ a_1(t)\end{pmatrix}=\begin{pmatrix}1 & -1\\ 1 & -3\end{pmatrix}^{-1}\begin{pmatrix}e^{-t}\\ e^{-3t}\end{pmatrix}=\begin{pmatrix}\frac{3}{2}e^{-t}-\frac{1}{2}e^{-3t}\\ \frac{1}{2}e^{-t}-\frac{1}{2}e^{-3t}\end{pmatrix}$$

代入式(2-41)可求解得到矩阵指数函数 e^{At} 为

$$e^{At}=a_0(t)I+a_1(t)A$$

$$=\left(\frac{3}{2}e^{-t}-\frac{1}{2}e^{-3t}\right)\begin{pmatrix}1 & 0\\ 0 & 1\end{pmatrix}+\left(\frac{1}{2}e^{-t}-\frac{1}{2}e^{-3t}\right)\begin{pmatrix}0 & -3\\ 1 & -4\end{pmatrix}=\frac{1}{2}\begin{pmatrix}3e^{-t}-e^{-3t} & -3e^{-t}+3e^{-3t}\\ e^{-t}-e^{-3t} & -e^{-t}+3e^{-3t}\end{pmatrix}$$

【例 2-11】

给定下式矩阵 A，试采用一种方法求解矩阵指数函数 e^{At}。

$$A=\begin{pmatrix}1 & 1\\ 4 & 1\end{pmatrix}$$

解：与例 2-10 类似，四种方法均可用于求解矩阵指数函数 e^{At}，读者可参照上一示例自行求解。为加深理解，本例将采用西尔维斯特内插法计算并给出求解过程，其余求解方法在此不予赘述。

矩阵 A 的特征值由下式求得，即

$$|\lambda I-A|=\begin{vmatrix}\lambda-1 & -1\\ -4 & \lambda-1\end{vmatrix}=(\lambda+1)(\lambda-3)=0$$

矩阵 A 具有两个互异特征值，分别是$\lambda_1=-1$，$\lambda_2=3$。根据式(2-44) 可得

$$\begin{pmatrix}a_0(t)\\ a_1(t)\end{pmatrix}=\begin{pmatrix}1 & \lambda_1\\ 1 & \lambda_2\end{pmatrix}^{-1}\begin{pmatrix}e^{\lambda_1 t}\\ e^{\lambda_2 t}\end{pmatrix}$$

$$\Rightarrow\begin{pmatrix}a_0(t)\\ a_1(t)\end{pmatrix}=\begin{pmatrix}1 & -1\\ 1 & 3\end{pmatrix}^{-1}\begin{pmatrix}e^{-t}\\ e^{3t}\end{pmatrix}=\begin{pmatrix}\frac{3}{4}e^{-t}+\frac{1}{4}e^{3t}\\ -\frac{1}{4}e^{-t}+\frac{1}{4}e^{3t}\end{pmatrix}$$

代入式(2-41) 可求解得到矩阵指数函数 e^{At} 为

$$e^{At}=a_0(t)I+a_1(t)A$$

$$=\left(\frac{3}{4}e^{-t}+\frac{1}{4}e^{3t}\right)\begin{pmatrix}1 & 0\\ 0 & 1\end{pmatrix}+\left(-\frac{1}{4}e^{-t}+\frac{1}{4}e^{3t}\right)\begin{pmatrix}1 & 1\\ 4 & 1\end{pmatrix}=\frac{1}{4}\begin{pmatrix}2e^{-t}+2e^{3t} & -e^{-t}+e^{3t}\\ -4e^{-t}+4e^{3t} & 2e^{-t}+2e^{3t}\end{pmatrix}$$

2.2.3 线性定常系统非齐次状态方程的解

线性定常连续系统在输入 $\boldsymbol{u}$ 作用下的强迫运动可用非齐次状态方程来描述，即

$$\begin{cases}\dot{\boldsymbol{x}}=\boldsymbol{A}\boldsymbol{x}+\boldsymbol{B}\boldsymbol{u}\\ \boldsymbol{x}(t_0)=\boldsymbol{x}_0\end{cases} \tag{2-48}$$

下面讨论非齐次状态方程的解，即研究系统在外部作用下的强迫运动规律。

1. 直接求解

对式(2-48）进行移项，得

$$\dot{\boldsymbol{x}}-\boldsymbol{A}\boldsymbol{x}=\boldsymbol{B}\boldsymbol{u} \tag{2-49}$$

式(2-49）两边同时左乘 $\mathrm{e}^{-\boldsymbol{A}t}$，且根据导数运算法可改写为

$$\frac{\mathrm{d}(\mathrm{e}^{-\boldsymbol{A}t}\boldsymbol{x})}{\mathrm{d}t}=\mathrm{e}^{-\boldsymbol{A}t}\boldsymbol{B}\boldsymbol{u} \tag{2-50}$$

将式(2-50）中的微分 $\mathrm{d}t$ 移到等式右边，然后在 $[t_0,\ t]$ 区间上分别对等式两边进行积分，得

$$\mathrm{e}^{-\boldsymbol{A}t}\boldsymbol{x}(t)=\mathrm{e}^{-\boldsymbol{A}t_0}\boldsymbol{x}_0+\int_{t_0}^{t}\mathrm{e}^{-\boldsymbol{A}\tau}\boldsymbol{B}\boldsymbol{u}(\tau)\mathrm{d}\tau \tag{2-51}$$

根据矩阵指数函数（即状态转移矩阵）的基本性质，对式(2-51）两边同时左乘 $\mathrm{e}^{\boldsymbol{A}t}$，可得

$$\begin{aligned}\boldsymbol{x}(t)&=\mathrm{e}^{\boldsymbol{A}(t-t_0)}\boldsymbol{x}_0+\int_{t_0}^{t}\mathrm{e}^{\boldsymbol{A}(t-\tau)}\boldsymbol{B}\boldsymbol{u}(\tau)\mathrm{d}\tau\\&=\boldsymbol{\Phi}(t-t_0)\boldsymbol{x}_0+\int_{t_0}^{t}\boldsymbol{\Phi}(t-\tau)\boldsymbol{B}\boldsymbol{u}(\tau)\mathrm{d}\tau\end{aligned} \tag{2-52}$$

将$t_0=0$ 代入式(2-52)，则非齐次状态方程的解的表达式为

$$\boldsymbol{x}(t)=\boldsymbol{\Phi}(t)\boldsymbol{x}_0+\int_{0}^{t}\boldsymbol{\Phi}(t-\tau)\boldsymbol{B}\boldsymbol{u}(\tau)\mathrm{d}\tau \tag{2-53}$$

式中，$\boldsymbol{\Phi}(t)=\mathrm{e}^{\boldsymbol{A}t}$。

由式(2-53）可知非齐次状态方程的解包括两部分：

1）第一项表示由初始状态引起的自由运动，即式(2-13)。

2）第二项表示外部输入 $\boldsymbol{u}$ 作用引起的强迫运动。

2. 拉普拉斯变换求解

对式(2-53）的求解，也可以采用拉普拉斯变换得到。

对式(2-48）进行拉普拉斯变换，即

$$s\boldsymbol{x}(s)-\boldsymbol{x}_0=\boldsymbol{A}\boldsymbol{x}(s)+\boldsymbol{B}\boldsymbol{u}(s) \tag{2-54}$$

对式(2-54）两边移项，可改写为

$$(s\boldsymbol{I}-\boldsymbol{A})\boldsymbol{x}(s)=\boldsymbol{x}_0+\boldsymbol{B}\boldsymbol{u}(s) \tag{2-55}$$

式(2-55）两边同时左乘 $(s\boldsymbol{I}-\boldsymbol{A})^{-1}$，可得

$$\boldsymbol{x}(s)=(s\boldsymbol{I}-\boldsymbol{A})^{-1}\boldsymbol{x}_0+(s\boldsymbol{I}-\boldsymbol{A})^{-1}\boldsymbol{B}\boldsymbol{u}(s) \tag{2-56}$$

对式(2-56）两边再取拉普拉斯逆变换，推导过程中需要用到卷积定理，以及注意函数 $\boldsymbol{\Phi}(t)$ 与 $\boldsymbol{u}(t)$ 在 $t<0$ 时无意义，即可得到与式(2-53）相同的非齐次状态方程的解。

$$\begin{aligned}\boldsymbol{x}(t) &= L^{-1}[(s\boldsymbol{I}-\boldsymbol{A})^{-1}]\boldsymbol{x}_0 + L^{-1}[(s\boldsymbol{I}-\boldsymbol{A})^{-1}\boldsymbol{B}\boldsymbol{u}(s)] \\ &= \boldsymbol{\Phi}(t)\boldsymbol{x}_0 + L^{-1}[\boldsymbol{\Phi}(s)\boldsymbol{B}\boldsymbol{u}(s)] = \boldsymbol{\Phi}(t)\boldsymbol{x}_0 + \int_0^t \boldsymbol{\Phi}(t-\tau)\boldsymbol{B}\boldsymbol{u}(\tau)\mathrm{d}\tau\end{aligned} \tag{2-57}$$

3. 非齐次状态方程解的意义

线性定常连续系统的非齐次状态方程解 $\boldsymbol{x}(t)$ 包括两部分：分别是系统由初始状态引起的自由运动项和系统由外部控制作用的受控运动项，即自由运动和强迫运动，是线性叠加原理的具体体现。自由运动与初始时刻后的输入无关，可称为零输入响应；而强迫运动为输入函数与矩阵指数函数的卷积，与输入直接相关，但与系统的初始状态无关，可称为零状态响应。正是受控运动项的存在，才使得系统可通过选择适当的输入项 $\boldsymbol{u}$，来达到期望的状态变化规律。

4. 特定函数激励下方程解形式

（1）脉冲函数　当 $\boldsymbol{u}(t)=\boldsymbol{K}\delta(t)$，$\boldsymbol{x}(0)=\boldsymbol{x}_0$时，式(2-53) 简写为

$$\boldsymbol{x}(t) = \mathrm{e}^{\boldsymbol{A}t}\boldsymbol{x}_0 + \mathrm{e}^{\boldsymbol{A}t}\boldsymbol{B}\boldsymbol{K} \tag{2-58}$$

式中，$\boldsymbol{K}$ 为与 $\boldsymbol{u}(t)$ 同维数的常数矢量矩阵。

（2）阶跃函数　当 $\boldsymbol{u}(t)=\boldsymbol{K}\times\boldsymbol{1}(t)$，$\boldsymbol{x}(0)=\boldsymbol{x}_0$时，式(2-53) 简写为

$$\boldsymbol{x}(t) = \mathrm{e}^{\boldsymbol{A}t}\boldsymbol{x}_0 + (\mathrm{e}^{\boldsymbol{A}t}-\boldsymbol{I})\boldsymbol{A}^{-1}\boldsymbol{B}\boldsymbol{K} \tag{2-59}$$

（3）斜坡函数　当 $\boldsymbol{u}(t)=\boldsymbol{K}t\times\boldsymbol{1}(t)$，$\boldsymbol{x}(0)=\boldsymbol{x}_0$时，式(2-53) 简写为

$$\boldsymbol{x}(t) = \mathrm{e}^{\boldsymbol{A}t}\boldsymbol{x}_0 + [(\mathrm{e}^{\boldsymbol{A}t}-\boldsymbol{I}-\boldsymbol{A}t)\boldsymbol{A}^{-2}]\boldsymbol{B}\boldsymbol{K} \tag{2-60}$$

其中，满足$\dfrac{\mathrm{d}[\mathrm{e}^{\boldsymbol{A}t}]}{\mathrm{d}t}=\boldsymbol{A}\mathrm{e}^{\boldsymbol{A}t}=\mathrm{e}^{\boldsymbol{A}t}\boldsymbol{A}$。

下面通过两个示例对求解线性定常系统的激励响应进行解释说明。

【例 2-12】

给定下式系统状态方程，试求系统在单位阶跃函数作用下的响应。

$$\begin{cases}\dot{\boldsymbol{x}} = \begin{pmatrix}0 & 1\\ -2 & -3\end{pmatrix}\boldsymbol{x} + \begin{pmatrix}0\\1\end{pmatrix}u \\ \boldsymbol{x}(t_0) = \boldsymbol{x}_0 = \boldsymbol{0}\end{cases}$$

解： 本示例的系统矩阵 $\boldsymbol{A}$ 与例 2-1、例 2-2、例 2-3 相同，对状态转移矩阵 $\boldsymbol{\Phi}(t)$ 的求解可分别采用对应的三种方法，在此不再叙述。

系统的状态转移矩阵 $\boldsymbol{\Phi}(t)$ 为

$$\boldsymbol{\Phi}(t) = \mathrm{e}^{\boldsymbol{A}t} = \begin{pmatrix}2\mathrm{e}^{-t}-\mathrm{e}^{-2t} & \mathrm{e}^{-t}-\mathrm{e}^{-2t}\\ 2\mathrm{e}^{-2t}-2\mathrm{e}^{-t} & 2\mathrm{e}^{-2t}-\mathrm{e}^{-t}\end{pmatrix}$$

控制矩阵 $\boldsymbol{B}$ 和输入 u 分别为

$$\boldsymbol{B} = \begin{pmatrix}0\\1\end{pmatrix},\ u(t) = 1(t)$$

由式(2-53) 可得

$$\begin{aligned}\boldsymbol{x}(t) &= \boldsymbol{\Phi}(t)\boldsymbol{x}_0 + \int_0^t \boldsymbol{\Phi}(t-\tau)\boldsymbol{B}\boldsymbol{u}(\tau)\mathrm{d}\tau \\ &= \begin{pmatrix}2\mathrm{e}^{-t}-\mathrm{e}^{-2t} & \mathrm{e}^{-t}-\mathrm{e}^{-2t}\\ -2\mathrm{e}^{-t}+2\mathrm{e}^{-2t} & -\mathrm{e}^{-t}+2\mathrm{e}^{-2t}\end{pmatrix}\begin{pmatrix}x_1(0)\\ x_2(0)\end{pmatrix} + \int_0^t \begin{pmatrix}\mathrm{e}^{-(t-\tau)}-\mathrm{e}^{-2(t-\tau)}\\ -\mathrm{e}^{-(t-\tau)}+2\mathrm{e}^{-2(t-\tau)}\end{pmatrix}\mathrm{d}\tau\end{aligned}$$

$$=\begin{pmatrix}0.5+[2x_1(0)+x_2(0)-1]\mathrm{e}^{-t}-[x_1(0)+x_2(0)-0.5]\mathrm{e}^{-2t}\\-[2x_1(0)+x_2(0)-1]\mathrm{e}^{-t}+[2x_1(0)+2x_2(0)-1]\mathrm{e}^{-2t}\end{pmatrix}$$

代入初始条件 $\boldsymbol{x}(t_0)=\boldsymbol{x}_0=\boldsymbol{0}$，得到系统在单位阶跃函数作用下的响应为

$$\begin{pmatrix}x_1(t)\\x_2(t)\end{pmatrix}=\frac{1}{2}\begin{pmatrix}1-2\mathrm{e}^{-t}+\mathrm{e}^{-2t}\\2\mathrm{e}^{-t}-2\mathrm{e}^{-2t}\end{pmatrix}$$

【例 2-13】

给定下式系统状态方程，试求系统在单位阶跃函数作用下的响应。

$$\begin{cases}\dot{\boldsymbol{x}}=\begin{pmatrix}0&-3\\1&-4\end{pmatrix}\boldsymbol{x}+\begin{pmatrix}0\\1\end{pmatrix}u\\\boldsymbol{x}(t_0)=\boldsymbol{x}_0=\boldsymbol{0}\end{cases}$$

解： 本例中系统矩阵 $\boldsymbol{A}$ 与例 2-10 相同，例 2-10 给出了求解矩阵指数函数 $\mathrm{e}^{\boldsymbol{A}t}$的 4 种方法，读者可自行回顾与复习。例 2-12 已经给出了根据式(2-53) 来求解非齐次状态方程解的具体计算步骤，本例也可采用此方法进行直接求解，感兴趣的读者可自行完成，在此不再赘述。为了进一步加深对本小节中“拉普拉斯变换求解”的理解，本例将给出应用拉普拉斯变换进行求解的计算过程。

在例 2-10 中，方法二已求解得到$(s\boldsymbol{I}-\boldsymbol{A})^{-1}$，即

$$(s\boldsymbol{I}-\boldsymbol{A})^{-1}=\begin{pmatrix}\dfrac{3}{2(s+1)}-\dfrac{1}{2(s+3)}&-\dfrac{3}{2(s+1)}+\dfrac{3}{2(s+3)}\\\dfrac{1}{2(s+1)}-\dfrac{1}{2(s+3)}&-\dfrac{1}{2(s+1)}+\dfrac{3}{2(s+3)}\end{pmatrix}$$

根据式(2-57)，代入初始条件 $\boldsymbol{x}_0=\boldsymbol{0}$，即得到系统在单位阶跃函数作用下的响应为

$$\begin{aligned}\boldsymbol{x}(t)&=L^{-1}[(s\boldsymbol{I}-\boldsymbol{A})^{-1}]\boldsymbol{x}_0+L^{-1}[(s\boldsymbol{I}-\boldsymbol{A})^{-1}\boldsymbol{B}u(s)]\\&=L^{-1}[(s\boldsymbol{I}-\boldsymbol{A})^{-1}\boldsymbol{B}u(s)]=\frac{1}{2}\begin{pmatrix}-2+3\mathrm{e}^{-t}-\mathrm{e}^{-3t}\\\mathrm{e}^{-t}-\mathrm{e}^{-3t}\end{pmatrix}\end{aligned}$$

2.3　线性时变连续系统状态方程的求解

严格来说，实际控制对象都是时变系统，如电动机温升导致电阻及数学模型的变化、电子元器件的老化使得特性的改变等。

与线性定常系统不同，线性时变系统的内部结构或参数是随时间变化的，其数学模型通常较为复杂，不易于系统分析、优化与控制，且其状态方程的解往往是不能被写成解析形式的，因此，在实际工程允许条件下，一定范围的近似定常系统处理是求解时变系统的常用方法，从而数值解法对于线性时变系统非常重要。

但需要注意的是，对于高精度控制系统，则应做时变系统处理。下面将具体讨论线性时变连续系统状态方程的求解问题。

2.3.1 线性时变连续系统齐次状态方程的解

与线性定常系统的状态方程类似，不同的是线性时变连续系统的内部结构或参数是时间的变量，其状态方程的一般描述为

$$\begin{cases}\dot{\boldsymbol{x}}=\boldsymbol{A}(t)\boldsymbol{x}+\boldsymbol{B}(t)\boldsymbol{u}\\ \boldsymbol{x}(t_0)=\boldsymbol{x}_0\end{cases}\tag{2-61}$$

式中，$\boldsymbol{A}(t)$ 为 $n\times n$ 时变系统的系统矩阵；$\boldsymbol{B}(t)$ 为 $n\times r$ 时变系统的控制矩阵。

当式(2-61) 中输入变量 $\boldsymbol{u}=\boldsymbol{0}$ 时，方程便是时变连续系统齐次状态方程，即

$$\begin{cases}\dot{\boldsymbol{x}}=\boldsymbol{A}(t)\boldsymbol{x}\\ \boldsymbol{x}(t_0)=\boldsymbol{x}_0\end{cases}\tag{2-62}$$

则式(2-62) 的解为

$$\boldsymbol{x}(t)=\boldsymbol{\Phi}(t,t_0)\boldsymbol{x}_0\tag{2-63}$$

式中，$\boldsymbol{\Phi}(t,t_0)$ 为时变系统的状态转移矩阵。

需要说明的是：若时变齐次状态方程的解存在且唯一，则在系统初始到终止的时间域 $[t_0,\ t_e]$ 内，时变连续系统矩阵 $\boldsymbol{A}(t)$ 的各元素必为时间 t 的分段连续函数。与线性定常系统齐次状态方程自由解的物理意义相类似，时变连续系统齐次状态方程的自由解也表明了系统自由运动的特性，代表了初始状态 $\boldsymbol{x}(t_0)$ 的转移，且其状态转移特性完全由状态转移矩阵 $\boldsymbol{\Phi}(t,t_0)$ 所决定。参照前文 2.2.2 小节中线性定常系统状态转移矩阵的定义，即式(2-14)，时变系统的状态转移矩阵 $\boldsymbol{\Phi}(t,t_0)$ 可定义为

$$\begin{cases}\dot{\boldsymbol{\Phi}}(t,t_0)=\boldsymbol{A}(t)\boldsymbol{\Phi}(t,t_0)\\ \boldsymbol{\Phi}(t_0,t_0)=\boldsymbol{I}\end{cases}\tag{2-64}$$

根据式(2-64) 和微分方程解的唯一性，通过对式(2-63) 的两边同时进行求导，不难推导与证明式(2-63) 确为时变连续系统齐次状态方程的解。

2.3.2 线性时变连续系统的状态转移矩阵

由式(2-64) 可知：时变系统的状态转移矩阵 $\boldsymbol{\Phi}(t,\ t_0)$ 是一个关于时间变量 t 和 t_0 的 $n\times n$ 矩阵函数。

下面给出该矩阵函数表达式的求解过程。

1. 时变系统状态转移矩阵表达式

在时间域 $[t_0,\ t]$ 内，对式(2-64) 的两边进行积分，得

$$\boldsymbol{\Phi}(t,t_0)=\boldsymbol{I}+\int_{t_0}^{t}\boldsymbol{A}(\tau_1)\boldsymbol{\Phi}(\tau_1,t_0)\mathrm{d}\tau_1\tag{2-65}$$

同理，式(2-65) 右边的 $\boldsymbol{\Phi}(\tau_1,\ t_0)$ 可表示为

$$\boldsymbol{\Phi}(\tau_1,t_0)=\boldsymbol{I}+\int_{t_0}^{\tau_1}\boldsymbol{A}(\tau_2)\boldsymbol{\Phi}(\tau_2,t_0)\mathrm{d}\tau_2\tag{2-66}$$

则依次类推，可将式(2-65) 改写为

$$\begin{aligned}\boldsymbol{\Phi}(t,t_0) &= \boldsymbol{I} + \int_{t_0}^{t}\boldsymbol{A}(\tau_1)\left(\boldsymbol{I} + \int_{t_0}^{\tau_1}\boldsymbol{A}(\tau_2)\boldsymbol{\Phi}(\tau_2,t_0)\mathrm{d}\tau_2\right)\mathrm{d}\tau_1 \\ &= \boldsymbol{I} + \int_{t_0}^{t}\boldsymbol{A}(\tau_1)\mathrm{d}\tau_1 + \int_{t_0}^{t}\boldsymbol{A}(\tau_1)\int_{t_0}^{\tau_1}\boldsymbol{A}(\tau_2)\mathrm{d}\tau_2\mathrm{d}\tau_1 + \\ &\quad \int_{t_0}^{t}\boldsymbol{A}(\tau_1)\int_{t_0}^{\tau_1}\boldsymbol{A}(\tau_2)\int_{t_0}^{\tau_2}\boldsymbol{A}(\tau_3)\mathrm{d}\tau_3\mathrm{d}\tau_2\mathrm{d}\tau_1 + \\ &\quad \int_{t_0}^{t}\boldsymbol{A}(\tau_1)\int_{t_0}^{\tau_1}\boldsymbol{A}(\tau_2)\int_{t_0}^{\tau_2}\boldsymbol{A}(\tau_3)\int_{t_0}^{\tau_3}\boldsymbol{A}(\tau_4)\mathrm{d}\tau_4\mathrm{d}\tau_3\mathrm{d}\tau_2\mathrm{d}\tau_1 + \cdots\end{aligned} \tag{2-67}$$

令 $t=t_0$，则不难发现　$\boldsymbol{\Phi}(t_0,t_0)=\boldsymbol{I}+\boldsymbol{0}+\boldsymbol{0}+\cdots=\boldsymbol{I}$

式(2-67) 即为时变系统状态转移矩阵的计算表达式。根据式(2-67) 可知：状态转移矩阵 $\boldsymbol{\Phi}(t,t_0)$ 的计算表达式是一个由无穷多项的和组成的函数，一般不能写成封闭的解析形式。因此，该计算方法也称为级数近似法，即 Peano – Baker 级数解。实际应用中，可根据精度要求，采用数值积分的方法近似计算任意时刻 t 的 $\boldsymbol{\Phi}(t,t_0)$数值。

若矩阵 $\boldsymbol{A}(t)$ 和矩阵 $\int_{t_0}^{t}\boldsymbol{A}(\tau)\mathrm{d}\tau$ 满足交换律条件，即

$$\boldsymbol{A}(t)\int_{t_0}^{t}\boldsymbol{A}(\tau)\mathrm{d}\tau = \int_{t_0}^{t}\boldsymbol{A}(\tau)\mathrm{d}\tau\boldsymbol{A}(t)$$

则时变系统的状态转移矩阵 $\boldsymbol{\Phi}(t,t_0)$ 可表示为如下指数矩阵形式，即

$$\boldsymbol{\Phi}(t,t_0) = \mathrm{e}^{\int_{t_0}^{t}\boldsymbol{A}(\tau)\mathrm{d}\tau} \tag{2-68}$$

可通过将式(2-68) 右边展开为级数形式，并将该式两边对时间取导数，即可验证其在交换律条件成立时，满足状态转移矩阵定义式(2-64)。

于是，时变连续系统齐次状态方程的自由解可表示为

$$\boldsymbol{x}(t) = \boldsymbol{\Phi}(t,t_0)\boldsymbol{x}_0 = \mathrm{e}^{\int_{t_0}^{t}\boldsymbol{A}(\tau)\mathrm{d}\tau}\boldsymbol{x}_0 \tag{2-69}$$

通常，上述交换律条件是很苛刻的，且很难直接检验其是否成立，因此时变系统的自由解一般也不能像定常系统那样写成一个封闭的解析形式。实际应用中，该交换律条件可写为

$$\int_{t_0}^{t}[\boldsymbol{A}(t)\boldsymbol{A}(\tau)-\boldsymbol{A}(\tau)\boldsymbol{A}(t)]\mathrm{d}\tau=0$$

则交换律条件对于任意时间变量 t、t_0都成立的充分必要条件为：对于任意时刻 t_1和 t_2，在时间域 $[t_0,\ t]$ 内

$$\boldsymbol{A}(t_1)\boldsymbol{A}(t_2)=\boldsymbol{A}(t_2)\boldsymbol{A}(t_1) \tag{2-70}$$

总是成立的。式(2-70) 是一个充要条件，易于检验时变系统的状态转移矩阵 $\boldsymbol{\Phi}(t,t_0)$ 是否可表示为指数矩阵形式。

2. 时变系统状态转移矩阵的性质

性质 1　系统状态的传递性，即

$$\boldsymbol{\Phi}(t_2,t_0)=\boldsymbol{\Phi}(t_2,t_1)\boldsymbol{\Phi}(t_1,t_0) \tag{2-71}$$

对于式(2-71)，由时变连续系统齐次状态方程的解即可推导得出

$$\boldsymbol{x}(t_2)=\boldsymbol{\Phi}(t_2,t_0)\boldsymbol{x}_0 \quad\Leftrightarrow\quad \boldsymbol{x}(t_2)=\boldsymbol{\Phi}(t_2,t_1)\boldsymbol{x}(t_1)=\boldsymbol{\Phi}(t_2,t_1)\boldsymbol{\Phi}(t_1,t_0)\boldsymbol{x}_0$$

则

$$\boldsymbol{\Phi}(t_2,t_0)=\boldsymbol{\Phi}(t_2,t_1)\boldsymbol{\Phi}(t_1,t_0)$$

性质 2　系统状态的转移是双向、可逆的，即

$$[\boldsymbol{\Phi}(t_1,t_0)]^{-1}=\boldsymbol{\Phi}(t_0,t_1) \tag{2-72}$$

对于式(2-72)，令式(2-71) 中$t_2=t_0$，即可推导得出

$$\boldsymbol{\Phi}(t_0,t_1)\boldsymbol{\Phi}(t_1,t_0)=\boldsymbol{\Phi}(t_0,t_0)=\boldsymbol{I}$$

则
$$\boldsymbol{\Phi}^{-1}(t_1,t_0)=\boldsymbol{\Phi}(t_0,t_1)$$

2.3.3 线性时变系统状态转移矩阵求解案例

下面通过三个示例对求解时变系统的状态转移矩阵 $\boldsymbol{\Phi}(t,t_0)$ 进行解释说明。

【例 2-14】

给定下式线性时变系统的状态方程，试求其状态转移矩阵 $\boldsymbol{\Phi}(t,t_0)$。

$$\dot{\boldsymbol{x}}=\begin{pmatrix}0 & \dfrac{1}{(t+1)^2}\\ 0 & 0\end{pmatrix}\boldsymbol{x}$$

解：系统矩阵 $\boldsymbol{A}$ 为

$$\boldsymbol{A}=\begin{pmatrix}0 & \dfrac{1}{(t+1)^2}\\ 0 & 0\end{pmatrix}$$

首先根据式(2-70) 检验状态转移矩阵 $\boldsymbol{\Phi}(t,t_0)$ 是否可表示为指数矩阵形式。即

$$\boldsymbol{A}(t_1)\boldsymbol{A}(t_2)=\begin{pmatrix}0 & \dfrac{1}{(t_1+1)^2}\\ 0 & 0\end{pmatrix}\begin{pmatrix}0 & \dfrac{1}{(t_2+1)^2}\\ 0 & 0\end{pmatrix}=\begin{pmatrix}0 & 0\\ 0 & 0\end{pmatrix}$$

$$\boldsymbol{A}(t_2)\boldsymbol{A}(t_1)=\begin{pmatrix}0 & 0\\ 0 & 0\end{pmatrix}$$

于是对于$\forall t_1$，t_2，有

$$\boldsymbol{A}(t_1)\boldsymbol{A}(t_2)=\boldsymbol{A}(t_2)\boldsymbol{A}(t_1)$$

因此，本例的状态转移矩阵 $\boldsymbol{\Phi}(t,t_0)$ 可表示为式(2-68) 所示的指数矩阵形式，即

$$\boldsymbol{\Phi}(t,t_0)=\mathrm{e}^{\int_{t_0}^{t}\boldsymbol{A}(\tau)\mathrm{d}\tau}=\boldsymbol{I}+\int_{t_0}^{t}\begin{pmatrix}0 & \dfrac{1}{(\tau+1)^2}\\ 0 & 0\end{pmatrix}\mathrm{d}\tau+\frac{1}{2!}\left[\int_{t_0}^{t}\begin{pmatrix}0 & \dfrac{1}{(\tau+1)^2}\\ 0 & 0\end{pmatrix}\mathrm{d}\tau\right]^2+\cdots$$

计算其中的矩阵积分项，分别为

$$\int_{t_0}^{t}\begin{pmatrix}0 & \dfrac{1}{(\tau+1)^2}\\ 0 & 0\end{pmatrix}\mathrm{d}\tau=\begin{pmatrix}0 & \dfrac{1}{t_0+1}-\dfrac{1}{t+1}\\ 0 & 0\end{pmatrix}$$

$$\left[\int_{t_0}^{t}\begin{pmatrix}0 & \dfrac{1}{(\tau+1)^2}\\ 0 & 0\end{pmatrix}\mathrm{d}\tau\right]^n=\begin{pmatrix}0 & \dfrac{1}{t_0+1}-\dfrac{1}{t+1}\\ 0 & 0\end{pmatrix}^n=0 \quad (n=2,3,\cdots)$$

故有
$$\boldsymbol{\Phi}(t,t_0)=\boldsymbol{I}+\begin{pmatrix}0 & \dfrac{1}{t_0+1}-\dfrac{1}{t+1}\\ 0 & 0\end{pmatrix}=\begin{pmatrix}1 & \dfrac{1}{t_0+1}-\dfrac{1}{t+1}\\ 0 & 1\end{pmatrix}$$

【例 2-15】

给定下式线性时变系统的状态方程，试计算状态转移矩阵 $\boldsymbol{\Phi}(t,t_0)$。

$$\dot{\boldsymbol{x}}=\begin{pmatrix}0 & t\\ 0 & \mathrm{e}^{-\alpha t}\end{pmatrix}\boldsymbol{x},\ t_0=0$$

解：系统矩阵 $\boldsymbol{A}$ 为

$$\boldsymbol{A}=\begin{pmatrix}0 & t\\ 0 & \mathrm{e}^{-\alpha t}\end{pmatrix}$$

首先根据式(2-70) 检验状态转移矩阵 $\boldsymbol{\Phi}(t,t_0)$ 是否可表示为指数矩阵形式。即

$$\boldsymbol{A}(t_1)\boldsymbol{A}(t_2)=\begin{pmatrix}0 & t_1\\ 0 & \mathrm{e}^{-\alpha t_1}\end{pmatrix}\begin{pmatrix}0 & t_2\\ 0 & \mathrm{e}^{-\alpha t_2}\end{pmatrix}=\begin{pmatrix}0 & t_1\mathrm{e}^{-\alpha t_2}\\ 0 & \mathrm{e}^{-\alpha(t_1+t_2)}\end{pmatrix}$$

$$\boldsymbol{A}(t_2)\boldsymbol{A}(t_1)=\begin{pmatrix}0 & t_2\\ 0 & \mathrm{e}^{-\alpha t_2}\end{pmatrix}\begin{pmatrix}0 & t_1\\ 0 & \mathrm{e}^{-\alpha t_1}\end{pmatrix}=\begin{pmatrix}0 & t_2\mathrm{e}^{-\alpha t_1}\\ 0 & \mathrm{e}^{-\alpha(t_1+t_2)}\end{pmatrix}$$

于是对于 $\forall t_1$，t_2，有

$$\boldsymbol{A}(t_1)\boldsymbol{A}(t_2)\neq\boldsymbol{A}(t_2)\boldsymbol{A}(t_1)$$

因此，本例采用级数近似法，按式(2-67) 做近似计算，为

$$\boldsymbol{\Phi}(t,t_0)=\boldsymbol{I}+\int_{t_0}^{t}\boldsymbol{A}(\tau_1)\mathrm{d}\tau_1+\int_{t_0}^{t}\boldsymbol{A}(\tau_1)\int_{t_0}^{\tau_1}\boldsymbol{A}(\tau_2)\mathrm{d}\tau_2\mathrm{d}\tau_1+\cdots$$

计算其中的矩阵积分项，分别为

$$\int_{t_0}^{t}\boldsymbol{A}(\tau_1)\mathrm{d}\tau_1=\int_{t_0}^{t}\begin{pmatrix}0 & \tau_1\\ 0 & \mathrm{e}^{-\alpha\tau_1}\end{pmatrix}\mathrm{d}\tau_1=\begin{pmatrix}0 & \dfrac{1}{2}(t^2-t_0^2)\\ 0 & -\dfrac{1}{\alpha}(\mathrm{e}^{-\alpha t}-\mathrm{e}^{-\alpha t_0})\end{pmatrix}$$

$$\int_{t_0}^{t}\boldsymbol{A}(\tau_1)\int_{t_0}^{\tau_1}\boldsymbol{A}(\tau_2)\mathrm{d}\tau_2\mathrm{d}\tau_1=\int_{t_0}^{t}\boldsymbol{A}(\tau_1)\begin{pmatrix}0 & \dfrac{1}{2}(\tau_1^2-t_0^2)\\ 0 & -\dfrac{1}{\alpha}(\mathrm{e}^{-\alpha\tau_1}-\mathrm{e}^{-\alpha t_0})\end{pmatrix}\mathrm{d}\tau_1$$

$$=\begin{pmatrix}0 & \dfrac{1}{\alpha^3}[\mathrm{e}^{-\alpha t}(\alpha t+1)-\mathrm{e}^{-\alpha t_0}(\alpha t_0+1)]+\dfrac{\mathrm{e}^{-\alpha t_0}}{2\alpha}(t^2-t_0^2)\\ 0 & \dfrac{\mathrm{e}^{-2\alpha(t+t_0)}(\mathrm{e}^{\alpha t}-\mathrm{e}^{\alpha t_0})^2}{2\alpha^2}\\ & \vdots\end{pmatrix}$$

故有

$$\boldsymbol{\Phi}(t,0)=\boldsymbol{I}+\begin{pmatrix}0 & \dfrac{1}{2}t^2\\ 0 & -\dfrac{1}{\alpha}(\mathrm{e}^{-\alpha t}-1)\end{pmatrix}+\begin{pmatrix}0 & \dfrac{1}{\alpha^3}[\mathrm{e}^{-\alpha t}(\alpha t+1)-1]+\dfrac{t^2}{2\alpha}\\ 0 & \dfrac{\mathrm{e}^{-2\alpha t}(\mathrm{e}^{\alpha t}-1)^2}{2\alpha^2}\end{pmatrix}+\cdots$$

$$=\begin{pmatrix}1 & \dfrac{1}{2}t^2\left(1+\dfrac{1}{\alpha}\right)+\dfrac{1}{\alpha^3}[\mathrm{e}^{-\alpha t}(\alpha t+1)-1]+\cdots\\ 0 & 1-\dfrac{1}{\alpha}(\mathrm{e}^{-\alpha t}-1)+\dfrac{\mathrm{e}^{-2\alpha t}(\mathrm{e}^{\alpha t}-1)^2}{2\alpha^2}+\cdots\end{pmatrix}$$

【例 2-16】

给定下式线性时变系统的状态方程，试求其状态转移矩阵 $\boldsymbol{\Phi}(t,0)$。

$$\dot{\boldsymbol{x}}=\begin{pmatrix}t & 1\\1 & t\end{pmatrix}\boldsymbol{x}$$

解：系统矩阵 $\boldsymbol{A}$ 为

$$\boldsymbol{A}=\begin{pmatrix}t & 1\\1 & t\end{pmatrix}$$

首先根据式(2-70) 检验状态转移矩阵 $\boldsymbol{\Phi}(t,0)$ 是否可表示为指数矩阵形式。即

$$\boldsymbol{A}(t_1)\boldsymbol{A}(t_2)=\begin{pmatrix}t_1 & 1\\1 & t_1\end{pmatrix}\begin{pmatrix}t_2 & 1\\1 & t_2\end{pmatrix}=\begin{pmatrix}t_1t_2+1 & t_1+t_2\\t_1+t_2 & t_1t_2+1\end{pmatrix}$$

$$\boldsymbol{A}(t_2)\boldsymbol{A}(t_1)=\begin{pmatrix}t_2 & 1\\1 & t_2\end{pmatrix}\begin{pmatrix}t_1 & 1\\1 & t_1\end{pmatrix}=\begin{pmatrix}t_1t_2+1 & t_1+t_2\\t_1+t_2 & t_1t_2+1\end{pmatrix}$$

于是，对于 $\forall t_1$，t_2，有 $\boldsymbol{A}(t_1)\boldsymbol{A}(t_2)=\boldsymbol{A}(t_2)\boldsymbol{A}(t_1)$

因此，本例的状态转移矩阵 $\boldsymbol{\Phi}(t,0)$ 可表示为式(2-68) 所示的指数矩阵形式，即

$$\boldsymbol{\Phi}(t,0)=\mathrm{e}^{\int_0^t \boldsymbol{A}(\tau)\mathrm{d}\tau}=\boldsymbol{I}+\int_0^t\begin{pmatrix}\tau & 1\\1 & \tau\end{pmatrix}\mathrm{d}\tau+\frac{1}{2!}\left[\int_0^t\begin{pmatrix}\tau & 1\\1 & \tau\end{pmatrix}\mathrm{d}\tau\right]^2+\cdots$$

计算其中的矩阵积分项，分别为

$$\int_0^t\begin{pmatrix}\tau & 1\\1 & \tau\end{pmatrix}\mathrm{d}\tau=\begin{pmatrix}\frac{t^2}{2} & t\\t & \frac{t^2}{2}\end{pmatrix},\ \left[\int_0^t\begin{pmatrix}\tau & 1\\1 & \tau\end{pmatrix}\mathrm{d}\tau\right]^2=\begin{pmatrix}\frac{t^2}{2} & t\\t & \frac{t^2}{2}\end{pmatrix}^2=\begin{pmatrix}\frac{t^4}{4}+t^2 & t^3\\t^3 & \frac{t^4}{4}+t^2\end{pmatrix},\cdots$$

故

$$\boldsymbol{\Phi}(t,0)=\boldsymbol{I}+\begin{pmatrix}\frac{t^2}{2} & t\\t & \frac{t^2}{2}\end{pmatrix}+\frac{1}{2!}\begin{pmatrix}\frac{t^4}{4}+t^2 & t^3\\t^3 & \frac{t^4}{4}+t^2\end{pmatrix}+\cdots=\begin{pmatrix}1+t^2+\frac{t^4}{8}+\cdots & t+\frac{t^3}{2}+\cdots\\t+\frac{t^3}{2}+\cdots & 1+t^2+\frac{t^4}{8}+\cdots\end{pmatrix}$$

为加深理解，本例的另一种解题思路是：采用级数近似法直接求解。具体过程如下：按式(2-67) 做近似计算，即

$$\boldsymbol{\Phi}(t,0)=\boldsymbol{I}+\int_0^t\boldsymbol{A}(\tau_1)\mathrm{d}\tau_1+\int_0^t\boldsymbol{A}(\tau_1)\int_0^{\tau_1}\boldsymbol{A}(\tau_2)\mathrm{d}\tau_2\mathrm{d}\tau_1+\cdots$$

计算其中的矩阵积分项，分别为

$$\int_0^t\boldsymbol{A}(\tau_1)\mathrm{d}\tau_1=\int_0^t\begin{pmatrix}\tau_1 & 1\\1 & \tau_1\end{pmatrix}\mathrm{d}\tau_1=\begin{pmatrix}\frac{1}{2}t^2 & t\\t & \frac{1}{2}t^2\end{pmatrix}$$

$$\int_0^t\boldsymbol{A}(\tau_1)\int_0^{\tau_1}\boldsymbol{A}(\tau_2)\mathrm{d}\tau_2\mathrm{d}\tau_1=\int_0^t\begin{pmatrix}\tau_1 & 1\\1 & \tau_1\end{pmatrix}\begin{pmatrix}\frac{1}{2}\tau_1^2 & \tau_1\\\tau_1 & \frac{1}{2}\tau_1^2\end{pmatrix}\mathrm{d}\tau_1=\int_0^t\begin{pmatrix}\frac{1}{2}\tau_1^3+\tau_1 & \frac{3}{2}\tau_1^2\\\frac{3}{2}\tau_1^2 & \frac{1}{2}\tau_1^3+\tau_1\end{pmatrix}\mathrm{d}\tau_1$$

$$=\begin{pmatrix}\frac{1}{8}t^4+\frac{1}{2}t^2 & \frac{1}{2}t^3\\ \frac{1}{2}t^3 & \frac{1}{8}t^4+\frac{1}{2}t^2\end{pmatrix}$$

$$\vdots$$

故可得到相同的计算结果，即

$$\boldsymbol{\Phi}(t,0)=\boldsymbol{I}+\begin{pmatrix}\frac{1}{2}t^2 & t\\ t & \frac{1}{2}t^2\end{pmatrix}+\begin{pmatrix}\frac{1}{8}t^4+\frac{1}{2}t^2 & \frac{1}{2}t^3\\ \frac{1}{2}t^3 & \frac{1}{8}t^4+\frac{1}{2}t^2\end{pmatrix}+\cdots=\begin{pmatrix}1+t^2+\frac{1}{8}t^4+\cdots & t+\frac{1}{2}t^3+\cdots\\ t+\frac{1}{2}t^3+\cdots & 1+t^2+\frac{1}{8}t^4+\cdots\end{pmatrix}$$

2.3.4 线性时变连续系统非齐次状态方程的解

在外加输入 $\boldsymbol{u}$ 作用下，线性时变系统的状态方程为非齐次状态方程，如式(2-61) 所示，即

$$\begin{cases}\dot{\boldsymbol{x}}=\boldsymbol{A}(t)\boldsymbol{x}+\boldsymbol{B}(t)\boldsymbol{u}\\ \boldsymbol{x}(t_0)=\boldsymbol{x}_0\end{cases}$$

则该非齐次状态方程的解就是由初始状态 $\boldsymbol{x}(t_0)$ 和输入作用 $\boldsymbol{u}$ 所引起的系统状态的运动轨迹。其中，状态 $\boldsymbol{x}$ 和输入 $\boldsymbol{u}$ 均为时间 t 的函数。与线性定常系统非齐次状态方程的解相类似，当输入 $\boldsymbol{u}$ 为分段连续时，该线性时变系统非齐次状态方程的解的表达式为

$$\boldsymbol{x}(t)=\boldsymbol{\Phi}(t,t_0)\boldsymbol{x}_0+\int_{t_0}^{t}\boldsymbol{\Phi}(t,\tau)\boldsymbol{B}(\tau)\boldsymbol{u}(\tau)\mathrm{d}\tau \tag{2-73}$$

下面讨论该非齐次状态方程的解的数学推导，令该非齐次状态方程的解为

$$\boldsymbol{x}(t)=\boldsymbol{\Phi}(t,t_0)\boldsymbol{\varphi}(t) \tag{2-74}$$

式中，$\boldsymbol{\varphi}(t)$ 为待定函数，显然有 $\boldsymbol{x}(t_0)=\boldsymbol{\varphi}(t_0)$，记 $x_0=\boldsymbol{x}(t_0)$。

将式(2-74) 分别代入非齐次状态方程的等式两边，分别可得

(1) 等式左边

$$\dot{\boldsymbol{x}}(t)=\frac{\mathrm{d}[\boldsymbol{\Phi}(t,t_0)\boldsymbol{\varphi}(t)]}{\mathrm{d}t}=\dot{\boldsymbol{\Phi}}(t,t_0)\boldsymbol{\varphi}(t)+\boldsymbol{\Phi}(t,t_0)\dot{\boldsymbol{\varphi}}(t) \tag{2-75}$$

$$=\boldsymbol{A}(t)\boldsymbol{\Phi}(t,t_0)\boldsymbol{\varphi}(t)+\boldsymbol{\Phi}(t,t_0)\dot{\boldsymbol{\varphi}}(t)$$

(2) 等式右边

$$\boldsymbol{A}(t)\boldsymbol{x}(t)+\boldsymbol{B}(t)\boldsymbol{u}(t)=\boldsymbol{A}(t)\boldsymbol{\Phi}(t,t_0)\boldsymbol{\varphi}(t)+\boldsymbol{B}(t)\boldsymbol{u}(t) \tag{2-76}$$

则由等式关系，可得 $\boldsymbol{\Phi}(t,t_0)\dot{\boldsymbol{\varphi}}(t)=\boldsymbol{B}(t)\boldsymbol{u}(t)$，即

$$\dot{\boldsymbol{\varphi}}(t)=\boldsymbol{\Phi}^{-1}(t,t_0)\boldsymbol{B}(t)\boldsymbol{u}(t) \tag{2-77}$$

根据时变系统状态转移矩阵的性质 2，式(2-77) 可推导为

$$\dot{\boldsymbol{\varphi}}(t)=\boldsymbol{\Phi}(t_0,t)\boldsymbol{B}(t)\boldsymbol{u}(t) \tag{2-78}$$

对式(2-78) 的两边进行积分，可得

$$\boldsymbol{\varphi}(t)=\boldsymbol{\varphi}(t_0)+\int_{t_0}^{t}\boldsymbol{\Phi}(t_0,\tau)\boldsymbol{B}(\tau)\boldsymbol{u}(\tau)\mathrm{d}\tau \tag{2-79}$$

将式(2-79) 回代入式(2-74)，就可以推导得出如式(2-73) 所示的表达式，即

$$\boldsymbol{x}(t)=\boldsymbol{\Phi}(t,t_0)\left[\boldsymbol{\varphi}(t_0)+\int_{t_0}^{t}\boldsymbol{\Phi}(t_0,\tau)\boldsymbol{B}(\tau)\boldsymbol{u}(\tau)\mathrm{d}\tau\right]=\boldsymbol{\Phi}(t,t_0)\boldsymbol{x}_0+\int_{t_0}^{t}\boldsymbol{\Phi}(t,\tau)\boldsymbol{B}(\tau)\boldsymbol{u}(\tau)\mathrm{d}\tau$$

若系统的输出方程为

$$\boldsymbol{y}(t)=\boldsymbol{C}(t)\boldsymbol{x}(t)+\boldsymbol{D}(t)\boldsymbol{u}(t)$$

则系统的输出可表示为

$$\boldsymbol{y}(t)=\boldsymbol{C}(t)\boldsymbol{\Phi}(t,t_0)\boldsymbol{x}_0+\boldsymbol{C}(t)\int_{t_0}^{t}\boldsymbol{\Phi}(t,\tau)\boldsymbol{B}(\tau)\boldsymbol{u}(\tau)\mathrm{d}\tau+\boldsymbol{D}(t)\boldsymbol{u}(t) \tag{2-80}$$

下面对线性定常系统与线性时变系统非齐次状态方程解的表达形式进行分析比较。

1）线性定常系统，如式(2-53) 所示，即

$$\boldsymbol{x}(t)=\boldsymbol{\Phi}(t)\boldsymbol{x}_0+\int_{0}^{t}\boldsymbol{\Phi}(t-\tau)\boldsymbol{B}\boldsymbol{u}(\tau)\mathrm{d}\tau$$

2）线性时变系统，如式(2-73) 所示，即

$$\boldsymbol{x}(t)=\boldsymbol{\Phi}(t,t_0)\boldsymbol{x}_0+\int_{t_0}^{t}\boldsymbol{\Phi}(t,\tau)\boldsymbol{B}(\tau)\boldsymbol{u}(\tau)\mathrm{d}\tau$$

分析两者解的表达式形式可知，非齐次状态方程的解的结构和形式相同，均包括两部分：第一项表示为初始状态的影响，即零输入响应；第二项表示为初始状态之后外部输入的影响，为脉冲响应函数与输入的卷积，即零状态响应。

特别地，线性定常系统可视为线性时变系统的一种特殊形式，即在系统矩阵 $\boldsymbol{A}(t)$ 为时不变时，时变系统的状态转移矩阵 $\boldsymbol{\Phi}(t,t_0)$ 等于定常系统的状态转移矩阵 $\boldsymbol{\Phi}(t-t_0)$。这也说明了引入状态转移矩阵这一定义的重要性，可便于对时变系统和定常系统状态方程和输出方程的解的表达式建立统一的形式。正如 2.2.2 小节所述，引入状态转移矩阵这一定义，使得对各种类型系统状态方程解的表达式有可能进一步做统一描述，从而更好地表征系统状态的运动变化规律。

2.3.5 线性时变系统的状态求解实际案例

下面通过两个案例对求解线性时变系统的激励响应进行解释说明。

【例 2-17】

给定下式时变系统状态方程，试求系统在单位阶跃输入下的响应。

$$\dot{\boldsymbol{x}}=\begin{pmatrix}0 & \dfrac{1}{(t+1)^2}\\ 0 & 0\end{pmatrix}\boldsymbol{x}+\begin{pmatrix}0\\ t+1\end{pmatrix}\boldsymbol{u},\ \boldsymbol{x}(0)=\begin{pmatrix}1\\ 1\end{pmatrix}$$

解：本示例的系统矩阵 $\boldsymbol{A}$ 与例 2-14 相同，对状态转移矩阵 $\boldsymbol{\Phi}(t,t_0)$ 的求解可采用级数近似法直接求解或采用例 2-14 所示的矩阵指数展开式方法，在此不再叙述。

状态转移矩阵 $\boldsymbol{\Phi}(t,t_0)$ 为

$$\boldsymbol{\Phi}(t,t_0)=\boldsymbol{I}+\begin{pmatrix}0 & \dfrac{1}{t_0+1}-\dfrac{1}{t+1}\\ 0 & 0\end{pmatrix}=\begin{pmatrix}1 & \dfrac{1}{t_0+1}-\dfrac{1}{t+1}\\ 0 & 1\end{pmatrix}$$

控制矩阵 $\boldsymbol{B}$ 和输入 $\boldsymbol{u}$ 分别为

$$\boldsymbol{B}=\begin{pmatrix}0\\t+1\end{pmatrix},\ \boldsymbol{u}(t)=\boldsymbol{1}(t)$$

根据式(2-73)，可求解得到该线性时变系统非齐次状态方程的解，即

$$\begin{aligned}\boldsymbol{x}(t)&=\boldsymbol{\Phi}(t,t_0)\boldsymbol{x}_0+\int_{t_0}^{t}\boldsymbol{\Phi}(t,\tau)\boldsymbol{B}(\tau)\boldsymbol{u}(\tau)\mathrm{d}\tau\\&=\begin{pmatrix}1&\dfrac{1}{t_0+1}-\dfrac{1}{t+1}\\0&1\end{pmatrix}\boldsymbol{x}_0+\int_{t_0}^{t}\begin{pmatrix}1&\dfrac{1}{\tau+1}-\dfrac{1}{t+1}\\0&1\end{pmatrix}\begin{pmatrix}0\\\tau+1\end{pmatrix}\mathrm{d}\tau\\&=\begin{pmatrix}1&\dfrac{1}{t_0+1}-\dfrac{1}{t+1}\\0&1\end{pmatrix}\boldsymbol{x}_0+\begin{pmatrix}\dfrac{(t-t_0)^2}{2(t+1)}\\(t-t_0)\left(\dfrac{t+t_0}{2}+1\right)\end{pmatrix}\end{aligned}$$

由初始条件 $\boldsymbol{x}(0)=\begin{pmatrix}1\\1\end{pmatrix}$，即 $t_0=0$、$\boldsymbol{x}_0=\begin{pmatrix}1\\1\end{pmatrix}$，得到系统在单位阶跃输入下的响应为

$$\begin{aligned}\boldsymbol{x}(t)&=\begin{pmatrix}1&1-\dfrac{1}{t+1}\\0&1\end{pmatrix}\begin{pmatrix}1\\1\end{pmatrix}+\begin{pmatrix}\dfrac{t^2}{2(t+1)}\\\dfrac{1}{2}t^2+t\end{pmatrix}\\&=\begin{pmatrix}1+\dfrac{t}{t+1}+\dfrac{t^2}{2(t+1)}\\1+\dfrac{1}{2}t^2+t\end{pmatrix}\\&=\begin{pmatrix}\dfrac{t^2+4t+2}{2(t+1)}\\\dfrac{t^2+2t+2}{2}\end{pmatrix}\end{aligned}$$

【例 2-18】

给定如下时变系统状态方程，试求系统状态的零输入响应。

$$\dot{\boldsymbol{x}}=\begin{pmatrix}0&t^2\\0&0\end{pmatrix}\boldsymbol{x},\ \boldsymbol{x}(t_0)=\begin{pmatrix}1\\1\end{pmatrix},\ t_0=0$$

解： 该系统的状态方程为齐次状态方程，其系统矩阵 $\boldsymbol{A}$ 为

$$\boldsymbol{A}=\begin{pmatrix}0&t^2\\0&0\end{pmatrix}$$

因此，应先计算系统的状态转移矩阵 $\boldsymbol{\Phi}(t,t_0)$，再求解状态方程的解。

首先根据式(2-70) 检验状态转移矩阵 $\boldsymbol{\Phi}(t,t_0)$ 是否可表示为指数矩阵形式。即

$$\boldsymbol{A}(t_1)\boldsymbol{A}(t_2)=\begin{pmatrix}0&t_1^2\\0&0\end{pmatrix}\begin{pmatrix}0&t_2^2\\0&0\end{pmatrix}=\boldsymbol{0}$$

$$A(t_2)A(t_1)=\mathbf{0}$$

于是，对于 $\forall t_1$，t_2，有 $$A(t_1)A(t_2)=A(t_2)A(t_1)$$

因此，本例的状态转移矩阵 $\boldsymbol{\Phi}(t,t_0)$ 可表示为式(2-68)所示的指数矩阵形式，即

$$\boldsymbol{\Phi}(t,t_0)=\mathrm{e}^{\int_{t_0}^{t}A(\tau)\mathrm{d}\tau}=\boldsymbol{I}+\int_{t_0}^{t}\begin{pmatrix}0&\tau^2\\0&0\end{pmatrix}\mathrm{d}\tau+\frac{1}{2!}\left[\int_{t_0}^{t}\begin{pmatrix}0&\tau^2\\0&0\end{pmatrix}\mathrm{d}\tau\right]^2+\cdots$$

$$=\begin{pmatrix}1&0\\0&1\end{pmatrix}+\begin{pmatrix}0&\frac{1}{3}(t^3-t_0^3)\\0&0\end{pmatrix}+\mathbf{0}+\cdots=\begin{pmatrix}1&\frac{1}{3}(t^3-t_0^3)\\0&1\end{pmatrix}$$

由 $t_0=0$，则

$$\boldsymbol{\Phi}(t,0)=\begin{pmatrix}1&\frac{1}{3}t^3\\0&1\end{pmatrix}$$

根据式(2-63)，可得系统状态的零输入响应为

$$\boldsymbol{x}(t)=\boldsymbol{\Phi}(t,0)\boldsymbol{x}_0=\begin{pmatrix}1&\frac{1}{3}t^3\\0&1\end{pmatrix}\begin{pmatrix}1\\1\end{pmatrix}=\begin{pmatrix}1+\frac{1}{3}t^3\\1\end{pmatrix}$$

2.4 线性离散时间系统状态方程的求解

工程应用中，离散时间系统的工作状态通常可归纳为两种情况：①整个系统处于单一的离散状态；②整个系统处于连续和离散两种状态的混合形式。前者的状态变量、输入变量及输出变量均是离散量，如计算机集成制造系统（即 CIMS 系统）等；而对于后者，其状态变量、输入变量及输出变量不完全是离散量，既有连续时间型的模拟量，也有离散时间型的离散量，对应其状态方程则既有一阶微分方程又有一阶差分方程，如连续被控对象的采样控制等。如前 2.2 节和 2.3 节分别讨论了线性定常连续系统和线性时变连续系统的状态方程的解，其非齐次状态方程的解均包括由初始状态引起的自由运动和由外界输入引起的强迫运动，也就是说系统全响应可分解为零输入响应和零状态响应。与两种线性连续系统一样，本节所介绍的线性离散系统的全响应具有相同的性质。

针对其系统状态方程的求解，同样引入状态转移矩阵这一重要概念，主要介绍两种离散时间系统状态方程的解法，即递推法和 Z 变换法，这也是本节的重点内容。鉴于工程中数字计算机控制系统分析与综合以及借助计算机求解连续状态方程数值解的实际需要，本节将首先介绍时域采样保持下的连续状态方程精确离散化方法和近似离散化方法。

2.4.1 线性连续系统状态方程的离散化

在计算机辅助设计或计算机仿真中，都会遇到离散化问题，这主要源于数字计算机所处理的数据是数字量，不仅数值上具有整量化特征，而且时间上是离散性质的。例如：借助数字计算机对连续时间系统进行定量分析（求解连续时间状态方程）时，必须先将其化为离散时间状态方程；或者是对连续受控对象进行计算机控制时，也要求先将连续数学模型的受

控对象离散化。由此，就提出了线性连续系统的离散化问题。

线性连续系统的离散化实质上就是在一定的采样方式和保持方式下，通过建立连续状态空间模型和离散状态空间模型中各系数矩阵之间的关系，实现将系统的连续状态空间模型等价转换为离散状态空间模型，如图 2-3 所示。图中保持器为零阶保持器。

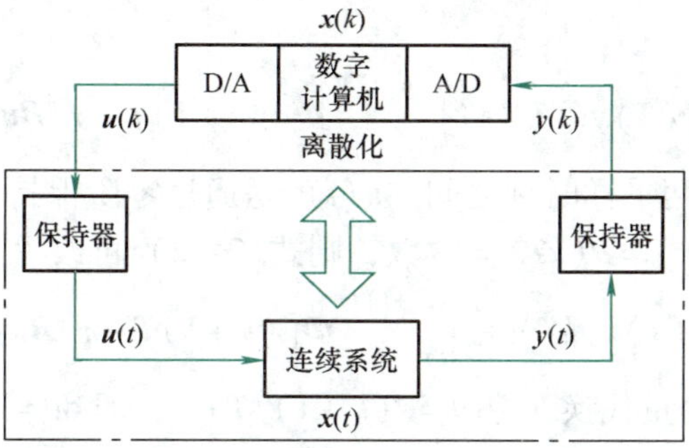

图 2-3　线性连续系统的离散化等价转换示意图

由图 2-3 可知：线性连续系统的离散化过程是一个等价转换过程，要得到离散化的状态空间模型，需满足如下条件和假设：

1）离散化后，系统的状态变量、输入变量和输出变量在各采样时刻的值保持不变。

2）系统的外界输入 $\boldsymbol{u}(t)$ 在采样周期 T 内不变且等于前一个采样时刻的瞬时值，即

$$\boldsymbol{u}(t)=\boldsymbol{u}(kT),t\in[kT,(k+1)T],k=0,1,2,\cdots$$

3）采样周期 T 的选择需满足香农采样定理（或称奈奎斯特采样定理），即：为了不失真地恢复模拟信号，采样频率 f 应该大于等于模拟信号频谱中最高频率 $f_{\max}$ 的 2 倍。也就是说，采样频率大于等于两倍的 $\boldsymbol{x}(t)$ 的上限频率。

实际上，线性连续系统状态空间模型的离散化就是研究如何基于采样来建立等价的线性离散系统状态空间模型。下面将针对线性定常和线性时变连续系统，分别讨论其离散化问题。

1. 线性定常连续系统的离散化

如前 1.2.2 小节所述，线性定常连续系统的状态空间描述见式(1-13)，即

$$\begin{cases}\dot{\boldsymbol{x}}=\boldsymbol{A}\boldsymbol{x}+\boldsymbol{B}\boldsymbol{u}\\ \boldsymbol{y}=\boldsymbol{C}\boldsymbol{x}+\boldsymbol{D}\boldsymbol{u}\end{cases}$$

那么，线性定常连续系统的离散化就是在采样周期 T 内，将式(1-13) 等价转换为线性定常离散时间系统的状态空间描述，即

$$\begin{cases}\boldsymbol{x}[(k+1)T]=\boldsymbol{G}(T)\boldsymbol{x}(kT)+\boldsymbol{H}(T)\boldsymbol{u}(kT)\\ \boldsymbol{y}(kT)=\boldsymbol{C}(T)\boldsymbol{x}(kT)+\boldsymbol{D}(T)\boldsymbol{u}(kT)\end{cases}\tag{2-81}$$

无论是定常系统，还是时变系统，线性连续系统的离散化本质上主要是针对描述系统动态特性的状态方程，而离散化后的输出方程应保持不变，视为静态的代数方程，即

$$\boldsymbol{C}(T)=\boldsymbol{C},\ \boldsymbol{D}(T)=\boldsymbol{D}$$

因此，离散化问题就成为采样周期 T 内状态方程的等价转换。下面将介绍两种等价转换的方法：精确离散化方法和近似离散化方法。

（1）精确离散化方法　精确离散化方法指利用状态方程的求解公式进行离散化，即保

证状态在采样时刻的连续状态方程和离散化状态方程具有相同的解。

如前 2.2.3 小节所述，线性定常连续系统非齐次状态方程的解如式(2-52) 所示，即

$$\boldsymbol{x}(t)=\mathrm{e}^{\boldsymbol{A}(t-t_0)}\boldsymbol{x}_0+\int_{t_0}^{t}\mathrm{e}^{\boldsymbol{A}(t-\tau)}\boldsymbol{B}\boldsymbol{u}(\tau)\mathrm{d}\tau=\boldsymbol{\Phi}(t-t_0)\boldsymbol{x}_0+\int_{t_0}^{t}\boldsymbol{\Phi}(t-\tau)\boldsymbol{B}\boldsymbol{u}(\tau)\mathrm{d}\tau$$

根据采样周期 T，现在分析时间域$[kT,(k+1)T]$内的系统状态响应，即令$t_0=kT$，$t=(k+1)T$。

$$\boldsymbol{x}[(k+1)T]=\boldsymbol{\Phi}(T)\boldsymbol{x}(kT)+\int_{kT}^{(k+1)T}\boldsymbol{\Phi}[(k+1)T-\tau]\boldsymbol{B}\boldsymbol{u}(\tau)\mathrm{d}\tau \tag{2-82}$$

考虑到采样周期 T 内相邻两采样时刻之间，$\boldsymbol{u}(t)$ 是通过零阶保持器保持不变且等于前一个采样时刻的瞬时值，即 $\boldsymbol{u}(t)=\boldsymbol{u}(kT)=$常数，则式(2-82) 可改写为

$$\boldsymbol{x}[(k+1)T]=\boldsymbol{\Phi}(T)\boldsymbol{x}(kT)+\int_{kT}^{(k+1)T}\boldsymbol{\Phi}[(k+1)T-\tau]\boldsymbol{B}\boldsymbol{u}(kT)\mathrm{d}\tau \tag{2-83}$$

对式(2-83) 右边的积分项做变量代换，令 $\theta=(k+1)T-\tau$，即 $\mathrm{d}\theta=-\mathrm{d}\tau$，且

$$\tau\in[kT,(k+1)T] \quad\Leftrightarrow\quad \theta\in[0,T] \tag{2-84}$$

将变量 θ 代入式(2-83)，可得

$$\boldsymbol{x}[(k+1)T]=\boldsymbol{\Phi}(T)\boldsymbol{x}(kT)+\int_0^T\boldsymbol{\Phi}(\theta)\mathrm{d}\theta\boldsymbol{B}\boldsymbol{u}(kT) \tag{2-85}$$

将式(2-85) 与式(2-81) 所示线性定常离散时间系统的状态方程相比较，可得

$$\begin{cases}\boldsymbol{G}(T)=\boldsymbol{\Phi}(t)=\mathrm{e}^{\boldsymbol{A}T}\\ \boldsymbol{H}(T)=\int_0^T\boldsymbol{\Phi}(\theta)\mathrm{d}\theta\boldsymbol{B}=\int_0^T\mathrm{e}^{\boldsymbol{A}t}\mathrm{d}t\cdot\boldsymbol{B}\end{cases} \tag{2-86}$$

式(2-86) 即为精确离散化方法的计算式。

（2）近似离散化方法　近似离散化方法指在采样周期 T 较小（一般采样周期为系统最小时间常数的 1/10 左右）且对离散化的精度要求不高的情况下，利用状态变量的差商代替微商来求得近似的差分方程，从而实现近似离散化。根据导数的定义，有

$$\dot{\boldsymbol{x}}(t_0)=\lim_{\Delta t\to0}\frac{\boldsymbol{x}(t_0+\Delta t)-\boldsymbol{x}(t_0)}{\Delta t} \tag{2-87}$$

当采样周期 T 较小时，讨论时间域$[kT,(k+1)T]$这一段的导数，则有

$$\dot{\boldsymbol{x}}(kT)\approx\frac{\boldsymbol{x}[(k+1)T]-\boldsymbol{x}(kT)}{T} \tag{2-88}$$

将式(2-88) 代入线性定常连续系统的状态方程，可得

$$\boldsymbol{x}[(k+1)T]=(\boldsymbol{I}+\boldsymbol{A}T)\boldsymbol{x}(kT)+\boldsymbol{B}T\boldsymbol{u}(kT) \tag{2-89}$$

将式(2-89) 与式(2-81) 所示线性定常离散系统的状态方程相比较，可得

$$\begin{cases}\boldsymbol{G}(T)\approx\boldsymbol{I}+\boldsymbol{A}T\\ \boldsymbol{H}(T)\approx\boldsymbol{B}T\end{cases} \tag{2-90}$$

式(2-90) 即为近似离散化方法的计算式。

（3）精确离散化与近似离散化的方法比较　矩阵指数函数 $\mathrm{e}^{\boldsymbol{A}(t)}$ 的矢量幂级数展开式，如式(2-20) 所示，即

$$\mathrm{e}^{\boldsymbol{A}t}=\sum_{k=0}^{\infty}\frac{1}{k!}\boldsymbol{A}^kt^k=\boldsymbol{I}+\boldsymbol{A}t+\frac{1}{2!}\boldsymbol{A}^2t^2+\cdots$$

因此，比较式(2-86)和式(2-90)可以发现：式(2-90)实际上是式(2-86)泰勒展开式中的一次近似。也就是说，近似离散化方法其实是精确离散化方法相应计算式的一次近似泰勒展开式。采样周期 T 越小，近似离散化方法的精度越高。需要注意的是：采样频率太高，对系统硬件要求很高，且数据量大，实际应用中保证采样频率为信号最高频率的 5 ~ 10 倍，采样的数字信号一般可以较完整地复现原始信号的信息。下面通过一个示例对线性定常连续系统状态方程的离散化方法进行解释说明。

【例 2-19】

给定下式线性定常连续系统的状态方程，试将其离散化。

$$\dot{\boldsymbol{x}}(t)=\begin{pmatrix}0 & 1\\0 & -2\end{pmatrix}\boldsymbol{x}(t)+\begin{pmatrix}0\\1\end{pmatrix}\boldsymbol{u}(t)$$

解： 系统矩阵 $\boldsymbol{A}$ 和控制矩阵 $\boldsymbol{B}$ 分别为

$$\boldsymbol{A}=\begin{pmatrix}0 & 1\\0 & -2\end{pmatrix},\ \boldsymbol{B}=\begin{pmatrix}0\\1\end{pmatrix}$$

方法一：精确离散化

首先求解该系统的状态转移矩阵 $\boldsymbol{\Phi}(t)$。本示例的系统矩阵 $\boldsymbol{A}$ 与例 2-6 相同，且例 2-6 已给出了采用西尔维斯特内插法进行计算的求解过程，读者可参考。为加深理解，本例将采用矩阵 $\boldsymbol{A}$ 变换为若尔当标准型的方法，并给出求解过程。另外，前文 2.2.2 小节中已经介绍了求解状态转移矩阵 $\boldsymbol{\Phi}(t)$ 的四种方法，读者可温习与回顾另外两种求解方法。

系统矩阵 $\boldsymbol{A}$ 的特征值由下式求得，即

$$|\lambda\boldsymbol{I}-\boldsymbol{A}|=\begin{vmatrix}\lambda & -1\\0 & \lambda+2\end{vmatrix}=\lambda(\lambda+2)=0$$

系统矩阵 $\boldsymbol{A}$ 具有两个互异特征值，分别是 $\lambda_1=0,\ \lambda_2=-2$

根据式(1-89)和式(1-90)，确定变换矩阵 $\boldsymbol{P}$ 及其逆矩阵 $\boldsymbol{P}^{-1}$ 分别为

$$\boldsymbol{P}=\begin{pmatrix}1 & 1\\0 & -2\end{pmatrix},\ \boldsymbol{P}^{-1}=\begin{pmatrix}1 & \frac{1}{2}\\0 & -\frac{1}{2}\end{pmatrix}$$

根据式(2-26)，求得状态转移矩阵 $\boldsymbol{\Phi}(t)$ 为

$$\boldsymbol{\Phi}(t)=\mathrm{e}^{\boldsymbol{A}t}=\begin{pmatrix}1 & 1\\0 & -2\end{pmatrix}\begin{pmatrix}1 & 0\\0 & \mathrm{e}^{-2t}\end{pmatrix}\begin{pmatrix}1 & \frac{1}{2}\\0 & -\frac{1}{2}\end{pmatrix}=\begin{pmatrix}1 & \frac{1}{2}(1-\mathrm{e}^{-2t})\\0 & \mathrm{e}^{-2t}\end{pmatrix}$$

其次，根据式(2-86)计算，可得

$$\begin{cases}\boldsymbol{G}(T)=\boldsymbol{\Phi}(t)=\mathrm{e}^{\boldsymbol{A}T}=\begin{pmatrix}1 & \frac{1}{2}(1-\mathrm{e}^{-2T})\\0 & \mathrm{e}^{-2T}\end{pmatrix}\\ \boldsymbol{H}(T)=\int_0^T\boldsymbol{\Phi}(\theta)\mathrm{d}\theta\boldsymbol{B}=\int_0^T\mathrm{e}^{\boldsymbol{A}t}\mathrm{d}t\cdot\boldsymbol{B}=\begin{pmatrix}T & \frac{T}{2}+\frac{1}{4}(\mathrm{e}^{-2T}-1)\\0 & \frac{1}{2}(1-\mathrm{e}^{-2T})\end{pmatrix}\begin{pmatrix}0\\1\end{pmatrix}=\frac{1}{4}\begin{pmatrix}2T+\mathrm{e}^{-2T}-1\\2(1-\mathrm{e}^{-2T})\end{pmatrix}\end{cases}$$

则该连续系统的离散化状态方程为

$$\boldsymbol{x}(k+1)=\begin{pmatrix}1 & \frac{1}{2}(1-\mathrm{e}^{-2T})\\0 & \mathrm{e}^{-2T}\end{pmatrix}\boldsymbol{x}(k)+\begin{pmatrix}\frac{1}{2}T+\frac{1}{4}(\mathrm{e}^{-2T}-1)\\\frac{1}{2}(1-\mathrm{e}^{-2T})\end{pmatrix}\boldsymbol{u}(k)$$

方法二：近似离散化

根据式(2-90) 计算，有

$$\begin{cases}\boldsymbol{G}(T)\approx\boldsymbol{I}+\boldsymbol{A}T=\begin{pmatrix}1 & T\\0 & 1-2T\end{pmatrix}\\\boldsymbol{H}(T)\approx\boldsymbol{B}T=\begin{pmatrix}0\\T\end{pmatrix}\end{cases}$$

则该连续系统的离散化状态方程为

$$\boldsymbol{x}(k+1)=\begin{pmatrix}1 & T\\0 & 1-2T\end{pmatrix}\boldsymbol{x}(k)+\begin{pmatrix}0\\T\end{pmatrix}\boldsymbol{u}(k)$$

对上述两种计算方法在不同采样周期 T 下的计算结果进行比较，见表 2-2。

表 2-2 不同采样周期下精确离散化与近似离散化的计算结果对比

离散化方法		采样周期 T/s			
		1	0.5	0.05	0.001
精确离散化	$\boldsymbol{G}(T)=\begin{pmatrix}1 & \frac{1}{2}(1-\mathrm{e}^{-2T})\\0 & \mathrm{e}^{-2T}\end{pmatrix}$	$\begin{pmatrix}1 & 0.432332\\0 & 0.135335\end{pmatrix}$	$\begin{pmatrix}1 & 0.31606\\0 & 0.367879\end{pmatrix}$	$\begin{pmatrix}1 & 0.0475813\\0 & 0.904837\end{pmatrix}$	$\begin{pmatrix}1 & 0.000999\\0 & 0.998002\end{pmatrix}$
精确离散化	$\boldsymbol{H}(T)=\begin{pmatrix}\frac{1}{2}T+\frac{1}{4}(\mathrm{e}^{-2T}-1)\\\frac{1}{2}(1-\mathrm{e}^{-2T})\end{pmatrix}$	$\begin{pmatrix}0.283834\\0.432332\end{pmatrix}$	$\begin{pmatrix}0.0919699\\0.31606\end{pmatrix}$	$\begin{pmatrix}0.00120935\\0.0475813\end{pmatrix}$	$\begin{pmatrix}4.99667\times10^{-7}\\0.000999\end{pmatrix}$
近似离散化	$\boldsymbol{G}(T)=\begin{pmatrix}1 & T\\0 & 1-2T\end{pmatrix}$	$\begin{pmatrix}1 & 1\\0 & -1\end{pmatrix}$	$\begin{pmatrix}1 & 0.5\\0 & 0\end{pmatrix}$	$\begin{pmatrix}1 & 0.05\\0 & 0.9\end{pmatrix}$	$\begin{pmatrix}1 & 0.001\\0 & 0.998\end{pmatrix}$
近似离散化	$\boldsymbol{H}(T)=\begin{pmatrix}0\\T\end{pmatrix}$	$\begin{pmatrix}0\\1\end{pmatrix}$	$\begin{pmatrix}0\\0.5\end{pmatrix}$	$\begin{pmatrix}0\\0.05\end{pmatrix}$	$\begin{pmatrix}0\\0.001\end{pmatrix}$

由表 2-2 可知：当 $T\leqslant0.05$s 时，两种计算方法的计算结果已极为接近。这也表明了近似离散化方法仅适用于采样周期较小的场合。

2. 线性时变连续系统的离散化

如前 1.2.2 小节所述，线性时变连续系统的状态空间描述见式(1-12) 所示，即

$$\begin{cases}\dot{\boldsymbol{x}}=\boldsymbol{A}(t)\boldsymbol{x}+\boldsymbol{B}(t)\boldsymbol{u}\\\boldsymbol{y}=\boldsymbol{C}(t)\boldsymbol{x}+\boldsymbol{D}(t)\boldsymbol{u}\end{cases}$$

那么，线性时变连续系统的离散化就是在采样周期 T 内，将式(1-12) 等价转换为线性时变离散系统的状态空间描述，即

$$\begin{cases}\boldsymbol{x}(k+1)=\boldsymbol{G}(k)\boldsymbol{x}(k)+\boldsymbol{H}(k)\boldsymbol{u}(k)\\ \boldsymbol{y}(k)=\boldsymbol{C}\boldsymbol{x}(k)+\boldsymbol{D}\boldsymbol{u}(k)\end{cases} \tag{2-91}$$

与线性定常连续系统的离散化类似，线性时变连续系统的离散化就是利用时变系统状态方程的求解公式进行离散化。

如前2.3.4小节所述，线性时变连续系统非齐次状态方程的解如式(2-73)所示，即

$$\boldsymbol{x}(t)=\boldsymbol{\Phi}(t,t_0)\boldsymbol{x}_0+\int_{t_0}^{t}\boldsymbol{\Phi}(t,\tau)\boldsymbol{B}(\tau)\boldsymbol{u}(\tau)\mathrm{d}\tau$$

同样，令$t_0=kT$、$t=(k+1)T$，分析时间域$[kT,(k+1)T]$内的系统状态响应，即

$$\boldsymbol{x}(k+1)=\boldsymbol{\Phi}[(k+1)T,kT]\boldsymbol{x}(k)+\int_{kT}^{(k+1)T}\boldsymbol{\Phi}[(k+1)T,\tau]\boldsymbol{B}(\tau)\boldsymbol{u}(\tau)\mathrm{d}\tau \tag{2-92}$$

考虑到采样周期T内，$\boldsymbol{u}(t)=$常数，则式(2-92)可改写为

$$\boldsymbol{x}(k+1)=\boldsymbol{\Phi}[(k+1)T,kT]\boldsymbol{x}(k)+\int_{kT}^{(k+1)T}\boldsymbol{\Phi}[(k+1)T,\tau]\boldsymbol{B}(\tau)\mathrm{d}\tau\boldsymbol{u}(k) \tag{2-93}$$

将式(2-93)与式(2-91)所示线性时变离散系统的状态方程相比较，可得

$$\begin{cases}\boldsymbol{G}(k)=\boldsymbol{\Phi}[(k+1)T,kT]\\ \boldsymbol{H}(k)=\int_{kT}^{(k+1)T}\boldsymbol{\Phi}[(k+1)T,\tau]\boldsymbol{B}(\tau)\mathrm{d}\tau\end{cases} \tag{2-94}$$

式(2-94)即为线性时变连续系统的离散化模型计算式。

当然，根据2.4.1小节中所述的“近似离散化方法”，也可得到线性时变连续系统的离散化近似计算式，即

$$\begin{cases}\boldsymbol{G}(T)\approx\boldsymbol{I}+\boldsymbol{A}(kT)\cdot T\\ \boldsymbol{H}(T)\approx\boldsymbol{B}(kT)\cdot T\end{cases} \tag{2-95}$$

下面通过一个示例对线性时变连续系统的离散化进行解释说明。

【例2-20】

给定下式线性时变连续系统的状态方程，试写出其离散化状态方程。

$$\dot{\boldsymbol{x}}(t)=\begin{pmatrix}0 & \dfrac{1}{(t+1)^2}\\ 0 & 0\end{pmatrix}\boldsymbol{x}(t)+\begin{pmatrix}1\\1\end{pmatrix}\boldsymbol{u}(t)$$

解： 系统矩阵$\boldsymbol{A}$和控制矩阵$\boldsymbol{B}$分别为

$$\boldsymbol{A}=\begin{pmatrix}0 & \dfrac{1}{(t+1)^2}\\ 0 & 0\end{pmatrix},\ \boldsymbol{B}=\begin{pmatrix}1\\1\end{pmatrix}$$

首先求解该系统的状态转移矩阵$\boldsymbol{\Phi}(t,t_0)$。本示例的系统矩阵$\boldsymbol{A}$与例2-14相同，由于系统矩阵$\boldsymbol{A}$满足式(2-70)所示的检验充要条件，因此，状态转移矩阵$\boldsymbol{\Phi}(t,t_0)$可以表示为指数矩阵形式，例2-14已给出了矩阵指数展示式的具体求解过程。为加深理解，本示例将给出采用级数近似法直接求解的计算过程。

根据式(2-67)进行计算，即

$$\boldsymbol{\Phi}(t,t_0)=\boldsymbol{I}+\int_{t_0}^{t}\boldsymbol{A}(\tau_1)\mathrm{d}\tau_1+\int_{t_0}^{t}\boldsymbol{A}(\tau_1)\int_{t_0}^{\tau_1}\boldsymbol{A}(\tau_2)\mathrm{d}\tau_2\mathrm{d}\tau_1+$$
$$\int_{t_0}^{t}\boldsymbol{A}(\tau_1)\int_{t_0}^{\tau_1}\boldsymbol{A}(\tau_2)\int_{t_0}^{\tau_2}\boldsymbol{A}(\tau_3)\mathrm{d}\tau_3\mathrm{d}\tau_2\mathrm{d}\tau_1+\cdots$$

计算其中的矩阵积分项，分别为

$$\int_{t_0}^{t} \boldsymbol{A}(\tau_1)\mathrm{d}\tau_1 = \int_{t_0}^{t} \begin{pmatrix} 0 & \dfrac{1}{(\tau_1+1)^2} \\ 0 & 0 \end{pmatrix} \mathrm{d}\tau_1 = \begin{pmatrix} 0 & \dfrac{1}{t_0+1} - \dfrac{1}{t+1} \\ 0 & 0 \end{pmatrix}$$

$$\int_{t_0}^{t} \boldsymbol{A}(\tau_1)\int_{t_0}^{\tau_1} \boldsymbol{A}(\tau_2)\mathrm{d}\tau_2\mathrm{d}\tau_1 = \int_{t_0}^{t} \begin{pmatrix} 0 & \dfrac{1}{(\tau_1+1)^2} \\ 0 & 0 \end{pmatrix}\begin{pmatrix} 0 & \dfrac{1}{t_0+1} - \dfrac{1}{\tau_1+1} \\ 0 & 0 \end{pmatrix} \mathrm{d}\tau_1 = 0$$

$$\int_{t_0}^{t} \boldsymbol{A}(\tau_1)\int_{t_0}^{\tau_1} \boldsymbol{A}(\tau_2)\int_{t_0}^{\tau_2} \boldsymbol{A}(\tau_3)\mathrm{d}\tau_3\mathrm{d}\tau_2\mathrm{d}\tau_1 + \cdots = 0$$

故可得到与例 2-14 相同的计算结果，即

$$\boldsymbol{\Phi}(t,t_0) = \boldsymbol{I} + \int_{t_0}^{t} \boldsymbol{A}(\tau_1)\mathrm{d}\tau_1 + 0 + \cdots$$

$$= \begin{pmatrix} 1 & 0 \\ 0 & 1 \end{pmatrix} + \begin{pmatrix} 0 & \dfrac{1}{t_0+1} - \dfrac{1}{t+1} \\ 0 & 0 \end{pmatrix} = \begin{pmatrix} 1 & \dfrac{1}{t_0+1} - \dfrac{1}{t+1} \\ 0 & 1 \end{pmatrix}$$

其次，根据式(2-94) 求解计算离散化模型的各矩阵，即

$$\boldsymbol{G}(k) = \boldsymbol{\Phi}[(k+1)T, kT] = \begin{pmatrix} 1 & \dfrac{T}{(kT+T+1)(kT+1)} \\ 0 & 1 \end{pmatrix}$$

$$\boldsymbol{H}(k) = \int_{kT}^{(k+1)T} \boldsymbol{\Phi}[(k+1)T,\tau]\boldsymbol{B}(\tau)\mathrm{d}\tau = \int_{kT}^{(k+1)T} \begin{pmatrix} 1 & \dfrac{1}{\tau+1} - \dfrac{1}{(k+1)T+1} \\ 0 & 1 \end{pmatrix}\begin{pmatrix} 1 \\ 1 \end{pmatrix}\mathrm{d}\tau$$

$$= \begin{pmatrix} \dfrac{(k+1)T^2}{(k+1)T+1} + \ln\left(\dfrac{(k+1)T+1}{kT+1}\right) \\ T \end{pmatrix}$$

则该线性时变连续系统的离散化状态方程为

$$\boldsymbol{x}(k+1) = \begin{pmatrix} 1 & \dfrac{T}{(kT+T+1)(kT+1)} \\ 0 & 1 \end{pmatrix}\boldsymbol{x}(k) + \begin{pmatrix} \dfrac{(k+1)T^2}{(k+1)T+1} + \ln\left(\dfrac{(k+1)T+1}{kT+1}\right) \\ T \end{pmatrix}\boldsymbol{u}(k)$$

2.4.2 线性离散系统状态方程的求解方法

上一小节针对线性定常连续系统和线性时变连续系统，分别讨论了其离散化问题，建立了等价的线性离散系统状态空间模型。本小节将分别讨论线性定常离散系统和线性时变离散系统的状态空间模型的求解。线性离散时间系统状态方程的求解主要有两种方法：递推法和 Z 变换法。递推法（或称迭代法）对定常系统和时变系统均适用，也可推广到非线性系统；而 Z 变换法仅适用于线性定常系统。

线性离散时间系统输出方程的求解则是直接将状态响应代入输出方程即可。

1. 定常离散系统状态空间模型的求解

线性定常离散系统的状态空间描述为

$$\begin{cases} \boldsymbol{x}(k+1)=\boldsymbol{G}\boldsymbol{x}(k)+\boldsymbol{H}\boldsymbol{u}(k) \\ \boldsymbol{y}(k)=\boldsymbol{C}\boldsymbol{x}(k)+\boldsymbol{D}\boldsymbol{u}(k) \end{cases}$$

（1）递推法　令 $k=0$，1，2，…，依次代入上式中的状态方程中，从而有

$$\begin{cases} \boldsymbol{x}(1)=\boldsymbol{G}\boldsymbol{x}(0)+\boldsymbol{H}\boldsymbol{u}(0) \\ \boldsymbol{x}(2)=\boldsymbol{G}\boldsymbol{x}(1)+\boldsymbol{H}\boldsymbol{u}(1)=\boldsymbol{G}^2\boldsymbol{x}(0)+\boldsymbol{G}\boldsymbol{H}\boldsymbol{u}(0)+\boldsymbol{H}\boldsymbol{u}(1) \\ \qquad\vdots \\ \boldsymbol{x}(k)=\boldsymbol{G}^k\boldsymbol{x}(0)+\boldsymbol{G}^{k-1}\boldsymbol{H}\boldsymbol{u}(0)+\cdots+\boldsymbol{G}\boldsymbol{H}\boldsymbol{u}(k-2)+\boldsymbol{H}\boldsymbol{u}(k-1) \end{cases} \tag{2-96}$$

即线性定常离散系统的递推求解公式可归纳为

$$\boldsymbol{x}(k)=\boldsymbol{G}^k\boldsymbol{x}(0)+\sum_{j=0}^{k-1}\boldsymbol{G}^{k-j-1}\boldsymbol{H}\boldsymbol{u}(j) \tag{2-97}$$

式(2-97) 可列写为矢量矩阵形式，即

$$\begin{pmatrix} \boldsymbol{x}(1) \\ \boldsymbol{x}(2) \\ \boldsymbol{x}(3) \\ \vdots \\ \boldsymbol{x}(k) \end{pmatrix}=\begin{pmatrix} \boldsymbol{G} \\ \boldsymbol{G}^2 \\ \boldsymbol{G}^3 \\ \vdots \\ \boldsymbol{G}^k \end{pmatrix}\boldsymbol{x}(0)+\begin{pmatrix} \boldsymbol{H} & & & & \\ \boldsymbol{G}\boldsymbol{H} & \boldsymbol{H} & & & \\ \boldsymbol{G}^2\boldsymbol{H} & \boldsymbol{G}\boldsymbol{H} & \boldsymbol{H} & & \\ \vdots & \vdots & \vdots & \ddots & \\ \boldsymbol{G}^{k-1}\boldsymbol{H} & \boldsymbol{G}^{k-2}\boldsymbol{H} & \boldsymbol{G}^{k-3}\boldsymbol{H} & \cdots & \boldsymbol{H} \end{pmatrix}\begin{pmatrix} \boldsymbol{u}(0) \\ \boldsymbol{u}(1) \\ \boldsymbol{u}(2) \\ \vdots \\ \boldsymbol{u}(k-1) \end{pmatrix} \tag{2-98}$$

式(2-97) 等号右边的第二项为离散卷积，故式(2-97) 还可以列写为

$$\boldsymbol{x}(k)=\boldsymbol{G}^k\boldsymbol{x}(0)+\sum_{j=0}^{k-1}\boldsymbol{G}^j\boldsymbol{H}\boldsymbol{u}(k-j-1) \tag{2-99}$$

式(2-97) 和式(2-99) 是按初始时刻 $k=0$ 推导而来的。若令初始时刻 $k=h$，且对应的初始状态为 $\boldsymbol{x}(h)$，则两式可分别表示为

$$\boldsymbol{x}(k)=\boldsymbol{G}^{k-h}\boldsymbol{x}(h)+\sum_{j=h}^{k-1}\boldsymbol{G}^{k-j-1}\boldsymbol{H}\boldsymbol{u}(j) \tag{2-100}$$

$$\boldsymbol{x}(k)=\boldsymbol{G}^{k-h}\boldsymbol{x}(h)+\sum_{j=0}^{k-h-1}\boldsymbol{G}^j\boldsymbol{H}\boldsymbol{u}(k-j-1) \tag{2-101}$$

对线性离散系统状态方程的求解，与连续系统状态方程的求解类似，同样引入状态转移矩阵这一概念。定义离散系统状态转移矩阵 $\boldsymbol{\Phi}(k)$，且满足如下差分方程和初始条件，即

$$\begin{cases} \boldsymbol{\Phi}(k+1)=\boldsymbol{G}\boldsymbol{\Phi}(k) \\ \boldsymbol{\Phi}(0)=\boldsymbol{I} \end{cases} \tag{2-102}$$

于是，式(2-102) 的解即为离散系统的状态转移矩阵 $\boldsymbol{\Phi}(k)$。同理，采用递推法，可求得

$$\boldsymbol{\Phi}(k)=\boldsymbol{G}^k \tag{2-103}$$

因此，式(2-97) 和式(2-99) 可分别表示为

$$\boldsymbol{x}(k)=\boldsymbol{\Phi}(k)\boldsymbol{x}(0)+\sum_{j=0}^{k-1}\boldsymbol{\Phi}(k-j-1)\boldsymbol{H}\boldsymbol{u}(j) \tag{2-104}$$

$$\boldsymbol{x}(k)=\boldsymbol{\Phi}(k)\boldsymbol{x}(0)+\sum_{j=0}^{k-1}\boldsymbol{\Phi}(j)\boldsymbol{H}\boldsymbol{u}(k-j-1) \tag{2-105}$$

下面对线性连续系统与线性离散系统状态方程解的表达形式进行分析比较。

1）线性定常连续系统，如式(2-53)所示，即

$$x(t)=\Phi(t)x_0+\int_0^t\Phi(t-\tau)Bu(\tau)\mathrm{d}\tau$$

2）线性定常离散系统，如式(2-104)所示，即

$$x(k)=\Phi(k)x(0)+\sum_{j=0}^{k-1}\Phi(k-j-1)Hu(j)$$

分析两者解的表达式形式可知，解的结构和形式相同，均由两部分组成：第一项为初始状态的影响，即零输入响应，与初始时刻后的输入无关；第二项为初始时刻后外部输入的影响，为脉冲响应函数与输入的卷积，即零状态响应，与初始时刻的状态值无关。

需要注意的是：①对于零状态响应，连续系统为求积分卷积，而离散系统为求和离散卷积；②离散系统的零状态响应中，第 k 个时刻的状态仅取决于此采样时刻之前的输入采样值，与此刻的输入采样值 $u(k)$ 无关，视为计算机控制系统固有的一步时滞。

（2）Z 变换法　对线性定常离散系统状态方程的等式两边求 Z 变换，可得

$$zx(z)-zx(0)=Gx(z)+Hu(z)\tag{2-106}$$

整理式(2-106)，可得

$$(zI-G)x(z)=zx(0)+Hu(z)\tag{2-107}$$

式(2-107)两边同时左乘 $(zI-G)^{-1}$，可得

$$x(z)=(zI-G)^{-1}zx(0)+(zI-G)^{-1}Hu(z)\tag{2-108}$$

对式(2-108)两边再取逆 Z 变换，可得

$$x(k)=Z^{-1}[(zI-G)^{-1}zx(0)]+Z^{-1}[(zI-G)^{-1}Hu(z)]\tag{2-109}$$

对于标量函数，逆 Z 变换有如下性质：

$$Z^{-1}\left(\frac{1}{1-az^{-1}}\right)=a^k;Z^{-1}[X_1(z)\cdot X_2(z)]=\sum_{i=0}^{k}x_1(k-i)x_2(i)$$

$$Z[u(k-1)]=z^{-1}u(z)$$

式中，$X_1(z)$、$X_2(z)$分别为 $x_1(k)$、$x_2(k)$的 Z 变换。

参考标量函数 Z 变换及逆 Z 变换，将其应用到矩阵函数中，可推导得出

$$\begin{cases}Z^{-1}[(zI-G)^{-1}z]=Z^{-1}[(I-Gz^{-1})^{-1}]=G^k\\ Z^{-1}[(zI-G)^{-1}Hu(z)]=Z^{-1}[(zI-G)^{-1}z\cdot z^{-1}Hu(z)]=\sum_{j=0}^{k-1}G^{k-j-1}Hu(j)\end{cases}\tag{2-110}$$

因此，将式(2-110)代入式(2-109)，可得与式(2-104)相同的状态方程的解

$$x(k)=G^kx(0)+\sum_{j=0}^{k-1}G^{k-j-1}Hu(j)\tag{2-111}$$

另外，将状态方程的解代入输出方程，可得输出方程的解 $y(k)$ 为

$$\begin{aligned}y(k)&=CG^kx(0)+\sum_{j=0}^{k-1}CG^{k-j-1}Hu(j)+Du(k)\\&=CG^kx(0)+\sum_{j=0}^{k-1}CG^jHu(k-j-1)+Du(k)\end{aligned}\tag{2-112}$$

$$y(k)=C\Phi(k)x(0)+\sum_{j=0}^{k-1}C\Phi(k-j-1)Hu(j)+Du(k)$$
$$=C\Phi(k)x(0)+\sum_{j=0}^{k-1}C\Phi(j)Hu(k-j-1)+Du(k) \tag{2-113}$$

下面通过一个示例对线性离散时间系统状态方程的求解方法进行解释说明。

【例 2-21】

给定如下线性定常离散系统的状态方程，试求其状态转移矩阵 $\Phi(k)$ 以及该系统在单位阶跃函数作用下的响应。

$$\begin{cases}x(k+1)=\begin{pmatrix}0 & 1\\-0.16 & -1\end{pmatrix}x(k)+\begin{pmatrix}1\\1\end{pmatrix}u(k)\\ x(0)=\begin{pmatrix}1\\-1\end{pmatrix}\end{cases}$$

解：由状态方程可知

$$G=\begin{pmatrix}0 & 1\\-0.16 & -1\end{pmatrix},\ H=\begin{pmatrix}1\\1\end{pmatrix},\ \text{系统输入 } u(k) \text{ 为 } u(k)=1$$

方法一：递推法

根据式(2-104) 或式(2-105) 计算，即

$$x(k)=\Phi(k)x(0)+\sum_{j=0}^{k-1}\Phi(j)Hu(k-j-1)$$

其中状态转移矩阵 $\Phi(k)$ 按式(2-103) 计算，得

$$\Phi(k)=G^k=\begin{pmatrix}0 & 1\\-0.16 & -1\end{pmatrix}^k$$

对上式进行直接计算有一定困难。为此，可借鉴 2.2.2 小节中介绍的求解状态转移矩阵 $\Phi(t)$ 的“矩阵 A 变换为若尔当标准型方法”，将本例中矩阵 G 变换为对角形。

取变换矩阵 P，使得$P^{-1}GP=\Lambda$，则新的状态矢量 $\bar{x}(k)$ 为 $x(k)=P\bar{x}(k)$，则该系统状态方程变为

$$\bar{x}(k+1)=P^{-1}GP\bar{x}(k)+P^{-1}Hu(k)=\Lambda\bar{x}(k)+P^{-1}Hu(k)$$

由此，该状态方程的解 $\bar{x}(k)$ 可表示为

$$\bar{x}(k)=\bar{\Phi}(k)\bar{x}(0)+\sum_{j=0}^{k-1}\bar{\Phi}(j)P^{-1}Hu(k-j-1)$$

矩阵 G 的特征值由下式求得，即

$$|\lambda I-G|=\begin{vmatrix}\lambda & -1\\0.16 & \lambda+1\end{vmatrix}=\lambda(\lambda+1)+0.16=(\lambda+0.2)(\lambda+0.8)=0$$

矩阵 G 具有两个互异特征值，分别是$\lambda_1=-0.2$，$\lambda_2=-0.8$。

根据式(1-89) 和式(1-90)，确定变换矩阵 P 及其逆矩阵 P^{-1}为

$$P=\begin{pmatrix}1 & 1\\-0.2 & -0.8\end{pmatrix},\ P^{-1}=\frac{1}{3}\begin{pmatrix}4 & 5\\-1 & -5\end{pmatrix}$$

于是，状态转移矩阵 $\Phi(k)$ 为

$$\boldsymbol{\Phi}(k)=\boldsymbol{P}\overline{\boldsymbol{\Phi}}(k)\boldsymbol{P}^{-1}=\frac{1}{3}\begin{pmatrix}1 & 1\\ -0.2 & -0.8\end{pmatrix}\begin{pmatrix}-0.2 & 0\\ 0 & -0.8\end{pmatrix}^k\begin{pmatrix}4 & 5\\ -1 & -5\end{pmatrix}$$

$$=\frac{1}{3}\begin{pmatrix}4\times(-0.2)^k-(-0.8)^k & 5\times[(-0.2)^k-(-0.8)^k]\\ -0.8\times[(-0.2)^k-(-0.8)^k] & -(-0.2)^k+4\times(-0.8)^k\end{pmatrix}$$

接着，分别计算 $\overline{\boldsymbol{x}}(k)$ 表达式的第一项和第二项，即

$$\overline{\boldsymbol{\Phi}}(k)\overline{\boldsymbol{x}}(0)=\overline{\boldsymbol{\Phi}}(k)\boldsymbol{P}^{-1}\boldsymbol{x}(0)=\begin{pmatrix}-0.2 & 0\\ 0 & -0.8\end{pmatrix}^k\begin{pmatrix}\frac{4}{3} & \frac{5}{3}\\ -\frac{1}{3} & -\frac{5}{3}\end{pmatrix}\begin{pmatrix}1\\ -1\end{pmatrix}=\frac{1}{3}\begin{pmatrix}-(-0.2)^k\\ 4\times(-0.8)^k\end{pmatrix}$$

$$\sum_{j=0}^{k-1}\overline{\boldsymbol{\Phi}}(j)\boldsymbol{P}^{-1}\boldsymbol{H}\boldsymbol{u}(k-j-1)=\sum_{j=0}^{k-1}\begin{pmatrix}3\times(-0.2)^j\\ -2\times(-0.8)^j\end{pmatrix}=\begin{pmatrix}\dfrac{1-(-0.2)^k}{0.4}\\ \dfrac{(-0.8)^k-1}{0.9}\end{pmatrix}$$

则求得 $\overline{\boldsymbol{x}}(k)$ 为

$$\overline{\boldsymbol{x}}(k)=\begin{pmatrix}-\dfrac{17}{6}\times(-0.2)^k+\dfrac{5}{2}\\ \dfrac{22}{9}\times(-0.8)^k-\dfrac{10}{9}\end{pmatrix}$$

因此,该系统在单位阶跃函数作用下的响应为

$$\boldsymbol{x}(k)=\boldsymbol{P}\overline{\boldsymbol{x}}(k)=\begin{pmatrix}-\dfrac{17}{6}\times(-0.2)^k+\dfrac{22}{9}\times(-0.8)^k+\dfrac{25}{18}\\ \dfrac{3.4}{6}\times(-0.2)^k-\dfrac{17.6}{9}\times(-0.8)^k+\dfrac{7}{18}\end{pmatrix}$$

方案二：Z 变换法

根据式(2-109) 依次由内向外求解。

先计算矩阵 $z\boldsymbol{I}-\boldsymbol{G}$，即

$$z\boldsymbol{I}-\boldsymbol{G}=\begin{pmatrix}z & -1\\ 0.16 & z+1\end{pmatrix}=(z+0.2)(z+0.8)$$

再求逆矩阵 $(z\boldsymbol{I}-\boldsymbol{G})^{-1}$，即

$$(z\boldsymbol{I}-\boldsymbol{G})^{-1}=\frac{1}{|z\boldsymbol{I}-\boldsymbol{G}|}(z\boldsymbol{I}-\boldsymbol{G})^{*}=\frac{1}{(z+0.2)(z+0.8)}\begin{pmatrix}z+1 & 1\\ -0.16 & z\end{pmatrix}$$

$$=\frac{1}{3}\begin{pmatrix}\dfrac{4}{z+0.2}-\dfrac{1}{z+0.8} & \dfrac{5}{z+0.2}-\dfrac{5}{z+0.8}\\ \dfrac{-0.8}{z+0.2}+\dfrac{1}{z+0.8} & \dfrac{-1}{z+0.2}+\dfrac{4}{z+0.8}\end{pmatrix}$$

则状态转移矩阵 $\boldsymbol{\Phi}(k)$ 为

$$\boldsymbol{\Phi}(k)=\boldsymbol{G}^k=Z^{-1}[(z\boldsymbol{I}-\boldsymbol{G})^{-1}z]$$

$$=\frac{1}{3}\begin{pmatrix}4\times(-0.2)^k-(-0.8)^k & 5\times(-0.2)^k-5\times(-0.8)^k\\ -0.8\times(-0.2)^k+0.8\times(-0.8)^k & -(-0.2)^k+4\times(-0.8)^k\end{pmatrix}$$

于是，按式(2-108) 计算 $\boldsymbol{x}(z)$，可得

$$\boldsymbol{x}(z)=(z\boldsymbol{I}-\boldsymbol{G})^{-1}z\boldsymbol{x}(0)+(z\boldsymbol{I}-\boldsymbol{G})^{-1}\boldsymbol{H}\boldsymbol{u}(z)=\frac{1}{18}\begin{pmatrix}\dfrac{-51z}{z+0.2}+\dfrac{44}{z+0.8}+\dfrac{25}{z-1}\\ \dfrac{10.2z}{z+0.2}-\dfrac{35.2}{z+0.8}+\dfrac{7}{z-1}\end{pmatrix}$$

因此，对上式进行逆Z变换，可得该系统在单位阶跃函数作用下的响应为

$$\boldsymbol{x}(k)=Z^{-1}[\boldsymbol{x}(z)]=\begin{pmatrix}-\dfrac{17}{6}\times(-0.2)^k+\dfrac{22}{9}\times(-0.8)^k+\dfrac{25}{18}\\ \dfrac{3.4}{6}\times(-0.2)^k-\dfrac{17.6}{9}\times(-0.8)^k+\dfrac{7}{18}\end{pmatrix}$$

利用MATLAB可以验算上述计算结果，MATLAB中提供了一个命令函数iztrans，读者可利用此函数进行逆Z变换求解，其调用格式如下：

$$\text{f}=\text{iztrans(Z)} \tag{2-114}$$

式中，Z为逆Z变换待求函数，默认变量为z；f为返回函数，默认为$f(n)$。

对逆矩阵$(z\boldsymbol{I}-\boldsymbol{G})^{-1}$进行逆Z变换的求解，在MATLAB命令行窗口中的实现如下：

```
>> symsz
>> G = [0   1; -0.16   -1];
>> Z = (z * eye(2) - G)^-1 * z;
>> f = iztrans(Z)
输出结果:f =
  [(4 * ( -1/5)^n)/3 - ( -4/5)^n/3,(5 * ( -1/5)^n)/3 - (5 * ( -4/5)^n)/3]
  [(4 * ( -4/5)^n)/15 - (4 * ( -1/5)^n)/15),(4 * ( -4/5)^n)/3 - ( -1/5)^n/3]
```

将系统输入$\boldsymbol{u}(k)$进行Z变换，有 $\boldsymbol{u}(z)=\dfrac{z}{z-1}$

MATLAB提供了一个函数ztrans，可利用此函数进行Z变换求解，其调用格式如下：

$$\text{F}'=\text{ztrans(f)} \tag{2-115}$$

式中，f为Z变换待求函数，默认变量为n；F′为返回函数，默认为$F'(z)$。

对系统输入$\boldsymbol{u}(k)$进行Z变换的求解，在MATLAB命令行窗口中的实现如下：

```
>> syms n
>> u = n^0;
>> f = ztrans(u)
输出结果:
f = z/(z - 1)
```

2. 时变离散系统状态空间模型的求解

线性时变离散系统的状态空间描述为

$$\begin{cases}\boldsymbol{x}(k+1)=\boldsymbol{G}(k)\boldsymbol{x}(k)+\boldsymbol{H}(k)\boldsymbol{u}(k)\\ \boldsymbol{y}(k)=\boldsymbol{C}(k)\boldsymbol{x}(k)+\boldsymbol{D}(k)\boldsymbol{u}(k)\end{cases}$$

$\boldsymbol{x}(k_0)$为初始时刻k_0对应的初始状态。

定义线性时变离散系统的状态转移矩阵$\boldsymbol{\Phi}(k,k_0)$，且满足如下矩阵差分方程和初始条件，即

$$\begin{cases}\boldsymbol{\Phi}(k+1,k_0)=\boldsymbol{G}(k)\boldsymbol{\Phi}(k,k_0)\\ \boldsymbol{\Phi}(k_0,k_0)=\boldsymbol{I}\end{cases} \tag{2-116}$$

于是，式(2-116) 的解即为线性时变离散系统的状态转移矩阵 $\boldsymbol{\Phi}(k,\ k_0)$。同理，递推可得

$$\boldsymbol{\Phi}(k,k_0)=\boldsymbol{G}(k-1)\boldsymbol{G}(k-2)\cdots\boldsymbol{G}(k_0) \tag{2-117}$$

与线性定常离散系统的递推求解类似，采用递推法推导线性时变离散系统状态方程的解。令 $k=k_0$，k_0+1，k_0+2，…，依次代入状态方程中，从而有

$$\begin{cases}\boldsymbol{x}(k_0+1)=\boldsymbol{G}(k_0)\boldsymbol{x}(k_0)+\boldsymbol{H}(k_0)\boldsymbol{u}(k_0)\\ \boldsymbol{x}(k_0+2)=\boldsymbol{G}(k_0+1)\boldsymbol{x}(k_0+1)+\boldsymbol{H}(k_0+1)\boldsymbol{u}(k_0+1)\\ \qquad=\boldsymbol{G}(k_0+1)\boldsymbol{G}(k_0)\boldsymbol{x}(k_0)+\boldsymbol{G}(k_0+1)\boldsymbol{H}(k_0)\boldsymbol{u}(k_0)+\boldsymbol{H}(k_0+1)\boldsymbol{u}(k_0+1)\\ \boldsymbol{x}(k_0+3)=\boldsymbol{G}(k_0+2)\boldsymbol{x}(k_0+2)+\boldsymbol{H}(k_0+2)\boldsymbol{u}(k_0+2)\\ \qquad=\boldsymbol{G}(k_0+2)\boldsymbol{G}(k_0+1)\boldsymbol{G}(k_0)\boldsymbol{x}(k_0)+\boldsymbol{G}(k_0+2)\boldsymbol{G}(k_0+1)\boldsymbol{H}(k_0)\boldsymbol{u}(k_0)+\\ \qquad\quad\boldsymbol{G}(k_0+2)\boldsymbol{H}(k_0+1)\boldsymbol{u}(k_0+1)+\boldsymbol{H}(k_0+2)\boldsymbol{u}(k_0+2)\\ \quad\vdots\end{cases} \tag{2-118}$$

即线性时变离散系统的递推求解公式可归纳为

$$\begin{aligned}\boldsymbol{x}(k)&=\boldsymbol{G}(k-1)\boldsymbol{G}(k-2)\cdots\boldsymbol{G}(k_0)\boldsymbol{x}(k_0)+\\ &\sum_{j=k_0}^{k-2}\boldsymbol{G}(k-1)\boldsymbol{G}(k-2)\cdots\boldsymbol{G}(j+1)\boldsymbol{H}(j)\boldsymbol{u}(j)+\boldsymbol{H}(k-1)\boldsymbol{u}(k-1)\end{aligned} \tag{2-119}$$

将式(2-117) 代入式(2-119)，则线性时变离散系统状态方程的解可表示为

$$\boldsymbol{x}(k)=\boldsymbol{\Phi}(k,k_0)\boldsymbol{x}(k_0)+\sum_{j=k_0}^{k-1}\boldsymbol{\Phi}(k,j+1)\boldsymbol{H}(j)\boldsymbol{u}(j) \tag{2-120}$$

由式(2-120) 可知：线性时变离散系统的运动状态取决于状态转移矩阵 $\boldsymbol{\Phi}(k,\ k_0)$，且由 $\boldsymbol{\Phi}(k,\ k_0)$ 唯一决定。

将式(2-120) 代入线性时变离散系统的输出方程，得到系统的输出为

$$\boldsymbol{y}(k)=\boldsymbol{C}(k)\boldsymbol{\Phi}(k,k_0)\boldsymbol{x}(k_0)+\boldsymbol{C}(k)\sum_{j=k_0}^{k-1}\boldsymbol{\Phi}(k,j+1)\boldsymbol{H}(j)\boldsymbol{u}(j)+\boldsymbol{D}(k)\boldsymbol{u}(k) \tag{2-121}$$

由式(2-121) 可知：系统的输出响应包括零输入响应、零状态响应和直接传输部分。

2.4.3 系统模型求解及动态分析的 MATLAB 实现

本小节将简要介绍连续系统的离散化、矩阵指数函数计算以及线性系统的时域响应分析等 MATLAB 实现，便于读者巩固与掌握所学知识。

1. 连续系统的离散化

MATLAB 函数库中提供了一个连续系统经采样而进行离散化的函数 c2d，读者可直接调用此函数将连续系统的传递函数模型和状态空间模型转换为离散系统的传递函数模型和状态空间模型，其调用格式如下：

sysd = c2d(sys,Ts,method)　　(2-122)

式中，sys 为连续系统模型，可以是传递函数模型，也可以是状态空间模型；Ts 为采样时间；method 为可选择的离散化方法，如：zoh、foh、impulse、tustin、matched 分别代表零阶

保持、线性插值、脉冲不变离散化、双线性近似、匹配零极点。

需要说明的是：method 默认值是 zoh，如果采用 zoh，可以忽略不写。matched 仅适用于 SISO 系统。

【例 2-22】

给定下式线性定常连续系统的状态方程，利用 MATLAB 求解采样周期为 0.1s 时的离散化状态方程。

$$\dot{\boldsymbol{x}} = \begin{pmatrix} 0 & 1 \\ 0 & -2 \end{pmatrix}\boldsymbol{x} + \begin{pmatrix} 0 \\ 1 \end{pmatrix}\boldsymbol{u}$$

解： 本示例给定的系统状态方程与例 2-19 相同，例 2-19 已给出了两种离散化求解方法，在此不予赘述。该连续系统的离散化状态方程为

$$\boldsymbol{x}(k+1) = \begin{pmatrix} 1 & \frac{1}{2}(1-\mathrm{e}^{-2T}) \\ 0 & \mathrm{e}^{-2T} \end{pmatrix}\boldsymbol{x}(k) + \begin{pmatrix} \frac{1}{2}T + \frac{1}{4}(\mathrm{e}^{-2T}-1) \\ \frac{1}{2}(1-\mathrm{e}^{-2T}) \end{pmatrix}\boldsymbol{u}(k)$$

将采样周期 $T=0.1\mathrm{s}$ 代入上式即可得出理论计算结果。

对于本例的离散化状态方程求解，在 MATLAB 命令行窗口中的实现如下：

```
>> A = [0  1;0  -2];
>> B = [0;1];
>> C = [];
>> D = [];
>> t = 0.1;
>> sys = ss(A,B,C,D);
>> sys-dd = c2d(sys,t,'zoh')
```

输出结果：

```
sys-dd =
A =
        x1        x2
x1      1         0.09063
x2      0         0.8187
B =          u1
x1      0.004683
x2      0.09063
C =     Empty matrix:0-by-2
D =     Empty matrix:0-by-1
Sample time:0.1 seconds
Discrete-time state-space model.
```

2. 矩阵指数函数计算

MATLAB 函数库中提供了一个函数 expm，该函数是一个使用 Pade 逼近法的缩放和平方算法，精度高且数值稳定性好，读者可直接调用此函数来计算矩阵指数函数，其调用格式如下：

$$\Phi = \mathrm{expm}(A) \tag{2-123}$$

式中，A 为待计算矩阵；Φ 为计算结果。

举例：以例 2-1 给定的系统矩阵 $\boldsymbol{A}$ 为例，试利用 MATLAB 求解 $t=0.5\mathrm{s}$ 时的矩阵指数函数 $\mathrm{e}^{\boldsymbol{A}(t)}$。

$$\boldsymbol{A}=\begin{pmatrix}0 & 1\\ -2 & -3\end{pmatrix}$$

本示例的系统矩阵 $\boldsymbol{A}$ 与例 2-1、例 2-2、例 2-3 相同，对状态转移矩阵 $\boldsymbol{\Phi}(t)$ 的求解不再叙述，即

$$\boldsymbol{\Phi}(t)=\mathrm{e}^{\boldsymbol{A}t}=\begin{pmatrix}2\mathrm{e}^{-t}-\mathrm{e}^{-2t} & \mathrm{e}^{-t}-\mathrm{e}^{-2t}\\ 2\mathrm{e}^{-2t}-2\mathrm{e}^{-t} & 2\mathrm{e}^{-2t}-\mathrm{e}^{-t}\end{pmatrix}$$

将 $t=0.5\mathrm{s}$ 代入上式即可得出理论计算结果。

对于本例的矩阵指数函数求解，在 MATLAB 命令行窗口中的实现如下：

```
>> A = [0  1; -2  -3];
>> t = 0.5;
>> eA_t = expm(A * t)
```

输出结果：

```
eA_t =
        0.8452    0.2387
       -0.4773    0.1292
```

需要说明的是：当定义 t 为符号变量时，式(2-123) 输出为符号矩阵。在 MATLAB 命令行窗口中的实现如下：

```
>> syms t
>> A = [0  1; -2  -3];
>> eA_t = expm(A * t)
```

输出结果：

```
eA_t =
  [2 * exp( -t) - exp( -2 * t),      exp( -t) - exp( -2 * t)]
  [2 * exp( -2 * t) -2 * exp( -t),   2 * exp( -2 * t) - exp( -t)]
```

3. 线性系统的时域响应分析

如前 2.4.1 小节和 2.4.2 小节所述，线性定常连续系统和线性定常离散系统的状态空间描述如下。

（1）线性定常连续系统

$$\begin{cases}\dot{\boldsymbol{x}}=\boldsymbol{A}\boldsymbol{x}+\boldsymbol{B}\boldsymbol{u}\\ \boldsymbol{y}=\boldsymbol{C}\boldsymbol{x}+\boldsymbol{D}\boldsymbol{u}\end{cases}$$

MATLAB 函数库中提供了用于线性定常连续系统时域响应分析的函数，如：单位阶跃响应函数 step、单位脉冲响应函数 impulse、零输入响应计算函数 initial、系统全响应计算函数 lsim。其调用格式如下：

$$[Y,T,X]=\mathrm{step}(sys) \tag{2-124}$$

式中，Y 为输出响应；T 为时间矢量；X 为状态轨迹。

$$[Y,T,X] = \mathrm{impulse}(sys) \tag{2-125}$$

$$[Y,T,X] = \mathrm{initial}(sys,x0) \tag{2-126}$$

式中，x0 为初始状态。

$$[Y,T,X] = \mathrm{lsim}(sys,u,T,x0) \tag{2-127}$$

式中，u 为输入矩阵。

（2）线性定常离散系统

$$\begin{cases} \boldsymbol{x}(k+1) = \boldsymbol{Gx}(k) + \boldsymbol{Hu}(k) \\ \boldsymbol{y}(k) = \boldsymbol{Cx}(k) + \boldsymbol{Du}(k) \end{cases}$$

MATLAB 函数库中同样提供了用于线性定常离散系统时域响应分析的函数，与之一一对应，分别为 dstep、dimpulse、dinitial、dlsim，对于其调用格式，感兴趣的读者可使用 help 在 MATLAB 命令行窗口中进行查阅。

下面通过一个示例对线性系统时域响应分析的 MATLAB 实现进行解释说明。

【例 2-23】

给定下式线性定常连续系统的状态空间表达式，系统初始状态为零，利用 MATLAB 求单位阶跃函数作用下的系统时域响应。

$$\begin{cases} \dot{\boldsymbol{x}} = \begin{pmatrix} -1 & -1 \\ 25 & -2 \end{pmatrix}\boldsymbol{x} + \begin{pmatrix} 1 & 1 \\ 0 & 2 \end{pmatrix}\boldsymbol{u} \\ \boldsymbol{y} = \begin{pmatrix} 1 & 0 \\ 0 & 1 \end{pmatrix}\boldsymbol{x} \end{cases}, \quad \boldsymbol{u}(t) = \begin{pmatrix} 1(t) \\ 1(t) \end{pmatrix}$$

解：（1）$u_1(t)$、$u_2(t)$ 单独作用下的系统输出响应

对于各输入变量单独作用下的系统输出响应的求解，在 MATLAB 命令行窗口中的实现如下：

```
>>A=[-1  -1;25  -2];
>>B=[1  1;0  2];
>>C=[1  0;0  1];
>>D=[];
>>sys=ss(A,B,C,D);
>>[Y,T,X]=step(sys)
>>figure(1)
>>subplot(2,2,1);
>>plot(T,Y(:,1,1));
>>subplot(2,2,2);
>>plot(T,Y(:,2,1));
>>subplot(2,2,3);
>>plot(T,Y(:,1,2));
>>subplot(2,2,4);
>>plot(T,Y(:,2,2));
```

输出结果如图 2-4 所示。

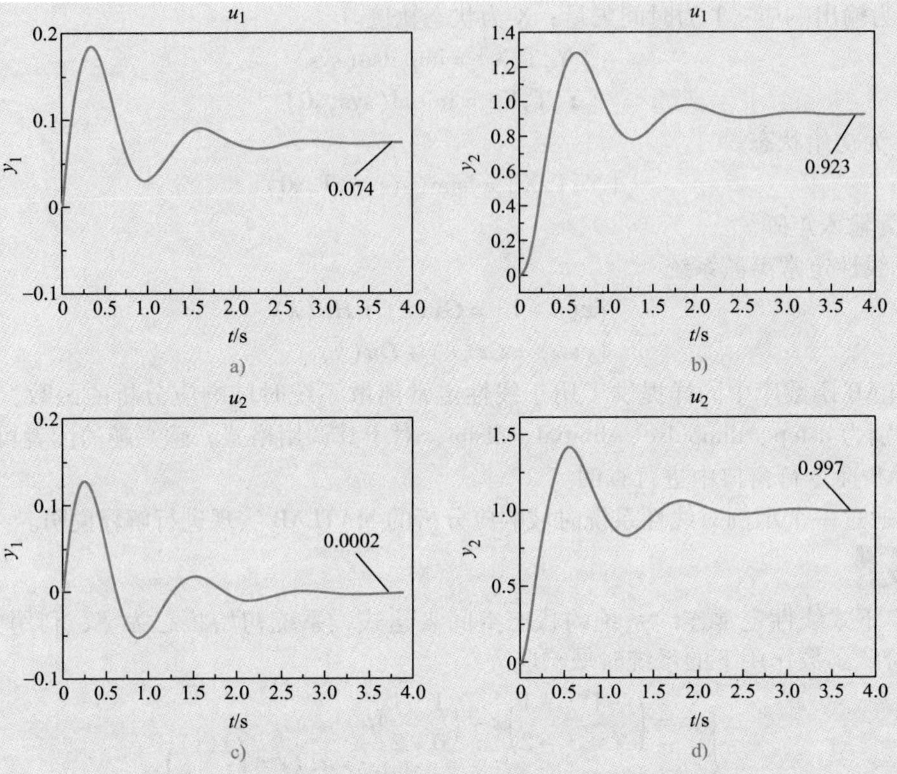

图 2-4　各单位阶跃函数单独作用下的系统输出响应

a) $u_1(t)$ 作用下的 y_1　b) $u_1(t)$ 作用下的 y_2　c) $u_2(t)$ 作用下的 y_1　d) $u_2(t)$ 作用下的 y_2

(2) $u_1(t)$ 和 $u_2(t)$ 共同作用下的系统输出响应

对于所有输入变量共同作用下的系统输出响应的求解，在 MATLAB 命令行窗口中的实现如下：

```
>> A = [ -1   -1;25   -2];
>> B = [1   1;0   2];
>> C = [1   0;0   1];
>> D = [];
>> sys = ss(A,B,C,D);
>> t = 0:0.005:5;
>> L = length(t);
>> u1 = ones(1,L);
>> u2 = ones(1,L);
>> u = [u1;u2];
>> [Y,T,X] = lsim(sys,u,t)
>> figure(1)
>> subplot(1,2,1);
>> plot(T,Y(:,1,1));
```

```
>>subplot(1,2,2);
>>plot(T,Y(:,2,1));
```

输出结果如图 2-5 所示。

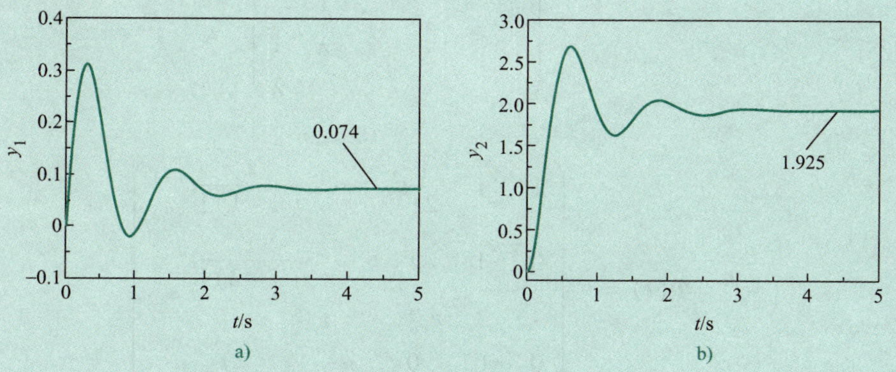

图 2-5　各单位阶跃函数共同作用下的系统输出响应

a) y_1　b) y_2

习　题

2-1　试证明同维方阵 $\boldsymbol{A}$ 和 $\boldsymbol{B}$，当 $\boldsymbol{AB}=\boldsymbol{BA}$ 时，$\mathrm{e}^{\boldsymbol{A}t}\mathrm{e}^{\boldsymbol{B}t}=\mathrm{e}^{(\boldsymbol{A}+\boldsymbol{B})t}$，而当 $\boldsymbol{AB}\neq\boldsymbol{BA}$ 时，$\mathrm{e}^{\boldsymbol{A}t}\mathrm{e}^{\boldsymbol{B}t}\neq\mathrm{e}^{(\boldsymbol{A}+\boldsymbol{B})t}$。

2-2　试证明以下几个特殊矩阵的矩阵指数函数式(2-128)～式(2-131) 成立。

(1) 若 $\boldsymbol{A}$ 为对角矩阵，即

$$\boldsymbol{A}=\boldsymbol{\Lambda}=\begin{pmatrix}\lambda_1 & & & \\ & \lambda_2 & & \\ & & \ddots & \\ & & & \lambda_n\end{pmatrix}$$

则

$$\mathrm{e}^{\boldsymbol{A}t}=\boldsymbol{\Phi}(t)=\begin{pmatrix}\mathrm{e}^{\lambda_1 t} & & & \\ & \mathrm{e}^{\lambda_2 t} & & \\ & & \ddots & \\ & & & \mathrm{e}^{\lambda_n t}\end{pmatrix} \tag{2-128}$$

(2) 若 $\boldsymbol{A}$ 能够通过非奇异变换予以对角化，即

$$\boldsymbol{T}^{-1}\boldsymbol{AT}=\boldsymbol{\Lambda}$$

则

$$\mathrm{e}^{\boldsymbol{A}t}=\boldsymbol{\Phi}(t)=\boldsymbol{T}\begin{pmatrix}\mathrm{e}^{\lambda_1 t} & & & \\ & \mathrm{e}^{\lambda_2 t} & & \\ & & \ddots & \\ & & & \mathrm{e}^{\lambda_n t}\end{pmatrix}\boldsymbol{T}^{-1} \tag{2-129}$$

(3) 若 $\boldsymbol{A}$ 为若尔当矩阵，$\boldsymbol{A}=\boldsymbol{J}=\begin{pmatrix}\lambda & 1 & & & & \\ & \lambda & 1 & & & \\ & & \lambda & \ddots & & \\ & & & \ddots & 1 & \\ & & & & \lambda & 1 \\ & & & & & \lambda\end{pmatrix}_{n\times n}$

则

$$\mathrm{e}^{\boldsymbol{J}t}=\boldsymbol{\Phi}(t)=\mathrm{e}^{\lambda t}\begin{pmatrix}1 & t & \frac{1}{2!}t^2 & \cdots & \frac{1}{(n-1)!}t^{n-1} \\ 0 & 1 & t & \cdots & \frac{1}{(n-2)!}t^{n-2} \\ \vdots & \vdots & \vdots & & \vdots \\ 0 & 0 & 0 & \cdots & t \\ 0 & 0 & 0 & \cdots & 1\end{pmatrix} \tag{2-130}$$

(4) 若 $\boldsymbol{A}=\begin{pmatrix}\sigma & \omega \\ -\omega & \sigma\end{pmatrix}$，则

$$\mathrm{e}^{\boldsymbol{A}t}=\boldsymbol{\Phi}(t)=\begin{pmatrix}\cos\omega t & \sin\omega t \\ -\sin\omega t & \cos\omega t\end{pmatrix}\mathrm{e}^{\sigma t} \tag{2-131}$$

2-3 已知矩阵 $\boldsymbol{A}=\begin{pmatrix}0 & 1 & 0 \\ 0 & 0 & 1 \\ 2 & -5 & 4\end{pmatrix}$，试用拉普拉斯变换法求$\mathrm{e}^{\boldsymbol{A}t}$。

2-4 用三种方法计算以下矩阵指数函数 $\mathrm{e}^{\boldsymbol{A}t}$。

(1) $\boldsymbol{A}=\begin{pmatrix}0 & -1 \\ 4 & 0\end{pmatrix}$

(2) $\boldsymbol{A}=\begin{pmatrix}1 & 1 \\ 4 & 1\end{pmatrix}$

2-5 给定系统方程$\begin{pmatrix}\dot{x}_1 \\ \dot{x}_2 \\ \dot{x}_3\end{pmatrix}=\begin{pmatrix}2 & 1 & 0 \\ 0 & 2 & 1 \\ 0 & 0 & 2\end{pmatrix}\begin{pmatrix}x_1 \\ x_2 \\ x_3\end{pmatrix}$，试求基于初始条件 $x_1(0)$、$x_2(0)$ 和 $x_3(0)$ 的解。

2-6 试求下式描述的系统的 $x_1(t)$ 和 $x_2(t)$：

$$\begin{pmatrix}\dot{x}_1 \\ \dot{x}_2\end{pmatrix}=\begin{pmatrix}0 & 1 \\ -3 & -2\end{pmatrix}\begin{pmatrix}x_1 \\ x_2\end{pmatrix}$$

式中的初始条件为

$$\begin{pmatrix}x_1(0) \\ x_2(0)\end{pmatrix}=\begin{pmatrix}1 \\ -1\end{pmatrix}$$

2-7 求下列状态空间表达式的解：

$$\dot{\boldsymbol{x}}=\begin{pmatrix}0&1\\0&0\end{pmatrix}\boldsymbol{x}+\begin{pmatrix}0\\1\end{pmatrix}\boldsymbol{u},\ \boldsymbol{y}=(1,\ 0)\boldsymbol{x}$$

已知初始状态 $\boldsymbol{x}(0)=\begin{pmatrix}1\\1\end{pmatrix}$，输入 $\boldsymbol{u}(t)$ 是单位阶跃函数。

2-8 考虑下列状态方程和输出方程：

$$\begin{pmatrix}\dot{x}_1\\\dot{x}_2\\\dot{x}_3\end{pmatrix}=\begin{pmatrix}-6&1&0\\-11&0&1\\-6&0&0\end{pmatrix}\begin{pmatrix}x_1\\x_2\\x_3\end{pmatrix}+\begin{pmatrix}2\\6\\2\end{pmatrix}\boldsymbol{u},\ \boldsymbol{y}=(1,\ 0,\ 0)\begin{pmatrix}x_1\\x_2\\x_3\end{pmatrix}$$

试证明通过适当的变换矩阵，状态方程可转换为下列形式：

$$\begin{pmatrix}\dot{z}_1\\\dot{z}_2\\\dot{z}_3\end{pmatrix}=\begin{pmatrix}0&0&-6\\1&0&-11\\0&1&-6\end{pmatrix}\begin{pmatrix}z_1\\z_2\\z_3\end{pmatrix}+\begin{pmatrix}1\\0\\0\end{pmatrix}\boldsymbol{u}$$

并求基于z_1、z_2和z_3的输出 $\boldsymbol{y}$。

2-9 考虑式 $\dot{\boldsymbol{x}}=\boldsymbol{Ax}+\boldsymbol{Bu}$ 给出的系统，分别求：

（1）脉冲响应，即当 $\boldsymbol{u}(t)=\boldsymbol{K}\delta(t)$，$\boldsymbol{x}(0^-)=\boldsymbol{x}_0$时。

（2）阶跃响应，即当 $\boldsymbol{u}(t)=\boldsymbol{K}\times 1(t)$，$\boldsymbol{x}(0^-)=\boldsymbol{x}_0$时。

（3）斜坡响应，即当 $\boldsymbol{u}(t)=\boldsymbol{K}t\times 1(t)$，$\boldsymbol{x}(0^-)=\boldsymbol{x}_0$时。

2-10 下列矩阵是否满足状态转移矩阵的条件，如果满足，试求与之对应的矩阵 $\boldsymbol{A}$。

（1）$\boldsymbol{\Phi}(t)=\begin{pmatrix}2\mathrm{e}^{-t}-\mathrm{e}^{-2t}&2\mathrm{e}^{-t}-2\mathrm{e}^{-2t}\\\mathrm{e}^{-t}-\mathrm{e}^{-2t}&2\mathrm{e}^{-t}-\mathrm{e}^{-2t}\end{pmatrix}$

（2）$\boldsymbol{\Phi}(t)=\begin{pmatrix}\frac{1}{2}(\mathrm{e}^{-t}-\mathrm{e}^{3t})&-\frac{1}{4}(\mathrm{e}^{-t}+\mathrm{e}^{3t})\\(-\mathrm{e}^{-t}+\mathrm{e}^{3t})&\frac{1}{2}(\mathrm{e}^{-t}+\mathrm{e}^{3t})\end{pmatrix}$

2-11 计算下列线性时变系统的状态转移矩阵 $\boldsymbol{\Phi}(t,\ 0)$ 和 $\boldsymbol{\Phi}^{-1}(t,\ 0)$。

（1）$\boldsymbol{A}=\begin{pmatrix}t&0\\0&0\end{pmatrix}$

（2）$\boldsymbol{A}=\begin{pmatrix}0&\mathrm{e}^{-t}\\-\mathrm{e}^{-t}&0\end{pmatrix}$

2-12 有系统如图 2-6 所示，试求离散化的状态空间表达式。设采样周期分别为 $T=0.1\mathrm{s}$ 和 $T=1\mathrm{s}$，而u_1和 u_2为分段常数。

2-13 有离散时间系统如下，求 $\boldsymbol{x}(k)$。

$$\begin{pmatrix}x_1(k+1)\\x_2(k+1)\end{pmatrix}=\begin{pmatrix}\frac{1}{2}&\frac{1}{8}\\\frac{1}{8}&\frac{1}{2}\end{pmatrix}\begin{pmatrix}x_1(k)\\x_2(k)\end{pmatrix}+\begin{pmatrix}1&0\\0&1\end{pmatrix}\begin{pmatrix}u_1(k)\\u_2(k)\end{pmatrix}$$

$$x_1(0)=-1,\ x_2(0)=3$$

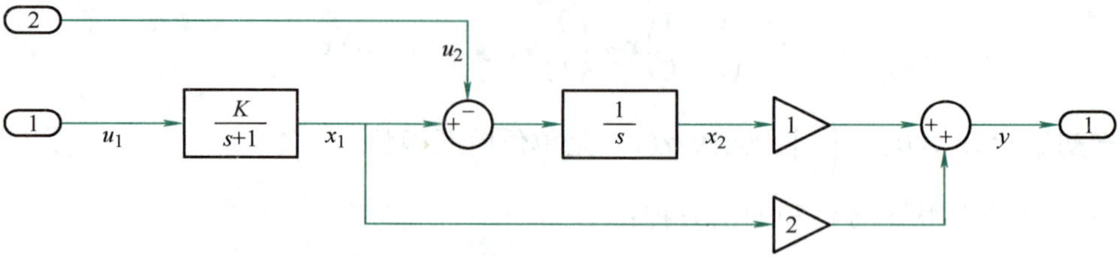

图 2-6　系统框图

已知输入$u_1(k)$ 是从斜坡函数 t 采样而来的，$u_2(t)$ 是从e^{-t}同步采样而来的。

2-14　某离散时间系统结构图如图 2-7 所示。

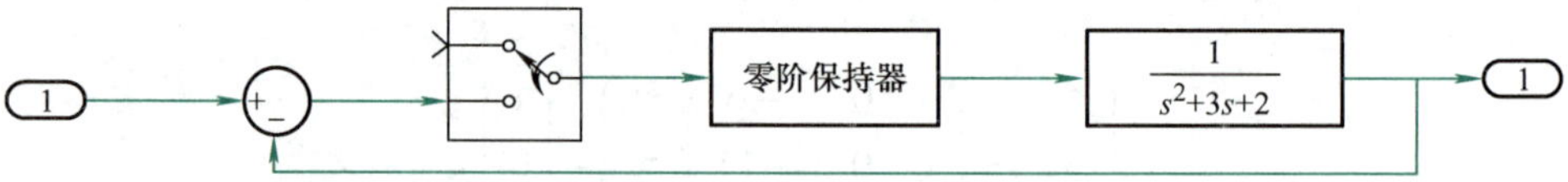

图 2-7　系统结构图

（1）请写出系统的离散状态方程。

（2）试求当采样周期 $T=0.1$s 时的状态转移矩阵。

（3）试求输入为单位阶跃函数，初始条件为零时的离散输出 $y(t)$。

（4）试求 $t=0.25$s 时刻的输出值。

第3章

系统的能控性、能观性、稳定性分析及综合

本章的重点与知识点关系图如图 3-1 所示，主要包括线性控制系统的能控性和能观性、稳定性与李雅普诺夫方法和线性定常系统的综合三个部分。

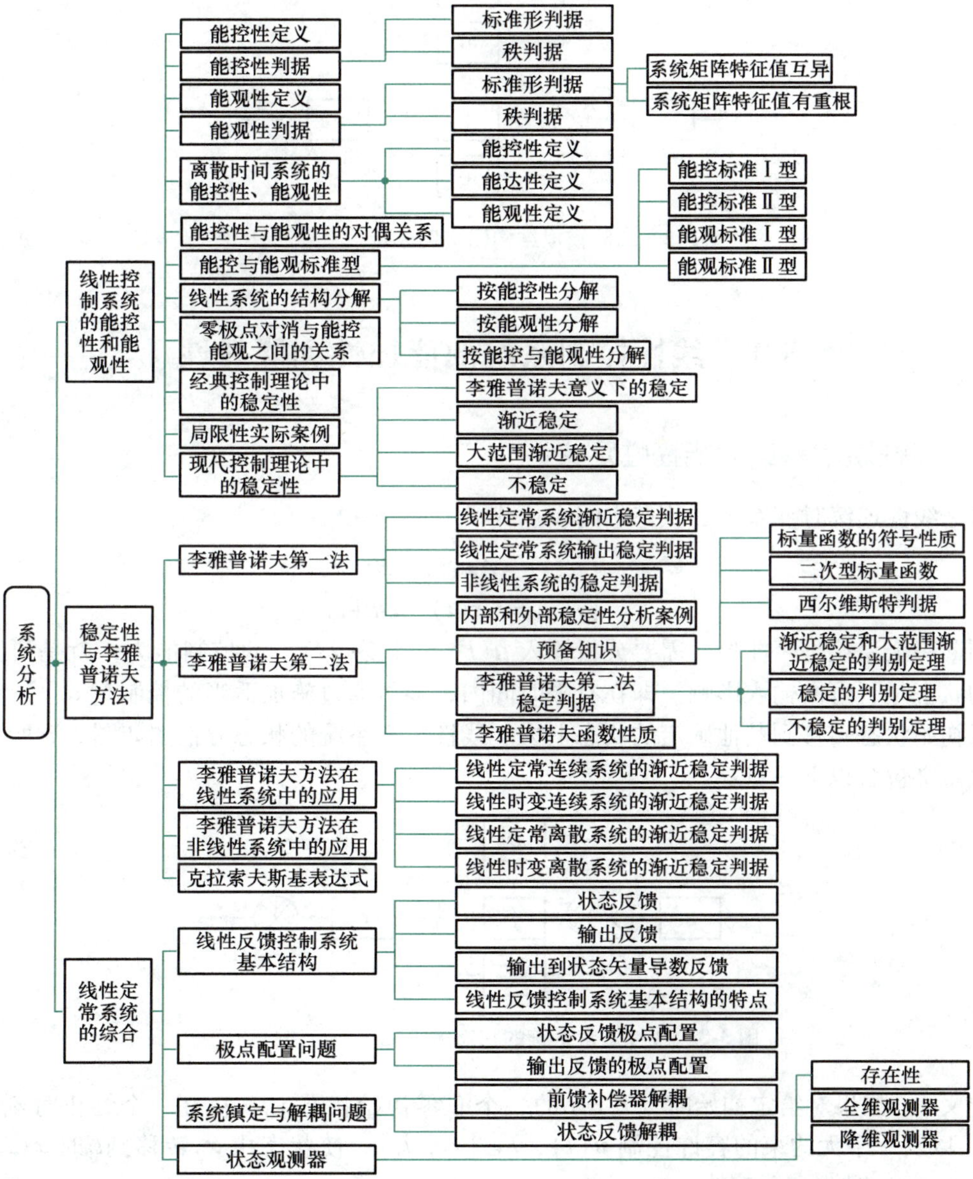

图 3-1　第 3 章重点与知识点关系图

设一个线性系统的模拟结构如图 3-2 所示，其标量微分方程为

$$\dot{x}_1 = a_1 x_1$$

$$\dot{x}_2 = a_2 x_2 + bu$$

$$y = cx_2$$

从微分方程可知，$\dot{x}_2$受控制量u的控制，但 $\dot{x}_1$与控制量u无关，即不受输入u的控制。同样，根据输出方程的输出y，仅能测得状态x_2，无法测得状态x_1。因此，状态x_1既不能被控制，也不能被测量。下面将介绍系统的能控性与能观性的概念。

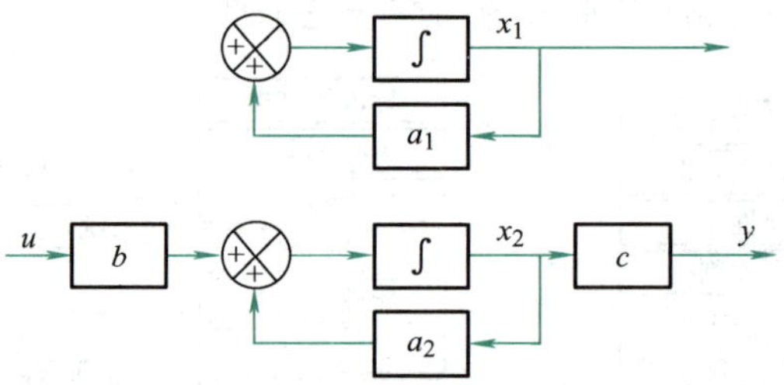

图 3-2　二阶模拟结构图案例分析

3.1　线性控制系统的能控性和能观性

3.1.1　线性定常系统的能控性定义

考虑线性连续时变系统的状态空间表达式

$$\begin{cases}\dot{\boldsymbol{x}}(t) = \boldsymbol{A}\boldsymbol{x}(t) + \boldsymbol{B}\boldsymbol{u}(t) \\ \boldsymbol{y}(t) = \boldsymbol{C}\boldsymbol{x}(t) + \boldsymbol{D}\boldsymbol{u}(t)\end{cases} \tag{3-1}$$

判断一个系统是否能控，需要分析输入 $\boldsymbol{u}(t)$ 对状态 $\boldsymbol{x}(t)$ 的控制能力，就是研究系统内部的状态是否可由输入影响。即在有限时间内，能否通过施加适当的控制量 $\boldsymbol{u}(t)$ 将系统从任意初始状态转移到其他确定的状态上去。线性定常系统的状态方框图如图 3-3 所示，其能控性定义包含以下三点：

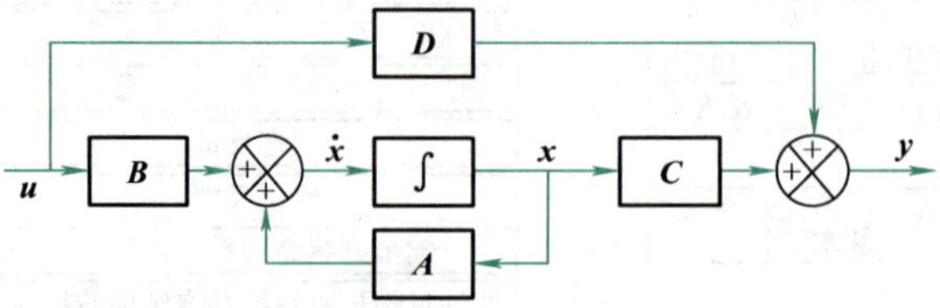

图 3-3　线性定常系统的状态方框图

定义 1　如果对给定初始时刻 $t_0 \in J$ 的一个非零初始状态 $\boldsymbol{x}_0$，存在一个终止时刻 $t_f \in J$，$t_f > t_0$，以及一个无约束的容许控制 $\boldsymbol{u}(t)$，$t \in [t_0, t_f]$，使状态由 $\boldsymbol{x}_0$转移到t_f时 $\boldsymbol{x}(t_f) = 0$，则称此 $\boldsymbol{x}_0$在 t_0 时刻为能控的。

定义 2　如果状态空间中的所有非零状态都是在 $t_0(t_0 \in J)$ 时刻为能控，则称系统在时

刻 t_0 是完全能控的。

定义 3　给定初始时刻 $t_0 \in J$，如果状态空间中存在一个或一些非零状态在 t_0 时刻是不能控的，则称系统在时刻 t_0 是不完全能控的。

根据以上三条定义，可以进一步给出能控性与能达性的区别：

能控性为定性特性，对状态转移的轨迹没有限制。线性定常系统的能控性与t_0的选取无关，时变系统的能控性必须基于t_0的选取。如图 3-4 所示，能控性关注的是系统能否由非零状态转移到零状态，能达性关注的是系统能否由零状态转移到非零状态。对于连续定常系统能控性和能达性等价，对于离散和时变系统两者不等价。

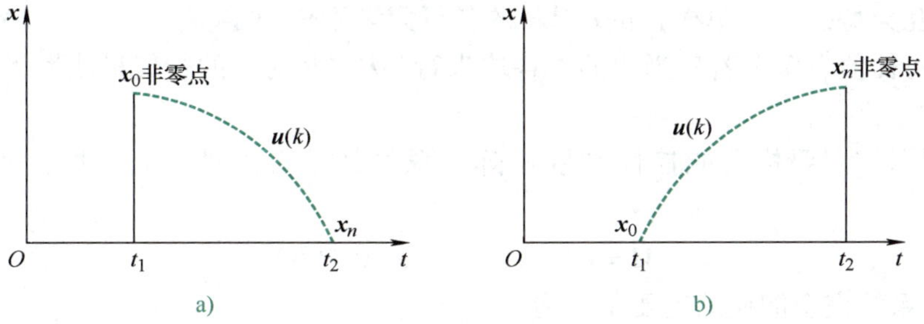

图 3-4　状态转移轨迹示意图

a）非零状态→零状态　b）零状态→非零状态

3.1.2　线性定常系统的能控性判据

要判断一个线性定常系统是否能控，可以采用标准型判据和秩判据两种方法。

1. 标准型判据

采用标准型判据，首先需要将系统矩阵化为对角型或若尔当标准型，然后根据系统矩阵 $\boldsymbol{A}$ 和输入矩阵 $\boldsymbol{B}$ 的特征进行判断。

（1）系统矩阵 $\boldsymbol{A}$ 的特征值互异时　系统矩阵可化为对角标准型：

$$\dot{\boldsymbol{x}} = \boldsymbol{Ax} + \boldsymbol{Bu} \quad \Rightarrow \quad \begin{aligned} \dot{\boldsymbol{z}} &= \boldsymbol{P}^{-1}\boldsymbol{APz} + \boldsymbol{P}^{-1}\boldsymbol{Bu} \\ &= \boldsymbol{\Lambda z} + \boldsymbol{P}^{-1}\boldsymbol{Bu} \end{aligned} \tag{3-2}$$

式中，$\boldsymbol{\Lambda}$ 为对角阵，

$$\boldsymbol{\Lambda} = \begin{pmatrix} \lambda_1 & 0 & \cdots & 0 \\ 0 & \lambda_2 & \cdots & 0 \\ \vdots & \vdots & & \vdots \\ 0 & 0 & \cdots & \lambda_n \end{pmatrix}; \ \boldsymbol{P}^{-1}\boldsymbol{B} = \boldsymbol{F} = \begin{pmatrix} f_{11} & f_{12} & \cdots & f_{1r} \\ f_{21} & f_{22} & \cdots & f_{2r} \\ \vdots & \vdots & & \vdots \\ f_{n1} & f_{n2} & \cdots & f_{nr} \end{pmatrix}。 \tag{3-3}$$

系统完全能控的充分必要条件是矩阵$\boldsymbol{P}^{-1}\boldsymbol{B}$ 没有全为 0 的行。

（2）系统矩阵 $\boldsymbol{A}$ 的特征值有重根时　系统矩阵可化为若尔当标准型：

$$\dot{\boldsymbol{x}} = \boldsymbol{Ax} + \boldsymbol{Bu} \quad \Rightarrow \quad \begin{aligned} \dot{\boldsymbol{z}} &= \boldsymbol{P}^{-1}\boldsymbol{APz} + \boldsymbol{P}^{-1}\boldsymbol{Bu} \\ &= \boldsymbol{Jz} + \boldsymbol{P}^{-1}\boldsymbol{Bu} \end{aligned} \tag{3-4}$$

式中，$\boldsymbol{J}$ 为若尔当标准型矩阵，$\boldsymbol{J}=\begin{pmatrix}\lambda_1 & 1 & 0 & 0 & \cdots & 0\\ 0 & \lambda_1 & 1 & 0 & \cdots & 0\\ 0 & 0 & \lambda_1 & 0 & \cdots & 0\\ 0 & 0 & 0 & \lambda_4 & \cdots & 0\\ \vdots & \vdots & \vdots & \vdots & & \vdots\\ 0 & 0 & 0 & 0 & \cdots & \lambda_n\end{pmatrix}$；$\boldsymbol{P}^{-1}\boldsymbol{B}=\begin{pmatrix}g_{11} & \cdots & g_{1r}\\ g_{21} & \cdots & g_{2r}\\ g_{31} & \cdots & g_{3r}\\ g_{41} & \cdots & g_{4r}\\ \vdots & & \vdots\\ g_{r1} & \cdots & g_{nr}\end{pmatrix}$。

系统完全能控的充分必要条件包括以下 3 条：

1）与每个若尔当块（重根）相对应的$\boldsymbol{P}^{-1}\boldsymbol{B}$ 最后一行元素不全为零。

2）对应互异特征值（单根）的$\boldsymbol{P}^{-1}\boldsymbol{B}$ 的各行元素不全为零。

3）同一特征值有多个若尔当块的，各块末行与$\boldsymbol{P}^{-1}\boldsymbol{B}$ 对应的行矢量线性无关。

2. 秩判据

采用秩判据，需要构造能控性判别矩阵，观察其是否满秩，能控性判别矩阵的计算如下：

$$\boldsymbol{M}=(\boldsymbol{B},\ \boldsymbol{AB},\ \cdots,\ \boldsymbol{A}^{n-1}\boldsymbol{B}) \tag{3-5}$$

线性定常系统完全能控的充要条件为

$$\mathrm{rank}(\boldsymbol{M})=n$$

式中，n 为矩阵 $\boldsymbol{A}$ 的维数。

下面给出上述命题的证明。证明前，先给出能控性格拉姆（Gram）判据。

引理　能控性格拉姆判据

连续时间线性时不变系统为完全能控的充分必要条件是，存在时刻 $t_1>0$，使如下定义的格拉姆矩阵为非奇异：

$$\boldsymbol{W}_c(0,t_1)=\int_0^{t_1}\mathrm{e}^{-\boldsymbol{A}t}\boldsymbol{B}\boldsymbol{B}^{\mathrm{T}}\mathrm{e}^{-\boldsymbol{A}^{\mathrm{T}}t}\mathrm{d}t \tag{3-6}$$

证明：先证必要性。

不失一般性，简化表达式$t_0=0$，$t_{\mathrm{f}}=t$，有

$$\boldsymbol{x}(t)=\mathrm{e}^{\boldsymbol{A}t}\boldsymbol{x}(0)+\int_0^t\mathrm{e}^{\boldsymbol{A}(t-\tau)}\boldsymbol{Bu}(\tau)\mathrm{d}\tau \tag{3-7}$$

假定系统完全可控，任意终止状态 $\boldsymbol{x}(t)$ 都能达到，那么 $\boldsymbol{x}(t)=0$ 也能达到，

$$\boldsymbol{x}(t)=\boldsymbol{0}=\mathrm{e}^{\boldsymbol{A}t}\boldsymbol{x}(0)+\int_0^t\mathrm{e}^{\boldsymbol{A}(t-\tau)}\boldsymbol{Bu}(\tau)\mathrm{d}\tau$$

有

$$\boldsymbol{x}(0)=-\int_0^t\mathrm{e}^{-\boldsymbol{A}\tau}\boldsymbol{Bu}(\tau)\mathrm{d}\tau$$

根据西尔维斯特内插公式

$$\mathrm{e}^{-\boldsymbol{A}\tau}=\alpha_0(\tau)\boldsymbol{I}+\alpha_1(\tau)\boldsymbol{A}+\alpha_2(\tau)\boldsymbol{A}^2+\cdots+\alpha_{n-1}(\tau)\boldsymbol{A}^{n-1} \tag{3-8}$$

于是

$$\boldsymbol{x}(0)=-\sum_{k=0}^{n-1}\boldsymbol{A}^k\boldsymbol{B}\int_0^t\alpha_k(\tau)\boldsymbol{u}(\tau)\mathrm{d}\tau \tag{3-9}$$

记 $\int_0^t\alpha_k(\tau)\boldsymbol{u}(\tau)\mathrm{d}\tau=\beta_k\ (k=0,\ 1,\ 2,\ \cdots,\ n-1)$，故

$$x(0) = -\sum_{k=0}^{n-1} A^k B \beta_k = -(B, AB, \cdots, A^{n-1}B)\begin{pmatrix}\beta_0\\ \beta_1\\ \vdots\\ \beta_{n-1}\end{pmatrix} \tag{3-10}$$

如果系统完全可控制，对于任意的 $\boldsymbol{x}(0)$，式(3-10) 中的 β_0，β_1，…，β_{n-1} 都有解。

根据线性代数理论，这就要求能控判别矩阵满秩，即

$$\operatorname{rank}(\boldsymbol{B}, \boldsymbol{AB}, \boldsymbol{A}^2\boldsymbol{B}, \cdots, \boldsymbol{A}^{n-1}\boldsymbol{B}) = n$$

再证充分性。

用反证法，假设系统不完全能控，则对任意时刻 t_1，根据引理 1，格拉姆矩阵 $\boldsymbol{W}_c(0,t_1) = \int_0^{t_1} \mathrm{e}^{-\boldsymbol{A}t}\boldsymbol{B}\boldsymbol{B}^{\mathrm{T}}\mathrm{e}^{-\boldsymbol{A}^{\mathrm{T}}t}\mathrm{d}t$ 为奇异阵，即矩阵 $\boldsymbol{W}_c(0, t_1)$ 不是正（负）定的，从而，$\exists \boldsymbol{\alpha} \neq \boldsymbol{0}$，$\boldsymbol{\alpha} \in \mathbf{R}^n$，使得

$$0 = \boldsymbol{\alpha}^{\mathrm{T}} \boldsymbol{W}_c(0,t_1)\boldsymbol{\alpha} = \int_0^{t_1} \boldsymbol{\alpha}^{\mathrm{T}} \mathrm{e}^{-\boldsymbol{A}t}\boldsymbol{B}\boldsymbol{B}^{\mathrm{T}}\mathrm{e}^{-\boldsymbol{A}^{\mathrm{T}}t}\boldsymbol{\alpha}\mathrm{d}t = \int_0^{t_1}(\boldsymbol{\alpha}^{\mathrm{T}}\mathrm{e}^{-\boldsymbol{A}t}\boldsymbol{B})(\boldsymbol{\alpha}^{\mathrm{T}}\mathrm{e}^{-\boldsymbol{A}t}\boldsymbol{B})^{\mathrm{T}}\mathrm{d}t$$

从而有 $\boldsymbol{\alpha}^{\mathrm{T}}\mathrm{e}^{-\boldsymbol{A}t}\boldsymbol{B} \equiv 0$，$t \in [0, t_1]$。

上式对 t 求导，从 0 至 $n-1$ 次，并令 $t=0$，得

$$\boldsymbol{\alpha}^{\mathrm{T}}\boldsymbol{B} = 0,\ \boldsymbol{\alpha}^{\mathrm{T}}\boldsymbol{AB} = 0,\ \cdots,\ \boldsymbol{\alpha}^{\mathrm{T}}\boldsymbol{A}^{n-1}\boldsymbol{B} = 0$$

由此得 $\boldsymbol{\alpha}^{\mathrm{T}}(\boldsymbol{B}, \boldsymbol{AB}, \boldsymbol{A}^2\boldsymbol{B}, \cdots, \boldsymbol{A}^{n-1}\boldsymbol{B}) = \boldsymbol{\alpha}^{\mathrm{T}}\boldsymbol{M} = 0$，这与 $\operatorname{rank}(\boldsymbol{M}) = n$ 矛盾。

以上证明，可推广到 MIMO 系统。

3.1.3　能控性判别实例

【例 3-1】

请分析下列系统的能控性：

$$\begin{pmatrix}\dot{x}_1\\ \dot{x}_2\end{pmatrix} = \begin{pmatrix}-1 & 0\\ 0 & -2\end{pmatrix}\begin{pmatrix}x_1\\ x_2\end{pmatrix} + \begin{pmatrix}1\\ 2\end{pmatrix}u$$

解： 上式中，系统矩阵 $\boldsymbol{A}$ 已经被写为对角标准型，而输入矩阵 $\boldsymbol{B}$ 各行元素不全为0，所以该系统完全能控。从该系统模拟结构图（见图 3-5）中可以看出，该系统各个状态都与输入 u 有物理连接，即可受输入影响，故能控。

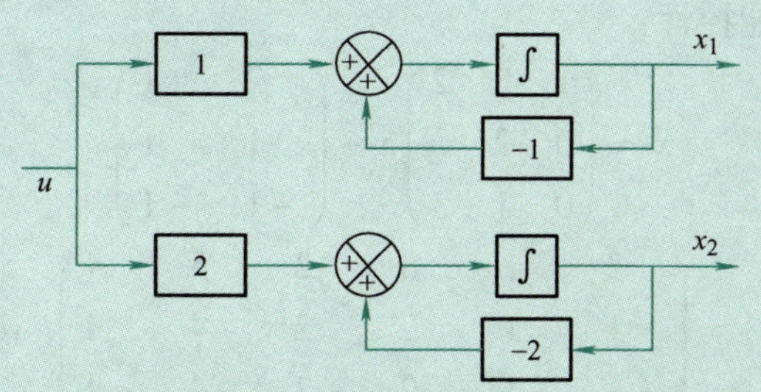

图 3-5　例 3-1 系统模拟结构图

【例 3-2】

判断下列四个系统的能控性：

(1) $\begin{pmatrix}\dot{x}_1\\ \dot{x}_2\\ \dot{x}_3\end{pmatrix}=\begin{pmatrix}-1 & 0 & 0\\ 0 & -2 & 0\\ 0 & 0 & 2\end{pmatrix}\begin{pmatrix}x_1\\ x_2\\ x_3\end{pmatrix}+\begin{pmatrix}2 & 3\\ 1 & 0\\ 0 & 1\end{pmatrix}\begin{pmatrix}u_1\\ u_2\end{pmatrix}$

答：$\boldsymbol{B}$ 的每行元素不全为零，故该系统完全能控。

(2) $\begin{pmatrix}\dot{x}_1\\ \dot{x}_2\\ \dot{x}_3\end{pmatrix}=\begin{pmatrix}-1 & 0 & 0\\ 0 & -2 & 0\\ 0 & 0 & 2\end{pmatrix}\begin{pmatrix}x_1\\ x_2\\ x_3\end{pmatrix}+\begin{pmatrix}2 & 3\\ 0 & 0\\ 0 & 1\end{pmatrix}\begin{pmatrix}u_1\\ u_2\end{pmatrix}$

答：$\boldsymbol{B}$ 的第 2 行元素全为零，故该系统不完全能控。

(3) $\begin{pmatrix}\dot{x}_1\\ \dot{x}_2\end{pmatrix}=\begin{pmatrix}\lambda_1 & 1\\ 0 & \lambda_1\end{pmatrix}\begin{pmatrix}x_1\\ x_2\end{pmatrix}+\begin{pmatrix}0\\ 1\end{pmatrix}u$

答：λ_1 有两重根，且 $\boldsymbol{B}$ 的最后一行元素不为零，故该系统完全能控。

(4) $\begin{pmatrix}\dot{x}_1\\ \dot{x}_2\end{pmatrix}=\begin{pmatrix}\lambda_1 & 1\\ 0 & \lambda_1\end{pmatrix}\begin{pmatrix}x_1\\ x_2\end{pmatrix}+\begin{pmatrix}1\\ 0\end{pmatrix}u$

答：与若尔当块（重根）对应的$\boldsymbol{P}^{-1}\boldsymbol{B}$ 最后一行元素为零，该系统不完全能控。

【例 3-3】

请分析下列系统的能控性：

$$\dot{\boldsymbol{x}}=\begin{pmatrix}1 & 1\\ 0 & -1\end{pmatrix}\boldsymbol{x}+\begin{pmatrix}0\\ 1\end{pmatrix}u$$

解： $\text{rank}(\boldsymbol{M})=\text{rank}(\boldsymbol{B},\ \boldsymbol{AB})=\text{rank}\begin{pmatrix}0 & 1\\ 1 & -1\end{pmatrix}=2$，$\boldsymbol{M}$ 满秩，所以系统能控。

【例 3-4】

请分析下列系统的能控性：

$$\dot{\boldsymbol{x}}=\begin{pmatrix}1 & 3 & 2\\ 0 & 2 & 0\\ 0 & 1 & 3\end{pmatrix}\boldsymbol{x}+\begin{pmatrix}2 & 1\\ 1 & 1\\ -1 & -1\end{pmatrix}u$$

解： $\boldsymbol{M}=(\boldsymbol{B},\ \boldsymbol{AB},\ \boldsymbol{A}^2\boldsymbol{B})=\begin{pmatrix}2 & 1 & 3 & 2 & 5 & 4\\ 1 & 1 & 2 & 2 & 4 & 4\\ -1 & -1 & -2 & -2 & -4 & -4\end{pmatrix}$，$\text{rank}(\boldsymbol{M})=2<3$，$\boldsymbol{M}$ 不满秩，所以系统不能控。

3.1.4　线性定常系统的能观性定义

由于状态变量不是都可以直接测量的，所以有时需要通过观测系统输出来确定系统状态变量，这就引入了系统的能观性概念。判断一个系统是否能观，需要分析输出 $\boldsymbol{y}(t)$ 对状态 $\boldsymbol{x}(t)$ 的反映能力，就是研究系统内部的状态是否可由输出反映，即能否在有限的时间内根据对输出 $\boldsymbol{y}(t)$ 的测量来确定初始状态 $\boldsymbol{x}_0$（见图3-6）。

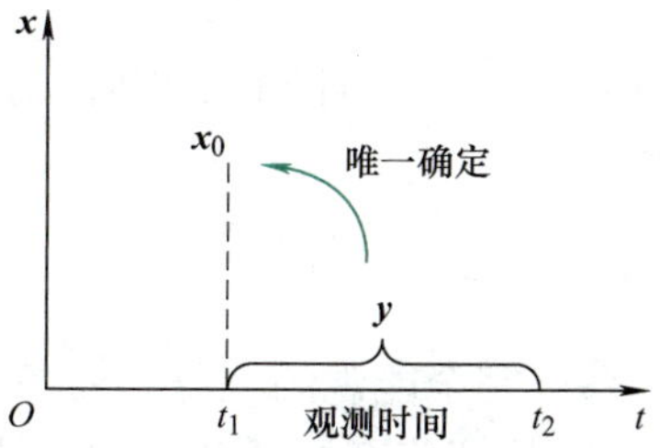

图3-6　在有限的时间内根据对输出 $\boldsymbol{y}(t)$ 的测量来确定初始状态 $\boldsymbol{x}_0$

能观性表征输出对状态的反映能力，与控制作用没有直接关系，所以只需考虑系统的齐次状态方程和输出方程：

$$\dot{\boldsymbol{x}}=\boldsymbol{A}(t)\boldsymbol{x}\ ,\quad \boldsymbol{x}(t_0)=\boldsymbol{x}_0\quad t_0,t\in \boldsymbol{J},\ \boldsymbol{y}=\boldsymbol{C}(t)\boldsymbol{x} \tag{3-11}$$

能观性定义包含以下三条：

定义1　如果对给定初始时刻 $t_0\in\boldsymbol{J}$ 的一个非零初始状态 $\boldsymbol{x}_0$，存在一个有限时刻 $t_f\in\boldsymbol{J}$，$t_f>t_0$，使对所有 $t\in[t_0,\ t_f]$ 有 $\boldsymbol{y}(t)\equiv\boldsymbol{0}$，则称此 $\boldsymbol{x}_0$ 在 t_0 时刻是不能观的。

定义2　如果状态空间中的所有非零状态都是在 $t_0(t_0\in\boldsymbol{J})$ 时刻为能观的，则称系统在时刻 t_0 是完全能观的。

定义3　给定初始时刻 $t_0\in\boldsymbol{J}$，如果状态空间中存在一个或一些非零状态在 t_0 时刻是不能观的，则称系统在时刻 t_0 是不完全能观的。

3.1.5　线性定常系统能观性判据

要判断一个线性定常系统是否能观，可以采用标准型判据和秩判据两种方法。

1. 标准型判据

采用标准型判据，首先需要将系统矩阵化为对角型或若尔当标准型，然后根据系统矩阵 $\boldsymbol{A}$ 和输出矩阵 $\boldsymbol{C}$ 的特征进行判断。

（1）系统矩阵 $\boldsymbol{A}$ 的特征值互异　系统矩阵 $\boldsymbol{A}$ 可被化为对角标准型：

$$\dot{\boldsymbol{x}}=\boldsymbol{A}\boldsymbol{x}\quad\Rightarrow\quad\begin{aligned}\dot{\boldsymbol{z}}&=\boldsymbol{P}^{-1}\boldsymbol{A}\boldsymbol{P}\boldsymbol{z}=\boldsymbol{\Lambda}\boldsymbol{z}\\ \boldsymbol{y}&=\boldsymbol{C}\boldsymbol{P}\boldsymbol{z}\end{aligned} \tag{3-12}$$

式中，$\boldsymbol{\Lambda}$ 为对角阵，$\boldsymbol{\Lambda}=\begin{pmatrix}\lambda_1 & 0 & \cdots & 0\\ 0 & \lambda_2 & \cdots & 0\\ \vdots & \vdots & & \vdots\\ 0 & 0 & \cdots & \lambda_n\end{pmatrix}$。

系统完全能观的充分必要条件是输出矩阵 $\boldsymbol{CP}$ 不包含元素全为零的列。

（2）系统矩阵 $\boldsymbol{A}$ 的特征值有重根　系统矩阵 A 可被化为若尔当标准型：

$$\dot{\boldsymbol{x}}=\boldsymbol{A}\boldsymbol{x}\quad\Rightarrow\quad\begin{aligned}\dot{\boldsymbol{z}}&=\boldsymbol{P}^{-1}\boldsymbol{A}\boldsymbol{P}\boldsymbol{z}=\boldsymbol{J}\boldsymbol{z}\\ \boldsymbol{y}&=\boldsymbol{C}\boldsymbol{P}\boldsymbol{z}\end{aligned} \tag{3-13}$$

式中，$\boldsymbol{J}$ 为若尔当标准型矩阵，$\boldsymbol{J}=\begin{pmatrix} \lambda_1 & 1 & 0 & 0 & \cdots & 0 \\ 0 & \lambda_1 & 1 & 0 & \cdots & 0 \\ 0 & 0 & \lambda_1 & 0 & \cdots & 0 \\ 0 & 0 & 0 & \lambda_4 & \cdots & 0 \\ \vdots & \vdots & \vdots & \vdots & & \vdots \\ 0 & 0 & 0 & 0 & \cdots & \lambda_n \end{pmatrix}$。

系统完全能观的充分必要条件是：

1）特征值互异的各若尔当块第一列对应的输出矩阵 $\boldsymbol{CP}$ 中，该列元素不全为零。

2）特征值相同的若尔当块第一列对应的输出矩阵 $\boldsymbol{CP}$ 中，各列矢量线性无关。

2. 秩判据

采用秩判据，需要构造能观性判别矩阵，并观察是否满秩。

构造系统的能观性判别矩阵如下：

$$\boldsymbol{N}=\begin{pmatrix} \boldsymbol{C} \\ \boldsymbol{CA} \\ \vdots \\ \boldsymbol{CA}^{n-1} \end{pmatrix} \tag{3-14}$$

则线性定常系统完全能观的充要条件为

$$\operatorname{rank}(\boldsymbol{N})=n$$

式中，n 为矩阵 $\boldsymbol{A}$ 的维数。下面给出上述命题的证明。

证明： 已知系统的状态空间表达式为

$$\dot{\boldsymbol{x}}=\boldsymbol{A}(t)\boldsymbol{x},\ \boldsymbol{x}(t_0)=\boldsymbol{x}_0\quad t_0,\ t\in\boldsymbol{J},\ \boldsymbol{y}=\boldsymbol{C}(t)\boldsymbol{x}$$

其解为

$$\boldsymbol{x}(t)=\boldsymbol{\Phi}(t-t_0)\boldsymbol{x}_0 \tag{3-15}$$

根据凯莱-哈密顿定理：$\boldsymbol{A}$ 的任何次幂，可由 $\boldsymbol{A}$ 的 0，1，…，$n-1$ 次幂线性表示，即

$$\boldsymbol{A}^k=\sum_{j=0}^{n-1}\alpha_{jk}\boldsymbol{A}^j \tag{3-16}$$

又因

$$\boldsymbol{\Phi}(t-t_0)=\mathrm{e}^{\boldsymbol{A}t}=\sum_{k=0}^{\infty}\frac{1}{k!}\boldsymbol{A}^k(t-t_0)^k \tag{3-17}$$

所以

$$\boldsymbol{\Phi}(t-t_0)=\sum_{j=0}^{n-1}\beta_j(t-t_0)\boldsymbol{A}^j \tag{3-18}$$

式中，$\beta_j(t-t_0)=\sum_{k=0}^{\infty}\alpha_{jk}\frac{1}{k!}(t-t_0)^k$。

$$\boldsymbol{y}(t)=\boldsymbol{Cx}(t)=\sum_{j=0}^{n-1}\beta_j(t-t_0)\boldsymbol{C}\boldsymbol{A}^j\boldsymbol{x}_0,\ \boldsymbol{y}(t)=(\beta_0\boldsymbol{I},\ \beta_1\boldsymbol{I},\cdots,\ \beta_{n-1}\boldsymbol{I})\begin{pmatrix} \boldsymbol{C} \\ \boldsymbol{CA} \\ \vdots \\ \boldsymbol{CA}^{n-1} \end{pmatrix}\boldsymbol{x}_0$$

因此，由线性代数理论可知，根据在时间区间$t_0 \leqslant t \leqslant t_f$测量到的$\boldsymbol{y}(t)$，如想能从上式唯一地确定$\boldsymbol{x}_0$，需有如下完全能观的充要条件：

$$\operatorname{rank}\begin{pmatrix} \boldsymbol{C} \\ \boldsymbol{CA} \\ \vdots \\ \boldsymbol{CA}^{n-1} \end{pmatrix} = n\text{，即矩阵 }\boldsymbol{N}\text{ 满秩。}$$

3.1.6　能观性判别实例

【例 3-5】

请分析下面三个系统的能观性：

(1)
$$\dot{\boldsymbol{x}} = \begin{pmatrix} -7 & 0 & 0 \\ 0 & -5 & 0 \\ 0 & 0 & -1 \end{pmatrix}\boldsymbol{x} + \begin{pmatrix} -2 \\ 5 \\ 7 \end{pmatrix}\boldsymbol{u},\ \boldsymbol{y} = (2,\ 0,\ -5)\begin{pmatrix} x_1 \\ x_2 \\ x_3 \end{pmatrix}$$

答：$\boldsymbol{C}$ 的第 2 列元素为零，故该系统状态不完全能观。

(2)
$$\dot{\boldsymbol{x}} = \begin{pmatrix} -7 & 0 & 0 \\ 0 & -5 & 0 \\ 0 & 0 & -1 \end{pmatrix}\boldsymbol{x} + \begin{pmatrix} 2 \\ 0 \\ 9 \end{pmatrix}\boldsymbol{u},\ \begin{pmatrix} y_1 \\ y_2 \end{pmatrix} = \begin{pmatrix} 1 & 4 & 2 \\ 2 & 0 & 0 \end{pmatrix}\begin{pmatrix} x_1 \\ x_2 \\ x_3 \end{pmatrix}$$

答：$\boldsymbol{C}$ 的每列元素不全为零，故该系统状态完全能观。

(3)
$$\dot{\boldsymbol{x}} = \begin{pmatrix} -5 & 1 & 0 & 0 & 0 \\ 0 & -5 & 0 & 0 & 0 \\ 0 & 0 & -3 & 1 & 0 \\ 0 & 0 & 0 & -3 & 0 \\ 0 & 0 & 0 & 0 & -2 \end{pmatrix}\boldsymbol{x} + \begin{pmatrix} 0 & 0 \\ 4 & 2 \\ 0 & 1 \\ 2 & 0 \\ 1 & 0 \end{pmatrix}\boldsymbol{u},\ \begin{pmatrix} y_1 \\ y_2 \end{pmatrix} = \begin{pmatrix} 0 & 1 & -1 & 0 & 1 \\ 0 & 2 & 0 & 1 & 0 \end{pmatrix}\begin{pmatrix} x_1 \\ x_2 \\ x_3 \\ x_4 \\ x_5 \end{pmatrix}$$

答：$\boldsymbol{C}$ 的第 1 列元素为零，故该系统状态不完全能观。

【例 3-6】

请分析下列系统的能观性：

$$\dot{\boldsymbol{x}} = \begin{pmatrix} 2 & -1 \\ 1 & -3 \end{pmatrix}\boldsymbol{x} + \begin{pmatrix} -1 \\ 1 \end{pmatrix}\boldsymbol{u},\ \boldsymbol{y} = \begin{pmatrix} 1 & 0 \\ -1 & 0 \end{pmatrix}\boldsymbol{x}$$

解：$\boldsymbol{N} = \begin{pmatrix} \boldsymbol{C} \\ \boldsymbol{CA} \end{pmatrix} = \begin{pmatrix} 1 & 0 \\ -1 & 0 \\ 2 & -1 \\ -2 & 1 \end{pmatrix}$，$\operatorname{rank}(\boldsymbol{N}) = 2 = n$，$\boldsymbol{N}$ 满秩，所以系统完全能观。

【例 3-7】

请分析系统 $\Sigma=(\boldsymbol{A},\boldsymbol{B},\ \boldsymbol{C})$ 的能观性，其中：

$$\boldsymbol{A}=\begin{pmatrix}0&1&0\\0&0&1\\-6&-11&-6\end{pmatrix},\quad \boldsymbol{B}=\begin{pmatrix}0\\0\\1\end{pmatrix},\quad \boldsymbol{C}=(4,\ 5,\ 1)$$

解：$\boldsymbol{N}=\begin{pmatrix}\boldsymbol{C}\\\boldsymbol{CA}\\\boldsymbol{CA}^2\end{pmatrix}=\begin{pmatrix}4&5&1\\-6&-7&-1\\6&5&-1\end{pmatrix}$，行列式 $\det(\boldsymbol{N})=\begin{vmatrix}4&5&1\\-6&-7&-1\\6&5&-1\end{vmatrix}=0$，

$\mathrm{rank}(\boldsymbol{N})<3$，所以系统不能观。

3.1.7 离散时间系统的能控性、能观性

离散时间系统的能控性、能观性定义以及其判据与线性定常系统相类似，因此本小节将基于线性时变离散系统的状态空间方程直接给出其定义。设线性时变离散系统状态空间表达式为

$$\begin{cases}\boldsymbol{x}(k+1)=\boldsymbol{Gx}(k)+\boldsymbol{Hu}(k), & k\in \boldsymbol{J}_k\\ \boldsymbol{y}(k)=\boldsymbol{Cx}(k)\end{cases}\tag{3-19}$$

式中，$\boldsymbol{H}$ 为 $n\times 1$ 维控制矩阵；$\boldsymbol{G}$ 为 $n\times n$ 系统矩阵；$\boldsymbol{x}$ 为 $n\times 1$ 状态矢量；$\boldsymbol{y}$ 为 m 维输出列矢量；$\boldsymbol{C}$ 为 $m\times n$ 输出矩阵；$\boldsymbol{u}(k)$ 为单输入系统的标量控制输入。

定义 1（能控性） 如果对初始时刻 $h\in \boldsymbol{J}_k$ 和状态空间中的所有非零状态 $\boldsymbol{x}_0$，都存在时刻 $l\in \boldsymbol{J}_k$，$l>h$ 和对应的控制 $\boldsymbol{u}(k)$，使得 $\boldsymbol{x}(l)=\boldsymbol{0}$，则称系统在时刻 h 为完全能控的。

定义 2（能达性） 如果对初始时刻 $h\in \boldsymbol{J}_k$ 和初始状态 $\boldsymbol{x}(h)=\boldsymbol{0}$，存在时刻 $l\in \boldsymbol{J}_k$，$l>h$ 和对应的控制 $\boldsymbol{u}(k)$，使 $\boldsymbol{x}(l)$ 可为状态空间中的任意非零点，则称系统在时刻 h 为完全能达的。

对于离散时间系统，其能控性和能达性只在一定的条件下才等价。

定义 3（能观性） 如果对初始时刻 $h\in \boldsymbol{J}_k$ 的任一非零初态 $\boldsymbol{x}_0$，都存在时刻 $l\in \boldsymbol{J}_k$，$l>h$，且可由 $[h,\ l]$ 上的输出 $\boldsymbol{y}(k)$ 唯一确定 $\boldsymbol{x}_0$，则称系统在时刻 h 为完全能观测的。

线性定常离散时间系统为完全能控的充分必要条件是

$$\mathrm{rank}(\boldsymbol{H},\ \boldsymbol{GH},\ \cdots,\ \boldsymbol{G}^{n-1}\boldsymbol{H})=n$$

式中，n 为系统的维数。证明从略。

关于线性定常离散时间系统完全能观性的证明，可令式(3-19) 中的输入 $\boldsymbol{u}(k)=\boldsymbol{0}$，根据递推关系有

$$\begin{pmatrix}\boldsymbol{y}(0)\\\boldsymbol{y}(1)\\\vdots\\\boldsymbol{y}(n-1)\end{pmatrix}=\begin{pmatrix}\boldsymbol{C}\\\boldsymbol{CG}\\\vdots\\\boldsymbol{CG}^{n-1}\end{pmatrix}\begin{pmatrix}x_1(0)\\x_2(0)\\\vdots\\x_n(0)\end{pmatrix}$$

因此，若系统能观，则当知道 $\boldsymbol{y}(0),\boldsymbol{y}(1),\cdots,\boldsymbol{y}(n-1)$ 时，应能确定出 $\boldsymbol{x}(0)=(x_1(0),x_2(0),\cdots,x_n(0))^{\mathrm{T}}$，故需要满足如下完全能观的充分必要条件：

$$\text{rank}\begin{pmatrix} C \\ CG \\ \vdots \\ CG^{n-1} \end{pmatrix} = n$$

式中，n 为系统的维数。上述推导可进一步推广到多输入系统，本书从略。

3.1.8 能控性与能观性的对偶关系

能控性与能观性之间存在对偶关系，称为对偶性原理，可叙述如下。

定理 3.1　线性系统 $\boldsymbol{\Sigma}_1=(\boldsymbol{A}_1,\boldsymbol{B}_1,\boldsymbol{C}_1)$ 和 $\boldsymbol{\Sigma}_2=(\boldsymbol{A}_2,\boldsymbol{B}_2,\boldsymbol{C}_2)$ 是互为对偶的两个系统，则 $\boldsymbol{\Sigma}_1$ 的能控性等价于 $\boldsymbol{\Sigma}_2$ 的能观性；$\boldsymbol{\Sigma}_1$ 的能观性等价于 $\boldsymbol{\Sigma}_2$ 的能控性。

下面将补充说明系统对偶关系的定义。

定义 1　两个系统 $\boldsymbol{\Sigma}_1$ 和 $\boldsymbol{\Sigma}_2$，具有如下形式：

$$\boldsymbol{\Sigma}_1:\begin{cases}\dot{\boldsymbol{x}}_1=\boldsymbol{A}_1\boldsymbol{x}_1+\boldsymbol{B}_1\boldsymbol{u}_1\\ \boldsymbol{y}_1=\boldsymbol{C}_1\boldsymbol{x}_1\end{cases},\quad \boldsymbol{\Sigma}_2:\begin{cases}\dot{\boldsymbol{x}}_2=\boldsymbol{A}_2\boldsymbol{x}_2+\boldsymbol{B}_2\boldsymbol{u}_2\\ \boldsymbol{y}_2=\boldsymbol{C}_2\boldsymbol{x}_2\end{cases} \tag{3-20}$$

如果满足 $\boldsymbol{A}_2=\boldsymbol{A}_1^{\mathrm{T}}$，$\boldsymbol{B}_2=\boldsymbol{C}_1^{\mathrm{T}}$，$\boldsymbol{C}_2=\boldsymbol{B}_1^{\mathrm{T}}$，则称 $\boldsymbol{\Sigma}_1$ 和 $\boldsymbol{\Sigma}_2$ 是互为对偶的。

定义 2　将两个系统 $\boldsymbol{\Sigma}_1$ 和 $\boldsymbol{\Sigma}_2$ 的系统矩阵、输入矩阵和输出矩阵写为如下分块矩阵形式：

$$\boldsymbol{\Sigma}_1=\begin{pmatrix}\boldsymbol{A}_1 & \boldsymbol{B}_1\\ \boldsymbol{C}_1 & \boldsymbol{0}\end{pmatrix},\quad \boldsymbol{\Sigma}_2=\begin{pmatrix}\boldsymbol{A}_2 & \boldsymbol{B}_2\\ \boldsymbol{C}_2 & \boldsymbol{0}\end{pmatrix} \tag{3-21}$$

如果满足 $\boldsymbol{\Sigma}_1^{\mathrm{T}}=\boldsymbol{\Sigma}_2$，则称 $\boldsymbol{\Sigma}_1$ 和 $\boldsymbol{\Sigma}_2$ 是互为对偶的。

互为对偶的两个系统的状态框图如图 3-7 所示。

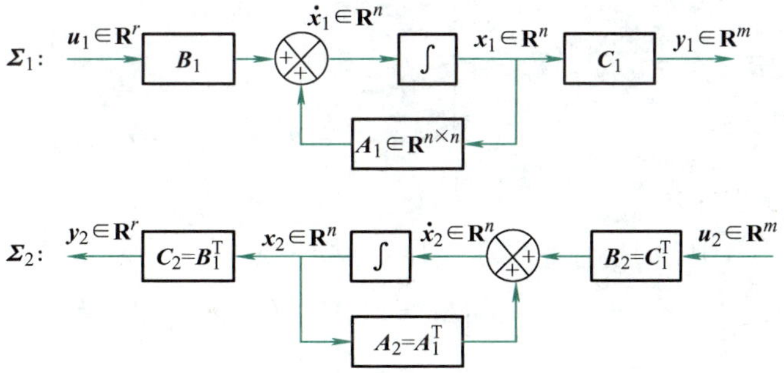

图 3-7　对偶系统的状态框图

从图 3-7 中可以看出，互为对偶的两个系统具有如下特点：

1）输入端和输出端互换，信号传递方向相反。

2）若 $\boldsymbol{\Sigma}_1$ 为 r 维输入 m 维输出，则 $\boldsymbol{\Sigma}_2$ 为 m 维输入 r 维输出。

3）信号引出点和综合点互换，对应矩阵互为转置。

4）对偶系统的传递函数矩阵互为转置。

5）对偶系统的特征方程相同。

下面给出对偶性原理的证明。

证明：对于两个互为对偶的系统 $\boldsymbol{\Sigma}_1=(\boldsymbol{A}_1,\boldsymbol{B}_1,\boldsymbol{C}_1)$ 和 $\boldsymbol{\Sigma}_2=(\boldsymbol{A}_2,\boldsymbol{B}_2,\boldsymbol{C}_2)$，假设系统 $\boldsymbol{\Sigma}_2$ 完全能控，即 $\boldsymbol{\Sigma}_2$ 的能控判别矩阵 $\boldsymbol{M}_2$ 满秩：

$$\text{rank}(\boldsymbol{M}_2)=\text{rank}(\boldsymbol{B}_2,\quad \boldsymbol{A}_2\boldsymbol{B}_2,\quad \cdots,\quad \boldsymbol{A}_2{}^{n-1}\boldsymbol{B}_2)=n$$

根据对偶关系：$\boldsymbol{A}_2=\boldsymbol{A}_1^{\mathrm{T}}$，$\boldsymbol{B}_2=\boldsymbol{C}_1^{\mathrm{T}}$，$\boldsymbol{C}_2=\boldsymbol{B}_1^{\mathrm{T}}$，有

$$\boldsymbol{M}_2=(\boldsymbol{C}_1^{\mathrm{T}},\ \boldsymbol{A}_1^{\mathrm{T}}\boldsymbol{C}_1^{\mathrm{T}},\ \cdots,\ (\boldsymbol{A}_1^{\mathrm{T}})^{n-1}\boldsymbol{C}_1^{\mathrm{T}})=\boldsymbol{N}_1^{\mathrm{T}}$$

则 $\boldsymbol{\Sigma}_1$ 的能观判别矩阵 $\boldsymbol{N}_1$ 满秩，$\boldsymbol{\Sigma}_1$ 完全能观。即得结论：$\boldsymbol{\Sigma}_2$ 能控性等价于 $\boldsymbol{\Sigma}_1$ 能观性。

3.1.9 能控与能观标准型

状态变量的选择是不唯一的，系统的状态空间表达式也是不唯一的。为了方便系统的状态反馈，如果状态空间表达式能化为能控标准型，则会非常方便；为了方便系统的状态观测器设计和系统辨识，如果状态空间表达式能化为能观标准型，也会非常方便。状态的非奇异变换不改变系统的能控性和能观性，只有状态完全能控（能观）的系统，其状态空间表达式才能化为能控（能观）标准型。考虑完全能控的 n 维单输入单输出线性定常系统：$\dot{\boldsymbol{x}}=\boldsymbol{A}\boldsymbol{x}+\boldsymbol{b}u$，$y=\boldsymbol{c}\boldsymbol{x}$，系统特征多项式为

$$\det(s\boldsymbol{I}-\boldsymbol{A})\equiv\alpha(s)=s^n+a_{n-1}s^{n-1}+\cdots+a_1s+a_0$$

通过非奇异变换后，可变换为能控标准Ⅰ型与能控标准Ⅱ型。

1. 能控标准Ⅰ型

构造非奇异变换：
$$\boldsymbol{x}=\boldsymbol{T}_{c1}\bar{\boldsymbol{x}}$$

$$\boldsymbol{T}_{c1}=(\boldsymbol{A}^{n-1}\boldsymbol{b},\ \boldsymbol{A}^{n-2}\boldsymbol{b},\ \cdots,\ \boldsymbol{b})\begin{pmatrix}1 & & & & \\ a_{n-1} & 1 & & & \\ \vdots & \vdots & \ddots & & \\ a_2 & a_3 & \cdots & 1 & \\ a_1 & a_2 & \cdots & a_{n-1} & 1\end{pmatrix}$$

经过 $\boldsymbol{T}_{c1}$ 变换后，可得到能控标准Ⅰ型：

$$\dot{\bar{\boldsymbol{x}}}=\bar{\boldsymbol{A}}\bar{\boldsymbol{x}}+\bar{\boldsymbol{b}}u,\ y=\bar{\boldsymbol{c}}\bar{\boldsymbol{x}} \tag{3-22}$$

式中，$\bar{\boldsymbol{A}}=\boldsymbol{T}_{c1}^{-1}\boldsymbol{A}\boldsymbol{T}_{c1}=\begin{pmatrix}0 & 1 & & \\ \vdots & \vdots & \ddots & \\ 0 & 0 & \cdots & 1\\ -a_0 & -a_1 & \cdots & -a_{n-1}\end{pmatrix}$，$\bar{\boldsymbol{b}}=\boldsymbol{T}_{c1}^{-1}\boldsymbol{b}=\begin{pmatrix}0\\ \vdots\\ 0\\ 1\end{pmatrix}$，$\bar{\boldsymbol{c}}=\boldsymbol{c}\boldsymbol{T}_{c1}=(\boldsymbol{\beta}_0,\ \boldsymbol{\beta}_1,\ \cdots,\boldsymbol{\beta}_{n-1})$。

$\bar{\boldsymbol{A}}$ 中，$\boldsymbol{a}_i$ 是特征多项式 $|\lambda\boldsymbol{I}-\boldsymbol{A}|=\lambda^n+a_{n-1}\lambda^{n-1}+\cdots+a_1\lambda+a_0$ 的各项系数。

$$\begin{cases}\boldsymbol{\beta}_0=\boldsymbol{c}(\boldsymbol{A}^{n-1}\boldsymbol{b}+\boldsymbol{a}_{n-1}\boldsymbol{A}^{n-2}\boldsymbol{b}+\cdots+\boldsymbol{a}_2\boldsymbol{A}\boldsymbol{b}+\boldsymbol{a}_1\boldsymbol{b})\\ \qquad\vdots\\ \boldsymbol{\beta}_{n-2}=\boldsymbol{c}(\boldsymbol{A}\boldsymbol{b}+\boldsymbol{a}_{n-1}\boldsymbol{b})\\ \boldsymbol{\beta}_{n-1}=\boldsymbol{c}\boldsymbol{b}\end{cases} \tag{3-23}$$

具体证明过程从略。

2. 能控标准Ⅱ型

构造非奇异变换：
$$\boldsymbol{x}=\boldsymbol{T}_{c2}\bar{\boldsymbol{x}}=(\boldsymbol{b},\ \boldsymbol{A}\boldsymbol{b},\ \cdots,\ \boldsymbol{A}^{n-1}\boldsymbol{b})\bar{\boldsymbol{x}}$$

经过 $\boldsymbol{T}_{c2}$ 变换后导出能控标准Ⅱ型：

$$\dot{\bar{\boldsymbol{x}}}=\bar{\boldsymbol{A}}\bar{\boldsymbol{x}}+\bar{\boldsymbol{b}}u,\ \ y=\bar{\boldsymbol{c}}\bar{\boldsymbol{x}}$$

式中，$\bar{A} = T_{c2}^{-1}AT_{c2} = \begin{pmatrix} 0 & 0 & \cdots & 0 & -a_0 \\ 1 & 0 & \cdots & 0 & -a_1 \\ & 1 & \cdots & 0 & -a_2 \\ & & \ddots & \vdots & \vdots \\ & & & 1 & -a_{n-1} \end{pmatrix}$，　$\bar{b} = T_{c2}^{-1}b = \begin{pmatrix} 1 \\ 0 \\ \vdots \\ 0 \end{pmatrix}$，

$\bar{c} = cT_{c2} = (\beta_0, \beta_1, \cdots, \beta_{n-1})$，$\beta_0 = cb$，　$\beta_1 = cAb$，　$\cdots$，　$\beta_{n-1} = cA^{n-1}b$。

证明：因为系统完全能控，所以能控判别矩阵非奇异：$M = (b, Ab, \cdots, A^{n-1}b)$。

构造线性非奇异变换矩阵：　　　$T_{c2} = M = (b, Ab, \cdots, A^{n-1}b)$

变换后：　　　$\dot{\bar{x}} = \bar{A}\bar{x} + \bar{b}u = T_{c2}^{-1}AT_{c2}\bar{x} + T_{c2}^{-1}bu$，$\bar{y} = \bar{c} \cdot \bar{x} = cT_{c2}\bar{x}$

先求解 $\bar{A}$：　$AT_{c2} = A(b, Ab, \cdots, A^{n-1}b) = (Ab, A^2b, \cdots, A^nb)$

由凯莱-哈密顿定理：$A^n = -a_{n-1}A^{n-1} - a_{n-2}A^{n-2} - \cdots - a_1A - a_0I$，代入得

$$\begin{aligned} AT_{c2} &= (Ab, A^2b, \cdots, A^nb) \\ &= (Ab, A^2b, \cdots, (-a_{n-1}A^{n-1} - a_{n-2}A^{n-2} - \cdots - a_1A - a_0I)b) \end{aligned}$$

写为矩阵形式：

$$AT_{c2} = \underbrace{(b, Ab, \cdots, A^{n-1}b)}_{T_{c2}} \begin{pmatrix} 0 & 0 & \cdots & 0 & -a_0 \\ 1 & 0 & \cdots & 0 & -a_1 \\ 0 & 1 & \cdots & 0 & -a_2 \\ \vdots & \vdots & & \vdots & \vdots \\ 0 & 0 & \cdots & 1 & -a_{n-1} \end{pmatrix}$$

左右同乘 T_{c2}^{-1}：

$$\bar{A} = T_{c2}^{-1}AT_{c2} = \begin{pmatrix} 0 & 0 & \cdots & 0 & -a_0 \\ 1 & 0 & \cdots & 0 & -a_1 \\ 0 & 1 & \cdots & 0 & -a_2 \\ \vdots & \vdots & & \vdots & \vdots \\ 0 & 0 & \cdots & 1 & -a_{n-1} \end{pmatrix}$$

再计算 $\bar{b}$：$\bar{b} = T_{c2}^{-1}b \Rightarrow b = T_{c2}\bar{b} = (b, Ab, \cdots, A^{n-1}b)\bar{b}$

比较上式两侧，显然，有$\bar{b} = \begin{pmatrix} 1 \\ 0 \\ \vdots \\ 0 \end{pmatrix}$，最后计算 $\bar{c}$：$\bar{c} = cT_{c2} = c(b, Ab, \cdots, A^{n-1}b)$。

3. 能观标准 I 型

能观标准 I 型与能控标准 II 型相对偶，其状态空间表达式化为

$$\dot{\tilde{x}} = \tilde{A}\tilde{x} + \tilde{b}u, \ y = \tilde{c}\tilde{x}$$

式中，$\widetilde{A}=T_{o1}^{-1}AT_{o1}=\begin{pmatrix}0 & 1 & & \\ \vdots & \vdots & \ddots & \\ 0 & 0 & \cdots & 1\\ -a_0 & -a_1 & \cdots & -a_{n-1}\end{pmatrix}$，$\widetilde{b}=T_{o1}^{-1}b=\begin{pmatrix}\beta_0\\ \beta_1\\ \vdots\\ \beta_{n-1}\end{pmatrix}$，$\widetilde{c}=cT_{o1}=(1,$ $0, \cdots, 0)$，$T_{o1}^{-1}=\begin{pmatrix}c\\ cA\\ \vdots\\ cA^{n-1}\end{pmatrix}=N$。

4. 能观标准Ⅱ型

能观标准Ⅱ型与能控标准Ⅰ型相对偶，其状态空间表达式系数矩阵为

$$\widetilde{A}=T_{o2}^{-1}AT_{o2}=\begin{pmatrix}0 & 0 & \cdots & 0 & -a_0\\ 1 & 0 & \cdots & 0 & -a_1\\ & 1 & & \vdots & -a_2\\ & & \ddots & & \vdots\\ & & & 1 & -a_{n-1}\end{pmatrix},\quad \widetilde{b}=T_{o2}^{-1}b=\begin{pmatrix}\beta_0\\ \beta_1\\ \vdots\\ \beta_{n-1}\end{pmatrix}$$

$$\widetilde{c}=cT_{o2}=(0, \cdots, 0, 1),\quad T_{o2}^{-1}=\begin{pmatrix}1 & a_{n-1} & \cdots & a_2 & a_1\\ 0 & 1 & \cdots & a_3 & a_2\\ \vdots & \vdots & & \vdots & \vdots\\ 0 & 0 & \cdots & 1 & a_{n-1}\\ 0 & 0 & \cdots & 0 & 1\end{pmatrix}\begin{pmatrix}cA^{n-1}\\ \vdots\\ cA\\ c\end{pmatrix}$$

3.1.10 能控、能观标准型实例

【例 3-8】

求如下系统的能控标准型（Ⅰ型）：

$$\dot{x}=\begin{pmatrix}1 & 0 & 2\\ 2 & 1 & 1\\ 1 & 0 & -2\end{pmatrix}x+\begin{pmatrix}1\\ 2\\ 1\end{pmatrix}u$$

$$y=(0, 1, 1)x$$

解：（1）判断系统的能控性 $M=(b, Ab, A^2b)=\begin{pmatrix}1 & 3 & 1\\ 2 & 5 & 10\\ 1 & -1 & 5\end{pmatrix}$，$M$ 满秩，故能控。

（2）求系统的特征多项式：

$$\det(\lambda I-A)=\det\begin{pmatrix}\lambda-1 & 0 & -2\\ -2 & \lambda-1 & -1\\ -1 & 0 & \lambda+2\end{pmatrix}=\lambda^3+\underbrace{0}_{=a_2}\lambda^2\underbrace{-5}_{=a_1}\lambda+4$$

（3）求变换矩阵 $\boldsymbol{P}$ 和 $\boldsymbol{P}^{-1}$：

$$\boldsymbol{T}_{c1}=(\boldsymbol{A}^2\boldsymbol{b},\ \boldsymbol{A}\boldsymbol{b},\ \boldsymbol{b})\begin{pmatrix}1 & 0 & 0\\ a_2 & 1 & 0\\ a_1 & a_2 & 1\end{pmatrix}=\begin{pmatrix}1 & 3 & 1\\ 10 & 5 & 2\\ 5 & -1 & 1\end{pmatrix}\begin{pmatrix}1 & 0 & 0\\ 0 & 1 & 0\\ -5 & 0 & 1\end{pmatrix}=\begin{pmatrix}-4 & 3 & 1\\ 0 & 5 & 2\\ 0 & -1 & 1\end{pmatrix}$$

$$\boldsymbol{T}_{c1}^{-1}=\begin{pmatrix}-1/4 & 1/7 & -1/28\\ 0 & 1/7 & -2/7\\ 0 & 1/7 & 5/7\end{pmatrix}$$

（4）求能控标准型（Ⅰ型）：

$$\overline{\boldsymbol{A}}=\boldsymbol{T}_{c1}^{-1}\boldsymbol{A}\,\boldsymbol{T}_{c1}=\begin{pmatrix}-1/4 & 1/7 & -1/28\\ 0 & 1/7 & -2/7\\ 0 & 1/7 & 5/7\end{pmatrix}\begin{pmatrix}1 & 0 & 2\\ 2 & 1 & 1\\ 1 & 0 & -2\end{pmatrix}\begin{pmatrix}-4 & 3 & 1\\ 0 & 5 & 2\\ 0 & -1 & 1\end{pmatrix}=\begin{pmatrix}0 & 1 & 0\\ 0 & 0 & 1\\ -4 & 5 & 0\end{pmatrix}$$

$$\overline{\boldsymbol{b}}=\boldsymbol{T}_{c1}^{-1}\boldsymbol{b}=\begin{pmatrix}-1/4 & 1/7 & -1/28\\ 0 & 1/7 & -2/7\\ 0 & 1/7 & 5/7\end{pmatrix}\begin{pmatrix}1\\ 2\\ 1\end{pmatrix}=\begin{pmatrix}0\\ 0\\ 1\end{pmatrix}$$

$$\overline{\boldsymbol{c}}=\boldsymbol{c}\,\boldsymbol{T}_{c1}=(0,\ 1,\ 1)\begin{pmatrix}-4 & 3 & 1\\ 0 & 5 & 2\\ 0 & -1 & 1\end{pmatrix}=(0,\ 4,\ 3)$$

故

$$\dot{\boldsymbol{x}}=\begin{pmatrix}0 & 1 & 0\\ 0 & 0 & 1\\ -4 & 5 & 0\end{pmatrix}\boldsymbol{x}+\begin{pmatrix}0\\ 0\\ 1\end{pmatrix}\boldsymbol{u},\ \boldsymbol{y}=(0,\ 4,\ 3)\boldsymbol{x}$$

【例 3-9】

将如下状态空间表达式变换为能观标准型（Ⅱ型）：

$$\dot{\boldsymbol{x}}=\begin{pmatrix}1 & 2 & 0\\ 3 & -1 & 1\\ 0 & 2 & 0\end{pmatrix}\boldsymbol{x}+\begin{pmatrix}2\\ 1\\ 1\end{pmatrix}\boldsymbol{u},\ \boldsymbol{y}=(0,\ 0,\ 1)\boldsymbol{x}$$

解：（1）判别系统能观性

$$\boldsymbol{N}=\begin{pmatrix}\boldsymbol{C}\\ \boldsymbol{CA}\\ \boldsymbol{CA}^2\end{pmatrix}=\begin{pmatrix}0 & 0 & 1\\ 0 & 2 & 0\\ 6 & -2 & 2\end{pmatrix},\ \mathrm{rank}(\boldsymbol{N})=3$$

系统能观，所以可变换为能观标准型。特征多项式 $|s\boldsymbol{I}-\boldsymbol{A}|$：

$$s^3-9s+2=s^3+\underbrace{0}_{=a_2}\underbrace{s^2-9s}_{=a_1}+2$$

（2）求变换矩阵

$$\boldsymbol{T}_{o2}^{-1}=\begin{pmatrix}1 & a_2 & a_1\\ 0 & 1 & a_2\\ 0 & 0 & 1\end{pmatrix}\begin{pmatrix}\boldsymbol{CA}^2\\ \boldsymbol{CA}\\ \boldsymbol{C}\end{pmatrix}=\begin{pmatrix}1 & 0 & -9\\ 0 & 1 & 0\\ 0 & 0 & 1\end{pmatrix}\begin{pmatrix}6 & -2 & 2\\ 0 & 2 & 0\\ 0 & 0 & 1\end{pmatrix}=\begin{pmatrix}6 & -2 & -7\\ 0 & 2 & 0\\ 0 & 0 & 1\end{pmatrix}$$

$$T_{o2}=\begin{pmatrix}1/6 & 1/6 & 7/6\\ 0 & 1/2 & 0\\ 0 & 0 & 1\end{pmatrix}$$

则能观标准Ⅱ型为

$$\widetilde{A}=T_{o2}^{-1}AT_{o2}=\begin{pmatrix}0 & 0 & -2\\ 1 & 0 & 9\\ 0 & 1 & 0\end{pmatrix},\ \widetilde{b}=T_{o2}^{-1}b=\begin{pmatrix}3\\ 2\\ 1\end{pmatrix},\ \widetilde{c}=cT_{o2}=(0,\ 0,\ 1)。$$

3.1.11 线性系统的结构分解

如果一般系统不能同时满足状态完全能控与完全能观，则可对系统结构进行分解，形成能控/非能控部分与能观/非能观部分。具体包括三种分解方式：①按能控性分解；②按能观性分解；③按能控与能观性分解。下面介绍按系统的能控性分解的方法。

1. 按能控性分解

设线性定常系统 Σ：$\dot{x}=Ax+Bu$，$y=Cx$，状态不完全能控，其能控性判别矩阵

$$\mathrm{rank}(M)=\mathrm{rank}(B,\ AB,\ \cdots,\ A^{n-1}B)=n_1<n$$

在 M 中任意地选取n_1个线性无关的列矢量，记 r_1，r_2，…，r_{n_1}。另外再任意选取（$n-n_1$）个列矢量，记 r_{n_1+1}，…，r_n，使它们与 r_1，r_2，…，r_{n_1}线性无关，就可组成非奇异变换阵 R_c：

$$R_c=(r_1,\ \cdots,\ r_{n_1},\ r_{n_1+1},\ \cdots,\ r_n)$$

于是，对不完全能控系统 Σ，引入线性非奇异变换 $x=R_c\hat{x}$，即可导出系统的结构按能控性分解的表达式

$$\dot{\hat{x}}=\hat{A}\hat{x}+\hat{B}u,\ y=\hat{C}\hat{x}$$

式中，$\hat{x}=\begin{pmatrix}\hat{x}_1\\ \hat{x}_2\end{pmatrix}\begin{matrix}n_1\\ (n-n_1)\end{matrix}$，$\hat{A}=R_c^{-1}AR_c=\begin{pmatrix}\hat{A}_{11} & \hat{A}_{12}\\ \underbrace{0}_{n_1} & \underbrace{\hat{A}_{22}}_{(n-n_1)}\end{pmatrix}\begin{matrix}n_1\text{维}\\ n-n_1\text{维}\end{matrix}$，$\hat{B}=R_c^{-1}B=\begin{pmatrix}\hat{B}_1\\ 0\end{pmatrix}\begin{matrix}n_1\text{维}\\ n-n_1\text{维}\end{matrix}$，$\hat{C}=CR_c=\begin{pmatrix}\underbrace{\hat{C}_1}_{n_1\text{维}}, & \underbrace{\hat{C}_2}_{n-n_1\text{维}}\end{pmatrix}$。

系统被分解为能控子系统和不能控子系统，能控子系统为 n_1 维，不能控子系统为 $n-n_1$ 维。能控子系统如下式：

$$\Sigma_c:\ \begin{cases}\dot{\hat{x}}_1=\hat{A}_{11}\hat{x}_1+\hat{B}_1u+\hat{A}_{12}\hat{x}_2\\ y_1=\hat{C}_1\hat{x}_1\end{cases}$$

不能控子系统如下式：

$$\Sigma_{\bar{c}}:\quad \begin{matrix} \dot{\hat{\boldsymbol{x}}}_2 = \hat{\boldsymbol{A}}_{22}\hat{\boldsymbol{x}}_2 \\ \boldsymbol{y}_2 = \hat{\boldsymbol{C}}_2\hat{\boldsymbol{x}}_2 \end{matrix}$$

系统特征值分解为能控部分特征值和不能控部分特征值：

$$\det(s\boldsymbol{I}-\boldsymbol{A}) = \det(s\boldsymbol{I}-\hat{\boldsymbol{A}}) = \det\begin{pmatrix} s\boldsymbol{I}-\hat{\boldsymbol{A}}_{11} & -\hat{\boldsymbol{A}}_{12} \\ \boldsymbol{0} & s\boldsymbol{I}-\hat{\boldsymbol{A}}_{22} \end{pmatrix} = \det(s\boldsymbol{I}-\hat{\boldsymbol{A}}_{11})\cdot\det(s\boldsymbol{I}-\hat{\boldsymbol{A}}_{22})$$

$\boldsymbol{R}_c$的选取是不唯一的，因此，系统按能控性进行结构分解，可导出多个分解结果。

如图3-8所示，控制输入$\boldsymbol{u}$和不能控部分在物理上不连接，$n-n_1$维输入矩阵为$\boldsymbol{0}$，表示输入对“不能控部分”不产生作用。

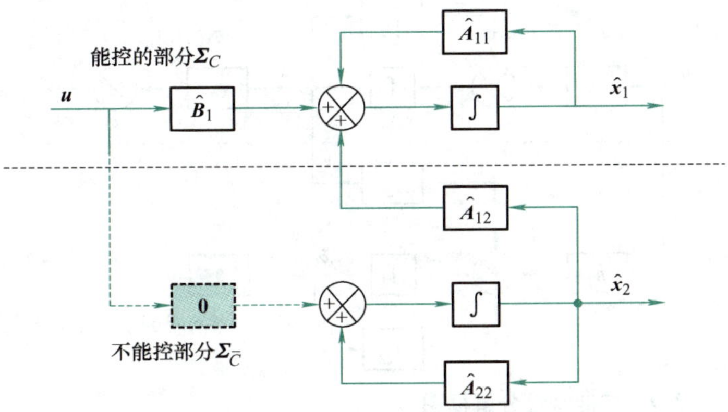

图3-8　按能控性分解框图

2. 按能观性分解

设线性定常系统

$$\Sigma:\quad \begin{matrix} \dot{\boldsymbol{x}} = \boldsymbol{A}\boldsymbol{x}+\boldsymbol{B}\boldsymbol{u} \\ \boldsymbol{y} = \boldsymbol{C}\boldsymbol{x} \end{matrix}$$

状态不完全能观，其能观性判别矩阵

$$\mathrm{rank}(\boldsymbol{N}) = \mathrm{rank}((\boldsymbol{C}^{\mathrm{T}},(\boldsymbol{C}\boldsymbol{A})^{\mathrm{T}},\cdots,(\boldsymbol{C}\boldsymbol{A}^{n-1})^{\mathrm{T}})^{\mathrm{T}}) = n_1 < n$$

在$\boldsymbol{N}$中任意地选取n_1个线性无关的行矢量，记r_1，r_2，…，r_{n_1}。另外再任意选取$n-n_1$个列矢量，记r_{n_1+1}，…，r_n，使它们与r_1，r_2，…，r_{n_1}线性无关。这样，就可组成非奇异变换阵$\boldsymbol{R}_o^{-1}$：

$$\boldsymbol{R}_o^{-1} = (r_1^{\mathrm{T}},\cdots,r_{n_1}^{\mathrm{T}},r_{n_1+1}^{\mathrm{T}},\cdots,r_n^{\mathrm{T}})^{\mathrm{T}}$$

对不完全能观系统Σ，引入线性非奇异变换$\boldsymbol{x} = \boldsymbol{R}_o\tilde{\boldsymbol{x}}$，即可导出系统的结构按能观性分解的表达式：

$$\dot{\tilde{\boldsymbol{x}}} = \tilde{\boldsymbol{A}}\tilde{\boldsymbol{x}}+\tilde{\boldsymbol{B}}\boldsymbol{u},\ \boldsymbol{y} = \tilde{\boldsymbol{C}}\tilde{\boldsymbol{x}}$$

式中，$\tilde{x}=\begin{pmatrix}\tilde{x}_1\\ \tilde{x}_2\end{pmatrix}\begin{matrix}n_1\\ n-n_1\end{matrix}$，$\tilde{A}=R_o^{-1}AR_o=\begin{pmatrix}\tilde{A}_{11} & 0\\ \underbrace{\tilde{A}_{21}}_{n_1} & \underbrace{\tilde{A}_{22}}_{n-n_1}\end{pmatrix}\begin{matrix}n_1\text{维}\\ n-n_1\text{维}\end{matrix}$，$\tilde{B}=R_o^{-1}B=\begin{pmatrix}\tilde{B}_1\\ \tilde{B}_2\end{pmatrix}\begin{matrix}n_1\text{维}\\ n-n_1\text{维}\end{matrix}$，

$\tilde{C}=CR_o=(\underbrace{\tilde{C}_1}_{n_1\text{维}},\ \underbrace{0}_{n-n_1\text{维}})$。

同样分为 n_1 维能观部分与 $n-n_1$ 维不能观部分。

如图 3-9 所示，输出 y 和不能观部分在物理上不连接，$n-n_1$ 维输出矩阵为 0，表示“不能观部分”对输出不产生作用。

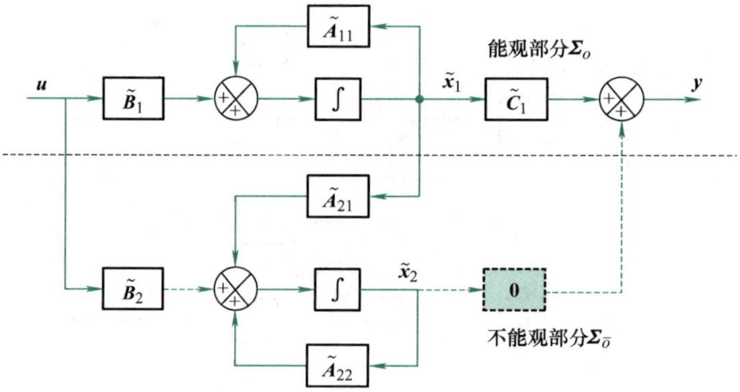

图 3-9　按能观性分解框图

3. 按能控性与能观性分解

如果线性系统是不完全能控和不完全能观的，若对该系统同时按能控性和能观性进行分解，则可以把系统分解成能控且能观、能控不能观、不能控但能观、不能控不能观四部分。即存在非奇异变换 $x=R\bar{x}$，使状态空间表达式变换为

$$\dot{\bar{x}}=\bar{A}\bar{x}+\bar{B}u,\ y=\bar{C}\bar{x}$$

式中，$\bar{A}=R^{-1}AR=\begin{pmatrix}A_{11} & 0 & A_{13} & 0\\ A_{21} & A_{22} & A_{23} & A_{24}\\ 0 & 0 & A_{33} & 0\\ 0 & 0 & A_{43} & A_{44}\end{pmatrix}$，$\bar{B}=R^{-1}B=\begin{pmatrix}B_1\\ B_2\\ 0\\ 0\end{pmatrix}$，$\bar{C}=CR=(C_1,\ 0,\ C_3,\ 0)$。

即

$$\begin{pmatrix}\dot{x}_{co}\\ \dot{x}_{c\bar{o}}\\ \dot{x}_{\bar{c}o}\\ \dot{x}_{\bar{c}\bar{o}}\end{pmatrix}=\begin{pmatrix}A_{11} & 0 & A_{13} & 0\\ A_{21} & A_{22} & A_{23} & A_{24}\\ 0 & 0 & A_{33} & 0\\ 0 & 0 & A_{43} & A_{44}\end{pmatrix}\begin{pmatrix}x_{co}\\ x_{c\bar{o}}\\ x_{\bar{c}o}\\ x_{\bar{c}\bar{o}}\end{pmatrix}+\begin{pmatrix}B_1\\ B_2\\ 0\\ 0\end{pmatrix}u$$

$$y=(C_1,\ 0,\ C_3,\ 0)\begin{pmatrix}x_{co}\\x_{c\bar{o}}\\x_{\bar{c}o}\\x_{\bar{c}\bar{o}}\end{pmatrix}$$

按能控性与能观性分解的框图如图 3-10、图 3-11 所示。

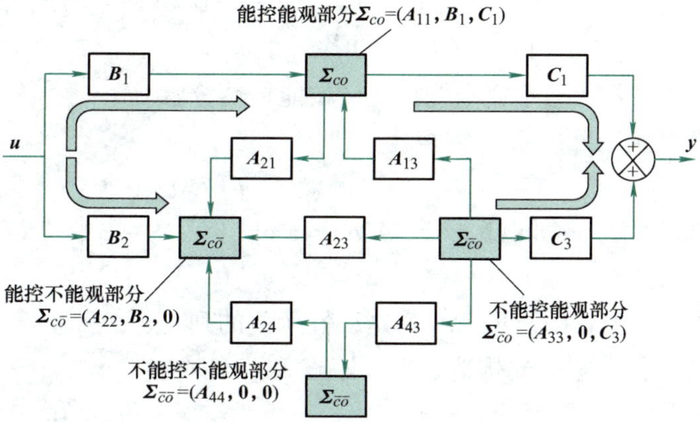

图 3-10　按能控性与能观性分解的框图

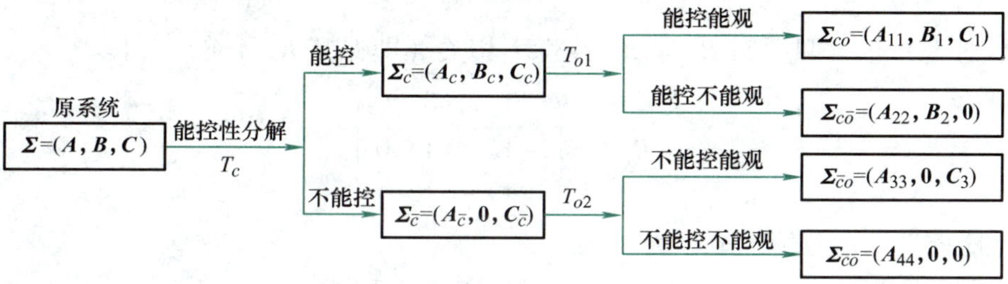

图 3-11　按能控性与能观性分解示意图

于是，根据图 3-10、图 3-11，分解步骤如下：

(1) 整体进行能控分解　R_c 的前 n_1 列是 $\Sigma=(A,\ B,\ C)$ 的 $M=(B,\ \cdots,\ A^{n-1}B)$ 中 n_1 个线性无关的列，其余列保证 R_c 非奇异下任选。将系统变换为

$$x=R_c\begin{pmatrix}x_c\\x_{\bar{c}}\end{pmatrix}$$

$$\begin{pmatrix}\dot{x}_c\\\dot{x}_{\bar{c}}\end{pmatrix}=R_c^{-1}AR_c\begin{pmatrix}x_c\\x_{\bar{c}}\end{pmatrix}+R_c^{-1}Bu=\begin{pmatrix}\bar{A}_1 & \bar{A}_2\\0 & \bar{A}_4\end{pmatrix}\begin{pmatrix}x_c\\x_{\bar{c}}\end{pmatrix}+\begin{pmatrix}\bar{B}_1\\0\end{pmatrix}u,\ y=CR_c\begin{pmatrix}x_c\\x_{\bar{c}}\end{pmatrix}=(\bar{C}_1,\ \bar{C}_2)\begin{pmatrix}x_c\\x_{\bar{c}}\end{pmatrix}$$

(2) 不能控部分进行能观性分解　R_{o2}^{-1} 的前 n_{o2} 行是 $\Sigma=(\bar{A}_4,\ 0,\ \bar{C}_2)$ 的 $N_2=(\bar{C}_2,\ \cdots,\ \bar{C}_2\bar{A}_4^{\,n-1})^{\mathrm{T}}$ 中 n_{o2} 个线性无关的行，其余行保证 R_{o2}^{-1} 为非奇异下任选。

(3) 能控部分进行能观性分解　R_{o1}^{-1} 的前 n_{o1} 行是 $\Sigma=(\bar{A}_1,\ \bar{B}_1,\ \bar{C}_1)$ 的 $N_1=[\bar{C}_1,\ \cdots,\ \bar{C}_1\bar{A}_1^{\,n-1})^{\mathrm{T}}$ 中 n_{o1} 个线性无关的行，其余行保证 R_{o1}^{-1} 为非奇异下任选。

3.1.12 线性定常系统能控能观分解实例

【例 3-10】

线性定常系统动态方程如下：

$$\dot{\boldsymbol{x}}=\begin{pmatrix}0&0&-1\\1&0&-3\\0&1&-3\end{pmatrix}\boldsymbol{x}+\begin{pmatrix}1\\1\\0\end{pmatrix}\boldsymbol{u},\quad \boldsymbol{y}=(0,\ 1,\ -2)\boldsymbol{x}$$

请判断其能控性，若状态不完全能控，请按能控性分解。

解：（1）求能控性判别矩阵的秩

$$\operatorname{rank}(\boldsymbol{M})=\operatorname{rank}(\boldsymbol{b},\ \boldsymbol{Ab},\ \boldsymbol{A}^2\boldsymbol{b})=\operatorname{rank}\begin{pmatrix}1&0&-1\\1&1&-3\\0&1&-2\end{pmatrix}=2<3$$

因此状态不完全能控。上式中，最后一列是线性无关的列。

（2）按能控性进行分解，先构造非奇异矩阵 $\boldsymbol{R}_c$：

$$\boldsymbol{R}_c=(\boldsymbol{R}_{c1},\ \boldsymbol{R}_{c2},\ \boldsymbol{R}_{c3})=\Big(\underbrace{\boldsymbol{M}_1}_{=\boldsymbol{b}},\ \underbrace{\boldsymbol{M}_2}_{=\boldsymbol{Ab}},\ \underbrace{\boldsymbol{R}_{c3}}_{\text{任意不相关}}\Big)=\begin{pmatrix}1&0&0\\1&1&0\\0&1&1\end{pmatrix}$$

式中，$\boldsymbol{R}_{c3}$任意取值，只要与$\boldsymbol{R}_{c1}$、$\boldsymbol{R}_{c2}$线性不相关（即保证$\boldsymbol{R}_c$可逆）。得

$$\boldsymbol{R}_c^{-1}=\begin{pmatrix}1&0&0\\-1&1&0\\1&-1&1\end{pmatrix}$$

（3）能控性结构分解标准型为

$$\hat{\boldsymbol{A}}=\boldsymbol{R}_c^{-1}\boldsymbol{A}\boldsymbol{R}_c=\begin{pmatrix}1&0&0\\-1&1&0\\1&-1&1\end{pmatrix}\begin{pmatrix}0&0&-1\\1&0&-3\\0&1&-3\end{pmatrix}\begin{pmatrix}1&0&0\\1&1&0\\0&1&1\end{pmatrix}=\left(\begin{array}{cc|c}0&-1&-1\\1&-2&-2\\\hline 0&0&-1\end{array}\right)$$

$$\hat{\boldsymbol{B}}=\boldsymbol{R}_c^{-1}\boldsymbol{B}=\begin{pmatrix}1&0&0\\-1&1&0\\1&-1&1\end{pmatrix}\begin{pmatrix}1\\1\\0\end{pmatrix}=\left(\begin{array}{c}1\\0\\\hline 0\end{array}\right)$$

$$\hat{\boldsymbol{C}}=\boldsymbol{C}\boldsymbol{R}_c=(0,\ 1,\ -2)\begin{pmatrix}1&0&0\\1&1&0\\0&1&1\end{pmatrix}=(1,\ -1\ \vdots\ -2)$$

【例 3-11】

线性定常系统动态方程如下，请判断其能观性，若状态不完全能观，请按能观性分解。

$$\dot{\boldsymbol{x}}=\begin{pmatrix}0&0&-1\\1&0&-3\\0&1&-3\end{pmatrix}\boldsymbol{x}+\begin{pmatrix}1\\1\\0\end{pmatrix}\boldsymbol{u},\quad \boldsymbol{y}=(0,\ 1,\ -2)\boldsymbol{x}$$

解：（1）求能观性判别矩阵的秩

$$\operatorname{rank}(\boldsymbol{N})=\operatorname{rank}\begin{pmatrix}\boldsymbol{C}\\ \boldsymbol{CA}\\ \boldsymbol{CA}^2\end{pmatrix}=\operatorname{rank}\begin{pmatrix}0&1&-2\\1&-2&3\\-2&3&-4\end{pmatrix}=2$$

秩小于3，系统状态不完全能观。

（2）构造非奇异矩阵 $\boldsymbol{R}_o$

$$\boldsymbol{R}_o^{-1}=\begin{pmatrix}\boldsymbol{R}_{o1}\\ \boldsymbol{R}_{o2}\\ \boldsymbol{R}_{o3}\end{pmatrix}=\begin{pmatrix}\boldsymbol{N}_1\\ \boldsymbol{N}_2\\ \boldsymbol{R}_{o3}\end{pmatrix}=\begin{pmatrix}0&1&-2\\1&-2&3\\0&0&1\end{pmatrix}\begin{matrix}\left.\begin{matrix}\boldsymbol{C}\\ \boldsymbol{CA}\end{matrix}\right\}\\ \text{任意线性无关}\end{matrix}$$

式中，$\boldsymbol{R}_{o3}$任意选取，只要与 $\boldsymbol{R}_{o1}$、$\boldsymbol{R}_{o2}$线性不相关，从而得

$$\boldsymbol{R}_o=\begin{pmatrix}2&1&1\\1&0&2\\0&0&1\end{pmatrix}$$

（3）得到能观性结构分解标准型系统为

$$\widetilde{\boldsymbol{A}}=\boldsymbol{R}_o^{-1}\boldsymbol{A}\,\boldsymbol{R}_o=\begin{pmatrix}0&1&-2\\1&-2&3\\0&0&1\end{pmatrix}\begin{pmatrix}0&0&-1\\1&0&-3\\0&1&-3\end{pmatrix}\begin{pmatrix}2&1&1\\1&0&2\\0&0&1\end{pmatrix}=\begin{pmatrix}0&1&0\\-1&-2&0\\1&0&-1\end{pmatrix}$$

$$\widetilde{\boldsymbol{B}}=\boldsymbol{R}_o^{-1}\boldsymbol{B}=\begin{pmatrix}0&1&-2\\1&-2&3\\0&0&1\end{pmatrix}\begin{pmatrix}1\\1\\0\end{pmatrix}=\begin{pmatrix}1\\-1\\0\end{pmatrix}$$

$$\widetilde{\boldsymbol{C}}=\boldsymbol{C}\boldsymbol{R}_o=(0,1,-2)\begin{pmatrix}2&1&1\\1&0&2\\0&0&1\end{pmatrix}=(1,0,0)$$

【例3-12】

线性定常系统动态方程如下，将系统按能控性与能观性分解。

$$\dot{\boldsymbol{x}}=\begin{pmatrix}0&0&-1\\1&0&-3\\0&1&-3\end{pmatrix}\boldsymbol{x}+\begin{pmatrix}1\\1\\0\end{pmatrix}\boldsymbol{u},\quad \boldsymbol{y}=(0,1,-2)\boldsymbol{x}$$

解：①按能控性分解为系统 Σ_c、$\Sigma_{\bar{c}}$；②$\Sigma_{\bar{c}}$按能观性分解为系统$\Sigma_{\bar{c}o}$、$\Sigma_{\bar{c}\bar{o}}$；③Σ_c按能观性分解为系统Σ_{co}、$\Sigma_{c\bar{o}}$。按能控性分解，根据例3-10已解得 Σ_c、$\Sigma_{\bar{c}}$：

$$\begin{pmatrix}\dot{\boldsymbol{x}}_c\\ \dot{\boldsymbol{x}}_{\bar{c}}\end{pmatrix}=\begin{pmatrix}0&-1&-1\\1&-2&-2\\0&0&-1\end{pmatrix}\begin{pmatrix}\boldsymbol{x}_c\\ \boldsymbol{x}_{\bar{c}}\end{pmatrix}+\begin{pmatrix}1\\0\\0\end{pmatrix}\boldsymbol{u}$$

$$\boldsymbol{y}=(1,-1,-2)\begin{pmatrix}\boldsymbol{x}_c\\ \boldsymbol{x}_{\bar{c}}\end{pmatrix}$$

从上式可见，不能控子空间$x_{\bar{c}}$仅一维，且显然是能观的，故无须再进行分解。

将能控子系统Σ_c按能观性分解为子系统Σ_{co}、$\Sigma_{c\bar{o}}$：

$$\dot{x}_c=\begin{pmatrix}0 & -1\\1 & -2\end{pmatrix}x_c+\begin{pmatrix}-1\\-2\end{pmatrix}x_{\bar{c}}+\begin{pmatrix}1\\0\end{pmatrix}u,\ y_c=(1,\ -1)x_c$$

Σ_c的能观判别矩阵的秩：

$$\text{rank}(N_1)=\text{rank}\begin{pmatrix}1 & -1\\-1 & 1\end{pmatrix}=1$$

构建非奇异变换矩阵：

$$R_{o1}^{-1}=\begin{pmatrix}1 & -1\\0 & 1\end{pmatrix},\quad R_{o1}=\begin{pmatrix}1 & 1\\0 & 1\end{pmatrix}$$

按能观性分解：

$$\begin{pmatrix}\dot{x}_{co}\\\dot{x}_{c\bar{o}}\end{pmatrix}=\begin{pmatrix}1 & -1\\0 & 1\end{pmatrix}\begin{pmatrix}0 & -1\\1 & -2\end{pmatrix}\begin{pmatrix}1 & 1\\0 & 1\end{pmatrix}\begin{pmatrix}x_{co}\\x_{c\bar{o}}\end{pmatrix}+\begin{pmatrix}1 & -1\\0 & 1\end{pmatrix}\begin{pmatrix}-1\\-2\end{pmatrix}x_{\bar{c}o}+\begin{pmatrix}1 & -1\\0 & 1\end{pmatrix}\begin{pmatrix}1\\0\end{pmatrix}u$$

$$=\begin{pmatrix}-1 & 0\\1 & -1\end{pmatrix}\begin{pmatrix}x_{co}\\x_{c\bar{o}}\end{pmatrix}+\begin{pmatrix}1\\-2\end{pmatrix}x_{\bar{c}o}+\begin{pmatrix}1\\0\end{pmatrix}u$$

另外，$y_c=(1,\ -1)\begin{pmatrix}1 & 1\\0 & 1\end{pmatrix}\begin{pmatrix}x_{co}\\x_{c\bar{o}}\end{pmatrix}=(1,\ 0)\begin{pmatrix}x_{co}\\x_{c\bar{o}}\end{pmatrix}$

综合以上两次变换结果，系统按能控性和能观性分解为

$$\begin{pmatrix}\dot{x}_{co}\\\dot{x}_{c\bar{o}}\\\dot{x}_{\bar{c}o}\end{pmatrix}=\begin{pmatrix}-1 & 0 & 1\\1 & -1 & -2\\0 & 0 & -1\end{pmatrix}\begin{pmatrix}x_{co}\\x_{c\bar{o}}\\x_{\bar{c}o}\end{pmatrix}+\begin{pmatrix}1\\0\\0\end{pmatrix}u,\ y=y_c+y_{\bar{c}}=(1,\ 0,\ -2)\begin{pmatrix}x_{co}\\x_{c\bar{o}}\\x_{\bar{c}o}\end{pmatrix}$$

3.1.13 零极点对消与能控能观之间的关系

传递函数矩阵只能反映系统中能控和能观子系统的动力学行为，如果存在不能控或不能观的状态，则会使系统不是“最小实现”。对于单输入单输出系统：

$$\dot{x}=Ax+Bu$$
$$y=Cx$$

要使其是能控且能观的充分必要条件是其传递函数$G(s)=C(sI-A)^{-1}B$的分子分母间没有零极点对消。但对于多输入多输出系统来说，传递函数矩阵没有零极点对消只是系统最小实现的充分条件，即使出现多输入多输出系统零极点对消，这种系统仍有可能是能控且能观的。具体的证明本书从略。

3.2 稳定性与李雅普诺夫方法

3.2.1 经典控制理论中的稳定性

定义（系统稳定性）　系统在遭受外界扰动后偏离原来的平衡状态，系统的稳定性表

示在扰动消失后，系统依靠其自身，恢复到原来的平衡状态的能力。

在经典控制理论的研究中，提出了很多系统稳定性的判据，运用较为广泛的是以下两种稳定性判据。

1. 劳斯（Routh）判据

劳斯判据是一种不必求解方程，直接根据系统的特征方程来判断特征根在 S 平面的位置，从而决定系统的稳定性的方法。

具体步骤则是：

（1）求特征方程　求出线性系统的特征方程$a_n s^n + a_{n-1} s^{n-1} + \cdots + a_1 s^1 + a_0 = 0$。首先判断$a_0 \neq 0$，排除存在零根的情况。

（2）观察特征方程系数　特征方程中所有的系数都不应等于0且必须符号相同。

（3）编制劳斯计算表　当系数都是正数时，编制劳斯计算表。

（4）判定　系统稳定，当且仅当特征方程的全部系数都是正数，并且劳斯表的第一列元素都是正数。

2. 奈奎斯特（Nyquist）判据

奈奎斯特判据是通过检查对应开环系统的奈奎斯特图，而不必准确计算闭环或开环系统的零极点的稳定性判别方法。

奈奎斯特图就是以 ω 为参变量，当 ω 从0到 $+\infty$ 时，频率响应 $G(\mathrm{j}\omega)$ 在复平面上的轨迹，它也是频率特性的极坐标图。

3.2.2　问题提出

经典控制理论的稳定性讨论，只针对单输入单输出的线性系统，系统的稳定性只取决于系统的结构和参数，而与系统的初始条件和外界扰动的大小无关。

而非线性系统的稳定性要复杂得多，不仅与系统的结构和参数有关，还与初始条件和外界扰动的大小都有关系；另外，由于非线性系统平衡位置不唯一，所以其稳定性还与所讨论的平衡位置有关。下面举个实际案例，设一非线性系统状态方程如下，试确定系统的稳定性：

$$\dot{x}_1 = x_2 - x_1(x_1^2 + x_2^2)$$

$$\dot{x}_2 = -x_1 - x_2(x_1^2 + x_2^2)$$

分析发现该方程很难采用经典控制理论的方法确定其稳定性。显然，系统有唯一的平衡状态 $\boldsymbol{x}_e = [0 \quad 0]^{\mathrm{T}}$。那能否找到一个正定的标量函数，该函数对时间的导数为负定，则系统沿任意状态轨迹做自由运动时，该函数总是在连续不断地减小，于是验证了该非线性系统的稳定性。因此，采用什么方法得到这种函数呢？下面就进行相关的介绍。

3.2.3　现代控制理论中的稳定性

在研究运动稳定性时，常限于研究没有外部输入作用时的系统，称之为自治系统。该系统通常具有齐次状态方程

$$\dot{\boldsymbol{x}} = f(\boldsymbol{x}, t), \boldsymbol{x}(t_0) = \boldsymbol{x}_0, t \geqslant t_0$$

式中，$\boldsymbol{x}$ 是 n 维状态矢量；f 是与 $\boldsymbol{x}$ 同维的矢量函数，它是 $\boldsymbol{x}$ 的各元素 x_1，x_2，…，x_n 和时

间 t 的函数。在初始条件作用下，有唯一解

$$\boldsymbol{x}(t)=\boldsymbol{\Phi}(t;\boldsymbol{x}_0,t_0)$$

若系统存在状态矢量 $\boldsymbol{x}_e$，对所有的 t，都有

$$f(\boldsymbol{x}_e,t)\equiv 0 \tag{3-24}$$

成立，则称 $\boldsymbol{x}_e$ 为系统的平衡状态。

应该指出的，对于一个特定的系统，平衡状态不一定存在，有时又会存在不止一个平衡状态。对于一个任意的系统，存在任意一个平衡状态，都可以通过坐标变换的方式，将该平衡状态移动到坐标原点 $\boldsymbol{x}_e=\boldsymbol{0}$ 处。所以在讨论系统稳定状态时，只讨论系统在坐标原点处的稳定性就可以了。

1. 李雅普诺夫意义下的稳定

如图 3-12 所示，$\boldsymbol{x}_e$ 是系统的一个孤立平衡状态，若对于任意选定的实数 $\varepsilon>0$，都对应存在一个实数 $\delta(\varepsilon,t_0)>0$，使得对所有满足

$$\|\boldsymbol{x}_0-\boldsymbol{x}_e\|\leqslant\delta(\varepsilon,t_0) \tag{3-25}$$

的 $\boldsymbol{x}_0$，只要 $t>t_0$，就有

$$\|\boldsymbol{\Phi}(t;\boldsymbol{x}_0,t_0)-\boldsymbol{x}_e\|\leqslant\varepsilon,\ \forall t\in[t_0,\infty] \tag{3-26}$$

则称平衡状态 $\boldsymbol{x}_e$ 为李雅普诺夫意义下的稳定，简称稳定。式中，实数 δ 与 ε 有关，一般还与 t_0 有关。如果 δ 与 t_0 无关，则称这种平衡状态是一致稳定的。

如图 3-12 所示，用 $S(\varepsilon)$ 表示状态空间中以原点为球心、以 ε 为半径的一个球域，$S(\delta)$ 表示另一个半径为 δ 的球域。如果对于任意选定的每一个域 $S(\varepsilon)$，必然存在相应的一个域 $S(\delta)$，$\delta<\varepsilon$，使得在所考虑的整个时间区间内，从域 $S(\delta)$ 内任一点 $\boldsymbol{x}_0$ 出发的受扰运动 $\boldsymbol{\Phi}(t;\ \boldsymbol{x}_0,\ t_0)$ 的轨线都不越出域 $S(\varepsilon)$，那么称平衡状态 $\boldsymbol{x}_e=\boldsymbol{0}$ 是李雅普诺夫意义下稳定的。

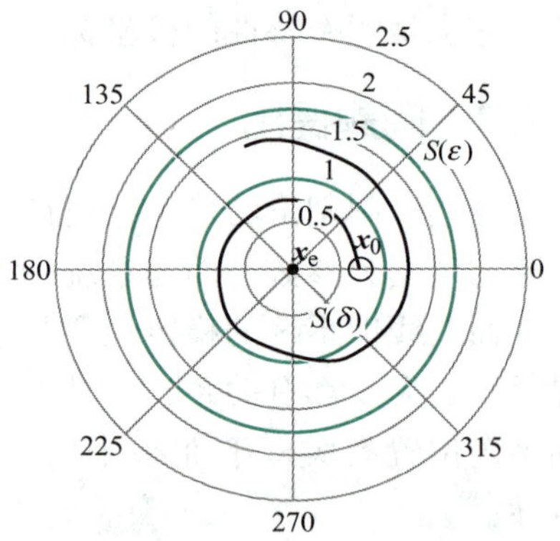

图 3-12 李雅普诺夫意义下的稳定平衡状态

2. 渐近稳定

如果平衡状态 $\boldsymbol{x}_e$ 是稳定的，并且随着 t 的无限增长，状态轨线不仅不会超出 $S(\varepsilon)$，还会最终收敛到平衡状态 $\boldsymbol{x}_e$，则称这种平衡状态 $\boldsymbol{x}_e$ 为渐近稳定的。当平衡状态 $\boldsymbol{x}_e$ 为渐近稳定时，用状态轨线方程表示，必成立

$$\lim_{t\to\infty}\|\boldsymbol{\Phi}(t;\boldsymbol{x}_0,t_0)-\boldsymbol{x}_e\|=0 \tag{3-27}$$

图 3-13 表示了渐近稳定情况下系统的状态轨线。如果原点平衡状态是李雅普诺夫意义下稳定的，而且在时间 t 趋于无穷大时受扰运动 $\boldsymbol{\Phi}(t;\ \boldsymbol{x}_0,\ t_0)$ 收敛到平衡状态 $\boldsymbol{x}_e=\boldsymbol{0}$，且此过程中，都不脱离 $S(\varepsilon)$，则称系统平衡状态是渐近稳定的。渐近稳定在实际应用中比稳定重要，因此确定渐近稳定性的最大范围是十分必要的，它能决定受扰运动为渐近稳定前提下初始扰动 $\boldsymbol{x}_0$ 的最大允许范围。

3. 大范围渐近稳定

相比渐近稳定的情况，初始条件扩展到整个状态空间，且平衡状态 $\boldsymbol{x}_e$ 具有渐近稳定性，当 $t\to\infty$ 时，由状态空间中的任意初始状态 $\boldsymbol{x}_0$ 出发的状态轨迹都收敛于 $\boldsymbol{x}_e$。显然，大范围渐

近稳定的必要条件是在整个状态空间中只有唯一的平衡状态。所以不论稳定状态受到任何扰动，最终都会收敛到 $\boldsymbol{x}_{\mathrm{e}}$。图 3-14 表示了大范围渐近稳定情况下系统的状态轨线。

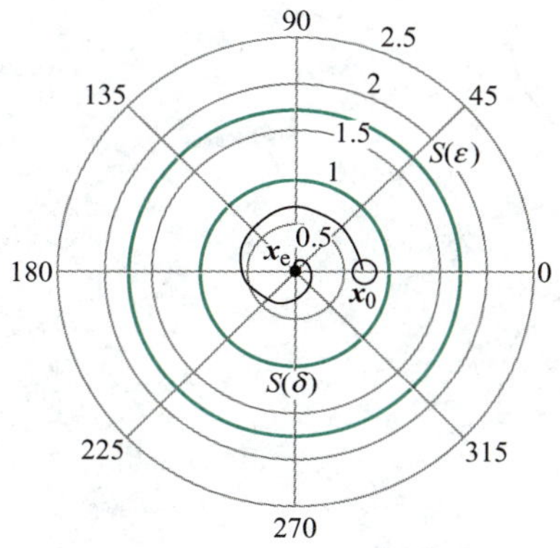

图 3-13 渐近稳定的平衡状态

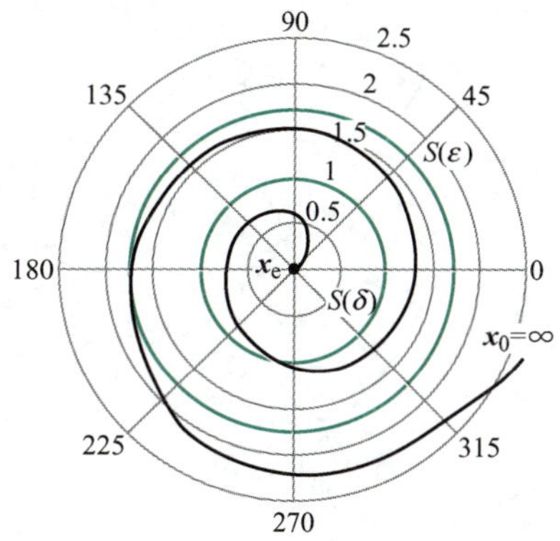

图 3-14 大范围渐近稳定的平衡状态

4. 不稳定

如果存在一个选定的球域 $S(\varepsilon)$，不管把域 $S(\delta)$ 的半径取得多么小，在 $S(\delta)$ 内总存在至少一个点 $\boldsymbol{x}_0$，使由这一状态出发的受扰运动轨线脱离域 $S(\varepsilon)$，则称系统原点平衡状态 $\boldsymbol{x}_{\mathrm{e}}=\boldsymbol{0}$ 是不稳定的。图 3-15 表示了不稳定情况下系统的状态轨线。

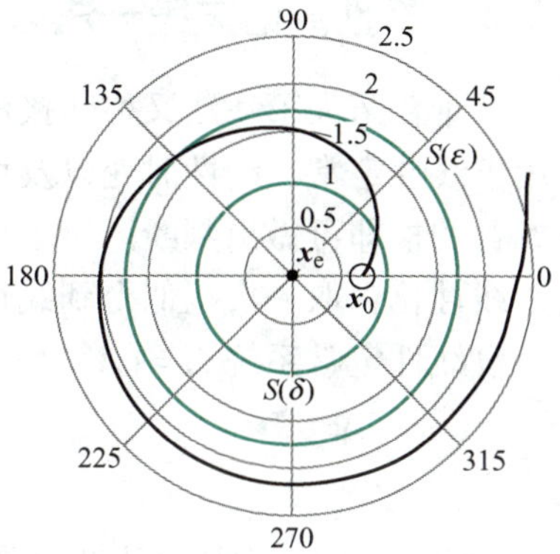

图 3-15 不稳定的状态

必须要指出的是，稳定性问题是相对于某个平衡状态而言的，如果系统存在多个平衡状态，则不同的平衡状态可能表现出不同的稳定性，因此必须逐个分析讨论；但对于线性定常系统，由于只有唯一的一个平衡状态，所以平衡状态的稳定性就是系统的稳定性。

而经典控制理论中，只有渐近稳定的系统才能称为稳定系统。满足李雅普诺夫意义下的稳定，但不满足渐近稳定的系统称为临界稳定系统，这在工程上属于不稳定的系统。

下面通过小球的运动来分析一下稳定性问题。

如图 3-16a 所示，曲面上的小球受到扰动作用后，偏离平衡点 B 到达顶点状态 A、C 之间，获得了一定的能量，而后便开始围绕平衡点 B 往复振荡，若曲面光滑，运动过程不消耗能量，也不从外界吸收能量，小球储能随时间没有变化，则小球将一直等幅振荡下去，称该状态是李雅普诺夫意义下的稳定。

如果图 3-16a 所示的曲面不光滑，小球储存的能量随着时间的推移逐渐衰减，最终到达平衡状态 B 时（见图 3-16b），能量将达到最小值，则称该平衡状态是渐近稳定的。

如果图 3-16a 给出的顶点状态 A、C 不受约束，小球的初始状态可以是整个状态空间（见图 3-16c），且曲面不光滑，小球储能逐渐衰减，最终到达平衡状态 B 时，则称该平衡状态是大范围渐近稳定的。如图 3-16d 所示，如果曲面不存在局部极小值状态，处于曲面顶点 T 的小球会从顶点滚落，因此小球此时的状态是不稳定的。针对图 3-16a，如果小球处于顶

点状态 A、C 之外（左边、右边）且不存在其他局部极小值状态，小球此时的状态也是不稳定的，因此图 3-16a、b 不是大范围渐近稳定的。

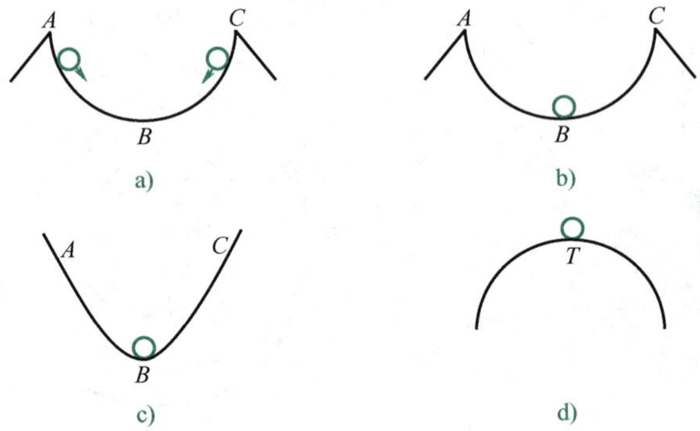

图 3-16　小球运动稳定性分析

a）李雅普诺夫意义下的稳定　b）渐近稳定　c）大范围渐近稳定　d）不稳定

3.2.4　李雅普诺夫第一法

李雅普诺夫第一法又称间接法，它是利用状态方程解的特性来判断系统稳定性的方法，适用于线性定常、线性时变以及可线性化的非线性系统。对于线性定常系统，只需要解出特征方程的根即可做出判断。对于可线性化的非线性系统，即非线性不是很严重的系统，可以通过线性化，取一次近似得到线性化方程，即可根据其特征方程的根做出稳定性判断。

设线性定常系统 $\Sigma=(\boldsymbol{A},\ \boldsymbol{b},\ \boldsymbol{c})$ 的系统状态空间表达式如下：

$$\begin{cases}\dot{\boldsymbol{x}}=\boldsymbol{A}\boldsymbol{x}+\boldsymbol{b}u\\ y=\boldsymbol{c}\boldsymbol{x}\end{cases} \tag{3-28}$$

定义 1（线性定常系统渐近稳定判据）　线性定常系统 $\Sigma=(\boldsymbol{A},\ \boldsymbol{b},\ \boldsymbol{c})$ 的平衡状态 $\boldsymbol{x}_e=\boldsymbol{0}$ 渐近稳定，当且仅当矩阵 $\boldsymbol{A}$ 的所有特征值均具有负实部。系统渐近稳定也被称为状态稳定，即所有的内部状态都有界，又称为内部稳定。工程上更重视的是输出稳定，即如果系统的输入是有界的，由此产生的输出也一定是有界的，这也被称为外部稳定。

定义 2（线性定常系统输出稳定判据）　线性定常系统 $\Sigma=(\boldsymbol{A},\ \boldsymbol{b},\ \boldsymbol{c})$ 输出稳定，当且仅当传递函数 $\boldsymbol{G}(s)=\boldsymbol{c}(s\boldsymbol{I}-\boldsymbol{A})^{-1}\boldsymbol{b}$ 的极点全部位于 s 平面的左半平面。

定义 3（非线性系统的稳定判据）　设非线性系统 Σ 的状态方程如下：

$$\dot{\boldsymbol{x}}=f(\boldsymbol{x},t) \tag{3-29}$$

设该非线性系统 $\Sigma=f(\boldsymbol{x},\ t)$ 的平衡状态为 $\boldsymbol{x}_e$，将矢量函数 $f(\boldsymbol{x},\ t)$ 在 $\boldsymbol{x}_e$ 邻域内展开成泰勒级数

$$\dot{\boldsymbol{x}}=f(\boldsymbol{x})=f(\boldsymbol{x}_e)+\left.\frac{\partial f}{\partial \boldsymbol{x}^{\mathrm{T}}}\right|_{\boldsymbol{x}=\boldsymbol{x}_e}(\boldsymbol{x}-\boldsymbol{x}_e)+\boldsymbol{R}(\boldsymbol{x}) \tag{3-30}$$

式中，$\boldsymbol{R}(x)$ 是级数展开式中的高阶导数项。若令 $\Delta\boldsymbol{x}=\boldsymbol{x}-\boldsymbol{x}_e$，$\boldsymbol{A}=\left.\dfrac{\partial f}{\partial \boldsymbol{x}^{\mathrm{T}}}\right|_{\boldsymbol{x}=\boldsymbol{x}_e}$，则可以得到系统的线性化方程

$$\Delta \dot{x} = A\Delta x \tag{3-31}$$

这称为雅可比（Jacobi）线性化。

在此种线性化的基础上，可以得到如下结论：

1）如果系数矩阵 A 的所有特征值都具有负实部，那么原非线性系统在平衡状态 x_e 是渐近稳定的，且与 $R(x)$ 无关。

2）如果系数矩阵 A 的特征值至少有一个具有正实部，则原非线性系统的平衡状态 x_e 是不稳定的，且与 $R(x)$ 无关。

3）如果系数矩阵 A 的特征值有一个以上的实部为零，其余特征值都具有负实部（即线性化系统处于临界稳定状态），那么原非线性系统的平衡状态 x_e 的稳定性取决于 $R(x)$，第一方法不能判断，须用第二方法。

3.2.5　内、外部稳定性分析实际案例

【例 3-13】

设系统的状态空间表达式为

$$\dot{x} = \begin{pmatrix} -1 & 0 \\ 0 & 1 \end{pmatrix} x + \begin{pmatrix} 1 \\ 1 \end{pmatrix} u,\quad y = (1,\ 0)x$$

分析该系统的渐近稳定性与输出稳定性。

解：（1）由矩阵 A 的特征方程

$$\det(\lambda I - A) = (\lambda + 1)(\lambda - 1) = 0$$

可得特征值 $\lambda_1 = -1$，$\lambda_2 = 1$。λ_2 大于 0，所以该系统不是渐近稳定的，即内部不稳定。

（2）由系统的传递函数

$$G(s) = c(sI - A)^{-1}b = (1,\ 0)\begin{pmatrix} s+1 & 0 \\ 0 & s-1 \end{pmatrix}^{-1}\begin{pmatrix} 1 \\ 1 \end{pmatrix}$$

$$= \frac{s-1}{(s+1)(s-1)} = \frac{1}{s+1}$$

故系统输出稳定，即外部稳定。为探究同一个系统的内部稳定性和外部稳定性为什么会不同的问题，需要画出该系统的框图，如图 3-17 所示。

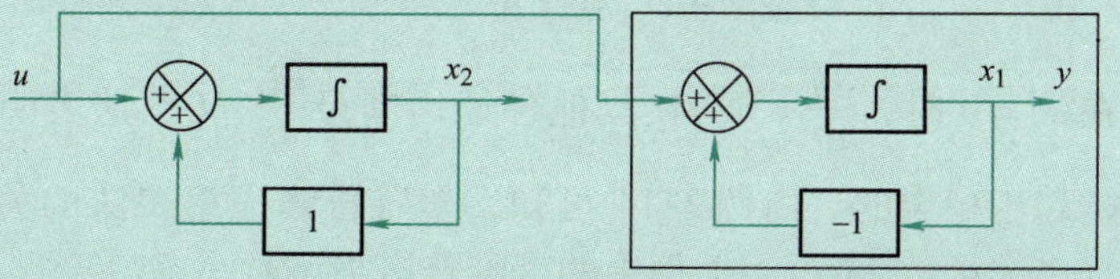

图 3-17　系统框图

从系统框图中可以看出，该系统仅输出了方框中的状态 x_1，而状态 x_2 仅作为内部状态。从传递函数中可以看出，发生了零极点对消，实部大于 0 的特征根被抵消，所以系统外部稳定，但是内部不稳定。

从系统内部稳定和外部稳定的定义和性质，以及实例可以推出：

1）如果线性定常系统是内部稳定的，则其必定是外部稳定的。

2）如果线性定常系统是外部稳定的，则不能保证系统必定是内部稳定的。

3）如果线性定常系统为最小实现，即传递函数不发生零极点对消，则其内部稳定性与外部稳定性等价。

3.2.6 李雅普诺夫第二法构造能量函数

李雅普诺夫第二法又称直接法。与第一法不同，它并不直接求解系统的特征方程，而是在用能量观点分析稳定性的基础上建立起来的。如果系统平衡点渐近稳定，则系统储存的能量将随着时间推移而衰减。当趋于平衡点时，其能量将达到最小值。反之，如果平衡点不稳定，则系统储存的能量将越来越大。因此，可以构造系统能量的正定函数，通过考察该函数随时间推移是否衰减，就可以判断系统平衡态的稳定性。

【例 3-14】

现有一弹簧-质量块-阻尼器系统，如图 3-18 所示。系统的运动由如下微分方程描述：

$$m\ddot{x}+f\dot{x}+kx=0$$

设 $m=1$，则有 $\ddot{x}+f\dot{x}+kx=0$，请分析系统的稳定性。

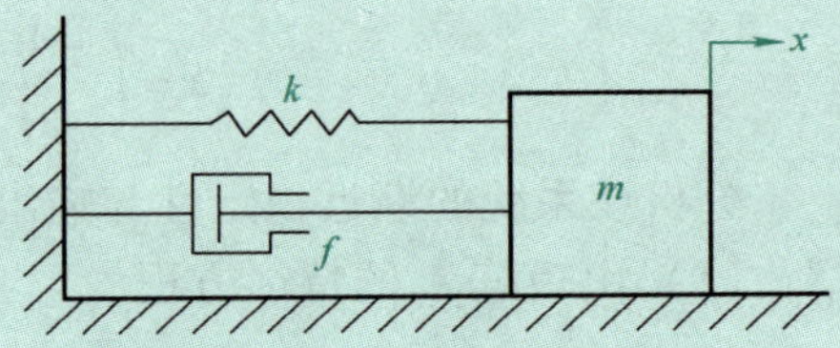

图 3-18 弹簧-质量块-阻尼器系统

解：选取位移和速度为状态变量 $x_1=x$，$x_2=\dot{x}=\dot{x}_1$

则系统的状态方程为

$$\dot{x}_1=x_2,\ \dot{x}_2=-kx_1-fx_2$$

在任意时刻，系统的总能量为

$$E(x_1,x_2)=\frac{1}{2}x_2^2+\frac{1}{2}kx_1^2$$

显然，当 x 不为零时，$E(x)>0$，而当 $x=0$ 时，$E(0)=0$。

将状态方程代入后，总能量随时间的变化率为

$$\frac{\mathrm{d}}{\mathrm{d}t}E(x_1,x_2)=\frac{\partial E}{\partial x_1}\frac{\mathrm{d}x_1}{\mathrm{d}t}+\frac{\partial E}{\partial x_2}\frac{\mathrm{d}x_2}{\mathrm{d}t}=kx_1\dot{x}_1+x_2\dot{x}_2=-fx_2^2$$

可见，只有在 $x_2=0$ 时，$\frac{\mathrm{d}E}{\mathrm{d}t}=0$，在其他各处均满足 $\frac{\mathrm{d}E}{\mathrm{d}t}<0$，这表明系统总能量是衰减的，因此系统是趋于稳定的。由例 3-14 可知，李雅普诺夫第二法的关键是寻找一个标量函数，即李雅普诺夫函数 $V(x)$。上例中的李雅普诺夫函数是 $E(x_1,x_2)$。

3.2.7 李雅普诺夫第二法预备知识

1. 标量函数的符号性质

$V(\boldsymbol{x})$ 是由 n 维矢量 $\boldsymbol{x}$ 所定义的标量函数，$\boldsymbol{x}\in\Omega$，且在 $\boldsymbol{x}=\boldsymbol{0}$ 处，恒有 $V(\boldsymbol{x})=0$。所有在矢量空间中的任何非零矢量 $\boldsymbol{x}$，如果：

1）$V(\boldsymbol{x})>0$，则称 $V(\boldsymbol{x})$ 为正定的。

2）$V(\boldsymbol{x})\geqslant 0$，则称 $V(\boldsymbol{x})$ 为半正定（或非负定）的。

3）$V(\boldsymbol{x})<0$，则称 $V(\boldsymbol{x})$ 为负定的。

4）$V(\boldsymbol{x})\leqslant 0$，则称 $V(\boldsymbol{x})$ 为半负定（或非正定）的。

5）$V(\boldsymbol{x})>0$ 或 $V(\boldsymbol{x})<0$，则称 $V(\boldsymbol{x})$ 为不定的。

【例 3-15】

判断下列各函数的符号性质：

(1) 设标量函数为 $$V(\boldsymbol{x})=x_1^2+2x_2^2$$

因为 $V(\boldsymbol{0})=0$，且对于任意非零 $\boldsymbol{x}$，$V(\boldsymbol{x})>0$，所以 $V(\boldsymbol{x})$ 为正定的。

(2) $V(\boldsymbol{x})=(x_1+x_2)^2$，为半正定。

(3) $V(\boldsymbol{x})=-x_1^2-(3x_1+2x_2)^2$，为负定。

(4) $V(\boldsymbol{x})=2x_1x_2+x_2^2=(x_1+x_2)^2-x_1^2$，为不定。

2. 二次型标量函数

设 x_1，x_2，…，x_n 为 n 个变量，定义二次型标量函数为

$$V(\boldsymbol{x})=\boldsymbol{x}^{\mathrm{T}}\boldsymbol{P}\boldsymbol{x}=(x_1,\quad x_2,\quad \cdots,\quad x_n)\begin{pmatrix}p_{11} & p_{12} & \cdots & p_{1n}\\ p_{21} & p_{22} & \cdots & p_{2n}\\ \vdots & \vdots & & \vdots\\ p_{n1} & p_{n2} & \cdots & p_{nn}\end{pmatrix}\begin{pmatrix}x_1\\ x_2\\ \vdots\\ x_n\end{pmatrix} \tag{3-32}$$

式中，$\boldsymbol{P}$ 为实对称矩阵，$p_{ij}=p_{ji}$。则必存在正交矩阵 $\boldsymbol{T}$，满足$\boldsymbol{T}^{\mathrm{T}}=\boldsymbol{T}^{-1}$，使得 $V(\boldsymbol{x})$ 经过 $\boldsymbol{x}=\boldsymbol{T}\bar{\boldsymbol{x}}$变换得

$$V(\boldsymbol{x})=\boldsymbol{x}^{\mathrm{T}}\boldsymbol{P}\boldsymbol{x}=\bar{\boldsymbol{x}}^{\mathrm{T}}\boldsymbol{T}^{\mathrm{T}}\boldsymbol{P}\boldsymbol{T}\bar{\boldsymbol{x}}=\bar{\boldsymbol{x}}^{\mathrm{T}}(\boldsymbol{T}^{-1}\boldsymbol{P}\boldsymbol{T})\bar{\boldsymbol{x}}$$

$$=\bar{\boldsymbol{x}}^{\mathrm{T}}\begin{pmatrix}\lambda_1 & & & \\ & \lambda_2 & & \\ & & \ddots & \\ & & & \lambda_n\end{pmatrix}\bar{\boldsymbol{x}}=\sum_{i=1}^{n}\lambda_i\bar{x}_i^2 \tag{3-33}$$

式(3-33) 是二次型函数的标准形，只包含变量的二次方项。式中，λ_i是对称矩阵 $\boldsymbol{P}$ 的特征值，且均为实数。所以 $V(\boldsymbol{x})$ 正定当且仅当对称矩阵 $\boldsymbol{P}$ 的所有特征值 λ_i均大于零。

现对 $V(\boldsymbol{x})=\boldsymbol{x}^{\mathrm{T}}\boldsymbol{P}\boldsymbol{x}$ 中 $\boldsymbol{P}$ 符号定义如下：

1）若 $V(\boldsymbol{x})$ 正定，则称 $\boldsymbol{P}$ 为正定的，记作 $\boldsymbol{P}>\boldsymbol{0}$。

2）若 $V(\boldsymbol{x})$ 负定，则称 $\boldsymbol{P}$ 为负定的，记作 $\boldsymbol{P}<\boldsymbol{0}$。

3）若 $V(\boldsymbol{x})$ 半正定，则称 $\boldsymbol{P}$ 为半正定的，记作 $\boldsymbol{P}\geqslant\boldsymbol{0}$。

4）若 $V(\boldsymbol{x})$ 半负定，则称 $\boldsymbol{P}$ 为半负定的，记作 $\boldsymbol{P}\leqslant\boldsymbol{0}$。

可见，$\boldsymbol{P}$ 与 $V(\boldsymbol{x})$ 的符号性质完全一致，要判断 $V(\boldsymbol{x})$ 的符号只需要判断 $\boldsymbol{P}$ 的符号即可。而 $\boldsymbol{P}$ 的符号可以通过西尔维斯特（Sylvester）判据进行判定。

3. 西尔维斯特（Sylvester）判据

设实对称矩阵

$$P = \begin{pmatrix} p_{11} & p_{12} & \cdots & p_{1n} \\ p_{21} & p_{22} & \cdots & p_{2n} \\ \vdots & \vdots & & \vdots \\ p_{n1} & p_{n2} & \cdots & p_{nn} \end{pmatrix},\ p_{ij} = p_{ji} \tag{3-34}$$

$\Delta_i(i=1,2,\cdots,n)$ 为其各阶顺序主子行列式：

$$\Delta_1 = p_{11},\ \Delta_2 = \begin{vmatrix} p_{11} & p_{12} \\ p_{21} & p_{22} \end{vmatrix},\ \cdots,\ \Delta_n = |P| \tag{3-35}$$

矩阵 P 定号性的充要条件是：

1）若 $\Delta_i > 0$ $(i=1,2,\cdots,n)$，则 P 为正定的（$P>0$）。

2）若 $\Delta_i \begin{cases} <0, & i\text{ 为奇数} \\ >0, & i\text{ 为偶数} \end{cases}$，则 P 为负定的（$P<0$）。

3）若 $\Delta_i \begin{cases} \geqslant 0, & i=1,2,\cdots,n-1 \\ =0, & i=n \end{cases}$，则 P 为半正定（非负定）的（$P\geqslant 0$）。

4）若 $\Delta_i \begin{cases} \geqslant 0, & i\text{ 为偶数} \\ \leqslant 0, & i\text{ 为奇数} \\ =0, & i=n \end{cases}$，则 P 为半负定（非正定）的（$P\leqslant 0$）。

因此可以通过构造正定的实对称矩阵 P，得到正定的二次型函数 $V(x)$，从而得到正定的李雅普诺夫函数。

3.2.8 李雅普诺夫第二法稳定判据

使用李雅普诺夫第二法对系统进行稳定性分析时，可以概括为以下几个稳定性判据。

设系统的状态方程为 $\dot{x} = f(x)$，平衡状态为 $x_e = 0$，满足 $f(x_e) = 0$。

定理 3.2（渐近稳定和大范围渐近稳定的判别定理） 如果存在一个标量函数 $V(x)$，满足：

1）$V(x) > 0$，函数本身正定。

2）$V(x)$ 函数对所有的 x 都有连续的一阶导数，且 $\dot{V}(x)$ 负定，即

$$\dot{V}(x) = \left(\frac{\partial V}{\partial x_1},\ \frac{\partial V}{\partial x_2},\ \cdots,\ \frac{\partial V}{\partial x_n}\right)\begin{pmatrix} \dot{x}_1 \\ \vdots \\ \dot{x}_2 \end{pmatrix} < 0 \tag{3-36}$$

则系统在平衡状态 $x_e = 0$ 是渐近稳定的，称 $V(x)$ 是系统的一个李雅普诺夫函数；或者虽然函数的一阶导数为半负定，但对任意初始状态 $x(t_0) \neq 0$ 来说，除去 $x = 0$ 外，对 $x \neq 0$，$\dot{V}(x)$ 不恒为零。如图 3-19a 所示，运动轨迹只在某个时刻与某个曲面 $V(x) = C$ 相切，通过切点后继续向原点收敛，那么系统在平衡状态 $x_e = 0$ 也是渐近稳定的。

当 $V(x)$ 运动轨迹在某个时刻后，落在了曲面 $V(x) = C$ 上，而不收敛于原点，使 $\dot{V}(x)$ 恒等于零（见图 3-19b），将出现类似非线性系统中的极限环或线性系统中的临界稳定现象。

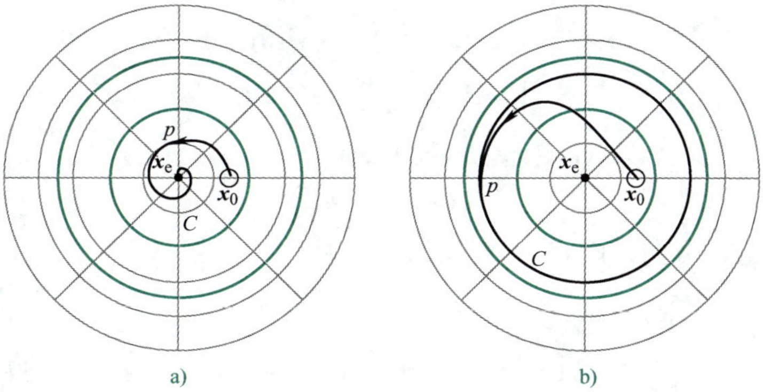

图 3-19 $\dot{V}(\boldsymbol{x})$ 等于零时的运动分析

a) $\dot{V}(\boldsymbol{x})$ 不恒等于零 b) $\dot{V}(\boldsymbol{x})$ 恒等于零

3）进一步，若

$$\lim_{\|\boldsymbol{x}\|\to\infty} V(\boldsymbol{x})\to\infty \tag{3-37}$$

则系统在平衡状态 $\boldsymbol{x}_e=\boldsymbol{0}$ 是大范围渐近稳定的。

定理 3.3（稳定的判别定理） 如果存在一个标量函数 $V(\boldsymbol{x})$ 满足：

1）$V(\boldsymbol{x})>0$，函数本身正定。

2）函数的一阶导数半负定，即

$$\dot{V}(\boldsymbol{x})=\left(\frac{\partial V}{\partial x_1}, \frac{\partial V}{\partial x_2}, \cdots, \frac{\partial V}{\partial x_n}\right)f(\boldsymbol{x})\leqslant 0 \tag{3-38}$$

则系统在平衡状态 $\boldsymbol{x}_e=\boldsymbol{0}$ 是李雅普诺夫意义下的稳定。

定理 3.4（不稳定的判别定理） 如果存在一个标量函数 $V(\boldsymbol{x})$ 满足：

1）$V(\boldsymbol{x})>0$，函数本身正定。

2）函数的一阶导数也为正定，即

$$\dot{V}(\boldsymbol{x})=\left(\frac{\partial V}{\partial x_1}, \frac{\partial V}{\partial x_2}, \cdots, \frac{\partial V}{\partial x_n}\right)f(\boldsymbol{x})>0 \tag{3-39}$$

则系统在平衡状态 $\boldsymbol{x}_e=\boldsymbol{0}$ 是不稳定的。

可见，判据中的标量函数 $V(\boldsymbol{x})$ 均要求正定，因此一般构造为二次型形式。

3.2.9 李雅普诺夫第二法实际案例

【例 3-16】

设系统状态方程为下式，试确定系统的稳定性。

$$\dot{x}_1=x_2-x_1(x_1^2+x_2^2)$$

$$\dot{x}_2=-x_1-x_2(x_1^2+x_2^2)$$

解：1）先判断平衡点：显然，系统有唯一的平衡状态

$$\boldsymbol{x}_e=\begin{pmatrix}0\\0\end{pmatrix}$$

满足
$$\begin{cases} x_2 - x_1(x_1^2 + x_2^2) = 0 \\ -x_1 - x_2(x_1^2 + x_2^2) = 0 \end{cases}$$

2）任意选取二次型形式正定标量函数 $V(\boldsymbol{x})$：
$$V(\boldsymbol{x}) = x_1^2 + x_2^2$$
则沿任意状态轨迹的方向，$V(\boldsymbol{x})$ 对时间的导数为
$$\begin{aligned}\dot{V}(\boldsymbol{x}) &= 2x_1\dot{x}_1 + 2x_2\dot{x}_2 \\ &= 2x_1[x_2 - x_1(x_1^2 + x_2^2)] + 2x_2[-x_1 - x_2(x_1^2 + x_2^2)] \\ &= -2(x_1^2 + x_2^2)^2 < 0\end{aligned}$$
为负定。

3）判断稳定性：$\dot{V}(\boldsymbol{x})$ 负定意味着系统沿任意状态轨迹做自由运动时，$V(\boldsymbol{x})$ 总是在连续不断地减小，因此 $V(\boldsymbol{x})$ 是一个满足判据条件的李雅普诺夫函数。由于当 $\|\boldsymbol{x}\| \to \infty$ 时，$V(\boldsymbol{x}) \to \infty$，所以系统在原点处的平衡状态是大范围渐近稳定的。由此可见，李雅普诺夫稳定性定理可应用于非线性系统。

【例 3-17】

设系统状态方程为下式，试确定系统的稳定性。
$$\begin{cases} \dot{x}_1 = x_2 \\ \dot{x}_2 = -x_1 - x_2 \end{cases}$$

解： 方法一：

1）原点是平衡状态。

2）取 $V(\boldsymbol{x}) = x_1^2 + x_2^2$，则
$$\dot{V}(\boldsymbol{x}) = 2x_1\dot{x}_1 + 2x_2\dot{x}_2 = 2x_1x_2 + 2x_2(-x_1 - x_2) = -2x_2^2$$
有
$$\begin{cases} \dot{V}(\boldsymbol{x}) = 0, x_2 = 0, \forall x_1 \\ \dot{V}(\boldsymbol{x}) < 0, \text{其他} \end{cases}$$
所以 $\dot{V}(\boldsymbol{x})$ 半负定。但由系统状态方程知，当 $x_2 = 0$ 时，必有 $x_1 = 0$，所以 $\dot{V}(\boldsymbol{x}) = 0$ 只有全零解，系统在原点处是渐近稳定的。

3）当 $\|\boldsymbol{x}\| \to \infty$ 时，$V(\boldsymbol{x}) \to \infty$，系统在原点处大范围渐近稳定。

方法二：

1）原点是平衡状态。

2）取 $V(\boldsymbol{x}) = 2x_1^2 + x_2^2 > 0$，则
$$\dot{V}(\boldsymbol{x}) = 4x_1\dot{x}_1 + 2x_2\dot{x}_2 = 2x_2(x_1 - x_2)$$

3） $\dot{V}(\boldsymbol{x})$ 不定，故无法判定原点是否稳定。

方法三：

1） 原点是平衡状态。

2） 取 $V(\boldsymbol{x})=\dfrac{1}{2}[(x_1+x_2)^2+2x_1^2+x_2^2]>0$，则 $\dot{V}(\boldsymbol{x})=-(x_1^2+x_2^2)<0$。

3） $\dot{V}(\boldsymbol{x})$ 负定，所以系统在原点处大范围渐近稳定。

由上述例题可以看出，使用李雅普诺夫第二法判断系统的稳定性，关键在于 $V(\boldsymbol{x})$ 的选取：方法三效果最好，直接能得出大范围渐近稳定的结论；方法二最差，无法判断是否稳定；方法一居中，可得出稳定，经过讨论，最后也能得出大范围渐近稳定的结论。

3.2.10 李雅普诺夫函数的性质

由稳定性判据可知，运用李雅普诺夫第二法的关键在于寻找一个满足判据条件的李雅普诺夫函数 $V(\boldsymbol{x})$。但是这一理论并没有给出构造 $V(\boldsymbol{x})$ 的一般方法。所以实际应用李雅普诺夫第二法分析系统并不是一件简单的事。因此，有必要分析一下 $V(\boldsymbol{x})$ 的属性。

1） $V(\boldsymbol{x})$ 是一个正定标量函数，必须包含所有状态，且对 $\boldsymbol{x}$ 具有连续一阶偏导数。

2） $V(\boldsymbol{x})$ 非唯一，但并不影响结论的一致性。

3） $V(\boldsymbol{x})$ 最简单的形式是二次型函数 $V(\boldsymbol{x})=\boldsymbol{x}^{\mathrm{T}}\boldsymbol{P}\boldsymbol{x}$。

4） 若 $V(\boldsymbol{x})=\sum x_i^2$，表示从原点至 $\boldsymbol{x}$ 点的距离，$\dot{V}(\boldsymbol{x})$ 便表征了系统相对原点的运动速度。$\dot{V}(\boldsymbol{x})<0$，则原点必然渐近稳定；$\dot{V}(\boldsymbol{x})\leqslant 0$，原点为李雅普诺夫意义下稳定；$\dot{V}(\boldsymbol{x})>0$，原点不稳定。

5） $V(\boldsymbol{x})$ 只表示系统在平衡状态附近某邻域内局部运动稳定情况。

6） $V(\boldsymbol{x})$ 主要用于别的方法无效或难以判别稳定性的问题，如高阶的非线性系统或时变系统。

3.2.11 线性系统中的李雅普诺夫方法

李雅普诺夫第二法不仅可以用于分析线性定常系统的稳定性，而且对线性时变系统以及线性离散系统也能给出相应的稳定性判据。

1. 线性定常连续系统的渐近稳定判据

设线性定常连续系统为

$$\dot{\boldsymbol{x}}=\boldsymbol{A}\boldsymbol{x} \tag{3-40}$$

则平衡状态 $\boldsymbol{x}_{\mathrm{e}}=\boldsymbol{0}$ 为大范围渐近稳定的充要条件是：

1） $\boldsymbol{A}$ 的特征根均具有负实部（李雅普诺夫第一法结论）。

2） 系统存在李雅普诺夫函数 $V(\boldsymbol{x})$（李雅普诺夫第二法结论）。

3） 对任意给定的正定实对称矩阵 $\boldsymbol{Q}$，必存在正定实对称矩阵 $\boldsymbol{P}$，满足李雅普诺夫方程

$$\boldsymbol{A}^{\mathrm{T}}\boldsymbol{P}+\boldsymbol{P}\boldsymbol{A}=-\boldsymbol{Q} \tag{3-41}$$

现给出条件 3 充分必要性的证明如下。

证明：必要性：

设对称矩阵 $\boldsymbol{Q}>\boldsymbol{0}$，令

$$\boldsymbol{P}=\int_0^{+\infty}\mathrm{e}^{\boldsymbol{A}^{\mathrm{T}}t}\boldsymbol{Q}\,\mathrm{e}^{\boldsymbol{A}t}\mathrm{d}t$$

显然有 $\boldsymbol{P}>\boldsymbol{0}$，且有

$$\begin{aligned}\boldsymbol{A}^{\mathrm{T}}\boldsymbol{P}+\boldsymbol{P}\boldsymbol{A}&=\boldsymbol{A}^{\mathrm{T}}\int_0^{+\infty}\mathrm{e}^{\boldsymbol{A}^{\mathrm{T}}t}\boldsymbol{Q}\mathrm{e}^{\boldsymbol{A}t}\mathrm{d}t+\int_0^{+\infty}\mathrm{e}^{\boldsymbol{A}^{\mathrm{T}}t}\boldsymbol{Q}\mathrm{e}^{\boldsymbol{A}t}\mathrm{d}t\boldsymbol{A}\\&=\int_0^{+\infty}(\boldsymbol{A}^{\mathrm{T}}\mathrm{e}^{\boldsymbol{A}^{\mathrm{T}}t}\boldsymbol{Q}\mathrm{e}^{\boldsymbol{A}t}+\mathrm{e}^{\boldsymbol{A}^{\mathrm{T}}t}\boldsymbol{Q}\mathrm{e}^{\boldsymbol{A}t}\boldsymbol{A})\mathrm{d}t\\&=\int_0^{+\infty}\mathrm{d}(\mathrm{e}^{\boldsymbol{A}^{\mathrm{T}}t}\boldsymbol{Q}\mathrm{e}^{\boldsymbol{A}t})=\mathrm{e}^{\boldsymbol{A}^{\mathrm{T}}t}\boldsymbol{Q}\mathrm{e}^{\boldsymbol{A}t}\Big|_0^{+\infty}\end{aligned}$$

因为系统渐近稳定，由条件1）可知 $\boldsymbol{A}$ 的特征根均具有负实部，则有

$$\lim_{t\to+\infty}\mathrm{e}^{\boldsymbol{A}t}=\lim_{t\to+\infty}\mathrm{e}^{\boldsymbol{A}^{\mathrm{T}}t}=0$$

代入得

$$\boldsymbol{A}^{\mathrm{T}}\boldsymbol{P}+\boldsymbol{P}\boldsymbol{A}=\mathrm{e}^{\boldsymbol{A}^{\mathrm{T}}t}\boldsymbol{Q}\,\mathrm{e}^{\boldsymbol{A}t}\Big|_0^{+\infty}=-\boldsymbol{Q}$$

即条件3成立。

充分性：

此时系统的稳定性未知，特征根可能为复数，因此定义复数域上的内积：

$$<\boldsymbol{x},\boldsymbol{y}>=\boldsymbol{x}^{\mathrm{T}}\boldsymbol{P}\,\bar{\boldsymbol{y}}\tag{3-42}$$

令特征值 $\lambda\in\sigma(\boldsymbol{A})$（表示 $\boldsymbol{A}$ 的谱，特征值的集合），$\boldsymbol{x}\neq\boldsymbol{0}$ 为对应的特征矢量，即 $\boldsymbol{A}\boldsymbol{x}=\lambda\boldsymbol{x}$，则

$$\begin{aligned}\langle\boldsymbol{A}\boldsymbol{x},\boldsymbol{x}\rangle+\langle\boldsymbol{x},\boldsymbol{A}\boldsymbol{x}\rangle&=\boldsymbol{x}^{\mathrm{T}}\boldsymbol{A}^{\mathrm{T}}\boldsymbol{P}\bar{\boldsymbol{x}}+\boldsymbol{x}^{\mathrm{T}}\boldsymbol{P}\bar{\boldsymbol{A}}\,\bar{\boldsymbol{x}}\\&=\boldsymbol{x}^{\mathrm{T}}(\boldsymbol{A}^{\mathrm{T}}\boldsymbol{P}+\boldsymbol{P}\bar{\boldsymbol{A}})\bar{\boldsymbol{x}}=-\boldsymbol{x}^{\mathrm{T}}\boldsymbol{Q}\bar{\boldsymbol{x}}\end{aligned}$$

同时，

$$\begin{aligned}\langle\boldsymbol{A}\boldsymbol{x},\boldsymbol{x}\rangle+\langle\boldsymbol{x},\boldsymbol{A}\boldsymbol{x}\rangle&=\langle\lambda\boldsymbol{x},\boldsymbol{x}\rangle+\langle\boldsymbol{x},\lambda\boldsymbol{x}\rangle\\&=\lambda\boldsymbol{x}^{\mathrm{T}}\boldsymbol{P}\,\bar{\boldsymbol{x}}+\boldsymbol{x}^{\mathrm{T}}\boldsymbol{P}\bar{\lambda}\,\bar{\boldsymbol{x}}\\&=(\lambda+\bar{\lambda})\boldsymbol{x}^{\mathrm{T}}\boldsymbol{P}\bar{\boldsymbol{x}}=2\mathrm{Re}(\lambda)\cdot\boldsymbol{x}^{\mathrm{T}}\boldsymbol{P}\bar{\boldsymbol{x}}\end{aligned}$$

联立得 $\langle\boldsymbol{A}\boldsymbol{x},\boldsymbol{x}\rangle+\langle\boldsymbol{x},\boldsymbol{A}\boldsymbol{x}\rangle=2\mathrm{Re}(\lambda)\cdot\boldsymbol{x}^{\mathrm{T}}\boldsymbol{P}\,\bar{\boldsymbol{x}}=-\boldsymbol{x}^{\mathrm{T}}\boldsymbol{Q}\,\bar{\boldsymbol{x}}<0$

由二次型函数的性质，得 $\boldsymbol{P}>\boldsymbol{0}\Leftrightarrow\boldsymbol{x}^{\mathrm{T}}\boldsymbol{P}\,\bar{\boldsymbol{x}}>0$。上文证明中 $\bar{\boldsymbol{x}}$、$\bar{\boldsymbol{y}}$ 分别是 $\boldsymbol{x}$、$\boldsymbol{y}$ 的共轭。

则 $\mathrm{Re}(\lambda)<0$，即 $\boldsymbol{A}$ 的特征值具有负实部，系统渐近稳定。即当条件3成立时，系统渐近稳定。综上，系统渐近稳定的充要条件为上述3条，在使用该判据进行系统稳定性判定时，需要注意以下几点：

1）实际应用时，通常是先选取一个正定矩阵 $\boldsymbol{Q}$，代入李雅普诺夫方程解出矩阵 $\boldsymbol{P}$，再判定 $\boldsymbol{P}$ 的正定性，进而做出系统渐近稳定的结论。

2）为了方便计算，常取 $\boldsymbol{Q}=\boldsymbol{I}$，这时 $\boldsymbol{P}$ 应满足 $\boldsymbol{A}^{\mathrm{T}}\boldsymbol{P}+\boldsymbol{P}\boldsymbol{A}=-\boldsymbol{I}$。

3）若 $\dot{V}(\boldsymbol{x})$ 沿任一轨迹不恒等于零，那么 $\boldsymbol{Q}$ 可取为半正定的。

4）上述判据所确定的条件与矩阵 $\boldsymbol{A}$ 的特征值具有负实部的条件等价，因而判据所给出的条件是充分必要的。

2. 线性时变连续系统的渐近稳定判据

设线性时变连续系统为

$$\dot{\boldsymbol{x}} = \boldsymbol{A}(t)\boldsymbol{x} \tag{3-43}$$

则平衡状态 $\boldsymbol{x}_e = \boldsymbol{0}$ 为大范围渐近稳定的充要条件是：对于任意给定的连续对称正定矩阵 $\boldsymbol{Q}(t)$，必存在一个连续对称正定矩阵 $\boldsymbol{P}(t)$，满足

$$\dot{\boldsymbol{P}}(t) = -\boldsymbol{A}^{\mathrm{T}}(t)\boldsymbol{P}(t) - \boldsymbol{P}(t)\boldsymbol{A}(t) - \boldsymbol{Q}(t) \tag{3-44}$$

式(3-44) 是里卡蒂（Riccati）矩阵微分方程的特殊情况。系统的一个李雅普诺夫函数为

$$V(\boldsymbol{x},t) = \boldsymbol{x}^{\mathrm{T}}(t)\boldsymbol{P}(t)\boldsymbol{x}(t) \tag{3-45}$$

需要注意线性时变系统不可以直接用特征值方法判断其稳定性。例如，以下两个系统：

$$\Sigma_1: \dot{\boldsymbol{x}}(t) = \boldsymbol{A}(t)\boldsymbol{x}(t) = \begin{pmatrix} a & de^{-rt} \\ ce^{rt} & b \end{pmatrix}\boldsymbol{x}(t) \quad (a,b,c,d,r \in \mathbf{R})$$

$$\Sigma_2: \dot{\boldsymbol{x}}(t) = \boldsymbol{A}\boldsymbol{x}(t) = \begin{pmatrix} a & d \\ c & b \end{pmatrix}\boldsymbol{x}(t) \quad (a,b,c,d \in \mathbf{R})$$

两个系统的特征值完全相同，但是两者的稳定性没有任何关系。

3. 线性定常离散时间系统的渐近稳定判据

设线性定常离散时间系统的状态方程为

$$\boldsymbol{x}(k+1) = \boldsymbol{G}\boldsymbol{x}(k) \tag{3-46}$$

则平衡状态 $\boldsymbol{x}_e = \boldsymbol{0}$ 处渐近稳定的充要条件是：对任意给定的正定实对称矩阵 $\boldsymbol{Q}$，必存在一个正定实对称矩阵 $\boldsymbol{P}$，满足

$$\boldsymbol{G}^{\mathrm{T}}\boldsymbol{P}\boldsymbol{G} - \boldsymbol{P} = -\boldsymbol{Q} \tag{3-47}$$

而系统的李雅普诺夫函数为正定：

$$V[\boldsymbol{x}(k)] = \boldsymbol{x}^{\mathrm{T}}(k)\boldsymbol{P}\boldsymbol{x}(k) \tag{3-48}$$

根据渐近稳定判据要求：$\Delta V[\boldsymbol{x}(k)] = V[\boldsymbol{x}(k+1)] - V[\boldsymbol{x}(k)] = -\boldsymbol{x}^{\mathrm{T}}(k)\boldsymbol{Q}\boldsymbol{x}(k)$ 为负定，将式(3-48) 代入，式(3-47) 即可得证。

4. 线性时变离散时间系统的渐近稳定判据

设线性时变离散系统的状态方程为

$$\boldsymbol{x}(k+1) = \boldsymbol{G}(k+1,k)\boldsymbol{x}(k) \tag{3-49}$$

则平衡状态 $\boldsymbol{x}_e = \boldsymbol{0}$ 为大范围渐近稳定的充要条件是：对任意给定的正定实对称矩阵 $\boldsymbol{Q}(k)$，必存在一个正定实对称矩阵 $\boldsymbol{P}(k+1)$，使得

$$\boldsymbol{G}^{\mathrm{T}}(k+1,k)\boldsymbol{P}(k+1)\boldsymbol{G}(k+1,k) - \boldsymbol{P}(k) = -\boldsymbol{Q}(k) \tag{3-50}$$

系统的李雅普诺夫函数为

$$V[\boldsymbol{x}(k),k] = \boldsymbol{x}^{\mathrm{T}}(k)\boldsymbol{P}(k)\boldsymbol{x}(k) \tag{3-51}$$

3.2.12 李雅普诺夫方程的实际案例

【例 3-18】

判断下述系统的稳定性：

$$\dot{\boldsymbol{x}} = \begin{pmatrix} 0 & 1 \\ -1 & -1 \end{pmatrix}\boldsymbol{x}, \quad \boldsymbol{x}_e = \boldsymbol{0}$$

解：选取

$$V(\boldsymbol{x})=\boldsymbol{x}^{\mathrm{T}}\boldsymbol{P}\boldsymbol{x},\ \boldsymbol{A}^{\mathrm{T}}\boldsymbol{P}+\boldsymbol{P}\boldsymbol{A}=-\boldsymbol{I}$$

$$\begin{pmatrix}0 & -1\\ 1 & -1\end{pmatrix}\begin{pmatrix}p_{11} & p_{12}\\ p_{12} & p_{22}\end{pmatrix}+\begin{pmatrix}p_{11} & p_{12}\\ p_{12} & p_{22}\end{pmatrix}\begin{pmatrix}0 & 1\\ -1 & -1\end{pmatrix}=-\begin{pmatrix}1 & 0\\ 0 & 1\end{pmatrix}$$

$$\begin{cases}-2p_{12}=-1\\ p_{11}-p_{12}-p_{22}=0\\ 2p_{12}-2p_{22}=-1\end{cases}\rightarrow\begin{pmatrix}p_{11} & p_{12}\\ p_{12} & p_{22}\end{pmatrix}=\begin{pmatrix}\dfrac{3}{2} & \dfrac{1}{2}\\ \dfrac{1}{2} & 1\end{pmatrix}$$

则 $\boldsymbol{P}$ 正定，系统在 $\boldsymbol{x}_e$ 处大范围渐近稳定。

$$V(\boldsymbol{x})=\boldsymbol{x}^{\mathrm{T}}\boldsymbol{P}\boldsymbol{x}=\frac{1}{2}(3x_1^2+2x_1x_2+2x_2^2)>0$$

$$\dot{V}(\boldsymbol{x})=-(x_1^2+x_2^2)$$

$\dot{V}(\boldsymbol{x})$ 是负定的，因此可以看出，使用矩阵 $\boldsymbol{P}$ 和 $V(\boldsymbol{x})$ 的判定结果相同。

【例 3-19】

设离散时间系统的状态方程为

$$\boldsymbol{x}(k+1)=\begin{pmatrix}\lambda_1 & 0\\ 0 & \lambda_2\end{pmatrix}\boldsymbol{x}(k)$$

试确定系统在平衡点处是大范围渐近稳定的条件。

解：

$$\begin{pmatrix}\lambda_1 & 0\\ 0 & \lambda_2\end{pmatrix}\begin{pmatrix}p_{11} & p_{12}\\ p_{12} & p_{22}\end{pmatrix}\begin{pmatrix}\lambda_1 & 0\\ 0 & \lambda_2\end{pmatrix}-\begin{pmatrix}p_{11} & p_{12}\\ p_{12} & p_{22}\end{pmatrix}=-\begin{pmatrix}1 & 0\\ 0 & 1\end{pmatrix}$$

展开后得如下联立方程组：

$$\begin{cases}p_{11}(\lambda_1^2-1)=-1\\ p_{12}(\lambda_1\lambda_2-1)=0\\ p_{22}(\lambda_2^2-1)=-1\end{cases}\rightarrow\boldsymbol{P}=\begin{pmatrix}\dfrac{1}{1-\lambda_1^2} & 0\\ 0 & \dfrac{1}{1-\lambda_2^2}\end{pmatrix}$$

根据西尔维斯特判据，要使 $\boldsymbol{P}$ 正定，则

$$p_{11}>0,\quad p_{11}p_{22}-p_{12}^2>0,\quad p_{22}>0$$

因此必有 $|\lambda_1|<1, |\lambda_2|<1$。所以，对于线性定常离散时间系统，只有当系统的极点落在单位圆内时，系统在平衡点处才是大范围渐近稳定的。

3.2.13 非线性系统中的李雅普诺夫方法

线性系统的稳定性具有全局性质，而且稳定判据的条件是充分必要的；但是非线性系统的稳定性却可能只具有局部性质，李雅普诺夫第二法只给出判断非线性系统渐近稳定的充分条件，而不是必要条件。非线性系统的稳定性一般使用雅可比矩阵法，也称为克拉索夫斯基

（Krasovskii）方法。

设非线性定常连续系统状态方程为

$$\dot{\boldsymbol{x}}(t)=f(\boldsymbol{x}) \tag{3-52}$$

假设：①原点 $\boldsymbol{x}_e=\mathbf{0}$ 是平衡状态；②$f(\boldsymbol{x})$ 对 $\boldsymbol{x}$ 连续可微，则系统的雅可比矩阵为

$$J(\boldsymbol{x})=\frac{\partial f(\boldsymbol{x})}{\partial \boldsymbol{x}}=\begin{pmatrix} \frac{\partial f_1}{\partial x_1} & \frac{\partial f_1}{\partial x_2} & \cdots & \frac{\partial f_1}{\partial x_n} \\ \frac{\partial f_2}{\partial x_1} & \frac{\partial f_2}{\partial x_2} & \cdots & \frac{\partial f_2}{\partial x_n} \\ \vdots & \vdots & & \vdots \\ \frac{\partial f_n}{\partial x_1} & \frac{\partial f_n}{\partial x_2} & \cdots & \frac{\partial f_n}{\partial x_n} \end{pmatrix} \tag{3-53}$$

对于任意给定 $\boldsymbol{P}^{\mathrm{T}}=\boldsymbol{P}>\mathbf{0}$，若矩阵

$$\boldsymbol{Q}(\boldsymbol{x})=-(\boldsymbol{J}^{\mathrm{T}}(\boldsymbol{x})\boldsymbol{P}+\boldsymbol{P}\boldsymbol{J}(\boldsymbol{x})) \tag{3-54}$$

是正定的，则系统在 $\boldsymbol{x}_e=\mathbf{0}$ 处渐近稳定，并且

$$V(\boldsymbol{x})=\dot{\boldsymbol{x}}^{\mathrm{T}}\boldsymbol{P}\dot{\boldsymbol{x}}=f^{\mathrm{T}}(\boldsymbol{x})\boldsymbol{P}f(\boldsymbol{x}) \tag{3-55}$$

为一个李雅普诺夫函数。如果当 $\|\boldsymbol{x}\|\to\infty$ 时，$V(\boldsymbol{x})\to\infty$，则系统在原点大范围渐近稳定。

特别地，取 $\boldsymbol{P}=\boldsymbol{I}$，则称

$$\boldsymbol{Q}(\boldsymbol{x})=-(\boldsymbol{J}^{\mathrm{T}}(\boldsymbol{x})+\boldsymbol{J}(\boldsymbol{x})) \tag{3-56}$$

为克拉索夫斯基表达式。

证明：注意到

$$\dot{f}(\boldsymbol{x})=\frac{\mathrm{d}}{\mathrm{d}t}f(\boldsymbol{x})=\frac{\partial f(\boldsymbol{x})}{\partial \boldsymbol{x}}\frac{\mathrm{d}\boldsymbol{x}}{\mathrm{d}t}=\frac{\partial f(\boldsymbol{x})}{\partial \boldsymbol{x}}\dot{\boldsymbol{x}}=J(\boldsymbol{x})f(\boldsymbol{x}) \tag{3-57}$$

因此

$$\begin{aligned}\dot{V}(\boldsymbol{x})&=\frac{\mathrm{d}}{\mathrm{d}t}V(\boldsymbol{x})=\frac{\mathrm{d}}{\mathrm{d}t}f^{\mathrm{T}}(\boldsymbol{x})\boldsymbol{P}f(\boldsymbol{x})\\&=f^{\mathrm{T}}(\boldsymbol{x})\boldsymbol{P}\dot{f}(\boldsymbol{x})+\dot{f}^{\mathrm{T}}(\boldsymbol{x})\boldsymbol{P}f(\boldsymbol{x})\\&=f^{\mathrm{T}}(\boldsymbol{x})\boldsymbol{P}\boldsymbol{J}(\boldsymbol{x})f(\boldsymbol{x})+(\boldsymbol{J}(\boldsymbol{x})f(\boldsymbol{x}))^{\mathrm{T}}\boldsymbol{P}f(\boldsymbol{x})\\&=f^{\mathrm{T}}(\boldsymbol{x})\underbrace{(\boldsymbol{J}^{\mathrm{T}}(\boldsymbol{x})\boldsymbol{P}+\boldsymbol{P}\boldsymbol{J}(\boldsymbol{x}))}_{-\boldsymbol{Q}(x)}f(\boldsymbol{x})\end{aligned}$$

即

$$\dot{V}(\boldsymbol{x})=-f^{\mathrm{T}}(\boldsymbol{x})\boldsymbol{Q}(\boldsymbol{x})f(\boldsymbol{x}) \tag{3-58}$$

要使系统稳定，$\mathrm{d}V(\boldsymbol{x})/\mathrm{d}t$ 必须负定，所以 $\boldsymbol{Q}(\boldsymbol{x})$ 必须正定。

3.2.14　克拉索夫斯基表达式的实际案例

【例 3-20】

试确定如下非线性系统的平衡态的稳定性：

$$\dot{\boldsymbol{x}}=f(\boldsymbol{x})=\begin{pmatrix}-3x_1+x_2\\x_1-x_2-x_2^3\end{pmatrix}$$

解： 取 $\boldsymbol{P}=\boldsymbol{I}$，由于 $f(\boldsymbol{x})$ 连续可导，且

$$V(\boldsymbol{x})=f^{\mathrm{T}}(\boldsymbol{x})\boldsymbol{P}f(\boldsymbol{x})\big|_{\boldsymbol{P}=\boldsymbol{I}}=(-3x_1+x_2)^2+(x_1-x_2-x_2^3)^2>0$$

可取作李雅普诺夫函数，另有雅可比矩阵

$$J(\boldsymbol{x})=\frac{\partial f(\boldsymbol{x})}{\partial \boldsymbol{x}}=\begin{pmatrix}-3 & 1\\1 & -1-3x_2^2\end{pmatrix}$$

因此

$$\boldsymbol{Q}(\boldsymbol{x})=-(\boldsymbol{J}^{\mathrm{T}}(\boldsymbol{x})\boldsymbol{P}+\boldsymbol{P}\boldsymbol{J}(\boldsymbol{x}))\big|_{\boldsymbol{P}=\boldsymbol{I}}=\begin{pmatrix}6 & -2\\-2 & 2+6x_2^2\end{pmatrix}$$

对于 $\boldsymbol{Q}(\boldsymbol{x})$，根据西尔维斯特判据，

$$\Delta_1=6>0,\quad \Delta_2=|\boldsymbol{Q}(\boldsymbol{x})|=\begin{vmatrix}6 & -2\\-2 & 2+6x_2^2\end{vmatrix}=36x_2^2+8>0$$

故 $\boldsymbol{Q}(\boldsymbol{x})$ 正定，由克拉索夫斯基方法可知，平衡态 $\boldsymbol{x}_{\mathrm{e}}=\boldsymbol{0}$ 是渐近稳定的。

3.3 线性定常系统的综合

系统分析是已知系统结构和参数及外部输入作用，研究系统运动的定量变化规律（如系统响应）和定性行为（如能控性、能观性和稳定性等）。而系统综合，则是已知系统结构和参数以及所期望的性能指标，设计控制器，寻求改善系统性能的各种控制规律。

3.3.1 线性反馈控制系统基本结构

1. 状态反馈

所谓状态反馈，就是将系统的每一状态变量乘以相应的反馈系数，反馈到控制对象的输入部分。通过状态反馈，可以实现极点的任意配置。状态反馈结构图如图 3-20 所示。

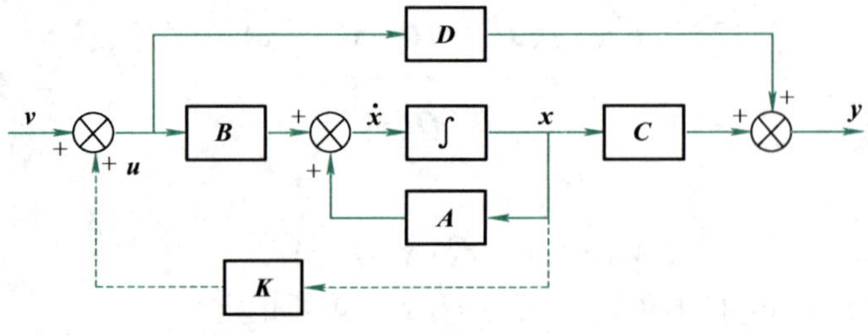

图 3-20　系统的状态反馈结构图

线性定常系统为

$$\begin{aligned}\dot{\boldsymbol{x}}&=\boldsymbol{A}\boldsymbol{x}+\boldsymbol{B}\boldsymbol{u}\\\boldsymbol{y}&=\boldsymbol{C}\boldsymbol{x}+\boldsymbol{D}\boldsymbol{u}\end{aligned}$$

式中，$\boldsymbol{x}\in\mathbf{R}^n$，$\boldsymbol{u}\in\mathbf{R}^r$，$\boldsymbol{y}\in\mathbf{R}^m$，$\boldsymbol{A}\in\mathbf{R}^{n\times n}$，$\boldsymbol{B}\in\mathbf{R}^{n\times r}$，$\boldsymbol{C}\in\mathbf{R}^{m\times n}$，$\boldsymbol{D}\in\mathbf{R}^{m\times r}$。若 $\boldsymbol{D}=\mathbf{0}$，则简记为 $\Sigma_o=(\boldsymbol{A},\ \boldsymbol{B},\ \boldsymbol{C})$。状态线性反馈控制律为

$$\boldsymbol{u}=\boldsymbol{K}\boldsymbol{x}+\boldsymbol{v}$$

式中，$\boldsymbol{v}$ 为 $r\times 1$ 参考输入；$\boldsymbol{K}$ 为 $r\times n$ 状态反馈增益矩阵，得状态反馈闭环系统的状态空间表达式如下：

$$\dot{\boldsymbol{x}}=(\boldsymbol{A}+\boldsymbol{B}\boldsymbol{K})\boldsymbol{x}+\boldsymbol{B}\boldsymbol{v},\boldsymbol{y}=(\boldsymbol{C}+\boldsymbol{D}\boldsymbol{K})\boldsymbol{x}+\boldsymbol{D}\boldsymbol{v}$$

若 $\boldsymbol{D}=\mathbf{0}$，则 $\dot{\boldsymbol{x}}=(\boldsymbol{A}+\boldsymbol{B}\boldsymbol{K})\ \boldsymbol{x}+\boldsymbol{B}\boldsymbol{v}$，$\boldsymbol{y}=\boldsymbol{C}\boldsymbol{x}$，系统可简记为

$$\Sigma_K=(\boldsymbol{A}+\boldsymbol{B}\boldsymbol{K},\boldsymbol{B},\boldsymbol{C})$$

闭环系统的传递函数矩阵

$$\boldsymbol{W}_K(s)=\boldsymbol{C}(s\boldsymbol{I}-(\boldsymbol{A}+\boldsymbol{B}\boldsymbol{K}))^{-1}\boldsymbol{B}$$

状态反馈矩阵 $\boldsymbol{K}$ 的引入，并不增加系统的维数，可通过 $\boldsymbol{K}$ 的选择自由地改变闭环系统的特征值，从而使系统获得所要求的性能。

2. 输出反馈

所谓输出反馈，是将系统的输出乘以相应的系数，反馈到控制对象的输入部分。输出反馈结构图如图 3-21 所示。

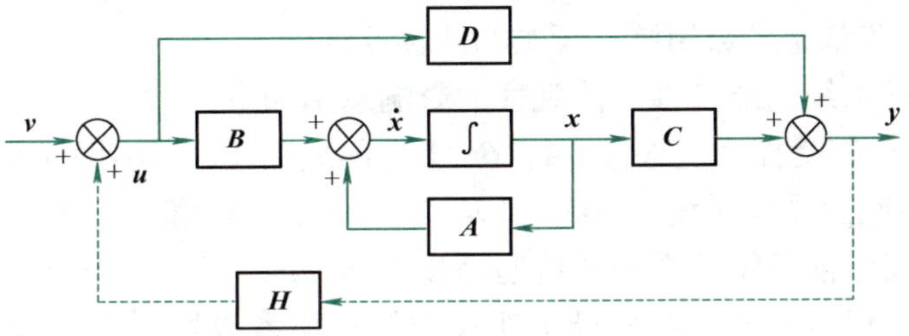

图 3-21　系统的输出反馈结构图

同理，输出线性反馈控制律为

$$\boldsymbol{u}=\boldsymbol{H}\boldsymbol{y}+\boldsymbol{v}$$

式中，$\boldsymbol{H}$ 为 $r\times m$ 输出反馈增益矩阵。

当 $\boldsymbol{D}=\mathbf{0}$ 时，得输出反馈闭环系统的状态空间表达式 $\dot{\boldsymbol{x}}=(\boldsymbol{A}+\boldsymbol{B}\boldsymbol{H}\boldsymbol{C})\boldsymbol{x}+\boldsymbol{B}\boldsymbol{v}$，$\boldsymbol{y}=\boldsymbol{C}\boldsymbol{x}$，系统可简记为 $\Sigma_H=((\boldsymbol{A}+\boldsymbol{B}\boldsymbol{H}\boldsymbol{C}),\boldsymbol{B},\boldsymbol{C})$，输出反馈系统的传递函数矩阵为 $\boldsymbol{W}_H(s)=\boldsymbol{C}(s\boldsymbol{I}-(\boldsymbol{A}+\boldsymbol{B}\boldsymbol{H}\boldsymbol{C}))^{-1}\boldsymbol{B}$，状态反馈与输出反馈相比较发现：

1）输出反馈中的 $\boldsymbol{H}\boldsymbol{C}$ 与状态反馈中的 $\boldsymbol{K}$ 相当。

2）由于 $m<n$，所以 $\boldsymbol{H}$ 可供选择的自由度小于 $\boldsymbol{K}$，因而输出反馈只能相当于一种部分反馈。

3）只有当 $\boldsymbol{C}=\boldsymbol{I}$、$\boldsymbol{D}=\mathbf{0}$ 时，$\boldsymbol{H}\boldsymbol{C}=\boldsymbol{K}$，才能等同于全状态反馈。

4）输出反馈的效果不如状态反馈系统好，但输出反馈在技术实现上的方便性则是其突出优点。

3. 从输出到状态矢量导数的反馈

将系统的输出乘以相应的系数，反馈到对象状态的导数部分，被称为从输出到状态矢量导数的反馈，反馈结构图如图 3-22 所示。

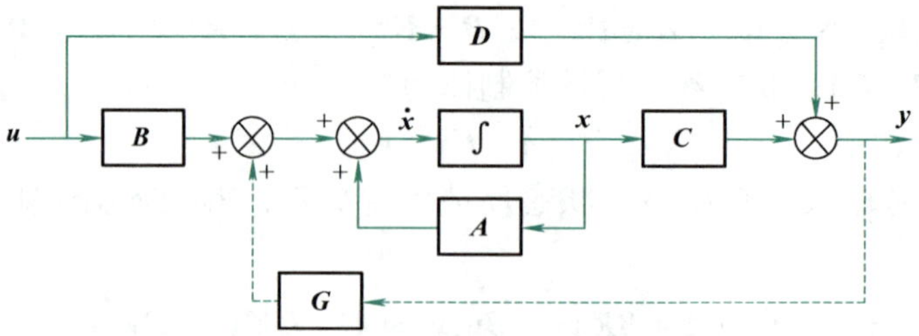

图 3-22　系统从输出到状态矢量导数的反馈结构图

同理，当 $\boldsymbol{D}=\boldsymbol{0}$ 时，加入从输出 $\boldsymbol{y}$ 到状态矢量导数的反馈增益矩阵 $\boldsymbol{G}$ 得闭环系统的状态空间表达式 $\dot{\boldsymbol{x}}=(\boldsymbol{A}+\boldsymbol{GC})\boldsymbol{x}+\boldsymbol{Bu}$，$\boldsymbol{y}=\boldsymbol{Cx}$，可简记为$\Sigma_G=(\boldsymbol{A}+\boldsymbol{GC},\ \boldsymbol{B},\ \boldsymbol{C})$，闭环系统的传递函数矩阵

$$\boldsymbol{W}_G(s)=\boldsymbol{C}(s\boldsymbol{I}-(\boldsymbol{A}+\boldsymbol{GC}))^{-1}\boldsymbol{B}$$

式中，反馈增益阵 $\boldsymbol{G}\in\mathbf{R}^{n\times m}$。

4. 线性反馈控制系统基本结构的特点

反馈基本结构的共同特点：

1）不增加新的状态变量，系统开环与闭环同维。

2）反馈增益矩阵都是常数矩阵，反馈为线性反馈。

线性反馈对闭环系统的能控性与能观性的影响总结如下：

1）状态反馈不改变受控系统 $\Sigma_o=(\boldsymbol{A},\ \boldsymbol{B},\ \boldsymbol{C})$ 的能控性，但不保证系统的能观性不变。

2）输出反馈不改变受控系统 $\Sigma_o=(\boldsymbol{A},\ \boldsymbol{B},\ \boldsymbol{C})$ 的能控性和能观性。

对比分析状态反馈前后闭环系统的传递函数矩阵发现，引入状态反馈后传递函数的分子多项式不变，即零点保持不变。但分母多项式的每一项系数均可通过选择 $\boldsymbol{K}$ 而改变，这就有可能使传递函数发生零极点对消而破坏系统的能观性。

3.3.2　状态反馈系统能控能观性判断案例

【例 3-21】

一系统采用状态反馈

$$\boldsymbol{u}=\boldsymbol{Kx}$$

$$\dot{\boldsymbol{x}}=\begin{pmatrix}0&1\\1&0\end{pmatrix}\boldsymbol{x}+\begin{pmatrix}0\\1\end{pmatrix}\boldsymbol{u}$$

$$\boldsymbol{y}=(0,\ 1)\boldsymbol{x}$$

判断当 $\boldsymbol{K}=(1,\ 0)$ 或 $\boldsymbol{K}=\left(\dfrac{1}{2},\ 0\right)$时的能控性和能观性。

解： 首先进行原系统能控性、能观性判断：

$$\boldsymbol{M}=(\boldsymbol{B},\ \boldsymbol{AB})=\begin{pmatrix}0&1\\1&0\end{pmatrix}\ \rightarrow\ \mathrm{rank}(\boldsymbol{M})=2\text{，满秩，故能控。}$$

$$\boldsymbol{N}=\begin{pmatrix}\boldsymbol{C}\\\boldsymbol{CA}\end{pmatrix}=\begin{pmatrix}0&1\\1&0\end{pmatrix}\ \rightarrow\ \mathrm{rank}(\boldsymbol{N})=2\text{，满秩，故能观。}$$

当增加线性反馈 $\boldsymbol{K}=(-1,\ 0)$ 时，$\boldsymbol{M}_K=(\boldsymbol{B},\ (\boldsymbol{A}+\boldsymbol{BK})\boldsymbol{B}]=\begin{pmatrix}0 & 1\\1 & 0\end{pmatrix}$，$\mathrm{rank}(\boldsymbol{M}_K)=2$ 满秩，故能控。$\boldsymbol{N}_K=\begin{pmatrix}\boldsymbol{C}\\ \boldsymbol{C}\ (\boldsymbol{A}+\boldsymbol{BK})\end{pmatrix}=\begin{pmatrix}0 & 1\\0 & 0\end{pmatrix}$，$\mathrm{rank}(\boldsymbol{N}_K)<2$，不满秩，故不能观。

当改变线性反馈 $\boldsymbol{K}=\begin{pmatrix}-\frac{1}{2} & 0\end{pmatrix}$时，$\boldsymbol{M}_K=\begin{pmatrix}0 & 1\\1 & 0\end{pmatrix}\rightarrow\mathrm{rank}(\boldsymbol{M}_K)=2$，满秩，故能控。

$\boldsymbol{N}_K=\begin{pmatrix}0 & 1\\ \frac{1}{2} & 0\end{pmatrix}\ \rightarrow\ \mathrm{rank}(\boldsymbol{N}_K)=2$，满秩，故能观。

因此，该系统开环能控，状态反馈后系统还是能控的；即使系统开环能观，状态反馈后系统也不一定能观；状态反馈采用的增益改变时，闭环系统的能观性可能发生改变。

3.3.3 极点配置问题

所谓极点配置，就是通过选择反馈增益矩阵，将闭环系统的极点配置在根平面上所期望的位置上，以获得所希望的动态性能，下面介绍状态反馈的极点配置设计方法。

设控制系统为$\Sigma_o=(\boldsymbol{A},\ \boldsymbol{B},\ \boldsymbol{C})$，选取控制信号：

$$\boldsymbol{u}=\boldsymbol{Kx}+\boldsymbol{v}$$

得到$\dot{\boldsymbol{x}}(t)=(\boldsymbol{A}+\boldsymbol{BK})\boldsymbol{x}(t)+\boldsymbol{Bv}$，可得自由解 $\boldsymbol{x}(t)=\mathrm{e}^{(\boldsymbol{A}+\boldsymbol{BK})t}\boldsymbol{x}(0)$。下面首先介绍如下定理。

定理 3.5 采用状态反馈对系统 $\Sigma_o=(\boldsymbol{A},\ \boldsymbol{B},\ \boldsymbol{C})$ 任意配置极点的充要条件是$\boldsymbol{\Sigma}_o$完全能控。

证明：（只证充分性——若系统能控，则可以配置极点）

若$\boldsymbol{\Sigma}_o$完全能控，则必存在非奇异的变换$\boldsymbol{T}_{c1}$，使得

$$\boldsymbol{x}=\boldsymbol{T}_{c1}\bar{\boldsymbol{x}}\ \rightarrow\ \dot{\bar{\boldsymbol{x}}}=\underbrace{\boldsymbol{T}_{c1}^{-1}\boldsymbol{A}\boldsymbol{T}_{c1}}_{=\bar{\boldsymbol{A}}}\bar{\boldsymbol{x}}+\underbrace{\boldsymbol{T}_{c1}^{-1}\boldsymbol{B}}_{=\bar{\boldsymbol{B}}}\boldsymbol{u}$$

式中，$\bar{\boldsymbol{A}}=\boldsymbol{T}_{c1}^{-1}\boldsymbol{A}\boldsymbol{T}_{c1}=\begin{pmatrix}0 & 1 & 0 & \cdots & 0\\0 & 0 & 1 & \cdots & 0\\\vdots & \vdots & \vdots & & \vdots\\0 & 0 & 0 & \cdots & 1\\-a_0 & -a_1 & -a_2 & \cdots & -a_{n-1}\end{pmatrix}$，$\bar{\boldsymbol{B}}=\boldsymbol{T}_{c1}^{-1}\boldsymbol{B}=\begin{pmatrix}0\\\vdots\\0\\1\end{pmatrix}$。

$$f(\lambda)=|\lambda\boldsymbol{I}-\boldsymbol{A}|=|\lambda\boldsymbol{I}-\bar{\boldsymbol{A}}|=\lambda^n+a_{n-1}\lambda^{n-1}+\cdots+a_1\lambda+a_0$$

引入状态反馈：

$$\boldsymbol{u}=\boldsymbol{Kx}=\boldsymbol{K}\,\boldsymbol{T}_{c1}\bar{\boldsymbol{x}}\ \rightarrow\ \bar{\boldsymbol{K}}=\boldsymbol{K}\,\boldsymbol{T}_{c1}=\begin{pmatrix}\bar{k}_0, & \bar{k}_1, & \cdots, & \bar{k}_{n-1}\end{pmatrix}$$

则闭环系统的特征多项式为

$$|\lambda \boldsymbol{I}-(\overline{\boldsymbol{A}}+\overline{\boldsymbol{B}}\,\overline{\boldsymbol{K}})| = \left|\lambda \boldsymbol{I}-\begin{pmatrix}0 & 1 & \cdots & 0\\ \vdots & \vdots & & \vdots\\ 0 & 0 & \cdots & 1\\ -a_0 & -a_1 & \cdots & -a_{n-1}\end{pmatrix}-\begin{pmatrix}0\\ \vdots\\ 0\\ 1\end{pmatrix}(\bar{k}_0,\ \bar{k}_1,\ \cdots,\ \bar{k}_{n-1})\right|$$

$$=\left|\lambda \boldsymbol{I}-\begin{pmatrix}0 & 1 & \cdots & 0\\ \vdots & \vdots & & \vdots\\ 0 & 0 & \cdots & 1\\ -(a_0-\bar{k}_0) & -(a_1-\bar{k}_1) & \cdots & -(a_{n-1}-\bar{k}_{n-1})\end{pmatrix}\right|$$

$$=\lambda^n+(a_{n-1}-\bar{k}_{n-1})\lambda^{n-1}+\cdots+(a_1-\bar{k}_1)\lambda+(a_0-\bar{k}_0)=0$$

期望的特征多项式为

$$f^*(\lambda)=(\lambda-\lambda_1^*)\cdots(\lambda-\lambda_n^*)=\lambda^n+a_{n-1}^*\lambda^{n-1}+\cdots+a_1^*\lambda+a_0^*=0$$

对应系数相等，可得 $\bar{k}_i=a_i-a_i^*\ (i=0,1,\cdots n-1)$，最后变换得

$$\boldsymbol{K}=\overline{\boldsymbol{K}}\boldsymbol{T}_{c1}^{-1}=(\bar{k}_0,\ \bar{k}_1,\ \cdots,\ \bar{k}_{n-1})\boldsymbol{T}_{c1}^{-1}=((a_0-a_0^*),\ (a_1-a_1^*),\ \cdots,\ (a_{n-1}-a_{n-1}^*))\boldsymbol{T}_{c1}^{-1}$$

因此系统能控，则可以配置极点，证毕。

下面给出由能控标准型按期望极点进行状态反馈设计的步骤。

第一步：计算 $\boldsymbol{A}$ 的特征多项式，即 $\det(\lambda\boldsymbol{I}-\boldsymbol{A})=\lambda^n+a_{n-1}\lambda^{n-1}+\cdots+a_0$。

第二步：计算由 $\{\lambda_1^*,\ \cdots,\ \lambda_n^*\}$ 所决定的多项式，即 $f^*(\lambda)=(\lambda-\lambda_1^*)\cdots(\lambda-\lambda_n^*)=\lambda^n+a_{n-1}^*\lambda^{n-1}+\cdots+a_0^*$。

第三步：计算 $\boldsymbol{K}=\overline{\boldsymbol{K}}\boldsymbol{T}_{c1}^{-1}=((a_0-a_0^*),\ (a_1-a_1^*),\ \cdots,\ (a_{n-1}-a_{n-1}^*))\boldsymbol{T}_{c1}^{-1}$。

如果需要自行选择期望极点，一般应注意以下两点：

1）对一个 n 维系统，必须指定 n 个实极点或共轭复极点。

2）极点位置的确定，要充分考虑主导极点对系统性能的主导影响及其与系统零点分布状况的关系。

对于单输入系统，只要系统能控必能通过状态反馈实现闭环极点任意配置，而且不影响原系统零点的分布；如果造成零极点对消，则闭环系统不完全能观。上述原理同样适用于多输入系统，但具体设计要复杂一些。

3.3.4 状态反馈极点配置的实际案例

对于普通型的状态反馈设计通常也分为三步。

第一步：首先确认系统是否能控。

第二步：列出以下特征方程：

$$|\lambda\boldsymbol{I}-(\boldsymbol{A}+\boldsymbol{BK})|=0,\ (\lambda-\lambda_1^*)(\lambda-\lambda_2^*)\cdots(\lambda-\lambda_n^*)=0$$

第三步：对比 λ 的系数，得到关于 $k_1,\ k_2,\ \cdots,\ k_n$ 的 n 个方程，即可求得 $\boldsymbol{K}$。

【例 3-22】

已知一系统

$$\boldsymbol{G}(s)=\frac{10}{s(s+1)(s+2)}$$

要求状态反馈后，闭环系统的极点为 -2，-1 ± j。

解：其能控标准型状态空间表达式为

$$\begin{pmatrix}\dot{x}_1\\ \dot{x}_2\\ \dot{x}_3\end{pmatrix}=\begin{pmatrix}0 & 1 & 0\\ 0 & 0 & 1\\ 0 & -2 & -3\end{pmatrix}\begin{pmatrix}x_1\\ x_2\\ x_3\end{pmatrix}+\begin{pmatrix}0\\ 0\\ 1\end{pmatrix}\boldsymbol{u}$$

$$\boldsymbol{y}=(10,\ 0,\ 0)\begin{pmatrix}x_1\\ x_2\\ x_3\end{pmatrix}$$

设计状态反馈： $\boldsymbol{u}=\boldsymbol{Kx}=(k_0,\ k_1,\ k_2)x$

$$f_K(\lambda)=\det(\lambda\boldsymbol{I}-(\boldsymbol{A}+\boldsymbol{BK}))=\lambda^3+(3-k_2)\lambda^2+(2-k_1)\lambda-k_0=0$$

$$f^*(\lambda)=(\lambda+2)(\lambda+1-\mathrm{j})(\lambda+1+\mathrm{j})=\lambda^3+4\lambda^2+6\lambda+4=0$$

比较 λ 各次幂的对应系数，并使其相等，可解得 $k_0=-4$，$k_1=-4$，$k_2=-1$，故 $\boldsymbol{u}=\boldsymbol{Kx}=(-4,\ -4,\ -1)\boldsymbol{x}$。

3.3.5 采用输出反馈的极点配置设计

定理 3.6 对完全能控的单输入单输出系统 $\Sigma_o=(\boldsymbol{A},b,c)$，不能采用输出线性反馈来实现闭环系统极点的任意配置。

证明：对单输入单输出反馈系统 $\Sigma_H=((\boldsymbol{A}+b\boldsymbol{H}c),b,c)$，$\boldsymbol{H}$ 仅包含单变量反馈系数 h，其闭环传递函数为

$$\boldsymbol{W_H}(s)=c\,(s\boldsymbol{I}-(\boldsymbol{A}+bhc))^{-1}b=\frac{\boldsymbol{W_o}(s)}{1+h\boldsymbol{W}_o(s)}$$

式中，$\boldsymbol{W}_o(s)$ 是受控系统的传递函数，$\boldsymbol{W}_o(s)=c\,(s\boldsymbol{I}-\boldsymbol{A})^{-1}b$。

由闭环系统特征方程可得闭环根轨迹方程

$$h\boldsymbol{W}_o(s)=-1$$

当 $\boldsymbol{W}_o(s)$ 已知，h 从 0 变到 ∞ 时，不能使根轨迹落在那些不属于根轨迹的期望极点位置上，从而定理得证。针对输出线性反馈不能任意配置极点的缺点，在经典控制理论往往采取引入附加校正网络，通过增加开环零、极点的方法改变根轨迹，从而使其落在指定的期望位置上。在现代控制理论中有如下定理。

定理 3.7 对完全能控的单输入单输出系统 $\Sigma_o=(A,\ b,\ c)$，通过带动态补偿器的输出反馈实现极点任意配置的充要条件是：①Σ_o完全能观；②动态补偿器的阶数为 $n-1$。

证明从略。上述补偿器的阶数等于 $n-1$ 是任意配置极点的条件之一。如不要求任意配置极点，补偿器的阶数可进一步降低。在串联连接时，闭环系统零点是受控系统零点与动态补偿器零点的总和；在反馈连接时，是受控系统零点与动态补偿器极点的总和。

采用从输出到 $\dot{\boldsymbol{x}}$ 反馈时有如下定理：

定理 3.8 对系统 $\Sigma_o=(\boldsymbol{A},\ b,\ c)$ 采用从输出到 $\dot{\boldsymbol{x}}$ 的线性反馈实现闭环极点任意配置

的充要条件是 Σ_o 完全能观。

证明：根据对偶性原理，若 $\Sigma_o=(\boldsymbol{A},\ \boldsymbol{b},\ \boldsymbol{c})$ 能观，则 $\tilde{\Sigma}_o=(\boldsymbol{A}^{\mathrm{T}},\ \boldsymbol{c}^{\mathrm{T}},\ \boldsymbol{b}^{\mathrm{T}})$ 必能控。

令 $\tilde{\boldsymbol{A}}=\boldsymbol{A}^{\mathrm{T}}+c^{\mathrm{T}}\boldsymbol{G}^{\mathrm{T}}$，则可以任意配置 $\tilde{\boldsymbol{A}}$ 的特征值。而 $\tilde{\boldsymbol{A}}$ 的特征值和 $\tilde{\boldsymbol{A}}^{\mathrm{T}}$ 的特征值相同，又因为 $\tilde{\boldsymbol{A}}^{\mathrm{T}}=\boldsymbol{A}+\boldsymbol{G}c$，因此对 $\tilde{\boldsymbol{A}}$ 任意配置极点就等价于对 $\boldsymbol{A}+\boldsymbol{G}c$ 任意配置极点。于是设计 Σ_o 输出反馈矩阵 $\boldsymbol{G}$ 的问题便转化成设计其对偶系统 $\tilde{\Sigma}_o$ 的状态反馈矩阵 $\boldsymbol{K}$ 的问题。

设 $\boldsymbol{T}_{o2}$ 是能将系统化成能观标准Ⅱ型的变换矩阵，具体步骤如下。

第一步：计算能观标准Ⅱ型系统矩阵 $\overline{\boldsymbol{A}}$ 的特征多项式，即

$$\det(\lambda\boldsymbol{I}-\overline{\boldsymbol{A}})=\lambda^n+a_{n-1}\lambda^{n-1}+\cdots+a_0$$

第二步：计算由期望特征根 $\{\lambda_1^*,\ \cdots,\ \lambda_n^*\}$ 所决定的多项式，即

$$f^*(\lambda)=(\lambda-\lambda_1^*)\cdots(\lambda-\lambda_n^*)=\lambda^n+a_{n-1}^*\lambda^{n-1}+\cdots+a_0^*$$

第三步：计算 $\boldsymbol{G}=\boldsymbol{T}_{o2}\overline{\boldsymbol{G}}=\boldsymbol{T}_{o2}\ (a_0-a_0^*,\ a_1-a_1^*,\ \cdots,\ a_{n-1}-a_{n-1}^*)$

当维数较低时且系统能观，也可不化成能观标准Ⅱ型，通过直接比较特征多项式系数来确定矩阵 $\boldsymbol{G}$。

3.3.6 系统镇定与解耦问题

所谓系统镇定，就是对受控系统 $\Sigma_o=(\boldsymbol{A},\ \boldsymbol{B},\ \boldsymbol{C})$ 通过反馈使其极点均具有负实部，保证系统为渐近稳定，不要求极点任意配置。

定理 3.9 系统 $\Sigma_o=(\boldsymbol{A},\ \boldsymbol{B},\ \boldsymbol{C})$ 采用状态反馈能镇定的充要条件是其不能控子系统为渐近稳定。

定理 3.10 系统 $\Sigma_o=(\boldsymbol{A},\ \boldsymbol{B},\ \boldsymbol{C})$ 通过输出反馈能镇定的充要条件是 Σ_o 结构分解中的能控且能观子系统是输出反馈能镇定的，其余子系统是渐近稳定。

定理 3.11 对系统 $\Sigma_o=(\boldsymbol{A},\ \boldsymbol{B},\ \boldsymbol{C})$ 采用从输出到 $\dot{\boldsymbol{x}}$ 反馈实现镇定的充要条件是 Σ_o 的不能观子系统为渐近稳定。

定理 3.9 的证明可通过线性变换将其按能控性分解，求解引入状态反馈矩阵后的闭环系统特征多项式，经过分析即可得证。定理 3.10 的证明可进行能控性能观性结构分解，求解引入输出反馈矩阵后的闭环系统特征多项式，经过分析即可得证。对一个能控且能观的系统，既然输出线性反馈不能任意极点配置，输出反馈的能镇定性也不能保证。定理 3.11 的证明可进行能观性分解，求解引入从输出到 $\dot{\boldsymbol{x}}$ 的反馈矩阵后的系统特征多项式，经过分析其特征值后即可得证。上述具体证明过程从略。

所谓系统解耦问题，就是寻求适当的控制律，使输入输出相互关联的多变量系统实现每一个输出仅受相应的一个输入所控制，每一个输入也仅能控制相应的一个输出。

设 $\Sigma_o=(\boldsymbol{A},\ \boldsymbol{B},\ \boldsymbol{C})$ 是一个 m 维输入、m 维输出的受控系统，即

$$\dot{\boldsymbol{x}}=\boldsymbol{A}\boldsymbol{x}+\boldsymbol{B}\boldsymbol{u},\boldsymbol{y}=\boldsymbol{C}\boldsymbol{x}$$

若其传递函数矩阵

$$W_o(s)=C(sI-A)^{-1}B=\begin{pmatrix} W_{11}(s) & & & \\ & W_{22}(s) & & \\ & & \ddots & \\ & & & W_{mm}(s) \end{pmatrix}$$

是一个对角形有理多项式矩阵，则称该系统是解耦的。解决解耦问题，必须确定系统能够被解耦的充要条件，即能解耦的判别问题；其次确定解耦控制律和系统的结构，即解耦系统的综合问题。实现解耦包括前馈补偿器解耦和状态反馈解耦两种方法。

1. 前馈补偿器解耦

设$W_o(s)$为待解耦合系统的传递函数矩阵，$W_d(s)$为前馈补偿器的传递函数矩阵，则串接补偿器后系统的传递函数矩阵为

$$W(s)=W_o(s)W_d(s)$$

式中，$W(s)=\begin{pmatrix} W_{11}(s) & & & \\ & W_{22}(s) & & \\ & & \ddots & \\ & & & W_{mm}(s) \end{pmatrix}$。若待解耦合系统$W_o(s)$满秩，使$W_o^{-1}(s)$存在，则可设计一个串联补偿器$W_d(s)$，其传递函数矩阵为

$$W_d(s)=W_o^{-1}(s)W(s)$$

2. 状态反馈解耦

假定待解耦系统$\Sigma_o=(A,B,C)$的输入v、输出y具有相同变量个数，控制律采用状态反馈结合输入变换：

$$u=Kx+Fv$$

式中，K为$m\times n$实常数状态反馈矩阵；F为$m\times n$的实常数非奇异变换矩阵；v为$m\times 1$的输入矢量。如何设计矩阵K和F，使输入v到输出y解耦呢？首先定义特征量。

定义1　d_i是满足不等式$c_iA^lB\neq 0(l=0,1,\cdots,m-1)$的一个最小整数$l$。$c_i$为系统输出矩阵$C$中的第$i(i=1,2,\cdots,m)$行矢量，$d_i$的下标$i$表示行数。

定义2　根据d_i定义下列矩阵：

$$D=\begin{pmatrix} c_1A^{d_1} \\ c_2A^{d_2} \\ \vdots \\ c_mA^{d_m} \end{pmatrix},\quad E=DB=\begin{pmatrix} c_1A^{d_1}B \\ c_2A^{d_2}B \\ \vdots \\ c_mA^{d_m}B \end{pmatrix},\quad L=DA=\begin{pmatrix} c_1A^{(d_1+1)} \\ c_2A^{(d_2+1)} \\ \vdots \\ c_mA^{(d_m+1)} \end{pmatrix}$$

因此有以下能解耦性判据。

定理3.12　受控系统$\Sigma_o=(A,B,C)$采用状态反馈能解耦的充要条件是$m\times m$矩阵E为非奇异。即

$$\det E=\det\begin{pmatrix} c_1A^{d_1}B \\ c_2A^{d_2}B \\ \vdots \\ c_mA^{d_m}B \end{pmatrix}\neq 0$$

针对积分型解耦系统，有如下定理。

定理 3.13　若系统 $\Sigma_o=(A, B, C)$ 是状态反馈能解耦的，则闭环系统 $\Sigma_p=(A_p, B_p, C_p)$：

$$\dot{x}=A_p x+B_p v=(A+BK)x+BFv$$
$$y=C_p x=Cx$$

是一个积分型解耦系统。式中，状态反馈矩阵为 $K=-E^{-1}L$，输入变换矩阵为 $F=E^{-1}$。闭环系统的传递函数为

$$W_{K,F}(s)=C(sI-(A+BK))^{-1}BF=\begin{pmatrix}\frac{1}{s^{(d_1+1)}} & & & \\ & \frac{1}{s^{(d_2+1)}} & & \\ & & \ddots & \\ & & & \frac{1}{s^{(d_m+1)}}\end{pmatrix}$$

上式表明，解耦后的每个子系统都相当于一个 (d_i+1) 阶积分器的独立子系统。

3.3.7　系统的解耦的实际案例

【例 3-23】

已知系统 $\Sigma_o=(A, B, C)$：

$$A=\begin{pmatrix}0 & 1 & 0 & 0\\3 & 0 & 0 & 2\\0 & 0 & 0 & 1\\0 & -2 & 0 & 0\end{pmatrix},\ B=\begin{pmatrix}0 & 0\\1 & 0\\0 & 0\\0 & 1\end{pmatrix},\ C=\begin{pmatrix}1 & 0 & 0 & 0\\0 & 0 & 1 & 0\end{pmatrix}$$

试求该系统的解耦系统。

解：先计算 $d_i(i=1, 2)$。

$c_1A^0B=(0, 0)$，$c_1A^1B=(1, 0)$，使得 $c_1A^lB\neq 0$ 的最小整数 l 是 1，故 $d_1=1$。

$c_2A^0B=(0, 0)$，$c_2A^1B=(0, 1)$，使得 $c_2A^lB\neq 0$ 的最小整数 l 是 1，故 $d_2=1$。

$$D=\begin{pmatrix}c_1A^{d_1}\\c_2A^{d_2}\end{pmatrix}=\begin{pmatrix}0 & 1 & 0 & 0\\0 & 0 & 0 & 1\end{pmatrix},\ E=\begin{pmatrix}c_1A^{d_1}B\\c_2A^{d_2}B\end{pmatrix}=\begin{pmatrix}1 & 0\\0 & 1\end{pmatrix},\ L=\begin{pmatrix}c_1A^{d_1+1}\\c_2A^{d_2+1}\end{pmatrix}=\begin{pmatrix}3 & 0 & 0 & 2\\0 & -2 & 0 & 0\end{pmatrix}。$$

状态反馈矩阵为 $K=-E^{-1}L=\begin{pmatrix}-3 & 0 & 0 & -2\\0 & 2 & 0 & 0\end{pmatrix}$

输入变换矩阵为 $F=E^{-1}=\begin{pmatrix}1 & 0\\0 & 1\end{pmatrix}$，于是闭环系统 Σ_p 为

$$\dot{x}=(A+BK)x+BFv=\begin{pmatrix}0 & 1 & 0 & 0\\0 & 0 & 0 & 0\\0 & 0 & 0 & 1\\0 & 0 & 0 & 0\end{pmatrix}x+\begin{pmatrix}0 & 0\\1 & 0\\0 & 0\\0 & 1\end{pmatrix}v,\ y=Cx=\begin{pmatrix}1 & 0 & 0 & 0\\0 & 0 & 1 & 0\end{pmatrix}x$$

因此，闭环系统的传递函数矩阵为

$$W_{K,F}(s)=\begin{pmatrix}\frac{1}{s^{(d_1+1)}} & 0\\ 0 & \frac{1}{s^{(d_2+1)}}\end{pmatrix}=\begin{pmatrix}\frac{1}{s^2} & 0\\ 0 & \frac{1}{s^2}\end{pmatrix}$$

可见，$y_i=\frac{1}{s^2}v_i(i=0,\ 1)$，表明一个输出仅等于一个输入乘以两个积分环节，从而实现了完全解耦。

3.3.8 状态观测器

前面介绍的状态反馈中用到的系统状态并不都能直接检测到，因此需要重构或估计这些状态。因此，所谓状态重构问题，就是重新构造一个系统，利用原系统中可直接测量的变量如输入矢量和输出矢量作为它的输入信号，并使其输出信号$\hat{\boldsymbol{x}}(t)$在一定的条件下等价于原系统的状态$\boldsymbol{x}(t)$，称$\hat{\boldsymbol{x}}(t)$为$\boldsymbol{x}(t)$的重构状态或估计状态，而称这个用以实现状态重构的系统为状态观测器。$\hat{\boldsymbol{x}}(t)$与$\boldsymbol{x}(t)$的等价性条件（渐近等价）：

$$\lim_{t\to\infty}|\boldsymbol{x}(t)-\hat{\boldsymbol{x}}(t)|=0$$

1. 状态观测器的存在性

设线性定常系统$\Sigma_o=(\boldsymbol{A},\ \boldsymbol{B},\ \boldsymbol{C})$的状态矢量$\boldsymbol{x}$不能直接测量，如果动态系统$\hat{\Sigma}$以$\Sigma_o$的输入$\boldsymbol{u}$和输出$\boldsymbol{y}$作为其输入量，能产生一组输出量$\hat{\boldsymbol{x}}(t)$渐近等于$\boldsymbol{x}(t)$，即$\lim_{t\to\infty}|\boldsymbol{x}(t)-\hat{\boldsymbol{x}}(t)|=0$，则称$\hat{\Sigma}$为$\Sigma_o$的一个状态观测器。根据上述定义，构造观测器的原则如下：

1）观测器$\hat{\Sigma}$应以Σ_o的输入$\boldsymbol{u}$和输出$\boldsymbol{y}$作为其输入量。

2）为满足$\lim_{t\to\infty}|\boldsymbol{x}(t)-\hat{\boldsymbol{x}}(t)|=0$，$\Sigma_o$必须完全能观，或其不能观子系统渐近稳定。

3）$\hat{\Sigma}$有足够宽频带，估计状态趋近于真实状态的速度应足够快，但频带不要过宽以免抗干扰能力变差。

4）$\hat{\Sigma}$结构上尽量简单，本身维数尽可能低，便于实现。

关于状态观测器的存在性问题，有如下定理：

定理3.14　对线性定常系统$\Sigma_o=(\boldsymbol{A},\ \boldsymbol{B},\ \boldsymbol{C})$，状态观测器存在的充要条件是$\Sigma_o$的不能观子系统为渐近稳定。

具体证明思路如下：首先对Σ_o进行能观性分解，构造状态观测器$\hat{\Sigma}$的观测方程

$$\dot{\hat{\boldsymbol{x}}}=\boldsymbol{A}\hat{\boldsymbol{x}}+\boldsymbol{B}\boldsymbol{u}+\boldsymbol{G}(\boldsymbol{y}-\boldsymbol{C}\hat{\boldsymbol{x}})$$

导出状态误差方程

$$\dot{\tilde{\boldsymbol{x}}}=\dot{\boldsymbol{x}}-\dot{\hat{\boldsymbol{x}}}$$

求解状态误差解的极值，即可确定使$\hat{\boldsymbol{x}}$渐近等于$\boldsymbol{x}$的条件。

可以通过状态矢量的重构（微分重构）法实现状态观测器，于是有如下定理：

定理3.15　若线性定常系统$\Sigma_o=(\boldsymbol{A},\ \boldsymbol{B},\ \boldsymbol{C})$完全能观，则其状态矢量$\boldsymbol{x}$可由输出$\boldsymbol{y}$和

输入 $\boldsymbol{u}$ 进行重构。

证明： 对输出方程逐次求导，并代入状态方程

$$\boldsymbol{y}=\boldsymbol{C}\boldsymbol{x}$$

$$\dot{\boldsymbol{y}}-\boldsymbol{C}\boldsymbol{B}\boldsymbol{u}=\boldsymbol{C}\boldsymbol{A}\boldsymbol{x}$$

$$\ddot{\boldsymbol{y}}-\boldsymbol{C}\boldsymbol{B}\dot{\boldsymbol{u}}-\boldsymbol{C}\boldsymbol{A}\boldsymbol{B}\boldsymbol{u}=\boldsymbol{C}\boldsymbol{A}^2\boldsymbol{x}$$

$$\vdots$$

于是有

$$z(\boldsymbol{y},\boldsymbol{u})=\begin{pmatrix}\boldsymbol{y}\\ \dot{\boldsymbol{y}}-\boldsymbol{C}\boldsymbol{B}\boldsymbol{u}\\ \ddot{\boldsymbol{y}}-\boldsymbol{C}\boldsymbol{B}\dot{\boldsymbol{u}}-\boldsymbol{C}\boldsymbol{A}\boldsymbol{B}\boldsymbol{u}\\ \vdots\\ \boldsymbol{y}^{(n-1)}-\boldsymbol{C}\boldsymbol{B}\,\boldsymbol{u}^{(n-2)}-\cdots-\boldsymbol{C}\boldsymbol{A}^{n-3}\boldsymbol{B}\,\dot{\boldsymbol{u}}-\boldsymbol{C}\boldsymbol{A}^{n-2}\boldsymbol{B}\boldsymbol{u}\end{pmatrix}=\boldsymbol{N}\boldsymbol{x}$$

式中，$\boldsymbol{N}=\begin{pmatrix}\boldsymbol{C}\\ \boldsymbol{C}\boldsymbol{A}\\ \vdots\\ \boldsymbol{C}\boldsymbol{A}^{n-1}\end{pmatrix}$。

于是，理论上可用原系统的 $\boldsymbol{y}$ 和 $\boldsymbol{u}$ 为输入，z 为输出经变换后得到状态矢量 $\boldsymbol{x}$。但实际上并不可行，因为对 $\boldsymbol{y}$ 的微分运算将放大高频测量噪声，因此这样的观测器是没有工程价值的。

2. 全维观测器

当 n 维状态矢量全部由观测器获得，则该观测器被称为全维状态观测器。下面进行全维观测器的设计。设线性定常连续系统的状态空间模型为 $\Sigma=(\boldsymbol{A},\ \boldsymbol{B},\ \boldsymbol{C})$，即

$$\begin{cases}\dot{\boldsymbol{x}}=\boldsymbol{A}\boldsymbol{x}+\boldsymbol{B}\boldsymbol{u}\\ \boldsymbol{y}=\boldsymbol{C}\boldsymbol{x}\end{cases}$$

若状态矢量 $\boldsymbol{x}(t)$ 不能完全直接测量到，如何构造一个系统随时估计该状态矢量 $\boldsymbol{x}(t)$？

直观想法是利用仿真技术来构造一个和被控系统有同样动力学性质（即有同样的系数矩阵 $\boldsymbol{A}$、$\boldsymbol{B}$ 和 $\boldsymbol{C}$）的如下系统 Σ，来重构被控系统的状态矢量：

$$\begin{cases}\dot{\hat{\boldsymbol{x}}}=\boldsymbol{A}\hat{\boldsymbol{x}}+\boldsymbol{B}\boldsymbol{u}\\ \hat{\boldsymbol{y}}=\boldsymbol{C}\hat{\boldsymbol{x}}\end{cases}$$

$\hat{\boldsymbol{x}}(t)$ 为被控系统状态矢量 $\boldsymbol{x}(t)$ 的估计值。

被控系统 Σ 的动态方程为 $\quad\dot{\boldsymbol{x}}(t)=\boldsymbol{A}\boldsymbol{x}(t)+\boldsymbol{B}\boldsymbol{u}(t),\quad \boldsymbol{y}(t)=\boldsymbol{C}\boldsymbol{x}(t)$

比较系统 $\Sigma=(\boldsymbol{A},\boldsymbol{B},\boldsymbol{C})$ 和 $\hat{\Sigma}=(\boldsymbol{A},\boldsymbol{B},\boldsymbol{C})$ 的状态矢量，有

$$\dot{\boldsymbol{x}}(t)-\dot{\hat{\boldsymbol{x}}}(t)=\boldsymbol{A}[\boldsymbol{x}(t)-\hat{\boldsymbol{x}}(t)]$$

则状态估计误差 $\boldsymbol{x}(t)-\hat{\boldsymbol{x}}(t)$ 的解为

$$\boldsymbol{x}(t)-\hat{\boldsymbol{x}}(t)=\mathrm{e}^{\boldsymbol{A}t}[\boldsymbol{x}(0)-\hat{\boldsymbol{x}}(0)]$$

显然，当 $\boldsymbol{x}(0)=\hat{\boldsymbol{x}}(0)$ 时，则有 $\boldsymbol{x}(t)=\hat{\boldsymbol{x}}(t)$，即观测值与真实值完全相等。实际情况下很难做到这一点，那么如何使构建的系统与实际系统接近一致呢？

观察公式 $\dot{\hat{\boldsymbol{x}}}(t)=\boldsymbol{A}\hat{\boldsymbol{x}}(t)+\boldsymbol{Bu}(t)$ 发现，该观测器只利用了被控系统输入信息 $\boldsymbol{u}(t)$，而未利用输出信息 $\boldsymbol{y}(t)$，相当于处于开环状态，未利用输出 $\boldsymbol{y}(t)$ 的观测误差对状态观测值进行修正。即由观测器得到的值只是 $\boldsymbol{x}(t)$ 的一种开环估计值，一旦观测值出现偏差，不能予以纠偏。于是，出现了龙伯格观测器（见图 3-23）。龙伯格观测器是由龙伯格（Luenberger）等人提出的用以解决动态系统状态矢量估计的一种技术。根据反馈控制原理，有 $\boldsymbol{y}(t)-\hat{\boldsymbol{y}}(t)$ 差值存在，用 $\boldsymbol{y}(t)-\hat{\boldsymbol{y}}(t)$ 来调节估计值，使得 $|\boldsymbol{x}(t)-\hat{\boldsymbol{x}}(t)|$ 趋于 0。

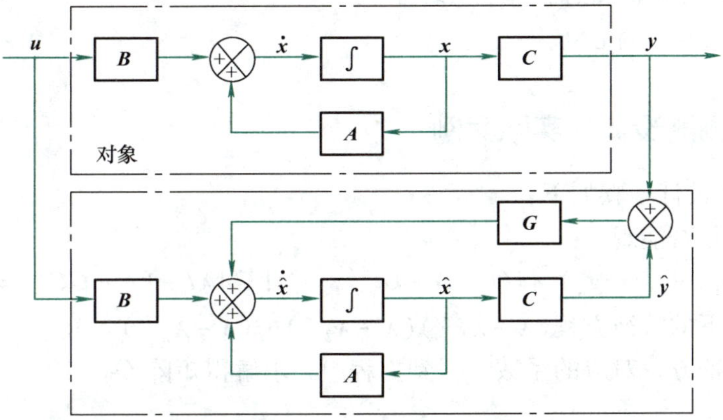

图 3-23　龙伯格观测器

定义状态估计误差：$\boldsymbol{\varepsilon}=\boldsymbol{x}-\hat{\boldsymbol{x}}$，有

$$\begin{aligned}\dot{\boldsymbol{\varepsilon}}&=\dot{\boldsymbol{x}}-\dot{\hat{\boldsymbol{x}}}=\boldsymbol{Ax}+\boldsymbol{Bu}-[\boldsymbol{A}\hat{\boldsymbol{x}}+\boldsymbol{Bu}+\boldsymbol{G}(\boldsymbol{y}-\hat{\boldsymbol{y}})]\\&=\boldsymbol{A}(\boldsymbol{x}-\hat{\boldsymbol{x}})-\boldsymbol{GC}(\boldsymbol{x}-\hat{\boldsymbol{x}})=(\boldsymbol{A}-\boldsymbol{GC})(\boldsymbol{x}-\hat{\boldsymbol{x}})\\&=(\boldsymbol{A}-\boldsymbol{GC})\boldsymbol{\varepsilon}\end{aligned}$$

上述误差方程的解为

$$\begin{aligned}\boldsymbol{\varepsilon}(t)&=\mathrm{e}^{(\boldsymbol{A}-\boldsymbol{GC})t}\boldsymbol{\varepsilon}(0)\\&=\mathrm{e}^{(\boldsymbol{A}-\boldsymbol{GC})t}[\boldsymbol{x}(0)-\hat{\boldsymbol{x}}(0)]\end{aligned}$$

当状态观测器的系统矩阵（$\boldsymbol{A}-\boldsymbol{GC}$）的所有特征值位于 s 平面的左半平面，即具有负实部，则无论 $\hat{\boldsymbol{x}}(0)$ 是否等于 $\boldsymbol{x}(0)$，状态估计误差将随时间 t 趋于无穷大而衰减至零，观测器为渐近稳定。因此，状态观测器的设计问题归结为求反馈矩阵 $\boldsymbol{G}$，使（$\boldsymbol{A}-\boldsymbol{GC}$）的所有特征值具有负实部并达到所期望的衰减速度。于是有如下定理：

定理 3.16　通过矩阵 $\boldsymbol{G}$ 任意配置状态观测器的极点［即（$\boldsymbol{A}-\boldsymbol{GC}$）的特征值］的充要条件为矩阵（$\boldsymbol{A}$，$\boldsymbol{C}$）能观。全维状态观测器方程为

$$\begin{aligned}\dot{\hat{\boldsymbol{x}}}&=\boldsymbol{A}\hat{\boldsymbol{x}}+\boldsymbol{Bu}+\boldsymbol{G}(\boldsymbol{y}-\hat{\boldsymbol{y}})=\boldsymbol{A}\hat{\boldsymbol{x}}+\boldsymbol{Bu}+\boldsymbol{Gy}-\boldsymbol{GC}\hat{\boldsymbol{x}}\\&=(\boldsymbol{A}-\boldsymbol{GC})\hat{\boldsymbol{x}}+\boldsymbol{Gy}+\boldsymbol{Bu}\end{aligned}$$

可见，该观测器的输入（信号源）是 $\boldsymbol{y}$ 和 $\boldsymbol{u}$，影响观测器动态性能的矩阵是（$\boldsymbol{A}-\boldsymbol{GC}$）。于是可以得到等价方块图，如图 3-24 所示。

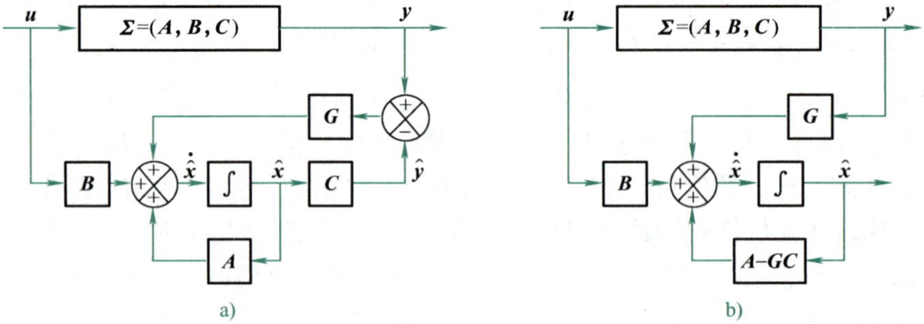

图 3-24　全维状态观测器等价方块图

a）原系统　b）简化系统

3.3.9　全维观测器设计的实际案例

全维观测器的设计步骤如下：

1）确定系统是否能观。

2）设 $\boldsymbol{G}=(g_1, g_2, \cdots g_n)^{\mathrm{T}}$得到（$\boldsymbol{A}-\boldsymbol{GC}$），并计算$|\lambda\boldsymbol{I}-(\boldsymbol{A}-\boldsymbol{GC})|=0$。

3）期望极点下的特征方程$(\lambda-\lambda_1^*)(\lambda-\lambda_2^*)\cdots(\lambda-\lambda_n^*)=0$。

4）比较两特征方程对应的系数，得到方程组，求解得矩阵 $\boldsymbol{G}$。

【例 3-24】

设一线性的二阶振荡系统：

$$\dot{\boldsymbol{x}}=\begin{pmatrix}0 & -20.6\\ 1 & 0\end{pmatrix}x+\begin{pmatrix}0\\ 1\end{pmatrix}\boldsymbol{u}$$

$$y=(0, 1)\boldsymbol{x}$$

试设计一个全维状态观测器，期望的观测器极点取为 $\lambda_{1,2}^*=-1.8\pm\mathrm{j}2.4$。

解： 先检验系统是否能观。检查能观判别矩阵：

$$\mathrm{rank}(\boldsymbol{N})=\mathrm{rank}\begin{pmatrix}\boldsymbol{C}\\ \boldsymbol{CA}\end{pmatrix}=\mathrm{rank}\begin{pmatrix}0 & 1\\ 1 & 0\end{pmatrix}=2$$

故系统能观。观测器的特征方程展开为

$$|\lambda\boldsymbol{I}-\boldsymbol{A}+\boldsymbol{GC}|=\left|\begin{pmatrix}\lambda & 0\\ 0 & \lambda\end{pmatrix}-\begin{pmatrix}0 & -20.6\\ 1 & 0\end{pmatrix}+\begin{pmatrix}g_1\\ g_2\end{pmatrix}(0, 1)\right|$$

$$=\begin{vmatrix}\lambda & 20.6+g_1\\ -1 & \lambda+g_2\end{vmatrix}=\lambda^2+g_2\lambda+20.6+g_1=0$$

期望极点对应的特征方程为

$$(\lambda+1.8-\mathrm{j}2.4)(\lambda+1.8+\mathrm{j}2.4)=\lambda^2+3.6\lambda+9=0$$

比较上面两个特征方程，其同次幂的系数相等，则有

$$\begin{cases}20.6+g_1=9\\ g_2=3.6\end{cases}\rightarrow\ \boldsymbol{G}=\begin{pmatrix}g_1\\ g_2\end{pmatrix}=\begin{pmatrix}-11.6\\ 3.6\end{pmatrix}$$

状态观测器为

$$\begin{aligned}\dot{\hat{\boldsymbol{x}}} &= (\boldsymbol{A}-\boldsymbol{G}\boldsymbol{C})\hat{\boldsymbol{x}}+\boldsymbol{B}\boldsymbol{u}+\boldsymbol{G}\boldsymbol{y}\\ &= \begin{pmatrix}0 & -9\\ 1 & -3.6\end{pmatrix}\hat{\boldsymbol{x}}+\begin{pmatrix}0\\1\end{pmatrix}\boldsymbol{u}+\begin{pmatrix}-11.6\\3.6\end{pmatrix}\boldsymbol{y}\end{aligned}$$

3.3.10　降维观测器案例及原理

设一个系统的二维输出方程为

$$y=(0,\ 1)\begin{pmatrix}x_1\\x_2\end{pmatrix}=x_2$$

从该输出方程可知，状态变量 x_2 的信息可直接由输出变量的测量值提供。从这个例子可知，状态变量 x_2 即为输出变量 y，故该系统只需对 x_1 设计状态观测器即可。因此，所设计的状态观测器的维数少于系统的维数 n，将该类状态观测器称为降维状态观测器。

降维观测器的设计步骤如下：

1）通过线性变换把系统状态按能检测性分解成 $\bar{\boldsymbol{x}}_1$ 和 $\bar{\boldsymbol{x}}_2$，其中（$n-m$）维 $\bar{\boldsymbol{x}}_1$ 需要重构，而 m 维 $\bar{\boldsymbol{x}}_2$ 可由 $\boldsymbol{y}$ 直接检测获得。

2）对 $\bar{\boldsymbol{x}}_1$ 构造（$n-m$）维观测器。

设系统 $\Sigma_o=(\boldsymbol{A},\ \boldsymbol{B},\ \boldsymbol{C})$：$\dot{\boldsymbol{x}}=\boldsymbol{A}\boldsymbol{x}+\boldsymbol{B}\boldsymbol{u}$，$\boldsymbol{y}=\boldsymbol{C}\boldsymbol{x}$，能观且 $\mathrm{rank}(\boldsymbol{C})=m$，则必存在线性变换 $\boldsymbol{x}=\boldsymbol{T}\bar{\boldsymbol{x}}$ 使

$$\bar{\boldsymbol{A}}=\boldsymbol{T}^{-1}\boldsymbol{A}\boldsymbol{T}=\begin{pmatrix}\bar{\boldsymbol{A}}_{11} & \bar{\boldsymbol{A}}_{12}\\ \bar{\boldsymbol{A}}_{21} & \bar{\boldsymbol{A}}_{22}\end{pmatrix}\begin{matrix}\rightarrow(n-m)\text{维}\\ \rightarrow m\text{ 维}\end{matrix}$$

$$\bar{\boldsymbol{B}}=\boldsymbol{T}^{-1}\boldsymbol{B}=\begin{pmatrix}\bar{\boldsymbol{B}}_1\\ \bar{\boldsymbol{B}}_2\end{pmatrix}\begin{matrix}\rightarrow(n-m)\text{维}\\ \rightarrow m\text{ 维}\end{matrix}$$

$$\bar{\boldsymbol{C}}=\boldsymbol{C}\boldsymbol{T}=(\boldsymbol{0},\ \boldsymbol{I})\rightarrow m\text{ 维}$$

变换矩阵 $\boldsymbol{T}$ 满足

$$\boldsymbol{T}^{-1}=\begin{pmatrix}\boldsymbol{C}_0\\ \boldsymbol{C}\end{pmatrix},\ \boldsymbol{T}=\begin{pmatrix}\boldsymbol{C}_0\\ \boldsymbol{C}\end{pmatrix}^{-1}$$

式中，$\boldsymbol{C}_0$ 为保证 $\boldsymbol{T}$ 为非奇异的任意（$n-m$）$\times n$ 矩阵。经变换后，系统的状态方程为

$$\begin{cases}\begin{pmatrix}\dot{\bar{\boldsymbol{x}}}_1\\ \dot{\bar{\boldsymbol{x}}}_2\end{pmatrix}=\begin{pmatrix}\bar{\boldsymbol{A}}_{11} & \bar{\boldsymbol{A}}_{12}\\ \bar{\boldsymbol{A}}_{21} & \bar{\boldsymbol{A}}_{22}\end{pmatrix}\begin{pmatrix}\bar{\boldsymbol{x}}_1\\ \bar{\boldsymbol{x}}_2\end{pmatrix}+\begin{pmatrix}\bar{\boldsymbol{B}}_1\\ \bar{\boldsymbol{B}}_2\end{pmatrix}\boldsymbol{u}\\ \bar{\boldsymbol{y}}=(\boldsymbol{0},\ \boldsymbol{I})\begin{pmatrix}\bar{\boldsymbol{x}}_1\\ \bar{\boldsymbol{x}}_2\end{pmatrix}=\bar{\boldsymbol{x}}_2\end{cases}$$

式中，$\bar{x}_1$为待估计的部分；$\bar{x}_2$为已测量的部分。将系统按能检测性分解的结构如图 3-25 所示。其中，待观测子系统方程为

$$\dot{\bar{x}}_1=\bar{A}_{11}\bar{x}_1+\underbrace{\bar{A}_{12}\bar{x}_2+\bar{B}_1u}_{v}=\bar{A}_{11}\bar{x}_1+v$$

$$z=\bar{A}_{21}\bar{x}_1=\dot{\bar{x}}_2-\bar{A}_{22}\bar{x}_2-\bar{B}_2u$$

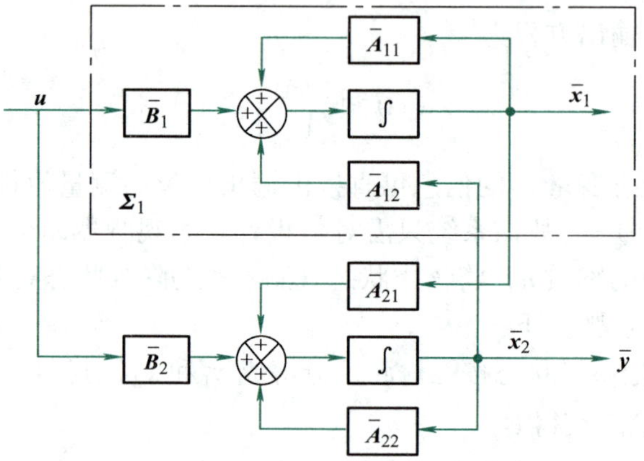

图 3-25　将系统按能检测性分解的结构图

$$\left.\begin{aligned}v&=\bar{A}_{12}\bar{x}_2+\bar{B}_1u\\z&=\dot{\bar{x}}_2-\bar{A}_{22}\bar{x}_2-\bar{B}_2u\end{aligned}\right\}$$

式中，v为子系统输入，z为子系统输出。参照全维状态观测器方程

$$\dot{\hat{x}}=(A-GC)\hat{x}+Gy+Bu$$

可得降维观测器方程

$$\dot{\hat{\bar{x}}}_1=(\bar{A}_{11}-\bar{G}\bar{A}_{21})\hat{\bar{x}}_1+v+\bar{G}z$$

把v、z代入，并注意到$\bar{x}_2=\bar{y}$，可得

$$\dot{\hat{\bar{x}}}_1=(\bar{A}_{11}-\bar{G}\bar{A}_{21})\hat{\bar{x}}_1+(\bar{A}_{12}-\bar{G}\bar{A}_{22})\bar{y}+(\bar{B}_1-\bar{G}\bar{B}_2)u+\bar{G}\dot{\bar{y}}$$

为消去$\dot{\bar{y}}$，引入变量

$$\hat{\bar{w}}=\hat{\bar{x}}_1-\bar{G}\bar{y}$$

于是降维观测器方程变为

$$\dot{\hat{\bar{w}}}=(\bar{A}_{11}-\bar{G}\bar{A}_{21})\hat{\bar{x}}_1+(\bar{A}_{12}-\bar{G}\bar{A}_{22})\bar{y}+(\bar{B}_1-\bar{G}\bar{B}_2)u$$

$$\hat{\bar{x}}_1=\hat{\bar{w}}+\bar{G}\bar{y}$$

其框图如图 3-26 所示。

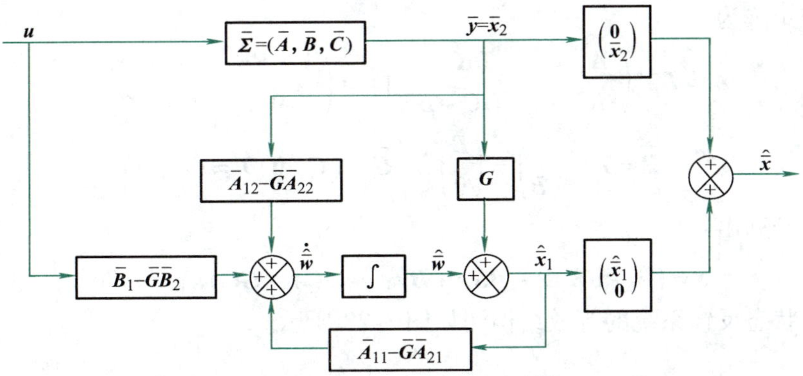

图 3-26 降维观测器框图

3.3.11 状态观测器的应用

利用状态观测器可实现状态反馈，设带状态观测器的状态反馈系统如图 3-27 所示。

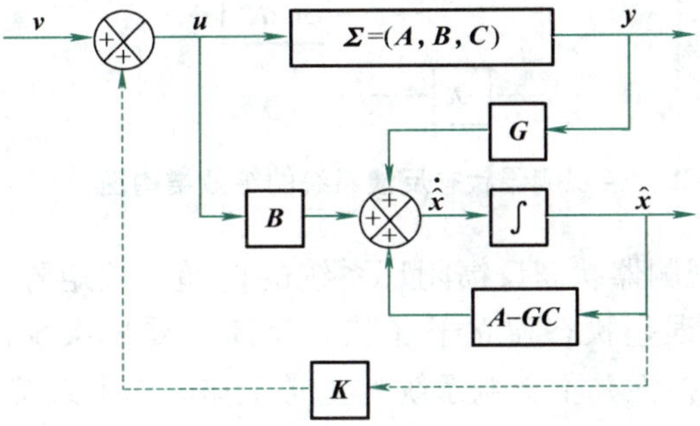

图 3-27 带状态观测器的状态反馈系统图

设能控能观的受控系统 $\Sigma_o=(A,\ B,\ C)$ 的状态观测器 Σ_G 为

$$\dot{\hat{x}}=(A-GC)\hat{x}+Gy+Bu;\ \hat{y}=C\hat{x}$$

反馈控制律为 $u=v+K\hat{x}$，得闭环系统的状态空间表达式

$$\dot{x}=Ax+BK\hat{x}+Bv;\ \dot{\hat{x}}=GCx+(A-GC+BK)\hat{x}+Bv;\ y=Cx$$

闭环系统状态空间表达式矩阵形式为

$$\begin{pmatrix}\dot{x}\\ \dot{\hat{x}}\end{pmatrix}=\begin{pmatrix}A & BK\\ GC & A-GC+BK\end{pmatrix}\begin{pmatrix}x\\ \hat{x}\end{pmatrix}+\begin{pmatrix}B\\ B\end{pmatrix}v;\ y=(C,\ 0)\begin{pmatrix}x\\ \hat{x}\end{pmatrix}$$

所谓闭环极点设计的分离性，是指状态反馈系统 $\Sigma_K=((A+BK),B,C)$ 的极点和观测器 Σ_G 的极点两部分，二者独立，相互分离。

证明： 引入等效变换 $\begin{pmatrix}x\\ \varepsilon\end{pmatrix}=\begin{pmatrix}x\\ x-\hat{x}\end{pmatrix}=\begin{pmatrix}I & 0\\ I & -I\end{pmatrix}\begin{pmatrix}x\\ \hat{x}\end{pmatrix}$

$$T=\begin{pmatrix}I & 0\\ I & -I\end{pmatrix},\quad T^{-1}=\begin{pmatrix}I & 0\\ I & -I\end{pmatrix}^{-1}=\begin{pmatrix}I & 0\\ I & -I\end{pmatrix}=T$$

变换后的系统矩阵为

$$\overline{A}=T^{-1}\begin{pmatrix}A & BK\\ GC & A-GC+BK\end{pmatrix}T=\begin{pmatrix}A+BK & -BK\\ 0 & A-GC\end{pmatrix}$$

$$\overline{B}=T^{-1}\begin{pmatrix}B\\ B\end{pmatrix}=\begin{pmatrix}B\\ 0\end{pmatrix},\quad \overline{C}=(C,\ 0)T=(C,\ 0)$$

将以上系统分开列出:

$$\dot{x}=(A+BK)x-BK\varepsilon+Bv;\ \dot{\varepsilon}=(A-GC)\varepsilon;\ y=Cx$$

带观测器状态反馈系统的等效结构图如图 3-28 所示。

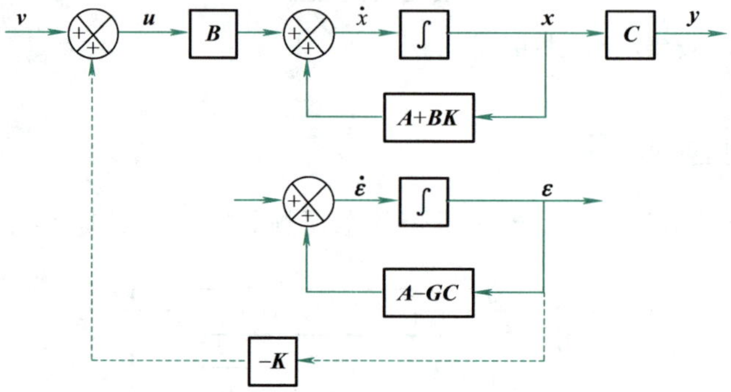

图 3-28　带观测器状态反馈系统的等效结构图

由图 3-28 可知，带观测器状态反馈闭环系统的传递函数矩阵一定等于直接状态反馈闭环系统的传递函数矩阵。误差状态独立于（状态反馈）受控系统，误差估计状态虽然是不能控的，但这种不完全能控性并不影响系统的正常工作。以上系统的特征多项式为

$$\begin{aligned}\det(sI-\overline{A})&=\det\begin{pmatrix}sI-(A+BK) & BK\\ 0 & sI-(A-GC)\end{pmatrix}\\&=\det(sI-(A+BK))\cdot\det(sI-(A-GC))\end{aligned}$$

上式表明由观测器构成的状态反馈的闭环系统的特征多项式，等于直接状态反馈和状态观测器特征多项式的乘积。即闭环系统的极点等于直接状态反馈（$A+BK$）的极点和状态观测器（$A-GC$）的极点之和，且二者相互独立。因此，只要系统（A，B，C）能控能观，则系统的状态反馈矩阵 K 和观测器反馈矩阵 G 可分别进行设计，该性质称为闭环极点设计的分离性。至此，有如下结论:

1）用状态估计值进行状态反馈系统设计不需要重新计算状态反馈增益矩阵 K。

2）当观测器被引入系统后，状态反馈部分不会改变已经设计好的观测器的极点配置。

3）用观测器进行状态估值反馈的系统，与状态直接反馈系统的反馈增益矩阵 K 相同。

4）传递函数矩阵的不变性。用观测器构成的状态反馈系统和状态直接反馈系统具有相同的传递函数矩阵。

5）观测器反馈与直接状态反馈的等效性。带观测器的状态反馈系统只有当 $t\to\infty$，进入稳定时，才会与直接状态反馈系统完全等价。

3.3.12　观测器状态反馈的极点配置案例

【例 3-25】

系统方程 $\dot{\boldsymbol{x}}=\boldsymbol{A}\boldsymbol{x}+\boldsymbol{B}u$；$y=\boldsymbol{C}\boldsymbol{x}$

其中，$\boldsymbol{A}=\begin{pmatrix}0 & 1\\ 0 & -5\end{pmatrix}$，$\boldsymbol{B}=\begin{pmatrix}0\\ 100\end{pmatrix}$，$\boldsymbol{C}=(1,\ 0)$。设计一基于观测器的状态反馈，系统极点为 $s_{1,2}=-7.07\pm \mathrm{j}7.07$。

解：检查系统是否能控能观：

$$\operatorname{rank}(\boldsymbol{B},\ \boldsymbol{AB})=\operatorname{rank}\begin{pmatrix}0 & 100\\ 100 & -500\end{pmatrix}=2；\operatorname{rank}\begin{pmatrix}\boldsymbol{C}\\ \boldsymbol{CA}\end{pmatrix}=\operatorname{rank}\begin{pmatrix}1 & 0\\ 0 & 1\end{pmatrix}=2$$

设

$$\boldsymbol{K}=(-k_2,\ -k_1)$$

$$\det(s\boldsymbol{I}-(\boldsymbol{A}+\boldsymbol{BK}))=s^2+(5+100k_1)s+100k_2$$

$$f(s)=(s-s_1)(s-s_2)=(s+7.07-\mathrm{j}7.07)(s+7.07+\mathrm{j}7.07)\approx s^2+14.14s+100$$

$$\begin{cases}5+100k_1=14.14\\ 100k_2=100\end{cases}\quad\rightarrow\quad \boldsymbol{K}=(-k_2,\ -k_1)=(-1,\ -0.0914)$$

设计观测器，设 $\boldsymbol{G}=(g_2,\ g_1)^{\mathrm{T}}$，取观测器的极点为 -50，于是有

$$\det(s\boldsymbol{I}-\boldsymbol{A}+\boldsymbol{GC})=s^2+(5+g_2)s+5g_2+g_1$$

$$f^*(s)=(s+50)^2=s^2+100s+2500$$

$$\begin{cases}5+g_2=100\\ 5g_2+g_1=2500\end{cases}\quad\rightarrow\quad \boldsymbol{G}=\begin{pmatrix}g_2\\ g_1\end{pmatrix}=\begin{pmatrix}95\\ 2025\end{pmatrix}$$

观测器方程为

$$\dot{\tilde{\boldsymbol{x}}}=(\boldsymbol{A}-\boldsymbol{GC})\tilde{\boldsymbol{x}}+\boldsymbol{B}u+\boldsymbol{G}y=\begin{pmatrix}-95 & 1\\ -2025 & -5\end{pmatrix}\tilde{\boldsymbol{x}}+\begin{pmatrix}0\\ 100\end{pmatrix}u+\begin{pmatrix}95\\ 2025\end{pmatrix}y$$

系统完整的方块图如图 3-29 所示。

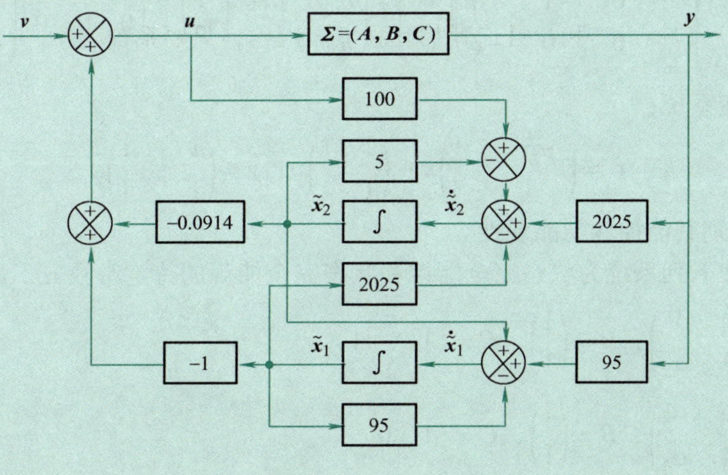

图 3-29　系统完整的方块图

习　题

3-1　判别下列系统的能控性与能观性。系统中 a、b、c、d 的取值对能控性与能观性是否有影响？若有影响，其取值条件如何？

（1）系统如图 3-30 所示。

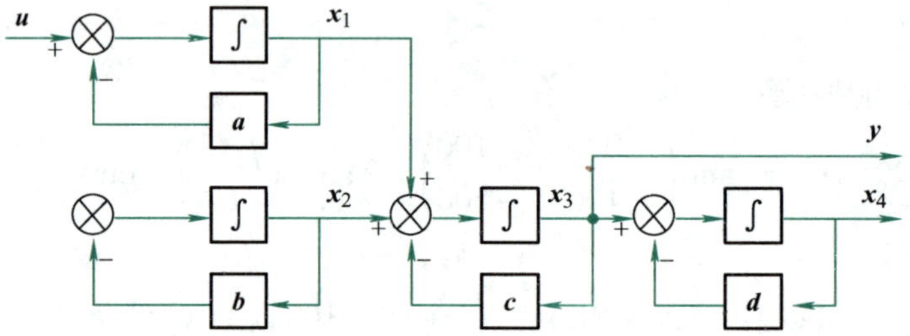

图 3-30　系统模拟结构图（一）

（2）系统如图 3-31 所示。

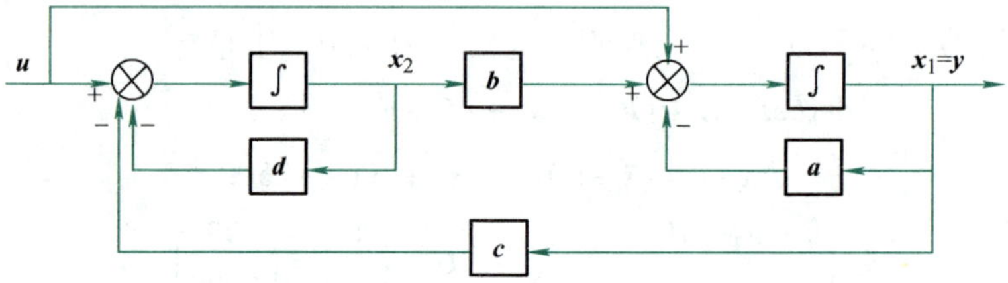

图 3-31　系统模拟结构图（二）

（3）系统如下式：

$$\begin{pmatrix}\dot{x}_1\\ \dot{x}_2\\ \dot{x}_3\end{pmatrix}=\begin{pmatrix}-1 & 1 & 0\\ 0 & -1 & 0\\ 0 & 0 & -2\end{pmatrix}\begin{pmatrix}x_1\\ x_2\\ x_3\end{pmatrix}+\begin{pmatrix}2 & 1\\ a & 0\\ b & 0\end{pmatrix}\boldsymbol{u};\quad \begin{pmatrix}y_1\\ y_2\end{pmatrix}=\begin{pmatrix}c & 0 & d\\ 0 & 0 & 0\end{pmatrix}\begin{pmatrix}x_1\\ x_2\\ x_3\end{pmatrix}$$

3-2　时不变系统：

$$\dot{\boldsymbol{x}}=\begin{pmatrix}-3 & 1\\ 1 & -3\end{pmatrix}\boldsymbol{x}+\begin{pmatrix}1 & 1\\ 1 & 1\end{pmatrix}\boldsymbol{u};\quad \boldsymbol{y}=\begin{pmatrix}1 & 1\\ 1 & -1\end{pmatrix}\boldsymbol{x}$$

试用两种方法判别其能控性与能观性。

3-3　确定使下列系统为状态完全能控和状态完全能观的待定常数 α_i、β_i。

（1）$\boldsymbol{A}=\begin{pmatrix}\alpha_1 & 0\\ 0 & \alpha_2\end{pmatrix}$，$\boldsymbol{B}=\begin{pmatrix}1\\ 1\end{pmatrix}$，$\boldsymbol{C}=(1,\ -1)$

（2）$\boldsymbol{A}=\begin{pmatrix}\alpha_1 & \alpha_2\\ \alpha_3 & \alpha_4\end{pmatrix}$，$\boldsymbol{B}=\begin{pmatrix}1\\ 1\end{pmatrix}$，$\boldsymbol{C}=(1,\ 0)$

（3）$\boldsymbol{A}=\begin{pmatrix}0 & 0 & 2\\1 & 0 & -3\\0 & 1 & -4\end{pmatrix}$，$\boldsymbol{B}=\begin{pmatrix}1\\ \beta_2\\ \beta_3\end{pmatrix}$，$\boldsymbol{C}=(0,\ 0,\ 1)$

3-4　已知系统的微分方程为

$$\dddot{y}+6\ddot{y}+11\dot{y}+6y=6u$$

试写出其对偶系统的状态空间表达式及其传递函数。

3-5　已知能控系统的状态方程矩阵 $\boldsymbol{A}$、$\boldsymbol{B}$ 分别为 $\boldsymbol{A}=\begin{pmatrix}1 & -2\\3 & 4\end{pmatrix}$、$\boldsymbol{B}=\begin{pmatrix}1\\1\end{pmatrix}$，试将该状态方程变换为能控标准型。

3-6　已知能观系统的矩阵 $\boldsymbol{A}$、$\boldsymbol{B}$、$\boldsymbol{C}$ 为 $\boldsymbol{A}=\begin{pmatrix}1 & -1\\1 & 1\end{pmatrix}$、$\boldsymbol{B}=\begin{pmatrix}2\\1\end{pmatrix}$、$\boldsymbol{C}=(-1,\ 1)$，试将该状态空间表达式变换为能观标准型。

3-7　求解如下系统的能控标准型（Ⅱ型）：

$$\begin{cases}\dot{\boldsymbol{x}}=\begin{pmatrix}1 & 0 & 2\\2 & 1 & 1\\1 & 0 & -2\end{pmatrix}\boldsymbol{x}+\begin{pmatrix}1\\2\\1\end{pmatrix}\boldsymbol{u}\\ \boldsymbol{y}=(0,\ 1,\ 1)\boldsymbol{x}\end{cases}$$

3-8　某系统的传递函数为

$$\frac{Y(s)}{R(s)}=\frac{s+a}{s^4+15s^3+68s^2+106s+80}$$

式中，a 为实数。试确定 a 的合适取值，使系统或不能控或不能观。

3-9　考虑图3-32所示的 RL 电路：

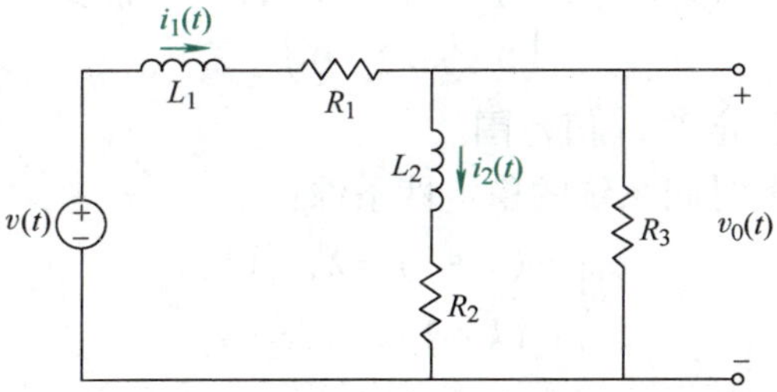

图3-32　电路结构图

（1）选择两个合适的状态变量，并令输出为 $v_0(t)$，建立该电路的状态空间模型。

（2）当$R_1/L_1=R_2/L_2$时，系统是否能观？

3-10　判断下列函数的正定性：

（1）$V(\boldsymbol{x})=2x_1^2+3x_2^2+x_3^2-2x_1x_2+2x_1x_3$

（2）$V(\boldsymbol{x})=8x_1^2+2x_2^2+x_3^2-8x_1x_2+2x_1x_3-2x_2x_3$

（3）$V(\boldsymbol{x})=x_1^2+x_3^2-2x_1x_2+x_2x_3$

3-11　用李雅普诺夫第一法判定下列系统在平衡状态的稳定性：

(1) $\dot{x}_1 = x_1 - x_1 x_2$; $\dot{x}_2 = -x_2 + x_1 x_2$

(2) $\dot{x}_1 = -x_1 + x_2 + x_1(x_1^2 + x_2^2)$; $\dot{x}_2 = -x_1 - x_2 + x_2(x_1^2 + x_2^2)$

3-12 判断下列线性定常系统的稳定性:

(1) $\begin{cases} \dot{x}_1 = x_1 + x_2 \\ \dot{x}_2 = -x_1 + x_2 \end{cases}$

(2) $\begin{cases} \dot{x}_1 = x_2 \\ \dot{x}_2 = -x_1 - x_2 \end{cases}$

3-13 判断下列非线性定常系统的稳定性:

(1) $\begin{cases} \dot{x}_1 = x_2 - a\,x_1(x_1^2 + x_2^2) \\ \dot{x}_2 = -x_1 - a\,x_2(x_1^2 + x_2^2) \end{cases}, a > 0$

(2) $\begin{cases} \dot{x}_1 = x_2 \\ \dot{x}_2 = -b(1 + x_2)^2 x_2 - x_1 \end{cases}, b > 0$

3-14 使用李雅普诺夫方法求系统

$$\dot{\boldsymbol{x}} = \begin{pmatrix} a_{11} & a_{12} \\ a_{21} & a_{22} \end{pmatrix} \boldsymbol{x}$$

在平衡状态 $\boldsymbol{x}_{\mathrm{e}} = \boldsymbol{0}$ 为大范围渐近稳定的条件。

3-15 设线性离散时间系统为

$$\boldsymbol{x}(k+1) = \begin{pmatrix} 0 & 1 & 0 \\ 0 & 0 & 1 \\ 0 & m/2 & 0 \end{pmatrix} \boldsymbol{x}(k), \quad m > 0$$

试求在平衡状态系统渐近稳定的 m 值范围。

3-16 求线性定常离散时间系统的稳定性条件:

$$\begin{cases} x_1(k+1) = \lambda_1 x_1(k) \\ x_2(k+1) = \lambda_2 x_2(k) \end{cases}$$

3-17 试用克拉索夫斯基方法判断下面的系统是否是大范围渐近稳定的。

$$\begin{cases} \dot{x}_1 = -3\,x_1 + x_2 \\ \dot{x}_2 = x_1 - x_2 - x_2^3 \end{cases}$$

3-18 已知系统状态方程为

$$\begin{pmatrix} \dot{x}_1 \\ \dot{x}_2 \\ \dot{x}_3 \end{pmatrix} = \begin{pmatrix} 1 & -1 & 1 \\ 0 & 1 & 1 \\ 1 & 0 & 1 \end{pmatrix} \begin{pmatrix} x_1 \\ x_2 \\ x_3 \end{pmatrix} + \begin{pmatrix} 0 \\ 0 \\ 1 \end{pmatrix} \boldsymbol{u}$$

试设计一状态反馈矩阵，使闭环系统极点配置为 −2， −3， −4。

3-19 已知系统状态方程为

$$\begin{pmatrix}\dot{x}_1\\ \dot{x}_2\\ \dot{x}_3\end{pmatrix}=\begin{pmatrix}0 & 1 & 0\\ 0 & -1 & 1\\ 0 & -1 & -10\end{pmatrix}\begin{pmatrix}x_1\\ x_2\\ x_3\end{pmatrix}+\begin{pmatrix}0\\ 0\\ 10\end{pmatrix}\boldsymbol{u}$$

试设计一状态反馈矩阵，使闭环系统极点配置为 -10、$-1\pm \mathrm{j}\sqrt{3}$，并画出系统模拟结构图。

3-20 已知系统的传递函数为$\dfrac{Y(s)}{U(s)}=\dfrac{5}{(s+2)(s+3)(s+4)}$，状态变量为 $x_1=y$，$x_2=\dot{x}_1$，$x_3=\dot{x}_2$，试用确定状态反馈控制律 $\boldsymbol{u}=\boldsymbol{Kx}$ 的状态反馈增益矩阵 $\boldsymbol{K}$，实现如下闭环极点配置：

$$-3\pm \mathrm{j}3\sqrt{3},\ -10。$$

3-21 试判断下列系统能否通过状态反馈实现镇定：

$$\boldsymbol{A}=\begin{pmatrix}-1 & 1 & 0\\ 0 & -1 & 1\\ 1 & 0 & 1\end{pmatrix},\ \boldsymbol{B}=\begin{pmatrix}1\\ 0\\ 1\end{pmatrix}$$

3-22 是否存在一前馈补偿器 $\boldsymbol{W}_d(s)$，使如下系统 $\boldsymbol{W}_o(s)$：

$$\boldsymbol{W}_o(s)=\begin{pmatrix}\dfrac{1}{s+2} & \dfrac{1}{s}\\ \dfrac{1}{s} & \dfrac{1}{s+2}\end{pmatrix}$$

解耦，并变成系统 $\boldsymbol{W}(s)=\begin{pmatrix}\dfrac{1}{s+2} & 0\\ 0 & \dfrac{1}{s}\end{pmatrix}$?

3-23 设 $\boldsymbol{\Sigma}_o=(\boldsymbol{A},\ \boldsymbol{B},\ \boldsymbol{C})$：

$$\begin{pmatrix}\dot{x}_1\\ \dot{x}_2\\ \dot{x}_3\end{pmatrix}=\begin{pmatrix}4 & 4 & 4\\ -11 & -12 & -12\\ 13 & 14 & 13\end{pmatrix}\begin{pmatrix}x_1\\ x_2\\ x_3\end{pmatrix}+\begin{pmatrix}1\\ -1\\ 0\end{pmatrix}\boldsymbol{u}$$

$$\boldsymbol{y}=(1,\ 1,\ 1)\begin{pmatrix}x_1\\ x_2\\ x_3\end{pmatrix}$$

试设计极点为 -3、-4 的降维观测器。

3-24 设受控系统的传递函数为 $\boldsymbol{W}_o(s)=\dfrac{1}{s(s+6)}$，用状态反馈将闭环系统极点配置为 $-4\pm \mathrm{j}6$，并设计实现上述反馈的全维及降维观测器（设其极点为 -10，-10）。

第4章

变分法与极小值原理

本章的重点与知识点关系图如图4-1所示，主要包括函数变分与泛函增量、线性泛函与泛函变分、泛函极值、最简变分问题、博尔扎（Bolza）问题、极小值原理和最优控制问题的数值求解方法等。

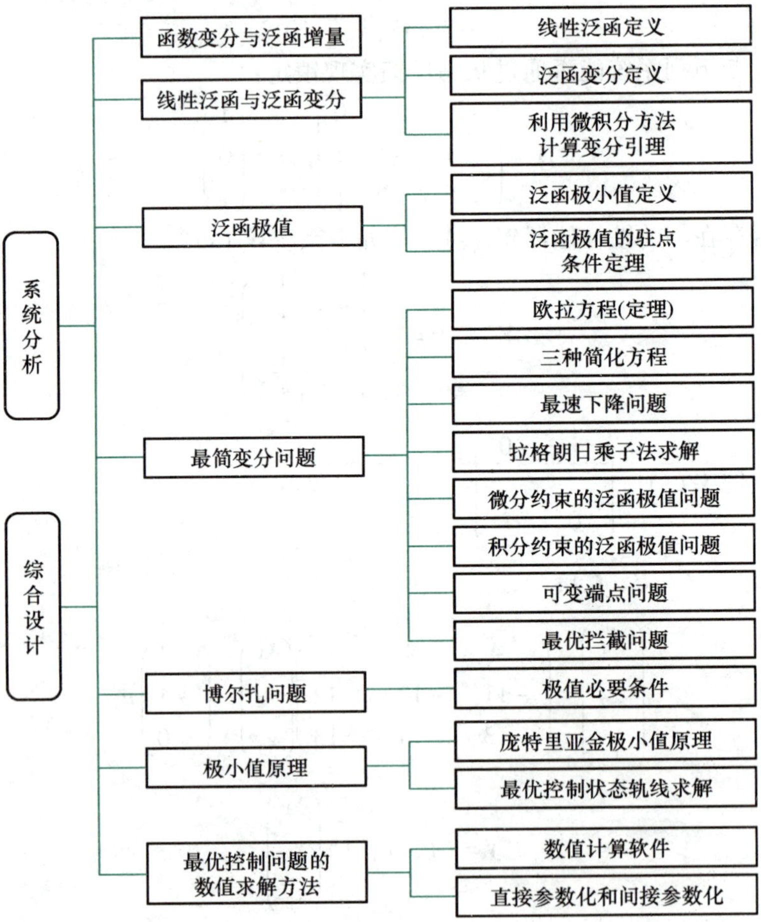

图4-1　第4章重点与知识点关系图

4.1　问题提出

首先，给出“泛函”的数学定义：

定义4.1（泛函）　从任意定义域为函数集 Ω 到实数域 $\mathbf{R}$ 或复数域 $\mathbf{C}$ 的映射称为泛函。

通俗地来说，泛函就是函数的函数。泛函与函数的比较如图 4-2 所示。

下面举一个泛函的例子，令 Ω 为从闭区间［0，1］映射到 $\mathbf{R}$ 的连续可微函数全体。对于 $x\in\Omega$，定义

$$I_1(x)=x(t)$$

$$I_2(x)=\int_0^1 x^2(t)\,\mathrm{d}t \tag{4-1}$$

式中，t 为常数，$t\in[0,1]$；I_1，I_2 都是以 Ω 为定义域，以 $\mathbf{R}$ 为值域，关于函数 x 的泛函。

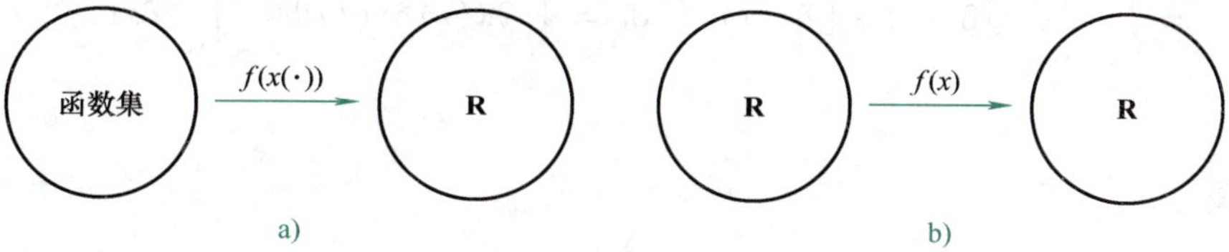

图 4-2　泛函与函数的比较

a）泛函　b）函数

【例 4-1】

下面提出一个直流电机损耗最小化的实际案例（见图 4-3），设直流电机的运动方程为

$$K_{\mathrm{m}}I_{\mathrm{D}}-T_{\mathrm{F}}=J_{\mathrm{D}}\frac{\mathrm{d}\omega}{\mathrm{d}t}$$

式中，K_{m} 为转矩系数；I_{D} 为电机的驱动电流；J_{D} 为转动惯量；T_{F} 为恒定的负载转矩；ω 为驱动轴的转速。在 $0\sim t_{\mathrm{f}}$ 内，电机从静止起动，转过一定角度 θ 后停止，使电枢电阻 R_{D} 上的损耗 $E=\int_0^{t_{\mathrm{f}}}R_{\mathrm{D}}{I_{\mathrm{D}}}^2(t)\,\mathrm{d}t$ 最小，求 I_{D}。I_{D} 为时间 t 的函数，而 E 为 I_{D} 的函数，因此 E 是函数的函数，被称为泛函。

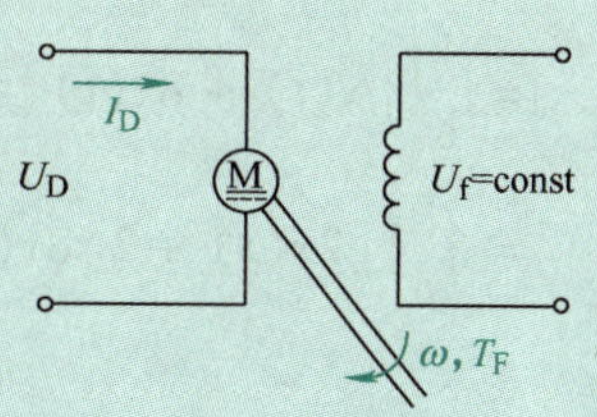

图 4-3　直流电机损耗最小化案例

4.2　函数变分与泛函增量

考虑泛函 $J(x):\Omega\to\mathbf{R}$（函数集 Ω 映射到实数域 $\mathbf{R}$），考察其定义域中的一点 $x\in\Omega$ 是否为 J 的极值点，可以对其施加“扰动”，函数的增量 $\delta x\in\Omega$，若 $x+\delta x\in\Omega$，则可计算泛函增量

$$\Delta J(x,\delta x)=J(x+\delta x)-J(x) \tag{4-2}$$

称这个函数的增量 δx 为函数变分，或简称变分（Variation）。由此可见，泛函增量 ΔJ 是一个关于函数 x 和变分 δx 的泛函。

【例 4-2】

设泛函 $J_1(x):\Omega_1\to\mathbf{R}$，定义域 Ω_1 为［t_0，t_{f}］映射到 $\mathbf{R}$ 的连续函数全体，求其泛函增量：

$$J_1(x)=\int_{t_0}^{t_f}x^2(t)\,\mathrm{d}t \tag{4-3}$$

解： 其泛函增量为

$$\begin{aligned}&\Delta J_1(x,\delta x)\\&=J_1(x+\delta x)-J_1(x)=\int_{t_0}^{t_f}[x(t)+\delta x(t)]^2\mathrm{d}t-\int_{t_0}^{t_f}x^2(t)\,\mathrm{d}t\\&=\int_{t_0}^{t_f}\{2x(t)\delta x(t)+[\delta x(t)]^2\}\,\mathrm{d}t=\int_{t_0}^{t_f}2x(t)\delta x(t)\,\mathrm{d}t+\int_{t_0}^{t_f}[\delta x(t)]^2\mathrm{d}t\end{aligned} \tag{4-4}$$

【例 4-3】

设泛函 $J_2(x):\Omega_2\to\mathbf{R}$，定义域 Ω_2 为［0，1］映射到 $\mathbf{R}$ 的连续函数全体，求其泛函增量

$$J_2(x)=\int_0^1[x^2(t)+2x(t)]\,\mathrm{d}t \tag{4-5}$$

解： 其泛函增量为

$$\begin{aligned}\Delta J_2(x,\delta x)&=J_2(x+\delta x)-J_2(x)\\&=\int_0^1\{[x(t)+\delta x(t)]^2+2[x(t)+\delta x(t)]\}\,\mathrm{d}t-\int_0^1\{x^2(t)+2x(t)\}\,\mathrm{d}t\\&=\int_0^1\{[2x(t)+2]\delta x(t)+[\delta x(t)]^2\}\,\mathrm{d}t=\int_0^1[2x(t)+2]\delta x(t)\,\mathrm{d}t+\int_0^1[\delta x(t)]^2\mathrm{d}t\end{aligned} \tag{4-6}$$

4.3 线性泛函与泛函变分

定义 4.2（线性泛函） 若泛函 $J(x):\Omega\to\mathbf{R}$ 满足：

1）齐次性条件，对任意的 $a\in\mathbf{R}$，x、$ax\in\Omega$，有

$$J(ax)=aJ(x) \tag{4-7}$$

2）可加性条件，对任意的 x_1、x_2，$x_1+x_2\in\Omega$，有

$$J(x_1+x_2)=J(x_1)+J(x_2) \tag{4-8}$$

则称 J 是关于 x 的线性泛函。

【例 4-4】

验证下列关于 δx 的泛函是线性的：

$$\int_{t_0}^{t_f}2x(t)\delta x(t)\,\mathrm{d}t \tag{4-9}$$

解： 齐次性：

$$\int_{t_0}^{t_f}2x(t)[\alpha\delta x(t)]\,\mathrm{d}t=\alpha\int_{t_0}^{t_f}2x(t)\delta x(t)\,\mathrm{d}t \tag{4-10}$$

可加性：
$$\int_{t_0}^{t_f} 2x(t)\delta[x_1(t)+x_2(t)]dt=\int_{t_0}^{t_f} 2x(t)\delta x_1(t)dt+\int_{t_0}^{t_f} 2x(t)\ \delta x_2(t)dt \quad (4\text{-}11)$$

可见式(4-9)是线性泛函。

【例 4-5】

验证下列关于 δx 的泛函是线性的：

$$\int_0^1 [2x(t)+2]\delta x(t)dt \quad (4\text{-}12)$$

解：齐次性：

$$\int_0^1 [2x(t)+2][\alpha\delta x(t)]dt=\alpha\int_0^1 [2x(t)+2]\delta x(t)dt \quad (4\text{-}13)$$

可加性：

$$\int_0^1 [2x(t)+2]\delta[x_1(t)+x_2(t)]dt=\int_0^1 [2x(t)+2]\delta x_1(t)dt+\int_0^1 [2x(t)+2]\delta x_2(t)dt \quad (4\text{-}14)$$

可见式(4-12)是线性泛函。

定义 4.3（泛函变分）　若泛函增量可以写为函数变分的线性泛函及其高阶无穷小项两个部分的和：

$$\Delta J(x,\delta x)=L(x,\delta x)+R(x,\delta x) \quad (4\text{-}15)$$

定义泛函增量的线性主部：

$$\delta J(x,\delta x)=L(x,\delta x) \quad (4\text{-}16)$$

是泛函 J 关于宗量 x 的泛函变分或简称变分。若泛函存在变分，且泛函增量可用式(4-15)表达时，则称泛函是可微的。

【例 4-6】

求解例 4-2 中泛函 J_1 的变分

$$J_1(x)=\int_{t_0}^{t_f} x^2(t)dt$$

解：由例 4-2 结论可知，泛函 J_1 关于 δx 的增量为

$$\Delta J_1(x,\delta x)=\int_{t_0}^{t_f} 2x(t)\delta x(t)dt+\int_{t_0}^{t_f}[\delta x(t)]^2dt$$

由例 4-4 结论，可知泛函增量的前项为关于函数变分 δx 的线性泛函，取函数范数

$$\|\delta x\|_0=\max_{t\in[t_0,t_f]}\{|\delta x(t)|\} \quad (4\text{-}17)$$

接下来将证明泛函增量的后项为 $\|\delta x\|_0$ 的高阶无穷小项

$$\int_{t_0}^{t_f}[\delta x(t)]^2dt=\|\delta x\|_0\cdot\int_{t_0}^{t_f}\frac{[\delta x(t)]^2}{\|\delta x\|_0}dt$$

$$
\begin{aligned}
&= \|\delta x\|_0 \cdot \int_{t_0}^{t_f} |\delta x(t)| \cdot \frac{|\delta x(t)|}{\|\delta x\|_0} \mathrm{d}t \\
&= \|\delta x\|_0 \cdot \int_{t_0}^{t_f} |\delta x(t)| \cdot \frac{|\delta x(t)|}{\max\limits_{t\in[t_0,t_f]}\{|\delta x(t)|\}} \mathrm{d}t \\
&\leqslant \|\delta x\|_0 \cdot \int_{t_0}^{t_f} |\delta x(t)| \,\mathrm{d}t \qquad (4\text{-}18)\\
&\leqslant \|\delta x\|_0 \cdot \int_{t_0}^{t_f} \max_{t\in[t_0,t_f]}\{|\delta x(t)|\} \mathrm{d}t \\
&= \|\delta x\|_0 \cdot \int_{t_0}^{t_f} \|\delta x\|_0 \mathrm{d}t \\
&= \|\delta x\|_0 \cdot [t_f - t_0] \|\delta x\|_0
\end{aligned}
$$

若$\|\delta x\|_0 \to 0$，则

$$
\lim_{\|\delta x\|_0 \to 0} [t_f - t_0] \|\delta x\|_0 = 0 \tag{4-19}
$$

即证明了后项为高阶无穷小，得证。于是求得，泛函 J_1 对 x 的变分为

$$
\delta J_1(x, \delta x) = \int_{t_0}^{t_f} 2x(t)\delta x(t)\mathrm{d}t \tag{4-20}
$$

由定义直接出发计算泛函变分，虽然思路清晰，但是过程却较为烦琐。为了能更加方便地计算泛函变分，下面利用微积分的方法，得到一个泛函变分的简便计算公式。

引理 4.1（利用微积分方法计算变分） 若泛函 J 对函数 x 可微，则可计算泛函变分如下：

$$
\delta J(x, \delta x) = \frac{\mathrm{d}}{\mathrm{d}\alpha} J(x + \alpha \delta x) \big|_{\alpha=0}, \ \alpha \in \mathbf{R} \tag{4-21}
$$

接下来通过引理 4.1 的结论，直接计算泛函变分。

【例 4-7】

求解例 4-2 中泛函 J_1 的变分

$$
J_1(x) = \int_{t_0}^{t_f} x^2(t)\mathrm{d}t
$$

求导可得

$$
\begin{aligned}
\delta J_1(x, \delta x) &= \frac{\mathrm{d}}{\mathrm{d}\alpha} J_1(x + \alpha\delta x) \big|_{\alpha=0} = \frac{\mathrm{d}}{\mathrm{d}\alpha} \int_{t_0}^{t_f} [x(t) + \alpha\delta x(t)]^2 \mathrm{d}t \big|_{\alpha=0} \\
&= \int_{t_0}^{t_f} 2[x(t) + \alpha\delta x(t)]\delta x(t)\mathrm{d}t \big|_{\alpha=0} = \int_{t_0}^{t_f} 2x(t)\delta x(t)\mathrm{d}t \qquad (4\text{-}22)
\end{aligned}
$$

【例 4-8】

求解例 4-3 中泛函 J_2 的变分

$$
J_2(x) = \int_0^1 [x^2(t) + 2x(t)]\mathrm{d}t
$$

解： 求导可得

$$
\begin{aligned}
\delta J_2(x,\delta x) &= \frac{\mathrm{d}}{\mathrm{d}\alpha} J_2(x+\alpha\delta x)\mid_{\alpha=0} \\
&= \frac{\mathrm{d}}{\mathrm{d}\alpha}\int_0^1 \{[(x(t)+\alpha\delta x(t)]^2 + 2[x(t)+\alpha\delta x(t)]\}\mathrm{d}t\mid_{\alpha=0} \\
&= \int_0^1 \{2[x(t)+\alpha\delta x(t)]\delta x(t) + 2\delta x(t)\}\mathrm{d}t\mid_{\alpha=0} \\
&= \int_0^1 [2x(t)+2]\delta x(t)\mathrm{d}t
\end{aligned} \tag{4-23}
$$

4.4　泛函极值

类比函数极小值的定义，可以规定泛函极值的定义。

定义 4.4（泛函的极值）　设泛函 $J(x):\Omega\rightarrow\mathbf{R}$ 的定义域 Ω 是一类函数的集合。若函数 $x\in\Omega$，存在 $\delta\in\mathbf{R},\delta>0$，对于满足 $\|x-x_1\|<\delta$ 的一切 x，使下式具有同一符号：

$$\Delta = J(x) - J(x_1) \tag{4-24}$$

则称泛函 J（x）在 $x=x_1$ 处有极值。其中，$\|\cdot\|$为函数空间 Ω 中的范数。

定理 4.1（泛函极值的驻点条件）　设 Ω 是函数空间中的开集，泛函 $J(x):\Omega\rightarrow\mathbf{R}$ 可微。若 $x\in\Omega$ 是 J 的极值点，则对任意允许的函数变分 δx，泛函变分为零：

$$\delta J(x,\delta x) = 0 \tag{4-25}$$

式中，容许的 δx 指 $x+\delta x\in\Omega$。

证明： 由于 $J(x)$是泛函极值，根据泛函变分的定义，可证明上述结论。下面尝试用反证法进行证明。若定理不成立，则存在泛函 J 的局部极值点 $x\in\Omega$，在足够小的邻域内，存在允许的 δx，使 $\delta J(x,\delta x)\neq 0$，其取值或者大于零或者小于零。先假定：

$$\delta J(x,\delta x) > 0 \tag{4-26}$$

下面逐步构造出一个矛盾的结论。由于 Ω 是开集，因此存在足够小的 α_0，使得任意 $0<|\alpha|<|\alpha_0|$都满足 $\alpha x\in\Omega$。即，$x+\alpha\delta x$ 和 $x-\alpha\delta x$ 都允许泛函变分是线性泛函，因此 $\alpha>0$ 时满足齐次性条件：

$$\delta J(x,+\alpha\delta x) = +\alpha\delta J(x,\delta x) > 0 \tag{4-27}$$

$$\delta J(x,-\alpha\delta x) = -\alpha\delta J(x,\delta x) < 0 \tag{4-28}$$

$\alpha<0$ 时，式(4-27)、式(4-28）符号相反。因此泛函 $\delta J(x,\alpha\delta x)$ 的符号可随 α 的符号改变。

再分析泛函变量

$$\Delta J(x,\alpha\delta x) = \delta J(x,\alpha\delta x) + R(x,\alpha\delta x) \tag{4-29}$$

由于后项 R 是 $\Delta J(x,\alpha\delta x)$ 的高阶无穷小项，反证法可以证明泛函增量 $\Delta J(x,\alpha\delta x)$ 的符号与泛函变分 $\delta J(x,\alpha\delta x)$ 的符号相同。由齐次性条件式(4-27)、式(4-28）可知：

$$\text{当 } \alpha>0 \text{ 时}, \Delta J(x,\alpha\delta x) > 0 \tag{4-30}$$

$$\text{当 } \alpha<0 \text{ 时}, \Delta J(x,\alpha\delta x) < 0 \tag{4-31}$$

这与 x 是泛函 J 的极小值点矛盾。对于 $\delta J(x,\delta x)<0$ 的情况，也可以推得类似矛盾结

论。即命题得证。式(4-25)“泛函变分为零”是泛函有极值的必要条件，但不是有极值的充分条件。

4.5 最简变分问题

定理4.2（最简变分问题的欧拉方程） 设状态变量 $x(t):[t_0,t_f]\to\mathbf{R}^n$ 连续可微，在给定的初始时刻 t_0 状态为 $x(t_0)=x_0$，在给定的终端时刻 t_f 状态为 $x(t_f)=x_f$。函数 $L[x(t),\dot{x}(t),t]$ 取值于 $\mathbf{R}$，二阶连续可微，则状态变量 x 的性能指标泛函

$$J(x)=\int_{t_0}^{t_f}L[x(t),\dot{x}(t),t]\mathrm{d}t$$

取极值的必要条件是对任意时刻 $t\in[t_0,t_f]$，

$$\frac{\partial L}{\partial x}[x(t),\dot{x}(t),t]-\frac{\mathrm{d}}{\mathrm{d}t}\frac{\partial L}{\partial \dot{x}}[x(t),\dot{x}(t),t]=0 \tag{4-32}$$

证明： 引入连续可微的函数变分 $\delta x(t):[t_0,t_f]\to\mathbf{R}^n$，以保证施加扰动后的 $x+\delta x$ 依然连续可微。δx 需要同时满足 $\delta x(t_0)=0,\delta x(t_f)=0$，才能保证

$$x(t_0)+\delta x(t_0)=x_0,x(t_f)+\delta x(t_f)=x_f \tag{4-33}$$

首先计算 J 的泛函增量：

$$\begin{aligned}\Delta J(x,\delta x)&=J(x+\delta x)-J(x)\\&=\int_{t_0}^{t_f}L[x(t)+\delta x(t),\dot{x}(t)+\delta\dot{x}(t),t]\mathrm{d}t-\int_{t_0}^{t_f}L[x(t),\dot{x}(t),t]\mathrm{d}t\\&=\int_{t_0}^{t_f}\{L[x(t)+\delta x(t),\dot{x}(t)+\delta\dot{x}(t),t]-L[x(t),\dot{x}(t),t]\}\mathrm{d}t\end{aligned} \tag{4-34}$$

将 $J(x+\delta x)$ 进行泰勒（Taylor）级数展开：$J(x+\delta x)=J(x)+\frac{\partial J}{\partial x}\delta x(t)+\frac{\partial J}{\partial \dot{x}}\delta\dot{x}(t)+R(x,\delta x)$，于是有

$$\Delta J(x,\delta x)=\int_{t_0}^{t_f}\left\{\frac{\partial L}{\partial x}[x(t),\dot{x}(t),t]\delta x(t)+\frac{\partial L}{\partial \dot{x}}[x(t),\dot{x}(t),t]\delta\dot{x}(t)\right\}\mathrm{d}t+R(x,\delta x) \tag{4-35}$$

式中，R 是高阶无穷小项。再利用分部积分公式，即可得泛函增量：

$$\begin{aligned}\Delta J(x,\delta x)=&\int_{t_0}^{t_f}\left\{\frac{\partial L}{\partial x}[x(t),\dot{x}(t),t]-\frac{\mathrm{d}}{\mathrm{d}t}\frac{\partial L}{\partial \dot{x}}[x(t),\dot{x}(t),t]\right\}\delta x(t)\mathrm{d}t+\\&\left(\frac{\partial L}{\partial \dot{x}}[x(t),\dot{x}(t),t]\delta x(t)\right)\Bigg|_{t_0}^{t_f}+R(x,\delta x)\end{aligned}$$

由于端点固定，故 $\delta x(t_0)=0,\delta x(t_f)=0$，上式进一步化简为

$$\Delta J(x,\delta x)=\int_{t_0}^{t_f}\left\{\frac{\partial L}{\partial x}[x(t),\dot{x}(t),t]-\frac{\mathrm{d}}{\mathrm{d}t}\frac{\partial L}{\partial \dot{x}}[x(t),\dot{x}(t),t]\right\}\delta x(t)\mathrm{d}t+R(x,\delta x)$$

容易验证，上式的积分项是 δx 的线性泛函，而后项 $R(x,\delta x)$ 是其高阶无穷小项。因此得到了泛函变分

$$\delta J(x,\delta x)=\int_{t_0}^{t_f}\left\{\frac{\partial L}{\partial x}[x(t),\dot{x}(t),t]-\frac{\mathrm{d}}{\mathrm{d}t}\frac{\partial L}{\partial \dot{x}}[x(t),\dot{x}(t),t]\right\}\delta x(t)\mathrm{d}t \tag{4-36}$$

根据泛函极值的驻点条件，上述泛函变分 $\delta J(x,\delta x)=0$。可得最简变分问题的欧拉方程

$$\frac{\partial L}{\partial x}[x(t),\dot{x}(t),t]-\frac{\mathrm{d}}{\mathrm{d}t}\frac{\partial L}{\partial \dot{x}}[x(t),\dot{x}(t),t]=0 \tag{4-37}$$

进一步简化表示为$\frac{\partial L}{\partial x}-\frac{\mathrm{d}}{\mathrm{d}t}\frac{\partial L}{\partial \dot{x}}=0$。欧拉方程展开后，有

$$\frac{\partial L}{\partial x}-\frac{\partial^2 L}{\partial t\partial \dot{x}}-\frac{\partial^2 L}{\partial x\partial \dot{x}}\dot{x}-\frac{\partial^2 L}{\partial \dot{x}^2}\ddot{x}=0 \tag{4-38}$$

或简写为

$$L_x-L_{\dot{x}t}-L_{\dot{x}x}\dot{x}-L_{\dot{x}\dot{x}}\ddot{x}=0$$

而下式则被称为横截条件：

$$\frac{\partial L}{\partial \dot{x}}\delta x\Big|_{t_0}^{t_f}=0 \tag{4-39}$$

当始端、终端固定时，$x(t_0)=x_0$，$\delta x(t_0)=0$，$x(t_f)=x_f$，$\delta x(t_f)=0$，故性能指标泛函 J 取极值的必要条件就是系统满足欧拉方程式(4-37)。由于欧拉方程是一个二阶微分方程，故存在两个待定常数。如果始端、终端固定，求解欧拉方程就转化为求解符合 $x(t_0)=x_0$、$x(t_f)=x_f$的两点边值问题。对于自由端点问题，则要考虑相应的横截条件：

$$\text{始端自由：}\frac{\partial L}{\partial \dot{x}}\Big|_{t=t_0}=0 \tag{4-40}$$

$$\text{终端自由：}\frac{\partial L}{\partial \dot{x}}\Big|_{t=t_f}=0 \tag{4-41}$$

上述欧拉方程和横截条件只是性能指标泛函 J 取极值的必要条件，求解的曲线是极小值曲线还是极大值曲线，还需根据充分条件来确定。有些工程实际问题可以根据物理意义直接进行判断，因此此处就不讨论极大、极小的充分条件问题。

4.5.1 欧拉方程求解实际案例

【例 4-9】

地对空导弹的飞行轨迹求解属于初始端固定、终值端变化问题，针对泛函：

$$J(x)=\int_{t_0}^{t_f}(\dot{x}+\dot{x}^2t^2)\mathrm{d}t$$

其中，$t_0=1, x(t_0)=1; t_f=2, x(t_f)$任意。

求最优的轨迹 $x^*(t)$及相应的 J^*。

解：

$$L[x(t),\dot{x}(t),t]=\dot{x}+\dot{x}^2t^2$$

$$\frac{\partial L}{\partial x}=0,\frac{\partial L}{\partial \dot{x}}=1+2\dot{x}t^2$$

代入欧拉方程

$$\frac{\partial L}{\partial x}-\frac{\mathrm{d}}{\mathrm{d}t}\frac{\partial L}{\partial \dot{x}}=0-\frac{\mathrm{d}}{\mathrm{d}t}(1+2\dot{x}t^2)=0 \quad\rightarrow\quad 1+2\dot{x}t^2=c$$

则有 $$\dot{x}=\frac{c-1}{2t^2}=\frac{-c_1}{t^2}\ \rightarrow\ x(t)=\frac{c_1}{t}+c_2$$

由初始边界条件得 $$x(1)=1\ \rightarrow\ c_1+c_2=1$$

由末端边界条件，$x(t_f)$ 任意，即终端自由，根据横截条件（4-41）得

$$\left.\frac{\partial L}{\partial \dot{x}}\right|_{t=t_f}=0\ \rightarrow\ \left.(1+2\dot{x}t^2)\right|_{t=t_f}=1+2\left.\left(\frac{-c_1}{t^2}\right)t^2\right|_{t=t_f}=1-2c_1=0$$

$$\rightarrow\ c_1=\frac{1}{2},c_2=1-c_1=\frac{1}{2}$$

最后得 $$x^*(t)=\frac{1}{2t}+\frac{1}{2},J^*=-\frac{1}{8}$$

【例 4-10】

设受控对象的运动微分方程为 $\dot{x}=u$，以 x_0、x_f 为边界条件，求 $u^*(t)$，使下列泛函取极小值：

$$J(x,u)=\int_0^{t_f}(x^2+u^2)\mathrm{d}t$$

解： 把微分方程 $u=\dot{x}$ 代入泛函 J，有

$$J(x)=\int_{t_0}^{t_f}L(x,\dot{x})\mathrm{d}t=\int_{t_0}^{t_f}(x^2+\dot{x}^2)\mathrm{d}t$$

由约束泛函 $J(x,u)$ 转换成无约束泛函 $J(x)$，$t_0=0$。

在此 $L(x,\dot{x})=x^2+\dot{x}^2$，故欧拉方程为

$$\frac{\partial L}{\partial x}-\frac{\mathrm{d}}{\mathrm{d}t}\frac{\partial L}{\partial \dot{x}}=2x-2\ddot{x}=0$$

可解得 $x(t)=C_1\mathrm{e}^t+C_2\mathrm{e}^{-t}$，将边界条件代入得

$$x_0=C_1+C_2,x_f=C_1\mathrm{e}^{t_f}+C_2\mathrm{e}^{-t_f}$$

解出积分常数

$$C_1=\frac{x_f-x_0\mathrm{e}^{-t_f}}{\mathrm{e}^{t_f}-\mathrm{e}^{-t_f}},C_2=\frac{x_0\mathrm{e}^{t_f}-x_f}{\mathrm{e}^{t_f}-\mathrm{e}^{-t_f}}$$

故极值曲线为

$$x^*(t)=\frac{x_f-x_0\mathrm{e}^{-t_f}}{\mathrm{e}^{t_f}-\mathrm{e}^{-t_f}}\mathrm{e}^t+\frac{x_0\mathrm{e}^{t_f}-x_f}{\mathrm{e}^{t_f}-\mathrm{e}^{-t_f}}\mathrm{e}^{-t}=\frac{x_f\sinh t+x_0\sinh\ (t_f-t)}{\sinh t_f}$$

极值控制曲线为

$$u^*(t)=\dot{x}^*(t)=\frac{x_f-x_0\mathrm{e}^{-t_f}}{\mathrm{e}^{t_f}-\mathrm{e}^{-t_f}}\mathrm{e}^t-\frac{x_0\mathrm{e}^{t_f}-x_f}{\mathrm{e}^{t_f}-\mathrm{e}^{-t_f}}\mathrm{e}^{-t}$$

$$=\frac{x_f\cosh t-x_0\cosh\ (t_f-t)}{\sinh t_f}$$

4.5.2　三种简化方程

推论 1　若定理 4.2（最简变分问题的欧拉方程）中的 L 形如 $L[x(t),t]$，L 不显含 $\dot{x}$，则欧拉方程(4-32) 可简化为

$$\frac{\partial L}{\partial x}[x(t),t]=0 \tag{4-42}$$

此时的欧拉方程退化为普通方程，而非常微分方程。

【例 4-11】

利用推论 1 求解例 4-2 中的泛函 J_1 的极值

$$J_1=\int_{t_0}^{t_f}x^2(t)\,\mathrm{d}t$$

解： 记 $L[x(t),t]=x^2(t)$，由推论 1 可知 $\frac{\partial L}{\partial x}[x(t),t]=2x(t)=0$，于是 $x(t)=0,t\in[t_0,t_f]$。

推论 2　若定理 4.2（最简变分问题的欧拉方程）中的 L 形如 $L[\dot{x}(t),t]$，L 不显含 x，则欧拉方程(4-32) 可简化为

$$\frac{\mathrm{d}}{\mathrm{d}t}\frac{\partial L}{\partial \dot{\boldsymbol{x}}}[\dot{\boldsymbol{x}}(t),t]=\mathbf{0} \tag{4-43}$$

上述结论也可写为

$$\frac{\partial L}{\partial \dot{\boldsymbol{x}}}[\dot{\boldsymbol{x}}(t),t]=\boldsymbol{c}_1 \tag{4-44}$$

式中，$\boldsymbol{c}_1\in\mathbf{R}^n$ 为常数，n 维列矢量。

【例 4-12】

求连接起始点 $x(t_0)=1$ 和终止点 $x(t_f)=0$ 的最短曲线（$t_0=0,t_f=1$）。即，求连续函数 $x:[t_0,t_f]\to\mathbf{R}$，满足 $x(t_0)=1$、$x(t_f)=0$ 和最小化泛函：

$$J(x)=\int_{t_0}^{t_f}\sqrt{1+\dot{x}^2(t)}\,\mathrm{d}t \tag{4-45}$$

解： 记

$$L[\dot{x}(t),t]=\sqrt{1+\dot{x}^2(t)}\,\mathrm{d}t \tag{4-46}$$

由推论 2 有

$$c_1=\frac{\partial L}{\partial \dot{x}}[\dot{x}(t),t]=\frac{\dot{x}(t)}{(1+\dot{x}^2(t))^{1/2}} \tag{4-47}$$

式中，$c_1\in\mathbf{R}$ 为待定系数。整理得

$$\dot{x}(t)=\sqrt{c_1^2/(1-c_1^2)} \tag{4-48}$$

等式两边积分，得

$$x(t)=\sqrt{\frac{c_1^2}{1-c_1^2}}t+c_2 \tag{4-49}$$

式中，$c_2 \in \mathbf{R}$ 也是待定系数。再代入边界条件 $x(0)=1, x(1)=0$，解得最优解为连接这两点的线段：

$$x(t)=-t+1, t\in[0,1] \tag{4-50}$$

推论 3　若定理 4.2 中的 L 形如 $L[x(t),\dot{x}(t)]$，L 不显含 t，则欧拉方程可简化为

$$\frac{\mathrm{d}}{\mathrm{d}t}\left\{L[x(t),\dot{x}(t)]-\frac{\partial L}{\partial \dot{x}}[x(t),\dot{x}(t)]\dot{x}(t)\right\}=0 \tag{4-51}$$

上述结论也可写为

$$L[x(t),\dot{x}(t)]-\frac{\partial L}{\partial \dot{x}}[x(t),\dot{x}(t)]\dot{x}(t)=c_1 \tag{4-52}$$

因为常数的导数为 0，因此 $c_1 \in \mathbf{R}$ 为常数。

证明：式(4-51) 可简写为 $\frac{\mathrm{d}}{\mathrm{d}t}\left(L-\frac{\partial L}{\partial \dot{x}}\dot{x}\right)=0$，则式(4-51) 为

$$\begin{aligned}
&\frac{\mathrm{d}L}{\mathrm{d}t}-\frac{\mathrm{d}}{\mathrm{d}t}\left(\frac{\partial L}{\partial \dot{x}}\dot{x}\right)\\
&=\left(\frac{\partial L}{\partial t}+\frac{\partial L}{\partial x}\frac{\mathrm{d}x}{\mathrm{d}t}+\frac{\partial L}{\partial \dot{x}}\ddot{x}\right)-\left(\frac{\mathrm{d}}{\mathrm{d}t}\left(\frac{\partial L}{\partial \dot{x}}\right)\dot{x}+\frac{\partial L}{\partial \dot{x}}\ddot{x}\right)=\left(0+\frac{\partial L}{\partial x}\frac{\mathrm{d}x}{\mathrm{d}t}\right)-\left(\frac{\mathrm{d}}{\mathrm{d}t}\left(\frac{\partial L}{\partial \dot{x}}\right)\dot{x}\right)\\
&=\left(\frac{\partial L}{\partial x}-\frac{\mathrm{d}}{\mathrm{d}t}\frac{\partial L}{\partial \dot{x}}\right)\dot{x}
\end{aligned}$$

由于上式括号内的欧拉方程等于零，因此式(4-51) 成立。

4.5.3　最速下降问题实际案例

【例 4-13】

求满足边界条件 $y(0)=0, y(1)=1$ 的连续可微函数 $y(x):\mathbf{R}\to\mathbf{R}$，要求最小化质点在重力作用下从起点下滑到终点所耗时间。忽略摩擦和阻力的影响时，关于 y 的性能指标泛函为

$$J(y)=\int_0^{x_f}\frac{\sqrt{1+(\mathrm{d}y/\mathrm{d}x)^2}}{\sqrt{2gy}}\mathrm{d}x \tag{4-53}$$

解：这是最速下降问题。$L(y,\dot{y})=\frac{\sqrt{1+(\mathrm{d}y/\mathrm{d}x)^2}}{\sqrt{2gy}}$ 不显含 t，由推论 3 有

$$\frac{\sqrt{1+(\mathrm{d}y/\mathrm{d}x)^2}}{\sqrt{2gy}}-\frac{(\mathrm{d}y/\mathrm{d}x)^2}{\sqrt{2gy[1+(\mathrm{d}y/\mathrm{d}x)^2]}}=c_1 \tag{4-54}$$

式中，$c_1 \in \mathbf{R}$ 为待定系数。整理可得

$$c_1=\frac{1}{\sqrt{2gy[1+(\mathrm{d}y/\mathrm{d}x)^2]}} \tag{4-55}$$

于是

$$y=\frac{1}{2gc_1^2[1+(\mathrm{d}y/\mathrm{d}x)^2]} \tag{4-56}$$

使用参数法解上述一阶微分方程，令 $dy/dx = \cot\theta$。对于关于参数 $\theta \in \mathbf{R}$ 的函数 $y(\theta)$ 和 $x(\theta)$：

$$y(\theta) = \frac{1}{2gc_1^2(1+\cot^2\theta)} = \frac{\sin^2\theta}{2gc_1^2}, dy = \frac{2\sin\theta\cos\theta}{2gc_1^2}d\theta$$

由于$\frac{dy}{dx} = \frac{\cos\theta}{\sin\theta}$，所以

$$dx = \frac{dy\sin\theta}{\cos\theta} = \frac{1}{\cot\theta}\frac{2\sin\theta\cos\theta}{2gc_1^2}d\theta = \frac{\sin^2\theta}{gc_1^2}d\theta \tag{4-57}$$

由

$$\cos2\theta = 1 - 2\sin^2\theta \tag{4-58}$$

$$dx = \frac{1-\cos2\theta}{2gc_1^2}d\theta \tag{4-59}$$

得

$$x(\theta) = \frac{2\theta - \sin2\theta}{4gc_1^2} + c_2 \tag{4-60}$$

其中，$c_2 \in \mathbf{R}$ 也是待定系数。对上述 x，y 的参数方程代入初值（0，0），有

$$x(\theta_0) = \frac{2\theta_0 - \sin2\theta_0}{4gc_1^2} + c_2 = 0, y(\theta_0) = \frac{\sin^2\theta_0}{2gc_1^2} = 0 \tag{4-61}$$

得到 $c_2=0$，为了简洁，再引入 $\alpha=2\theta$，即可将 x，y 的参数方程写成

$$x(\alpha) = r(\alpha - \sin\alpha), y(\alpha) = r(1-\cos\alpha) \tag{4-62}$$

其中，r 是待定系数，α 为参数。再根据终端要求 $y(1)=1$，即可确定待定系数。
最速下降问题的解约为

$$x(\alpha) \approx 0.573(\alpha - \sin\alpha), y(\alpha) \approx 0.573(1-\cos\alpha), \alpha \in [0, 2.412] \tag{4-63}$$

4.5.4 求解罐头桶最大容积实际案例

【例 4-14】

用一定面积的铁皮做罐头桶，求桶容积的最大值。

解： 设桶高 h，底面半径 r，则容积函数为 $V=\pi r^2 h$，约束条件为 $A=2(\pi r^2+\pi rh)$，消去 h 求解 $V(r) = \frac{r}{2}A - \pi r^3$：

$$\frac{dV}{dr} = 0$$

则

$$r = \sqrt{\frac{A}{6\pi}}, h = \sqrt{\frac{2A}{3\pi}}$$

$$\frac{d^2V}{dr^2} = -6\pi r < 0$$

故极点为极大值。于是有

$$V_m = \frac{1}{3\sqrt{6\pi}}A^{3/2}$$

下面用拉格朗日乘子法求解上述问题。首先将约束条件方程写为

$$g(r,h)=2(\pi r^2+\pi rh)-A=0$$

作拉格朗日函数：

$$L(r,h,\lambda)=\pi r^2 h+\lambda(2\pi r^2+2\pi rh-A)$$

有极值的必要条件：

$$\frac{\partial L}{\partial r}=2\pi rh+\lambda(4\pi r+2\pi h)=0$$

$$\frac{\partial L}{\partial h}=\pi r^2+2\pi\lambda r=0$$

$$\frac{\partial L}{\partial \lambda}=2\pi r^2+2\pi rh-A=0$$

联解上述三式得 $\lambda=\pm\sqrt{\frac{A}{24\pi}}$，当 λ 为负值时解有意义，有

$$h=\sqrt{\frac{2A}{3\pi}},r=\sqrt{\frac{A}{6\pi}}$$

结果与原来的方法相同。

4.5.5 微分约束的泛函极值问题

【问题 4.1】 考虑连续可微的状态变量 $\boldsymbol{x}(t):[t_0,t_f]\to\mathbf{R}^n$，在初始时刻 t_0，状态为 $\boldsymbol{x}(t_0)=\boldsymbol{x}_0$，在终端时刻 t_f，状态为 $\boldsymbol{x}(t_f)=\boldsymbol{x}_f$。同时满足约束

$$F[\boldsymbol{x}(t),\dot{\boldsymbol{x}}(t),t]=0,t\in[t_0,t_f] \tag{4-64}$$

其中，$F[\boldsymbol{x}(t),\dot{\boldsymbol{x}}(t),t]$ 是 n 维连续可微矢量函数，$\boldsymbol{x}(t)\in\mathbf{R}^n$，要求最小化性能指标泛函

$$J(x)=\int_{t_0}^{t_f}L[\boldsymbol{x}(t),\dot{\boldsymbol{x}}(t),t]\mathrm{d}t$$

这类问题中的微分约束一般对应于系统的状态空间表达式。例如，存在类似的时变系统状态方程，控制输入为零，线性时变系统特例为 $\dot{\boldsymbol{x}}(t)=A(t)\boldsymbol{x}(t)$，非线性时变系统特例为 $\dot{\boldsymbol{x}}(t)=f[\boldsymbol{x}(t),t]$。针对零输入响应的分析，实际是考虑系统所有内部状态在某一时刻开始对输出的影响。在此，使用拉格朗日乘子法处理微分约束，将此问题转化为一般的变分问题求解。对每个时刻 t 引入拉格朗日乘子，得到新的性能指标：

$$\bar{J}(\boldsymbol{x})=\int_{t_0}^{t_f}\{L[\boldsymbol{x}(t),\dot{\boldsymbol{x}}(t),t]+\boldsymbol{\lambda}^{\mathrm{T}}(t)F[\boldsymbol{x}(t),\dot{\boldsymbol{x}}(t),t]\mathrm{d}t \tag{4-65}$$

令

$$H[\boldsymbol{x}(t),\dot{\boldsymbol{x}}(t),t]=L[\boldsymbol{x}(t),\dot{\boldsymbol{x}}(t),t]+\boldsymbol{\lambda}^{\mathrm{T}}(t)F[\boldsymbol{x}(t),\dot{\boldsymbol{x}}(t),t] \tag{4-66}$$

$H[\boldsymbol{x}(t),\dot{\boldsymbol{x}}(t),t]$ 是关于 $x_i(t)$（$i\in\{1,2,\cdots,n\}$）及其一阶导数 $\dot{x}_i$ 和 $\lambda_j(t)$（$j\in\{1,2,\cdots,l\}$）的纯量函数。最小化性能指标泛函 $\bar{J}(\boldsymbol{x})$，寻求使 $\bar{J}(x_1,\cdots,x_i,\cdots,x_n)$ 取极值的必要条件，可对 x_i 进行变分，其余 $n-1$ 个量不变，或其变分为零。于是，$\bar{J}$ 成为只依赖于 x_i、

λ_j 的泛函，因此得到如下欧拉方程：

$$\frac{\partial H}{\partial x_i}-\frac{\mathrm{d}}{\mathrm{d}t}\frac{\partial H}{\partial \dot{x}_i}=0 \tag{4-67}$$

$$\frac{\partial H}{\partial \lambda_j}-\frac{\mathrm{d}}{\mathrm{d}t}\frac{\partial H}{\partial \dot{\lambda}_j}=0 \tag{4-68}$$

前 n 个方程可写成 H 关于矢量 $\boldsymbol{x}$ 的导数形式。后 l 个方程中，由于 H 中并没有 $\dot{\boldsymbol{\lambda}}$ 项，因而后项都为零，前项写为矢量的形式：

$$\frac{\partial H}{\partial \boldsymbol{\lambda}}=F[\boldsymbol{x}(t),\dot{\boldsymbol{x}}(t),t]=\boldsymbol{0} \tag{4-69}$$

于是，得到了有微分约束情况下的泛函极值必要条件为

$$\frac{\partial H}{\partial \boldsymbol{x}}-\frac{\mathrm{d}}{\mathrm{d}t}\frac{\partial H}{\partial \dot{\boldsymbol{x}}}=\boldsymbol{0} \tag{4-70}$$

$$F[\boldsymbol{x}(t),\dot{\boldsymbol{x}}(t),t]=\boldsymbol{0} \tag{4-71}$$

4.5.6 积分约束的泛函极值问题

【问题 4.2】 连续可微的状态矢量 $\boldsymbol{x}(t):[t_0,t_f]\to\mathbf{R}^n$，在初始时刻 t_0，状态为 $\boldsymbol{x}(t_0)=\boldsymbol{x}_0$，在终端时刻 t_f，状态为 $\boldsymbol{x}(t_f)=\boldsymbol{x}_f$。给定实数 $B\in\mathbf{R}$ 和二阶连续可微、取值于 $\mathbf{R}$ 的函数 b，状态需要满足积分约束：

$$\int_{t_0}^{t_f} b[\boldsymbol{x}(t),\dot{\boldsymbol{x}}(t),t]\mathrm{d}t = B \tag{4-72}$$

并最小化性能指标

$$J(\boldsymbol{x})=\int_{t_0}^{t_f} L[\boldsymbol{x}(t),\dot{\boldsymbol{x}}(t),t]\mathrm{d}t \tag{4-73}$$

首先引入新的状态，将积分约束化为微分约束，继而利用问题 4.1 的结论计算。引入新的状态 $z(t):[t_0,t_f]\to\mathbf{R}$，则有

$$z(t)=\int_{t_0}^{t} b[\boldsymbol{x}(\tau),\dot{\boldsymbol{x}}(\tau),\tau]\mathrm{d}\tau,t\in[t_0,t_f] \tag{4-74}$$

显然新的状态连续可微，且满足 $z(t_0)=0$。令 $z(t)$ 满足终端时刻的边界条件：

$$z(t_f)=B \tag{4-75}$$

则积分约束(4-75) 成立。式(4-74) 两端同时对时间 t 求导可得

$$\dot{z}(t)=b[\boldsymbol{x}(t),\dot{\boldsymbol{x}}(t),t] \tag{4-76}$$

这是一个关于新的状态 $z(t)$、$\boldsymbol{x}(t)$ 的微分方程。于是，将积分约束的泛函极值问题 4.2 转化为微分约束的泛函极值问题 4.1。再引入拉格朗日乘子 $\lambda(t):[t_0,t_f]\to\mathbf{R}$，得到新的纯量方程

$$\overline{H}[\boldsymbol{x}(t),\dot{\boldsymbol{x}}(t),\dot{z}(t),\lambda(t),t]=L[\boldsymbol{x}(t),\dot{\boldsymbol{x}}(t),\dot{z}(t),\lambda(t),t]+\lambda^{\mathrm{T}}(t)[b[\boldsymbol{x}(t),\dot{\boldsymbol{x}}(t),t]-\dot{z}(t)]$$

根据有微分约束的泛函极值问题 4.1 的分析过程和相关结论，可得泛函极值的必要条件为

$$\frac{\partial \overline{H}}{\partial \boldsymbol{x}}-\frac{\mathrm{d}}{\mathrm{d}t}\frac{\partial \overline{H}}{\partial \dot{\boldsymbol{x}}}=0 \tag{4-77}$$

$$\frac{\partial \overline{H}}{\partial z}-\frac{\mathrm{d}}{\mathrm{d}t}\frac{\partial \overline{H}}{\partial \dot{z}}=0 \tag{4-78}$$

$$b[\boldsymbol{x}(t),\dot{\boldsymbol{x}}(t),t]-\dot{z}(t)=0 \tag{4-79}$$

注意到，$\overline{H}$ 中并不显含 $z(t)$，可知方程(4-78) 可继续化简为

$$\frac{\partial \overline{H}}{\partial z}-\frac{\mathrm{d}}{\mathrm{d}t}\frac{\partial \overline{H}}{\partial \dot{z}}=0-\frac{\mathrm{d}}{\mathrm{d}t}[-\boldsymbol{\lambda}(t)] \tag{4-80}$$

可得

$$\boldsymbol{\lambda}(t)=c \tag{4-81}$$

式中，$c\in\mathbf{R}$ 为待定常数。于是，拉格朗日乘子 λ 退化为一个常实数而非时变函数。由此，得到有积分约束泛函极值的必要条件：

$$\frac{\partial \overline{H}}{\partial \boldsymbol{x}}-\frac{\mathrm{d}}{\mathrm{d}t}\frac{\partial \overline{H}}{\partial \dot{\boldsymbol{x}}}=0 \tag{4-82}$$

$$b[\boldsymbol{x}(t),\dot{\boldsymbol{x}}(t),t]-\dot{z}(t)=0 \tag{4-83}$$

还需满足给定的初始与终端时刻状态边界条件：

$$\boldsymbol{x}(t_0)=\boldsymbol{x}_0,\boldsymbol{x}(t_\mathrm{f})=\boldsymbol{x}_\mathrm{f} \tag{4-84}$$

以及引入状态 $z(t)$ 的边界条件：

$$z(t_0)=0,z(t_\mathrm{f})=\mathrm{B} \tag{4-85}$$

【例 4-15】

设连续可微的状态变量 $x(t):\mathbf{R}\to\mathbf{R},x(0)=0,x(1)=2$，要最小化泛函：

$$J(x)=\int_0^1 \dot{x}^2(t)\mathrm{d}t \tag{4-86}$$

且满足积分约束：

$$\int_0^1 x(t)\mathrm{d}t=2 \tag{4-87}$$

解： 首先根据积分约束引入新的状态变量：

$$z(t)=\int_0^t x(\tau)\mathrm{d}\tau,t\in[0,1] \tag{4-88}$$

令其满足边界条件 $z(0)=0,z(1)=2$，就将原问题转换为常微分方程约束：

$$\dot{z}(t)=x(t),t\in[t_0,t_\mathrm{f}] \tag{4-89}$$

的泛函极值问题。通过问题 4.2 的分析过程和讨论，可知该常微分方程约束的拉格朗日乘子为常数 $\lambda\in\mathbf{R}$。令

$$\overline{H}[x(t),\dot{x}(t),\dot{z}(t),\lambda]=\dot{x}^2(t)+\lambda[x(t)-\dot{z}(t)] \tag{4-90}$$

得到有积分约束的泛函极值的必要条件：

$$\frac{\partial \overline{H}}{\partial x}-\frac{\mathrm{d}}{\mathrm{d}t}\frac{\partial \overline{H}}{\partial \dot{x}}=\lambda-2\ddot{x}(t)=0$$

$$x(t)-\dot{z}(t)=0 \tag{4-91}$$

解上述常微分方程，得

$$\dot{x}(t)=\frac{1}{2}\lambda t+c_1$$

$$x(t)=\frac{1}{4}\lambda t^2+c_1 t+c_2$$

由 $\dot{z}(t)=x(t)$ 得

$$z(t)=\frac{\lambda}{12}t^3+\frac{c_1}{2}t^2+c_2 t+c_3$$

式中，c_1，c_2，$c_3\in\mathbf{R}$ 为待定系数。再由原问题给定的边界条件：

$$x(0)=0,x(1)=2$$

以及引入变量的边界条件：

$$z(0)=0,z(1)=2$$

解得 $c_1=8,c_2=0,c_3=0,\lambda=-24$，有

$$x(t)=-6t^2+8t$$

4.5.7 可变端点问题

设轨线 $x(t)$ 从固定始端 $x(t_0)$ 到达给定终端曲线 $x(t_f)=C(t_{f*})$ 上，使性能泛函

$$J(x)=\int_{t_0}^{t_f}L[x(t),\dot{x}(t),t]\mathrm{d}t \tag{4-92}$$

取极值的必要条件是：轨线 $x(t)$ 满足下列方程

欧拉方程 $$\frac{\partial L}{\partial x}-\frac{\mathrm{d}}{\mathrm{d}t}\frac{\partial L}{\partial \dot{x}}=0 \tag{4-93}$$

终端横截条件 $$\left\{L+[\dot{C}(t)-\dot{x}(t)]\frac{\partial L}{\partial \dot{x}}\right\}_{t=t_f}=0 \tag{4-94}$$

式中，$x(t)$ 二阶连续可导；L 至少两次连续可微；$\dot{C}(t)$ 应具有连续的一阶导数。

证明过程可假设

$$x(t)=x^*(t)+\varepsilon\eta(t) \tag{4-95}$$

$$t_f=t_{f*}+\varepsilon\xi(t_f) \tag{4-96}$$

代入式(4-92)，根据极值条件

$$\left.\frac{\partial J(x)}{\partial \varepsilon}\right|_{\varepsilon=0}=0 \tag{4-97}$$

再通过分部积分法可以得证。具体的证明过程从略。

类似地，可以得到终端固定、始端沿给定曲线 $D(t)$ 变动时的横截条件：

终端横截条件 $$\left\{L-[\dot{x}(t)-\dot{D}(t)]\frac{\partial L}{\partial \dot{x}}\right\}_{t=t_0}=0 \tag{4-98}$$

上述结论如果推广到多变量泛函，则可得到矢量形式的泛函极值必要条件，相应的式(4-93)、式(4-94) 中的 x 变成矢量 $\boldsymbol{x}$。

4.5.8 最优拦截问题计算案例

【例 4-16】

可变终端问题的一个典型例子是图 4-4 所示的拦截问题，当被拦截对象不存在突然变轨的情况时，可根据最初几次观测的数据计算出被拦截对象的弹道轨迹 $x=C(t)$。于是，这种情况下的最优导弹拦截问题就是以消耗燃料最少为目标，在时刻 t_f 的导弹位置和被拦截对象位置重合，即 $x(t_f)=C(t_f)$，从而满足式(4-94) 的横截条件。

图 4-4 中，设约束轨迹 $x(t)=C(t)=2-t$，求从 $x(0)=1$ 出发到达该约束直线距离最短的曲线。

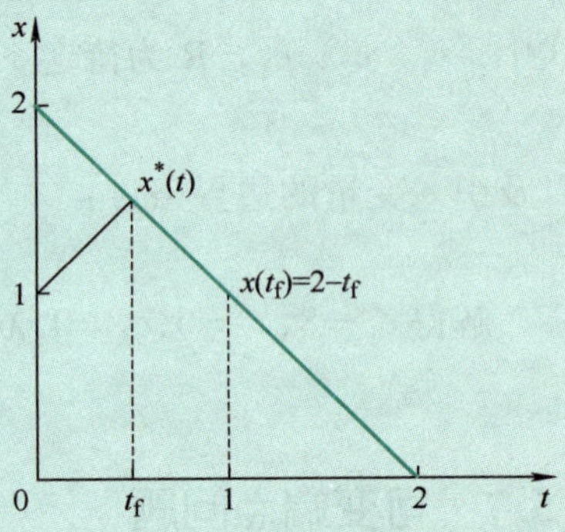

图 4-4 最优拦截问题例子

解：根据题意可知，需求如下目标函数的极小值轨线 $x(t)$：

$$J(x)=\int_0^{t_f}(1+\dot{x}^2)^{\frac{1}{2}}\mathrm{d}t$$

故 $L=(1+\dot{x}^2)^{\frac{1}{2}}$，由欧拉方程 $\frac{\partial L}{\partial x}-\frac{\mathrm{d}}{\mathrm{d}t}\frac{\partial L}{\partial \dot{x}}=0$ 得

$$\frac{\mathrm{d}}{\mathrm{d}t}\frac{\dot{x}}{(1+\dot{x}^2)^{\frac{1}{2}}}=0$$

$$\frac{\dot{x}}{(1+\dot{x}^2)^{\frac{1}{2}}}=c,\ \dot{x}=\pm\frac{c}{(1-c^2)^{\frac{1}{2}}}=a$$

故 $x=at+b$，根据 $x(0)=1$，有 $b=1$。

根据终端横截条件：

$$\left\{L+[\dot{C}(t)-\dot{x}(t)]\frac{\partial L}{\partial \dot{x}}\right\}_{t=t_f}=0,\left((1+\dot{x}^2)^{\frac{1}{2}}-(1+\dot{x})\frac{\dot{x}}{(1+\dot{x}^2)^{\frac{1}{2}}}\right)_{t=t_f}=0$$

因此，$t=t_f$ 时，有 $\dot{x}=1$，故 $a=1$。因此，最优轨线为 $x^*(t)=t+1$，再根据终端约束条件 $x(t_f)=C(t_f)=2-t_f=t_f+1$，得 $t_f=\frac{1}{2}$。

4.6 变分法求解最优控制的博尔扎问题

4.6.1 博尔扎（Bolza）问题求解

【问题 4.3】 考虑连续可微的状态矢量 $\boldsymbol{x}(t):[t_0,t_f]\rightarrow\mathbf{R}^n$ 和控制矢量 $\boldsymbol{u}(t):[t_0,t_f]\rightarrow\mathbf{R}^m$，同时被控对象符合状态方程

$$\dot{\boldsymbol{x}}(t)=f[\boldsymbol{x}(t),\boldsymbol{u}(t),t],t\in[t_0,t_f] \tag{4-99}$$

在固定的初始时刻 t_0 状态 $\boldsymbol{x}(t_0)=\boldsymbol{x}_0$，终端时刻 t_f 的状态 $\boldsymbol{x}(t_f)$ 满足

$$S=\{\boldsymbol{x}(t_f):N[\boldsymbol{x}(t_f),t_f]=0\},t_f\in[t_0,\infty) \tag{4-100}$$

式中，t_f 为待求的终端时间；$\boldsymbol{N}$ 为 q 维矢量函数，$q \leqslant n$。

要求最小化性能指标泛函

$$J(\boldsymbol{u}) = h[\boldsymbol{x}(t_f), t_f] + \int_{t_0}^{t_f} L[\boldsymbol{x}(t), \boldsymbol{u}(t), t] \mathrm{d}t \tag{4-101}$$

式中，h 和 L 都是连续可微的纯量函数。在前面的终端项和后面的运行过程性能项都可微的情况下，可得到博尔扎形式的性能指标泛函。迈耶（Mayer）形式的性能指标只与终端时刻和终端状态有关，为 $h[\boldsymbol{x}(t_f), t_f]$。博尔扎形式的性能指标是迈耶形式和拉格朗日形式性能指标的和。最优控制问题就是寻找控制矢量 $\boldsymbol{u}^*(t)$，将系统从初始状态 $\boldsymbol{x}(t_0)$，转移到目标状态集合 S 上，并使 J 取极小。这类极值问题的求解需要考虑状态方程的约束和终端边界的约束。

在此，使用拉格朗日乘子法处理，引入 n 维 $\boldsymbol{\lambda}(t)$ 和 q 维的 $\boldsymbol{\mu}$，将此类等式约束问题转化为一般的无约束条件泛函极值的变分问题来求解。于是，得到新的增广性能指标泛函：

$$\begin{aligned}\bar{J}(\boldsymbol{x}, \boldsymbol{\lambda}) = {} & h[\boldsymbol{x}(t_f), t_f] + \boldsymbol{\mu}^{\mathrm{T}} \boldsymbol{N}[\boldsymbol{x}(t_f), t_f] + \\ & \int_{t_0}^{t_f} \{L[\boldsymbol{x}(t), \boldsymbol{u}(t), t] + \boldsymbol{\lambda}^{\mathrm{T}}(t)[f[\boldsymbol{x}(t), \boldsymbol{u}(t), t] - \dot{\boldsymbol{x}}(t)]\} \mathrm{d}t\end{aligned} \tag{4-102}$$

定义纯量函数：

$$H[\boldsymbol{x}(t), \boldsymbol{u}(t), \boldsymbol{\lambda}(t), t] = L[\boldsymbol{x}(t), \boldsymbol{u}(t), t] + \boldsymbol{\lambda}^{\mathrm{T}}(t) f[\boldsymbol{x}(t), \boldsymbol{u}(t), t] \tag{4-103}$$

称 $\boldsymbol{H}[\boldsymbol{x}(t), \boldsymbol{u}(t), \boldsymbol{\lambda}(t), t]$ 为哈密顿函数。则

$$\bar{J} = h[\boldsymbol{x}(t_f), t_f] + \boldsymbol{\mu}^{\mathrm{T}} \boldsymbol{N}[\boldsymbol{x}(t_f), t_f] + \int_{t_0}^{t_f} \{H[\boldsymbol{x}(t), \boldsymbol{u}(t), \boldsymbol{\lambda}(t), t] - \boldsymbol{\lambda}^{\mathrm{T}}(t) \dot{\boldsymbol{x}}(t)\} \mathrm{d}t \tag{4-104}$$

上式为一个可变端点变分问题，取变分，有

$$\begin{aligned}\delta\bar{J} = {} & \underbrace{\delta \boldsymbol{x}_f^{\mathrm{T}} \frac{\partial h}{\partial \boldsymbol{x}(t_f)} + \delta t_f \frac{\partial h}{\partial t_f}}_{①} + \underbrace{\delta \boldsymbol{x}_f^{\mathrm{T}} \frac{\partial \boldsymbol{N}}{\partial \boldsymbol{x}(t_f)} \boldsymbol{\mu}^{\mathrm{T}} + \delta t_f \frac{\partial \boldsymbol{N}}{\partial t_f} \boldsymbol{\mu}^{\mathrm{T}}}_{②} + \\ & \underbrace{\int_{t_0}^{t_f} \left(\delta \boldsymbol{x}^{\mathrm{T}} \frac{\partial H}{\partial x} + \delta \boldsymbol{u}^{\mathrm{T}} \frac{\partial H}{\partial u} + \delta \boldsymbol{\lambda}^{\mathrm{T}} \frac{\partial H}{\partial \lambda} - \delta \boldsymbol{\lambda}^{\mathrm{T}} \dot{\boldsymbol{x}} - \boldsymbol{\lambda}^{\mathrm{T}} \delta \dot{\boldsymbol{x}} \right) \mathrm{d}t}_{③} + \underbrace{\int_{t_f}^{t_f + \delta t_f} (H - \boldsymbol{\lambda}^{\mathrm{T}} \dot{\boldsymbol{x}}] \mathrm{d}t}_{④}\end{aligned} \tag{4-105}$$

考虑变分

$$\delta \boldsymbol{x}_f \approx \delta \boldsymbol{x}(t_f) + \dot{\boldsymbol{x}}^*(t_f) \delta t_f \tag{4-106}$$

式(4-106)描述了在可变终端的情况下，变分 $\delta \boldsymbol{x}_f$ 与 $\delta \boldsymbol{x}(t_f)$ 的近似关系，式中忽略了高阶无穷小量。仅看式(4-105)③的最后一项，根据分部积分公式得

$$\begin{aligned}\int_{t_0}^{t_f} \boldsymbol{\lambda}^{\mathrm{T}} \delta \dot{\boldsymbol{x}} \mathrm{d}t & = \boldsymbol{\lambda}^{\mathrm{T}}(t) \delta \boldsymbol{x}(t) \Big|_{t_0}^{t_f} - \int_{t_0}^{t_f} \dot{\boldsymbol{\lambda}}^{\mathrm{T}}(t) \delta \boldsymbol{x}(t) \mathrm{d}t \\ & = \boldsymbol{\lambda}^{\mathrm{T}}(t_f) \delta \boldsymbol{x}(t_f) - \int_{t_0}^{t_f} \dot{\boldsymbol{\lambda}}^{\mathrm{T}}(t) \delta \boldsymbol{x}(t) \mathrm{d}t = \boldsymbol{\lambda}^{\mathrm{T}}(t_f)[\delta \boldsymbol{x}_f - \dot{\boldsymbol{x}}^*(t_f) \delta t_f] - \int_{t_0}^{t_f} \delta \boldsymbol{x}^{\mathrm{T}} \dot{\boldsymbol{\lambda}} \mathrm{d}t\end{aligned} \tag{4-107}$$

式(4-105)④约等于 $[H(t_f) - \boldsymbol{\lambda}^{\mathrm{T}}(t_f) \dot{\boldsymbol{x}}^*(t_f)] \delta t_f$，代入式(4-105)，可得

$$\delta\bar{J} = ① + ② - \boldsymbol{\lambda}^{\mathrm{T}}(t_f)[\delta\boldsymbol{x}_f - \dot{\boldsymbol{x}}^*(t_f)\delta t_f] + [H(t_f) - \boldsymbol{\lambda}^{\mathrm{T}}(t_f)\dot{\boldsymbol{x}}^*(t_f)]\delta t_f + \int_{t_0}^{t_f}\left(\delta\boldsymbol{x}^{\mathrm{T}}\frac{\partial H}{\partial \boldsymbol{x}} + \delta\boldsymbol{u}^{\mathrm{T}}\frac{\partial H}{\partial \boldsymbol{u}} + \delta\boldsymbol{\lambda}^{\mathrm{T}}\frac{\partial H}{\partial \boldsymbol{\lambda}} - \delta\boldsymbol{\lambda}^{\mathrm{T}}\dot{\boldsymbol{x}} + \delta\boldsymbol{x}^{\mathrm{T}}\dot{\boldsymbol{\lambda}}\right)\mathrm{d}t \tag{4-108}$$

$$\begin{aligned}\delta\bar{J} &= ① + ② - \boldsymbol{\lambda}^{\mathrm{T}}(t_f)\delta\boldsymbol{x}_f + H(t_f)\delta t_f + \int_{t_0}^{t_f}\left[\delta\boldsymbol{x}^{\mathrm{T}}\left(\frac{\partial H}{\partial \boldsymbol{x}} + \dot{\boldsymbol{\lambda}}\right) + \delta\boldsymbol{u}^{\mathrm{T}}\frac{\partial H}{\partial \boldsymbol{u}} + \delta\boldsymbol{\lambda}^{\mathrm{T}}\left(\frac{\partial H}{\partial \lambda} - \dot{\boldsymbol{x}}\right)\right)\mathrm{d}t \\ &= \delta\boldsymbol{x}_f^{\mathrm{T}}\left(\frac{\partial h}{\partial \boldsymbol{x}(t_f)} + \frac{\partial \boldsymbol{N}}{\partial \boldsymbol{x}(t_f)}\boldsymbol{\mu}^{\mathrm{T}} - \boldsymbol{\lambda}(t_f)\right) + \delta t_f\left(\frac{\partial h}{\partial t_f} + \frac{\partial \boldsymbol{N}}{\partial t_f}\boldsymbol{\mu}^{\mathrm{T}} + \boldsymbol{H}(t_f)\right) + \\ &\quad \int_{t_0}^{t_f}\left(\delta\boldsymbol{x}^{\mathrm{T}}\left(\frac{\partial H}{\partial \boldsymbol{x}} + \dot{\boldsymbol{\lambda}}\right) + \delta\boldsymbol{u}^{\mathrm{T}}\frac{\partial H}{\partial \boldsymbol{u}} + \delta\boldsymbol{\lambda}^{\mathrm{T}}\left(\frac{\partial H}{\partial \lambda} - \dot{\boldsymbol{x}}\right)\right)\mathrm{d}t\end{aligned} \tag{4-109}$$

考虑到 $\delta\boldsymbol{x}_f^{\mathrm{T}}$、$\delta t_f$、$\delta\boldsymbol{u}^{\mathrm{T}}$、$\delta\boldsymbol{\lambda}^{\mathrm{T}}$ 的任意性，根据泛函极值存在的必要条件 $\delta\bar{J}=0$，由式(4-109)可得极值的必要条件如下：

伴随方程或协态方程 $$\frac{\partial H}{\partial \boldsymbol{x}} = -\dot{\boldsymbol{\lambda}} \tag{4-110}$$

状态方程 $$\frac{\partial H}{\partial \boldsymbol{\lambda}} = \dot{\boldsymbol{x}} \tag{4-111}$$

控制方程 $$\frac{\partial H}{\partial \boldsymbol{u}} = \boldsymbol{0} \tag{4-112}$$

协态方程和状态方程联立又称为哈密顿正则方程。边界条件为

$$\begin{gathered}\boldsymbol{x}(t_0) = \boldsymbol{x}_0 \\ \boldsymbol{\lambda}(t_f) = \frac{\partial h}{\partial \boldsymbol{x}(t_f)} + \frac{\partial N}{\partial \boldsymbol{x}(t_f)}\boldsymbol{\mu}^{\mathrm{T}} \\ \boldsymbol{N}[\boldsymbol{x}(t_f), t_f] = \boldsymbol{0}\end{gathered} \tag{4-113}$$

$$\frac{\partial h}{\partial t_f} + \frac{\partial \boldsymbol{N}}{\partial t_f}\boldsymbol{\mu}^{\mathrm{T}} + H[\boldsymbol{x}(t_f), \boldsymbol{u}(t_f), \boldsymbol{\lambda}(t_f), t_f] = 0 \tag{4-114}$$

$H[\boldsymbol{x}(t_f), \boldsymbol{u}(t_f), \boldsymbol{\lambda}(t_f), t_f]$ 为哈密顿函数 H 在最优轨线终端位置的值。针对 $\boldsymbol{x}$、$\boldsymbol{\lambda}$、$\boldsymbol{u}$、$\boldsymbol{\mu}$、t_f 的维数分别为 n、n、r、q 和 1，因此根据上述条件需联立 $2n+r+q+1$ 个方程才能解出这些变量。下面分析哈密顿函数对时间的全导数：

$$\frac{\mathrm{d}H}{\mathrm{d}t} = \frac{\partial H}{\partial t} + \left(\frac{\partial H}{\partial u}\right)^{\mathrm{T}}\dot{u} + \left(\frac{\partial H}{\partial \lambda}\right)^{\mathrm{T}}\dot{\boldsymbol{\lambda}} + \left(\frac{\partial H}{\partial x}\right)^{\mathrm{T}}\dot{\boldsymbol{x}} = \frac{\partial H}{\partial t} + \left(\frac{\partial H}{\partial u}\right)^{\mathrm{T}}\dot{u} + \left(\frac{\partial H}{\partial x} + \dot{\boldsymbol{\lambda}}\right)^{\mathrm{T}}f \tag{4-115}$$

当 $\boldsymbol{u}$ 是最优控制时，满足式(4-110) 和式(4-112)，因此有

$$\frac{\mathrm{d}H}{\mathrm{d}t} = \frac{\partial H}{\partial t} \tag{4-116}$$

式(4-116) 表明，哈密顿函数 H 沿最优轨线对时间的全导数等于对时间的偏导数。当 H 不含 t 时，$\frac{\mathrm{d}H}{\mathrm{d}t}=0$，$H$ 是常数，即对于非时变定常系统，H 沿最优轨线为常数。

4.6.2 博尔扎问题求解实际案例

【例 4-17】

已知被控系统为 $\dot{x}=-x+u$，并给定：

$$t_0=0, x(t_0)=3$$

$$t_f = 2，\ x(t_f) = 0$$

求最优控制 $u^*(t)$ 使如下性能指标泛函取极小。

$$J(x,u) = \int_{t_0}^{t_f} [1 + u^2(t)]\mathrm{d}t$$

解： 首先构造哈密顿函数 $H(t,x,u,\lambda) = (1+u^2) + \lambda(-x+u)$

由协态方程(4-110) 得

$$\dot{\lambda} = -\frac{\partial H}{\partial x} = \lambda \quad \rightarrow \quad \lambda = c\mathrm{e}^t$$

由控制方程(4-112) 得

$$\frac{\partial H}{\partial u} = 2u + \lambda = 0 \quad \rightarrow \quad u = -\frac{\lambda}{2} = -\frac{c\mathrm{e}^t}{2}$$

代入状态方程，根据式(2-52)、式(2-53) 可得

$$x(t) = \mathrm{e}^{At}x_0 + \int_{t_0}^{t} \mathrm{e}^{A(t-\tau)}Bu(\tau)\mathrm{d}\tau$$

$$= \left(3 + \frac{c}{4}\right)\mathrm{e}^{-t} - \frac{c}{4}\mathrm{e}^t$$

由末端条件

$$t_f = 2, x(t_f) = 0 \quad \rightarrow \quad c = \frac{12\mathrm{e}^{-2}}{\mathrm{e}^2 - \mathrm{e}^{-2}} = \frac{12}{\mathrm{e}^4 - 1}$$

最后得到

$$x^*(t) = \frac{3\mathrm{e}^2}{\mathrm{e}^2 - \mathrm{e}^{-2}}\mathrm{e}^{-t} - \frac{3\mathrm{e}^{-2}}{\mathrm{e}^2 - \mathrm{e}^{-2}}\mathrm{e}^t$$

$$u^*(t) = -\frac{6\mathrm{e}^{-2}}{\mathrm{e}^2 - \mathrm{e}^{-2}}\mathrm{e}^t$$

$$J(x^*, u^*) = \frac{2(\mathrm{e}^2 + 8\mathrm{e}^{-2})}{\mathrm{e}^2 - \mathrm{e}^{-2}} = 2.3358$$

下面进行讨论，在本例中，如果 t_f 自由，该如何求解？

方法一：采用数值计算法，若 t_f 自由，把 $J(x^*, u^*, t_f)$ 看成 t_f 的函数，取不同 t_f值，看 $J(x^*, u^*, t_f)$的结果。设 t_f 分别取 1.4、1.6、1.8、2.0、2.2、2.4，$J(x^*, u^*, t_f)$ 相应得到的结果分别为 2.5655、2.3649、2.3056、2.3358、2.4237、2.5494。

方法二：若 t_f 自由，由泛函极值的“可变端点问题”进行求解。

$$L(x,u) = 1 + u^2 \quad \rightarrow \quad L(x, \dot{x}) = 1 + (x + \dot{x})^2$$

根据欧拉方程

$$\frac{\partial L}{\partial x} - \frac{\mathrm{d}}{\mathrm{d}t}\frac{\partial L}{\partial \dot{x}} = 0 \quad \rightarrow \quad x - \ddot{x} = 0 \quad \rightarrow \quad x(t) = c_1\mathrm{e}^{-t} + c_2\mathrm{e}^t$$

边界条件：

$$x(0) = 3 \quad \rightarrow \quad c_1 + c_2 = 3$$

$$x(t_f) = 0 \quad \rightarrow \quad c_1\mathrm{e}^{-t_f} + c_2\mathrm{e}^{t_f} = 0$$

根据终端横截条件式(4-94)，本例中 $C(t_f)=0$

$$\left\{L+[\dot{C}(t)-\dot{x}(t)]\frac{\partial L}{\partial \dot{x}}\right\}_{t=t_f}=0$$

于是，由3个方程可解3个未知量。

方法三：若 t_f 自由，哈密顿函数与时间无关，且恒等于零。

$$H(x^*,u^*,\lambda^*,t_f^*)=0 \quad \rightarrow \quad c=2\sqrt{10}-6$$

最后得到 $$x^*(t)=\frac{(\sqrt{10}+3)}{2}e^{-t}-\frac{(\sqrt{10}-3)}{2}e^{t},u^*(t)=-(\sqrt{10}-3)e^{t}$$

$$t_f^*=\ln(\sqrt{10}+3)=1.8184<2$$

$$J(x^*,u^*,t_f^*)=\ln(\sqrt{10}+3)+3(\sqrt{10}-3)=2.3053<2.3358$$

【例 4-18】

已知系统：

$$\dot{x}_1=x_2, \qquad x_1(0)=0$$

$$\dot{x}_2=-x_2+u, \quad x_2(0)=0$$

约束（终端状态）： $$x_1(2)+2x_2(2)-6=0$$

$$J=\frac{1}{2}[x_1(2)-5]^2+\frac{1}{2}[x_2(2)-2]^2+\frac{1}{2}\int_0^2[2+u^2(t)]dt$$

求性能指标泛函 J 取极小值下的 $u^*(t)$。

解： $$h[x(t_f)]=\frac{1}{2}[x_1(2)-5]^2+\frac{1}{2}[x_2(2)-2]^2$$

$$N[x(t_f),t_f]=x_1(2)+2x_2(2)-6=0$$

系统方程

$$\boldsymbol{f}=\begin{pmatrix}x_2\\-x_2+u\end{pmatrix}，引入\ \boldsymbol{\lambda}=\begin{pmatrix}\lambda_1\\\lambda_2\end{pmatrix}$$

则哈密顿函数 $$H=L+\boldsymbol{\lambda}^{\mathrm{T}}\boldsymbol{f}=1+\frac{1}{2}u^2+\lambda_1x_2+\lambda_2(-x_2+u)$$

协态方程 $\dot{\lambda}_1=-\dfrac{\partial H}{\partial x_1}=0 \rightarrow \lambda_1(t)=c_1$；$\dot{\lambda}_2=-\dfrac{\partial H}{\partial x_2}=\lambda_2-\lambda_1 \rightarrow \lambda_2(t)=c_2e^{t}+c_1$

控制方程 $$\frac{\partial H}{\partial u}=u+\lambda_2=0 \rightarrow u(t)=-\lambda_2(t)=-c_2e^{t}-c_1$$

状态方程

$$\begin{matrix}\dot{x}_1=\dfrac{\partial H}{\partial \lambda_1}\rightarrow \dot{x}_1=x_2\\ \dot{x}_2=\dfrac{\partial H}{\partial \lambda_2}\rightarrow \dot{x}_2=-x_2+u\end{matrix} \quad \Rightarrow \quad \begin{cases}x_1(t)=-c_3e^{-t}-\dfrac{1}{2}c_2e^{t}-c_1t+c_4\\ x_2(t)=c_3e^{-t}-\dfrac{1}{2}c_2e^{t}-c_1\end{cases}$$

边界条件

$$\rightarrow\begin{cases}x_1(0)=0 & \rightarrow \quad \boxed{-c_3-\frac{1}{2}c_2+c_4=0} \\ x_2(0)=0 & \rightarrow \quad \boxed{c_3-\frac{1}{2}c_2-c_1=0}\end{cases} \quad \begin{cases}x_1(2)=-c_3\mathrm{e}^{-2}-\frac{1}{2}c_2\mathrm{e}^2-2c_1+c_4 \\ x_2(2)=c_3\mathrm{e}^{-2}-\frac{1}{2}c_2\mathrm{e}^2-c_1\end{cases}$$

终端横截条件

$$\begin{cases}\lambda_1(t_\mathrm{f})=\frac{\partial h}{\partial x_1(t_\mathrm{f})}+\frac{\partial N}{\partial x_1(t_\mathrm{f})}\mu & \rightarrow \quad \boxed{c_1=[x_1(2)-5]+\mu} \\ \lambda_2(t_\mathrm{f})=\frac{\partial h}{\partial x_2(t_\mathrm{f})}+\frac{\partial N}{\partial x_2(t_\mathrm{f})}\mu & \rightarrow \quad \boxed{c_2\mathrm{e}^2+c_1=[x_2(2)-2]+2\mu}\end{cases}$$

再考虑终端边界条件：$N[x(t_\mathrm{f}),t_\mathrm{f}]=x_1(2)+2x_2(2)-6=0$

共5个方程，求解5个未知量，将5个方程联合求解，得

$$c_1=-\frac{2(15\mathrm{e}^2-13\mathrm{e}^{-2}+4)}{9\mathrm{e}^2-21\mathrm{e}^{-2}+16}=-2.8390;\ c_2=\frac{4(6-13\mathrm{e}^{-2})}{9\mathrm{e}^2-21\mathrm{e}^{-2}+16}=0.2129$$

$$c_3=-\frac{2(15\mathrm{e}^2-2)}{9\mathrm{e}^2-21\mathrm{e}^{-2}+16}=-2.7325;\ c_4=-\frac{2(15\mathrm{e}^2+13\mathrm{e}^{-2}-8)}{9\mathrm{e}^2-21\mathrm{e}^{-2}+1}=-2.6261$$

$$\mu=-\frac{3\mathrm{e}^2-3\mathrm{e}^{-2}+16}{9\mathrm{e}^2-21\mathrm{e}^{-2}+16}=-0.4740$$

$$x_1^*(2)=\frac{2(9\mathrm{e}^2-41\mathrm{e}^{-2}+44)}{9\mathrm{e}^2-21\mathrm{e}^{-2}+16}=2.6350$$

$$x_2^*(2)=\frac{2(9\mathrm{e}^2-11\mathrm{e}^{-2}+2)}{9\mathrm{e}^2-21\mathrm{e}^{-2}+16}=1.6825$$

$$J(x^*,u^*)=\frac{1}{2}\frac{189\mathrm{e}^2-257\mathrm{e}^{-2}+176}{9\mathrm{e}^2-21\mathrm{e}^{-2}+16}=9.6520$$

如果不加终端约束，则μ不再存在，则得其他参数：

$$c_1=-\frac{1}{2}\frac{13\mathrm{e}^2-7\mathrm{e}^{-2}+4}{2\mathrm{e}^2-3\mathrm{e}^{-2}+4}=-2.6973;\ c_2=\frac{6-7\mathrm{e}^{-2}}{2\mathrm{e}^2-3\mathrm{e}^{-2}+4}=0.2750$$

$$c_3=-\frac{1}{2}\frac{13\mathrm{e}^2-2}{2\mathrm{e}^2-3\mathrm{e}^{-2}+4}=-2.5598;\ c_4=-\frac{1}{2}\frac{13\mathrm{e}^2-7\mathrm{e}^{-2}+8}{2\mathrm{e}^2-3\mathrm{e}^{-2}+4}=-2.4223$$

$$x_1^*(2)=\frac{1}{2}\frac{7\mathrm{e}^2-23\mathrm{e}^{-2}+36}{2\mathrm{e}^2-3\mathrm{e}^{-2}+4}=2.3027$$

$$x_2^*(2)=\frac{1}{2}\frac{7\mathrm{e}^2-5\mathrm{e}^{-2}+2}{2\mathrm{e}^2-3\mathrm{e}^{-2}+4}=1.3348$$

$$J(x^*,u^*)=\frac{1}{4}\frac{83\mathrm{e}^2-73\mathrm{e}^{-2}+88}{2\mathrm{e}^2-3\mathrm{e}^{-2}+4}=9.4085<9.6520$$

此外，还可以用GPOPS Ⅱ求解上述博尔扎最优控制问题。

为方便编程，取状态变量$x_3=x_1+2x_2$，x_1不变，则得到新的状态方程

$$\begin{pmatrix}\dot{x}_1\\ \dot{x}_3\end{pmatrix}=\begin{pmatrix}-0.5 & 0.5\\ 0.5 & -0.5\end{pmatrix}\begin{pmatrix}x_1\\ x_3\end{pmatrix}+\begin{pmatrix}0\\ 2\end{pmatrix}u$$

初始值为 $x_1(0)=0, x_3(0)=0$，终端约束变为 $x_3(2)-6=0$，最优控制指标变为

$$J=\frac{1}{2}[x_1(2)-5]^2+\frac{1}{2}\left(\frac{1}{2}x_3(2)-\frac{1}{2}x_1(2)-2\right)^2+\frac{1}{2}\int_0^2[2+u^2(t)]\mathrm{d}t$$

具体过程从略。

【例 4-19】

$$\dot{x}_1(t)=-x_1(t)+u(t),\quad x_1(0)=1$$

$$\dot{x}_2(t)=x_1(t),\quad x_2(0)=0$$

式中，$|u(t)|\leqslant 1$。若 $x(t_f)$ 自由，求 $u^*(t)$ 使 $J=x_2(1)=\min$。

解：分析上述目标泛函 J，可知

$$h=x_2(1),\ \boldsymbol{L}(\boldsymbol{x},\boldsymbol{u},t)=0$$

构造哈密顿函数：

$$H(\boldsymbol{x},\boldsymbol{u},t,\boldsymbol{\lambda})=L(\boldsymbol{x},\boldsymbol{u},t)+\boldsymbol{\lambda}^{\mathrm{T}}f=\lambda_1(-x_1+u)+\lambda_2x_1=-\lambda_1x_1+\lambda_2x_1+\lambda_1u$$

系统方程

$$\frac{\partial \boldsymbol{H}}{\partial \boldsymbol{\lambda}}=\dot{\boldsymbol{x}}=\begin{pmatrix}-x_1+u\\ x_1\end{pmatrix}$$

伴随方程

$$\left.\begin{aligned}\dot{\lambda}_2&=-\frac{\partial \boldsymbol{H}}{\partial x_2}=0\\ \dot{\lambda}_1&=-\frac{\partial \boldsymbol{H}}{\partial x_1}=\lambda_1-\lambda_2\end{aligned}\right.\ \rightarrow\ \begin{aligned}\lambda_2(t)&=c_2\\ \lambda_1(t)&=c_1\mathrm{e}^t+c_2\end{aligned}$$

由边界条件：

$$\left.\begin{aligned}\lambda_2(t_f)=\lambda_2(1)&=\frac{\partial h}{\partial x_2(1)}=1\\ \lambda_1(t_f)=\lambda_1(1)&=\frac{\partial h}{\partial x_1(1)}=0\end{aligned}\right.\ \rightarrow\ \begin{aligned}&c_2=1\\ &c_1\mathrm{e}+c_2=0\ \rightarrow\ c_1=-\mathrm{e}^{-1}\end{aligned}$$

故

$$\lambda_1(t)=-\mathrm{e}^{t-1}+1,\lambda_2(t)=1$$

根据哈密顿函数

$$\boldsymbol{H}(\boldsymbol{x},\boldsymbol{u},\boldsymbol{\lambda})=-\lambda_1x_1+\lambda_2x_1+\lambda_1u$$

可以看出，当 $|u(t)|=1$，且 u 与 λ_1 符号相反时，可使 H 极小。故

$$u^*(t)=-\mathrm{sgn}(\lambda_1)=\begin{cases}-1 & \lambda_1>0\\ 1, & \lambda_1<0\end{cases}$$

实际在规定时间内，

$$\lambda_1=-\mathrm{e}^{t-1}+1>0\ \rightarrow\ u^*(t)=-1$$

代入状态方程组，并考虑到初始条件：

$$x_1^*(t)=2\mathrm{e}^{-t}-1,x_2^*(t)=-2\mathrm{e}^{-t}-t+2$$

最优性能指标为

$$J(\boldsymbol{x}^*,u^*)=x_2^*(1)=1-2\mathrm{e}^{-1}=0.2642$$

图 4-5 给出了 $\boldsymbol{\lambda}_1(t)$、$\boldsymbol{\lambda}_2(t)$、$x_1(t)$、$x_2(t)$ 和 $u(t)$ 的示意图。

4.6.3 直流电机损耗最小化的实际案例

【例 4-20】

试用博尔扎问题的求解方法解决例 4-1 的直流电机损耗最小化问题。

解： 在该问题中，直流他励电机是被控对象，控制的初始时刻为 $t_0=0$，终值时刻为 t_f，初始状态为 $\omega(0)=0$，电机处于静止状态。末端状态 $\omega(t_f)=0$，转角为 θ，并且满足

$$\int_0^{t_f}\omega(t)\,\mathrm{d}t = \theta = \text{const}$$

即电机转过 θ 角后又停止了。控制的性能指标为

$$E = \int_0^{t_f} R_D I_D^2(t)\,\mathrm{d}t$$

状态方程为 $\dot{x}_1 = \dot{\theta} = \omega = x_2$，$\dot{x}_2 = \dot{\omega} = \dfrac{K_m}{J_D}I_D - \dfrac{T_F}{J_D}$

$$\dot{\boldsymbol{x}} = \begin{pmatrix}0 & 1\\ 0 & 0\end{pmatrix}\boldsymbol{x} + \begin{pmatrix}0\\ \dfrac{K_m}{J_D}\end{pmatrix}I_D - \begin{pmatrix}0\\ \dfrac{1}{J_D}\end{pmatrix}T_F$$

初始与终值条件：$\boldsymbol{x}(0)=\begin{pmatrix}x_1(0)\\ x_2(0)\end{pmatrix}=\begin{pmatrix}0\\0\end{pmatrix}$，$\boldsymbol{x}(t_f)=\begin{pmatrix}x_1(t_f)\\ x_2(t_f)\end{pmatrix}=\begin{pmatrix}\theta\\0\end{pmatrix}$

为了简单起见，令 $R_D=1$，则目标函数 $J=\int_0^{t_f}I_D{}^2(t)\,\mathrm{d}t$。

电枢电阻 R_D 上的损耗最小控制问题就是在状态方程的约束下，求 $I_D(t)$，使 $\boldsymbol{x}(0)$ 转移到 $\boldsymbol{x}(t_f)$，并使目标函数 J 最小。令哈密顿函数为

$$H(\boldsymbol{x},\boldsymbol{u},\boldsymbol{\lambda},t) = I_D^2 + \boldsymbol{\lambda}^T\left[\begin{pmatrix}0 & 1\\ 0 & 0\end{pmatrix}\boldsymbol{x} + \begin{pmatrix}0\\ \dfrac{K_m}{J_D}\end{pmatrix}I_D - \begin{pmatrix}0\\ \dfrac{1}{J_D}\end{pmatrix}T_F\right]$$

由控制方程 $\dfrac{\partial H}{\partial I_D}=0$ 得

$$2I_D + \begin{pmatrix}0\\ \dfrac{K_m}{J_D}\end{pmatrix}^T\begin{pmatrix}\lambda_1\\ \lambda_2\end{pmatrix}=0$$

即 $2I_D+\dfrac{K_m}{J_D}\lambda_2=0$，故 $I_D=-\dfrac{K_m}{2J_D}\lambda_2$。

由伴随方程 $\dot{\lambda}=-\dfrac{\partial H}{\partial x}$，得

$$\dot{\lambda}_1=0,\lambda_1=c_1=\text{const};\dot{\lambda}_2=-\lambda_1=-c_1,\lambda_2=-c_1t+c_2$$

式中，c_1 和 c_2 是常数。故 $I_D=\frac{K_m}{2J_D}(c_1t-c_2)$。由状态方程可得

$$\dot{x}_1=x_2$$

$$\dot{x}_2=\frac{K_m}{J_D}I_D-\frac{T_F}{J_D}=\frac{K_m^2}{2J_D^2}c_1\text{t}-\frac{K_m^2}{2J_D^2}c_2-\frac{T_F}{J_D}$$

解得 $x_2=\frac{K_m^2}{4J_D^2}c_1t^2-\frac{K_m^2}{2J_D^2}c_2t-\frac{T_F}{J_D}t+c_3,x_1=\frac{K_m^2}{12J_D^2}c_1t^3-\frac{K_m^2}{4J_D^2}c_2t^2-\frac{T_F}{2J_D}t^2+c_3t+c_4$

根据边界条件，确定常数 c_1，c_2，c_3 和 c_4：

$$c_3=c_4=0$$

$$0=\frac{K_m^2}{4J_D^2}c_1\ {t_f}^2-\frac{K_m^2}{2J_D^2}c_2t_f-\frac{T_F}{J_D}t_f;\theta=\frac{K_m^2}{12J_D^2}c_1\ {t_f}^3-\frac{K_m^2}{4J_D^2}c_2{t_f}^2-\frac{T_F}{2J_D}{t_f}^2$$

$$c_1=-\frac{24J_D^2\theta}{t_f^3K_m^2},c_2=-\frac{12J_D^2\theta}{t_f^2K_m^2}-\frac{2J_DT_F}{K_m^2}$$

将 c_1，c_2 的表达式代入 $x_2=\omega(t)$ 和 $I_D=\frac{K_m}{2J_D}(c_1t-c_2)$，得到

$$\omega(t)=x_2=\frac{6\theta}{t_f^2}\left(t-\frac{t^2}{t_f}\right),I_D(t)=-\frac{12J_D\theta}{K_mt_f^3}t+\frac{1}{K_m}\left(\frac{6J_D\theta}{t_f^2}+T_F\right)$$

可见，当在终值时刻 t_f 时，$\omega=0$，$I_D(t)$ 是斜率为负的线性函数。题解结果示意图如图 4-5 所示。

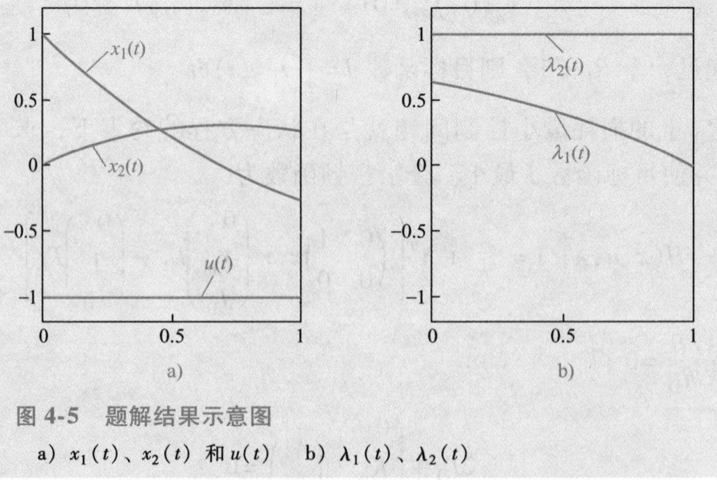

图 4-5　题解结果示意图

a) $x_1(t)$、$x_2(t)$ 和 $u(t)$　b) $\lambda_1(t)$、$\lambda_2(t)$

4.7　极小值原理

1956 年，苏联著名学者庞特里亚金（Pontryagin）提出了极小值原理。它是由古典变分法发展而来的，克服了传统变分法的局限性，主要用于求解容许控制问题。所谓容许控制，

是指在实际工程应用中，控制变量的取值因受到一些条件制约而必须在一定的容许范围内。前面在使用变分法求解最优控制问题时，都是假定控制矢量 $\boldsymbol{u}(t)$ 是连续的且取值范围不受任何限制，控制变分 $\delta\boldsymbol{u}$ 也可以任意选取，从而可以得到满足上面推导的极值条件 $\partial\boldsymbol{H}/\partial\boldsymbol{u}=0$ 的最优控制 $\boldsymbol{u}^*(t)$。常见的容许控制案例情况很多，例如车辆运动控制系统的加速度不能无限大；PWM 控制电路中，输出电源电压也不能无限大；移动机器人的电池输出功率有容量限制；液压伺服系统中，比例阀的输出有饱和特性；模拟电路中，运算放大器的输入电压也存在幅值限制等。此时控制变量的变分不可能取任意值，控制矢量应该在某一个目标闭集 $\boldsymbol{U}$ 中选取，即 $\boldsymbol{u}(t)$ 应该满足以下约束条件：

$$\boldsymbol{u}(t)\in\boldsymbol{U} \tag{4-117}$$

在这一约束条件下，极值条件式(4-112) 中求得的最优控制 $\boldsymbol{u}^*(t)$ 可能并不在目标闭集 $\boldsymbol{U}$ 中，所以极值条件不再成立，因此不能再用经典变分法来处理这类控制矢量有约束的最优控制问题。下面介绍连续系统的庞特里亚金极小值原理。

4.7.1 庞特里亚金极小值原理介绍

定理 4.3（庞特里亚金极小值原理） 状态矢量 $\boldsymbol{x}(t)\in\mathbf{R}^n$ 分段连续可微，控制矢量 $\boldsymbol{u}(t)\in\mathbf{R}^r$ 分段连续。被控系统符合状态方程

$$\dot{\boldsymbol{x}}(t)=f[\boldsymbol{x}(t),\boldsymbol{u}(t),t] \tag{4-118}$$

初始条件 $\boldsymbol{x}(t_0)=\boldsymbol{x}_0$，终态条件 $\boldsymbol{x}(t_f)$ 满足终端约束方程

$$\boldsymbol{N}[\boldsymbol{x}(t_f),t_f]=0 \tag{4-119}$$

式中，$\boldsymbol{N}$ 为 m 维连续可微矢量函数，$m\leqslant n$。控制矢量 $\boldsymbol{u}(t)$ 符合容许控制，对于任意时刻 $t\in[t_0,t_f]$ 都满足

$$\boldsymbol{g}[\boldsymbol{x}(t),\boldsymbol{u}(t),t]\geqslant\boldsymbol{0} \tag{4-120}$$

式中，$\boldsymbol{g}$ 为 l 维连续可微矢量函数，$l\leqslant r$。于是，性能指标泛函为

$$J(\boldsymbol{u})=h[\boldsymbol{x}(t_f),t_f]+\int_{t_0}^{t_f}L[\boldsymbol{x}(t),\boldsymbol{u}(t),t]\mathrm{d}t \tag{4-121}$$

式中，h、L 为连续可微数量函数，终端时间 t_f 待定。取哈密顿函数为

$$H[\boldsymbol{x}(t),\boldsymbol{u}(t),\boldsymbol{\lambda}(t),t]=L[\boldsymbol{x}(t),\boldsymbol{u}(t),t]+\boldsymbol{\lambda}^{\mathrm{T}}f[\boldsymbol{x}(t),\boldsymbol{u}(t),t] \tag{4-122}$$

则性能指标取得极小值且实现最优控制的必要条件是：最优控制 $\boldsymbol{u}^*(t)$、最优控制下的状态矢量 $\boldsymbol{x}^*(t)$ 和最优协态矢量 $\boldsymbol{\lambda}^*$ 满足如下关系式：

1）满足正则方程：

$$\text{状态方程}\quad \dot{\boldsymbol{x}}=\frac{\partial H}{\partial\boldsymbol{\lambda}} \tag{4-123}$$

$$\text{协态方程}\quad \dot{\boldsymbol{\lambda}}=-\frac{\partial H}{\partial x}-\frac{\partial\boldsymbol{g}^{\mathrm{T}}}{\partial\boldsymbol{x}}\gamma \tag{4-124}$$

若 $\boldsymbol{g}$ 不包含状态 $\boldsymbol{x}$，则式(4-124) 后一项为 0，与式(4-110) 相同。

2）沿最优轨线，最优控制为 $u^*(t)$ 时的 H 函数取绝对极小值：

$$H(\boldsymbol{x}^*(t),\boldsymbol{u}^*(t),\boldsymbol{\lambda}^*(t),t)\leqslant H(\boldsymbol{x}^*(t),\boldsymbol{u}(t),\boldsymbol{\lambda}^*(t),t) \tag{4-125}$$

$$\frac{\partial H}{\partial\boldsymbol{u}}=-\frac{\partial\boldsymbol{g}^{\mathrm{T}}}{\partial\boldsymbol{u}}\gamma \tag{4-126}$$

3）H 函数在最优轨线终点处的值满足

$$\left(H+\frac{\partial h}{\partial t_f}+\boldsymbol{\mu}^{\mathrm{T}}\frac{\partial N}{\partial t_f}\right)\bigg|_{t=t_f}=0 \tag{4-127}$$

4）协态终值满足横截条件：

$$\boldsymbol{\lambda}(t_f)=\left(\frac{\partial h}{\partial \boldsymbol{x}(t_f)}+\frac{\partial \boldsymbol{N}^{\mathrm{T}}}{\partial \boldsymbol{x}(t_f)}\boldsymbol{\mu}\right)\bigg|_{t=t_f} \tag{4-128}$$

5）满足边界条件：

$$\begin{gathered}\boldsymbol{x}(t_0)=\boldsymbol{x}_0\\ \boldsymbol{N}[\boldsymbol{x}(t_f),t_f]=0\end{gathered} \tag{4-129}$$

上述就是极小值原理的主要公式。下面对这些公式进行说明。

控制 $\boldsymbol{u}(t)$ 的约束条件式(4-120) 是不等式，需要转化成等式约束：

$$[\dot{\boldsymbol{z}}(t)]^2=\boldsymbol{g}[\boldsymbol{x}(t),\boldsymbol{u}(t),t] \tag{4-130}$$

式中，$\boldsymbol{z}(t)$ 为 l 维变量。再引入 r 维控制变量 $\boldsymbol{w}(t)$，满足

$$\dot{\boldsymbol{w}}(t)=\boldsymbol{u}(t),\boldsymbol{w}(t_0)=\boldsymbol{0} \tag{4-131}$$

式中，$\boldsymbol{w}(t)$ 是连续的。于是，可将不等式约束的最优控制问题转化为等式约束的博尔扎问题。引入拉格朗日乘子 $\boldsymbol{\lambda}$、$\boldsymbol{\gamma}$、$\boldsymbol{\mu}$，得到增广性能泛函

$$\begin{aligned}J_1=&h[\boldsymbol{x}(t_f),t_f]+\boldsymbol{\mu}^{\mathrm{T}}\boldsymbol{N}[\boldsymbol{x}(t_f),t_f]+\\&\int_{t_0}^{t_f}\{L[\boldsymbol{x}(t),\dot{\boldsymbol{w}}(t),t]+\boldsymbol{\gamma}^{\mathrm{T}}[\boldsymbol{g}[\boldsymbol{x},\dot{\boldsymbol{w}},t]-(\dot{\boldsymbol{z}})^2]\}\mathrm{d}t\end{aligned} \tag{4-132}$$

然后对增广泛函进行变分，得到相应的欧拉方程和横截条件。根据魏尔斯特拉斯函数沿最优轨线为非负的条件可求得式(4-125)。具体的证明过程本书从略。

分析庞特里亚金极小值原理发现，与等式约束下的最优控制的必要条件相比，横截条件和端点边界条件没有变化，$\partial H/\partial \boldsymbol{u}=\boldsymbol{0}$ 不再成立，而需满足式(4-125) 和式(4-126)。协态方程(4-124) 只有 $\boldsymbol{g}$ 中不含 $\boldsymbol{x}$，协态方程才变成常见的简化形式。此外，对定理 4.3 进一步做一些说明如下。

1）极小值原理中的极值条件式(4-123) ~ 式(4-125) 普遍适用于求解各类最优控制问题，与边界条件形式或终端时刻自由与否无关。其中 $\boldsymbol{u}^*(t)$是 $\boldsymbol{u}(t)$的容许有界闭集 U 中，使 H 函数沿最优轨线 $\boldsymbol{x}^*(t)$取全局最小值的最优控制。边界条件式(4-127) 是用于求解终端时刻自由时的 t_f 值，当 t_f 固定时，该边界条件不存在。

2）当不等式约束 $\boldsymbol{g}$ 不包含 $\boldsymbol{u}$，即 $\boldsymbol{g}$ 与 $\boldsymbol{u}$ 无关时，控制矢量 $\boldsymbol{u}$ 无界，控制方程式(4-126) $\partial H/\partial \boldsymbol{u}=\boldsymbol{0}$ 成立。但当 $\boldsymbol{g}$ 包含 $\boldsymbol{u}$ 时，$\boldsymbol{u}$ 是受约束的有界控制矢量，并处于一个闭集内，不能用偏导数等于零去判定它在两个端点处的取值，因此$\partial H/\partial \boldsymbol{u}=\boldsymbol{0}$ 不成立，而应考虑哈密顿函数 H 全局最小的条件式(4-125)。控制矢量无界时，$\partial H/\partial \boldsymbol{u}=\boldsymbol{0}$ 的求解方法只是极小值原理的一个特例。

由于 $\boldsymbol{x}$ 和 $\boldsymbol{\lambda}$ 都是 n 维矢量，因此正则方程[式(4-123) 和式(4-124)] 各需要 n 个。当初态固定时，$\boldsymbol{x}(t_0)=\boldsymbol{x}_0$ 可提供一半的边值条件，其余的边值条件可由协态终值横截条件式(4-128) 和状态终值约束方程式(4-129) 提供。针对终态固定的情况，另一半的边值条件可由 $\boldsymbol{x}(t_f)=\boldsymbol{x}_f$ 提供。

3）在实际应用中，如果令 $\overline{H}=-H$，可以按照极小值原理的方法得到求解“极大值”的极

值条件，这时 $\boldsymbol{u}^*(t)$ 是保证哈密顿函数 $\overline{H}$ 取全局最大值的最优控制，称之为“极大值原理”。

4）极小值原理不能说明最优控制 $\boldsymbol{u}^*(t)$ 是否存在和是否唯一。实际上，极小值原理只给出了最优控制的必要条件，而非充要条件。即符合极小值原理的控制，还只是最优控制集合中的候选函数，但是否可选或选哪一个，还要进行具体判定或证明；但不符合极小值原理的控制，肯定不是最优控制。对于线性系统，极小值原理是泛函取最小值的充要条件。

5）极小值原理放宽了控制条件，解决了当控制为有界闭集时的容许控制的求解问题。它不要求 H 对 $\boldsymbol{u}$ 有可微性。例如，当 $H(\boldsymbol{u})$ 为单调上升（或下降）的线性函数时，在容许控制范围内，由极小值原理求得的最优控制在边界上，但用变分法却求不出来，因为 $\partial H/\partial \boldsymbol{u}=\boldsymbol{0}$ 已不适用。

4.7.2　最优控制状态轨线求解实际案例

【例 4-21】

设系统的状态方程为

$$\dot{x}(t)=x(t)-u(t) \tag{4-133}$$

初始时刻和状态：

$$x(0)=2 \tag{4-134}$$

终端时刻 $t_f=1$ 固定、终端状态自由。控制约束为 $1\leqslant u(t)\leqslant 2, t\in[0,1]$，求 $u(t)$ 使

$$\min J=\int_0^1[x(t)+u(t)]\mathrm{d}t \tag{4-135}$$

对应的最优控制状态轨线 $x^*(t)$。

解： 这是一个终端时刻固定、终端状态自由的容许控制问题。

使用庞特里亚金极小值原理分析这个例子，将其转化为两点边值问题。

（1）考察极值条件　引入协态变量 $\lambda(t):[0,1]\in\mathbf{R}$，则哈密顿函数为

$$\begin{aligned}H[x(t),u(t),\lambda(t),t]&=L[x(t),u(t),t]+\boldsymbol{\lambda}^{\mathrm{T}}f[x(t),u(t),t]\\&=u(t)+x(t)+\lambda(t)[x(t)-u(t)]\\&=x(t)\cdot[1+\lambda(t)]+u(t)\cdot[1-\lambda(t)]\end{aligned} \tag{4-136}$$

可见 H 是 u 的线性函数，$\dfrac{\partial H}{\partial u}=1-\lambda$ 与 u 无关。根据极小值原理，求 H 的极小值等价于求泛函极小值，这只要使得 $u(t)[1-\lambda(t)]$ 为极小即可。u 的上界为 2，下界为 1，所以：

当 $\lambda>1$ 时，应有最优控制 $u^*(t)=2$；当 $\lambda<1$ 时，应有最优控制 $u^*(t)=1$。

（2）得到关于状态和协态的微分方程组

$$\dot{x}(t)=\frac{\partial H}{\partial\lambda}=x(t)-u(t) \tag{4-137}$$

$$\dot{\lambda}(t)=-\frac{\partial H}{\partial x}=-[1+\lambda(t)] \tag{4-138}$$

$$\dot{\lambda}(t)+\lambda(t)+1=0$$

解协态方程式(4-138)，得 $\lambda=-1+Ce^{-t}$，需满足初始时刻 $t_0=0$ 和终端时刻 $t_f=2$ 时的约束条件

$$\begin{cases}x(0)=2\\ \lambda(t_f)=\dfrac{\partial h}{\partial x(t_f)}\end{cases} \tag{4-139}$$

可以得到 $\lambda(t_f)=\lambda(1)=0$，所以 $C=e$，故可得 $\lambda=-1+e^{1-t}$。于是可以得到切换点：令 $\lambda=1$，得 $t=1-\ln2\approx0.307$，当 $\lambda>1$ 时，对应 $t<0.307$，最优控制 $u^*(t)=2$，当 $\lambda<1$ 时，对应 $t>0.307$，最优控制 $u^*(t)=1$。

（3）接着求解最优控制状态轨线 $x(t)$　解状态方程 $\dot{x}(t)=x(t)-u(t)$：当 $0\leqslant t<0.307$ 时，$u^*(t)=2$，从而得到 $x=2+C_1e^t$，代入初值条件 $x(0)=2$ 后，得到 $x^*(t)=2$，当 $0.307\leqslant t\leqslant1$ 时，$u^*(t)=1$，从而得到 $x=1+C_2e^t$，代入第一段的终值 $x(0.307)=2$ 可得 $x^*(t)=1+0.736e^t$，于是函数 $J^*=J(u^*)$ 为

$$J^*=\int_0^{0.307}[x(t)+2]dt+\int_{0.307}^1[x(t)+1]dt$$

$$=\int_0^{0.307}4dt+\int_{0.307}^1(2+0.736e^t)dt\approx3.614$$

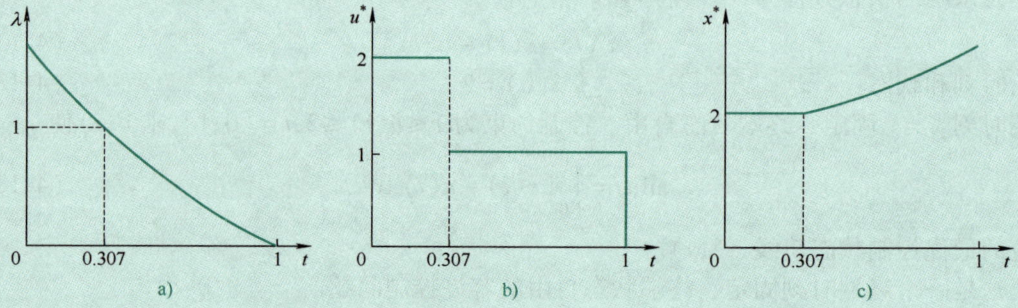

图 4-6　例 4-21 的最优解

a）λ　b）u^*　c）x^*

4.8　最优控制问题的数值求解方法探讨

4.8.1　问题提出

图 4-7 给出了拉格朗日问题最优解求解方案，希望先通过对左下的协态方程 $\dot{\lambda}=f_\lambda(x,\lambda,t)$ 积分得到协状态 λ，再得到最优控制 $u^*(x,\lambda,t)$，但该方案很难实际操作，特别是 λ 的初始或终端条件从何而来，怎样才能满足 $x(t_f)=0$ 或 $x(t_f)=x_f$？为了解决这一问题，下面介绍实用的最优控制数值计算方法。

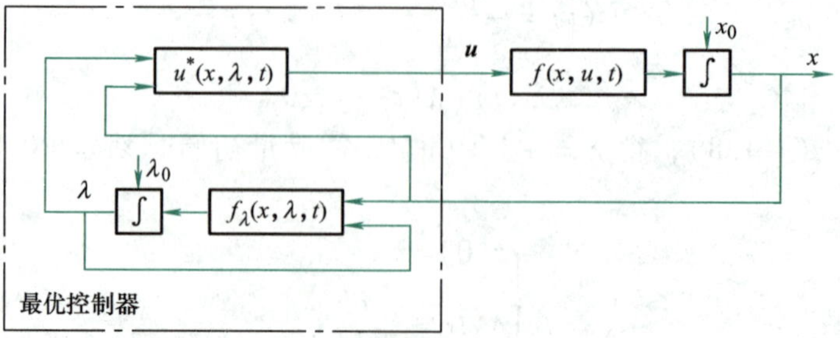

图 4-7　拉格朗日问题最优解求解方案图

4.8.2　常用的数值计算软件简介

早期的最优控制数值计算方法有试射法(Shooting Method),还有 MATLAB 自带的 BVP4C、BVP5C 方法,但计算速度慢,且功能有限。近年的最优控制问题数值计算软件有第三方基于 MATLAB 研发的 GPOPS、PROPT、DIDO 等,功能强大;还有基于 Linux C 和 C++开发的 NTG 和 BOCOP,以及基于 FORTRAN 开发的 SNCTRL,这些软件的特点是运算速度非常快,几乎接近于实时。

4.8.3　直接参数化和间接参数化案例讨论

最优控制数值计算主要是通过有限参数化方法,包括直接参数化和间接参数化方法,把最优控制问题转换成有约束的非线性多元函数优化问题,把动态的函数优化问题转化为静态的参数优化问题。然后调用通用的非线性多元函数优化软件,例如 ipopt、snopt、knitro、csdqp 等,简化优化问题的数学表达式,实现优化问题的简明求解:

$$\min f(\boldsymbol{x})$$
$$\text{s.t. } \mathrm{lb} \leqslant \begin{pmatrix} \boldsymbol{x} \\ \boldsymbol{Ax} \\ c(\boldsymbol{x}) \end{pmatrix} \leqslant \mathrm{ub} \tag{4-140}$$

例如，对于最基本的求函数 $\boldsymbol{x}(t)$ 的泛函极值问题的最优化问题典型案例：

$$J(\boldsymbol{x}) = \min_{\boldsymbol{x}(t)} \int_{t_0}^{t_f} L(\boldsymbol{x}, \dot{\boldsymbol{x}})\,\mathrm{d}t \tag{4-141}$$

讨论如何采用直接参数化和间接参数化方法进行数值计算。

直接参数化方法，就是先进行时间离散化，把时间域 t_0 到 t_f 离散成 t_0、t_1 到 t_N 等若干个采样点对应的函数值 x_0、x_1 到 x_N 等待定（见图 4-8）。

离散可以是等距离的，也可以是不等距离的。然后直接用离散点的函数值，通过线性插值、勒让德插值、样条函数插值近似，得到

$$\boldsymbol{x}(t) \approx \boldsymbol{S}(t; x_0, x_1, \cdots, x_N), \qquad \dot{\boldsymbol{x}}(t) \approx \dot{\boldsymbol{S}}(t; x_0, x_1, \cdots, x_N) \tag{4-142}$$

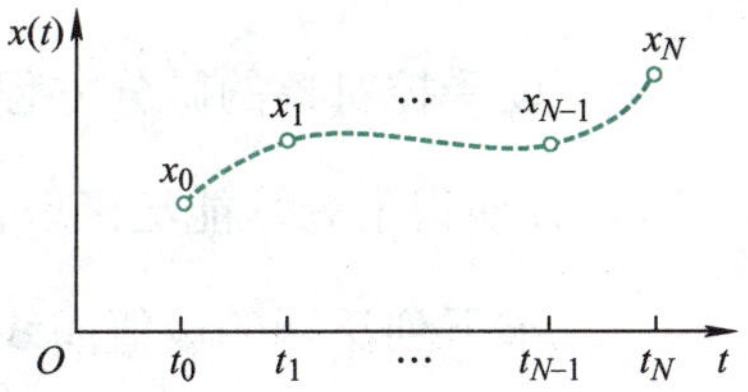

图 4-8　离散化示意图

数值积分法就是把原来的 $\boldsymbol{x}(t)$ 和 $\dot{\boldsymbol{x}}(t)$ 用插值函数 $\boldsymbol{S}$ 和 $\dot{\boldsymbol{S}}$ 代入，然后对时间 t 求数值积分，得到关于 x_0，x_1，⋯，x_N 的函数

$$\begin{aligned} J(x) &\approx \min \int_{t_0}^{t_f} L[\boldsymbol{S}(t; x_0, x_1, \cdots, x_N), \dot{\boldsymbol{S}}(t; x_0, x_1, \cdots, x_N)]\,\mathrm{d}t \\ &\approx \min f(x_0, x_1, \cdots, x_N) \end{aligned} \tag{4-143}$$

这样就把原来的动态泛函极值问题转化为一个静态参数优化问题。数值积分法有欧拉法、梯形法、辛普森法和高斯方法等。间接参数化方法是跳过时间的离散化，把状态函数表示成一些已知函数的线性组合，其中的系数 c_0，c_1，⋯，c_N 是待定参数：

$$x(t) \approx c_0 b_0(t) + c_1 b_1(t) + \cdots + c_N b_N(t) \tag{4-144}$$

$$\dot{x}(t) \approx c_0 \dot{b}_0(t) + c_1 \dot{b}_1(t) + \cdots + c_N \dot{b}_N(t) \tag{4-145}$$

函数 $b_0(t), b_1(t), \cdots, b_N(t)$ 可以为多项式、三角函数或样条函数，被称为基函数。

$$J(x) \approx \min\int_{t_0}^{t_f} L[c_0 b_0(t) + \cdots + c_N b_N(t), c_0\dot{b}_0(t) + \cdots + c_N\dot{b}_N(t)]\mathrm{d}t$$
$$\approx \min f(c_0, c_1, \cdots, c_N) \tag{4-146}$$

然后对指标函数式(4-146)进行数值积分，把时间变量通过积分消掉，这样就把含有积分的指标函数转换成关于待定系数的多元函数 $f(c_0, c_1, \cdots, c_N)$，最后调用通用的非线性多元函数优化软件，求待定参数即可。

习　题

4-1　试证明泛函的变分定义公式：$\delta J = \frac{\partial}{\partial a} J[y(x) + a\delta y(x)]|_{a=0}$

4-2　求下列泛函的变分：$J = \int_{t_0}^{t_f} x^2(t)\mathrm{d}t$

4-3　求泛函 $J = \int_{x_0}^{x_1} L[y(x), \dot{y}(x), x]\mathrm{d}x$ 的变分。

4-4　试求下列泛函的一阶变分：

(1) $J(y) = \int_{x_0}^{x_1} (ay + b\dot{y} + c\ddot{y}^2)\mathrm{d}x$

(2) $J(y) = \int_{x_0}^{x_1} y^2\sqrt{1 + \dot{y}^2}\mathrm{d}x$

(3) $J(y) = \int_{x_0}^{x_1} (xy + y^2 - 2y^2\dot{y})\mathrm{d}x$

(4) $J(y) = \int_{x_0}^{x_1} (ax^2\dot{y} + bx\dot{y}^2 + c)\mathrm{d}x$

4-5　设受控对象的微分方程为 $\dot{x} = 2u$。以 $x(0) = x_0$ 和 $x(t_f) = x_f$ 为边界条件，求最优控制 $u^*(t)$，使得下列性能泛函取极小值：$J = \int_0^{t_f} (x^2 + u^2)\mathrm{d}t$

4-6　求下列泛函的极值曲线 $x^*(t)$ 和最优控制 $u^*(t)$

$$J = \int_0^{\frac{\pi}{2}} (2\dot{u}^2 + 2\dot{x}^2 + 4ux)\mathrm{d}t$$

边界条件为 $u(0) = 0, u\left(\frac{\pi}{2}\right) = 1, x(0) = 0, x\left(\frac{\pi}{2}\right) = -1$。

4-7　求泛函 $J(y) = \int_0^1 (\dot{y}^2 + 12xy)\mathrm{d}x$ 的极值曲线 $y^*(x)$，边界条件为 $y(0) = 0, y(1) = 1$。

4-8　求泛函 $J(y) = \int_{x_0}^{x_1} \frac{1 + y^2}{\dot{y}}\mathrm{d}x$ 通过点(0,0)和(1,1)的极值曲线 $y^*(x)$。

4-9　已知系统状态方程 $\dot{x} = ax + u, x(0) = x_0$，$t_f$ 给定，$x(t_f)$ 自由。求极值曲线 $x^*(t)$ 使

$$J(x) = \frac{1}{2}\int_0^{t_f} (x^2 + r^2u^2)\mathrm{d}t$$

为极小。式中，a、r 为常数。

4-10 有系统如图 4-9 所示。欲使系统在 2s 之内从状态$\begin{pmatrix}\theta(0)\\\omega(0)\end{pmatrix}=\begin{pmatrix}1\\1\end{pmatrix}$转移到$\begin{pmatrix}\theta(2)\\\omega(2)\end{pmatrix}=\begin{pmatrix}0\\0\end{pmatrix}$，使性能泛函：$J=\dfrac{1}{2}\int_0^2 u^2(t)\mathrm{d}t\rightarrow$ 极小值，试求最优控制 $u^*(t)$。

4-11 设与题 4-10 相同，但将终端状态改为 $\theta(2)=0,\omega(2)$ 自由，即终端条件改成部分约束、部分自由，求最优控制 $u^*(t)$ 和最优轨线 $\boldsymbol{x}^*(t)$。

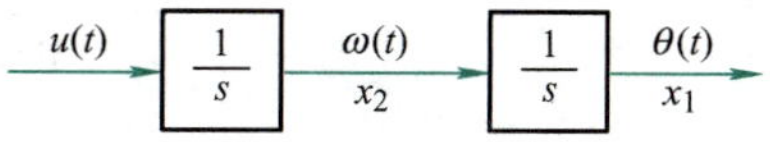

图 4-9 系统结构图

4-12 给定系统状态方程为 $\dot{\boldsymbol{x}}=\begin{pmatrix}0&1\\0&0\end{pmatrix}x+\begin{pmatrix}0\\1\end{pmatrix}u$，设初始状态 $\boldsymbol{x}(0)=0$，终端状态约束曲线 $x_1(1)+x_2(1)-1=0$，求使性能泛函 $J=\dfrac{1}{2}\int_0^1 u^2(t)\mathrm{d}t$ 为极小时的最优控制 $u^*(t)$ 与最优轨线 $\boldsymbol{x}^*(t)$。

4-13 求性能指标：$J=\int_0^{\frac{\pi}{2}}(\dot{x}_1^2+\dot{x}_2^2+2x_1x_2)\mathrm{d}t$ 在边界条件 $x_1(0)=x_2(0)=0,x_1\left(\dfrac{\pi}{2}\right)=x_2\left(\dfrac{\pi}{2}\right)=1$ 下的极值曲线 $\boldsymbol{x}^*(t)$。

4-14 求泛函 $J(y)=\int_1^{\mathrm{e}}(x\dot{y}^2+y\dot{y})\mathrm{d}x$ 的极值曲线 $y^*(x)$，边界条件为 $y(1)=0,y(\mathrm{e})=1$。

4-15 求泛函 $J(y)=\int_{x_0}^{x_1}(y^2-x^2\dot{y})\mathrm{d}x$ 的极值曲线 $y^*(x)$，边界条件为 $y(x_0)=y_0,y(x_1)=y_1$。

4-16 求泛函 $J[y(x),z(x)]=\int_0^{x_1}(\dot{y}^2+\dot{z}^2+2yz)\mathrm{d}x$ 的极值曲线 $y^*(x)$、$z^*(x)$，已知端点 $y(0)=0,z(0)=0$，另一端点 (x_1,y_1,z_1) 在平面 $x=x_1$ 上待定。

4-17 已知系统 $\dot{x}_1=x_2$，边界条件为 $x(0)=1$，$x(2)=0$。试求性能指标：

$$J=\frac{1}{2}\int_0^2\dot{x}_2^2\mathrm{d}t$$

的极小值 J^*。

4-18 求一阶系统 $\dot{x}(t)=u(t),x(0)=1$，当性能指标为 $J=\dfrac{1}{2}\int_0^1(x^2+u^2)\mathrm{d}t$ 取最小值时的最优曲线 $x^*(t)$ 和最优控制 $u^*(t)$。

4-19 $x(1)=4,x(t_{\mathrm{f}})=4,t_{\mathrm{f}}$ 自由且 $t_{\mathrm{f}}>1$。求最优曲线 $x^*(t)$，使得

$$J=\int_1^{t_{\mathrm{f}}}\left(2x(t)+\frac{1}{2}\dot{x}^2(t)\right)\mathrm{d}t$$

取极小值。

4-20 给定系统：$\dot{x}=u,x(0)=1$，使得性能指标 $J=t_{\mathrm{f}}+\dfrac{1}{2}\int_0^{t_{\mathrm{f}}}u^2\mathrm{d}t$ 为极小值。终端时刻 t_{f} 未定，$x(t_{\mathrm{f}})=0$，求最优控制 $u^*(t)$。

4-21 有一开环系统，包含放大倍数为 4 的一个放大器和一个积分环节。现加入输入 $u(t)$，要将系统从 $t=0$ 时的 x_0 转移到 $t=T$ 时的 x_1，并使性能泛函 $J=\int_0^T(x^2+4u^2)\mathrm{d}t$ 达到

极小值，试求输入的控制 $u(t)$。

4-22 设某系统的范德波尔（van der Pol）方程如下：

$$\dot{x}_1=x_2,\quad x_1(0)=1\quad \dot{x}_2=-x_1-(x_1^2-1)x_2+u,\quad x_2(0)=0$$

终端状态约束为 $$-x_1(5)+x_2(5)-1=0$$

求最优控制 $u*(t)$ 的数值解，使如下性能指标泛函取极小：

$$J=\frac{1}{2}\int_0^5[x_1^2+x_2^2+u^2(t)]\mathrm{d}t$$

4-23 试求解图 4-10 所示自动泊车系统最优轨迹规划的数值解，设非完整性系统（Nonholonomic System）的汽车运动学模型如下：$\dot{x}\sin\theta-\dot{y}\cos\theta=0$，$\dot{x}\sin(\theta+\varphi)-\dot{y}\cos(\theta+\varphi)-L\dot{\theta}\cos\varphi=0$，有 $\dot{x}=v\cos\theta$，$\dot{y}=v\sin\theta$，$\dot{\theta}=\frac{v}{L}\tan\varphi$。

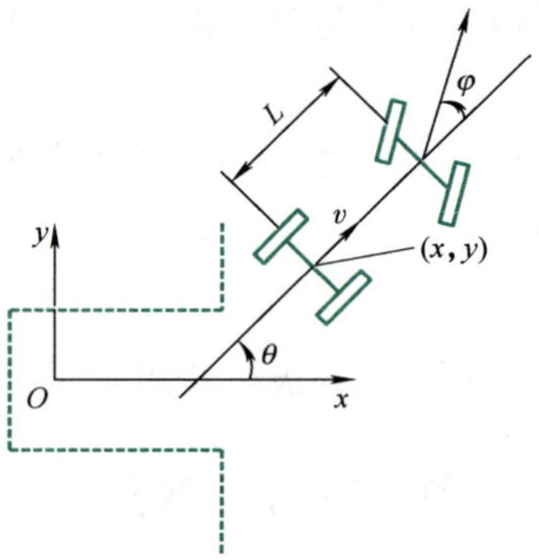

图 4-10 自动泊车系统示意图

第5章
线性二次型调节器原理

本章的重点与知识点关系图如图5-1所示。LQR线性二次型调节器可得到状态线性反馈的最优控制规律，容易构成闭环最优控制系统。LQR最优控制可利用较低的控制代价使被控系统达到较好的性能指标，通过状态反馈还可以对不稳定的系统进行镇定，方法比较简单，并易于MATLAB仿真与实现。本章主要包括LQR最优控制求解、二次型性能指标含义、李雅普诺夫函数和二次型指标间的关系、最优反馈增益矩阵的偏导数求解、LQG线性二次高斯控制原理、MATLAB命令函数和MATLAB仿真案例等内容。

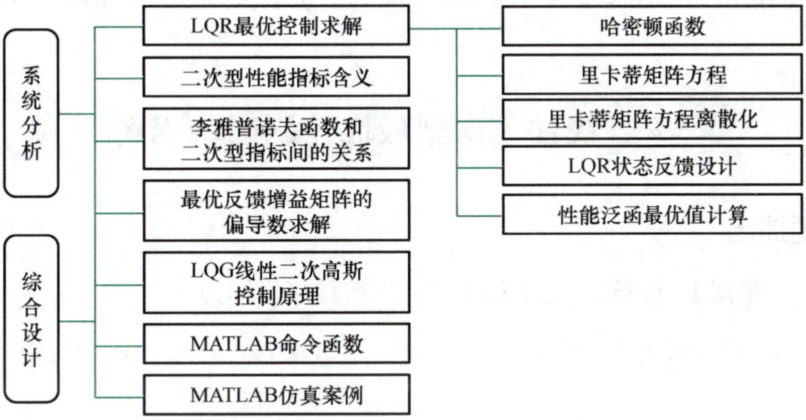

图5-1　第5章重点与知识点关系图

5.1　案例思考

设状态 $\boldsymbol{x}(t):[t_0,t_f]\to\mathbf{R}^n$ 和控制 $\boldsymbol{u}(t):[t_0,t_f]\to\mathbf{R}^m$ 都连续可微，且没有约束。设时变系统的状态方程为

$$\dot{\boldsymbol{x}}(t)=\boldsymbol{A}(t)\boldsymbol{x}(t)+\boldsymbol{B}(t)\boldsymbol{u}(t),\boldsymbol{y}(t)=\boldsymbol{C}(t)\boldsymbol{x}(t) \tag{5-1}$$

式中，$\boldsymbol{A}(t):[t_0,t_f]\to\mathbf{R}^n\times\mathbf{R}^n$ 和 $\boldsymbol{B}(t):[t_0,t_f]\to\mathbf{R}^n\times\mathbf{R}^r$ 都是关于时间的连续可微矩阵函数，$\boldsymbol{x}(t_0)=\boldsymbol{x}_0$。图5-2中的单点画线框内是式(5-1) 描述的开环系统的方框图。

如图5-2所示，增加全状态反馈 $\boldsymbol{K}(t)$，其中 $\boldsymbol{K}(t)$ 为 $n\times n$ 最优反馈增益矩阵。要设计的状态反馈控制器 $\boldsymbol{u}=\mathrm{in}-\boldsymbol{K}(t)\boldsymbol{x}(t)$，使得闭环系统能够满足期望的性能。将这种控制代入之前的系统状态方程得到

$$\dot{\boldsymbol{x}}(t)=[\boldsymbol{A}(t)-\boldsymbol{B}(t)\boldsymbol{K}(t)]\boldsymbol{x}(t)+\boldsymbol{B}(t)\cdot\mathrm{in}=\boldsymbol{A}_c(t)\boldsymbol{x}(t)+\boldsymbol{B}(t)\cdot\mathrm{in} \tag{5-2}$$

对于式(5-1) 的开环系统，由现代控制理论的知识可知，开环传递函数的极点就是系

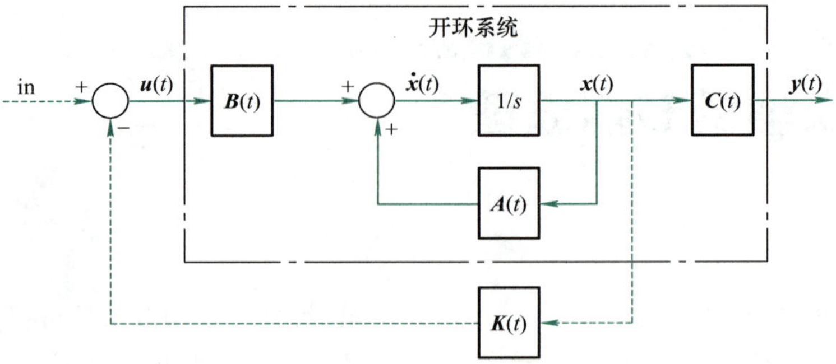

图 5-2 时变系统的全状态反馈框图

统矩阵 $\boldsymbol{A}$ 的特征值，通过使传递函数的分母 $|s\boldsymbol{I}-\boldsymbol{A}|=0$ 求得，$|\cdot|$ 表示行列式。于是，式(5-1)的开环形式变成了式(5-2) 的闭环形式，系统矩阵 $\boldsymbol{A}(t)$ 变成了 $\boldsymbol{A}(t)-\boldsymbol{B}(t)\boldsymbol{K}(t)$。那么如何设计性能指标函数，来优化反馈矩阵 $\boldsymbol{K}(t)$ 呢？通常，希望系统所耗能量最小，性能指标函数中包括误差或控制量的二次方项是合理的想法，因此二次型函数可设计为系统的性能指标。

5.2 线性二次型最优控制问题求解

5.2.1 问题提出

根据上节讨论，定义最小化二次型性能指标为

$$J(\boldsymbol{u})=\frac{1}{2}\boldsymbol{x}^{\mathrm{T}}(t_{\mathrm{f}})\boldsymbol{Q}_0\boldsymbol{x}(t_{\mathrm{f}})+\frac{1}{2}\int_{t_0}^{t_{\mathrm{f}}}[\boldsymbol{x}^{\mathrm{T}}(t)\boldsymbol{Q}_1(t)\boldsymbol{x}(t)+\boldsymbol{u}^{\mathrm{T}}(t)\boldsymbol{Q}_2(t)\boldsymbol{u}(t)]\mathrm{d}t \tag{5-3}$$

式中，$\boldsymbol{Q}_0(t)$ 和 $\boldsymbol{Q}_1(t)$ 是 $n\times n$ 的实对称半正定矩阵；$\boldsymbol{Q}_2(t)$ 是 $r\times r$ 的实对称正定矩阵，$\boldsymbol{Q}_1(t)$ 和 $\boldsymbol{Q}_2(t)$ 都连续可微。

针对二次型性能指标 J，假设这个系统的所有状态变量都是可测量到的，式(5-3) 给出了一个综合的能量指标函数，最优的控制轨迹应该使得该系统能量目标函数最小。针对图 5-2，通过设计反馈矩阵 $\boldsymbol{K}(t)$，在根轨迹平面上可以配置闭环系统的极点达到期望的位置。那么，什么样的极点会使得系统性能最优呢？LQR 线性二次型调节器提供了一种设计思路。

5.2.2 LQR 最优控制求解与里卡蒂方程证明

下面考虑使用极小值原理求解线性二次型最优控制，来设计全状态反馈控制器。

1） 首先建立哈密顿函数

$$H[\boldsymbol{x}(t),\boldsymbol{u}(t),\boldsymbol{p}(t),t]=\frac{1}{2}\boldsymbol{x}^{\mathrm{T}}(t)\boldsymbol{Q}_1(t)\boldsymbol{x}(t)+\frac{1}{2}\boldsymbol{u}^{\mathrm{T}}(t)\boldsymbol{Q}_2(t)\boldsymbol{u}(t)+\boldsymbol{\lambda}^{\mathrm{T}}(t)\boldsymbol{A}(t)\boldsymbol{x}(t)+\boldsymbol{\lambda}^{\mathrm{T}}(t)\boldsymbol{B}(t)\boldsymbol{u}(t) \tag{5-4}$$

2） 给出控制方程

$$\frac{\partial H}{\partial \boldsymbol{u}}=\boldsymbol{Q}_2(t)\boldsymbol{u}(t)+\boldsymbol{B}^{\mathrm{T}}(t)\boldsymbol{\lambda}(t)=\boldsymbol{0} \tag{5-5}$$

设 $\boldsymbol{u}$ 不受限制，最优控制使 H 取极值，因此式(5-5) 成立。由于 $\boldsymbol{Q}_2(t)$ 正定、对称，有

$$\boldsymbol{u}^*(t)=-\boldsymbol{Q}_2^{-1}(t)\boldsymbol{B}^{\mathrm{T}}(t)\boldsymbol{\lambda}(t) \tag{5-6}$$

由于$\dfrac{\partial^2 H}{\partial \boldsymbol{u}^2}=\boldsymbol{Q}_2(t)$正定，因此对于式(5-3) 的 J 来说，其取极小值对式(5-6) 所得到的最优控制是充分且必要的。

3）根据正则方程有

$$\dot{\boldsymbol{x}}(t)=\frac{\partial H}{\partial \lambda}[\boldsymbol{x}(t),\boldsymbol{u}(t),\boldsymbol{\lambda}(t),t]=\boldsymbol{A}(t)\boldsymbol{x}(t)-\boldsymbol{B}(t)\boldsymbol{Q}_2^{-1}(t)\boldsymbol{B}^{\mathrm{T}}(t)\boldsymbol{\lambda}(t) \tag{5-7}$$

$$\dot{\boldsymbol{\lambda}}(t)=-\frac{\partial H}{\partial \boldsymbol{x}}[\boldsymbol{x}(t),\boldsymbol{u}(t),\boldsymbol{\lambda}(t),t]=-\boldsymbol{Q}_1(t)\boldsymbol{x}(t)-\boldsymbol{A}^{\mathrm{T}}(t)\boldsymbol{\lambda}(t) \tag{5-8}$$

写成矩阵形式为

$$\begin{pmatrix}\dot{\boldsymbol{x}}(t)\\ \dot{\boldsymbol{\lambda}}(t)\end{pmatrix}=\boldsymbol{M}(t)\begin{pmatrix}\boldsymbol{x}(t)\\ \boldsymbol{\lambda}(t)\end{pmatrix} \tag{5-9}$$

$$\boldsymbol{M}(t)=\begin{pmatrix}\boldsymbol{A}(t) & -\boldsymbol{B}(t)\boldsymbol{Q}_2^{-1}(t)\boldsymbol{B}^{\mathrm{T}}(t)\\ -\boldsymbol{Q}_1(t) & -\boldsymbol{A}^{\mathrm{T}}(t)\end{pmatrix} \tag{5-10}$$

被称为哈密顿矩阵。

4）边界条件，由 $\boldsymbol{x}(t_0)=\boldsymbol{x}_0$，有

$$\boldsymbol{\lambda}(t_{\mathrm{f}})=\frac{\partial}{\partial \boldsymbol{x}(t_{\mathrm{f}})}\left(\frac{1}{2}\boldsymbol{x}^{\mathrm{T}}(t_{\mathrm{f}})\boldsymbol{Q}_0\boldsymbol{x}(t_{\mathrm{f}})\right)=\boldsymbol{Q}_0\boldsymbol{x}(t_{\mathrm{f}}) \tag{5-11}$$

根据式(5-11) 的边界条件，求解一阶微分矩阵方程(5-9)，可求得 $\boldsymbol{x}$、$\boldsymbol{\lambda}$。从式(5-6) 发现 $\boldsymbol{u}^*(t)$ 是 $\boldsymbol{\lambda}$ 的线性函数。为了能通过状态 $\boldsymbol{x}$ 反馈实现 $\boldsymbol{u}^*(t)$，设 $\boldsymbol{\lambda}$ 可由 $\boldsymbol{x}$ 经过矩阵 $\boldsymbol{P}(t)$ 变换得到，即

$$\boldsymbol{\lambda}(t)=\boldsymbol{P}(t)\boldsymbol{x}(t) \tag{5-12}$$

式中，$\boldsymbol{P}(t)$ 为 $n\times n$ 对称正定矩阵，待求解证明。

5）里卡蒂（Riccati）矩阵微分方程证明。

将式(5-12) 代入式(5-6)，得

$$\boldsymbol{u}^*(t)=-\boldsymbol{Q}_2^{-1}(t)\boldsymbol{B}^{\mathrm{T}}(t)\boldsymbol{P}(t)\boldsymbol{x}(t)=-\boldsymbol{K}(t)\boldsymbol{x}(t)$$

$$\boldsymbol{K}(t)=\boldsymbol{Q}_2^{-1}(t)\boldsymbol{B}^{\mathrm{T}}(t)\boldsymbol{P}(t) \tag{5-13}$$

式中，$\boldsymbol{K}(t)$ 为 $n\times n$ 最优反馈增益矩阵。于是，根据式(5-7)，得

$$\dot{\boldsymbol{x}}(t)=[\boldsymbol{A}(t)-\boldsymbol{B}(t)\boldsymbol{Q}_2^{-1}(t)\boldsymbol{B}^{\mathrm{T}}(t)\boldsymbol{P}(t)]\boldsymbol{x}(t) \tag{5-14}$$

从式(5-14) 可知，对于线性二次型指标的最优控制，可通过全部状态变量构成的最优线性反馈来实现。将式(5-12) 代入正则方程组(5-8)，得

$$\dot{\boldsymbol{\lambda}}(t)=-\boldsymbol{Q}_1(t)\boldsymbol{x}(t)-\boldsymbol{A}^{\mathrm{T}}(t)\boldsymbol{P}(t)\boldsymbol{x}(t) \tag{5-15}$$

对式(5-12) 求导，得 $\dot{\boldsymbol{\lambda}}(t)=\dot{\boldsymbol{P}}(t)\boldsymbol{x}(t)-\boldsymbol{P}(t)\dot{\boldsymbol{x}}(t)$,代入式(5-14)并考虑式(5-15)有

$$\begin{aligned}\dot{\boldsymbol{\lambda}}(t)&=\dot{\boldsymbol{P}}(t)\boldsymbol{x}(t)+\boldsymbol{P}(t)\dot{\boldsymbol{x}}(t)\\ &=\dot{\boldsymbol{P}}(t)\boldsymbol{x}(t)+\boldsymbol{P}(t)[\boldsymbol{A}(t)-\boldsymbol{B}(t)\boldsymbol{Q}_2^{-1}(t)\boldsymbol{B}^{\mathrm{T}}(t)\boldsymbol{P}(t)]\boldsymbol{x}(t)\end{aligned}$$

$$= -\boldsymbol{Q}_1(t)\boldsymbol{x}(t) - \boldsymbol{A}^{\mathrm{T}}(t)\boldsymbol{P}(t)\boldsymbol{x}(t) \tag{5-16}$$

$$\dot{\boldsymbol{P}}(t)\boldsymbol{x}(t) = -\boldsymbol{P}(t)\boldsymbol{A}(t)\boldsymbol{x}(t) - \boldsymbol{A}^{\mathrm{T}}(t)\boldsymbol{P}(t)\boldsymbol{x}(t) + [\boldsymbol{P}(t)\boldsymbol{B}(t)\boldsymbol{Q}_2^{-1}(t)\boldsymbol{B}^{\mathrm{T}}(t)\boldsymbol{P}(t) - \boldsymbol{Q}_1(t)]\boldsymbol{x}(t) \tag{5-17}$$

化简得

$$\dot{\boldsymbol{P}}(t) = -\boldsymbol{P}(t)\boldsymbol{A}(t) - \boldsymbol{A}^{\mathrm{T}}(t)\boldsymbol{P}(t) + \boldsymbol{P}(t)\boldsymbol{B}(t)\boldsymbol{Q}_2^{-1}(t)\boldsymbol{B}^{\mathrm{T}}(t)\boldsymbol{P}(t) - \boldsymbol{Q}_1(t) \tag{5-18}$$

由式(5-11)得边界条件

$$\boldsymbol{P}(t_{\mathrm{f}}) = \boldsymbol{Q}_0 \tag{5-19}$$

式(5-18)被称为里卡蒂矩阵微分方程。针对 $\boldsymbol{P}(t)$ 为对称矩阵的非线性矩阵微分方程问题，只要求解 $n(n+1)/2$ 个一阶微分方程组，就可求出 $\boldsymbol{P}(t)$ 的各个分量元素。

下面证明 $\boldsymbol{P}(t)$ 为对称矩阵。将式(5-18)转置，有

$$\dot{\boldsymbol{P}}^{\mathrm{T}}(t) = -\boldsymbol{A}^{\mathrm{T}}(t)\boldsymbol{P}^{\mathrm{T}}(t) - \boldsymbol{P}^{\mathrm{T}}(t)\boldsymbol{A}(t) + \boldsymbol{P}^{\mathrm{T}}(t)\boldsymbol{B}(t)\boldsymbol{Q}_2^{-1}(t)\boldsymbol{B}^{\mathrm{T}}(t)\boldsymbol{P}^{\mathrm{T}}(t) - \boldsymbol{Q}_1(t) \tag{5-20}$$

$$\boldsymbol{P}^{\mathrm{T}}(t_{\mathrm{f}}) = \boldsymbol{Q}_0 \tag{5-21}$$

可见，$\boldsymbol{P}^{\mathrm{T}}(t)$ 和 $\boldsymbol{P}(t)$ 都是满足同一边界条件的里卡蒂方程的解，根据解的唯一性可知

$$\boldsymbol{P}^{\mathrm{T}}(t) = \boldsymbol{P}(t) \tag{5-22}$$

因此，$\boldsymbol{P}(t)$ 是对称矩阵。

5.2.3 里卡蒂矩阵微分方程验证

为了通过设计反馈矩阵 $\boldsymbol{K}$，使系统能量目标函数 J 最小，基于庞特里亚金极小值原理，从哈密顿函数推导出里卡蒂矩阵微分方程。下面，用代入法对里卡蒂矩阵微分方程的推导进一步展开验证。如图 5-2 所示，令输入 in 为零，则

$$\boldsymbol{u} = -\boldsymbol{K}(t)\boldsymbol{x}(t)$$

$$\dot{\boldsymbol{x}}(t) = [\boldsymbol{A}(t) - \boldsymbol{B}(t)\boldsymbol{K}(t)]\boldsymbol{x}(t) + \boldsymbol{B}(t)\cdot \mathrm{in} = \boldsymbol{A}_c(t)\boldsymbol{x}(t) \tag{5-23}$$

代入之前的能量函数式(5-3)，得

$$J(\boldsymbol{u}) = \frac{1}{2}\boldsymbol{x}^{\mathrm{T}}(t_{\mathrm{f}})Q_0\boldsymbol{x}(t_{\mathrm{f}}) + \frac{1}{2}\int_{t_0}^{t_{\mathrm{f}}}\boldsymbol{x}^{\mathrm{T}}(t)[\boldsymbol{Q}_1(t) + \boldsymbol{K}^{\mathrm{T}}(t)\boldsymbol{Q}_2(t)\boldsymbol{K}(t)]\boldsymbol{x}(t)\mathrm{d}t \tag{5-24}$$

为了找到 $\boldsymbol{K}$，假设存在一个常量矩阵 $\boldsymbol{P}$，使下式成立：

$$\frac{\mathrm{d}}{\mathrm{d}t}(\boldsymbol{x}^{\mathrm{T}}\boldsymbol{P}\boldsymbol{x}) = -\boldsymbol{x}^{\mathrm{T}}(\boldsymbol{Q}_1 + \boldsymbol{K}^{\mathrm{T}}\boldsymbol{Q}_2\boldsymbol{K})\boldsymbol{x} \tag{5-25}$$

为了方便推导，后面在公式中省略时间 t。于是有

$$\frac{1}{2}\int_{t_0}^{t_{\mathrm{f}}}\boldsymbol{x}^{\mathrm{T}}(\boldsymbol{Q}_1 + \boldsymbol{K}^{\mathrm{T}}\boldsymbol{Q}_2\boldsymbol{K})\boldsymbol{x}\mathrm{d}t = -\frac{1}{2}\int_{t_0}^{t_{\mathrm{f}}}\frac{\mathrm{d}}{\mathrm{d}t}(\boldsymbol{x}^{\mathrm{T}}\boldsymbol{P}\boldsymbol{x})\mathrm{d}t = -\frac{1}{2}\boldsymbol{x}^{\mathrm{T}}\boldsymbol{P}\boldsymbol{x}\Big|_{t_0}^{t_{\mathrm{f}}} = \frac{1}{2}\boldsymbol{x}^{\mathrm{T}}(t_0)\boldsymbol{P}\boldsymbol{x}(t_0)$$

式中，假设闭环系统稳定，t_{f} 时刻 $\boldsymbol{x}(t)$ 趋于 0。

下面，对式(5-25)展开，并把式(5-23)代入，得

$$\frac{\mathrm{d}}{\mathrm{d}t}(\boldsymbol{x}^{\mathrm{T}}\boldsymbol{P}\boldsymbol{x}) + \boldsymbol{x}^{\mathrm{T}}(\boldsymbol{Q}_1 + \boldsymbol{K}^{\mathrm{T}}\boldsymbol{Q}_2\boldsymbol{K})\boldsymbol{x} = \boldsymbol{0} \tag{5-26}$$

$$\dot{\boldsymbol{x}}^{\mathrm{T}}\boldsymbol{P}\boldsymbol{x} + \boldsymbol{x}^{\mathrm{T}}\boldsymbol{P}\dot{\boldsymbol{x}} + \boldsymbol{x}^{\mathrm{T}}\boldsymbol{Q}_1\boldsymbol{x} + \boldsymbol{x}^{\mathrm{T}}\boldsymbol{K}^{\mathrm{T}}\boldsymbol{Q}_2\boldsymbol{K}\boldsymbol{x} = \boldsymbol{0} \tag{5-27}$$

$$\boldsymbol{x}^{\mathrm{T}}\boldsymbol{A}_c^{\mathrm{T}}\boldsymbol{P}\boldsymbol{x} + \boldsymbol{x}^{\mathrm{T}}\boldsymbol{P}\boldsymbol{A}_c\boldsymbol{x} + \boldsymbol{x}^{\mathrm{T}}\boldsymbol{Q}_1\boldsymbol{x} + \boldsymbol{x}^{\mathrm{T}}\boldsymbol{K}^{\mathrm{T}}\boldsymbol{Q}_2\boldsymbol{K}\boldsymbol{x} = \boldsymbol{0} \tag{5-28}$$

$$\boldsymbol{x}^{\mathrm{T}}(\boldsymbol{A}_c^{\mathrm{T}}\boldsymbol{P} + \boldsymbol{P}\boldsymbol{A}_c + \boldsymbol{Q}_1 + \boldsymbol{K}^{\mathrm{T}}\boldsymbol{Q}_2\boldsymbol{K})\boldsymbol{x} = \boldsymbol{0} \tag{5-29}$$

上式成立的条件是括号里的式子等于**0**。即

$$A_c^{\mathrm{T}}P + PA_c + Q_1 + K^{\mathrm{T}}Q_2K = 0 \tag{5-30}$$

根据式(5-23)，考虑 $A_c = A - BK$，有

$$(A - BK)^{\mathrm{T}}P + P(A - BK) + Q_1 + K^{\mathrm{T}}Q_2K = 0$$

进一步展开

$$A^{\mathrm{T}}P - K^{\mathrm{T}}B^{\mathrm{T}}P + PA - PBK + Q_1 + K^{\mathrm{T}}Q_2K = 0 \tag{5-31}$$

$$A^{\mathrm{T}}P + PA + Q_1 + K^{\mathrm{T}}Q_2K - K^{\mathrm{T}}B^{\mathrm{T}}P - PBK = 0 \tag{5-32}$$

取 $K = Q_2^{-1}B^{\mathrm{T}}P$ 代入式(5-32) 得

$$A^{\mathrm{T}}P + PA + Q_1 + (Q_2^{-1}B^{\mathrm{T}}P)^{\mathrm{T}}Q_2(Q_2^{-1}B^{\mathrm{T}}P) - (Q_2^{-1}B^{\mathrm{T}}P)^{\mathrm{T}}B^{\mathrm{T}}P - PB(Q_2^{-1}B^{\mathrm{T}}P) = 0$$

$$A^{\mathrm{T}}P + PA + Q_1 - PBQ_2^{-1}B^{\mathrm{T}}P + (Q_2^{-1}B^{\mathrm{T}}P)^{\mathrm{T}}Q_2(Q_2^{-1}B^{\mathrm{T}}P) - (Q_2^{-1}B^{\mathrm{T}}P)^{\mathrm{T}}B^{\mathrm{T}}P = 0$$

$$A^{\mathrm{T}}P + PA + Q_1 - PBQ_2^{-1}B^{\mathrm{T}}P + P^{\mathrm{T}}BQ_2^{-1}Q_2(Q_2^{-1}B^{\mathrm{T}}P) - P^{\mathrm{T}}BQ_2^{-1}B^{\mathrm{T}}P = 0 \tag{5-33}$$

Q_2 是实对称正定矩阵，有$(Q_2^{-1})^{\mathrm{T}} = Q_2^{-1}$。因此，式(5-33) 中的后两项约掉，有

$$A^{\mathrm{T}}P + PA + Q_1 - PBQ_2^{-1}B^{\mathrm{T}}P = 0 \tag{5-34}$$

于是，得到了满足上式的常数矩阵 P 的方程，它是式(5-18) 里卡蒂方程的特例。在式(5-18) 中，矩阵 P 是时间的函数。

通过上述常数矩阵 P 的验证，进一步证明了如果得到了满足里卡蒂方程的常数矩阵 P，会求得状态反馈矩阵 K，实现系统的稳定闭环控制。

5.2.4　里卡蒂矩阵微分方程离散化

通常，里卡蒂矩阵微分方程是非线性的，很难求解出其解析解，但当离散时间周期 Δt 很小时，有

$$\dot{P}(t) \approx \frac{P(t+\Delta t) - P(t)}{\Delta t} \tag{5-35}$$

将(5-20) 代入式(5-35)，得

$$\begin{aligned} P(t+\Delta t) = P(t) + \Delta t[&-P(t)A(t) - A^{\mathrm{T}}(t)P(t) + \\ &P(t)B(t)Q_2^{-1}(t)B^{\mathrm{T}}(t)P(t) - Q_1(t)] \end{aligned} \tag{5-36}$$

已知 $P(t_{\mathrm{f}}) = Q_0$，从终端时刻 $P(t_{\mathrm{f}})$ 出发，通过数字计算机可依次求出 $t_{\mathrm{f}} - \Delta t$，$t_{\mathrm{f}} - 2\Delta t, \cdots$，$t_{\mathrm{f}} - n\Delta t$ 等各个离散时刻的 $P(t)$ 的数值解，然后以表格的形式存储下来，用于反馈增益矩阵 $K(t)$ 的查表求解。

5.2.5　LQR 状态反馈设计步骤

通常，LQR 线性二次型调节器状态反馈的设计步骤如下：

1）依据工程实际经验与控制指标要求，选择 Q_0、$Q_1(t)$ 和 $Q_2(t)$ 加权矩阵参数。

2）由 $A(t)$、$B(t)$、Q_0、$Q_1(t)$ 和 $Q_2(t)$ 根据式(5-20)、式(5-21)，求解里卡蒂矩阵微分方程，解出对称矩阵 $P(t)$。

3）根据式(5-13) 求出反馈增益矩阵 $K(t)$，进而求出最优控制 $u^*(t)$。

4）求解状态方程 (5-14)，得到最优状态轨线 $x^*(t)$。

5）根据最优轨线，可以计算性能指标泛函最优值 J^*，见下式：

$$J^{*}=\frac{1}{2}\boldsymbol{x}^{\mathrm{T}}(t_0)\boldsymbol{P}(t_0)\boldsymbol{x}(t_0) \tag{5-37}$$

式中，$\boldsymbol{P}(t)$ 为 $n\times n$ 对称正定矩阵。

5.2.6 LQR 性能泛函最优值计算

针对 5.1 节定义给出的状态方程，下面对二次型性能指标式(5-3) 的泛函最优值 J^{*} 式(5-37) 进行证明。

证明： 对 $\boldsymbol{x}^{\mathrm{T}}(t)\boldsymbol{P}(t)\boldsymbol{x}(t)$ 求导数得

$$\frac{\mathrm{d}}{\mathrm{d}t}(\boldsymbol{x}^{\mathrm{T}}\boldsymbol{P}\boldsymbol{x})=\dot{\boldsymbol{x}}^{\mathrm{T}}\boldsymbol{P}\boldsymbol{x}+\boldsymbol{x}^{\mathrm{T}}\dot{\boldsymbol{P}}\boldsymbol{x}+\boldsymbol{x}^{\mathrm{T}}\boldsymbol{P}\dot{\boldsymbol{x}} \tag{5-38}$$

将 $\dot{\boldsymbol{x}}$ 用状态方程式(5-1) $\dot{\boldsymbol{x}}=\boldsymbol{A}\boldsymbol{x}+\boldsymbol{B}\boldsymbol{u}$ 代入式(5-38)，同时考虑 $\dot{\boldsymbol{P}}$ 的里卡蒂方程表达式，表达式中省略 t，有

$$\begin{aligned}\frac{\mathrm{d}}{\mathrm{d}t}(\boldsymbol{x}^{\mathrm{T}}\boldsymbol{P}\boldsymbol{x})&=(\boldsymbol{A}\boldsymbol{x}+\boldsymbol{B}\boldsymbol{u})^{\mathrm{T}}\boldsymbol{P}\boldsymbol{x}+\boldsymbol{x}^{\mathrm{T}}(-\boldsymbol{P}\boldsymbol{A}-\boldsymbol{A}^{\mathrm{T}}\boldsymbol{P}+\boldsymbol{P}\boldsymbol{B}\boldsymbol{Q}_2^{-1}\boldsymbol{B}^{\mathrm{T}}\boldsymbol{P}-\boldsymbol{Q}_1)\boldsymbol{x}+\boldsymbol{x}^{\mathrm{T}}\boldsymbol{P}(\boldsymbol{A}\boldsymbol{x}+\boldsymbol{B}\boldsymbol{u})\\&=-\boldsymbol{x}^{\mathrm{T}}\boldsymbol{Q}_1\boldsymbol{x}+(\boldsymbol{u}^{\mathrm{T}}\boldsymbol{B}^{\mathrm{T}}+\boldsymbol{x}^{\mathrm{T}}\boldsymbol{A}^{\mathrm{T}})\boldsymbol{P}\boldsymbol{x}-\boldsymbol{x}^{\mathrm{T}}(\boldsymbol{P}\boldsymbol{A}+\boldsymbol{A}^{\mathrm{T}}\boldsymbol{P})\boldsymbol{x}+\boldsymbol{x}^{\mathrm{T}}\boldsymbol{P}(\boldsymbol{A}\boldsymbol{x}+\boldsymbol{B}\boldsymbol{u})+\boldsymbol{x}^{\mathrm{T}}\boldsymbol{P}\boldsymbol{B}\boldsymbol{Q}_2^{-1}B^{\mathrm{T}}\boldsymbol{P}\boldsymbol{x}\\&=-\boldsymbol{x}^{\mathrm{T}}\boldsymbol{Q}_1\boldsymbol{x}+\boldsymbol{u}^{\mathrm{T}}\boldsymbol{B}^{\mathrm{T}}\boldsymbol{P}\boldsymbol{x}+\boldsymbol{x}^{\mathrm{T}}\boldsymbol{P}\boldsymbol{B}\boldsymbol{u}+\boldsymbol{x}^{\mathrm{T}}\boldsymbol{P}\boldsymbol{B}\boldsymbol{Q}_2^{-1}\boldsymbol{B}^{\mathrm{T}}\boldsymbol{P}\boldsymbol{x}\end{aligned} \tag{5-39}$$

考虑式(5-13) 的反馈系数 $\boldsymbol{K}=\boldsymbol{Q}_2^{-1}\boldsymbol{B}^{\mathrm{T}}\boldsymbol{P}$，求解下式：

$$\begin{aligned}&(\boldsymbol{u}+\boldsymbol{K}\boldsymbol{x})^{\mathrm{T}}\boldsymbol{Q}_2(\boldsymbol{u}+\boldsymbol{K}\boldsymbol{x})\\&=(\boldsymbol{u}^{\mathrm{T}}+\boldsymbol{x}^{\mathrm{T}}\boldsymbol{K}^{\mathrm{T}})\boldsymbol{Q}_2(\boldsymbol{u}+\boldsymbol{K}\boldsymbol{x})\\&=\boldsymbol{u}^{\mathrm{T}}\boldsymbol{Q}_2\boldsymbol{u}+\boldsymbol{u}^{\mathrm{T}}\boldsymbol{Q}_2\boldsymbol{K}\boldsymbol{x}+\boldsymbol{x}^{\mathrm{T}}\boldsymbol{K}^{\mathrm{T}}\boldsymbol{Q}_2\boldsymbol{u}+\boldsymbol{x}^{\mathrm{T}}\boldsymbol{K}^{\mathrm{T}}\boldsymbol{Q}_2\boldsymbol{K}\boldsymbol{x}\\&=\boldsymbol{u}^{\mathrm{T}}\boldsymbol{Q}_2\boldsymbol{u}+\boldsymbol{u}^{\mathrm{T}}\boldsymbol{B}^{\mathrm{T}}\boldsymbol{P}\boldsymbol{x}+\boldsymbol{x}^{\mathrm{T}}(\boldsymbol{Q}_2^{-1}\boldsymbol{B}^{\mathrm{T}}\boldsymbol{P})^{\mathrm{T}}\boldsymbol{Q}_2\boldsymbol{u}+\boldsymbol{x}^{\mathrm{T}}\boldsymbol{K}^{\mathrm{T}}\boldsymbol{Q}_2\boldsymbol{K}\boldsymbol{x}\\&=\boldsymbol{u}^{\mathrm{T}}\boldsymbol{Q}_2\boldsymbol{u}+\boldsymbol{u}^{\mathrm{T}}\boldsymbol{B}^{\mathrm{T}}\boldsymbol{P}\boldsymbol{x}+\boldsymbol{x}^{\mathrm{T}}\boldsymbol{P}\boldsymbol{B}\boldsymbol{u}+\boldsymbol{x}^{\mathrm{T}}\boldsymbol{P}\boldsymbol{B}\boldsymbol{K}\boldsymbol{x}\\&=\boldsymbol{u}^{\mathrm{T}}\boldsymbol{Q}_2\boldsymbol{u}+\boldsymbol{u}^{\mathrm{T}}\boldsymbol{B}^{\mathrm{T}}\boldsymbol{P}\boldsymbol{x}+\boldsymbol{x}^{\mathrm{T}}\boldsymbol{P}\boldsymbol{B}\boldsymbol{u}+\boldsymbol{x}^{\mathrm{T}}\boldsymbol{P}\boldsymbol{B}\boldsymbol{Q}_2^{-1}\boldsymbol{B}^{\mathrm{T}}\boldsymbol{P}\boldsymbol{x}\end{aligned} \tag{5-40}$$

于是

$$\boldsymbol{u}^{\mathrm{T}}\boldsymbol{B}^{\mathrm{T}}\boldsymbol{P}\boldsymbol{x}+\boldsymbol{x}^{\mathrm{T}}\boldsymbol{P}\boldsymbol{B}\boldsymbol{u}+\boldsymbol{x}^{\mathrm{T}}\boldsymbol{P}\boldsymbol{B}\boldsymbol{Q}_2^{-1}\boldsymbol{B}^{\mathrm{T}}\boldsymbol{P}\boldsymbol{x}=(\boldsymbol{u}+\boldsymbol{K}\boldsymbol{x})^{\mathrm{T}}\boldsymbol{Q}_2(\boldsymbol{u}+\boldsymbol{K}\boldsymbol{x})-\boldsymbol{u}^{\mathrm{T}}\boldsymbol{Q}_2\boldsymbol{u} \tag{5-41}$$

式(5-41) 代入式(5-39) 得

$$\frac{\mathrm{d}}{\mathrm{d}t}(\boldsymbol{x}^{\mathrm{T}}\boldsymbol{P}\boldsymbol{x})=-\boldsymbol{x}^{\mathrm{T}}\boldsymbol{Q}_1\boldsymbol{x}-\boldsymbol{u}^{\mathrm{T}}\boldsymbol{Q}_2\boldsymbol{u}+(\boldsymbol{u}+\boldsymbol{K}\boldsymbol{x})^{\mathrm{T}}\boldsymbol{Q}_2(\boldsymbol{u}+\boldsymbol{K}\boldsymbol{x}) \tag{5-42}$$

当 $\boldsymbol{u}(t)$、$\boldsymbol{x}(t)$ 取最优函数 $\boldsymbol{u}^{*}$、$\boldsymbol{x}^{*}$ 时，$\boldsymbol{u}^{*}=-\boldsymbol{K}\boldsymbol{x}$，有

$$\frac{\mathrm{d}}{\mathrm{d}t}(\boldsymbol{x}^{*\mathrm{T}}\boldsymbol{P}\boldsymbol{x}^{*})=-\boldsymbol{x}^{*\mathrm{T}}\boldsymbol{Q}_1\boldsymbol{x}^{*}-\boldsymbol{u}^{*\mathrm{T}}\boldsymbol{Q}_2\boldsymbol{u}^{*} \tag{5-43}$$

将式(5-43) 两边从 t_0 到 t_{f} 积分并同乘以 1/2：

$$\frac{1}{2}\int_{t_0}^{t_{\mathrm{f}}}\frac{\mathrm{d}}{\mathrm{d}t}(\boldsymbol{x}^{*\mathrm{T}}\boldsymbol{P}\boldsymbol{x}^{*})\mathrm{d}t=-\frac{1}{2}\int_{t_0}^{t_{\mathrm{f}}}(\boldsymbol{x}^{*\mathrm{T}}\boldsymbol{Q}_1\boldsymbol{x}^{*}+\boldsymbol{u}^{*\mathrm{T}}\boldsymbol{Q}_2\boldsymbol{u}^{*})\mathrm{d}t \tag{5-44}$$

即

$$\frac{1}{2}\int_{t_0}^{t_{\mathrm{f}}}(\boldsymbol{x}^{*\mathrm{T}}\boldsymbol{Q}_1\boldsymbol{x}^{*}+\boldsymbol{u}^{*\mathrm{T}}\boldsymbol{Q}_2\boldsymbol{u}^{*})\mathrm{d}t=-\frac{1}{2}(\boldsymbol{x}^{*\mathrm{T}}\boldsymbol{P}\boldsymbol{x}^{*})\Big|_{t_0}^{t_{\mathrm{f}}} \tag{5-45}$$

式(5-45) 代入二次型性能指标式(5-3)，得

$$J^{*}=J^{*}[\boldsymbol{x}(t_0)]$$

$$
\begin{aligned}
&= \frac{1}{2}\boldsymbol{x}^{*\mathrm{T}}(t_{\mathrm{f}})\boldsymbol{P}(t_{\mathrm{f}})\boldsymbol{x}^{*}(t_{\mathrm{f}}) + \frac{1}{2}\int_{t_0}^{t_{\mathrm{f}}}(\boldsymbol{x}^{*\mathrm{T}}\boldsymbol{Q}_1\boldsymbol{x}^{*} + \boldsymbol{u}^{*\mathrm{T}}\boldsymbol{Q}_2\boldsymbol{u}^{*})\mathrm{d}t \\
&= \frac{1}{2}\boldsymbol{x}^{*\mathrm{T}}(t_{\mathrm{f}})\boldsymbol{P}(t_{\mathrm{f}})\boldsymbol{x}^{*}(t_{\mathrm{f}}) - \frac{1}{2}\boldsymbol{x}^{*\mathrm{T}}\boldsymbol{P}\boldsymbol{x}^{*}\Big|_{t_0}^{t_{\mathrm{f}}} \\
&= \frac{1}{2}\boldsymbol{x}^{*\mathrm{T}}(t_0)\boldsymbol{P}(t_0)\boldsymbol{x}^{*}(t_0)
\end{aligned}
\tag{5-46}
$$

证毕。

显然，在任意时刻性能泛函为

$$
J^{*}[\boldsymbol{x}(t)] = \frac{1}{2}\boldsymbol{x}^{*\mathrm{T}}(t)\boldsymbol{P}(t)\boldsymbol{x}^{*}(t) \tag{5-47}
$$

当 $t=t_{\mathrm{f}}$ 时，$J^{*}[\boldsymbol{x}(t_{\mathrm{f}})] = \frac{1}{2}\boldsymbol{x}^{*\mathrm{T}}(t_{\mathrm{f}})\boldsymbol{P}(t_{\mathrm{f}})\boldsymbol{x}^{*}(t_{\mathrm{f}}) = \frac{1}{2}\boldsymbol{x}^{*\mathrm{T}}(t_{\mathrm{f}})\boldsymbol{Q}_0\boldsymbol{x}^{*}(t_{\mathrm{f}})$ (5-48)

即为式(5-3) 中终端性能的最优值。

5.3 二次型性能指标的含义

现在回顾一下，为什么系统能量目标函数需要设计成式(5-3) 呢?

$\boldsymbol{Q}_0(t)$、$\boldsymbol{Q}_1(t)$都至少是半正定的，$\boldsymbol{Q}_2(t)$ 是正定的，保证了性能指标 J 半正定，这是为了确保对任意有限的状态变量和控制变量，性能指标都有下界，从而对其求极小化在数学上是有意义的。$\boldsymbol{Q}_1(t)$、$\boldsymbol{Q}_2(t)$ 一般取为对称矩阵，为了方便也可取为对角阵。

二次型性能指标由三部分组成：第一项$\frac{1}{2}\boldsymbol{x}^{\mathrm{T}}(t_{\mathrm{f}})\boldsymbol{Q}_0\boldsymbol{x}(t_{\mathrm{f}})$由终端的状态矢量值确定，称为终端代价函数，对终态偏差精度进行了限制；第二项$\frac{1}{2}\boldsymbol{x}^{\mathrm{T}}(t)\boldsymbol{Q}_1(t)\boldsymbol{x}(t)$可以看作对过渡过程广义能量的要求，若 $\boldsymbol{x}(t)$ 表示误差矢量，因为 $\boldsymbol{Q}_1(t)$ 是半正定的，所以这一项总是非负的，$\boldsymbol{Q}_1(t)$ 通常是对角矩阵，对角元素的大小表明对相应误差分量的重视程度，如果分量的重视程度越大，则对应的对角元素越大；第三项$\frac{1}{2}\boldsymbol{u}^{\mathrm{T}}(t)\boldsymbol{Q}_2(t)\boldsymbol{u}(t)$表示动态过程中对控制的约束或要求，相当于是对输入能量提出了限制。因此，二次型性能指标实质上对系统的终态与过程均提出了要求。

设状态矢量 $\boldsymbol{x}(t)$ 是一维的，则$\frac{1}{2}\boldsymbol{x}^{\mathrm{T}}(t)\boldsymbol{Q}_1(t)\boldsymbol{x}(t)$就变成一个二次方项$\frac{1}{2}\boldsymbol{Q}_1(t)\boldsymbol{x}^2(t)\geqslant\boldsymbol{0}$，对于单输入控制$\frac{1}{2}\boldsymbol{u}^{\mathrm{T}}(t)\boldsymbol{Q}_2(t)\boldsymbol{u}(t)$同样可以变为$\frac{1}{2}\boldsymbol{Q}_2(t)\boldsymbol{u}^2(t)$。由于 $\boldsymbol{Q}_1(t)$、$\boldsymbol{Q}_2(t)$ 都至少是半正定的，因此能量目标函数 J 要取最小，那么状态矢量 $\boldsymbol{x}(t)$、$\boldsymbol{u}(t)$ 都要很小，甚至趋于0。J 取得最小，它必然是个有界函数，因此当 t 趋于无穷时，$\boldsymbol{x}(t)$ 将趋于0，这保证了闭环系统的渐近稳定性。而输入 $\boldsymbol{u}(t)$ 趋于0 的物理意义是什么呢？它意味着用最小的控制代价实现了最优的控制目标，例如针对 PWM 控制电机，占空比越小，节省的能量越多；针对阀门控制，如果最小的开度能实现最大的控制效果，也是节能所需要的。

另外，LQR 调节器的目标是将状态调节到0，$\boldsymbol{Q}_1(t)$ 和 $\boldsymbol{Q}_2(t)$ 的取值大小会影响状态的收敛速度。如前所述，$\boldsymbol{Q}_1(t)$ 是实对称半正定矩阵，$\boldsymbol{Q}_2(t)$ 是实对称正定矩阵，为了在工程上易于实现，通常取对角矩阵，因此 $\boldsymbol{Q}_1(t)$ 对角线元素是非负数，但不能全为0；$\boldsymbol{Q}_2(t)$ 的对角线元素都是正数。如果 $\boldsymbol{Q}_1(t)$ 的元素值取得很大，则考虑二次型状态的二次方，如果希望目标函数 J 很小，则 $\boldsymbol{x}(t)$ 也需要很小，这就要求全状态反馈闭环系统矩阵 $\boldsymbol{A}(t)-\boldsymbol{B}(t)\boldsymbol{K}(t)$ 的特征值的负实部更大，$\boldsymbol{x}(t)$ 才能更快地趋于稳定。同样，$\boldsymbol{Q}_2(t)$ 的对角线元素过大，也会使状态衰减变慢。

5.4 求解追逃拦截问题实际案例

【例 5-1】

针对一个追逃拦截问题，假设不考虑外界摩擦力和空气阻力等因素，设质量为1的追逐者和逃跑者的状态为位置 $x_1^{(i)}(t):[t_0,t_f]\to\mathbf{R}$ 和速度 $x_2^{(i)}(t):[t_0,t_f]\to\mathbf{R}(i=1,2)$。以 $x_1(t)=x_1^{(1)}(t)-x_1^{(2)}(t)$ 和 $x_2(t)=x_2^{(1)}(t)-x_2^{(2)}(t)$ 分别表示二者的相对位置和相对速度。假定逃跑者匀速运动，追逐者的加速度作为控制量 $u(t):[t_0,t_f]\to\mathbf{R}, t_0=0, t_f=2$。则状态方程为

$$\dot{x}_1(t)=x_2(t),\ \dot{x}_2(t)=u(t) \tag{5-49}$$

被控对象为追逐者，求性能指标

$$J=\frac{b}{2}x_1^2(t_f)+\frac{1}{2}\int_{t_0}^{t_f}u^2(t)\mathrm{d}t \tag{5-50}$$

最小化时的最优控制。

解： 这是一个固定终端时刻、自由终端状态的最优控制问题。针对这一问题，首先使用极小值原理来进行求解。分析式(5-49)，有状态方程

$$\dot{\boldsymbol{x}}(t)=(x_1(t),x_2(t))^{\mathrm{T}}=f[\boldsymbol{x}(t),u(t),t]=\begin{pmatrix}0&1\\0&0\end{pmatrix}\boldsymbol{x}(t)+\begin{pmatrix}0\\1\end{pmatrix}u(t)$$

对照式(5-50)，有 $L=\frac{1}{2}u^2(t)$。

1）考察极值条件，引入二维乘子矢量协态变量 $\boldsymbol{\lambda}(t):[t_0,t_f]\to\mathbf{R}^2$，则哈密顿函数为

$$H[\boldsymbol{x}(t),u(t),\boldsymbol{\lambda}(t)]=L+\boldsymbol{\lambda}^{\mathrm{T}}(t)f=\frac{1}{2}u^2(t)+\lambda_1(t)x_2(t)+\lambda_2(t)u(t) \tag{5-51}$$

$$J=h+\int_{t_0}^{t_f}[H-\boldsymbol{\lambda}^{\mathrm{T}}(t)f]\mathrm{d}t=h+\int_{t_0}^{t_f}L\mathrm{d}t \tag{5-52}$$

$$h=\frac{b}{2}x_1^2(t_f) \tag{5-53}$$

2）根据性能泛函取极值的必要条件，得到关于控制、状态和协态的微分方程组：

$$\frac{\partial H}{\partial u}=u(t)+\lambda_2(t)=0 \tag{5-54}$$

$$\frac{\partial H}{\partial \lambda_1}=\dot{x}_1(t)=x_2(t) \tag{5-55}$$

$$\frac{\partial H}{\partial \lambda_2} = \dot{x}_2(t) = u(t) = -\lambda_2(t) \tag{5-56}$$

$$\frac{\partial H}{\partial x_1} = -\dot{\lambda}_1(t) = 0 \tag{5-57}$$

$$\frac{\partial H}{\partial x_2} = -\dot{\lambda}_2(t) = \lambda_1(t) \tag{5-58}$$

得到通解为

$$u(t) = -\lambda_2(t) \tag{5-59}$$

$$\lambda_1(t) = C_1 \tag{5-60}$$

$$\lambda_2(t) = -C_1 t + C_2 \tag{5-61}$$

$$x_2(t) = \frac{C_1 t^2}{2} - C_2 t + C_3 \tag{5-62}$$

$$x_1(t) = \frac{C_1 t^3}{6} - \frac{C_2 t^2}{2} + C_3 t + C_4 \tag{5-63}$$

$$u(t) = -C_1 t + C_2 \tag{5-64}$$

从上述式子可知，控制量和状态轨迹包含 C_1、C_2、C_3、C_4 这 4 个待定系数，需要根据边界条件进一步求解。

5.5 算　　例

【例 5-2】

针对图 5-3 所示的二阶控制系统，假设控制信号为

$$\boldsymbol{u}(t) = -\boldsymbol{K}\boldsymbol{x}(t) \tag{5-65}$$

确定反馈增益矩阵 $\boldsymbol{K}$，使得下列性能指标达到极小：

$$J = \frac{1}{2}\int_0^{\infty} (\boldsymbol{x}^{\mathrm{T}}\boldsymbol{Q}_1\boldsymbol{x} + \boldsymbol{u}^2)\,\mathrm{d}t \tag{5-66}$$

式中，系数矩阵 $\boldsymbol{Q}_1 = \begin{pmatrix} 1 & 0 \\ 0 & \mu \end{pmatrix}$，$\mu \geqslant 0$。

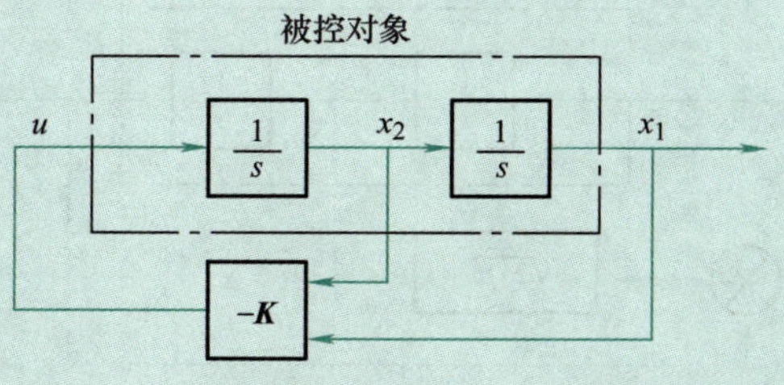

图 5-3　二阶控制系统

解： 从图 5-3 可知，$\dot{x}_1 = x_2$，$\dot{x}_2 = u$，故被控系统的状态方程为

$$\dot{\boldsymbol{x}} = \boldsymbol{A}\boldsymbol{x} + \boldsymbol{B}u$$

式中，$\boldsymbol{A}=\begin{pmatrix}0 & 1\\ 0 & 0\end{pmatrix}$，$\boldsymbol{B}=\begin{pmatrix}0\\ 1\end{pmatrix}$。重新写出里卡蒂方程(5-34)：

$$\boldsymbol{A}^{\mathrm{T}}\boldsymbol{P}+\boldsymbol{P}\boldsymbol{A}+\boldsymbol{Q}_1-\boldsymbol{P}\boldsymbol{B}\boldsymbol{Q}_2^{-1}\boldsymbol{B}^{\mathrm{T}}\boldsymbol{P}=\boldsymbol{0}$$

对照式(5-3) 得 $\boldsymbol{Q}_2=(1)$。设 $\boldsymbol{P}=\begin{pmatrix}p_{11} & p_{12}\\ p_{12} & p_{22}\end{pmatrix}$，代入上式有

$$\begin{pmatrix}0 & 0\\ 1 & 0\end{pmatrix}\begin{pmatrix}p_{11} & p_{12}\\ p_{12} & p_{22}\end{pmatrix}+\begin{pmatrix}p_{11} & p_{12}\\ p_{12} & p_{22}\end{pmatrix}\begin{pmatrix}0 & 1\\ 0 & 0\end{pmatrix}+\begin{pmatrix}1 & 0\\ 0 & \mu\end{pmatrix}-\begin{pmatrix}p_{11} & p_{12}\\ p_{12} & p_{22}\end{pmatrix}\begin{pmatrix}0\\ 1\end{pmatrix}(1)(0,\ 1)\begin{pmatrix}p_{11} & p_{12}\\ p_{12} & p_{22}\end{pmatrix}=\begin{pmatrix}0 & 0\\ 0 & 0\end{pmatrix}$$

进一步化简为

$$\begin{pmatrix}0 & 0\\ p_{11} & p_{12}\end{pmatrix}+\begin{pmatrix}0 & p_{11}\\ 0 & p_{12}\end{pmatrix}+\begin{pmatrix}1 & 0\\ 0 & \mu\end{pmatrix}-\begin{pmatrix}p_{12}^2 & p_{12}p_{22}\\ p_{12}p_{22} & p_{22}^2\end{pmatrix}=\begin{pmatrix}0 & 0\\ 0 & 0\end{pmatrix}$$

于是得到 3 个方程

$$1-p_{12}^2=0 \tag{5-67}$$

$$p_{11}-p_{12}p_{22}=0 \tag{5-68}$$

$$2p_{12}+\mu-p_{22}^2=0 \tag{5-69}$$

联立上述方程组，并考虑矩阵 $\boldsymbol{P}$ 为正定，可得 $p_{12}=1$，$p_{11}=p_{22}=\sqrt{2+\mu}$，故有

$$\boldsymbol{P}=\begin{pmatrix}p_{11} & p_{12}\\ p_{12} & p_{22}\end{pmatrix}=\begin{pmatrix}\sqrt{2+\mu} & 1\\ 1 & \sqrt{2+\mu}\end{pmatrix} \tag{5-70}$$

参照反馈增益矩阵式(5-13)，得最优反馈增益矩阵 $\boldsymbol{K}$ 为

$$\boldsymbol{K}=\boldsymbol{Q}_2^{-1}\boldsymbol{B}^{\mathrm{T}}\boldsymbol{P}=(1)(0,\ 1)\begin{pmatrix}p_{11} & p_{12}\\ p_{12} & p_{22}\end{pmatrix}=(p_{12},p_{22})=(1,\ \sqrt{2+\mu})$$

因此，最优控制信号为 $u=-\boldsymbol{K}\boldsymbol{x}=-x_1-\sqrt{2+\mu}\,x_2$ (5-71)

式(5-71) 给出了全状态反馈控制律，图 5-4 所示为系统的框图。

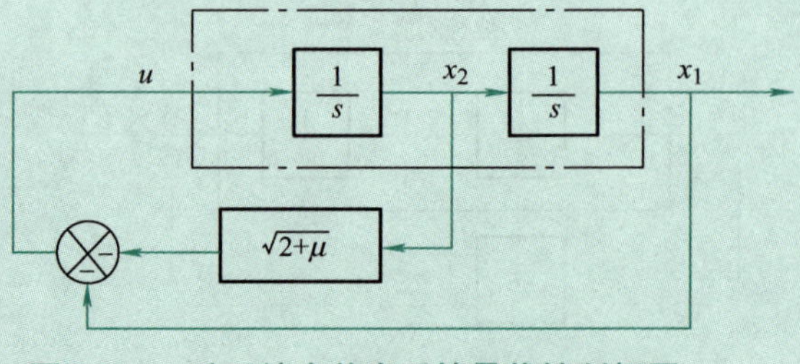

图 5-4 二阶系统全状态反馈最优控制框图

【例 5-3】

再来看一下通过直接求解里卡蒂方程的方法来解决线性二次型最优控制的问题。回到例 5-1，首先将例子中的状态方程写成矩阵形式

$$\dot{\boldsymbol{x}}(t)=\boldsymbol{A}\boldsymbol{x}(t)+\boldsymbol{B}u(t) \tag{5-72}$$

$$\boldsymbol{A}=\begin{pmatrix}0 & 1\\ 0 & 0\end{pmatrix},\ \boldsymbol{B}=\begin{pmatrix}0\\ 1\end{pmatrix} \tag{5-73}$$

指标 $J(u)=\dfrac{b}{2}x_1^2(t_{\mathrm{f}})+\dfrac{1}{2}\int_{t_0}^{t_{\mathrm{f}}}u(t)\,\mathrm{d}t$，则

$$\boldsymbol{Q}_0=\begin{pmatrix}b & 0\\ 0 & 0\end{pmatrix},\ \boldsymbol{Q}_1=\begin{pmatrix}0 & 0\\ 0 & 0\end{pmatrix},\ \boldsymbol{Q}_2=[1] \tag{5-74}$$

于是里卡蒂方程为

$$\dot{\boldsymbol{P}}(t)-\boldsymbol{P}(t)\begin{pmatrix}0\\ 1\end{pmatrix}(0,\ 1)\boldsymbol{P}(t)+\boldsymbol{P}(t)\begin{pmatrix}0 & 1\\ 0 & 0\end{pmatrix}+\begin{pmatrix}0 & 0\\ 1 & 0\end{pmatrix}\boldsymbol{P}(t)=\boldsymbol{0} \tag{5-75}$$

边界条件为

$$\boldsymbol{P}(t_{\mathrm{f}})=\begin{pmatrix}b & 0\\ 0 & 0\end{pmatrix} \tag{5-76}$$

将矩阵 $\boldsymbol{P}(t)$ 分块为

$$\boldsymbol{P}(t)=\begin{pmatrix}p_1(t) & p_2(t)\\ p_2(t) & p_3(t)\end{pmatrix} \tag{5-77}$$

$$\begin{pmatrix}\dot{p}_1(t) & \dot{p}_2(t)\\ \dot{p}_2(t) & \dot{p}_3(t)\end{pmatrix}-\begin{pmatrix}p_1(t) & p_2(t)\\ p_2(t) & p_3(t)\end{pmatrix}\begin{pmatrix}0\\ 1\end{pmatrix}(0,\ 1)\begin{pmatrix}p_1(t) & p_2(t)\\ p_2(t) & p_3(t)\end{pmatrix}+$$
$$\begin{pmatrix}p_1(t) & p_2(t)\\ p_2(t) & p_3(t)\end{pmatrix}\begin{pmatrix}0 & 1\\ 0 & 0\end{pmatrix}+\begin{pmatrix}0 & 0\\ 1 & 0\end{pmatrix}\begin{pmatrix}p_1(t) & p_2(t)\\ p_2(t) & p_3(t)\end{pmatrix}=\boldsymbol{0}$$

得到

$$\begin{pmatrix}\dot{p}_1(t)-p_2^2(t) & \dot{p}_2(t)+p_1(t)-p_2(t)p_3(t)\\ \dot{p}_2(t)+p_1(t)-p_2(t)p_3(t) & \dot{p}_3(t)+2p_2(t)-p_3^2(t)\end{pmatrix}=\boldsymbol{0} \tag{5-78}$$

整理对比系数即可得

$$\dot{p}_1(t)=p_2^2(t),\ p_1(t_{\mathrm{f}})=b$$

$$\dot{p}_2(t)=-p_1(t)+p_2(t)p_3(t),\ p_2(t_{\mathrm{f}})=0$$

$$\dot{p}_3(t)=-2p_2(t)+p_3^2(t),\ p_3(t_{\mathrm{f}})=0$$

可解得

$$u(t)=-\frac{t_{\mathrm{f}}-t}{1/b+(t_{\mathrm{f}}-t)^3/3}x_1(t)-\frac{(t_{\mathrm{f}}-t)^2}{1/b+(t_{\mathrm{f}}-t)^3/3}x_2(t) \tag{5-79}$$

【例 5-4】

已知一阶系统

$$\dot{x}(t)=-\frac{1}{2}x(t)+u(t) \tag{5-80}$$

$x(0)=2$，以及二次性能指标

$$J=5x^2(1)+\frac{1}{2}\int_0^1[2x^2(t)+u^2(t)]\mathrm{d}t \tag{5-81}$$

求里卡蒂方程和对称正定矩阵 $P(t)$，以及 $u(t)$ 和 $x(t)$，使性能指标取最小值。

解： 本题中，A，B，Q_0，Q_1，Q_2 均退化为实数，

1）$A=-\frac{1}{2},B=1,Q_0=10,Q_1=2,Q_2=1$，里卡蒂方程为

$$\dot{P}(t)-P(t)-P^2(t)+2=0 \tag{5-82}$$

由题意知 $t_f=1$，因此满足边界条件 $P(1)=10$，解方程

$$\frac{\mathrm{d}P}{\mathrm{d}t}=P^2+P-2=(P+2)(P-1)\Rightarrow\int\frac{\mathrm{d}P}{(P-1)(P+2)}=\int\mathrm{d}t \tag{5-83}$$

$$\Rightarrow\frac{1}{3}\int\left(\frac{1}{P-1}-\frac{1}{P+2}\right)\mathrm{d}P=t+C_0\Rightarrow\frac{P-1}{P+2}=C_1\mathrm{e}^{3t}$$

将边界条件代入，化简可得

$$P(t)=\frac{4+6\mathrm{e}^{3t-3}}{4-3\mathrm{e}^{3t-3}} \tag{5-84}$$

2）易知

$$u(t)=-Q_2^{-1}(t)B^{\mathrm{T}}(t)P(t)x(t)=-\frac{4+6\mathrm{e}^{3t-3}}{4-3\mathrm{e}^{3t-3}}x(t) \tag{5-85}$$

由

$$\dot{x}(t)=[A(t)-B(t)Q_2^{-1}(t)B^{\mathrm{T}}(t)P(t)]x(t) \tag{5-86}$$

代入可得

$$\dot{x}(t)=\left(-\frac{1}{2}-\frac{4+6\mathrm{e}^{3t-3}}{4-3\mathrm{e}^{3t-3}}\right)x(t)$$

结合初始条件 $x(0)=2$，可解得最优轨线

$$x(t)=\frac{2}{4\mathrm{e}^3-3}(4\mathrm{e}^3-3\mathrm{e}^{3t})\mathrm{e}^{-\frac{3}{2}t} \tag{5-87}$$

5.6 李雅普诺夫函数和 LQR 的关系

设系统状态方程为

$$\dot{\boldsymbol{x}}(t)=\boldsymbol{A}\boldsymbol{x}(t) \tag{5-88}$$

式中，系统矩阵 $\boldsymbol{A}$ 的所有特征值具有负实部，即系统是渐近稳定的。

如果系统矩阵 $\boldsymbol{A}$ 包含一个或几个可调参数，求下列性能指标达到极小：

$$J=\frac{1}{2}\int_{0}^{\infty}\boldsymbol{x}^{\mathrm{T}}\boldsymbol{Q}\boldsymbol{x}\mathrm{d}t \tag{5-89}$$

式中，$\boldsymbol{Q}$ 为正定的实对称矩阵。因此，问题变为如何修改 $\boldsymbol{A}$ 中的可调参数，使指标 J 达到极小。

解： 设

$$\frac{1}{2}\boldsymbol{x}^{\mathrm{T}}\boldsymbol{Q}\boldsymbol{x}=-\frac{1}{2}\frac{\mathrm{d}}{\mathrm{d}t}(\boldsymbol{x}^{\mathrm{T}}\boldsymbol{P}\boldsymbol{x}) \tag{5-90}$$

式中，$\boldsymbol{P}$ 为正定的实对称矩阵。因此有

$$\boldsymbol{x}^{\mathrm{T}}\boldsymbol{Q}\boldsymbol{x}=-\dot{\boldsymbol{x}}^{\mathrm{T}}\boldsymbol{P}\boldsymbol{x}-\boldsymbol{x}^{\mathrm{T}}\boldsymbol{P}\dot{\boldsymbol{x}}=-\boldsymbol{x}^{\mathrm{T}}\boldsymbol{A}^{\mathrm{T}}\boldsymbol{P}\boldsymbol{x}-\boldsymbol{x}^{\mathrm{T}}\boldsymbol{P}\boldsymbol{A}\boldsymbol{x}=-\boldsymbol{x}^{\mathrm{T}}(\boldsymbol{A}^{\mathrm{T}}\boldsymbol{P}+\boldsymbol{P}\boldsymbol{A})\boldsymbol{x} \tag{5-91}$$

根据3.2.4节线性定常连续系统的渐近稳定判据，如果系统矩阵 $\boldsymbol{A}$ 的所有特征值具有负实部，即系统是渐近稳定的，则对任意给定的正定实对称矩阵 $\boldsymbol{Q}$，必存在正定的实对称矩阵 $\boldsymbol{P}$，满足李雅普诺夫方程［式(3-41)］：$\boldsymbol{A}^{\mathrm{T}}\boldsymbol{P}+\boldsymbol{P}\boldsymbol{A}=-\boldsymbol{Q}$。可见，$V(\boldsymbol{x})=\boldsymbol{x}^{\mathrm{T}}\boldsymbol{P}\boldsymbol{x}$ 是正定的，而 $\dot{V}(\boldsymbol{x})$ 是负定的。于是,根据李雅普诺夫方程可以从 $\boldsymbol{Q}$ 计算出 $\boldsymbol{P}$ 的各个元素。

根据式(5-90)，性能指标 J 可按下式展开：

$$J=\frac{1}{2}\int_{0}^{\infty}\boldsymbol{x}^{\mathrm{T}}\boldsymbol{Q}\boldsymbol{x}\mathrm{d}t=-\frac{1}{2}\boldsymbol{x}^{\mathrm{T}}\boldsymbol{P}\boldsymbol{x}\bigg|_{0}^{\infty}=-\frac{1}{2}\boldsymbol{x}^{\mathrm{T}}(\infty)\boldsymbol{P}\boldsymbol{x}(\infty)+\frac{1}{2}\boldsymbol{x}^{\mathrm{T}}(0)\boldsymbol{P}\boldsymbol{x}(0) \tag{5-92}$$

系统矩阵 $\boldsymbol{A}$ 的所有特征值具有负实部，故 $t\to\infty$时，$\boldsymbol{x}(\infty)\to\boldsymbol{0}$。因此有

$$J=\frac{1}{2}\boldsymbol{x}^{\mathrm{T}}(0)\boldsymbol{P}\boldsymbol{x}(0) \tag{5-93}$$

从式(5-93) 可知，系统的性能指标可由初始状态 $\boldsymbol{x}(0)$ 和矩阵 $\boldsymbol{P}$ 求得。而 $\boldsymbol{P}$ 可从李雅普诺夫方程［式(3-41)］根据 $\boldsymbol{A}$ 和矩阵 $\boldsymbol{Q}$ 求出。5.2.6 节中针对更一般的状态方程(5-1) $\dot{\boldsymbol{x}}=\boldsymbol{A}\boldsymbol{x}+\boldsymbol{B}\boldsymbol{u}$，证明了二次型性能指标式(5-2) 的泛函最优值 J^* 为式(5-37)，当 $\boldsymbol{x}(0)=\boldsymbol{x}(t_0)$时，式(5-37) 与式(5-93) 相同。实际上，当式(5-34) 的里卡蒂方程中的输入矩阵 $\boldsymbol{B}$ 为零时，式(5-34) 就变成了李雅普诺夫方程的标准形式。

如果希望性能指标达到极小值，可通过式(5-93) 取得极小来实现。式(5-93) 中，$\boldsymbol{x}(0)$ 和 $\boldsymbol{Q}$ 已知，于是可以通过调整系统矩阵 $\boldsymbol{A}$ 的参数来改变 $\boldsymbol{P}$，从而使性能指标 J 达到极小，得到系统矩阵 $\boldsymbol{A}$ 的最佳参数值。

5.7　二阶阻尼系统控制实际案例

【例 5-5】

针对图 5-5 所示的二阶系统，试确定阻尼比 $\zeta>0$ 的值，使得系统在单位阶跃输入 $r(t)=1(t)$的作用下，系统的性能指标达到极小：

$$J=\frac{1}{2}\int_{0^+}^{\infty}(e^2+\mu\dot{e}^2)\mathrm{d}t$$

式中，e 为误差信号，并且 $e=r-c$，$\mu>0$。假设系统开始时是静止的。

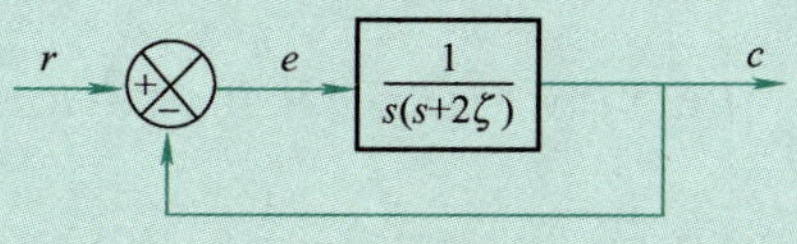

图 5-5　二阶阻尼系统框图

解：根据图 5-5，二阶闭环系统的传递函数为

$$\frac{c(s)}{r(s)}=\frac{\dfrac{1}{s(s+2\zeta)}}{1+\dfrac{1}{s(s+2\zeta)}}=\frac{1}{s^2+2\zeta s+1}$$

对照典型二阶系统的传递函数 $\dfrac{c(s)}{r(s)}=\dfrac{\omega_n^2}{s^2+2\zeta\omega_n s+\omega_n^2}$

可知，无阻尼自然频率 $\omega_n=1$。写成微分方程的形式：

$$\ddot{c}+2\zeta\dot{c}+c=r$$

将 $c=r-e$ 代入上式有

$$\ddot{r}+2\zeta\dot{r}=\ddot{e}+2\zeta\dot{e}+e$$

由于输入 $r(t)$ 是单位阶跃函数，故 $\ddot{r}(0^+)=0$，$\dot{r}(0^+)=0$。因此，对于 $t\geqslant0$，$\ddot{e}+2\zeta\dot{e}+e=0$，$e(0^+)=1$，$\dot{e}(0^+)=0$。定义如下状态变量：

$$x_1=e, x_2=\dot{e}$$

设状态方程为 $\dot{\boldsymbol{x}}=\boldsymbol{A}\boldsymbol{x}$，则

$$\boldsymbol{A}=\begin{pmatrix}0 & 1\\ -1 & -2\zeta\end{pmatrix}$$

系统的性能指标 J 可写为

$$\begin{aligned}J&=\frac{1}{2}\int_{0^+}^{\infty}(e^2+\mu\dot{e}^2)\mathrm{d}t=\frac{1}{2}\int_{0^+}^{\infty}(x_1^2+\mu x_2^2)\mathrm{d}t\\&=\frac{1}{2}\int_{0^+}^{\infty}(x_1,x_2)\begin{pmatrix}1 & 0\\ 0 & \mu\end{pmatrix}\begin{pmatrix}x_1\\ x_2\end{pmatrix}\mathrm{d}t=\frac{1}{2}\int_{0^+}^{\infty}\boldsymbol{x}^{\mathrm{T}}\boldsymbol{Q}\boldsymbol{x}\mathrm{d}t\end{aligned}$$

式中，$\boldsymbol{x}=\begin{pmatrix}x_1\\ x_2\end{pmatrix}=\begin{pmatrix}e\\ \dot{e}\end{pmatrix}$，$\boldsymbol{Q}=\begin{pmatrix}1 & 0\\ 0 & \mu\end{pmatrix}$。由于系统矩阵 $\boldsymbol{A}$ 是稳定矩阵，根据式(5-93)，性能指标 J 为 $J=\dfrac{1}{2}\boldsymbol{x}^{\mathrm{T}}(0)\boldsymbol{P}\boldsymbol{x}(0)$，式中，实对称矩阵 $\boldsymbol{P}$ 由李雅普诺夫方程［式(3-41)］$\boldsymbol{A}^{\mathrm{T}}\boldsymbol{P}+\boldsymbol{P}\boldsymbol{A}=-\boldsymbol{Q}$ 求解。于是有

$$\begin{pmatrix}0 & -1\\ 1 & -2\zeta\end{pmatrix}\begin{pmatrix}p_{11} & p_{12}\\ p_{12} & p_{22}\end{pmatrix}+\begin{pmatrix}p_{11} & p_{12}\\ p_{12} & p_{22}\end{pmatrix}\begin{pmatrix}0 & 1\\ -1 & -2\zeta\end{pmatrix}=\begin{pmatrix}-1 & 0\\ 0 & -\mu\end{pmatrix}$$

化简该矩阵方程，得

$$\begin{pmatrix}-p_{12} & -p_{22}\\ p_{11}-2\zeta p_{12} & p_{12}-2\zeta p_{22}\end{pmatrix}+\begin{pmatrix}-p_{12} & p_{11}-2\zeta p_{12}\\ -p_{22} & p_{12}-2\zeta p_{22}\end{pmatrix}=\begin{pmatrix}-1 & 0\\ 0 & -\mu\end{pmatrix}$$

可得到如下线性方程组：

$$2p_{12}=1, -p_{22}+p_{11}-2\zeta p_{12}=0, p_{12}-2\zeta p_{22}=-\frac{1}{2}\mu$$

求解上述方程组，得 $p_{12}=\dfrac{1}{2}, p_{22}=\dfrac{1+\mu}{4\zeta}, p_{11}=\zeta+\dfrac{1}{4\zeta}(1+\mu)$，于是矩阵 $\boldsymbol{P}$ 为

$$P=\begin{pmatrix}p_{11} & p_{12}\\ p_{12} & p_{22}\end{pmatrix}=\begin{pmatrix}\dfrac{4\zeta^2+1+\mu}{4\zeta} & \dfrac{1}{2}\\ \dfrac{1}{2} & \dfrac{1+\mu}{4\zeta}\end{pmatrix}$$

故根据式(5-93)，系统性能指标为

$$J=\frac{1}{2}x^{\mathrm{T}}(0)Px(0)$$

$$J=\frac{1}{2}(x_1(0),\ x_2(0))\begin{pmatrix}\dfrac{4\zeta^2+1+\mu}{4\zeta} & \dfrac{1}{2}\\ \dfrac{1}{2} & \dfrac{1+\mu}{4\zeta}\end{pmatrix}\begin{pmatrix}x_1(0)\\ x_2(0)\end{pmatrix}$$

$$=\frac{1}{2}\left(\frac{4\zeta^2+1+\mu}{4\zeta}x_1(0)+\frac{1}{2}x_2(0)\quad \frac{1}{2}x_1(0)+\frac{1+\mu}{4\zeta}x_2(0)\right)\begin{pmatrix}x_1(0)\\ x_2(0)\end{pmatrix}$$

$$=\frac{1}{2}\left(\frac{4\zeta^2+1+\mu}{4\zeta}x_1^2(0)+x_2(0)x_1(0)+\frac{1+\mu}{4\zeta}x_2^2(0)\right)$$

根据初始条件 $x_1(0)=1, x_2(0)=0$，得

$$J(\zeta)=\frac{4\zeta^2+1+\mu}{8\zeta}$$

求 J 对 ζ 的极小值，令 $\dfrac{\partial J}{\partial \zeta}=0$，有

$$\frac{\partial J}{\partial \zeta}=\frac{1}{2}-\frac{1+\mu}{8\zeta^2}=0$$

于是得到最佳的 ζ：$\zeta=\dfrac{\sqrt{1+\mu}}{2}$，当 $\mu=1$ 时，$\zeta\approx0.707$，$J(0.707)=\dfrac{4\zeta^2+1+\mu}{8\zeta}\approx0.707$。因此，在 $\mu=1$ 时，$\zeta\approx0.707$ 的欠阻尼情况下，该二阶系统的阻尼自然频率 $\omega_{\mathrm{d}}=\omega_{\mathrm{n}}\sqrt{1-\zeta^2}\approx0.707$，单位阶跃输入作用下的系统能量损耗达到极小。

5.8　最优反馈增益矩阵 K 的偏导数求解

求解最优反馈增益矩阵 K 的另一种方法是建立二次型性能指标 J 与 K 的元素之间的关系，令 J 对 K 的元素的偏导数等于零来求解。设系统的状态方程为 $\dot{x}=Ax+Bu$。

最优控制矢量为 $u(t)=-Kx(t)$，求最优反馈增益矩阵 K，使如下性能指标达到极小：

$$J=\frac{1}{2}\int_0^{\infty}(x^{\mathrm{T}}Q_1x+u^{\mathrm{T}}Q_2u)\,\mathrm{d}t$$

式中，Q_1 是正定或半正定的实对称矩阵；Q_2 是正定实对称矩阵。Q_1 和 Q_2 表征了误差和控制能量的重要程度。上式中 u 的大小不受约束。因此，若能确定 K 中的未知元素，使 J 达到极小，则对于任何初始状态 $x(0)$，$u(t)=-Kx(t)$ 均是最佳的。

将控制矢量代入控制方程有

$$\dot{\boldsymbol{x}} = \boldsymbol{A}\boldsymbol{x} - \boldsymbol{B}\boldsymbol{K}\boldsymbol{x} = (\boldsymbol{A} - \boldsymbol{B}\boldsymbol{K})\boldsymbol{x}$$

将控制矢量代入性能指标得

$$J = \frac{1}{2}\int_0^\infty (\boldsymbol{x}^\mathrm{T}\boldsymbol{Q}_1\boldsymbol{x} + \boldsymbol{x}^\mathrm{T}\boldsymbol{K}^\mathrm{T}\boldsymbol{Q}_2\boldsymbol{K}\boldsymbol{x})\mathrm{d}t = \frac{1}{2}\int_0^\infty \boldsymbol{x}^T(\boldsymbol{Q}_1 + \boldsymbol{K}^\mathrm{T}\boldsymbol{Q}_2\boldsymbol{K})\boldsymbol{x}\mathrm{d}t$$

则存在正定实对称矩阵 $\boldsymbol{P}$ 满足

$$\boldsymbol{x}^\mathrm{T}(\boldsymbol{Q}_1 + \boldsymbol{K}^\mathrm{T}\boldsymbol{Q}_2\boldsymbol{K})\boldsymbol{x} = -\frac{\mathrm{d}}{\mathrm{d}t}(\boldsymbol{x}^\mathrm{T}\boldsymbol{P}\boldsymbol{x}) = -\dot{\boldsymbol{x}}^\mathrm{T}\boldsymbol{P}\boldsymbol{x} - \boldsymbol{x}^\mathrm{T}\boldsymbol{P}\dot{\boldsymbol{x}} = -\boldsymbol{x}^\mathrm{T}[(\boldsymbol{A} - \boldsymbol{B}\boldsymbol{K})^\mathrm{T}\boldsymbol{P} + \boldsymbol{P}(\boldsymbol{A} - \boldsymbol{B}\boldsymbol{K})]\boldsymbol{x}$$

比较上式两端，有

$$(\boldsymbol{A} - \boldsymbol{B}\boldsymbol{K})^\mathrm{T}\boldsymbol{P} + \boldsymbol{P}(\boldsymbol{A} - \boldsymbol{B}\boldsymbol{K}) = -(\boldsymbol{Q}_1 + \boldsymbol{K}^\mathrm{T}\boldsymbol{Q}_2\boldsymbol{K}) \tag{5-94}$$

根据李雅普诺夫第二法可知，如果系统矩阵 $\boldsymbol{A} - \boldsymbol{B}\boldsymbol{K}$ 是稳定矩阵，则必存在一个满足上述方程的正定矩阵 $\boldsymbol{P}$。于是，根据上述方程求出矩阵 $\boldsymbol{P}$，并验证其是否为正定。当然，满足该方程的正定矩阵 $\boldsymbol{P}$ 不唯一。如果系统是稳定的，则一定存在正定矩阵 $\boldsymbol{P}$ 满足这个方程。

于是，求解最优反馈增益矩阵 $\boldsymbol{K}$ 的具体设计步骤如下：

1）根据包含 $\boldsymbol{K}$ 的元素的方程式(5-94)，求解矩阵 $\boldsymbol{P}$。

2）将 $\boldsymbol{P}$ 代入式(5-37）得

$$J(k_{ij}) = \frac{1}{2}\boldsymbol{x}^\mathrm{T}(t_0)\boldsymbol{P}(t_0)\boldsymbol{x}(t_0)$$

于是，得到了性能指标关于 $\boldsymbol{K}$ 的函数。

3）令
$$\frac{\partial J}{\partial k_{ij}} = 0 \tag{5-95}$$

求解 k_{ij}的最佳值元素，使性能指标 J 对 $\boldsymbol{K}$ 的元素 k_{ij}为极小。

如果性能指标 J 是由输出矢量 $\boldsymbol{y}$ 的形式给出的，则根据输出方程 $\boldsymbol{y} = \boldsymbol{C}\boldsymbol{x}$，代入性能指标中，再按照上述步骤来求解最优反馈增益矩阵 $\boldsymbol{K}$。

5.9 典型二阶阻尼系统模型最优控制

【例 5-6】

针对如下的状态方程

$$\dot{\boldsymbol{x}} = \boldsymbol{A}\boldsymbol{x} + \boldsymbol{B}u \tag{5-96}$$

式中，$\boldsymbol{A} = \begin{pmatrix} 0 & 1 \\ 0 & 0 \end{pmatrix}$，$\boldsymbol{B} = \begin{pmatrix} 0 \\ 1 \end{pmatrix}$。设线性控制律为

$$u = -\boldsymbol{K}\boldsymbol{x} = -k_1x_1 - k_2x_2 \tag{5-97}$$

确定常数 k_1 和 k_2，使下列性能指标为极小：

$$J = \frac{1}{2}\int_0^\infty \boldsymbol{x}^\mathrm{T}\boldsymbol{x}\mathrm{d}t$$

初始条件：$\boldsymbol{x}(0) = \begin{pmatrix} c \\ 0 \end{pmatrix}$，无阻尼自然频率为 2rad/s。

解： 从式(5-97）可知
$$u = -\boldsymbol{K}\boldsymbol{x} = -(k_1, k_2)\begin{pmatrix} x_1 \\ x_2 \end{pmatrix}$$

代入式(5-96) 得

$$\dot{\boldsymbol{x}} = \boldsymbol{A}\boldsymbol{x} - \boldsymbol{B}\boldsymbol{K}\boldsymbol{x} = (\boldsymbol{A} - \boldsymbol{B}\boldsymbol{K})\boldsymbol{x}$$

$$\begin{pmatrix} \dot{x}_1 \\ \dot{x}_2 \end{pmatrix} = \left[\begin{pmatrix} 0 & 1 \\ 0 & 0 \end{pmatrix} - \begin{pmatrix} 0 \\ 1 \end{pmatrix}(k_1 \quad k_2)\right]\begin{pmatrix} x_1 \\ x_2 \end{pmatrix} = \begin{pmatrix} 0 & 1 \\ -k_1 & -k_2 \end{pmatrix}\begin{pmatrix} x_1 \\ x_2 \end{pmatrix}$$

$$\dot{x}_1 = x_2 \tag{5-98}$$

$$\dot{x}_2 = -k_1 x_1 - k_2 x_2 \tag{5-99}$$

将式(5-98) 代入式(5-99)，得

$$\ddot{x}_1 + k_2 \dot{x}_1 + k_1 x_1 = 0$$

无阻尼自然频率为 $\omega_{\mathrm{n}} = 2\mathrm{rad/s}$，故 $k_1 = 4$。由于系统中只包含实矢量和实矩阵，故 $\boldsymbol{P}$ 是实对称矩阵。由性能指标 J 可知，$\boldsymbol{Q}_1$ 为单位矩阵。于是，代入式(5-94) 得

$$(\boldsymbol{A} - \boldsymbol{B}\boldsymbol{K})^{\mathrm{T}}\boldsymbol{P} + \boldsymbol{P}(\boldsymbol{A} - \boldsymbol{B}\boldsymbol{K}) = -(\boldsymbol{Q}_1 + \boldsymbol{K}^{\mathrm{T}}\boldsymbol{Q}_2\boldsymbol{K})$$

代入 $\boldsymbol{Q}_1 = \boldsymbol{I}$，$\boldsymbol{Q}_2 = \boldsymbol{0}$，设实对称矩阵

$$\boldsymbol{P} = \begin{pmatrix} p_{11} & p_{12} \\ p_{12} & p_{22} \end{pmatrix}$$

于是有

$$\begin{pmatrix} 0 & -4 \\ 1 & -k_2 \end{pmatrix}\begin{pmatrix} p_{11} & p_{12} \\ p_{12} & p_{22} \end{pmatrix} + \begin{pmatrix} p_{11} & p_{12} \\ p_{12} & p_{22} \end{pmatrix}\begin{pmatrix} 0 & 1 \\ -4 & -k_2 \end{pmatrix} = \begin{pmatrix} -1 & 0 \\ 0 & -1 \end{pmatrix}$$

$$\begin{pmatrix} -4p_{12} & -4p_{22} \\ p_{11} - k_2 p_{12} & p_{12} - k_2 p_{22} \end{pmatrix} + \begin{pmatrix} -4p_{12} & p_{11} - k_2 p_{12} \\ -4p_{22} & p_{12} - k_2 p_{22} \end{pmatrix} = \begin{pmatrix} -1 & 0 \\ 0 & -1 \end{pmatrix}$$

$$-8p_{12} = -1 \quad \rightarrow \quad p_{12} = 1/8$$

$$2p_{12} - 2k_2 p_{22} = -1 \quad \rightarrow \quad p_{22} = \frac{5}{8k_2}$$

$$p_{11} - k_2 p_{12} - 4p_{22} = 0 \quad \rightarrow \quad p_{11} = \frac{5}{2k_2} + \frac{k_2}{8}$$

于是

$$\boldsymbol{P} = \begin{pmatrix} \dfrac{5}{2k_2} + \dfrac{k_2}{8} & \dfrac{1}{8} \\ \dfrac{1}{8} & \dfrac{5}{8k_2} \end{pmatrix}$$

故性能指标为

$$J = \frac{1}{2}\boldsymbol{x}^{\mathrm{T}}(0)\boldsymbol{P}\boldsymbol{x}(0)$$

$$J = \frac{1}{2}(c, 0)\begin{pmatrix} \dfrac{5}{2k_2} + \dfrac{k_2}{8} & \dfrac{1}{8} \\ \dfrac{1}{8} & \dfrac{5}{8k_2} \end{pmatrix}\begin{pmatrix} c \\ 0 \end{pmatrix} = \frac{1}{2}\left(c\left(\frac{5}{2k_2} + \frac{k_2}{8}\right), \frac{c}{8}\right)\begin{pmatrix} c \\ 0 \end{pmatrix} = \frac{1}{2}c^2\left(\frac{5}{2k_2} + \frac{k_2}{8}\right) \tag{5-100}$$

为了使性能指标 J 极小，并获得 k_2 的最佳值，使 J 对 k_2 求导，并令

$$\frac{\partial J}{\partial k_2}=0,\ 即\ \frac{\partial J}{\partial k_2}=\frac{1}{2}c^2\left(-\frac{5}{2k_2^2}+\frac{1}{8}\right)=0$$

求得 $k_2=\sqrt{20}$，$\frac{\partial^2 J}{\partial k_2^2}=\frac{1}{2}c^2\left(\frac{5}{k_2^3}+\frac{1}{8}\right)>0$，故 J 的极小值为

$$J_{\min}=\frac{1}{2}c^2\left(\frac{5}{2\sqrt{20}}+\frac{\sqrt{20}}{8}\right)=\frac{\sqrt{5}}{4}c^2$$

所设计的线性控制律为

$$u=-4x_1-\sqrt{20}x_2$$

可见，在上述的假设条件下，所设计的性能指标 J 达到极小值。

5.10 LQG 线性二次高斯控制原理

5.10.1 LQG 调节器基本模型

线性二次高斯控制（Linear-Quadratic－Gaussian Control，简称 LQG 控制）是一种现代状态空间最优控制方法。LQG 控制一般用于设计最优动态调节器和伺服控制器，不但可以优化误差跟踪的性能和控制能耗，并在一定程度上考虑了过程干扰和测量噪声。

LQG 的思路是通过将一个最优 LQR 调节器和一个用于状态估计的卡尔曼滤波器（Kalman Filter）组合在一起而得到最优控制器。下面的讨论侧重于连续时间的情况，有关离散时间 LQG 设计的信息，请参阅 MATLAB 的 dlqr 和 kalman 等函数信息。

下面首先给出一个 LQG 调节器的模型（见图 5-6），该调节器能够将输出 $\boldsymbol{y}$ 调节到 0 附近：

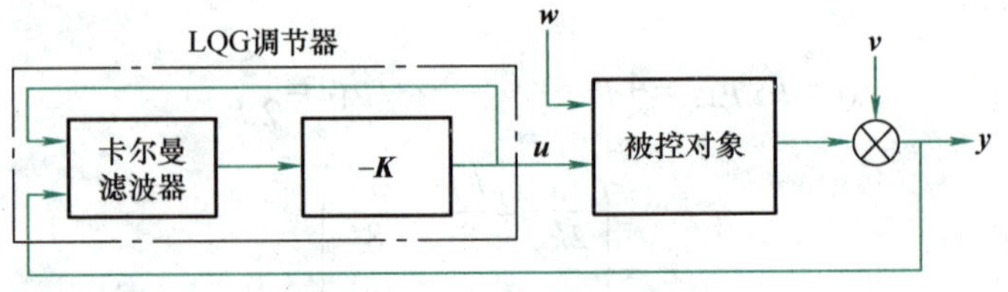

图 5-6 LQG 调节器模型（零输出控制）

图 5-6 所示模型中，其被控对象输入包括过程噪声 $\boldsymbol{w}$ 和控制量 $\boldsymbol{u}$。调节器依靠测量输出量 $\boldsymbol{y}$ 来生成这些控制量，测量过程中还存在观测噪声 $\boldsymbol{v}$。被控对象的状态方程和输出方程具有如下形式：

$$\dot{\boldsymbol{x}}=\boldsymbol{A}\boldsymbol{x}+\boldsymbol{B}\boldsymbol{u}+\boldsymbol{G}\boldsymbol{w} \tag{5-101}$$

$$\boldsymbol{y}=\boldsymbol{C}\boldsymbol{x}+\boldsymbol{D}\boldsymbol{u}+\boldsymbol{H}\boldsymbol{w}+\boldsymbol{v} \tag{5-102}$$

式中，$\boldsymbol{w}$ 和 $\boldsymbol{v}$ 都按照白噪声（White Noise）进行建模。

5.10.2　设计 LQG 调节器的基本步骤

要设计图 5-6 所示的 LQG 调节器，一般执行以下步骤。

1. 构造 LQR 最优增益矩阵 K

首先，忽略噪声 $\boldsymbol{w}$ 和 $\boldsymbol{v}$，将系统的状态空间方程组记为如下形式：

$$\dot{\boldsymbol{x}} = \boldsymbol{A}\boldsymbol{x} + \boldsymbol{B}\boldsymbol{u} \tag{5-103}$$

$$\boldsymbol{y} = \boldsymbol{C}\boldsymbol{x} + \boldsymbol{D}\boldsymbol{u} \tag{5-104}$$

对于图 5-6 中的输出调节问题，其二次型目标函数设计如下：

$$J(\boldsymbol{u}) = \int_0^\infty (\boldsymbol{y}^{\mathrm{T}}\boldsymbol{Q}_y\boldsymbol{y} + \boldsymbol{u}^{\mathrm{T}}\boldsymbol{R}\boldsymbol{u})\,\mathrm{d}t \tag{5-105}$$

将该二次型性能指标函数展开得

$$\begin{aligned} J(\boldsymbol{u}) &= \int_0^\infty [(\boldsymbol{C}\boldsymbol{x} + \boldsymbol{D}\boldsymbol{u})^{\mathrm{T}}\boldsymbol{Q}_y(\boldsymbol{C}\boldsymbol{x} + \boldsymbol{D}\boldsymbol{u}) + \boldsymbol{u}^{\mathrm{T}}\boldsymbol{R}\boldsymbol{u}]\,\mathrm{d}t \\ &= \int_0^\infty [\boldsymbol{x}^{\mathrm{T}}(\boldsymbol{C}^{\mathrm{T}}\boldsymbol{Q}_y\boldsymbol{C})\boldsymbol{x} + 2\boldsymbol{x}^{\mathrm{T}}(\boldsymbol{D}^{\mathrm{T}}\boldsymbol{Q}_y\boldsymbol{C})\boldsymbol{u} + \boldsymbol{u}^{\mathrm{T}}(\boldsymbol{D}^{\mathrm{T}}\boldsymbol{Q}_y\boldsymbol{D} + \boldsymbol{R})\boldsymbol{u}]\,\mathrm{d}t \\ &= \int_0^\infty (\boldsymbol{x}^{\mathrm{T}}\boldsymbol{Q}_x\boldsymbol{x} + 2\boldsymbol{x}^{\mathrm{T}}\boldsymbol{N}\boldsymbol{u} + \boldsymbol{u}^{\mathrm{T}}\boldsymbol{R}_u\boldsymbol{u})\,\mathrm{d}t \end{aligned} \tag{5-106}$$

式中，$\boldsymbol{Q}_x = \boldsymbol{C}^{\mathrm{T}}\boldsymbol{Q}_y\boldsymbol{C}, \boldsymbol{N} = \boldsymbol{D}^{\mathrm{T}}\boldsymbol{Q}_y\boldsymbol{C}, \boldsymbol{R}_u = \boldsymbol{D}^{\mathrm{T}}\boldsymbol{Q}_y\boldsymbol{D} + \boldsymbol{R}$。

使用该代价函数时需首先选取合适的 $\boldsymbol{Q}_y$ 与 $\boldsymbol{R}$ 矩阵，再使用上述等式计算出 $\boldsymbol{Q}_x$、$\boldsymbol{N}$ 与 $\boldsymbol{R}_u$，即可将代价函数化为由 $\boldsymbol{x}$ 和 $\boldsymbol{u}$ 组成的二次表达式。

然后需求解使得该二次型性能指标函数最小的状态反馈控制律 $\boldsymbol{u} = -\boldsymbol{K}\boldsymbol{x}$，方法是先求解下列里卡蒂方程的解 $\boldsymbol{P}$ 矩阵：

$$\boldsymbol{A}^{\mathrm{T}}\boldsymbol{P} + \boldsymbol{P}\boldsymbol{A} - (\boldsymbol{P}\boldsymbol{B} + \boldsymbol{N})\boldsymbol{R}_u^{-1}(\boldsymbol{B}^{\mathrm{T}}\boldsymbol{P} + \boldsymbol{N}^{\mathrm{T}}) + \boldsymbol{Q}_x = \boldsymbol{0} \tag{5-107}$$

然后使用下式计算最优增益矩阵 $\boldsymbol{K}$：

$$\boldsymbol{K} = \boldsymbol{R}_u^{-1}(\boldsymbol{B}^{\mathrm{T}}\boldsymbol{P} + \boldsymbol{N}^{\mathrm{T}}) \tag{5-108}$$

2. 构造一个卡尔曼滤波器

构造卡尔曼滤波器时，考虑系统状态方程组如下：

$$\dot{\boldsymbol{x}} = \boldsymbol{A}\boldsymbol{x} + \boldsymbol{B}\boldsymbol{u} + \boldsymbol{G}\boldsymbol{w} \tag{5-109}$$

$$\boldsymbol{y} = \boldsymbol{C}\boldsymbol{x} + \boldsymbol{D}\boldsymbol{u} + \boldsymbol{H}\boldsymbol{w} + \boldsymbol{v} \tag{5-110}$$

并假设系统可观测，且其噪声 $\boldsymbol{w}$ 和 $\boldsymbol{v}$ 符合正态分布，并且协方差矩阵可知：

$$E(\boldsymbol{w}\boldsymbol{w}^{\mathrm{T}}) = \boldsymbol{Q}_K, E(\boldsymbol{v}\boldsymbol{v}^{\mathrm{T}}) = \boldsymbol{R}_K, E(\boldsymbol{w}\boldsymbol{v}^{\mathrm{T}}) = \boldsymbol{N}_K$$

现需设计一个最优状态观测器使得一代价函数最小，可将观测器方程写为如下形式：

$$\frac{\mathrm{d}}{\mathrm{d}t}\hat{\boldsymbol{x}} = \boldsymbol{A}\hat{\boldsymbol{x}} + \boldsymbol{B}\boldsymbol{u} + \boldsymbol{L}(\boldsymbol{y} - \boldsymbol{C}\hat{\boldsymbol{x}} - \boldsymbol{D}\boldsymbol{u}) \tag{5-111}$$

$$\hat{\boldsymbol{y}} = \hat{\boldsymbol{x}} \tag{5-112}$$

代价函数可设计为如下形式：

$$\bar{J} = \lim_{t\to\infty} E(\{\boldsymbol{x} - \hat{\boldsymbol{x}}\}\{\boldsymbol{x} - \hat{\boldsymbol{x}}\}^{\mathrm{T}}) \tag{5-113}$$

该代价函数可以表示累积观测误差的大小。使用二次型形式的函数，可以避免正负相反的误差相抵消。在此状态观测器的动态方程和代价函数的基础上，卡尔曼滤波器的设计目标可以被描述为寻找一个常系数矩阵 $\boldsymbol{L}$，使得 $\bar{J}$ 最小。与 LQR 中 $\boldsymbol{K}$ 矩阵的求解方法类似，为解决此问题，首先需要求解里卡蒂方程的解 $\boldsymbol{P}$ 矩阵：

$$\boldsymbol{A}^{\mathrm{T}}\boldsymbol{P}+\boldsymbol{P}\boldsymbol{A}-(\boldsymbol{P}\boldsymbol{B}+\boldsymbol{N}_K)\boldsymbol{R}_K^{-1}(\boldsymbol{B}^{\mathrm{T}}\boldsymbol{P}+\boldsymbol{N}_K^{\mathrm{T}})+\boldsymbol{Q}_K=\boldsymbol{0} \tag{5-114}$$

然后使用下式计算最优常系数矩阵 $\boldsymbol{L}$：

$$\boldsymbol{L}=(\boldsymbol{P}\boldsymbol{C}^{\mathrm{T}}+\overline{\boldsymbol{N}})\overline{\boldsymbol{R}}^{-1} \tag{5-115}$$

$$\overline{\boldsymbol{R}}=\boldsymbol{R}_K+\boldsymbol{H}\boldsymbol{N}_K+\boldsymbol{N}_K^{\mathrm{T}}\boldsymbol{H}^{\mathrm{T}}+\boldsymbol{H}\boldsymbol{Q}_K\boldsymbol{H}^{\mathrm{T}} \tag{5-116}$$

$$\overline{\boldsymbol{N}}=\boldsymbol{G}(\boldsymbol{Q}_K\boldsymbol{H}^{\mathrm{T}}+\boldsymbol{N}_K) \tag{5-117}$$

3. 形成 LQG 调节器

在得到了卡尔曼滤波器的最优观测器矩阵 $\boldsymbol{L}$ 和 LQR 最优增益矩阵 $\boldsymbol{K}$ 后，就可以将卡尔曼滤波器与 LQR 调节器结合，以组成 LQG 调节器，其连接方式如图 5-7 所示，其中卡尔曼滤波器相当于一个最优状态观测器，其观测器状态方程为

$$\frac{\mathrm{d}}{\mathrm{d}t}\hat{\boldsymbol{x}}=[\boldsymbol{A}-\boldsymbol{L}\boldsymbol{C}-(\boldsymbol{B}-\boldsymbol{L}\boldsymbol{D})\boldsymbol{K}]\hat{\boldsymbol{x}}+\boldsymbol{L}\boldsymbol{y} \tag{5-118}$$

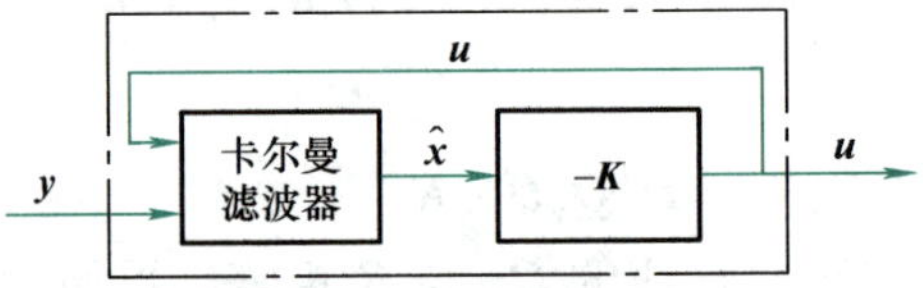

图 5-7　LQG 调节器

与 LQR 方法中相同，在 LQG 调节器中其控制量 $\boldsymbol{u}$ 仍使用下列状态反馈控制律计算：

$$\boldsymbol{u}=-\boldsymbol{K}\hat{\boldsymbol{x}} \tag{5-119}$$

上述步骤分别设计了 LQG 调节器的状态观测器部分和状态反馈部分，状态观测器的加入对状态反馈的作用没有影响。

5.11　使用 MATLAB 进行二次型系统仿真

在使用二次型性能指标设计控制系统时，需要求解里卡蒂方程，从而得到极小的性能指标。MATLAB 有 lqr 命令，能给出连续时间里卡蒂方程的解，进而确定反馈增益矩阵。除了 lqr 命令外，MATLAB 中还提供了求解 LQR 的其他命令，如 lqry、dlqr 和 lqi 等，lqry 对应形成带输出加权的线性二次（LQ）状态反馈调节器，dlqr 是对应离散系统，lqi 对应 LQR 线性二次积分控制。MATLAB 中 LQR 相关命令函数具体介绍如下。

5.11.1　命令函数 lqr

意义：线性二次调节器（LQR）设计。

语法：命令函数 1：[K, S, e] =lqr (SYS, Q, R, N)　　(5-120)

命令函数 2：[K, S, e] =LQR (A, B, Q, R, N)　　(5-121)

命令函数 1 的详细说明：

[K, S, e] =lqr(SYS, Q, R, N) 命令可以计算最优增益矩阵 $\boldsymbol{K}$。

对于一个连续系统SYS，设状态反馈控制律 $\boldsymbol{u}=-\boldsymbol{K}\boldsymbol{x}$ 使得系统状态方程

$$\dot{\boldsymbol{x}}=\boldsymbol{A}\boldsymbol{x}+\boldsymbol{B}\boldsymbol{u}$$

的二次型性能指标函数最小：

$$J(\boldsymbol{u})=\int_0^{\infty}(\boldsymbol{x}^{\mathrm{T}}\boldsymbol{Q}\boldsymbol{x}+\boldsymbol{u}^{\mathrm{T}}\boldsymbol{R}\boldsymbol{u}+2\boldsymbol{x}^{\mathrm{T}}\boldsymbol{N}\boldsymbol{u})\mathrm{d}t \tag{5-122}$$

式中，矩阵 $\boldsymbol{N}$ 是状态矢量 $\boldsymbol{x}$ 和控制矢量 $\boldsymbol{u}$ 的交叉项关系矩阵。作为状态反馈增益矩阵 $\boldsymbol{K}$ 的补充，lqr命令返回如下考虑矩阵 $\boldsymbol{N}$ 的里卡蒂方程的解 $\boldsymbol{S}$：

$$\boldsymbol{A}^{\mathrm{T}}\boldsymbol{S}+\boldsymbol{S}\boldsymbol{A}-(\boldsymbol{S}\boldsymbol{B}+\boldsymbol{N})\boldsymbol{R}^{-1}(\boldsymbol{B}^{\mathrm{T}}\boldsymbol{S}+\boldsymbol{N}^{\mathrm{T}})+\boldsymbol{Q}=\boldsymbol{0} \tag{5-123}$$

对照式(5-18)可知，在MATLAB的仿真计算中，状态权重矩阵 $\boldsymbol{Q}_1$ 用 $\boldsymbol{Q}$ 来替代，输入权重矩阵 $\boldsymbol{Q}_2$ 用 $\boldsymbol{R}$ 来替代，里卡蒂方程的解 $\boldsymbol{P}$ 用 $\boldsymbol{S}$ 替代，具体证明过程从略。MATALB中的eig(A)函数用于求矩阵的特征值和特征矢量，因此闭环特征值为

$$\boldsymbol{e}=\mathrm{eig}(\boldsymbol{A}-\boldsymbol{B}\boldsymbol{K}) \tag{5-124}$$

式中，$\boldsymbol{K}$ 是由 $\boldsymbol{S}$ 按照下式衍生出的值：

$$\boldsymbol{K}=\boldsymbol{R}^{-1}(\boldsymbol{B}^{\mathrm{T}}\boldsymbol{S}+\boldsymbol{N}^{\mathrm{T}}) \tag{5-125}$$

对照式(5-13)，增加了矩阵 $\boldsymbol{N}$ 的关联项。

对于离散状态空间模型，设反馈控制律为 $\boldsymbol{u}[n]=-\boldsymbol{K}\boldsymbol{x}[n]$，使得系统状态方程

$$\boldsymbol{x}[n+1]=\boldsymbol{A}\boldsymbol{x}[n]+\boldsymbol{B}\boldsymbol{u}[n] \tag{5-126}$$

的如下二次型性能指标函数取得最小：

$$J(\boldsymbol{u})=\sum_{n=0}^{\infty}\{\boldsymbol{x}^{\mathrm{T}}\boldsymbol{Q}\boldsymbol{x}+\boldsymbol{u}^{\mathrm{T}}\boldsymbol{R}\boldsymbol{u}+2\boldsymbol{x}^{\mathrm{T}}\boldsymbol{N}\boldsymbol{u}\} \tag{5-127}$$

则有MATLAB命令函数2：[K, S, e] = LQR (A, B, Q, R, N)，其语法与前述语法等价，适用于由状态方程 $\dot{\boldsymbol{x}}=\boldsymbol{A}\boldsymbol{x}+\boldsymbol{B}\boldsymbol{u}$ 表示的连续系统。某些情况中如果省略矩阵 $\boldsymbol{N}$，则 $\boldsymbol{N}$ 被设置为 $\boldsymbol{0}$。回顾仅含 $\boldsymbol{Q}$、$\boldsymbol{R}$ 矩阵项的二次型目标函数：

$$J(\boldsymbol{u})=\sum_{n=0}^{\infty}\{\boldsymbol{x}^{\mathrm{T}}\boldsymbol{Q}\boldsymbol{x}+\boldsymbol{u}^{\mathrm{T}}\boldsymbol{R}\boldsymbol{u}\} \tag{5-128}$$

最小化该代价函数可以使系统状态矢量 $\boldsymbol{x}$ 和控制矢量 $\boldsymbol{u}$ 尽可能小，即解决“状态调节”问题，但无法最小化输出量 $\boldsymbol{y}$。要解决使得输出量尽可能小的“输出调节”问题，需要使用的二次型性能指标函数形式如下：

$$J(\boldsymbol{u})=\sum_{n=0}^{\infty}\{\boldsymbol{y}^{\mathrm{T}}\boldsymbol{Q}\boldsymbol{y}+\boldsymbol{u}^{\mathrm{T}}\boldsymbol{R}\boldsymbol{u}\} \tag{5-129}$$

代入输出方程 $\boldsymbol{y}=\boldsymbol{C}\boldsymbol{x}+\boldsymbol{D}\boldsymbol{u}$ 即可将该目标函数化为MATLAB中所使用的包含状态与输入量交叉项（$2\boldsymbol{x}^{\mathrm{T}}\boldsymbol{N}\boldsymbol{u}$）的形式。

5.11.2　命令函数lqry

意义：形成带输出加权的线性二次（LQ）状态反馈调节器。

语法：[K, S, e] = lqry (SYS, Q, R, N)

详细说明：设存在一个被控对象 $\dot{\boldsymbol{x}}=\boldsymbol{A}\boldsymbol{x}+\boldsymbol{B}\boldsymbol{u},\boldsymbol{y}=\boldsymbol{C}\boldsymbol{x}+\boldsymbol{D}\boldsymbol{u}$，对于该状态空间方程或其离散等价形式，应用lqry命令函数设计其状态反馈控制律

$$\boldsymbol{u}=-\boldsymbol{K}\boldsymbol{x} \tag{5-130}$$

使得其具有输出加权的二次型性能指标函数取得最小

$$J(u)=\int_0^{\infty}(y^{\mathrm T}Qy+u^{\mathrm T}Ru+2y^{\mathrm T}Nu)\mathrm dt \tag{5-131}$$

方程也可写为其等价的离散形式，此处从略。

命令函数 lqry 返回最优增益矩阵 $\boldsymbol K$、里卡蒂方程的解 $\boldsymbol S$，以及闭环特征值 $\boldsymbol e=\mathrm{eig}(\boldsymbol A-\boldsymbol{BK})$。其中状态空间模型 SYS 指定了连续或离散控制对象的参数（$\boldsymbol A$, $\boldsymbol B$, $\boldsymbol C$, $\boldsymbol D$）。矩阵 $\boldsymbol N$ 的缺省值为 $\boldsymbol 0$。lqry 命令函数与具有下列加权矩阵的 lqr 或 dlqr 命令函数等价：

$$\begin{bmatrix}\bar{Q} & \bar{N}\\ \bar{N}^{\mathrm T} & R\end{bmatrix}=\begin{pmatrix}C^{\mathrm T} & 0\\ D^{\mathrm T} & I\end{pmatrix}\begin{pmatrix}Q & N\\ N^{\mathrm T} & R\end{pmatrix}\begin{pmatrix}C & D\\ 0 & I\end{pmatrix} \tag{5-132}$$

式中，$\bar{Q}$、R、$\bar{N}$ 为 lqr 函数中所用加权矩阵；Q、N、R 为 lqry 命令函数中所用加权矩阵。

5.11.3　命令函数 dlqr

意义：离散状态空间系统的线性二次（LQ）状态反馈调节器设计。

语法：[K, S, e] =dlqr(A,B,Q,R,N)

详细说明：[K, S, e] =dlqr(A,B,Q,R,N) 计算下列状态反馈控制律中的最优增益矩阵 $\boldsymbol K$：

$$u[n]=-Kx[n] \tag{5-133}$$

使得离散状态空间模型

$$x[n+1]=Ax[n]+Bu[n] \tag{5-134}$$

的二次型性能指标函数取得最小：

$$J(u)=\sum_{n=1}^{\infty}\{x^{\mathrm T}[n]Qx[n]+u^{\mathrm T}[n]Ru[n]+2x^{\mathrm T}[n]Nu[n]\} \tag{5-135}$$

矩阵 $\boldsymbol N$ 缺省值为 $\boldsymbol 0$。作为状态反馈增益矩阵 $\boldsymbol K$ 的补充，dlqr 还返回对应的离散时间里卡蒂方程的解 $\boldsymbol S$：

$$A^{\mathrm T}SA-S-(A^{\mathrm T}SB+N)(B^{\mathrm T}SB+R)^{-1}(B^{\mathrm T}SA+N^{\mathrm T})+Q=0 \tag{5-136}$$

以及闭环特征值 $\boldsymbol e=\mathrm{eig}(\boldsymbol A-\boldsymbol{BK})$。$\boldsymbol K$ 是由 $\boldsymbol S$ 按照下式衍生出的值：

$$K=(B^{\mathrm T}SB+R)^{-1}(B^{\mathrm T}SA+N^{\mathrm T}) \tag{5-137}$$

5.11.4　命令函数 lqi

意义：线性二次积分控制。

语法：[K, S, e] = lqi(SYS, Q, R, N)

详细说明：lqi 函数为框图 5-8 中的跟随控制计算最优状态反馈控制律。

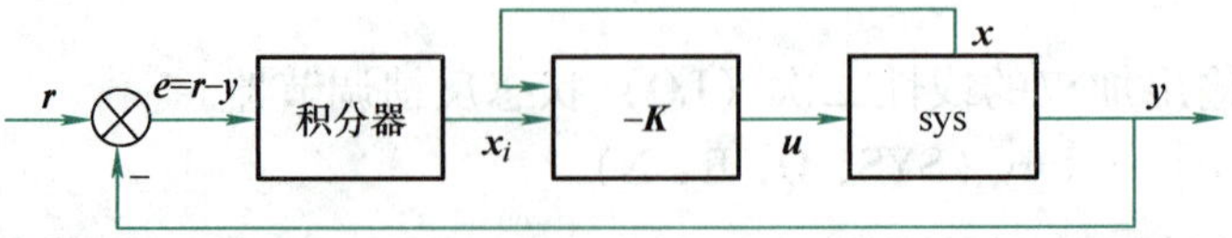

图 5-8　lqi 跟随控制框图

对于一个由状态空间方程描述的控制对象 SYS（或者其离散形式）：

$$\dot{\boldsymbol{x}} = \boldsymbol{Ax} + \boldsymbol{Bu}, \boldsymbol{y} = \boldsymbol{Cx} + \boldsymbol{Du}$$

其状态反馈控制律为

$$\boldsymbol{u} = -\boldsymbol{K}[\boldsymbol{x}; \boldsymbol{x}_i] \tag{5-138}$$

式中，$\boldsymbol{x}_i$ 是积分器的输出。这条控制律保证输出 $\boldsymbol{y}$ 跟踪参考控制量 $\boldsymbol{r}$。对于 MIMO 系统，积分器的数量等于输出 $\boldsymbol{y}$ 的维数。[K, S, e] = lqi(SYS, Q, R, N) 计算最优增益矩阵 $\boldsymbol{K}$，需输入的参数为一个描述控制对象的状态空间模型 SYS，加权矩阵为 $\boldsymbol{Q}$、$\boldsymbol{R}$、$\boldsymbol{N}$。控制律 $\boldsymbol{u} = -\boldsymbol{Kz} = -\boldsymbol{K}[\boldsymbol{x}; \boldsymbol{x}_i]$ 使下列代价函数取得最小（在输入 r 为 0 的情况下）：

$$J(\boldsymbol{u}) = \int_0^{\infty} (z^{\mathrm{T}}\boldsymbol{Q}z + \boldsymbol{u}^{\mathrm{T}}\boldsymbol{R}\boldsymbol{u} + 2z^{\mathrm{T}}\boldsymbol{N}\boldsymbol{u})\mathrm{d}t \quad （连续） \tag{5-139}$$

$$J(\boldsymbol{u}) = \sum_{n=0}^{\infty} \{z^{\mathrm{T}}\boldsymbol{Q}z + \boldsymbol{u}^{\mathrm{T}}\boldsymbol{R}\boldsymbol{u} + 2z^{\mathrm{T}}\boldsymbol{N}\boldsymbol{u}\} \quad （离散） \tag{5-140}$$

在离散情形下，lqi 使用下述欧拉方程迭代计算积分器输出项：

$$\boldsymbol{x}_i[n+1] = \boldsymbol{x}_i[n] + \boldsymbol{T}_S(\boldsymbol{r}[n] - \boldsymbol{y}[n]) \tag{5-141}$$

式中，$\boldsymbol{T}_{\mathrm{S}}$ 为 SYS 的采样时间。

式(5-139)、式(5-140) 中 $\boldsymbol{N}$ 的缺省值是 0。lqi 函数也能返回对应的代数里卡蒂方程的解 $\boldsymbol{S}$ 和闭环特征值 e。

5.11.5　命令函数 lqg

意义：线性二次高斯控制器设计。

语法：命令函数 1:reg = lqg(SYS,QXU,QWV)。

计算出最优的 LQG 控制器 reg，需要给出的参数为状态空间模型 SYS 以及权重矩阵 $\boldsymbol{QXU}$ 和 $\boldsymbol{QWV}$。动态控制器 reg 使用观测量 $\boldsymbol{y}$ 生成一个控制信号 $\boldsymbol{u}$，从而将 $\boldsymbol{y}$ 控制在零值附近，如图 5-9 所示。

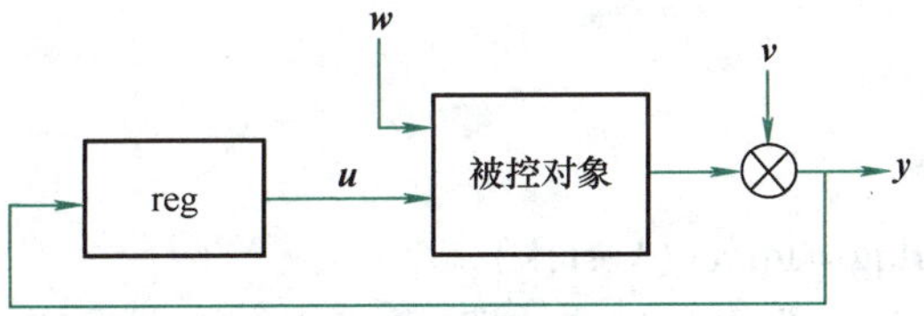

图 5-9　LQG 跟随控制框图

对于具有如下状态方程组的控制对象：

$$\dot{\boldsymbol{x}} = \boldsymbol{Ax} + \boldsymbol{Bu} + \boldsymbol{Gw} \tag{5-142}$$

$$\boldsymbol{y} = \boldsymbol{Cx} + \boldsymbol{Du} + \boldsymbol{v} \tag{5-143}$$

该 LQG 控制器使得下列代价函数最小化：

$$J = E\left[\lim_{\tau\to\infty} \frac{1}{\tau}\int_0^{\tau} (\boldsymbol{x}^{\mathrm{T}}, \boldsymbol{u}^{\mathrm{T}})\boldsymbol{Q}_{xu}\begin{pmatrix}\boldsymbol{x}\\ \boldsymbol{u}\end{pmatrix}\mathrm{d}t\right] \tag{5-144}$$

式中，过程噪声 $\boldsymbol{w}$ 和观测噪声 $\boldsymbol{v}$ 按照高斯白噪声建模，并具有下列协方差矩阵：

$$\boldsymbol{E}\left(\begin{pmatrix}\boldsymbol{w}\\ \boldsymbol{v}\end{pmatrix}(\boldsymbol{w}^{\mathrm{T}}, \boldsymbol{v}^{\mathrm{T}})\right) = \boldsymbol{Q}_{wv}$$

命令函数 2：reg = lqg(SYS,QXU,QWV,QI)

该函数使用设定值命令 $\boldsymbol{r}$ 和观测量 $\boldsymbol{y}$ 来生成控制信号 $\boldsymbol{u}$。reg 使用积分作用来确保观测量 $\boldsymbol{y}$ 跟随命令 $\boldsymbol{r}$，如图 5-10 所示。

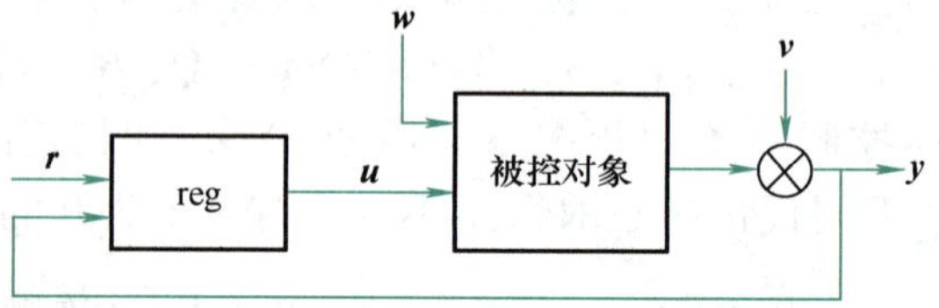

图 5-10　加入设定值命令 r 的 LQG 跟随控制框图

这一 LQG 伺服控制器使得下列代价函数最小化：

$$J = E\left[\lim_{T\to\infty}\frac{1}{T}\int_0^T\left((\boldsymbol{x}^{\mathrm{T}},\boldsymbol{u}^{\mathrm{T}})\boldsymbol{Q}_{xu}\begin{pmatrix}\boldsymbol{x}\\ \boldsymbol{u}\end{pmatrix}+\boldsymbol{x}_i^{\mathrm{T}}\boldsymbol{Q}_i\boldsymbol{x}_i\right)\mathrm{d}t\right] \tag{5-145}$$

式中，$\boldsymbol{x}_i$ 是跟踪误差 $\boldsymbol{r}-\boldsymbol{y}$ 的积分。对于 MIMO 系统来说，$\boldsymbol{r}$、$\boldsymbol{y}$ 和 $\boldsymbol{x}_i$ 必须具有相同的维数。

命令函数 3：reg = lqg(SYS,QXU,QWV,QI,'1dof')

该命令函数计算一个单自由度的伺服控制器，其使用 $\boldsymbol{e}=\boldsymbol{r}-\boldsymbol{y}$ 而非 $[\boldsymbol{r};\boldsymbol{y}]$ 作为输入。

命令函数 4：reg = lqg(SYS,QXU,QWV,QI,'2dof')

该命令函数与命令函数 2 等价，并提供一个二自由度的伺服控制器，形式同前。

命令函数 5：reg = lqg(___,'current')

该命令函数使用“当前时刻”卡尔曼估计，在为一个离散时间系统计算 LQG 控制器时，其状态估计形式为 $x[n|n]$。

命令函数 6：[reg,info] = lqg(___)

该命令函数的返回值结构体 info 中包含前述命令函数 1 ~5 的控制器和估计器的增益矩阵，可以使用这些增益来实现观测器形式的控制器。

5.11.6　命令函数 lqgreg

意义：构成 LQG 控制器。

语法：命令函数 1：rlqg = lqgreg(kest,k)。

该命令函数输入参数 kest 为卡尔曼滤波器，k 为状态反馈增益矩阵，返回值 rlqg 为 LQG 控制器。这一函数可被同时应用于连续和离散形式。使用匹配的其他函数来设计 kest 和 k。

1）连续控制对象的连续控制器：使用 lqr 或 lqry，以及 kalman 命令函数。

2）离散控制对象的离散控制器：使用 dlqr 或 lqry，以及 kalman 命令函数。

3）连续控制对象的离散控制器：使用 lqrd 以及 kalmd。

在离散时间域中，lqgreg 产生下列控制器。

1）当 kest 为“当前时刻”卡尔曼滤波器时：$u[n] = -K\hat{x}[n|n]$

2）当 kest 为“延迟的”卡尔曼滤波器时：$u[n] = -K\hat{x}[n|n-1]$

命令函数 2：rlqg = lqgreg(kest,k,controls)

该命令函数处理带有附加的确定性已知输入 $\boldsymbol{u}_{\mathrm{d}}$ 的估计器。索引矢量 controls 进一步明确了哪一个估计器输入为控制量 $\boldsymbol{u}$，返回的 LQG 控制器 rlqg 使用 $\boldsymbol{u}_{\mathrm{d}}$ 和 $\boldsymbol{y}$ 作为输入，如图 5-11 所示。

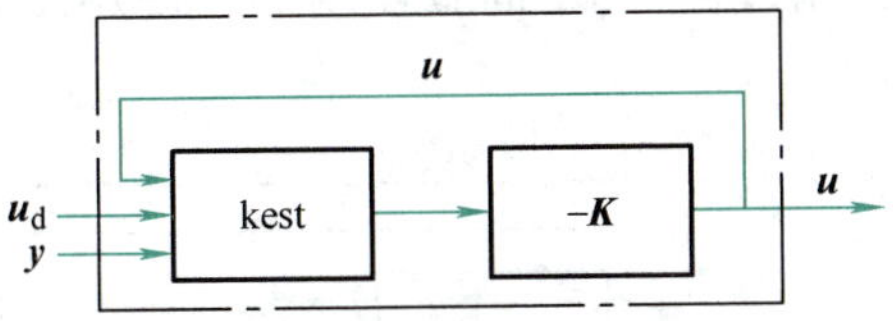

图 5-11　LQG 控制器

5.11.7　命令函数 lqgtrack

意义：构成 LQG 伺服控制器。

语法：lqgtrack 将构成一个如图 5-12 所示的带有积分作用的伺服控制器。这个控制器使输出 $\boldsymbol{y}$ 跟随参考命令输入 $\boldsymbol{r}$ 并且抑制过程噪声 $\boldsymbol{w}$ 和观测噪声 $\boldsymbol{v}$。

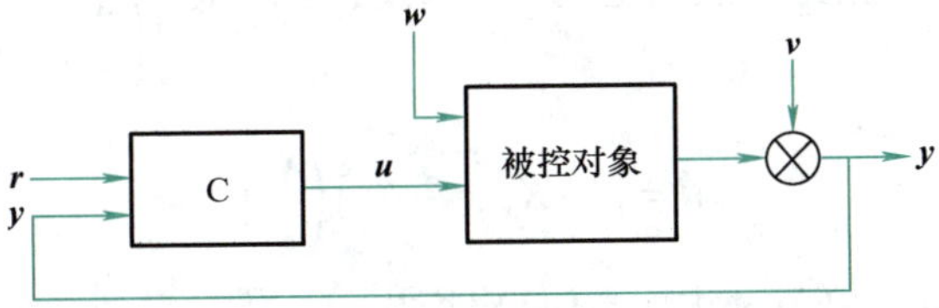

图 5-12　带有积分作用的 LQG 跟随控制框图

命令函数 1：C = lqgtrack(kest,k)

该命令函数构成一个二自由度的 LQG 伺服控制器 C，按照图 5-13 所示连接卡尔曼滤波器 kest 和状态反馈增益 K。C 有输入[$\boldsymbol{r}$;$\boldsymbol{y}$] 并且生成控制量 $\boldsymbol{u}=-\boldsymbol{K}[\hat{\boldsymbol{x}};\boldsymbol{x}_i]$，式中，$\hat{\boldsymbol{x}}$ 是对控制对象状态的卡尔曼估计，$\boldsymbol{x}_i$ 是积分器输出。增益矩阵 $\boldsymbol{K}$ 的大小决定了矢量 $\boldsymbol{x}_i$ 的维数，并且 $\boldsymbol{x}_i$、$\boldsymbol{y}$ 和 $\boldsymbol{r}$ 维数都相同。

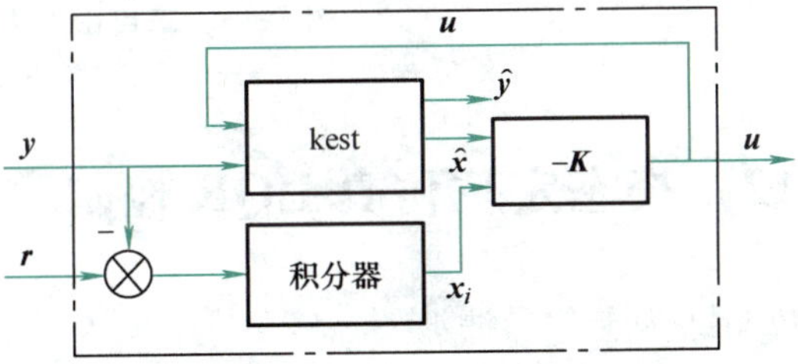

图 5-13　LQG 伺服控制器

命令函数 2：C = lqgtrack(kest,k,'2dof')

该命令函数与命令函数 1 等价。

二自由度的 LQG 伺服控制器对应的状态空间方程如下：

$$\begin{pmatrix}\dot{\hat{\boldsymbol{x}}}\\ \dot{\boldsymbol{x}}_i\end{pmatrix}=\begin{pmatrix}\boldsymbol{A}-\boldsymbol{B}\boldsymbol{K}_x-\boldsymbol{L}\boldsymbol{C}+\boldsymbol{L}\boldsymbol{D}\boldsymbol{K}_x & -\boldsymbol{B}\boldsymbol{K}_i+\boldsymbol{L}\boldsymbol{D}\boldsymbol{K}_i\\ \boldsymbol{0} & \boldsymbol{0}\end{pmatrix}\begin{pmatrix}\hat{\boldsymbol{x}}\\ \boldsymbol{x}_i\end{pmatrix}+\begin{pmatrix}\boldsymbol{0} & \boldsymbol{L}\\ \boldsymbol{I} & -\boldsymbol{I}\end{pmatrix}\begin{pmatrix}\boldsymbol{r}\\ \boldsymbol{y}\end{pmatrix} \tag{5-146}$$

$$\boldsymbol{u}=(-\boldsymbol{K}_x,\ -\boldsymbol{K}_i)\begin{pmatrix}\hat{\boldsymbol{x}}\\ \boldsymbol{x}_i\end{pmatrix} \tag{5-147}$$

命令函数 3：C = lqgtrack(kest,k,'1dof')

该命令函数生成一个单自由度的 LQG 伺服控制器，使用跟踪误差 $\boldsymbol{e}=\boldsymbol{r}-\boldsymbol{y}$，而不是[$\boldsymbol{r}$; $\boldsymbol{y}$] 作为输入，如图 5-14 所示。

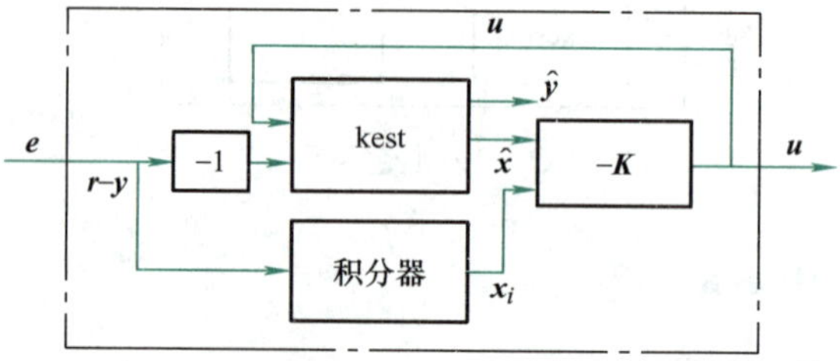

图 5-14　单自由度 LQG 伺服控制器

单自由度的 LQG 伺服控制器对应的状态空间方程如下：

$$\begin{pmatrix}\dot{\hat{\boldsymbol{x}}}\\ \dot{x}_i\end{pmatrix}=\begin{pmatrix}\boldsymbol{A}-\boldsymbol{BK}_x-\boldsymbol{LC}+\boldsymbol{LDK}_x & -\boldsymbol{BK}_i+\boldsymbol{LDK}_i\\ \boldsymbol{0} & \boldsymbol{0}\end{pmatrix}\begin{pmatrix}\hat{\boldsymbol{x}}\\ \boldsymbol{x}_i\end{pmatrix}+\begin{pmatrix}-\boldsymbol{L}\\ \boldsymbol{I}\end{pmatrix}\begin{pmatrix}\boldsymbol{r}\\ \boldsymbol{y}\end{pmatrix} \tag{5-148}$$

$$\boldsymbol{u}=[-\boldsymbol{K}_x,\ -\boldsymbol{K}_i]\begin{pmatrix}\hat{\boldsymbol{x}}\\ \boldsymbol{x}_i\end{pmatrix} \tag{5-149}$$

命令函数 4：C = lqgtrack(kest, k, …, CONTROLS)

该函数构成的 LQG 伺服控制器适用于当卡尔曼估计器 kest 已知控制量 $\boldsymbol{U}_\mathrm{d}$ 时。在索引矢量 CONTROLS 中，指明了 kest 中的哪些输入是控制通道 $\boldsymbol{u}$。返回的补偿器 C 具有下列输入：① 二自由度情形中，[$\boldsymbol{U}_\mathrm{d}$;$\boldsymbol{r}$;$\boldsymbol{y}$]；② 单自由度情形中，[$\boldsymbol{U}_\mathrm{d}$;$\boldsymbol{e}$]。

相对应的二自由度情形下的补偿器结构如图 5-15 所示。

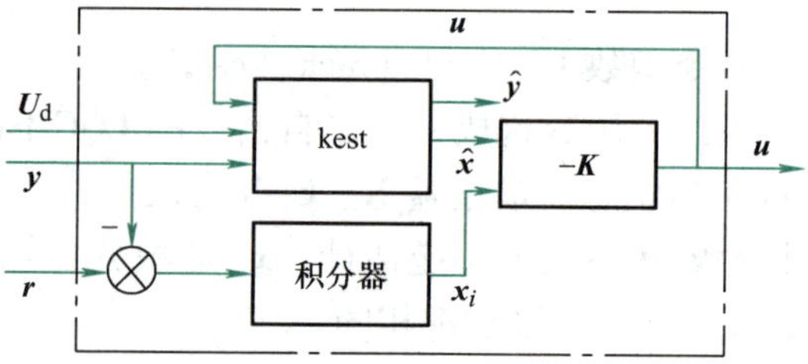

图 5-15　二自由度 LQG 伺服控制器

5.12　姿态定位仿真 LQR 控制案例

【例 5-7】

给出一个使用 MATLAB 建立 LQR 仿真模型的例子，模拟无重力空间中绕固定轴旋转 UFO 物体的姿态定位问题，其中 UFO 物体具有两组推进器，分别为 UFO 提供顺、逆时针方向的旋转加速度。现在需要使 UFO 由底部朝上状态旋转为底部朝下，即旋转至零位。其系统的状态空间模型可以写为

$$\dot{\boldsymbol{x}}=\boldsymbol{Ax}+\boldsymbol{Bu},\ \boldsymbol{y}=\boldsymbol{Cx}+\boldsymbol{Du}$$

式中，$\boldsymbol{x}=\begin{pmatrix}\theta\\ \omega\end{pmatrix}$，$\boldsymbol{y}=\theta$，$\boldsymbol{A}=\begin{pmatrix}0 & 1\\ 0.01 & 0\end{pmatrix}$，$\boldsymbol{B}=\begin{pmatrix}0\\ 1\end{pmatrix}$，$\boldsymbol{C}=(1,\ 0)$，$D=0$。

对应的物理模型如下（其中 0.01 可修改，用于模拟旋转复位过程中所受阻力）：

$$\dot{\theta}=\omega,\ \dot{\omega}=0.01\theta+\boldsymbol{u}$$

加入状态反馈控制律 $\boldsymbol{u}=\boldsymbol{r}-\boldsymbol{Kx}$ 后，闭环系统的状态空间方程如下：

$$\dot{\boldsymbol{x}}=(\boldsymbol{A}-\boldsymbol{BK})\boldsymbol{x}+\boldsymbol{Br},\ \boldsymbol{y}=\boldsymbol{Cx}+\boldsymbol{Du}$$

式中，$\boldsymbol{r}$ 为0输入，添加此量是为了使得闭环系统的状态空间模型与MATLAB中ss函数所采用的形式一致。其中 $\boldsymbol{K}$ 矩阵的计算使用命令函数 lqr（A，B，Q，R）进行，Q为 2×2 对角矩阵，对角线第一个元素为旋转角度权重系数，对角线第二个元素为旋转角速度权重系数，权重系数越大该分量将被更快地控制到零位。R为常数，为控制量权重系数，系数越大控制量将被限制得越小。

计算完毕后，使用函数 ss((A - B*K), B, C, D) 建立一个状态空间模型，然后使用 initial 函数计算该模型的初始状态响应，即可了解该UFO物体从任意初始角度旋转复位过程中的角度与角速度变化曲线。

主要代码如下：

```
close all
% Initial Conditions
x0 = [3;    % 3 radians
      0]; % 0 rad/s
% System Dynamics
A = [0   1;
     0.01 0];
B = [0;
     1];
C = [1 0];
D = 0;
% Control Law
Q = [1 0;    % Penalize angular error
     0 1]; % Penalize angular rate
R = 1;       % Penalize thruster effort
K = lqr (A, B, Q, R);
% Closed loop system
sys = ss ( (A - B*K), B, C, D);
% Run response to initial condition
t = 0: 0.005: 30;
[y, t, x] = initial (sys, x0, t);
```


5.13　LQG伺服控制器仿真案例

【例5-8】

给出一个使用上述函数设计LQG伺服控制器的例子，需要设计的系统如图5-16所示。

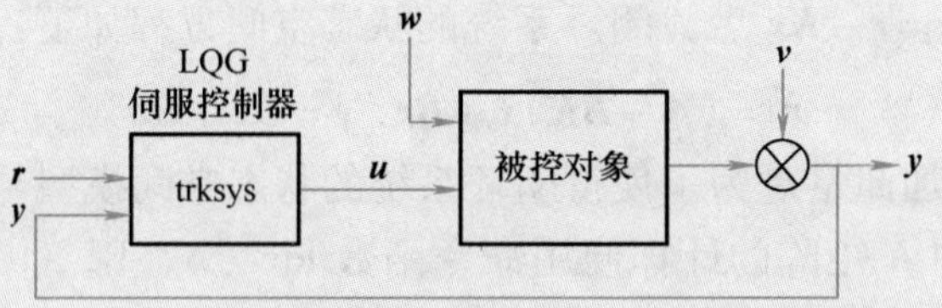

图 5-16　LQG 伺服控制器设计

这一控制对象具有三个状态量（$\boldsymbol{x}$）、两个控制输入量（$\boldsymbol{u}$）、两个随机输入量（$\boldsymbol{w}$）、一个输出量（$\boldsymbol{y}$）、输出的观测噪声（$\boldsymbol{v}$），以及下列状态空间表达式和输出方程

$$\dot{\boldsymbol{x}} = \boldsymbol{Ax} + \boldsymbol{Bu} + \boldsymbol{Gw}$$

$$\boldsymbol{y} = \boldsymbol{Cx} + \boldsymbol{Du} + \boldsymbol{Hw} + \boldsymbol{v}$$

式中，$\boldsymbol{A} = \begin{pmatrix} 0 & 1 & 0 \\ 0 & 0 & 1 \\ 1 & 0 & 0 \end{pmatrix}$，$\boldsymbol{B} = \begin{pmatrix} 0.3 & 1 \\ 0 & 1 \\ -0.3 & 0.9 \end{pmatrix}$，$\boldsymbol{G} = \begin{pmatrix} -0.7 & 1.12 \\ -1.17 & 1 \\ 0.14 & 1.5 \end{pmatrix}$，$\boldsymbol{C} = (1.9,\ 1.3,\ 1)$，$\boldsymbol{D} = (0.53,\ -0.61)$，$\boldsymbol{H} = (-1.2,\ -0.89)$。

这一系统具有下列噪声协方差：$\boldsymbol{Q}_n = E(\boldsymbol{ww}^{\mathrm{T}}) = \begin{pmatrix} 4 & 2 \\ 2 & 1 \end{pmatrix}$，$R_n = E(\boldsymbol{vv}^{\mathrm{T}}) = 0.7$

使用下列代价函数来权衡跟踪性能与控制成本：

$$J(\boldsymbol{u}) = \int_0^{\infty} \left(0.1\boldsymbol{x}^{\mathrm{T}}\boldsymbol{x} + \boldsymbol{x}_i^2 + \boldsymbol{u}^{\mathrm{T}}\begin{pmatrix} 1 & 0 \\ 0 & 2 \end{pmatrix}\boldsymbol{u}\right)\mathrm{d}t$$

设计一个 LQG 伺服控制器分为如下几步：

1）创建状态空间表达式。

```
A=[0 1 0;0 0 1;1 0 0];      B=[0.3 1;0 1;-0.3 0.9];
G=[-0.7 1.12; -1.17 1; .14 1.5];C=[1.9 1.3 1];D=[0.53 -0.61];H = [-1.2 -0.89];
sys = ss(A,[B G],C,[D H]);
```

2）构造最优状态反馈增益。

```
nx=3;     % Number of states
ny=1;     % Number of outputs
Q=blkdiag(0.1*eye(nx),eye(ny));
R=[1 0;0 2];
K=lqi(ss(A,B,C,D),Q,R);
```

3）构造卡尔曼滤波状态估计数据。

```
Qn=[4 2;2 1];
Rn=0.7;
kest=kalman(sys,Qn,Rn);
```

4）将卡尔曼滤波状态估计和最优状态反馈增益合成 LQG 伺服控制器。

```
trksys = lqgtrack (kest, K)
```

这一命令返回下列 LQG 伺服控制器：

```
>> trksys = lqgtrack (kest, K)
a =
          x1_e      x2_e      x3_e      xi1
  x1_e   -2.373    -1.062    -1.649    0.772
  x2_e   -3.443    -2.876    -1.335    0.6351
  x3_e   -1.963    -2.483    -2.043    0.4049
  xi1       0         0         0         0
b =
          r1      y1
  x1_e     0    0.2849
  x2_e     0    0.7727
  x3_e     0    0.7058
  xi1      1      -1
c =
         x1_e      x2_e      x3_e      xi1
  u1   -0.5388   -0.4173   -0.2481    0.5578
  u2   -1.492    -1.388    -1.131     0.5869
d =
       r1   y1
  u1    0    0
  u2    0    0
Input groups:
         Name          Channels
       Setpoint            1
      Measurement          2
Output groups:
         Name       Channels
       Controls       1, 2
Continuous - time model.
```

习　　题

5-1　已知一阶系统的状态方程和性能泛函：

$$\dot{x}(t)=ax(t)+u(t),x(0)=x_0$$

$$J=\frac{1}{2}\int_0^{t_f}[q_1x^2(t)+q_2u^2(t)]\mathrm{d}t+\frac{1}{2}q_0x^2(t_f)$$

其中，$0<q_1$，$0<q_2$，$0\leqslant q_0$。求最优控制 $u^*(t)$。

5-2　设系统和性能泛函为

$$\dot{x}_1=x_2,\dot{x}_2=u$$

$$J=\frac{1}{2}[x_1^2(3)+2x_2^2(3)]+\frac{1}{2}\int_0^3\left(2x_1^2(t)+4x_2^2(t)+2x_1(t)x_2(t)+\frac{1}{2}u^2(t)\right)\mathrm{d}t$$

求最优控制 $u^*(t)$。

5-3　已知系统的状态方程　$\dot{\boldsymbol{x}}=\begin{pmatrix}0&1\\0&0\end{pmatrix}\boldsymbol{x}+\begin{pmatrix}0\\1\end{pmatrix}u$

性能泛函为　$$J=\frac{1}{2}\int_0^\infty(x_1^2+2bx_1x_2+ax_2^2+u)\mathrm{d}t$$

求使 $J\rightarrow\min$ 的最优控制 $u^*(t)$。

5-4　如图5-17所示的系统，假设控制信号为 $u(t)=-\boldsymbol{K}\boldsymbol{x}(t)$ 确定最佳反馈增益矩阵 $\boldsymbol{K}$，使得下列性能指标达到极小：

$$J=\int_0^\infty(\boldsymbol{x}^{\mathrm{T}}\boldsymbol{Q}\boldsymbol{x}+u^2)\mathrm{d}t$$

其中，　$$\boldsymbol{Q}=\begin{pmatrix}1&0\\0&\mu\end{pmatrix},\ \mu\geqslant0$$

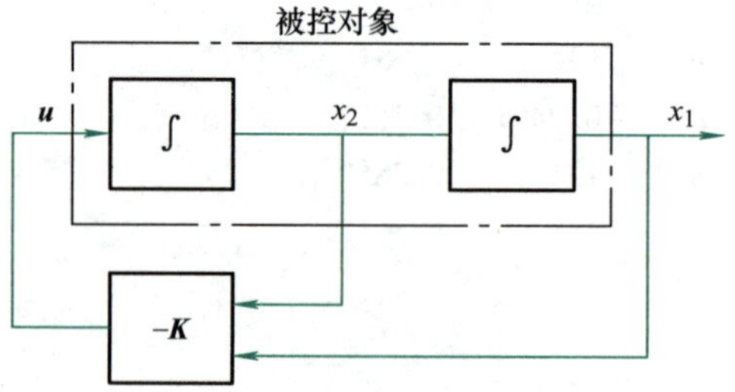

图 5-17　控制系统

5-5　系统的状态空间表达式为

$$\dot{\boldsymbol{x}}=\boldsymbol{A}\boldsymbol{x}+\boldsymbol{B}u$$

其中，$\boldsymbol{A}=\begin{pmatrix}0&1\\0&0\end{pmatrix}$，$\boldsymbol{B}=\begin{pmatrix}0\\1\end{pmatrix}$。假设线性控制律为

$$n=-\boldsymbol{K}\boldsymbol{x}=-k_1x_1-k_2x_2$$

确定常数 k_1 和 k_2，使性能指标 $J=\int_0^\infty(\boldsymbol{x}^{\mathrm{T}}\boldsymbol{x}+u^2)\mathrm{d}t$ 达到极小。

5-6　已知系统的空间表达式为

$$\dot{x}_1(t)=-x_1(t)+u$$

$$\dot{x}_2(t)=x_1(t)$$

性能指标极小：$J=\frac{1}{2}\int_{t_0}^\infty[x_2^2(t)+u^2(t)]\mathrm{d}t$，试确定最优控制 $u^*(t)$。

5-7　已知系统

$$\dot{x}_1(t)=x_2(t),x_1(0)=x_{10}$$

$$\dot{x}_2(t)=u(t),x_2(0)=x_{20}$$

$$y(t)=x_1(t)$$

试确定 $u^*(t)$ 使性能指标

$$J=\int_0^\infty[y^2(t)+ru^2(t)]\mathrm{d}t$$

达到最小值。其中，$r>0$。

5-8　对系统 $\dot{\boldsymbol{x}}_1=\boldsymbol{x}_2, \dot{\boldsymbol{x}}_2=-\boldsymbol{x}_1+\boldsymbol{u}$ 和性能指标 $J=\int_0^\infty(x_1^2+ru^2)\mathrm{d}t$，试求使得性能指标 J 最小化的最优状态反馈控制器。

5-9　设线性系统为 $\dot{x}(t)=u(t), x(0)=1$，性能指标为

$$J=\int_0^\infty(x^2+u^2)\mathrm{d}t$$

试求最优控制 $u(t)$，使性能指标 J 取最小值。

5-10　给定下列二阶系统：

$$\dot{x}_1(t)=x_2(t)$$

$$\dot{x}_2(t)=u$$

试确定最优控制 $u^*(t)$，使下列性能指标极小：

$$J=\frac{1}{2}[x_1^2(3)+2x_2^2(3)]+\frac{1}{2}\int_0^3\left[2x_1^2(t)+4x_2^2(t)+2x_1(t)x_2(t)+\frac{1}{2}u^2(t)\right]\mathrm{d}t$$

5-11　系统如图 5-18 实线所示，其中 $b>0$，$c>0$。性能泛函为 $J=\frac{1}{2}\int_0^\infty[y^2(t)+u^2(t)]\mathrm{d}t$，求 $u^*(t)$，使 $J\rightarrow\min$。

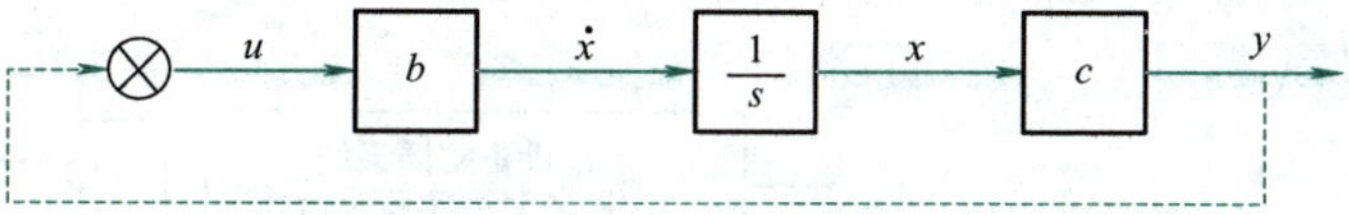

图 5-18　系统结构图

5-12　设受控系统和性能泛函分别为

$$\dot{\boldsymbol{x}}=\begin{pmatrix}0&1\\0&0\end{pmatrix}\boldsymbol{x}+\begin{pmatrix}0\\1\end{pmatrix}\boldsymbol{u}$$

$$\boldsymbol{y}=(1,0)\boldsymbol{x}$$

$$J=\frac{1}{2}\int_0^\infty(\boldsymbol{y}^2+q_2\boldsymbol{u}^2)\mathrm{d}t$$

求 $\boldsymbol{u}^*(t)$，使 $J\rightarrow\min$。

第6章

LQR控制实际应用案例

本章的重点与知识点关系图如图 6-1 所示。LQR 线性二次型调节器采用全状态反馈（见图 6-2），通过反馈增益矩阵，实现系统的稳定性控制。本章将介绍两个 LQR 控制的实例，可对比 LQR 和 PID 两种方法的区别。最后，在 LQR 的基础上进行扩展，介绍 LQG 线性二次高斯控制的仿真应用。

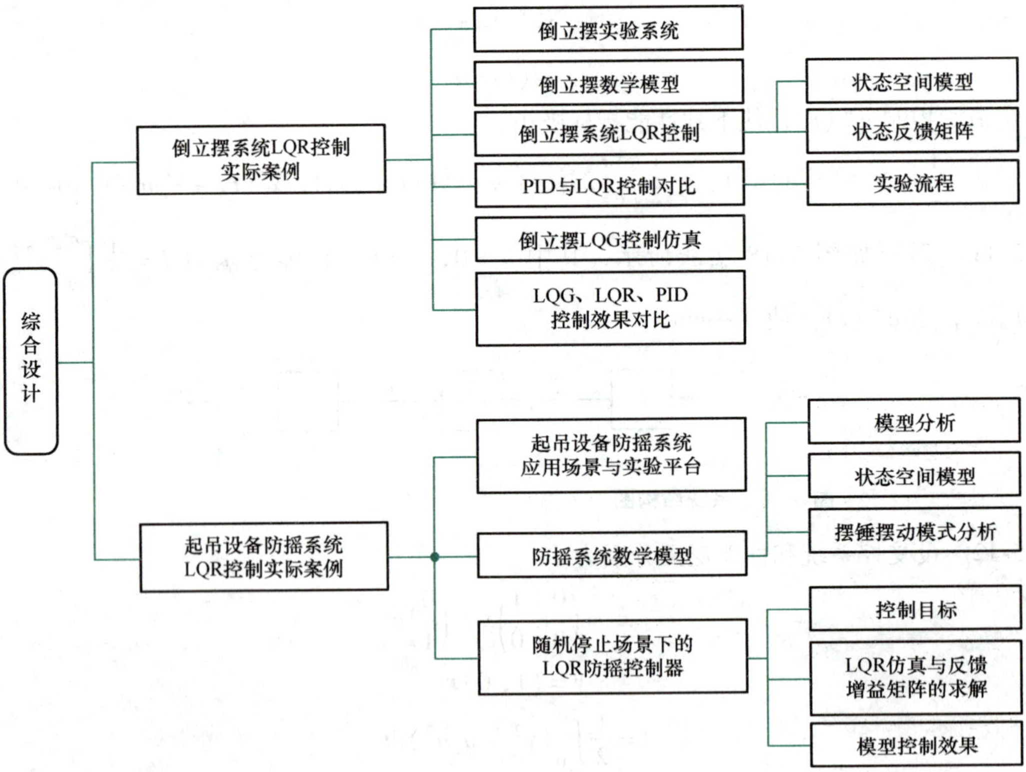

图 6-1　第 6 章重点与知识点关系图

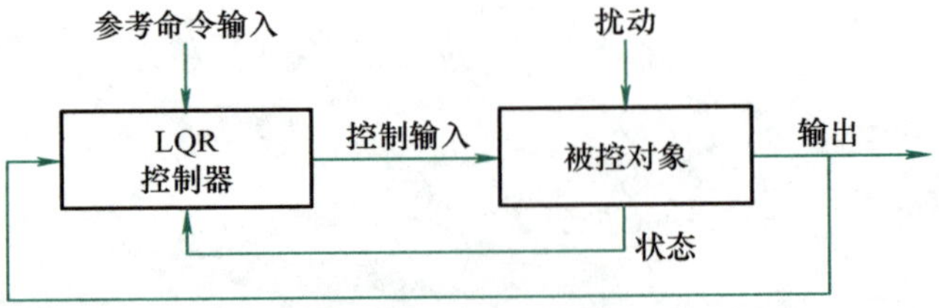

图 6-2　LQR 反馈控制系统框图

6.1　倒立摆系统 LQR 控制实际案例

6.1.1　倒立摆实验系统

倒立摆系统是进行控制理论教学及开展各种控制实验的理想学习平台，是一个复杂不稳定的欠驱动非线性系统，必须采用有效的控制算法才能使其稳定，且系统控制算法的一些稳定性关键指标可以在倒立摆控制中得以体现。按摆杆数量的不同，可分为一级、二级、三级、四级等；按结构不同，可分为直型、环型、平面型、复合型等。尽管倒立摆系统的结构与形式各异，但均具有如下性质：

1）不确定性。建模误差、机械传动间隙及运行摩擦阻力等是造成倒立摆系统不确定性的主要因素。

2）非线性。倒立摆系统是一个典型的复杂非线性系统，既可进行近似线性化处理控制，也可进行非线性控制。

3）耦合性。倒立摆的各级摆杆之间以及各运动模块之间都有很强的耦合关系，在倒立摆的控制中一般会在平衡点附近进行解耦计算，忽略次要耦合量。

4）开环不稳定性。倒立摆系统在自然情况下无法保持稳定的竖直向上状态。

5）约束限制。包括电机力矩限制、运动模块行程限制等，其中行程限制对倒立摆的摆动立起影响较大，容易造成倒立摆运动模块的撞边现象。

直线单级倒立摆系统的三维模型如图 6-3 所示。

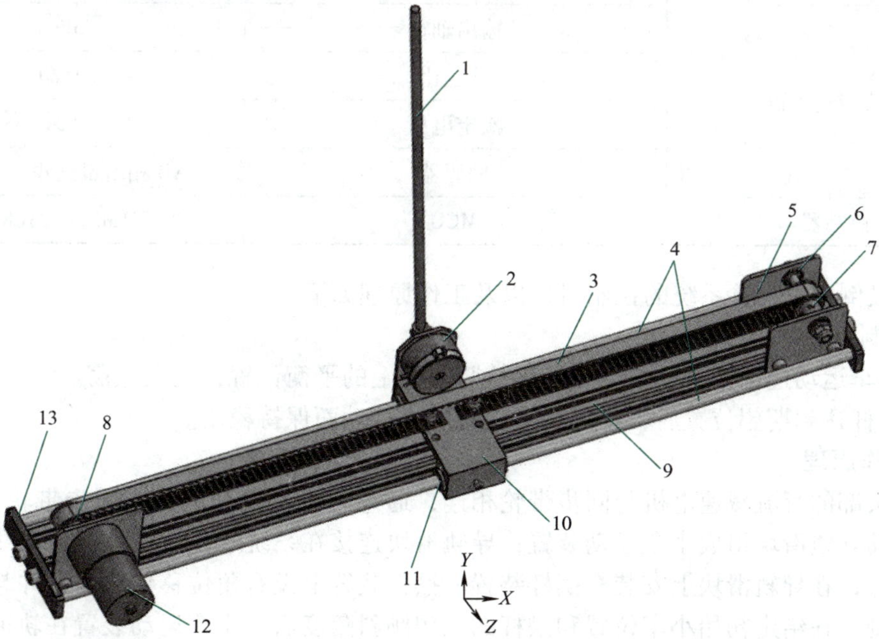

图 6-3　直线单级倒立摆系统的三维模型

1—摆杆　2—角位移传感器　3—同步带　4—导杆　5—尾部支承板　6—滚动轴承　7、8—同步带轮　9—铝材基座　10—导轨滑块　11—直线轴承　12—直流减速电机　13—基座边界板该单级倒立摆系统的基本参数，详见表6-1。

表6-1 单级倒立摆系统的基本参数

项目	特征	参数
倒立摆	总重	1.35kg
摆杆	长度	353mm
	直径	6mm
	质量	0.0923kg
角位移传感器	型号	WDD35D4
	供电电压	5V
导轨滑块	长×宽×高	82.5mm×40mm×25mm
	直线轴承	内径8mm，长度45mm
	质量（含摆杆装置）	0.2275kg
导杆	长度	555mm
同步带轮	型号	高扭矩同步带轮S3M型
	节圆直径	18.34mm
	齿数	20
同步带	长度×宽度	1060mm×10mm
铝材基座	型号	2020（长度550mm）
直流减速电机	输出轴径	5mm
	减速比	1:20
	额定电压	12V
	编码器	AB相增量式霍尔编码器
控制器	MCU	STM32F103C8T6

该单极倒立摆实验系统的控制目标以及工作原理如下。

1. 控制目标

1）小车运动过程中，摆杆尽可能保持竖直向上的平衡位置，无大振荡。

2）摆杆达到期望位置后，系统能够克服随机扰动而保持稳定。

2. 工作原理

系统头部的直流减速电机与同步带轮相连，通过同步带带动尾部的同步带轮一起运动，同步带拉动导轨滑块组成小车运动装置；导轨滑块连接在系统基座上，并通过直线轴承与系统导杆相连；在导轨滑块上安装有摆杆装置，摆杆装置上设有角位移传感器，并与导轨滑块构成旋转副。在给定初始小车位置和摆杆的期望倾斜角度后，小车运动装置在轨道上前后运动使得摆杆在竖直方向保持动态平衡。该倒立摆的控制器采用STM32微处理器，主控单片机为STM32F103C8T6，开发环境为KEIL MDK 5.1。

倒立摆实验平台的系统框图如图6-4所示。

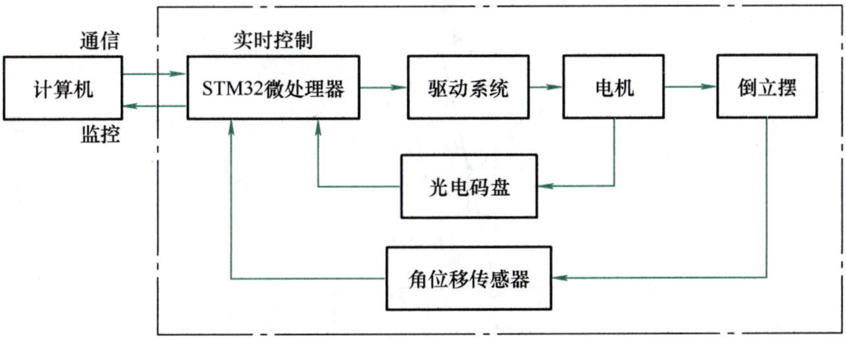

图 6-4 倒立摆实验平台的系统框图

计算机通过串行通信向 STM32 微处理器下载程序，并读取 STM32 微处理器的运行数据。STM32 实现倒立摆的实时控制，产生相应的控制量，使电机转动，带动小车运动，控制小车的移动方向、移动速度、加速度等，使摆杆保持平衡。

6.1.2 倒立摆系统数学模型

1. 受力分析

经典单级倒立摆系统受力分析如图 6-5a 所示，图中 l 为摆杆转轴到质心的长度，M 为小车（即质量块）的质量，m 为摆杆的质量，θ 为摆杆的转角，J 为摆杆的转动惯量。系统中小车质量 $M=0.2275\text{kg}$，摆杆质量 $m=0.0923\text{kg}$，摆杆转动轴心到杆质心的长度 $l=0.185\text{m}$，小车与导轨之间的阻尼系数 $b=0.1\text{N}\cdot\text{s/m}$，小车与摆杆之间的阻尼系数 $c=0\text{N}\cdot\text{s/m}$，摆杆的转动惯量 $J=0.004212\text{kg}\cdot\text{m}^2$。

首先对此系统做受力分析，设 u 为作用在小车上的外力，x 为小车的水平位移，θ 为摆杆与垂直向上方向的夹角，逆时针方向为正方向，T_1 为摆杆所受沿水平方向的力，T_2 为摆杆所受垂直方向的力。设摆杆的质心为 C，摆杆与小车的作用点为 A。考虑小车与导轨、小车与摆杆之间的摩擦，并且不计各种空气阻力，根据牛顿运动定律和刚体运动规律，采用隔离法，对倒立摆系统小车有

$$u-T_1-b\frac{\mathrm{d}x}{\mathrm{d}t}=M\frac{\mathrm{d}^2x}{\mathrm{d}t^2} \tag{6-1}$$

对摆杆进行水平和竖直方向的受力分析，有

$$T_1=m\frac{\mathrm{d}^2}{\mathrm{d}t^2}(x-l\sin\theta)=m\ddot{x}-ml\ddot{\theta}\cos\theta+ml\dot{\theta}^2\sin\theta \tag{6-2}$$

$$mg-T_2=m\frac{\mathrm{d}^2}{\mathrm{d}t^2}(l-l\cos\theta)=ml\ddot{\theta}\sin\theta+ml\dot{\theta}^2\cos\theta \tag{6-3}$$

以摆杆质心为旋转中心（见图 6-5b）建立动力学方程，有

$$T_2l\sin\theta+T_1l\cos\theta-c\dot{\theta}=J\frac{\mathrm{d}^2\theta}{\mathrm{d}t^2} \tag{6-4}$$

式(6-2)~式(6-4) 均为非线性方程，为了简化计算并且便于进行控制器设计，要对上述方程进行线性化近似处理。由于控制目标是使摆杆处于垂直稳定状态，即 θ 尽可能地小，甚至接近于 0（一般小于 ±10°），可以近似认为

$$\sin\theta\approx\theta,\cos\theta\approx 1,\theta^2\approx 0,\ \dot{\theta}^2\approx 0$$

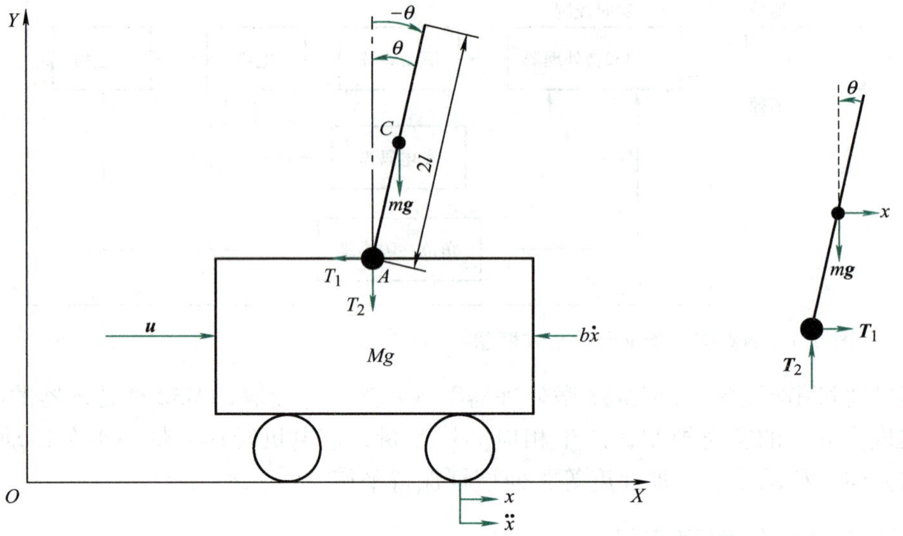

图 6-5 倒立摆系统受力分析

因此在平衡点处进行线性化处理，通过化简消去中间变量 T_1、T_2 得到

$$(M+m)\ddot{x}+b\dot{x}-ml\ddot{\theta}=u \tag{6-5}$$

$$(J+ml^2)\ddot{\theta}-mgl\theta+c\dot{\theta}=ml\ddot{x} \tag{6-6}$$

通过式(6-5)、式(6-6)即可建立系统状态方程

$$\begin{aligned}\ddot{\theta}&=\frac{mgl}{J+ml^2}\theta-\frac{c}{J+ml^2}\dot{\theta}+\frac{ml}{J+ml^2}\ddot{x}\\ \ddot{x}&=\frac{ml}{M+m}\ddot{\theta}-\frac{b}{M+m}\dot{x}+\frac{1}{M+m}u\end{aligned} \tag{6-7}$$

由式(6-7)可知，直线一级倒立摆系统是单输入双输出的四阶系统。由此可将其化为关于加速度输入量和角度输出量的传递函数，其特征根具有实部为正的极点，所以该系统不稳定。下一节内容将设计状态反馈控制器配置传递函数极点，使系统稳定。

2. 系统建模

在现代控制理论和经典控制理论中，控制系统均由被控对象和反馈控制器两部分组成，通过采用输出反馈或状态反馈构成闭环系统。状态反馈是将系统的每个状态变量乘以相应的反馈系数，然后反馈到输入端与参考输入组合形成控制律，作为受控系统的控制输入，图 6-6 所示为多输入多输出系统状态反馈的基本结构。

倒立摆系统的状态空间方程可根据在式(6-5)、式(6-6)中得到的牛顿方程建立。

此系统中 $\boldsymbol{D}=\begin{pmatrix}0\\0\end{pmatrix}$，受控系统 $\Sigma_0=(\boldsymbol{A},\boldsymbol{B},\boldsymbol{C},\boldsymbol{D})$ 的状态空间表达式为

$$\dot{\boldsymbol{x}}=\boldsymbol{A}\boldsymbol{x}+\boldsymbol{B}\boldsymbol{u} \tag{6-8}$$

$$\boldsymbol{y}=\boldsymbol{C}\boldsymbol{x}+\boldsymbol{D}\boldsymbol{u} \tag{6-9}$$

图 6-6 中，r 为输入矩阵 $\boldsymbol{B}$ 的维数；n 为系统矩阵 $\boldsymbol{A}$ 的维数；m 为输出矩阵的维数。

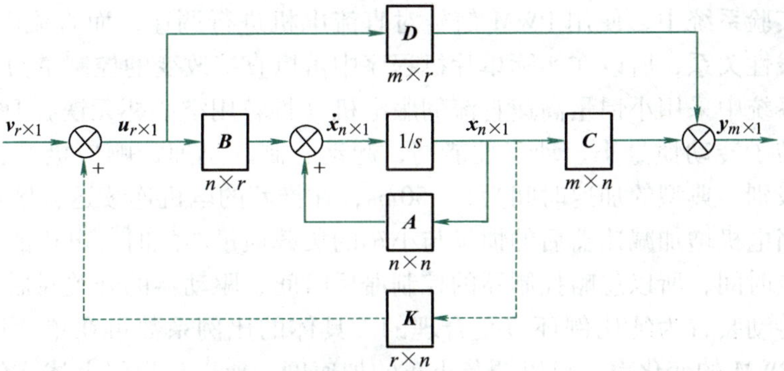

图 6-6 多输入多输出系统状态反馈的基本结构

本系统选取位移、速度、角度、角速度作为状态变量，如下所示：

$$\boldsymbol{x}=(x_1,x_2,x_3,x_4)^{\mathrm{T}}=(x,v,\theta,\omega)^{\mathrm{T}} \tag{6-10}$$

根据式(6-5)、式(6-6)，整理得状态空间方程

$$\begin{cases}\dot{x}=v\\ \dot{v}=\dfrac{-(J+ml^2)b}{(M+m)J+Mml^2}\dot{x}+\dfrac{m^2l^2g}{(M+m)J+Mml^2}\theta-\dfrac{mlc}{(M+m)J+Mml^2}\dot{\theta}+\dfrac{J+ml^2}{(M+m)J+Mml^2}u\\ \dot{\theta}=\omega\\ \dot{\omega}=\dfrac{-mlb}{(M+m)J+Mml^2}\dot{x}+\dfrac{(M+m)mgl}{(M+m)J+Mml^2}\theta-\dfrac{c(M+m)}{(M+m)J+Mml^2}\dot{\theta}+\dfrac{ml}{(M+m)J+Mml^2}u\end{cases} \tag{6-11}$$

以小车所受外力作为控制量 u 时，对应的矩阵如下，其中小车与摆杆之间的阻尼系数忽略不计，参数 c 设置为0：

$$\begin{cases}\boldsymbol{A}=\begin{pmatrix}0 & 1 & 0 & 0\\ 0 & \dfrac{-(J+ml^2)b}{(M+m)J+Mml^2} & \dfrac{m^2l^2g}{(M+m)J+Mml^2} & 0\\ 0 & 0 & 0 & 1\\ 0 & \dfrac{-mlb}{(M+m)J+Mml^2} & \dfrac{(M+m)mgl}{(M+m)J+Mml^2} & 0\end{pmatrix}\\ \boldsymbol{B}=\begin{pmatrix}0\\ \dfrac{J+ml^2}{(M+m)J+Mml^2}\\ 0\\ \dfrac{ml}{(M+m)J+Mml^2}\end{pmatrix}\\ \boldsymbol{C}=\begin{pmatrix}1 & 0 & 0 & 0\\ 0 & 0 & 1 & 0\end{pmatrix}\\ \boldsymbol{D}=\begin{pmatrix}0\\ 0\end{pmatrix}\end{cases} \tag{6-12}$$

式(6-11)、式(6-12) 为以小车所受外力作为控制量 u 建立的状态空间方程与系数矩

阵。由于在本实验系统中，使用 PWM 信号对直流电机进行调速，而直流电机速度与 PWM 波的占空比呈线性关系，所以在实际单片机程序中可以直接改变的控制量为小车速度。

由于实验系统中采用小惯量高速直流伺服电机（推荐用空心杯无铁心 DC 电机）驱动倒立摆小车，其转子转动惯量小、动态性能高，起动、制动迅速，响应极快，机械时间常数小，可达毫秒级别，典型的加速时间为 5 ~ 50ms，在推荐的电机连续运行区域内，转速调节灵敏。因此，当电机增加减速器后的惯量与小车的负载惯量匹配时，电机的响应时间远远快于倒立摆的响应时间，所以忽略控制器的控制滞后时间、驱动器的开关滞后时间，认为电机驱动器和电机传动装置为纯比例环节是合理的。具体的比例系数可在单片机程序中编程体现。通过调整 PWM 的变化率，可以调节小车的加速度。所以如果将上述式(6-6）改写为以小车加速度 $\ddot{x}$ 作为控制量 u 的状态空间方程，其中设摩擦系数项 b、c 为 0，改写后的式子如下：

$$\begin{cases} \dot{x} = v \\ \dot{v} = u \\ \dot{\theta} = \omega \\ \dot{\omega} = \dfrac{mgl}{J + ml^2}\theta + \dfrac{ml}{J + ml^2}u \end{cases} \tag{6-13}$$

以小车加速度作为控制量 u 时，对应的系统矩阵、输入矩阵和输出矩阵如下：

$$\boldsymbol{A} = \begin{pmatrix} 0 & 1 & 0 & 0 \\ 0 & 0 & 0 & 0 \\ 0 & 0 & 0 & 1 \\ 0 & 0 & \dfrac{mgl}{J + ml^2} & 0 \end{pmatrix},\ \boldsymbol{B} = \begin{pmatrix} 0 \\ 1 \\ 0 \\ \dfrac{ml}{J + ml^2} \end{pmatrix},\ \boldsymbol{C} = \begin{pmatrix} 1 & 0 & 0 & 0 \\ 0 & 0 & 1 & 0 \end{pmatrix},\ \boldsymbol{D} = \begin{pmatrix} 0 \\ 0 \end{pmatrix} \tag{6-14}$$

下面采用式(6-12）的矩阵在 Simulink 中建立控制系统的模型（如果参数 θ 的方向定义反号，矩阵符号会略有变化）。状态空间方程对应的子系统框图如图 6-7 所示，完整的带有状态反馈的仿真模型将在 6. 2. 3 节中给出。

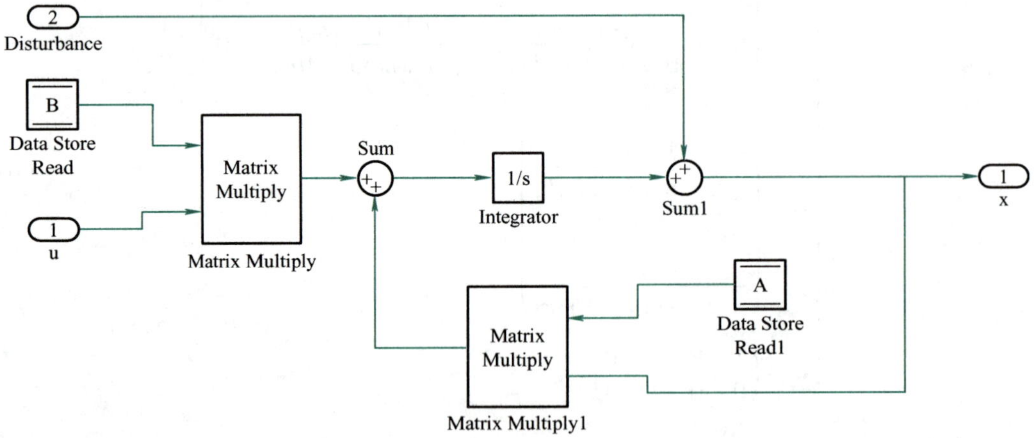

图 6-7　倒立摆系统的状态空间仿真模型子系统框图

状态线性反馈控制的系统输入 $\boldsymbol{u}$ 为

$$\boldsymbol{u}=\boldsymbol{K}x+\boldsymbol{v} \tag{6-15}$$

式中，$\boldsymbol{v}$ 为 $r\times1$ 参考输入；$\boldsymbol{K}$ 为 $r\times n$ 状态反馈增益矩阵。对于状态反馈闭环系统 $\Sigma_K=((\boldsymbol{A}+\boldsymbol{BK}),\boldsymbol{B},\boldsymbol{C})$ 的状态空间表达式为 $\dot{\boldsymbol{x}}=(\boldsymbol{A}+\boldsymbol{BK})\boldsymbol{x}+\boldsymbol{Bv},\boldsymbol{y}=\boldsymbol{Cx}$。闭环系统的传递函数矩阵为 $\boldsymbol{W}_{\boldsymbol{K}}(s)=\boldsymbol{C}[s\boldsymbol{I}-(\boldsymbol{A}+\boldsymbol{BK})]^{-1}\boldsymbol{B}$。与开环系统相比，状态反馈矩阵 $\boldsymbol{K}$ 的引入通常可以改变闭环系统的特征值且不增加系统的维数，能够提高系统的性能。

6.1.3 倒立摆系统的 LQR 控制

1. 具有状态反馈的系统状态空间模型

通常，控制系统的期望极点在根平面上的分布位置决定了系统的性能指标，由状态空间模型等价的传递函数可知，标准系统 $\Sigma=(\boldsymbol{A},\boldsymbol{B},\boldsymbol{C})$ 的系统矩阵 A 的特征值即为系统的极点。通过选择反馈增益矩阵，将闭环系统的极点恰好配置在根平面上所期望的位置，以获得所希望的性能指标。因此，可以尝试极点配置法，即通过引入反馈改变极点位置。

极点配置法一般有两种实现方式：状态反馈与输出反馈，分别将系统的状态变量 $\boldsymbol{x}$ 与输出 $\boldsymbol{y}$ 作为反馈引入原系统。状态反馈要求原系统能控，将其转变为 $\Sigma_K=((\boldsymbol{A}+\boldsymbol{BK}),\boldsymbol{B},\boldsymbol{C})$；而输出反馈要求原系统能观，将其转变为 $\Sigma_K=((\boldsymbol{A}+\boldsymbol{BHC}),\boldsymbol{B},\boldsymbol{C})$，其中 $\boldsymbol{K}$、$\boldsymbol{H}$ 为反馈矩阵；相较而言，输出 $\boldsymbol{y}$ 的维数一般小于状态变量 $\boldsymbol{x}$ 的维数，因此输出反馈的调节效果较差；但由于系统的状态变量往往无法直接测量（甚至不存在物理意义），因此输出反馈更容易实现。

本章主要讨论状态反馈方法，其 Simulink 模型框图如图 6-8 所示。

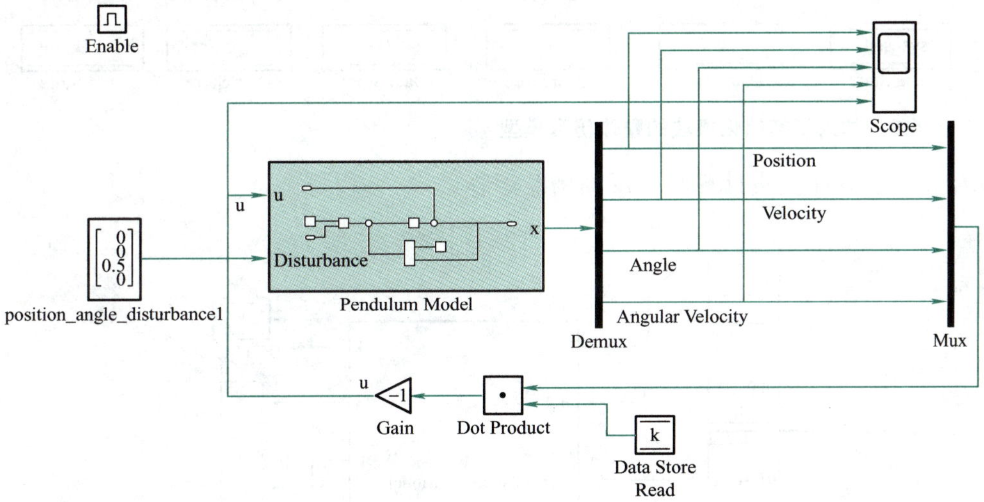

图 6-8 在倒立摆系统中引入状态反馈

图 6-8 中 Pendulum Model 即为图 6-7 中的系统状态空间模型。position_angle_disturbance1 为系统的输入信号，此处为阶跃信号。通过调节反馈矩阵 $\boldsymbol{K}$ 使系统达到稳定。

2. 使用 LQR 控制器优化状态反馈矩阵

由于 LQR 控制本质上是全状态反馈控制器的设计问题，系统模型如图 6-8 所示。

设系统的二次型性能指标能量函数为

$$J=\int_{t_0}^{t_f}[\boldsymbol{x}^{\mathrm{T}}\boldsymbol{Q}(t)\boldsymbol{x}+\boldsymbol{u}^{\mathrm{T}}\boldsymbol{R}(t)\boldsymbol{u}]\mathrm{d}t$$

由于系统中只需要对位移与角度这两个状态变量加以控制，而对角度的控制要求又要高于对位移的控制要求，因此将加权矩阵设计为

$$\boldsymbol{Q}=\begin{pmatrix}1&0&0&0\\0&0&0&0\\0&0&10&0\\0&0&0&0\end{pmatrix},\ R=1$$

先根据式(6-11)所列的状态空间方程获得被控系统 $\boldsymbol{\Sigma}=(\boldsymbol{A},\boldsymbol{B},\boldsymbol{C},\boldsymbol{D})$，再通过调用 MATLAB 的 lqr( ) 函数计算里卡蒂方程，由此得到反馈矩阵 $\boldsymbol{K}$。本节中给出的例程对应式(6-11)的状态空间方程。在被控系统中加入反馈 $\boldsymbol{K}$，构建 LQR 控制器。

本章中，反馈矩阵 $\boldsymbol{K}$ 为定常矩阵。图 6-9 所示为在系统中加入了初始化模块的整体仿真模型，模型运行时先执行一次 Initial Subsystem 中的程序，再运行 Loop Subsystem 中的仿真框图。其中 Loop Subsystem 和 Initial Subsystem 中的内容分别如图 6-8 和图 6-10 所示。

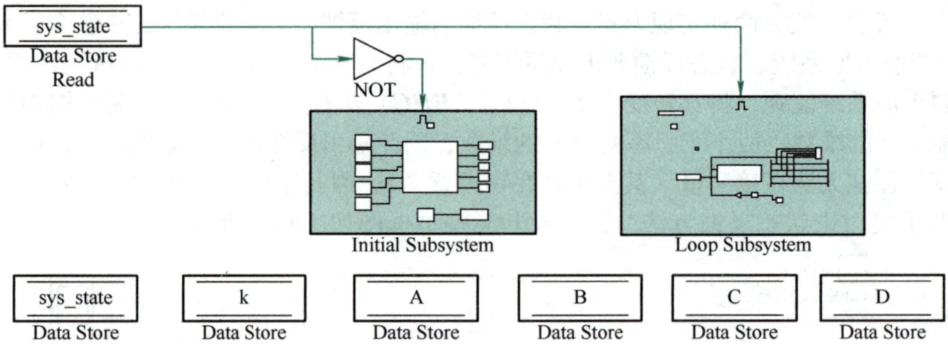

图 6-9　加入了初始化模块的整体仿真模型

初始化模块程序负责计算状态反馈增益矩阵。

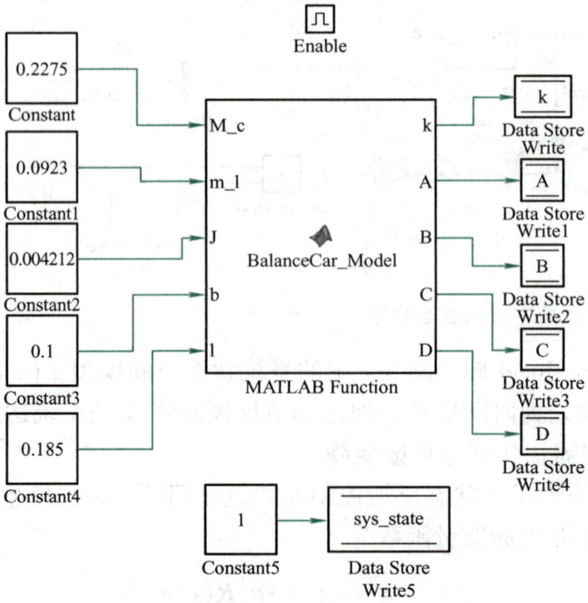

图 6-10　初始化模块

MATLAB Function 模块的具体程序如下所示：

```
    function[k,A, B, C, D] =BalanceCar_Model(M_c,m_l,J,b,l)
%参数通过输入得到
  [A,B,C,D]=calc_SSM(M_c,m_l,J,b,l);
  [G,k]=Observability_Controllability_analze(A,B,C,D);
End
function[A,B,C,D]=calc_SSM(M,m,J,b,l)
%计算状态方程
    g=9.8;
     p=J*(M+m)+M*m*l*l;
    A=[0            1                  0              0;
        0    -(J+m*l*l)*b/p   (m*m*g*l*l)/p    0;
        0            0                  0              1;
        0      -(m*l*b)/p        m*g*l*(M+m)/p   0;];
    B=[        0;
        (J+m*l*l)/p;
               0;
          m*l/p;];
    C=[1  0  0  0;
        0  0  1  0;];
    D=[0;
        0;];
end
function [G,k]=Observability_Controllability_analze(A,B,C,D)_
    R = 1; %计算 LQR 矩阵
    Q=[1  0  0  0;
        0  0  0  0;
        0  0  10  0;
        0  0  0  0;];
   %Declare lqr as extrinsic
     coder. extrinsic('lqr');
    k=zeros(1,4);
    [k S e]=lqr(A,B,Q,R); %计算状态反馈增益矩阵 K
    G=A-B*k;
end
```

在0.5rad 的角度阶跃信号输入下，得到了图6-11 所示的 MATLAB 仿真结果。图中位置单位为 m，角度单位为 rad，时间单位为 s。

图6-11 给出了一组系统仿真结果，可用于指导加权矩阵 $\boldsymbol{Q}$、$\boldsymbol{R}$ 的设计，尝试改变矩阵 $\boldsymbol{Q}$、$\boldsymbol{R}$ 可以缩短系统调节时间。其中，增大矩阵 $\boldsymbol{Q}$ 中某一元素的权值时，与其相对应的状态变量的动态响应快速性得到提高，但同时会使得控制量的幅值增大；而当矩阵 $\boldsymbol{R}$ 中的某一

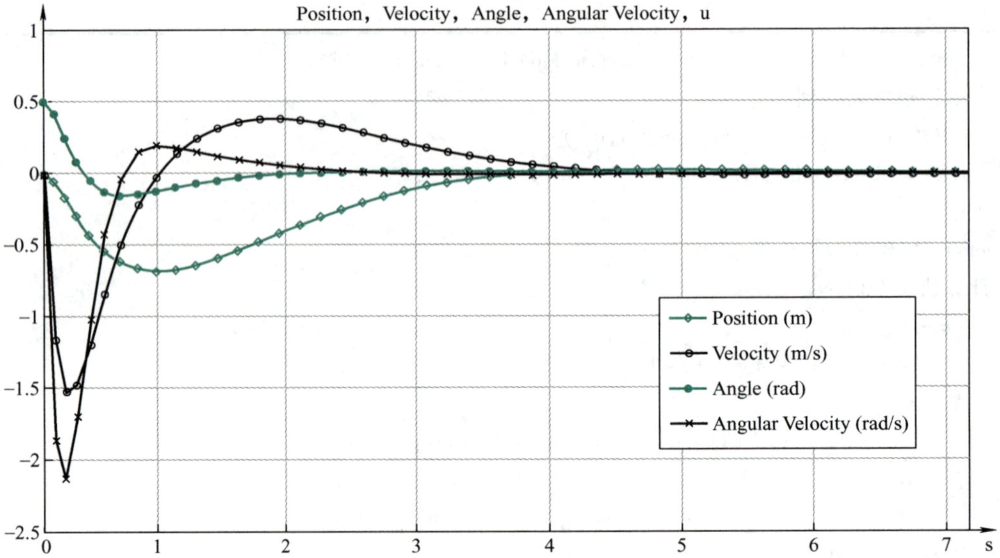

图 6-11 LQR 方法仿真结果

元素的权值增大时，控制量的幅值相应减小。应注意控制量 $\boldsymbol{u}$ 不应过大，以免超出实际倒立摆的控制能力，使得仿真效果难以在实际设备上实现。

6.1.4 PID 与 LQR 实际控制对比

常规 PID 控制是一种实用的经典控制方法，对于倒立摆这样的非线性系统，通过根轨迹校正、频域校正等方法进行 PID 参数的整定，能取得不错的控制效果。当系统的状态能准确获得时，LQR 的控制效果不亚于 PID，具有较短的调节时间、较小的超调量和较好的动态性能。但当实际复杂系统的状态变量不能全部准确得到时，LQR 控制器的设计需要在系统辨识、建模与仿真等方面进行很多准备工作，甚至需要进行状态观测，才能取得一定的效果。

下面介绍如何通过 Simulink 配置 STM32，并应用于倒立摆实验的具体流程（见图 6-12）。

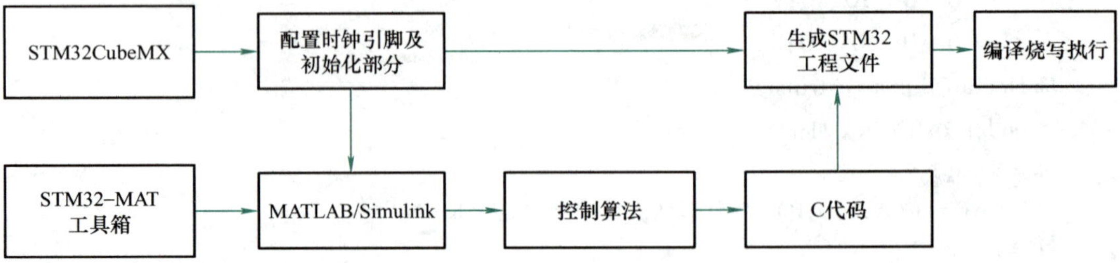

图 6-12 Simulink 配置 STM32 工程流程

实验具体流程如下。

第一步：下载安装软件。从 ST 官网下载 STM32-MAT/TARGET 开发库、STM32CubeMX 及 KEIL（MDK 5）软件。STM32-MAT/TARGET 为 MATLAB/Simulink 工具包，STM32CubeMX 用于配置引脚、时钟、初始化等信息，并生成工程文件，KEIL 是 IDE 环境。下载 STM32-MAT 版本需要与 MATLAB 版本一致，可使用 STM32-MAT 版本 5.6、MATLAB

版本 2018b。在 MATLAB 安装时需要安装 Embedded Coder 插件，以生成 C 代码。

第二步：配置 MATLAB。安装 STM32-MAT 并在 MATLAB 中添加工具箱的安装路径，需要注意选择包含子文件夹。打开 Simulink，若库（Library Browser）中已出现“Target Support Package – STM32 Adapter”工具包，可忽略以下操作。若未出现该工具包，可打开 STM32_Library. slx，并解锁，再刷新 Simulink Library。

第三步：使用 STM32CubeMX 配置芯片。安装 STM32CubeMX 软件完成后，打开进行配置，选择合适的芯片型号，建立工程，配置引脚、时钟、定时器、串口等参数，保存扩展名为 *. ioc 的文件至工程文件夹下。

第四步：在 Simulink 中搭建系统控制模型。打开 Simulink，新建 model，打开“Model Configuration Parameters”进行设置，搭建框图，保存文件与 *. ioc 文件在同一个文件夹下。

第五步：将 Simulink 框图生成 C 代码。设置当前路径为之前的工程文件夹下，代码生成完毕后打开 STM32CubeMX，设置代码生成路径、工程名称等后，生成 KEIL 工程。

第六步：编译 KEIL 工程并将程序烧录入 STM32 单片机。打开 KEIL，编译并生成 *. hex 文件，通过 Mcuisp 烧写器以串口方式将 *. hex 文件烧录入单片机，或直接使用 KEIL 连接 SWD/J – Link 仿真器对 STM32 单片机进行下载调试。

第七步：编写串口接收和绘图程序。在 MATLAB 中编写主程序脚本，以及串口接收回调函数脚本，用于接收 STM32 发回的传感器及 PWM 数值，并绘制成图表。

第八步：连接计算机与 STM32 开发板，开始实验测试。

下面将详细介绍其中第三到八步。需要注意的是，LQR 与 PID 方法的实验步骤仅在第四步（搭建 Simulink 系统控制模型）中有所区别，其他步骤均相同，不进行分别说明。

1. 使用 STM32CubeMX 配置芯片

打开并新建工程，选择对应芯片型号，如图 6-13 所示，实验使用的芯片为 STM32F103C8。

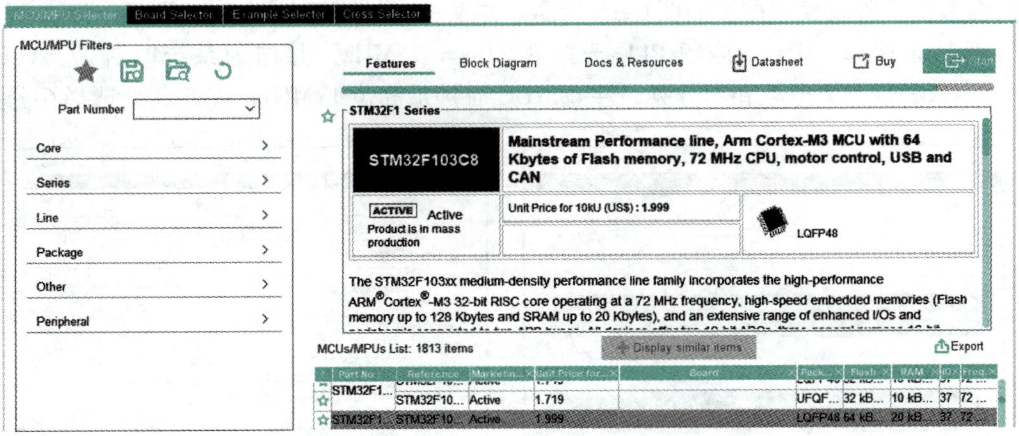

图 6-13 选择 STM32 芯片型号

根据需要选择 STM32 的 ADC、TIM3、TIM4、USART1、GPIO 口进行配置。其次对时钟频率、各引脚的状态以及其他初始化条件进行配置。本实验芯片引脚配置如图 6-14 所示，可以单击引脚选择相应的模式，也可以通过左侧 Configuration 进行选择。

PD0、PD1 为外部晶振的两个引脚，PA3 为倒立摆角位移传感器的 ADC 输入，PA4 为指

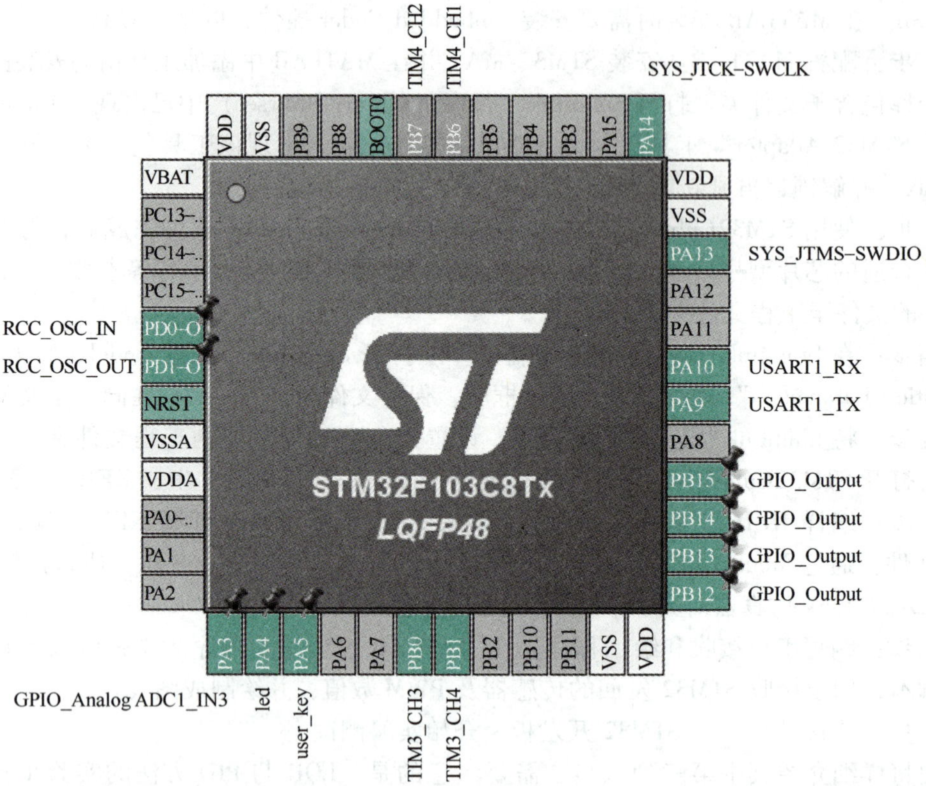

图 6-14　STM32CubeMX 引脚配置

示灯，PA5 为按键，PA9、PA10 为串口通信的 USART_TX 和 USART1_RX；选择定时器 TIM3 输出直流电机 PWM，PB12、PB13 作为输出；采用定时器 TIM4 的 Encoder mode 获取电机编码器数值。外设模式配置如图 6-15 所示。本实验时钟配置如图 6-16 所示，HSE 根据原理图外部晶振选择 8MHz，倍频 PLL 选择 8 × 9 = 72MHz，并作为系统时钟源 SYSCLK，APB1 和 APB2 选择 2 分频和不分频，注意 ADC 时钟最高位 12MHz，因此此处选择 6 分频。

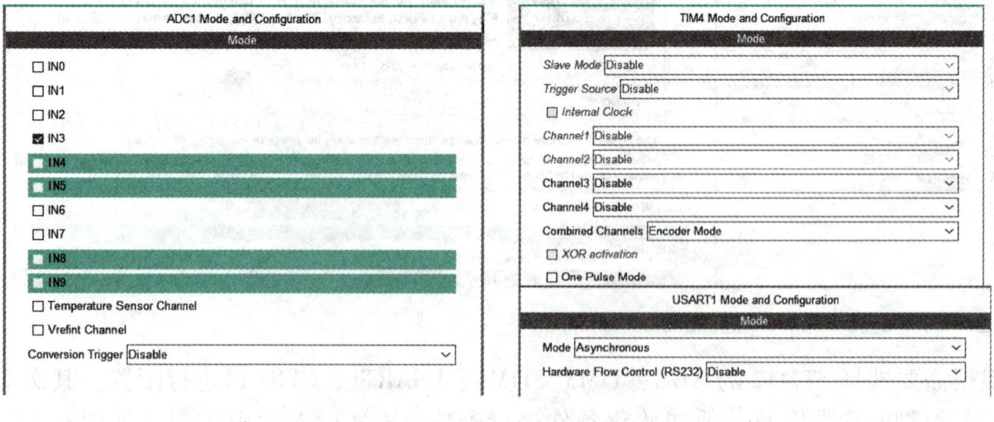

a)　　　b)

图 6-15　外设模式配置

a）ADC1 配置　b）定时器 TIM4 和 USART1 串口配置

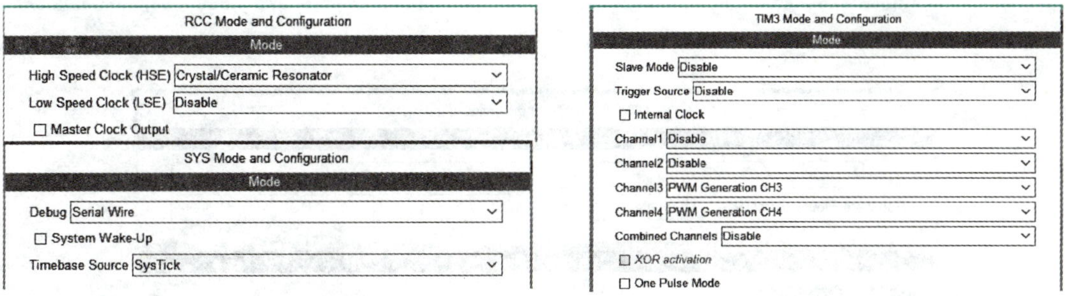

c) d)

图 6-15 外设模式配置（续）

c）复位 RCC 与时钟 SYS 配置 d）定时器 TIM3 配置

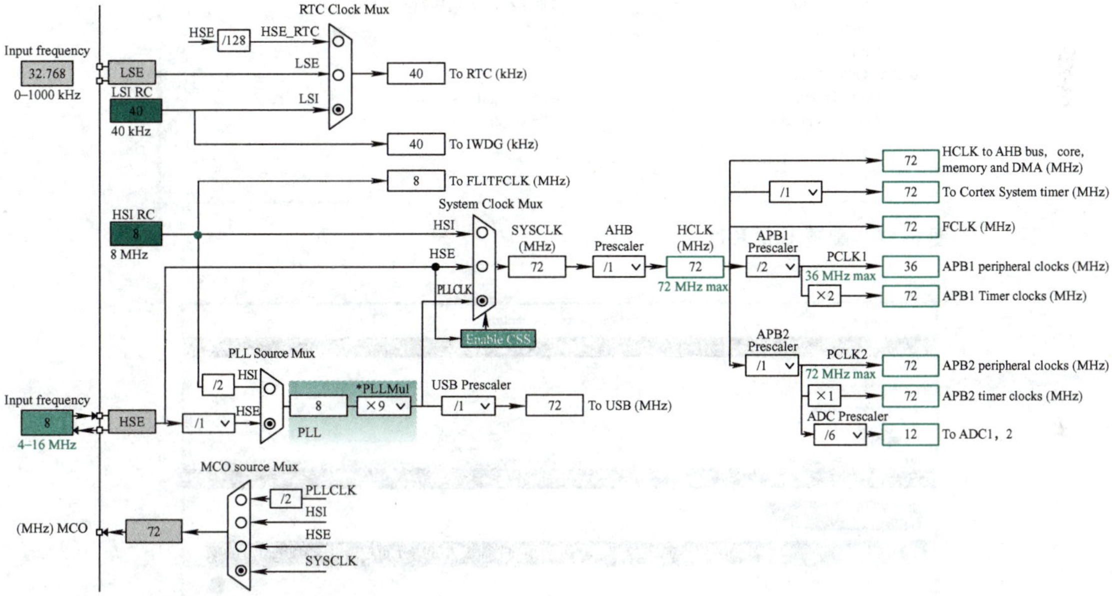

图 6-16 时钟配置

本实验各引脚的状态以及其他初始化设置如下。分别单击左侧 Configuration 中的 USART1（见图 6-17）、ADC1（见图 6-18）、GPIO（见图 6-19）、TIM3（见图 6-20）、TIM4（见图6-21），可以对其进行引脚状态等参数的配置，同样也可以设置中断，配置 NVIC 中断优先级。这里设置的 USART1 波特率 115200Bit/s，8 位数据一个停止位，无校验位；ADC 可选择默认设置；TIM3 输出 PWM 可依据图 6-20 进行设置，TIM4 编码器部分将计数器自动重装值设置为 65535，编码器模式设置为 Encoder Mode TI1 和 TI2，即同时计数上升沿和下降沿。

然后进行工程文件设置（见图 6-22），打开 Project Settings，Project Name 为生成的 MDK 工程名称，注意检查工程存储位置是否与之前一致，Toolchain/IDE 选择 MDK – ARM V5，其余可选择默认设置。进行本步骤后，STM32CubeMX 的配置基本完成。

等待 Simulink 生成 C 代码文件后，再进行工程生成，单击“Generate source code based on user settings”，待对话框跳出，单击“Open project”，即进入 KEIL 环境。

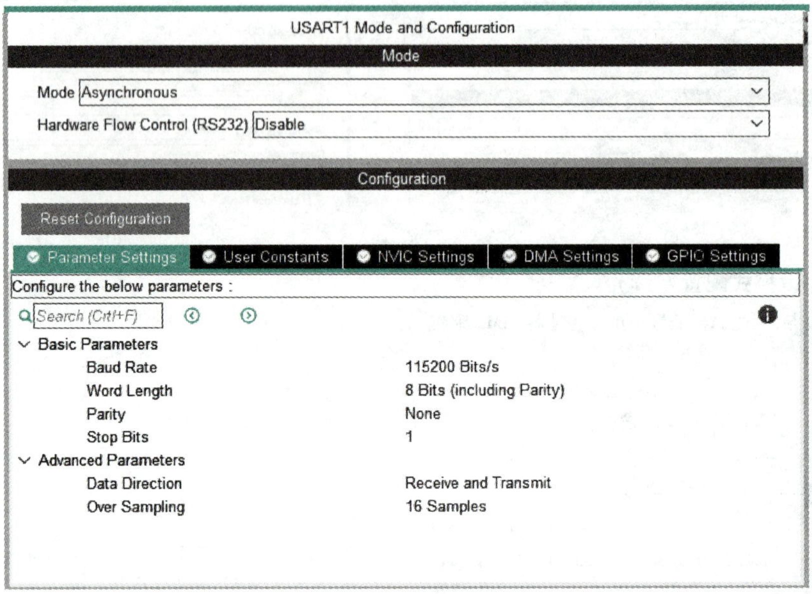

图 6-17　配置 USART1

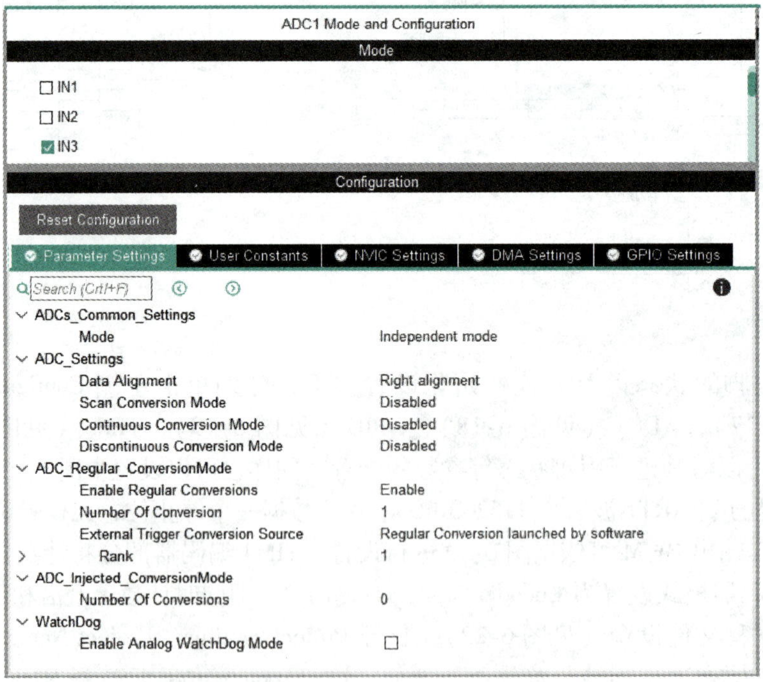

图 6-18　配置 ADC1

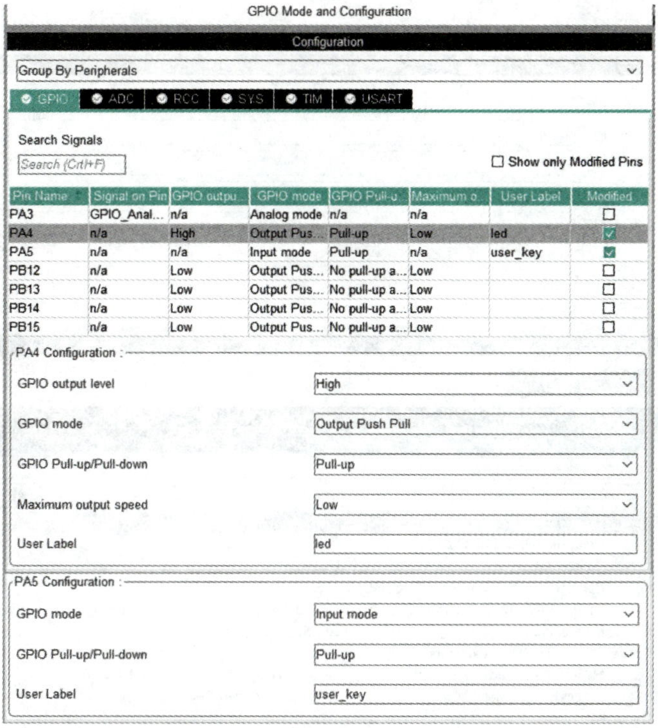

图 6-19 配置 GPIO 输入输出

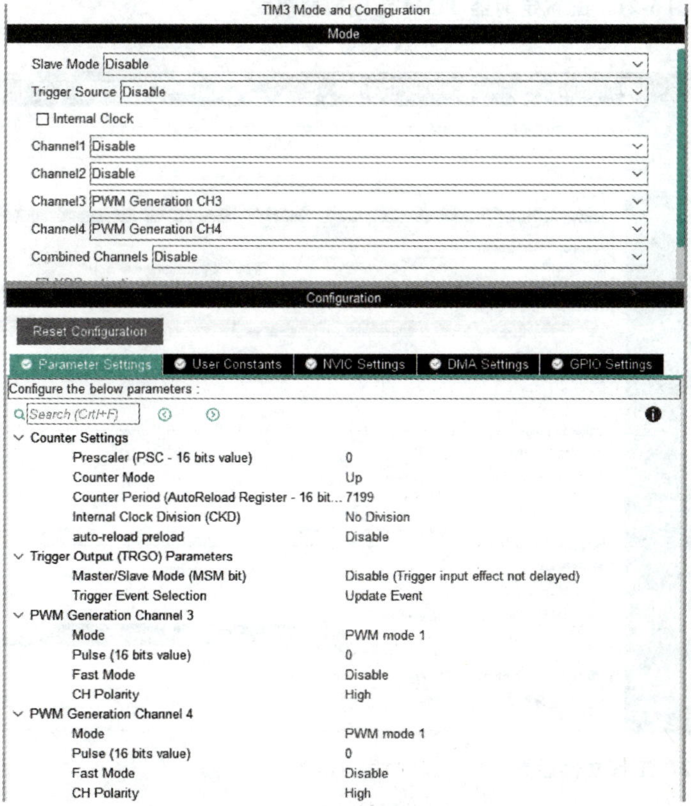

图 6-20 配置定时器 TIM3 为 PWM 输出模式

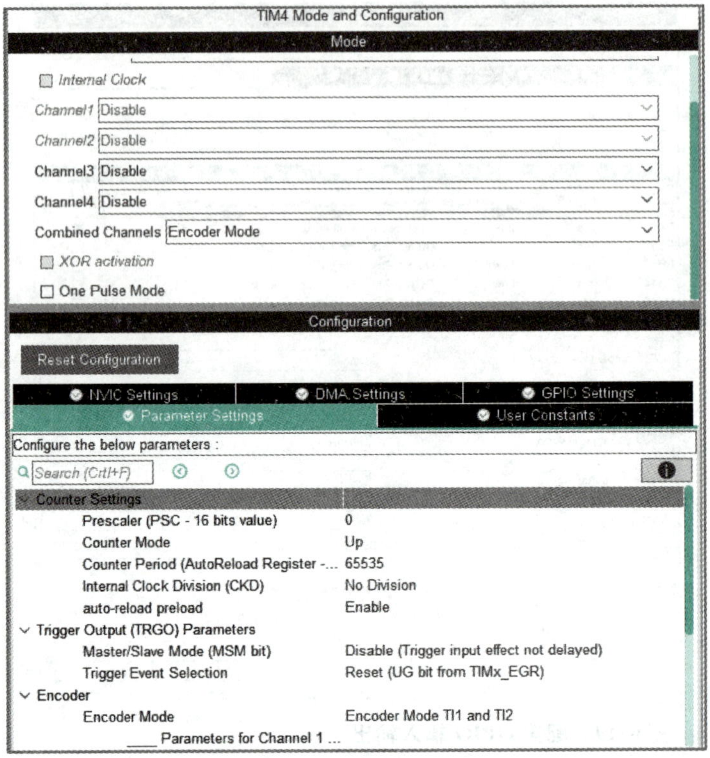

图 6-21　配置定时器 TIM4 为编码器模式

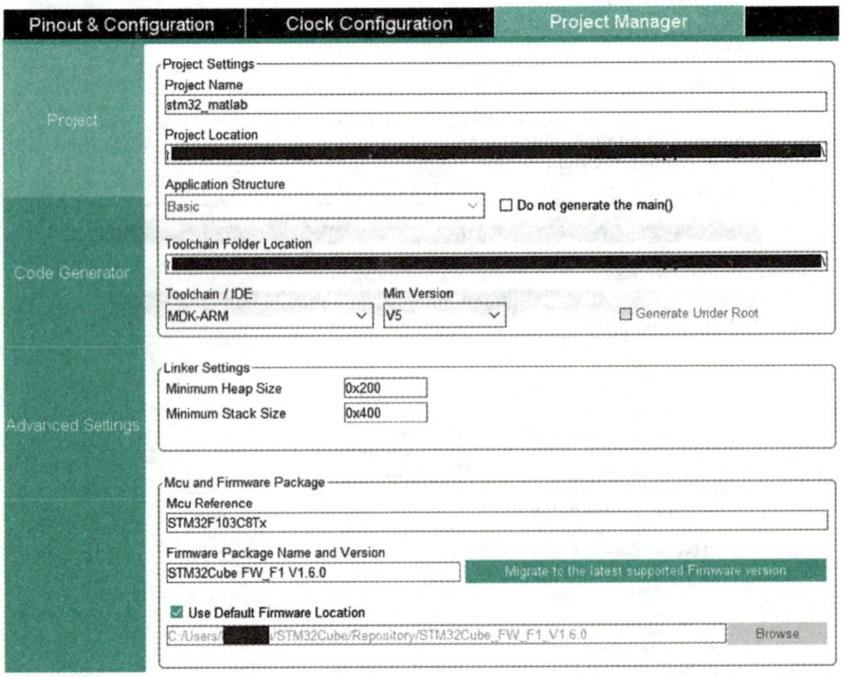

图 6-22　工程文件设置

2. 在 Simulink 中搭建系统控制模型

配置 STM32CubeMX 后，打开 Simulink，单击“Model Configuration Parameters”进行设置，依据图 6-23 ~ 图 6-27 所示的顺序依次对 Slover、Data Import/Export、Code Generation 等进行配置，在 Code Generation 中选择 stm32. tlc。

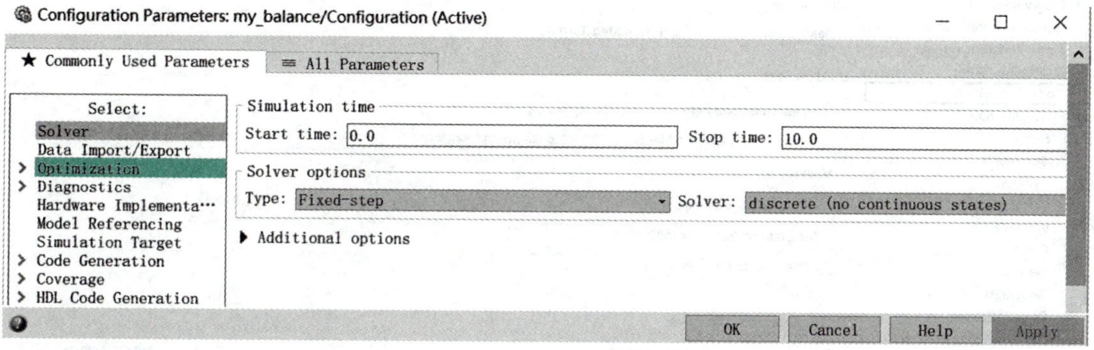

图 6-23 设置定步长和求解方式

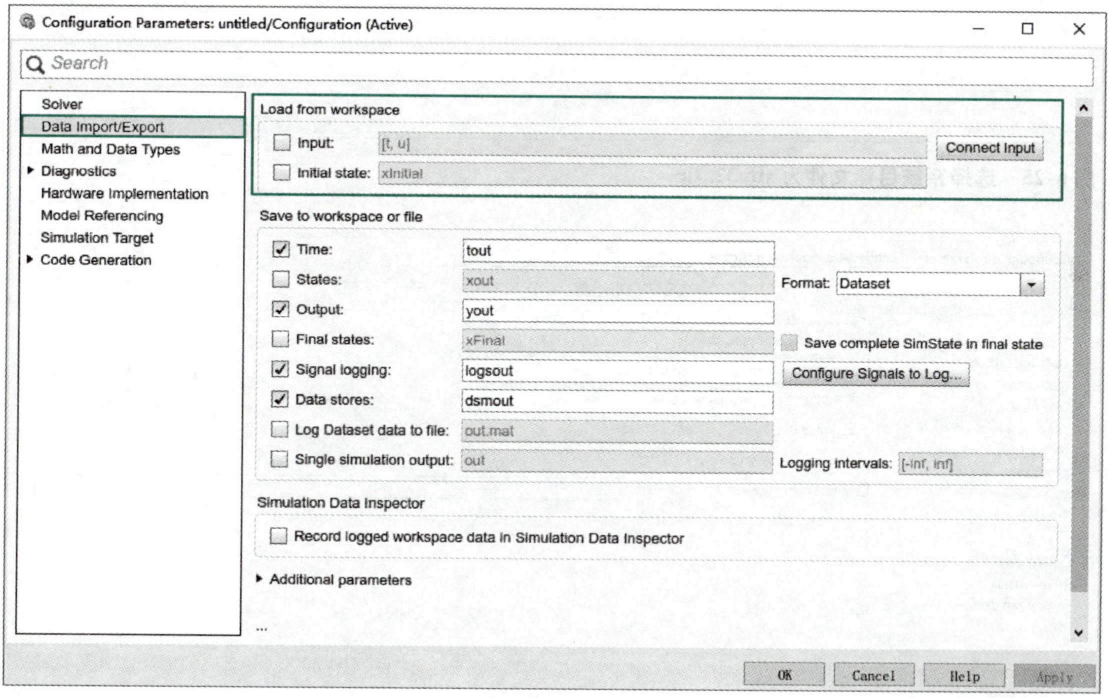

图 6-24 设置数据输入输出部分

这一步要注意是否已更新为 STM32CubeMX 和 STM32 – MAT 工具包的安装路径。

注意检查每个选项中的路径是否有效，且不能有重复的路径。

完成上述步骤后，再选择 Simulink 库中 Target Support Package-STM32 Adapter 选项卡下的 MCU Config 条目，将 STM32_Config 模块拖入 Simulink 编辑器中，并双击进行设置（见图 6-28、图 6-29）。选择由 STM32CubeMX 配置生成的 . ioc 文件并确定，且必须保证当前的 . slx 模型文件与 . ioc 配置文件在同一文件夹下。

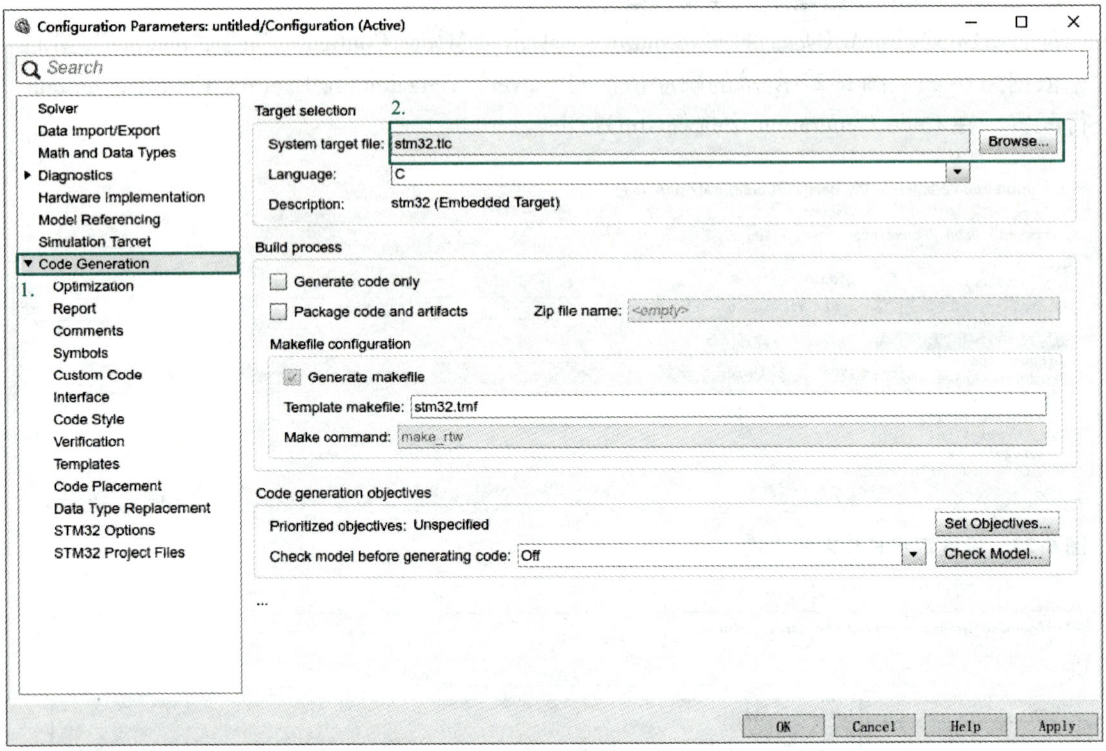

图 6-25　选择系统目标文件为 stm32. tlc

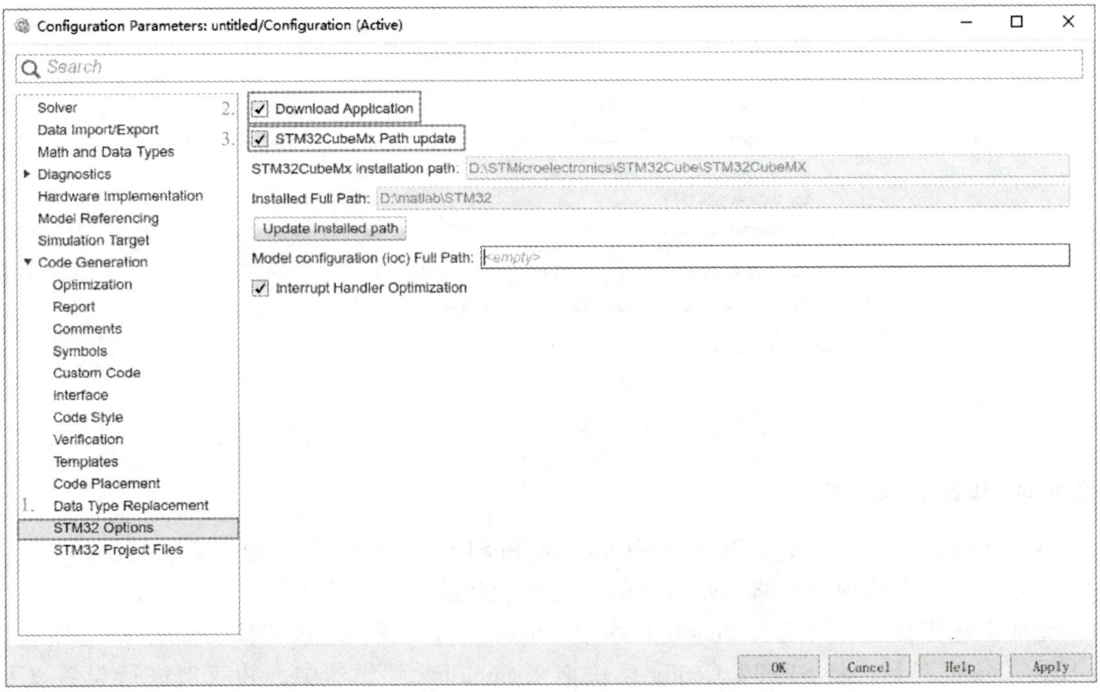

图 6-26　设定有关 STM32CubeMX 的选项

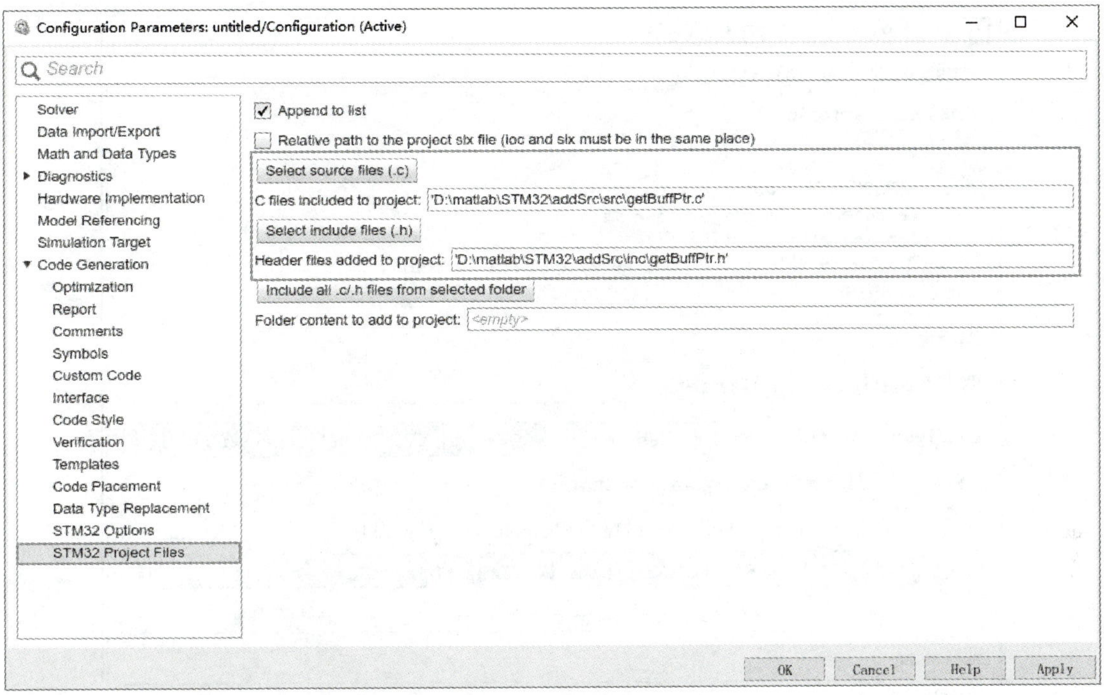

图 6-27　在工程中添加相关的外部 . c 文件

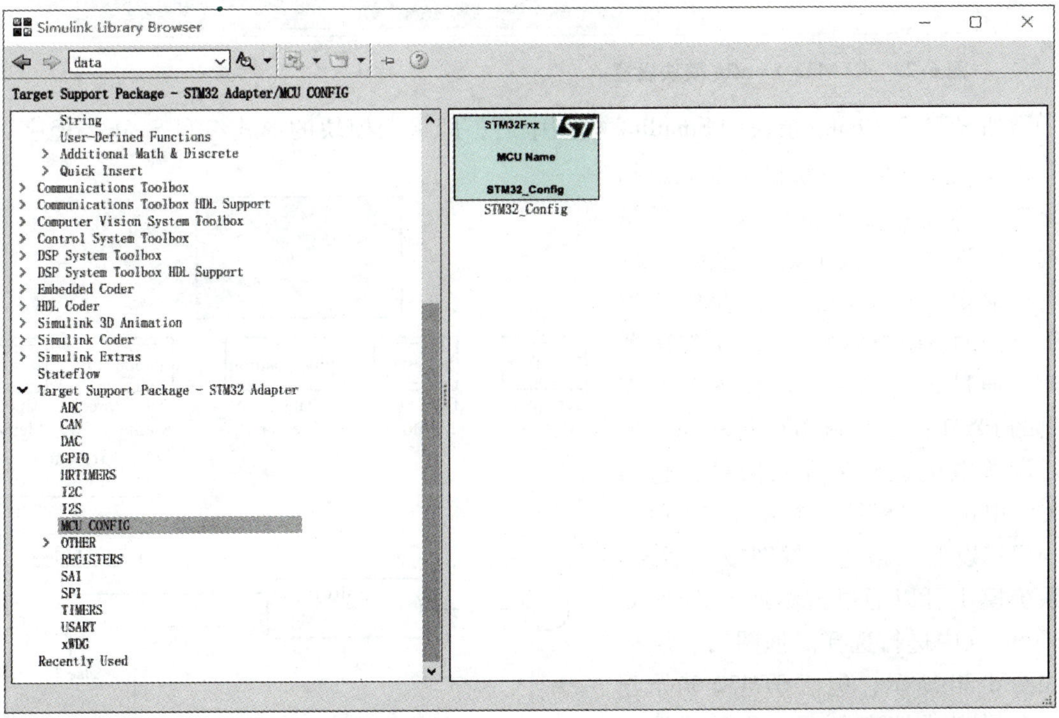

图 6-28　Simulink 库中的 STM32 工具包

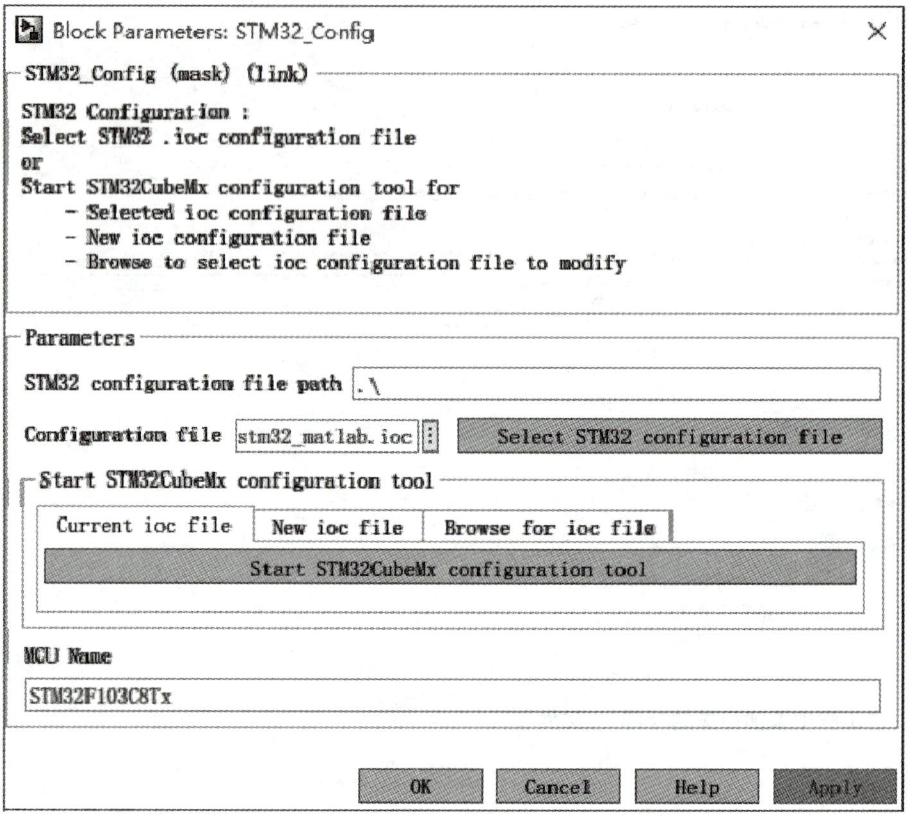

图 6-29 STM32_Config 模块设置

添加 STM32_Config 模块到 Simulink 模型中后，即可用模块的形式编写 STM32 程序。首先 LED 长亮 2s 等待系统稳定并完成相关配置；继而扫描按键状态，判断是否按下按钮，如果按下则标志位取反，从而控制电机的通断；然后获取角位移传感器的 ADC 模拟量和电机编码器数值，通过控制算法，计算得到所需输出的 PWM 占空比调节电机转速。另外，设置电机运动的左右限位，超出则关闭电机，以保护机械装置和电机。

根据以上思路建立框图或子系统，子系统模块可以通过搜索或在 Ports & Subsystems 中进行选择。框图第一层框架如图 6-30 所示，包括 STM32 初始配置，全局变量的定义，以及时钟的逻辑判断，其中 key_flag 为按键标志位，控制电机通断；key_state 控制按键延迟

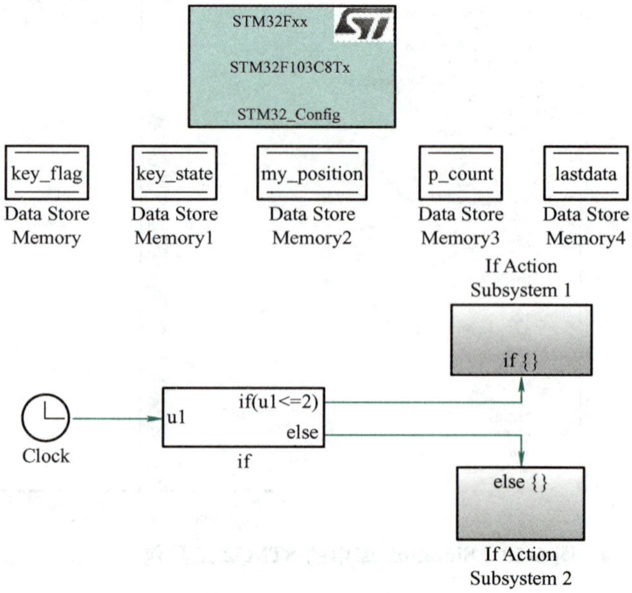

图 6-30 Simulink 总框图

的变量；p_count、lastdata 为控制电机位置实现异常关闭的控制变量。对全局变量的定义是通过向框图中添加 Simulink Library 中的 Data Store Memory 模块，即可生成在 MATLAB function 中应用的全局变量，同时在子框图中添加 Data Store Read 和 Data Store Write 模块，也可读写该全局变量。如图 6-31 所示，当 $t<2$s 时执行 If Action Subsystem 1，主要目的是等待系统稳定并完成一些初始设置，GPIOA4 的 led 在前 2s 内常亮。

当 $t>2$s 时，执行 If Action Subsystem 2，如图 6-32 所示，包括关闭指示灯（见图 6-33）、扫描按键情况（见图 6-34）以及程序主体等模块。扫描按键子系统设置按键延迟 100ms。对于程序主体部分包括 ADC 值读取、电机编码器读取、控制算法、数据发送、电机控制和异常关闭电机等几个子系统。

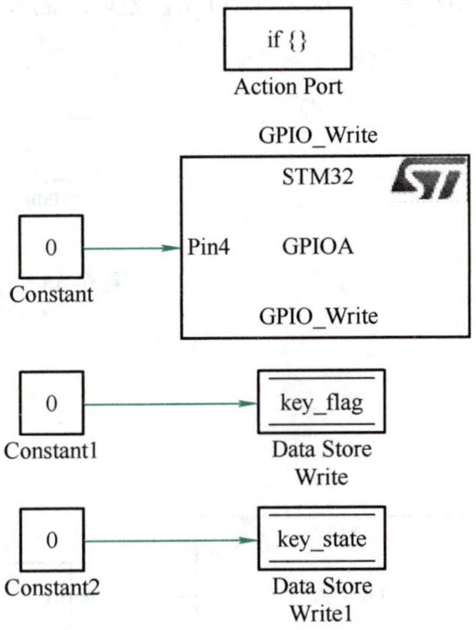

图 6-31　子系统 If Action Subsystem 1

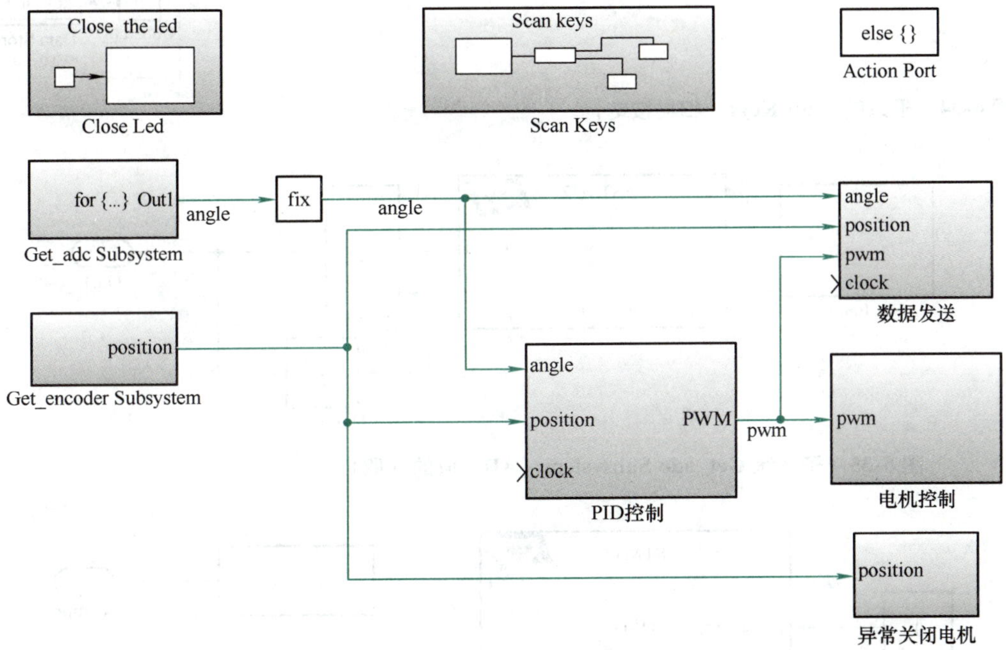

图 6-32　子系统 If Action Subsystem 2

如图 6-35 所示，子系统 Get_adc Subsystem（ADC 值的读取）通过循环实现，选择 For Iterator 模块，连续读取并记录 11 次的传感器数值，并进行滤波，具体滤波程序需要在生成的 KEIL 工程添加部分用户代码段。

电机增量式编码器读取子系统 Get_encoder Subsystem 如图 6-36 所示，其中输入 Reset CNT 为一个布尔值，0 代表每次循环不清空计数值，输出 CNT 为当前计数值。电机正转

CNT 值增加，反转 CNT 值减少，需要在程序初始化时合理设置初值，并进行溢出判断。

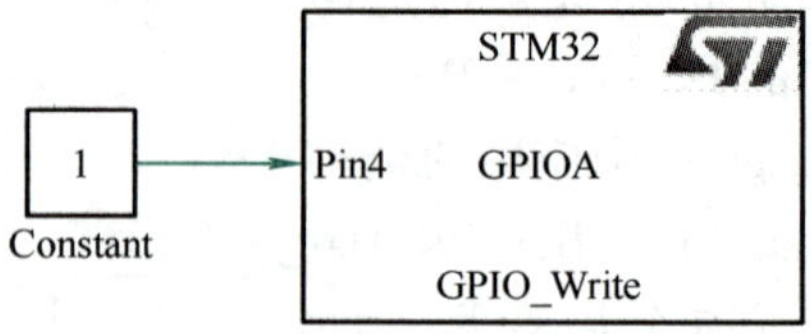

图 6-33　子系统 Close Led（关闭指示灯）

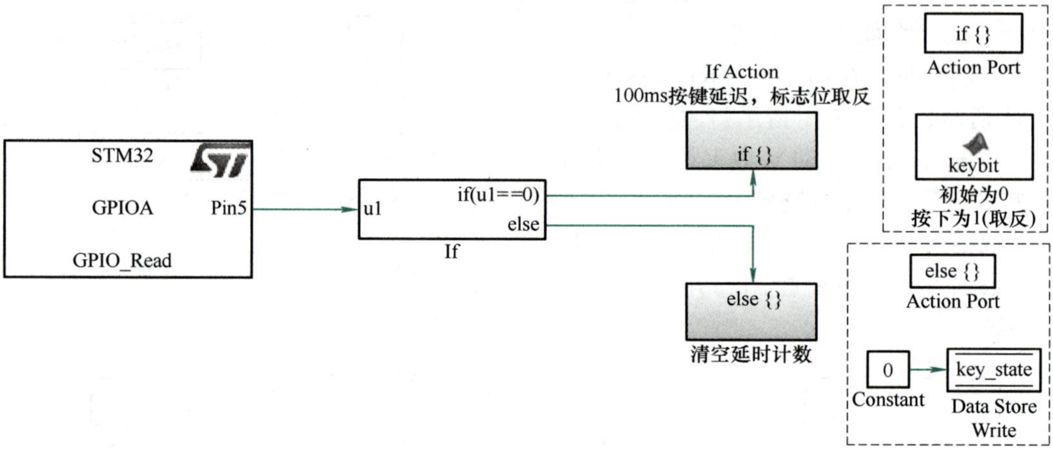

图 6-34　子系统 Scan Keys（扫描按键）

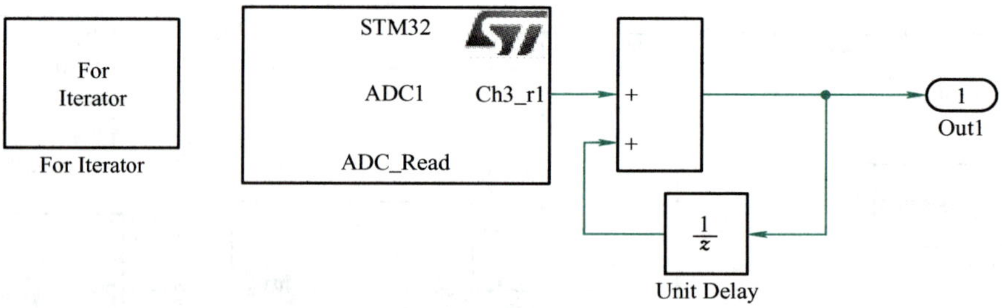

图 6-35　子系统 Get_adc Subsystem（ADC 值的读取）

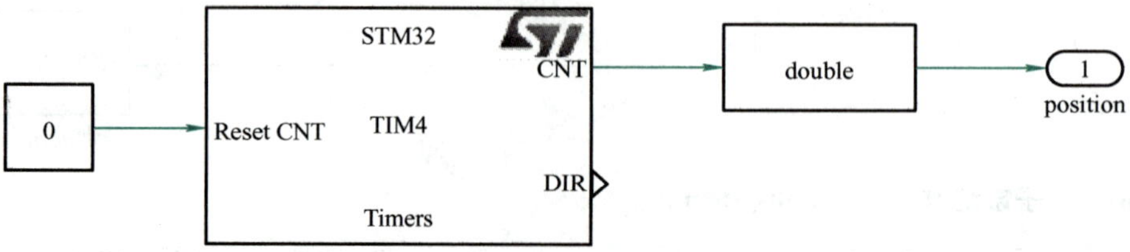

图 6-36　子系统 Get_encoder Subsystem（电机编码器值的读取）

控制子系统如图 6-37 所示（此处给出 PID 控制），对位置和角度控制均采用 PD 控制。

两个 MATLAB function 如下，实现在电机编码器数值与初值差值在 P_BIAS（可赋初值

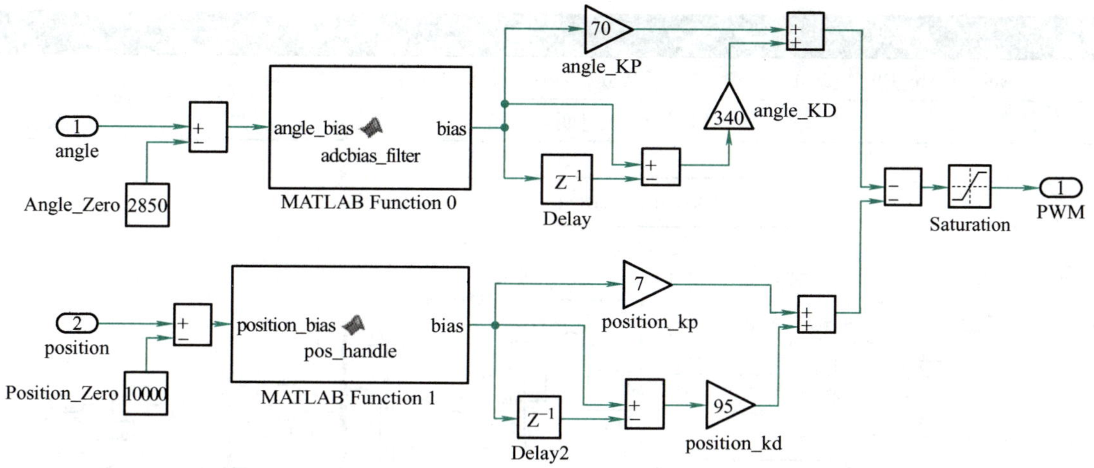

图 6-37　PID 控制子系统

的整型量）内时不对位置进行控制，仅对角度进行控制。设定角度传感器反馈的 ADC 值偏差在 ERR（角度死区阈值）以内时，按照零偏差处理。在计算完成后输出 PWM 值之前需要通过饱和特性模块（Saturation）进行限幅，使得输出值介于 -6900 到 6900 之间，以避免其超过 STM32CubeMX 中配置的 PWM 最大值 7200。

MATLAB Function 0	MATLAB Function 1

function bias = adcbias_filter(angle_bias)
  if abs(angle_bias) < = **ERR**
    bias = **0**;
  else
    bias = angle_bias;
  end
end
	function_bias = pos_handle(position_bias)
	if abs(position_bias) < = **P_BIAS**　bias = **0**;
	  else if position_bias > **P_BIAS**
	    bias = position_bias - **P_BIAS**;
	  else　bias = position_bias + **P_BIAS**;
	  end
	 end
	end

若需将 PID 控制器更改为 LQR 控制器，只需将上述 PID 控制子系统中框图按图 6-38 进行修改。图中 K 为状态反馈增益矩阵，需采用 6.1.3 节 LQR 仿真实验中得到的矩阵 ***K***，仿真时需使用式(6-12) 的状态空间系数矩阵。六个常数表示的数据之间的换算关系，定义见表 6-2。

表 6-2　参数定义表

数据名	意义
angle_gain	摆杆摆角（rad）/角位移传感器 ADC 值
angular_velocity_gain	Angle_gain/解算周期（s）
position_gain	小车移动距离（m）/电机编码器脉冲数
position_velocity_gain	Position_ gain/解算周期（s）

（续）

数据名	意义
velocity_to_PWM_gain	PWM 值/小车速度（m/s）
T	运算周期（s）

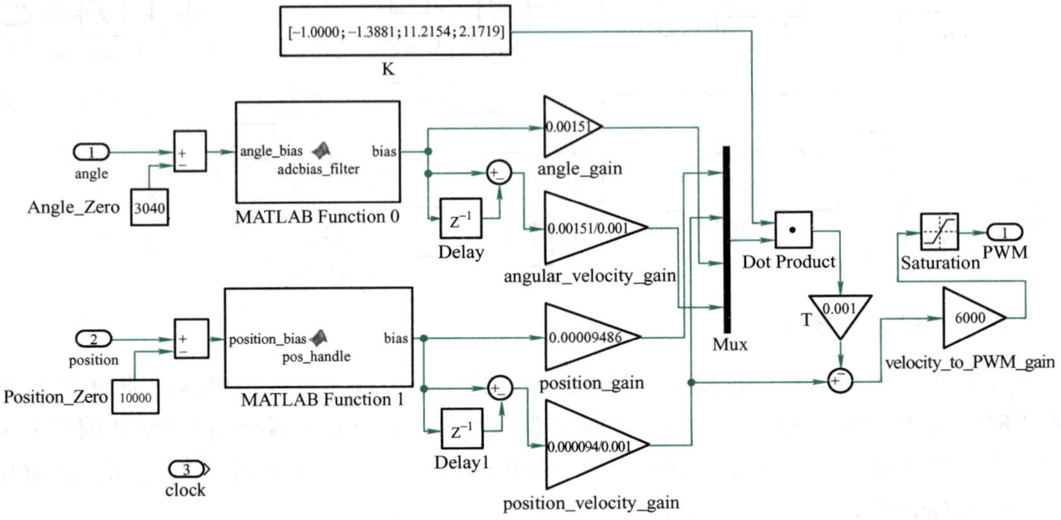

图 6-38　LQR 控制器

velocity_to_PWM_gain 的具体数值可根据实验进行标定。

电机控制子系统框图如图 6-39 所示，其中 PWM 输出可通过 Timers 模块进行配置，双击打开配置界面，如图 6-40 所示，选择 TIM3，Counter period（ARR register）为最大的 PWM 输出值，该部分均由配置的 *. ioc 生成，选择 CH4 的 Duty cycle is an input port 设置（见图 6-41），通过外部输入的方式获得需要输出的 PWM。另外，还需要配置 GPIOB 的 12 和 13 引脚的高低电平进行电机正反转的控制。

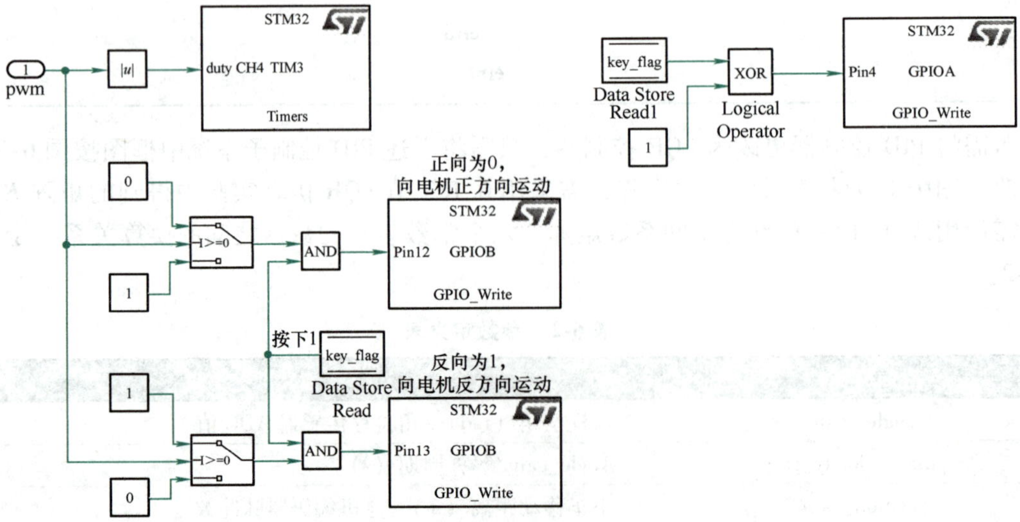

图 6-39　电机控制子系统框图

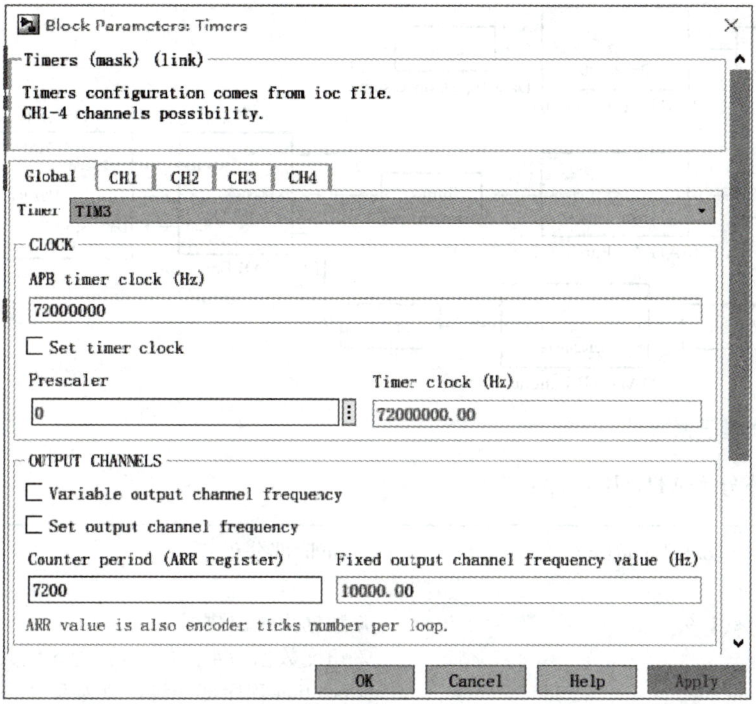

图 6-40　TIM3（PWM）配置界面

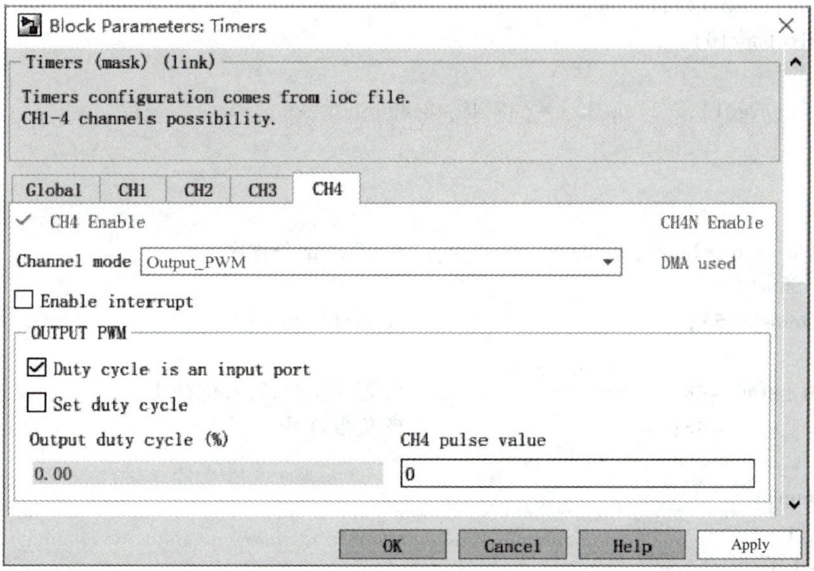

图 6-41　选择 CH4 的 Duty cycle is an input port 设置

数据发送子系统如图 6-42 所示，首先进行数据类型的转换，将读取的数值转化为 double 型数据，通过 MATLAB Function 转换成对应的 ASCII 值，再转化为无符号的 8 位数据，并通过读取数据对应的地址，进行数据发送，USART_Send 模块中 Nb2Send 为单次发送的字节数，Data2Send 为发送数据的地址，NbSent 记录的是发送数据的个数。

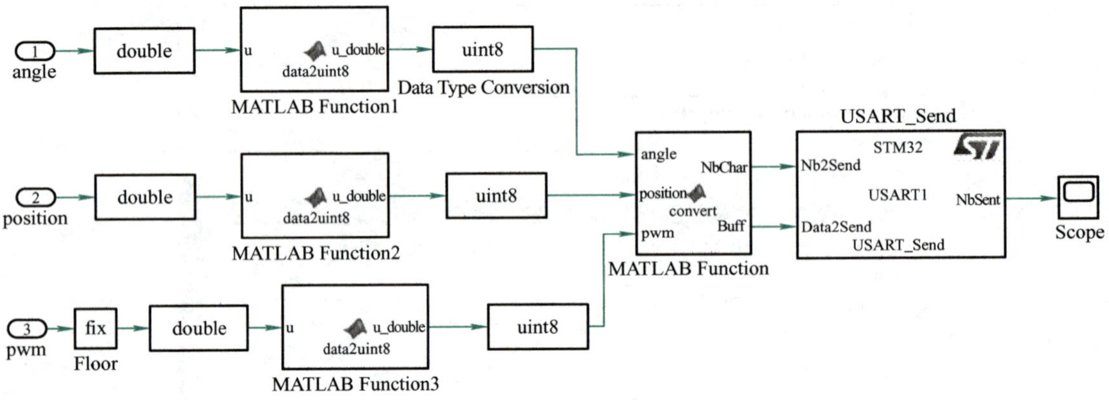

图 6-42　数据发送子系统

数据转换部分 MATLAB 程序：

```
function u_double = data2uint8(u)              % angle 部分程序
if coder.target('Sfun')
    u_double = zeros(1,4);                     % 数据为 4 位数据
else                                           % 角度数据为 4 位数,位置为 5 位数
    tmp = u;                                   % position 程序部分将 4 改为 5
    g = [0,0,0,0];
    for i = 3:-1:1
        g(i)= mod(tmp,10);
        tmp = fix(tmp/10);
    end
    u_double = [tmp,g(1),g(2),g(3)] + [48,48,48,48];
end
end

function u_double = data2uint8(u)              % PWM 部分程序
if coder.target('Sfun')
    u_double = zeros(1,5);                     % 带符号共 5 位
else  tmp = u;
    if tmp >= 0    symb = 48;                  % 若为正数,符号位补 0
    else           symb = 45;                  % 负数符号
    end
    tmp = abs(tmp);
    g = [0,0,0];
    for i = 3:-1:1
        g(i)= mod(tmp,10);
        tmp = fix(tmp/10);
    end
    u_double = [symb,tmp,g(1),g(2),g(3)] + [0,48,48,48,48];
end
end
```

发送部分 MATLAB 程序：

```
function_[NbChar,Buff] =_convert(angle,position,pwm)            %获取发送数据地址
if coder.target('Sfun')                                         % 调用外部 C 文件中的函数
    Buff = uint32(0);
    NbChar = uint16(0);
else
% Executing in the generated code.   % tranfer data to format of uint_8
len = 19;
%4 位 angle,5 位 position,5 位 pwm,2 个空格和 1 个开始标志位 2 个结束位
    CH1Msg = char(20 * ones(1,len));
    CH1Msg(1,1) = char(36);                                     %字头 $
    CH1Msg(1,2:5)  =  char(angle);
    CH1Msg(1,6) = char(32);                                     %空格
    CH1Msg(1,7:11) = char(position);
    CH1Msg(1,12) = char(32);                                    %空格
    CH1Msg(1,13:17) = char(pwm);
    CH1Msg(1,18) = char(13);                                    %换行符(结束符)
    CH1Msg(1,19) = char(10);
    Buff = coder.ceval('getBuffPtr',coder.ref(CH1Msg));% 取 CH1Msg 的地址 Buff
    NbChar = uint16(len);
end
end
```

异常关闭电机子系统（见图 6-43），通过判断编码器读数来限制电机移动范围，使电机移动范围控制在 8200 ~ 11800 之间（STM32 复位时电机所处位置为初始位置，编码器初始读数为 10000）；另外，如果发生位置不变的异常，则控制电机关闭。

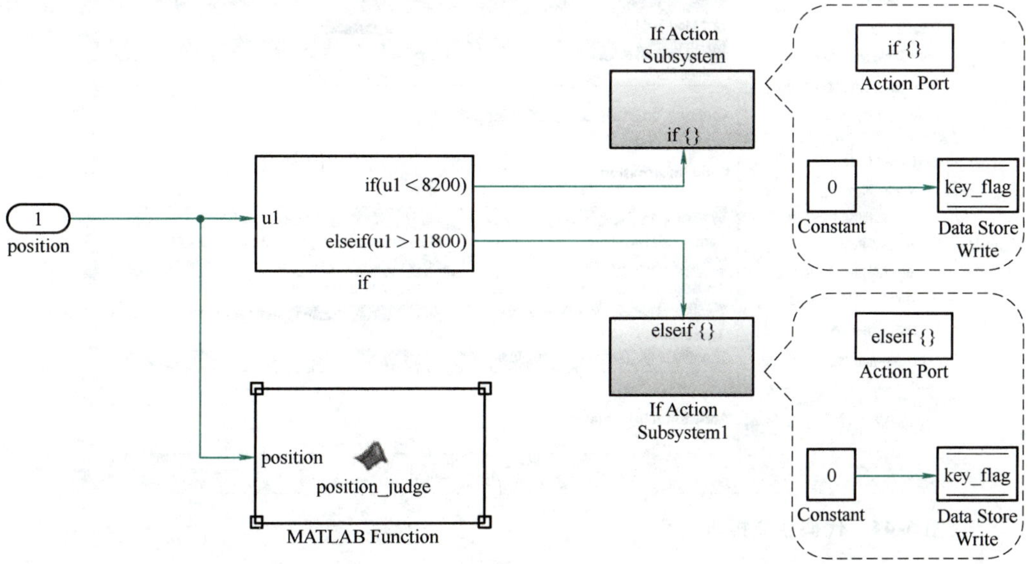

图 6-43　异常关闭电机子系统

位置异常判断部分的 MATLAB 程序：

```
function_position_judge(position)
    global lastdata p_count key_flag;
    if (position >10100)||(position <9900)
        if key_flag = =1
            if lastdata = = position          p_count = p_count +1;
            else                              p_count = 0;
            end
            lastdata = position;
        else
            lastdata = 0;   p_count = 0;
        end
        if p_count > =200       %若超过 1s 电机在同一位置进行异常关闭
           key_flag = false;
        end
    end
end
```

3. 将 Simulink 框图生成 C 代码

在完成设置后单击 Code – C/C + + Code – Build model 生成工程文件，跳出如图 6-44 所示的代码生成报告后，基本完成了 Simulink 部分的设置。

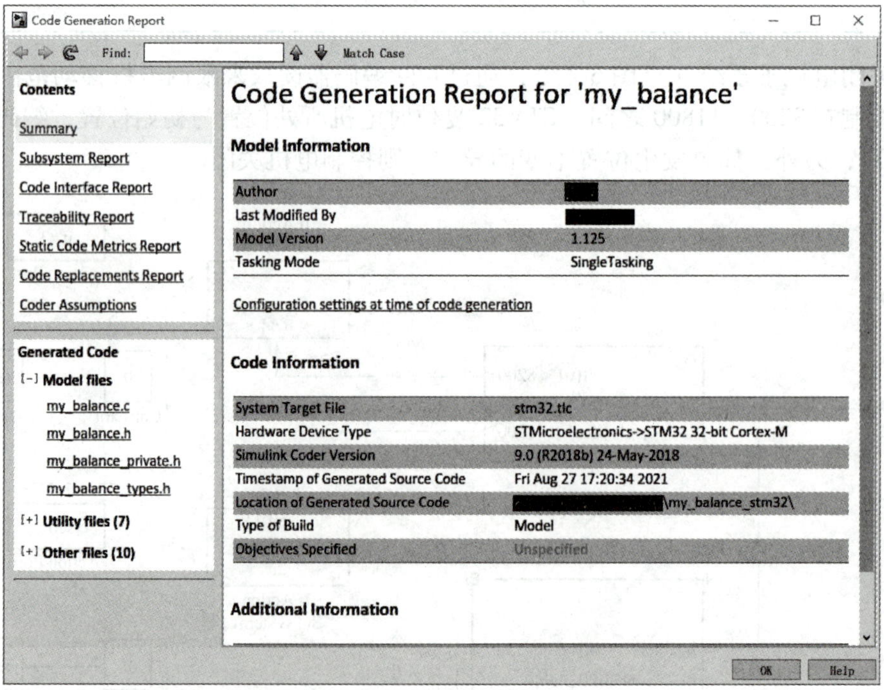

图 6-44　代码生成报告

重新打开 STM32CubeMX 软件，单击 "GENERATE CODE"（见图6-45），待成功生成对话框跳出，单击 "Open project"，即进入 KEIL 环境。

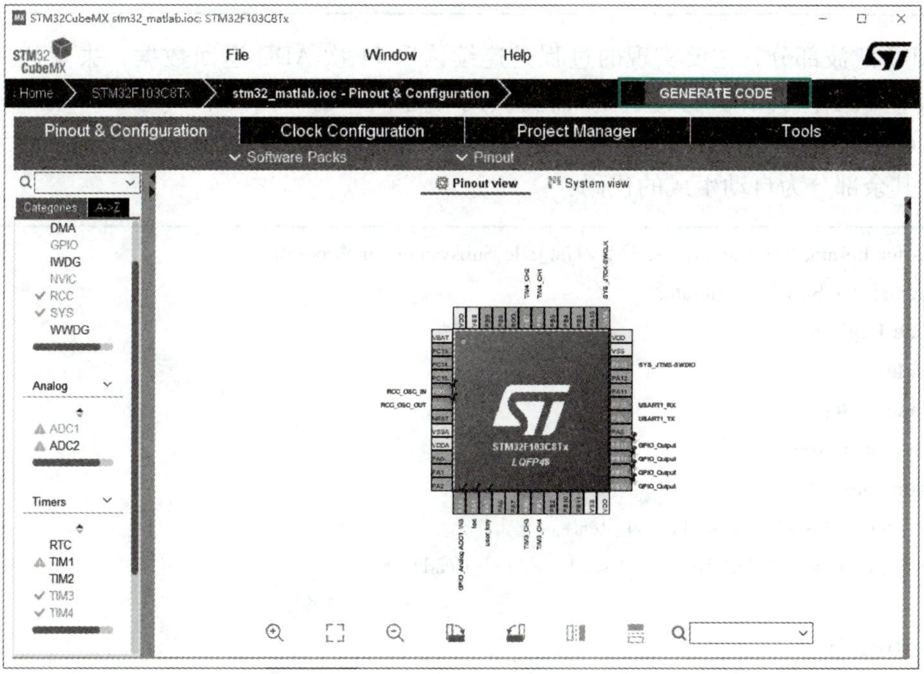

图 6-45　进入 STM32CubeMX 生成工程

进入 KEIL 环境后，若 KEIL 提示不存在对应的固件库，且自动在线更新失败，则需要导入 STM32 离线固件库。打开 KEIL 工程，左侧工程一栏中有如图6-46 所示的几个文件夹，main. c 在 Application/User 文件夹中，Simulink 生成的文件在 MATLAB 文件夹中，与 . slx 同名的文件为 Simulink 框图相对应的 C 代码。

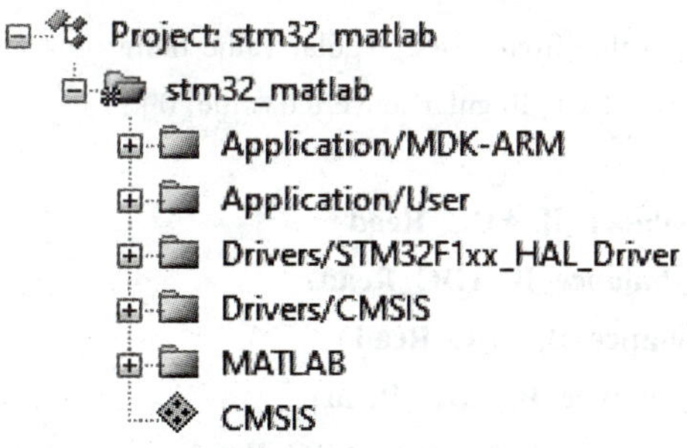

图 6-46　倒立摆工程文件夹

接下来需要向自动生成的代码中添加用户代码：变量的定义、ADC 滤波程序、初始化定时器 TIM4 的编码器计数值。首先变量定义，可在 my_balance. c 文件中的 my_balance_step 函数的变量定义部分添加如下语句：

```
/* UserCode Begin */
real_T Max_adc;
```

```
real_T Min_adc;
real_T Sum_adc;
/* UserCode End */
```

在 ADC 滤波部分，主要实现的过程是连续读取 11 次 ADC 返回数据，去除最大和最小值，求出平均值作为当前的真实值。需要找到 my_balance. c 文件中 my_balance_step 函数中的如下代码段，注释/ * UserCode Begin * /与/ * UserCode End * /之间的部分为需要手动添加的语句，其余部分为自动生成的代码：

```
/* Outputs for Iterator SubSystem: '<S2>/Get_adc Subsystem' incorporates:
 *   ForIterator: '<S4>/For Iterator' */
/* UserCode Begin */
    Sum_adc = 0;
    Max_adc = 0;
    Min_adc =4000;
/* UserCode End */
    for (s4_iter = 0; s4_iter < 11; s4_iter++) {
      /* S-Function (ADC_Read): '<S4>/ADC_Read' */
      {
        uint16_t i;
        /* Read regular ADC1 value */
        for (i=0; i<1; i++) {
          if (HAL_ADC_PollForConversion(&hadc1, G_ADC1_PollTimeOut) == HAL_OK) { ADC1_RegularConvertedValue[i] = (uint16_t)HAL_ADC_GetValue(&hadc1);
          }
        }
      }
      /* Get regular rank1 output value from ADC1 regular value buffer */
      my_balance_B.ADC_Read = ADC1_RegularConvertedValue[0];
      /* UserCode Begin */
          if(Max_adc < my_balance_B.ADC_Read)
              Max_adc = my_balance_B.ADC_Read;
          if(Min_adc > my_balance_B.ADC_Read)
              Min_adc = my_balance_B.ADC_Read;
          Sum_adc = Sum_adc + my_balance_B.ADC_Read;
      /* UserCode End */
      /* Re-Start ADC1 conversion */
      HAL_ADC_Start(&hadc1);
    }
    /* UserCode Begin */
    Sum_adc = 0.111111 * (Sum_adc - Max_adc - Min_adc);
    my_balance_B.ADC_Read = Sum_adc;
```

```
/ * UserCode End * /
/ *  End of Outputs for SubSystem: '<S2>/Get_adc Subsystem'  * /
```

最后，为了避免编码器的计数值中出现负数，需要设置定时器 TIM4 编码器计数器初值为 10000。设置语句添加在文件 main. c 的 main 函数中的 while 循环之前，语句如下：

HAL_TIM_SET_COUNTER(&htim4,10000);

4. 编译 KEIL 工程并将程序烧录入 STM32 单片机

单击 Build 图标，编译工程并生成 hex 文件，打开 STM 串口下载程序 mcuisp，如图 6-47 所示。

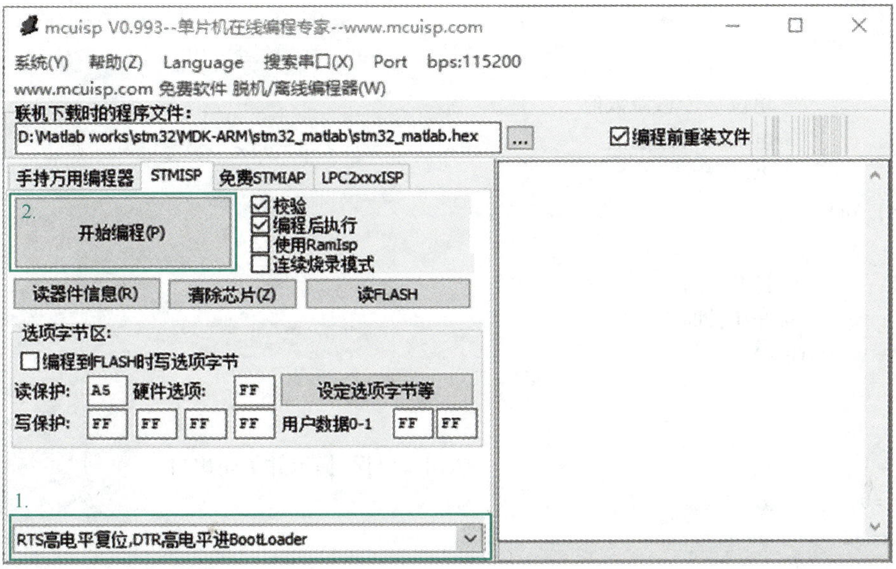

图 6-47　烧写器界面

选择 MDK/stm32_matlab/stm32_matlab. hex 文件，选择“RTS 高电平复位，DTR 高电平进 BootLoader”，连接 STM32 开发板后，单击“开始编程”，完成后即可进行调试。

5. 编写串口接收和绘图程序

完成上述步骤后，下位机部分的程序编写和烧录已经完成，接下来需要使用 MATLAB 编写脚本程序，实现上位机的串口数据接收与图表绘制功能。主程序如下：

主程序部分

```
close all;
clear;
delete(instrfindall);                    % 删除相关的串口信息
stm32 = serial('COM3');                  % 串口号
stm32. BaudRate = 115200;                % 波特率设置为 115200
stm32. DataBits = 8;                     % 8 位数据
stm32. Parity = 'none';                  % 无校验位
stm32. StopBits = 1;                     % 一个停止位
stm32. Terminator = 'LF';                % 以回车符作为结束
```

```
set(stm32,'BytesAvailableFcnMode','terminator');    %终止符作为触发中断条件
set(stm32,'terminator','LF');
stm32.BytesAvailableFcn = @ReceiveCallback;          %调用函数
global Conflag WholeTime datanum time;               %变量初始化
Conflag = 1;           %状态标识符
WholeTime = 20;        %运行总时间
datanum = 0;
time = [];             %运行时间
global data data2 position angle moto numi numj;
data = [];
data2 = [];
numi = 1;
numj = 1;
angle = [];            %角位移传感器数值
position = [];         %电机编码器数值
moto = [];             %PWM 数值
fprintf('start! \n');
figure(1);
fopen(stm32);          %打开串口
tic;                   %开始计时
while(toc <= WholeTime)
end
pause(1);
if Conflag == 1                                      %出现错误,提示并关闭串口
    Conflag = 0;
    fclose(stm32);
    fprintf('errorend\n');
end
    subplot(3,1,1);                                  %画出 angle、position 曲线
    plot(time,angle,'r');
    subplot(3,1,2);
    plot(time,position,'g.');
```

然后新建函数，键入如下串口接收回调函数：

```
function_ReceiveCallback(stm32,event)
    global Conflag WholeTime datanum time;
    global data data2 numi numj;
    global angle position moto;
    if Conflag                       %判断标识位
        tmp = fscanf(stm32);         %读取接收字节
        if tmp(1) == '$'             %判断字头是否为 $
            tmp(1) = 0;
            data(numi,:) = tmp;
            time(numi) = toc;
            data2(numi,:) = str2double(strsplit(tmp));
```

```
                angle(numi) = data2(numi,1);
                position(numi) = data2(numi,2);
                moto(numi) = data2(numi,3);
                numi = numi + 1;
            else tmp = [];
            end
datanum = datanum + 1;
            % Conflag = 1;
                if toc > WholeTime              %判断时间超过运行时间
                Conflag = 0;                    %标识位清 0
                fclose(stm32);
                fprintf('num = %d\rtime = %.2f\nend\n',datanum,toc);
            end
            end
end
```

6. 连接计算机与 STM32 开发板，开始实验测试

连接 STM32 开发板，接通电源，查看端口号，并将 MATLAB 串口接收主程序中的串口号修改为对应值。首先单击开发板上的复位按键，等待 2s 后，将倒立摆摆杆位置、角度均调整至平衡位置附近。然后在 MATLAB 主程序界面单击运行，并按下开发板上的用户按键，同时释放摆杆。待设定的运行时间结束后，MATLAB 主程序会关闭串口，STM32 程序停止，计算机界面可显示运行中角位移传感器、位置编码器曲线。读者可按照本书中的内容，尝试运用 PID/LQR 控制器进行倒立摆实验系统控制实验，并对比两者的控制效果。

6.1.5 倒立摆的 LQG 控制仿真

在 6.1.3 小节中所用到的倒立摆 LQR 控制仿真模型的基础上进行修改，即可得到其 LQG 控制仿真模型。引入噪声项的倒立摆状态空间表达式如下：

$$\dot{\boldsymbol{x}} = \boldsymbol{Ax} + \boldsymbol{Bu} + \boldsymbol{Gw}$$

$$\boldsymbol{y} = \boldsymbol{Cx} + \boldsymbol{Hw} + \boldsymbol{v}$$

式中，输入量 $\boldsymbol{u}$ 为小车所受外力，状态量 $\boldsymbol{x} = (x_1, x_2, x_3, x_4)^{\mathrm{T}} = (x, v, \theta, \omega)^{\mathrm{T}}$，分别为小车位移、速度、摆杆摆角与摆杆角速度，输出量 $\boldsymbol{y} = (x, \theta)^{\mathrm{T}}$，矩阵 $\boldsymbol{A}$、$\boldsymbol{B}$、$\boldsymbol{C}$ 计算如下。

$$\boldsymbol{A} = \begin{pmatrix} 0 & 1 & 0 & 0 \\ 0 & \dfrac{-(J+ml^2)b}{(M+m)J+Mml^2} & \dfrac{m^2l^2g}{(M+m)J+Mml^2} & 0 \\ 0 & 0 & 0 & 1 \\ 0 & \dfrac{-mlb}{(M+m)J+Mml^2} & \dfrac{(M+m)mgl}{(M+m)J+Mml^2} & 0 \end{pmatrix}$$

$$\boldsymbol{B} = \begin{pmatrix} 0 \\ \dfrac{J+ml^2}{(M+m)J+Mml^2} \\ 0 \\ \dfrac{ml}{(M+m)J+Mml^2} \end{pmatrix}$$

$$C=\begin{pmatrix}1&0&0&0\\0&0&1&0\end{pmatrix}$$

可以假设引入的噪声项 $\boldsymbol{w}$ 与 $\boldsymbol{v}$ 为高斯白噪声，$\boldsymbol{w}=(w_1,w_2,w_3,w_4)^{\mathrm{T}}$，$\boldsymbol{v}=(v_1,v_2)^{\mathrm{T}}$，并设矩阵 $\boldsymbol{G}$ 为单位矩阵，矩阵 $\boldsymbol{H}$ 为零矩阵。$\boldsymbol{w}$ 与 $\boldsymbol{v}$ 的各个分量数学期望均为0，$\boldsymbol{w}$ 的各个分量之间的协方差构成协方差矩阵 $\boldsymbol{Q}_k$，$\boldsymbol{v}$ 的各个分量之间的协方差构成协方差矩阵 $\boldsymbol{R}_k$，$\boldsymbol{w}$ 与 $\boldsymbol{v}$ 各个分量之间的协方差构成协方差矩阵 $\boldsymbol{N}_k$，其统计特性如下：

$$E(\boldsymbol{w})=\boldsymbol{E}(\boldsymbol{v})=0,E(\boldsymbol{w}\boldsymbol{w}^{\mathrm{T}})=\boldsymbol{Q}_k,E(\boldsymbol{v}\boldsymbol{v}^{\mathrm{T}})=\boldsymbol{R}_k,E(\boldsymbol{w}\boldsymbol{v}^{\mathrm{T}})=\boldsymbol{N}_k$$

并假设 $\boldsymbol{w}$、$\boldsymbol{v}$ 中的各个噪声分量相互独立，所以协方差均为0，协方差矩阵中只有对角线上的元素取非零值，其值为各个噪声分量的方差值：

$$\boldsymbol{Q}_k=\begin{pmatrix}E(\boldsymbol{w}_1^2)&0&0&0\\0&E(\boldsymbol{w}_2^2)&0&0\\0&0&E(\boldsymbol{w}_3^2)&0\\0&0&0&E(\boldsymbol{w}_4^2)\end{pmatrix},\quad \boldsymbol{R}_k=\begin{pmatrix}E(\boldsymbol{v}_1^2)&0\\0&E(\boldsymbol{v}_2^2)\end{pmatrix},\quad \boldsymbol{N}_k=\boldsymbol{0}$$

下面将在6.1.3节中所使用的LQR仿真模型上进行修改，使其能够进行倒立摆的LQG仿真实验，并验证LQG控制器对系统中过程噪声和观测噪声的抑制能力。

首先修改6.1.3节图6-9原仿真模型中的Loop Subsystem，如图6-48所示，相比于之前的模型增加了Simulink自带的卡尔曼滤波器模块（Kalman Filter），以及六个高斯随机信号发生器模块（Random number），以模拟互相独立的噪声信号分量。噪声信号的采样时间均设置为0.001s。

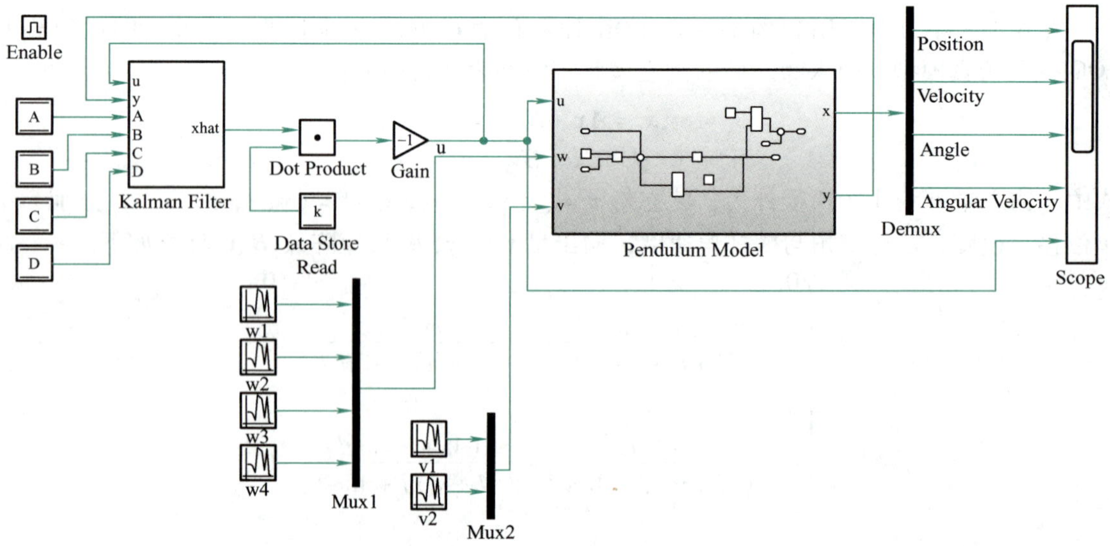

图6-48　含LQG调节器的倒立摆控制系统Simulink仿真模型

Kalman Filter模块设置如图6-49所示。

Pendulum Model修改为如图6-50所示的形式，该模型与引入了噪声 $\boldsymbol{w}$、$\boldsymbol{v}$ 的系统状态空间模型一致，积分器初始状态设置为［0；0；0.5；0］。

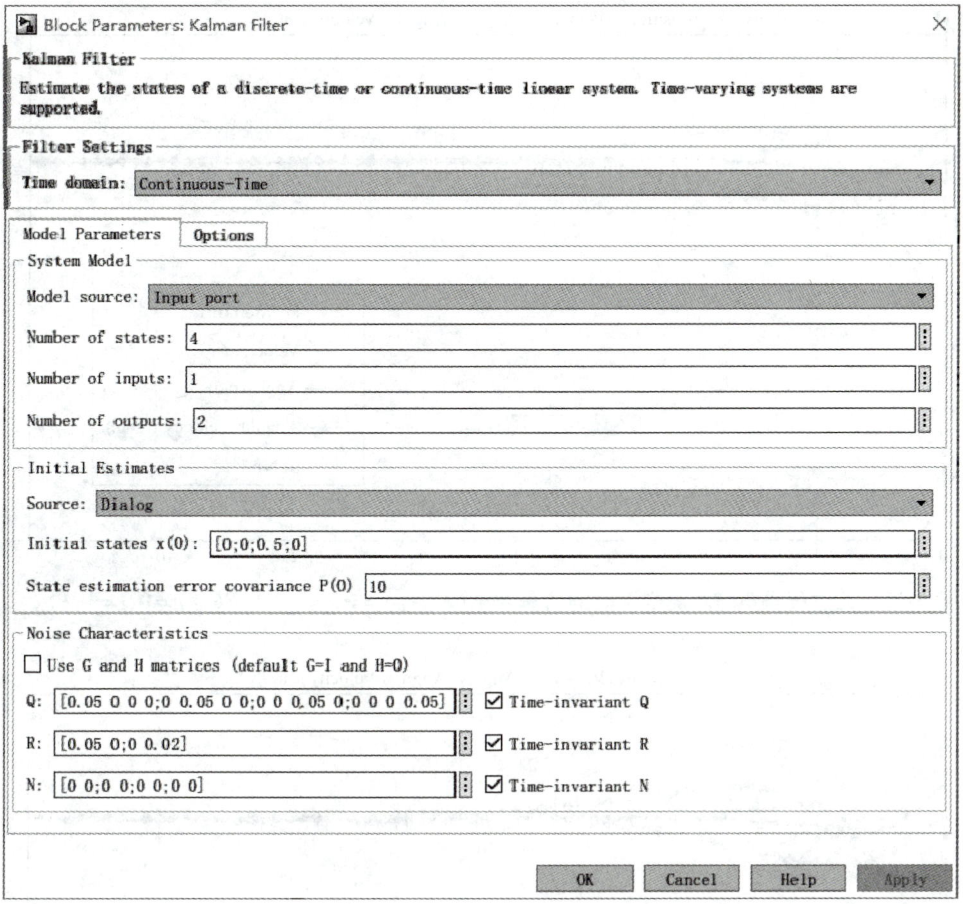

图 6-49　Kalman Filter 模块设置

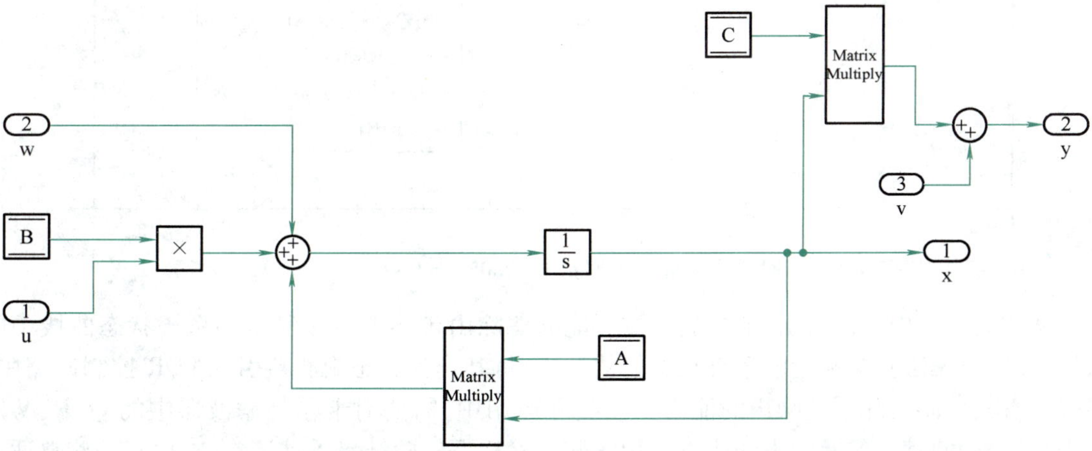

图 6-50　含噪声 w、v 的系统状态空间模型 Simulink 框图

仿真结果如图 6-51 ~ 图 6-54 所示。

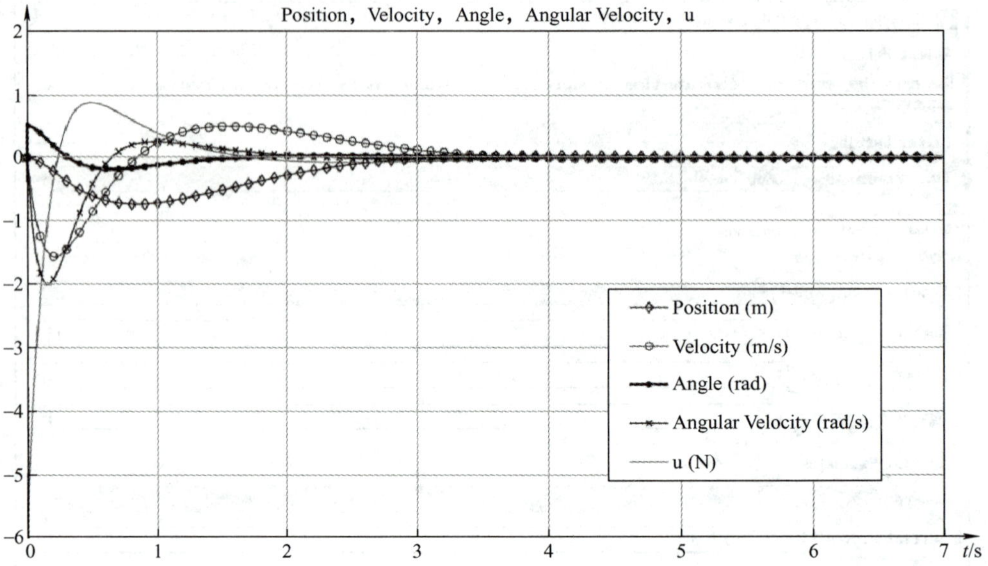

图 6-51　无过程噪声与观测噪声时的仿真结果（$E(w_i^2)=0, i=1\sim4; E(v_j^2)=0, j=1,2$）

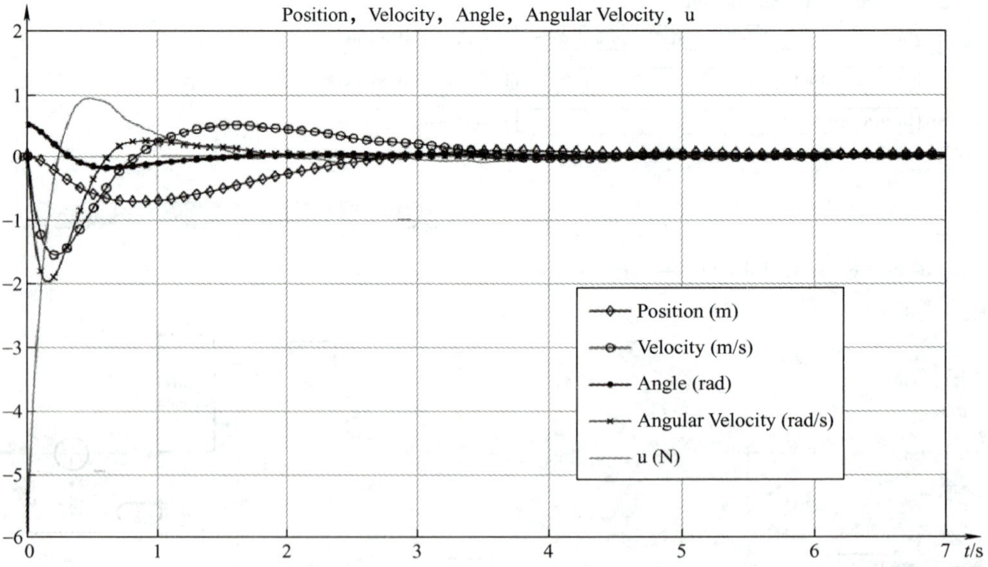

图 6-52　仅有过程噪声时的仿真结果（$E(u_i^2)=0.05, i=1\sim4; E(v_j^2)=0, j=1,2$）

从仿真结果中可以看出，卡尔曼滤波器能够滤除由传感器直接测量的系统状态曲线中的噪声，并给出无法直接测量的系统状态的估计值，将其作为状态观测器引入 LQR 控制回路中，能够改善其抑制实际系统噪声的能力。在实际运用中，需要对卡尔曼滤波器中的 $\boldsymbol{Q}$、$\boldsymbol{R}$、$\boldsymbol{N}$ 矩阵进行调整，使其与实际噪声的协方差相匹配。除根据实验结果手动调参外，也有一些自适应调参方法，自适应卡尔曼滤波是指在利用测量数据进行滤波的同时，不断地由滤波本身去判断系统的动态特性是否有变化，对模型参数和噪声统计特性进行估计和修正，以改进滤波器设计，缩小滤波的实际误差。

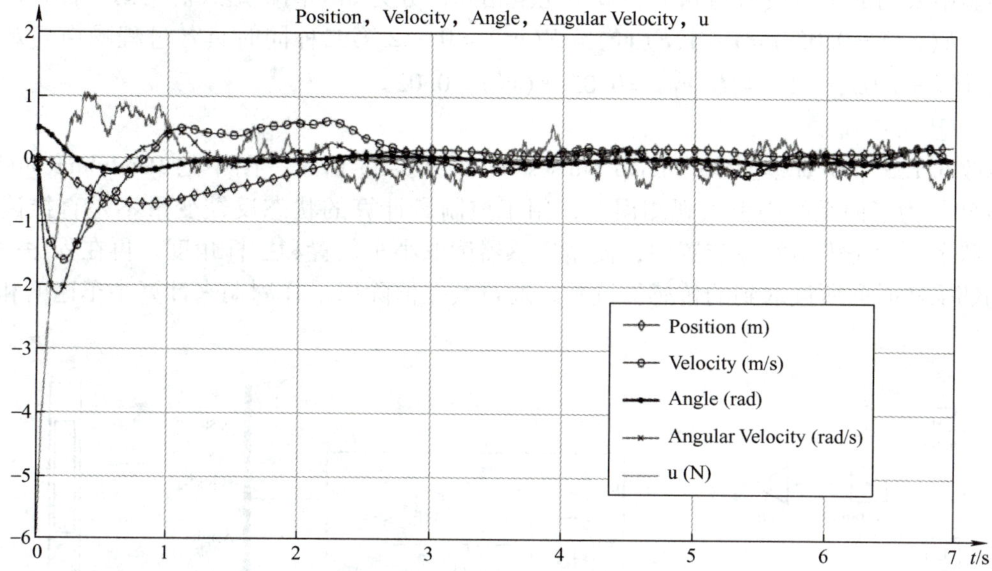

图 6-53 有过程噪声与观测噪声时的仿真结果($E(w_i^2)=0.05, i=1\sim4; E(v_1^2)=0.05$, $E(v_2^2)=0.02$)

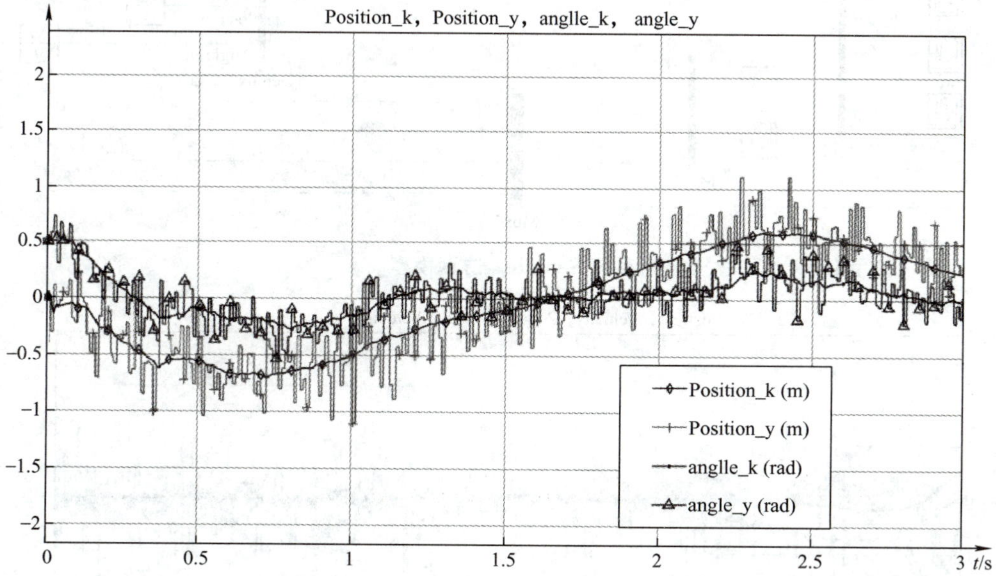

图 6-54 有过程噪声与观测噪声时系统输出曲线与卡尔曼滤波器得到的观测曲线对比图

6.1.6 LQG、LQR、PID 控制效果对比

本节将使用 6.1.5 节在 Simulink 中建立的含噪声 $\boldsymbol{w}$、$\boldsymbol{v}$ 的系统状态空间模型，分别采用 LQR 与 PID 控制器，在仅有过程噪声和同时具备过程噪声与观测噪声的情况下，进行控制效果实验，并与上一节中的 LQG 控制效果进行对比。

实验中采用的噪声模型与6.1.5节中完全相同，分为如下两种形式。①第一种是仅有过程噪声：$E(w_i^2)=0.05, i=1\sim4, E(v_1^2)=E(v_2^2)=0$。②第二种同时具备过程噪声与观测噪声：$E(w_i^2)=0.05, i=1\sim4, E(v_1^2)=0.05, E(v_2^2)=0.02$。

1. LQR控制效果

修改6.1.5节仿真模型中的Loop Subsystem如图6-55所示，图中的Pendulum Model详见图6-50。为了向系统中引入观测误差，用于控制量计算的状态反馈变量不是直接读取系统真实状态，而是模拟实际装置中，使用传感器读取小车位置和摆杆角度，再在程序中使用两次相邻采样时间所读取到的传感器读数，通过其差值除以采样周期来计算小车速度和摆杆角速度。

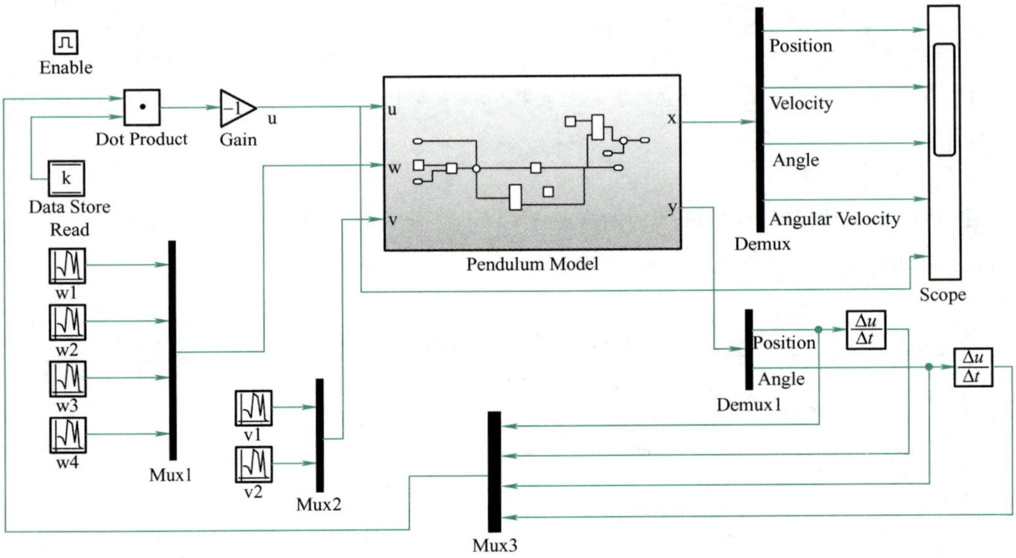

图6-55 使用LQR的倒立摆控制系统Simulink仿真模型

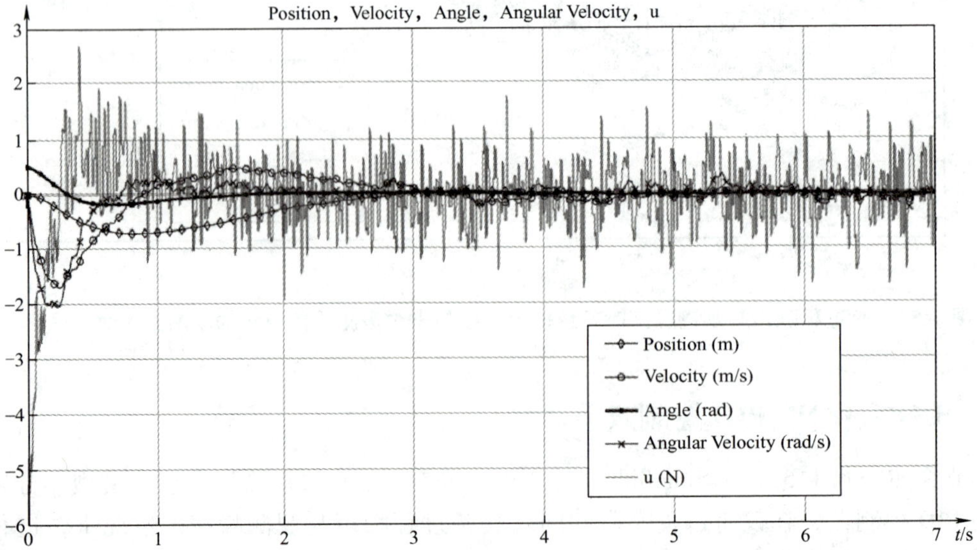

图6-56 采用噪声模型①时LQR控制器仿真效果图

仿真过程中，矩阵 $\boldsymbol{K}$ 的计算方法与6.1.5节中完全相同，并采用同样的矩阵 $\boldsymbol{Q}$、$\boldsymbol{R}$，得到的仿真结果如图6-56、图6-57所示。比较LQR仿真效果图与6.1.5节中的LQG仿真效果图可知，在仅有过程噪声时，LQR控制器与LQG控制器相比所需稳定时间更长，而且所生成的控制量以较大幅度高频率波动。与之相反，LQG控制器所生成的控制量为一平滑曲线。

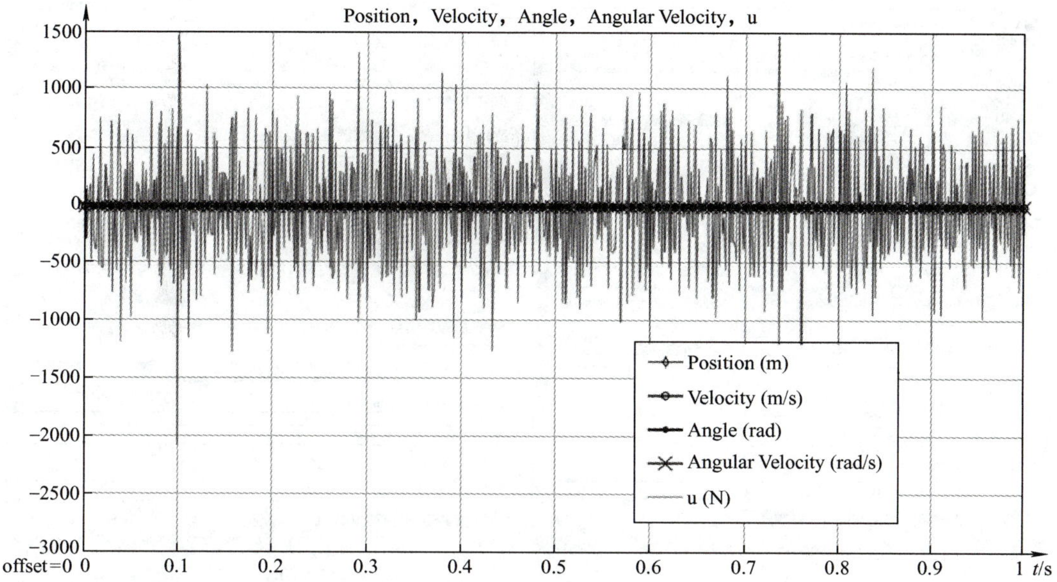

图6-57 采用噪声模型②时LQR控制器仿真效果图

在同时存在过程噪声与观测噪声的情况下，LQR控制器仍能使倒立摆系统趋于稳定状态，但所生成的控制量波动频率成倍增加，波动幅度也远远超出了实际设备所能产生的最大值。反观6.1.5节中LQG控制器所生成的控制量，虽然也出现了小幅度的波动情况，但仍在实际设备可接受范围内。

2. PID控制效果

修改6.1.5节中的Loop Subsystem如图6-58所示，Pendulum Model详见图6-50。

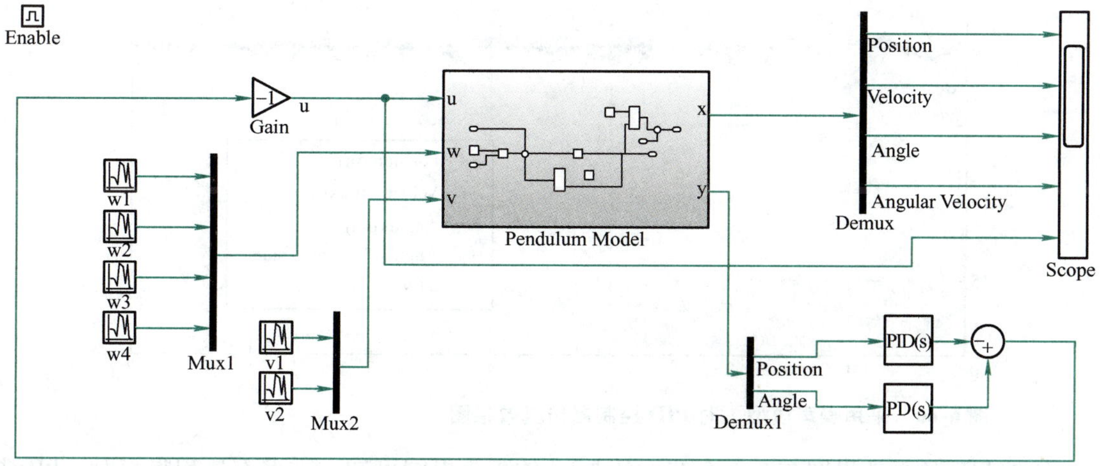

图6-58 使用PID的倒立摆控制系统Simulink仿真模型

该仿真模型的设计与本书中所使用的实际 PID 倒立摆实验系统相同，采用双 PID 控制器分别控制小车位置和摆杆角度。仿真过程中，首先在无噪声情况下，使用 Simulink Control Design 模块中的 PID 调参工具，获得较为理想的系统响应曲线后，再加入噪声进行仿真实验。实验最终采用的 PID 控制器参数如图 6-59 所示。

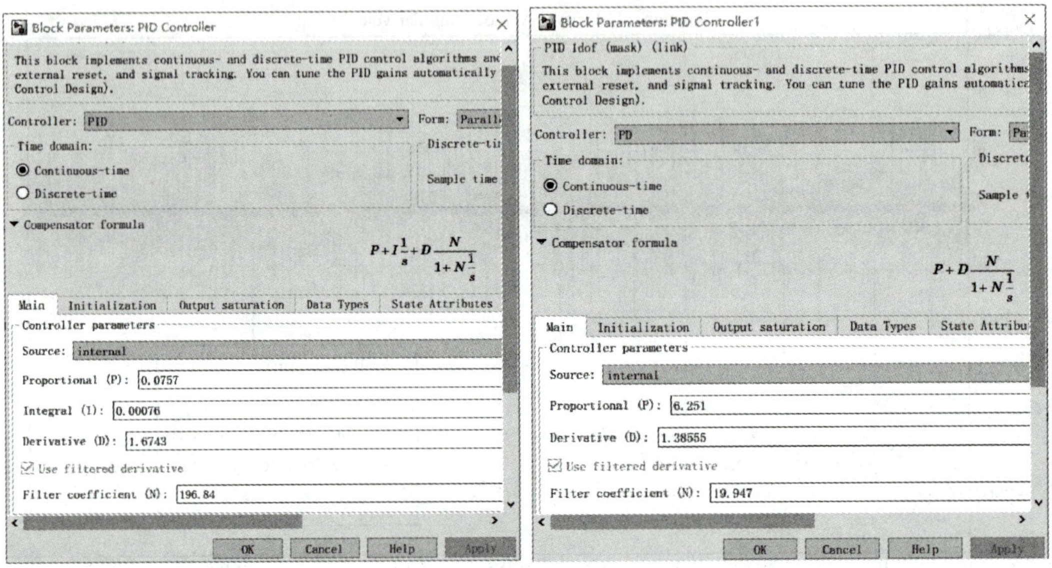

a) b)

图 6-59 PID 控制器参数设置

a）位置 b）角度

仿真结果如图 6-60、图 6-61 所示。

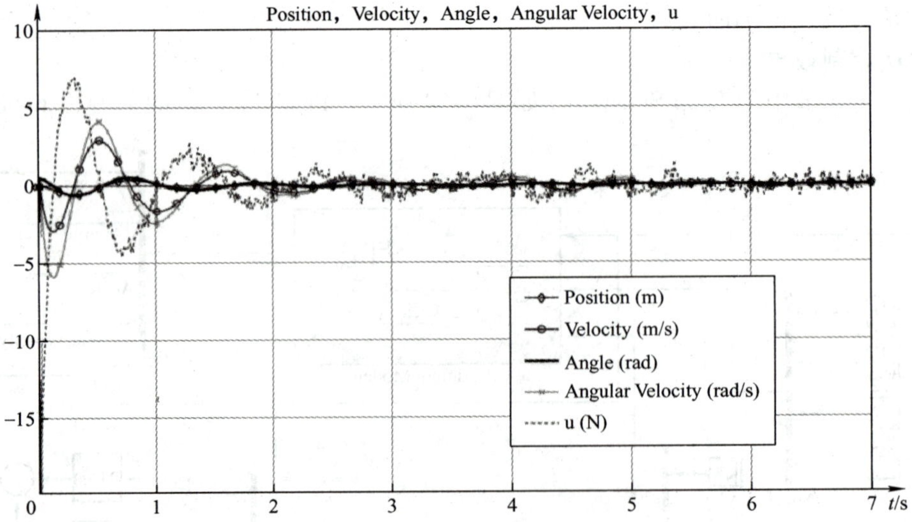

图 6-60 采用噪声模型①时 PID 控制器仿真效果图

比较 PID 仿真效果图与 6.1.5 节中的 LQG 仿真效果图可知，在仅有过程噪声时，PID 控制器所需的稳定时间更长，初始控制量更大，并且无法避免控制量的高频波动。在同时具备

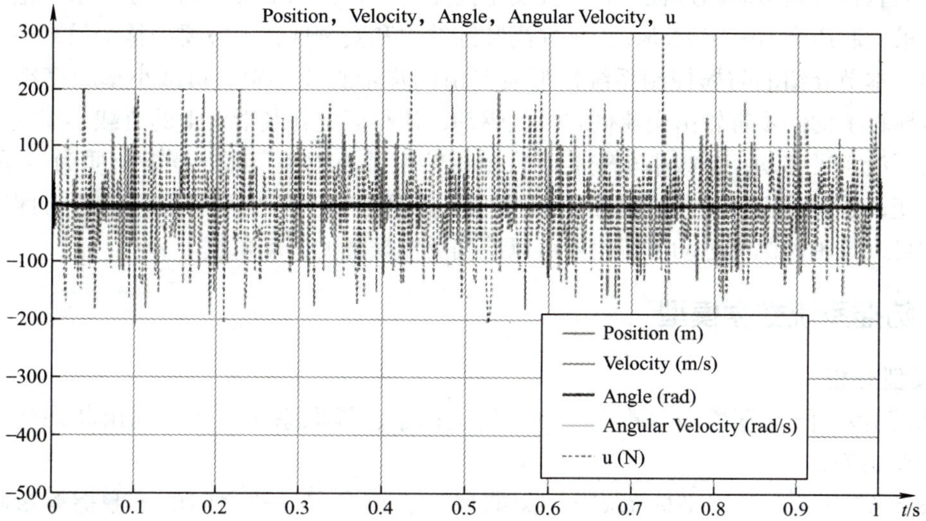

图 6-61 采用噪声模型②时 PID 控制器仿真效果图

过程噪声与观测噪声的情况下，PID 控制器产生的效果与 LQR 相似，区别仅在于其控制量曲线波动幅度相对较低。

综上所述，在仅有过程噪声时，PID、LQR、LQG 控制器在仿真模型上都能起到较好的控制效果，但 LQG 控制器产生的控制量曲线最平滑。但一旦向系统中引入观测噪声，LQR 与 PID 控制器无法过滤观测噪声干扰，所生成的控制量将产生振荡，其振荡的频率和幅度与噪声信号的频率和幅度呈正相关。

在本仿真实验中，三种不同的控制器各自最突出的特点如下：

1）双 PID 控制器控制效果依赖于控制参数的调节，能使系统稳定的参数区间较小，不合适的参数易造成系统不收敛。参数调节工作的首要步骤是通过系统辨识获取系统线性化模型，然后进行 PID 参数的整定。

2）LQG 控制器能够过滤观测噪声，生成平滑的控制曲线，但卡尔曼滤波器的计算推导依赖于系统状态空间模型。

3）LQR 控制器中矩阵 $\boldsymbol{K}$ 的计算同样依赖于准确的系统状态空间模型，但其应对噪声的效果不如 LQG 控制器。

6.2 起吊设备防摇系统 LQR 控制案例

6.2.1 起吊设备防摇系统应用场景

传统集装箱码头的自动化改造是世界各港口转型升级的重要方向之一，为了装卸满载货物的集装箱，常见的工具有桥吊、门吊等起吊设备。这些起吊设备中又以轨道吊（ARMG）、轮胎吊（RTG）居多。目前新堆场自动化升级项目中，比较常见的方案是采用自动轨道吊作为堆场装卸设备，但大量传统堆场仍将轮胎吊作为箱区主要装卸设备。相比于轨道吊，轮胎吊无须固定在轨道上运行，作业覆盖面积广，转场更灵活。由于集装箱装卸过程速度快、吊绳刚性差等原因，集装箱在整个装卸过程中必然会发生摇晃现象，再加上集装箱一般较重、港口风力较大、轮胎吊的胎压会有一定波动，为了提高装卸效率和安全性，一般要为整个吊装系统增加防摇控制器。本节介绍的防摇控制系统模型装置由同步带直线导轨、负载小车和摆锤等部分组成。直线导轨上的同步带轮由交流伺服电机驱动，使得固定在其滑台上的负载小车能够在同步带的驱动下沿水平移动；负载小车安装有自由旋转摆臂及摆锤负载，摆臂材质为轻质铝合金，其长度不变；摆锤为钢质材料，使用防松螺栓与摆臂连接。负载小车的编码器与摆臂同轴相连，摆臂可绕该轴做圆周运动。编码器可以准确反馈摆臂的摆动角度。

6.2.2 防摇系统数学模型

1. 模型分析

本系统为小车-单摆模型，建立平面直角坐标系，提取系统输入、输出状态变量，并建立其动力学关系。

如图 6-62 所示，建立坐标系 Oxy，忽略风力、小车与导轨之间的干摩擦等影响，已知小车 $\boldsymbol{M}$ 受到水平方向力 $\boldsymbol{F}$ 的作用，当前位移为 x（向右为正方向），摆锤的摆角为 θ（顺时针为正方向），摆杆长为 l，根据坐标定义可得

$$\begin{cases} x_M = x \\ y_M = 0 \\ x_m = x + l\sin\theta \\ y_m = -l\cos\theta \end{cases} \tag{6-16}$$

式中，x_M、y_M、x_m、y_m 分别为小车、摆锤沿水平和垂直方向的位移。对式(6-16）求导，可得小车与摆锤在 x、y 方向上的速度分量：

$$\begin{cases} \dot{x}_M = \dot{x} \\ \dot{y}_M = 0 \\ \dot{x}_m = \dot{x} + l\dot{\theta}\cos\theta \\ \dot{y}_m = l\dot{\theta}\sin\theta \end{cases} \tag{6-17}$$

摆锤势能：

$$U = -mgl\cos\theta \tag{6-18}$$

摆锤动能：

$$T = \frac{1}{2}Mv_M^2 + \frac{1}{2}mv_m^2 = \frac{1}{2}M\dot{x}^2 + \frac{1}{2}m[\dot{x}^2 + l^2\dot{\theta}^2(\cos^2\theta + \sin^2\theta) + 2\dot{x}l\dot{\theta}\cos\theta] \tag{6-19}$$

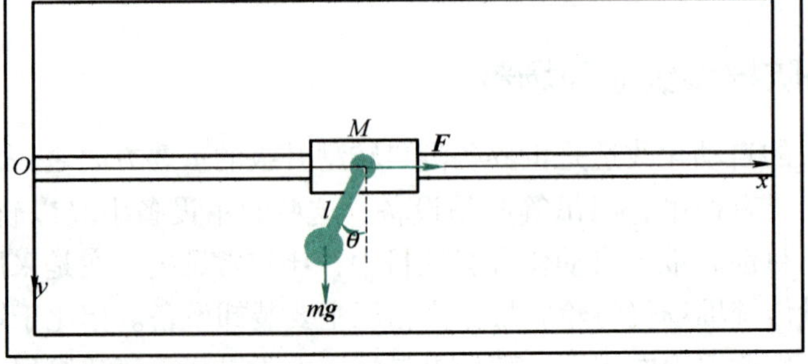

图 6-62 防摇控制系统模型图

根据拉格朗日方程得到拉格朗日算子 $L=T-U$，经整理得

$$L=\frac{1}{2}M\dot{x}^2+\frac{1}{2}m(\dot{x}^2+l^2\dot{\theta}^2+2\dot{x}l\dot{\theta}\cos\theta)+mgl\cos\theta \tag{6-20}$$

在不考虑摩擦力等广义力且摆杆长 l 不变化的情况下，根据拉格朗日方程

$$\begin{cases}\dfrac{\mathrm{d}}{\mathrm{d}t}\dfrac{\partial L}{\partial \dot{x}}-\dfrac{\partial L}{\partial x}=F\\[2ex]\dfrac{\mathrm{d}}{\mathrm{d}t}\dfrac{\partial L}{\partial \dot{\theta}}-\dfrac{\partial L}{\partial \theta}=0\end{cases} \tag{6-21}$$

计算可得

$$\begin{cases}(M+m)\ddot{x}+ml(\ddot{\theta}\cos\theta-\dot{\theta}^2\sin\theta)=F\\ \ddot{x}\cos\theta+g\sin\theta+l\ddot{\theta}=0\end{cases} \tag{6-22}$$

由于实际情况的摆锤摆角变化较小，故对此模型进行线性化，$\cos\theta=1$，$\sin\theta=\theta$，同时对相应的关系式进行转换得

$$\ddot{\theta}\cos\theta-\dot{\theta}^2\sin\theta=\frac{\mathrm{d}}{\mathrm{d}t}(\dot{\theta}\cos\theta)\approx\frac{\mathrm{d}}{\mathrm{d}t}(\dot{\theta})=\ddot{\theta} \tag{6-23}$$

则式(6-22) 可简化为

$$\begin{cases}(M+m)\ddot{x}+ml\ddot{\theta}=F\\ \ddot{x}+g\theta+l\ddot{\theta}=0\end{cases} \tag{6-24}$$

2. 状态空间模型

选取状态变量（x 表示位移，θ 表示角度）

$$x_1=x,x_2=\dot{x},x_3=\theta,x_4=\dot{\theta} \tag{6-25}$$

求解状态方程，可得

$$\begin{cases}\dot{x}_1=x_2\\[1ex] \dot{x}_2=\dfrac{F}{M}+\dfrac{mgx_3}{M}\\[2ex] \dot{x}_3=x_4\\[1ex] \dot{x}_4=-\dfrac{F}{Ml}-\dfrac{(M+m)g}{Ml}x_3\end{cases} \tag{6-26}$$

建立状态空间

$$\begin{cases}\dot{\boldsymbol{x}}=\boldsymbol{A}\boldsymbol{x}+\boldsymbol{B}\boldsymbol{u}\\ \boldsymbol{y}=\boldsymbol{C}\boldsymbol{x}\end{cases} \tag{6-27}$$

$$\boldsymbol{A}=\begin{pmatrix}0&1&0&0\\0&0&\dfrac{mg}{M}&0\\0&0&0&1\\0&0&-\dfrac{(M+m)g}{Ml}&0\end{pmatrix},\quad \boldsymbol{B}=\begin{pmatrix}0\\ \dfrac{1}{M}\\0\\-\dfrac{1}{Ml}\end{pmatrix} \tag{6-28}$$

$$\boldsymbol{C}=\begin{pmatrix}1&0&0&0\\0&0&1&0\end{pmatrix} \tag{6-29}$$

$$\begin{cases} \boldsymbol{x} = (x_1, x_2, x_3, x_4)^{\mathrm{T}} \\ \boldsymbol{y} = (x_1, x_3)^{\mathrm{T}} \end{cases}, u = F \tag{6-30}$$

式中，x_1 等于式(6-16) 中的横向位移 x（非黑体），不同于上式中的矢量 $\boldsymbol{x}$（黑体）。

式(6-28)～式(6-30) 所得状态空间描述为实际防摇系统的状态空间模型，但本系统的输入控制量为小车的加速度，故需重新选取输入变量，建立状态空间方程

$$\dot{x}_1 = x_2;\quad \dot{x}_2 = u = \ddot{x}_1; \dot{x}_3 = x_4 = \dot{\theta}$$

根据式(6-24) 第二式，有

$$\ddot{\theta} = -\frac{g}{l}\theta - \frac{\ddot{x}_1}{l}, 故\ \dot{x}_4 = -\frac{g}{l}x_3 - \frac{1}{l}u$$

可见，输入变量 u 是横向加速度。因此，建立状态空间模型如下：

$$\begin{cases} \dot{\boldsymbol{x}} = \boldsymbol{A}\boldsymbol{x} + \boldsymbol{B}u \\ \boldsymbol{y} = \boldsymbol{C}\boldsymbol{x} \end{cases} \tag{6-31}$$

$$\boldsymbol{A} = \begin{pmatrix} 0 & 1 & 0 & 0 \\ 0 & 0 & 0 & 0 \\ 0 & 0 & 0 & 1 \\ 0 & 0 & -\frac{g}{l} & 0 \end{pmatrix},\quad \boldsymbol{B} = \begin{pmatrix} 0 \\ 1 \\ 0 \\ -\frac{1}{l} \end{pmatrix} \tag{6-32}$$

$$\boldsymbol{C} = \begin{pmatrix} 1 & 0 & 0 & 0 \\ 0 & 0 & 1 & 0 \end{pmatrix} \tag{6-33}$$

$$\begin{cases} \boldsymbol{x} = (x_1, x_2, x_3, x_4)^{\mathrm{T}}, u = \ddot{x}_1 \\ \boldsymbol{y} = (x_1, x_3)^{\mathrm{T}} \end{cases} \tag{6-34}$$

代入参数，重力加速度 $g = 9.8\mathrm{m/s^2}$，摆杆长 $l = 0.1\mathrm{m}$，得

$$\boldsymbol{A} = \begin{pmatrix} 0 & 1 & 0 & 0 \\ 0 & 0 & 0 & 0 \\ 0 & 0 & 0 & 1 \\ 0 & 0 & -98 & 0 \end{pmatrix}, \boldsymbol{B} = \begin{pmatrix} 0 \\ 1 \\ 0 \\ -10 \end{pmatrix}, \boldsymbol{C} = \begin{pmatrix} 1 & 0 & 0 & 0 \\ 0 & 0 & 1 & 0 \end{pmatrix} \tag{6-35}$$

3. 运动全过程中摆锤摆动模式分析

在防摇系统中一种常见的运动形式是令负载小车从起点开始，经过起动、平稳运行、减速制动三个阶段最终到达终点。为减少摆杆的晃动，典型的控制方案采用梯形速度曲线。

如图 6-63 所示，将整段路程分为三个阶段（即①②③）。

（1）阶段① 首先，令小车以加速度 $\boldsymbol{a}$ 匀加速运动，如图 6-64 所示，当小车对摆锤的拉力 $\boldsymbol{F}_{拉}$ 与摆锤重力 $m\boldsymbol{g}$ 的合力 $\boldsymbol{F}_{合}$ 恰好提供加速度 $\boldsymbol{a}$ 时，此处就是这个状态下摆锤的平衡位置。假设平衡位置在竖直方向的右侧 θ 处，而竖直方向是相对于此平衡位置的最大摆角，另一侧的最大摆角在 2θ 处。若维持加速度恒定，则摆锤将围绕这个平衡位置做往复运动。

令小车以加速度 $\boldsymbol{a}$ 匀加速运动，直到摆角达到反向最大摆角（2θ）。此过程所需要的时间 t_1 为单摆周期 T 的一半，而周期只与摆长 l 有关，即

$$t_1 = \frac{1}{2}T = \frac{1}{2} \times 2\pi\sqrt{\frac{l}{g}} = \pi\sqrt{\frac{l}{g}} \approx \left(3.14 \times \sqrt{\frac{0.1}{9.8}}\right)\mathrm{s} = 0.3173\mathrm{s} \tag{6-36}$$

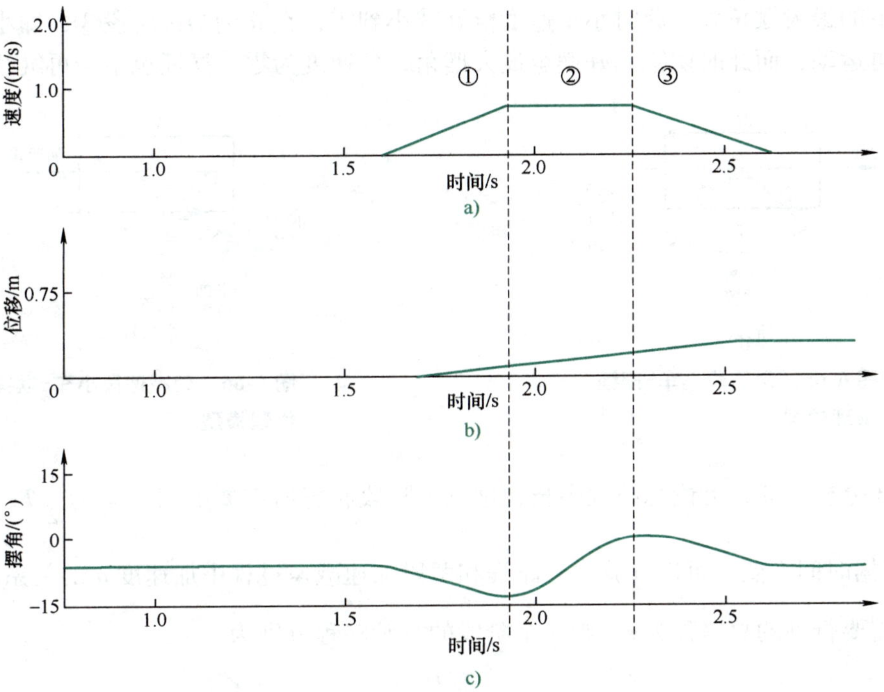

图 6-63 采用梯形速度控制时小车位移、摆杆摆角－时间曲线

a）速度 b）位移 c）摆角

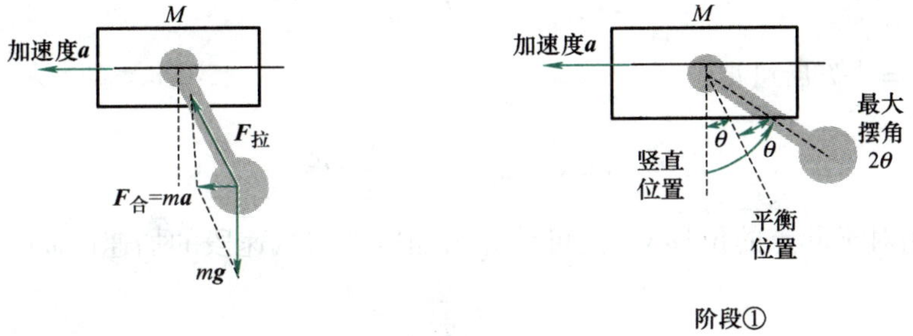

图 6-64 匀加速段小车－摆锤物理模型及阶段①

因此阶段①为小车以加速度 $\boldsymbol{a}$ 从竖直位置运动至最大摆角 2θ 处，所需时间为 t_1，状态结束时刻小车速度 $v=at_1$。

（2）阶段② 如图 6-65 所示，当摆角达到反向最大摆角 2θ 时$\left(\text{即}\dfrac{1}{2}T\text{时间后}\right)$，令小车以此时刻速度 at_1 匀速前进，此时摆锤的平衡位置为竖直方向。维持此状态直到摆锤摆到正向最大摆角 2θ。此过程所需时间 t_2 同样也是单摆周期 T 的一半$\dfrac{1}{2}T$。

（3）阶段③ 当摆锤摆到正向最大摆角 2θ 时$\left(\text{即}\dfrac{1}{2}T\text{时间后}\right)$，令小车以加速度 a（与阶段①中的正向加速度大小相同）匀减速运动，此时平衡位置在竖直方向的左侧 θ 处，如图 6-66 所示。此过程与阶段①为完全对称的过程，故摆锤将在$\dfrac{1}{2}T$时间后摆至竖直位置，即此阶段下的最大摆角处。此时小车速度恰好减小到零，在此刻结束阶段③，即小车将停止在此处不再运动，而此时摆锤刚好摆至最大摆角，角速度为零，摆锤也不会再继续摆动。

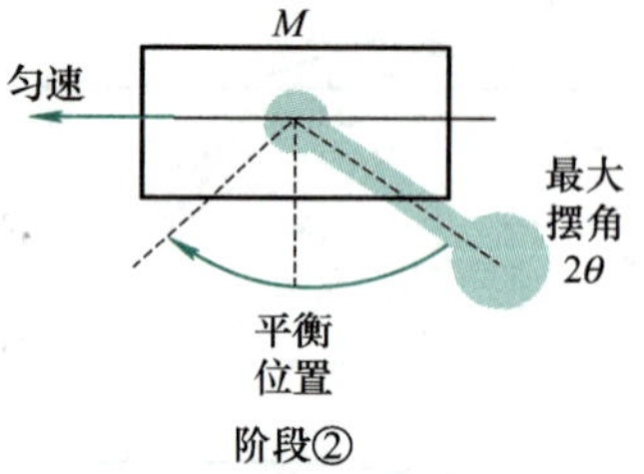

图 6-65　匀速段小车-摆锤物理模型

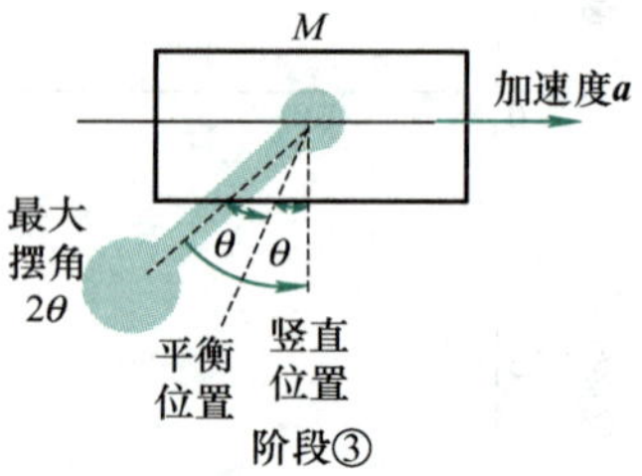

图 6-66　匀减速段小车-摆锤物理模型

由上述分析可知，无论总路程多长，这三个阶段状态所需要的时间均为$\frac{1}{2}T$，故总时间为$\frac{3}{2}T$。根据时间不变，可以计算出总路程和两段加速减速过程中加速度 a 的关系。

假设需要行驶的总路程为 s，则 3 个阶段的行驶路程分别为

$$s_1 = \frac{1}{2}at_1^2 \tag{6-37}$$

$$s_2 = vt_2 = at_1 t_2 \tag{6-38}$$

$$s_3 = \frac{1}{2}at_1^2 \tag{6-39}$$

代入时间 $t_1 = t_2 = \frac{1}{2}T$ 后可得

$$s = s_1 + s_2 + s_3 = \frac{1}{2}aT^2 \tag{6-40}$$

故若已知终点相对于起点的位移 s，便可计算出加速度与减速段的加速度 a：

$$a = \frac{2}{T^2}s \tag{6-41}$$

如果希望继续减少时间，在保证位移 s 不变时加速度必须增加，势必导致最大摆角增大，但摆角过大会引起安全等问题。通过上述分析可知，精确地控制加速度 a，就可实现摆杆的防摇控制。由于加速度是式(6-40) 的输入，因此可采用 LQR 控制器实现稳定控制。

6.2.3　随机停止的 LQR 防摇控制器

1. 控制目标

现考虑一种更严格的情况：负载小车的初始速度为 0，让负载小车从给定起点运动到给定终点，并在整个运动过程中，随机选择不同位置使得负载小车突然停下，现在需要设计一控制器，使得从负载小车接收到停止指令，开始减速，到最终完全静止的过程中保持摆臂尽量不摇晃，即要求整个停止过程中小车位移、制动时长、摆锤摆角最小。

2. LQR 仿真与反馈增益矩阵的求解

LQR 线性二次型最优控制是指用较小的控制能量来实现较小误差的最优控制，从而达

到能量和误差综合最优的目的。控制目标是在接收到停止指令后，小车停下的位移最短，摆角最小，而位移 x 与摆角 θ 恰好是建立的两个状态变量。又由于被控对象可被看作是线性定常系统且没有终端性能指标，故可以将此问题看成无限时间线性定常系统状态调节器问题。

首先判断系统的能控性，上述系统的能控判据如下：

$$\mathrm{rank}(\boldsymbol{B},\ \boldsymbol{AB},\ \boldsymbol{A}^2\boldsymbol{B},\ \boldsymbol{A}^3\boldsymbol{B})=4 \tag{6-42}$$

系统满秩，故完全能控。为确定最优控制函数 $u^*(t)$，要使性能指标式(6-43) 达到最小，其中 $\boldsymbol{Q}$、$\boldsymbol{R}$ 矩阵均为正定的定常矩阵。

$$J=\frac{1}{2}\int_0^{\infty}(\boldsymbol{x}^T\boldsymbol{Qx}+\boldsymbol{u}^{\mathrm{T}}\boldsymbol{Ru})\mathrm{d}t \tag{6-43}$$

当时间趋向于无穷时，里卡蒂微分方程的解 $\boldsymbol{P}(t)$ 的极限存在且唯一，如式(6-44)，即 $\boldsymbol{P}$ 是 $\boldsymbol{P}(t)$ 的稳态解。

$$\lim_{t\to\infty}\boldsymbol{P}(t)=\boldsymbol{P} \tag{6-44}$$

这时 $\boldsymbol{P}$ 为满足里卡蒂方程［式(6-45)］的正定解。

$$-\boldsymbol{PA}-\boldsymbol{A}^{\mathrm{T}}\boldsymbol{P}+\boldsymbol{PBR}^{-1}\boldsymbol{B}^{\mathrm{T}}\boldsymbol{P}-\boldsymbol{Q}=\boldsymbol{0} \tag{6-45}$$

此时最优控制为

$$\boldsymbol{u}^*(t)=-\boldsymbol{Kx}(t)=-\boldsymbol{R}^{-1}\boldsymbol{B}^{\mathrm{T}}\boldsymbol{Px}(t) \tag{6-46}$$

此最优控制系统是一个状态反馈闭环系统。闭环系统的状态方程为

$$\dot{\boldsymbol{x}}=(\boldsymbol{A}-\boldsymbol{BR}^{-1}\boldsymbol{B}^{\mathrm{T}}\boldsymbol{P})\boldsymbol{x} \tag{6-47}$$

计算性能指标的关键是加权矩阵 $\boldsymbol{Q}$、$\boldsymbol{R}$ 的选择。目标是在接收到停止指令后，小车停下的位移最短，摆角最小，而位移 x 与摆角 θ 恰好是建立的两个状态变量 x_1、x_3，故设

$$\boldsymbol{Q}=\begin{pmatrix}Q_{11}&0&0&0\\0&0&0&0\\0&0&Q_{33}&0\\0&0&0&0\end{pmatrix},\ R=1 \tag{6-48}$$

通过 MATLAB 计算里卡蒂方程，并调节参数，得到反馈增益矩阵 $\boldsymbol{K}$，代码如下：

```
A = [0 1 0 0; 0 0 0 0; 0 0 0 1; 0 0 -98 0];
B = [0 1 0 -10] ';
C = [1 0 0 0; 0 0 1 0];
D = [0 0] ';
Q11 = 100; Q33 = 220;
Q = [Q11 0 0 0; 0 0 0 0; 0 0 Q33 0; 0 0 0 0];
R = 1;
K = lqr (A, B, Q, R);
```

通过上述代码计算得到反馈增益矩阵 $\boldsymbol{K}$ 后，可以通过在 Simulink 中搭建仿真模型，来检验其控制效果。仿真模型总体框图如图 6-67 所示，Model 子系统如图 6-68 所示，为系统的状态空间模型。图中，$\boldsymbol{u}$ 为控制量，即小车加速度（m/s^2），$\boldsymbol{K}$ 为前面计算得到的反馈增益矩阵，$\boldsymbol{A}$、$\boldsymbol{B}$ 为系统状态空间模型中的系统矩阵与输入矩阵，Disturbance 为系统的初始状态，为一个 4×1 矩阵，矩阵中的四个元素依次代表小车位置（m）、小车速度（m/s）、摆

杆摆角（rad）、摆锤角速度（rad/s）。该仿真模型能够仿真使用 LQR 控制器，展示系统从初始状态（Disturbance）回到静止状态（$\boldsymbol{x}=[0;0;0;0]$）时系统的运动情况。

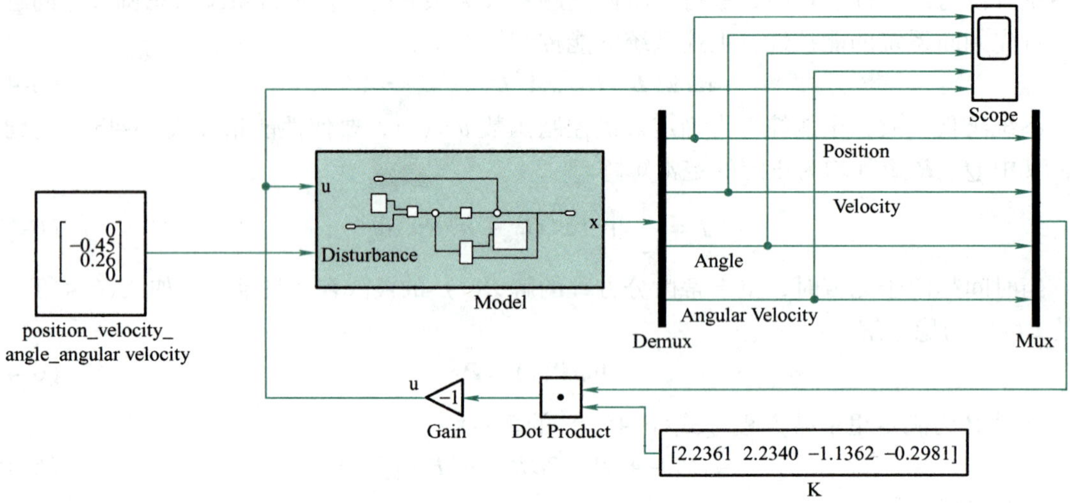

图 6-67　带状态反馈的 Simulink 仿真模型总体框图

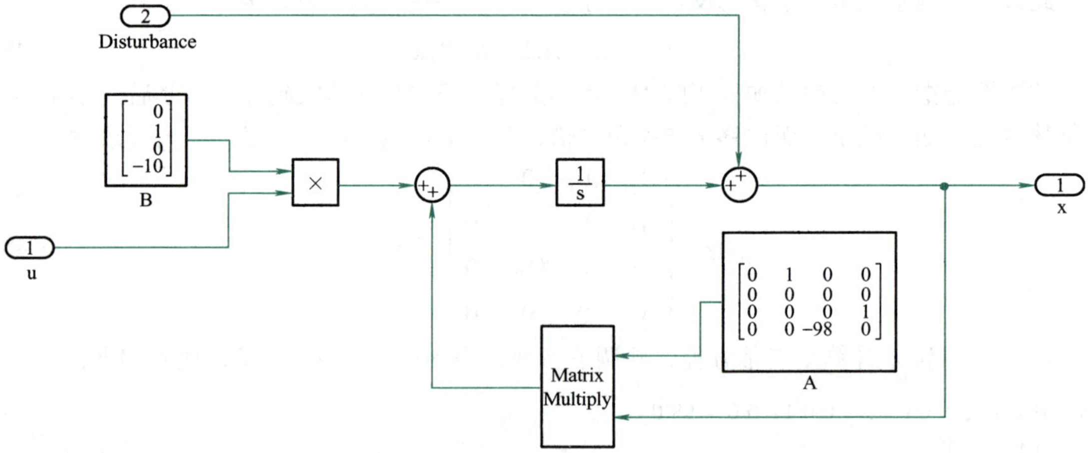

图 6-68　Model 子系统（系统的状态空间模型）

在 MATLAB 中调节参数，由于认为摆角比位移重要，故使得权重 Q_{33} 大于 Q_{11}，同时要注意参数不能过大，否则所生成的控制量 $\boldsymbol{u}$ 将偏大，超出实际电机的加速度范围，使得仿真结果无法应用于实际场景。现选取一组仿真结果较好的参数进行展示，读者也可以选取其他参数组合进行仿真。

$$\boldsymbol{Q}=\begin{pmatrix}5 & 0 & 0 & 0\\0 & 0 & 0 & 0\\0 & 0 & 10 & 0\\0 & 0 & 0 & 0\end{pmatrix},\ R=1 \tag{6-49}$$

此时反馈增益矩阵 $\boldsymbol{K}$ 为

$$\boldsymbol{K}=(2.2361,2.2340,-1.1362,-0.2981) \tag{6-50}$$

可得最优控制

$$u^*(t) = -Kx = (-2.2361, -2.2340, 1.1362, 0.2981)x \tag{6-51}$$

1）加速段停止过程仿真。设初始状态为［0；-0.45；0.26；0］，即向右加速，速度达最大，且摆锤摆到左侧极限角度时，以此时刻作为0点，小车在此时收到停止命令，仿真曲线如图6-69所示。

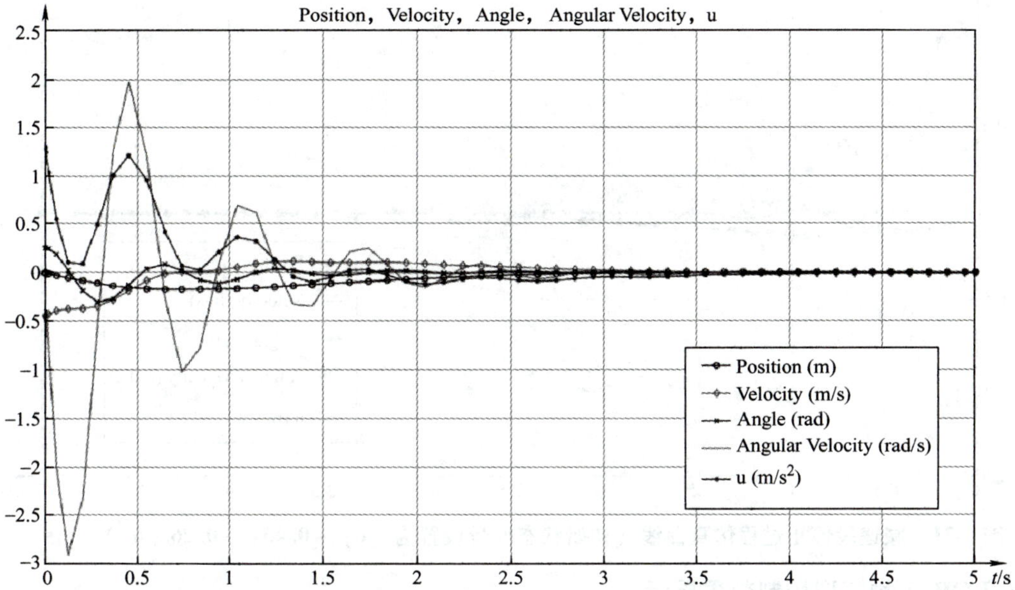

图6-69　加速段停止过程仿真曲线（初始状态变量设置为［0；-0.45；0.26；0］）

2）匀速段停止过程仿真。设置系统初始状态为［0；-0.45；0；-1.3］，即系统向右匀速运动，摆锤摆到平衡位置，且摆锤速度达到最大时，以此时刻作为0点，小车在此时收到停止命令，仿真曲线如图6-70所示。

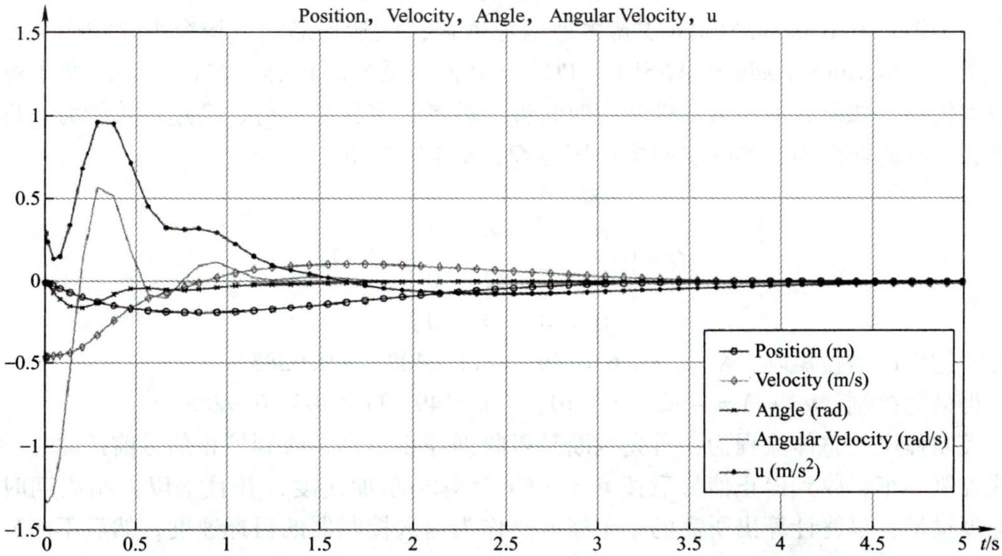

图6-70　匀速段停止过程仿真曲线（初始状态变量设置为［0；-0.45；0；-1.3］）

3）减速段停止过程仿真。设置系统初始状态为［0；－0.45；－0.26；0］，即系统向右减速运动时，摆锤摆到右侧极限角度，以此时刻作为0点，小车在此时收到停止命令，仿真曲线如图6-71所示。

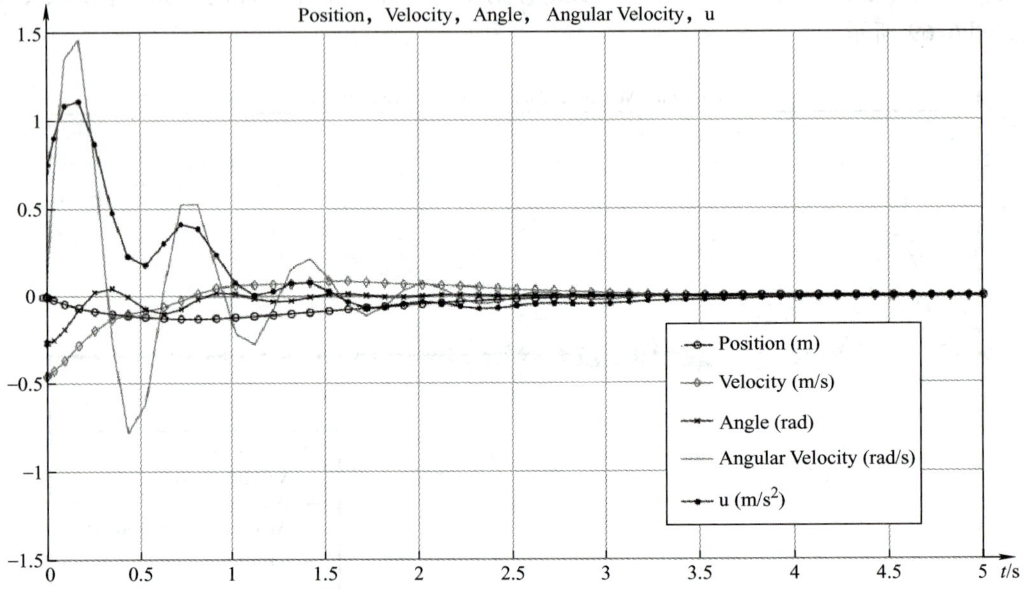

图6-71　减速段停止过程仿真曲线（初始状态变量设置为［0；－0.45；－0.26；0］）

3. LQR实物模型控制效果展示

本节实验数据来自2016年贝加莱学界联盟竞赛项目，实验中使用贝加莱（B&R）公司的Automation Studio开发工具编写程序，连接可编程计算机控制器（Programmable Computer Controller，简称PCC）对整体实验系统进行调试控制。Automation Studio是针对贝加莱（B&R）工业自动化产品的集成软件开发环境，提供了编程语言和诊断工具，不仅可处理工程项目开发中的每个步骤，并且可在同一用户界面中处理贝加莱（B&R）PCC运动控制和人机交互操作。Automation Studio支持多种编程语言，包括梯形图、指令表、结构文本、顺序功能图、Automation Basic和ANSI C。PCC是其控制系统的核心，综合了PLC和工业计算机的技术优势，如前者的高可靠性和定时时钟，后者的多任务运行、高速运算能力、良好的扩展性和开放的通讯等。实际实验中使用的$\boldsymbol{Q}$、$\boldsymbol{R}$矩阵如下：

$$\boldsymbol{Q}=\begin{pmatrix}100&0&0&0\\0&0&0&0\\0&0&220&0\\0&0&0&0\end{pmatrix},\ R=1$$

此时的反馈增益矩阵：$\boldsymbol{K}=(10,\ 6.6149,\ -11.6408,\ -0.9285)$

可得最优控制：$\boldsymbol{u}^*(t)=-\boldsymbol{Kx}=(-10,\ -6.6149,\ 11.6408,\ 0.9285)\boldsymbol{x}$

其控制程序的整体流程为：首先判断是否收到停止信号，收到停止信号前按原有梯形速度曲线控制小车，收到停止信号后按$\boldsymbol{u}=-\boldsymbol{Kx}$计算小车加速度，并且乘以控制周期时长转换为速度增量，最终计算出所需的小车速度，作为输入控制器的目标速度，然后不断检测小车当前速度，若当前速度已减到零，则输入目标速度也为零。

1）在负载小车由起点 0cm 运动到 35cm 的过程中，在减速段接收到停止指令，仿真曲线如图 6-72 所示。

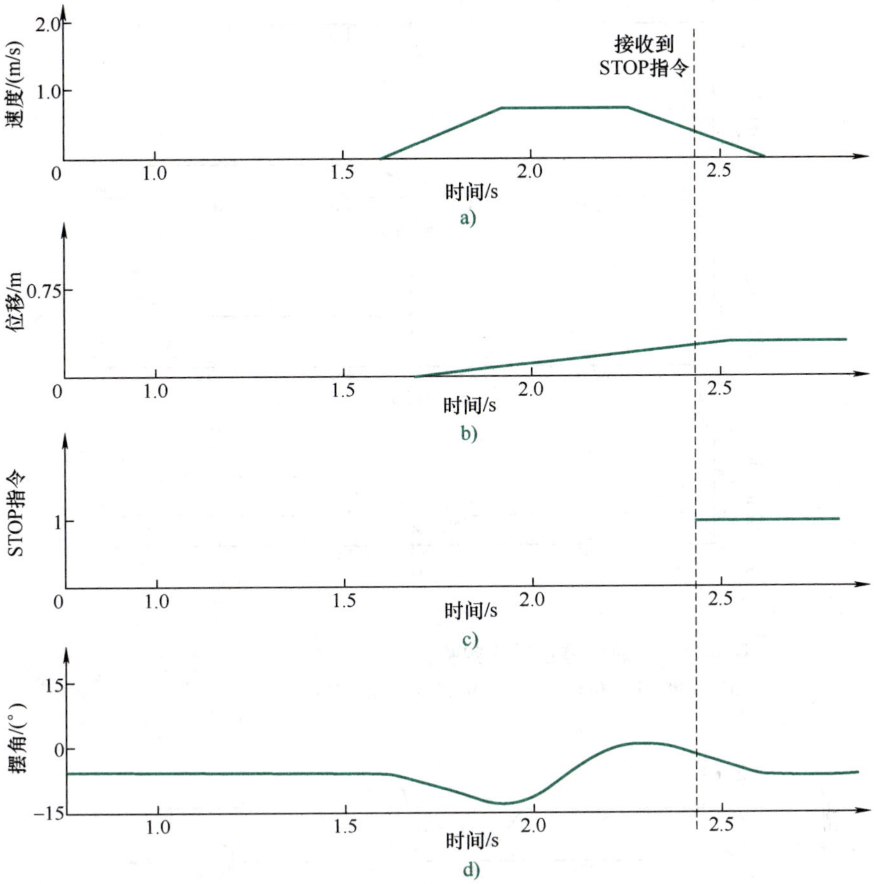

图 6-72　减速段停止过程实验曲线

a）速度　b）位移　c）STOP 指令　d）摆角

从图 6-72 中可以看出，加入 LQR 控制器后，曲线形状与以梯形速度曲线控制时相似，使得摆杆能够恰好和小车同时停止，说明 LQR 控制器能起到较好的防摇效果。

2）在负载小车由起点 0cm 运动到 30cm 的过程中，在匀速段接收到停止指令，仿真曲线如图 6-73 所示。

从图 6-73 中可以看出摆锤的摆动幅度在第一个波峰之后迅速减小，并在 1s 内停止摆动。

3）在小车由 30cm 处向 1cm 处运动时，在加速段接收到停止指令，仿真曲线如图 6-74 所示。

从图 6-74 中可以看出，摆锤的摆动幅度在第一个波谷之后迅速减小，并在 1s 内停止摆动。

综合上述实验结果，可以得出 LQR 控制器能起到在收到停止指令时迅速减小摆锤摆动幅度的效果，但会使得小车的速度在收到停止指令后出现振荡的情况，因此需要进行多组对比实验，以找出使得小车位置、摆锤摆角两个状态变量的稳定时间都较小的一组 $\boldsymbol{Q}$、$\boldsymbol{R}$ 矩阵。

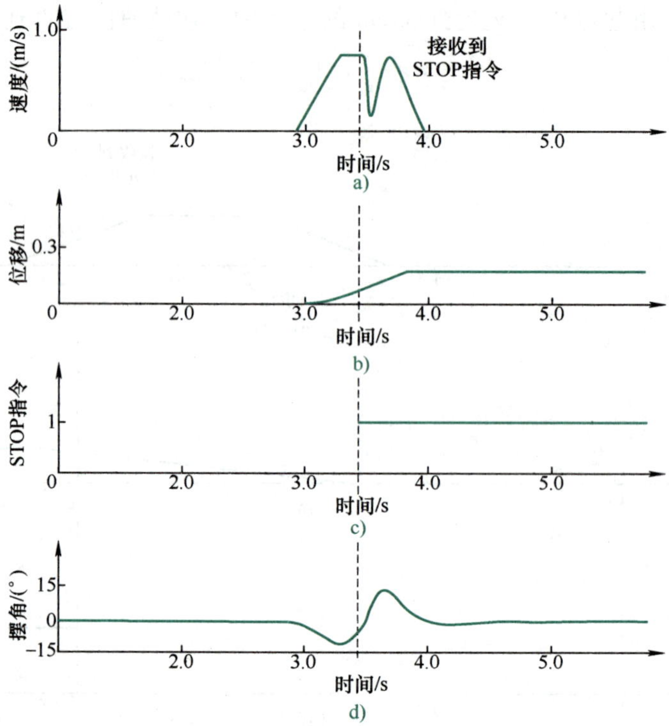

图 6-73 匀速段停止过程实验曲线

a）速度 b）位移 c）STOP 指令 d）摆角

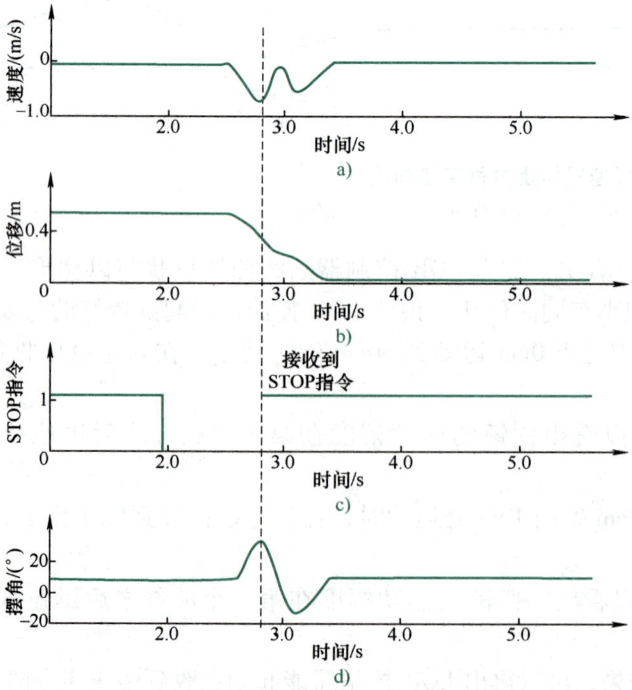

图 6-74 加速段停止过程实验曲线

a）速度 b）位移 c）STOP 指令 d）摆角

习 题

6-1 针对图 6-3 所示的单极倒立摆实验系统，考虑小车与导轨、小车与摆杆之间的摩擦，当以小车所受外力为控制量 u 时，求系统的状态空间表达式。

6-2 选取合适的状态变量，建立直流他励电机的状态空间表达式，并在 MATLAB 中构建系统框图，完成以下要求：

（1）尝试使用极点配置法，对搭建的系统进行控制，并完成 MATLAB 系统框图以及仿真实验。

（2）尝试使用 LQR 控制器优化反馈矩阵，完成 MATLAB 系统框图以及仿真实验，并与 PID 控制进行效果对比。

6-3 选取合适的状态变量，建立防摇系统的状态空间表达式，参照倒立摆实验的流程和控制方法，设计防摇系统的控制框图，并完成仿真实验。

参 考 文 献

[1] 刘豹，唐万生. 现代控制理论［M］. 3版. 北京：机械工业出版社，2006.
[2] 胡寿松. 自动控制原理［M］. 7版. 北京：科学出版社，2019.
[3] 栾颖. MATLAB R2013a工具箱手册大全［M］. 北京：清华大学出版社，2014.
[4] OGATA K. 现代控制工程：第五版［M］. 卢伯英，佟明安，译. 北京：电子工业出版社，2011.
[5] 唐穗欣. MATLAB控制系统仿真教程［M］. 武汉：华中科技大学出版社，2016.
[6] 胡皓，王春侠，任鸟飞. 现代控制理论［M］. 北京：清华大学出版社，2014.
[7] 夏超英. 现代控制理论［M］. 2版. 北京：科学出版社，2016.
[8] 石海彬. 现代控制理论［M］. 北京：清华大学出版社，2015.
[9] 钱伟长. 变分法及有限元：上册［M］. 北京：科学出版社，1980.
[10] 李恺. 倒立摆伺服系统设计与实验研究［D］. 北京：清华大学，2004.